EXPOSITION UNIVERSELLE IN[...]

A PARI[S]

CATALOGUE GÉNÉRAL

OFFICIEL

TOME SEPTIÈME

GROUPE VII.

PRODUITS ALIMENTAIRES

CLASSES 67 à 73.

LILLE

IMPRIMERIE L. DANEL

M DCCC LXXXIX

CATALOGUE OFFICIEL

TOME VII

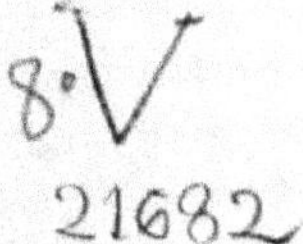

Exposition Universelle Internationale de 1889

A PARIS

CATALOGUE GÉNÉRAL

OFFICIEL

TOME SEPTIÈME

GROUPE VII.

PRODUITS ALIMENTAIRES.

CLASSES 67 à 73.

LILLE

IMPRIMERIE L. DANEL

M DCCC LXXXIX

CLASSIFICATION GÉNÉRALE

TOME PREMIER.

GROUPE I. — **Œuvres d'art.**

CLASSES.

1. Peintures à l'huile.
2. Peintures diverses et dessins.
3. Sculptures et gravures en médailles.
4. Dessins et modèles d'architecture.
5. Gravures et lithographies.

TOME SECOND.

GROUPE II. — **Éducation et Enseignement. Matériel et procédés des Arts libéraux.**

CLASSES.

6. Éducation de l'enfant. Enseignement primaire. Enseignement des adultes.
7. Organisation et matériel de l'enseignement secondaire.
8. Organisation, méthodes et matériel de l'enseignement supérieur.

6. 7. 8. Enseignement technique.

9. Imprimerie et librairie.
10. Papeterie, reliure, matériel des arts, de la peinture et du dessin.
11. Application usuelle des arts, du dessin et de la plastique.
12. Épreuves et appareils de photographie.
13. Instruments de musique.
14. Médecine et chirurgie. — Médecine vétérinaire et comparée.
15. Instruments de précision.
16. Cartes et appareils de géographie et de cosmographie. — Topographie.

TOME TROISIÈME.

GROUPE III. — **Mobilier et accessoires.**

CLASSES.

17. Meubles à bon marché et meubles de luxe.
18 Ouvrages du tapissier et du décorateur.

19. Cristaux , verrerie et vitraux.
20. Céramique.
21. Tapis, tapisserie et autres tissus d'ameublement.
22. Papiers peints.
23. Coutellerie.
24. Orfèvrerie.
25. Bronzes d'art, fontes d'art diverses, ferronneries d'art, métaux repoussés.
26. Horlogerie.
27. Appareils et procédés de chauffage. — Appareils et procédés d'éclairage non électrique.
28. Parfumerie.
29. Maroquinerie, tabletterie, vannerie et brosserie.

———

TOME QUATRIÈME.

GROUPE IV. — **Tissus, vêtements et accessoires.**

CLASSES.

30. Fils et tissus de coton.
31. Fils et tissus de lin, de chanvre, etc.
32. Fils et tissus de laine peignée. Fils et tissus de laine cardée.
33. Soies et tissus de soie.
34. Dentelles, tulles, broderies et passementeries.
35. Articles de bonneterie et de lingerie. Objets accessoires du vêtement.
36. Habillement des deux sexes.
37. Joaillerie et bijouterie.
38. Armes portatives. Chasses.
39. Objets de voyage et de campement.
40. Bimbeloterie.

———

TOME CINQUIÈME.

GROUPE V. — **Industries extractives. Produits bruts et ouvrés.**

CLASSES.

41. Produits de l'exploitation des mines et de la métallurgie.
42. Produits des exploitations et des industries forestières.

Les produits exposés par :

le Brésil,
la Colombie.
Costa-Rica,
le Honduras,
le Mexique,
Nicaragua
et le Pérou,

n'étant point arrivés en temps utile, n'ont pu figurer
au Catalogue général.

Pour la nomenclature de ces produits, il sera
nécessaire de consulter les Catalogues spéciaux.

GROUPE VII.

PRODUITS ALIMENTAIRES.

Classe 67.

Céréales, produits farineux avec leurs dérivés.

FRANCE.

1. ALBERTINY & Cie, à Nice (Alpes-Maritimes), rue Victor, 35. — Pâtes
fines, nouilles, macaronis, canélonis, petites pâtes variées, etc., etc.   **(QUAI.)**
> Maison fondée en 1856.
> Récompenses :
> Médaillés à l'Exposition 1878, Paris, argent.

2. ARNAUD, DELANGLE & Cie, à Villeneuve-Saint-Georges (Seine-et-
Oise). — Farines.   **(E. C.) (QUAI.)**

**3. BARBEREAU (Alfred), Féculerie et amidonnerie de Choisy-
le-Roi,** à Choisy-le-Roi (Seine). — Fécules, amidines, fleur d'amidon, pulpes, sons,
pommes de terre.   **(QUAI.)**

4. BELLENGER & DUCHATELLIER, à Flers (Orne). — Grains, farines,
issues ; mouture par cylindres.   **(QUAI.)**

5. BERTRAND & Cie, à Lyon (Rhône), rue de la Bouteille, 27. — Pâtes alimentaires, vermicelles, macaronis, petites pâtes, semoules.   **(QUAI.)**

6. BLANQUET Frères (E. & P.), à Saint-Omer (Pas-de-Calais), quai des
Salines. — Malts fabriqués avec des orges françaises et étrangères.   **(QUAI.)**

7. BLOCH Fils (Lucien et Eugéne), à Paris, rue de la Banque, 1. —
Farines.   **(QUAI.)**

8. BLOCH Fils (L. & E.), à Paris, rue de la Banque, 1. — Farines.
     (E. C.) (QUAI.)

9. BLOCH (Némis & Jules), à Tomblaine, près Nancy (Meurthe-et-Moselle).
— Tapioca, sagou, fécule, glucose.   **(QUAI.)**
> Fabrique de produits alimentaires. Maison qui a créé ces industries en 1811.
> Médailles d'or, Expositions universelles de Paris 1867 et 1878, Bruxelles 1888.

10. BLOCH (Simon), à Étampes (Seine-et-Oise). — Malts, orges et escourgeons
     (QUAI.)

11. BOISSONNET (George-E.), à Paris, rue de la Tocherie, 5. — Tapiocas, farines alimentaires et produits bouillonnés. **(QUAI.)**

12. BOUCHARD (René), à Saint-Amand-les-Eaux (Nord). — Orges et escourgeons, malts. **(QUAI.)**

13. BOZON-VERDURAZ Père et Fils, à Saint-Etienne-de-Cuines (Savoie). — Vermicelles, macaronis, farines, gruaux et semoules de maïs. **(QUAI.)**

14. BRUN (J.) & Cie), à Lyon (Rhône), rue de Sully, 44. — Pâtes alimentaires, semoules et tapiocas. **(QUAI)**

    Maison fondée en 1850.
    Usine à Lyon, 44, rue de Sully.
    Maison à Paris, 39, rue Sainte-Croix-de-la-Bretonnerie.

15. BRUSSON Jeune (Jean), à Villemur (Haute-Garonne). — Pâtes alimentaires, produits au gluten. **(QUAI.)**

16. Chambre syndicale des Fécules de Paris, Président : **M.J.Prevet,** à Paris, rue des Petites-Ecuries, 48. — Types authentiques de fécules de pomme de terre et produits qui s'y rattachent. **(QUAI.)**

17. CHAPELLE-BATISSE (B.), à Saint-Sauveur, près Arlanc (Puy-de-Dôme). — Fécules. **(QUAI.)**

18. CHAPU (Maison A.), G. Boissonnet, Successeur, à Paris, rue de la Tacherie, 5. — Tapiocas, fécules, farines de légumes, bouillon concentré, tapioca, bouillon. **(QUAI.)**

19. CHÉREL (Alphonse), à Sens-de-Bretagne (Ille-et-Vilaine). — Gruau d'avoine perlé et concassé, écorces d'avoine. **(QUAI.)**

20. CLAUDEL (Vve Félix), à Thaon (Vosges). — Fécule indigène en grains et blutée de qualité extra-supérieure. **(E. C.) (QUAI.)**

21. COLSON-BLANCHE (Arnold-A.-H.), gendre et successeur de **A. Dupray,** à Chantilly (Oise). — Farines et dérivés du blé. Semoules, gruaux, etc. **(QUAI.)**

    Récompenses : Médailles d'or 1867-1878.

22. CONOR (Vve E.), BAUDART (D.) et Cie, à Paris, rue Barbette, 5. — Pain, farine et pâtes diverses au gluten contre le diabète sucré. **(QUAI.)**

23. CORNAILLE LEROY et Fils, à Cambrai (Nord). — Grains, farines et issues. **(QUAI.)**

24. CORNAILLE-LEROY & Fils, à Cambrai (Nord). — Farines et issues. **(E. C.) (QUAI.)**

25. COSTES & LEDIEU, à Ambert (Puy-de-Dôme). — Fécules de pommes de terre. **(QUAI.)**

    Médaille d'argent, Exposition universelle de Paris 1878.

26. COUDERT & BRUN, à Thiers (Puy-de-Dôme). — Farines rondes, provenant de blés durs d'Auvergne et fabriquées au cylindre. **(QUAI.)**

27. COURTIN (Paul), à Avion, près Lens (Pas-de-Calais). — Grains crus, malts divers, bières diverses. **(QUAI.)**

28. CROUTELLE (Adolphe), à Mantes-sur-Seine (Seine-et-Oise) — Farine de froment phosphatée et panifiée pour l'alimentation des enfants en bas-âge. **(QUAI.)**

29. DEFRESNE (J.-J.-Théophile), quai du Marché-Neuf, 4.
    Farine maltée Defresne, malt de blé, fleur de malt, maltose-gluten dissous. **(QUAI.)**

    Maltine saccharifiant l'amidon, dédoublant le corps gras, peptonisant le gluten.
    Jaune d'œuf. — Beurre d'œuf. — Principe émulsif du jaune d'œuf. — Vitelline.

30. DENERI (A.), à Marseille (Bouches-du-Rhône), rue de la République, 6. — Pâtes alimentaires au gluten, semoules et tapiocas granulés ; pain de gluten.
(QUAI.)

31. DOREL & FONTANET, à Albertville (Savoie). — Pâtes alimentaires de toutes formes, semoules de blés durs d'Afrique et de Russie, semoules de maïs d'Italie.
(QUAI)

32. DOUZE MARQUES DE PARIS (Exposition collective des Fabricants types du Marché des Farines), Président de la Commission : **M. Lanier,** rue de Marengo, 6. — Plans, produits.
(QUAI.)

ARNAUD, DELANGLE & Cie.
BLOCH (L. & E.) Fils.
CORNAILLE-LEROY & Fils.
SAMUEL-MAROT & Fils.
SASSOT & ses Fils.
SCHOTSMANS (J.& P.) & Cie.
SIMON, BOUCHOTTE & VIL-GRAIN.
SOCIÉTÉ ANONYME DES GRANDS - MOULINS DE CORBEIL.
SOCIÉTÉ ANONYME DES MOULINS DE PROUVY
TRILLON.
VAURY (Ch.).

33. DREYFUS (Léopold), à Valenciennes (Nord), rue Capron, 14. — Malts nettoyés et triés pour brasseries et distilleries.
(QUAI.)

Spécialité d'escourgeons, orges et avoines. — Grande malterie pneumatique à Valenciennes ; Malts de choix nettoyés et triés pour brasseries et distilleries.

34. DUBOSC Fréres et SUBERT, à Paris, rue Vieille-du-Temple, 75. — Produits manufacturés destinés à la fabrication de la bière.
(QUAI.)

35. DUFOUR & FIGAROL, à Epinal (Vosges). — Fécules, dextrines et gommelines, tapioca, igname et sagou indigènes.
(QUAI.)

36. ECKENSTEIN (Edouard), au Puy (Haute-Loire). — Orge et malt. (QUAI.)

37. FERRAND (Ferdinand) & Cie (Anciens Établissements **Givord et Hours et Santiard et Cie,** réunis), à Lyon (Rhône), cours Gambetta, 94. — Pâtes alimentaires de toutes formes, macaronis, vermicelles.
(QUAI.)

Médailles d'or aux Expositions universelles internationales de Paris 1878, Anvers 1885.

38. FOUCART, (Vve), à Paris, avenue de Versailles, 14. — Pâtes et farines de gluten.
(QUAI.)

Pain de gluten. — Médaille d'argent, Exposition universelle 1878.

39. FOUCHER (Paul), à Labriche, Saint-Denis (Seine). — Amidons, fécules, glucoses.
(QUAI.)

Paris 1878, médaille d'or.
Anvers 1885, hors concours.
Barcelone 1888, membre du jury.

40. FOUQUIER (L.-Ernest), à Paris, rue d'Allemagne, 171. — Dextrines et huile-gomme, amidons, fécules, fleurages de fécules et de maïs, farines, pulpe de seigle.
(QUAI.)

41. FRADIN (T.), à Angibaud, près Moncoutant (Deux-Sèvres). — Farine de blé et ses dérivés.
(QUAI.)

42. GALLET-GIBOU & Cie, à Paris, rue de l'Argonne, 17. — Mélasse raffinée, caramel et colorant, glucose.
(QUAI.)

Mélasse, raffineurs de mélasse, usine fondée en 1845.
Caramel de toutes sortes convenant à tous les emplois.
Colorants pour vins, vinaigre, bière.
Glucose. Cristal et masse.

43. GAUTHERIN, à Bourbon-l'Archambault (Allier). — Grains et farines.
(QUAI.)

44. Société Française (Grande), à Paris, boulevard Haussmann, 72.

45. GROULT (Camille), à Paris, rue Sainte-Apolline, 12. — Tapiocas, pâtes et farines alimentaires.   **(QUAI.)**

46. HINARD (J.-Maurice), à Montauban (Tarn-et-Garonne). — Farine spéciale.   **(QUAI.)**

47. HIVER ROGER (Alfred), à Vasset, par Crouy (Seine-et-Marne). — Semoule et farine de gruau de meules.   **(QUAI.)**

48. HOUZÉ de l'AULNOIT (Léon) et PUVREZ (Eugène), à Fresnes-sur-Escaut (Nord). — Orges maltées et orges crues. Déchets de fabrication.   **(QUAI.)**

49. JEANCLAUDE (Vve Victor), à Lunéville (Meurthe-et-Moselle). — Glucose à l'état concret, sirop cristal, fécule de pomme de terre.   **(QUAI.)**

> Maison fondée en 1827, ayant obtenu :
> Une médaille d'argent à l'Exposition universelle de Paris en 1878.

50. JEANMOUGIN-GROSS (P.-J.-Alfred), à Vouhenans, près Lure (Haute-Saône). — Fécule, dextrines-gommelines, léïogomme, gomme factice et amidon grillé.   **(QUAI.)**

51. JUILLARD & MÉGNIN, à Épinal (Vosges). — Fécule indigène en grains et blutée de qualité extra-supérieure.   **(E. C.)(QUAI.)**

52. KRANTZ Frères, à Docelles (Vosges). — Fécule indigène en grains et blutée de qualité extra-supérieure.   **(E. C.)(QUAI.)**

53. LAPORTE (François), à Toulouse (Haute-Garonne), rue des Amandiers, 41. — Biscottes au gluten, pain en tranches, biscottes au son, pain de gluten avec farine de pommes de terre; pâtes au gluten; amidon.   **(QUAI.)**

54. LAPOSTOLET Frères et CERTEUX, à Paris, rue Oblin, 3. — Riz, tapiocas, farines de riz, semoules, farines de légumes cuits.   **(QUAI.)**

> Usine à vapeur, 8, passage de l'Atlas, à Paris.
> Médailles de 1re et 2me classes, Paris, 1855 ; Médaille d'or, Paris, 1878.

55. LARRAN & SAINT-JEAN, à Cauneille-lez-Peyrehorade (Landes). — Produits de la meunerie, blés, farines, sons.   **(QUAI.)**

56. LASNIER (Paul), à May-en-Multière (Seine-et-Marne). — Produits de la mouture; gruaux français.   **(QUAI.)**

57. LECONTE-DUPOND & Cie, à Marcoing (Nord). — Amidons.   **(QUAI.)**

58. LEFEBVRE (Alcide), à Paris, boulevard Sébastopol, 31. — Blés, farines et produits de la mouture du froment.   **(QUAI.)**

> Usines : Grands moulins du Gué, à La Ferté-Alais (S.-et-O.)
> Londres 1862 Prize medal ; Paris 1867, médaille or ; Paris 1878, deux médailles or.

59. LEROUX-LOUVET Fils, à Rouen (Seine-Inférieure), place Saint-Eloi, 8. — Dextrine, Amidons blancs et grillés, Fécule et Tapiocas.   **(QUAI.)**

> Maison fondée en 1828. — Dextrine, gommeline, léïogomme, gomme artificielle, amidon et fécule. Représentée à Paris par *M. Hermann*, 44 bis, rue Meaux. — Tapiocas du Brésil de provenance directe et granulé par appareil des plus perfectionnés. Qualité supérieure en vrac et en paquets et boîtes illustrés. Marque déposée et recommandée : *Tapioca des Deux-Mondes*, qualité extra. Fécule purifiée en paquets, représentée à Paris par *M. E. Durand*, 42, avenue de la Défense Courbevoie. — Récompenses : Médailles d'or, Paris 1878 ; Anvers 1885.

60. LESAFFRE & BONDUELLE, à Marcq-en-Barœul (Nord). — Grains, malts et farines pour la fabrication de la levure de grains, dite levure de France.   **(QUAI.)**

> Exp. univ. Paris 1878, Méd. argent. Exp. univ. Anvers 1885. Dipl. d'honneur Expos. Bruxelles, 1888, deux dipl. d'honneur et une médaille d'or.

61. LEVESQUE (Louis) & Cie, à Chantenay-Nantes (Loire-Inférieure). — Riz, farines de riz, fèves, farines de fèves, tapioca et autres produits alimentaires.
(QUAI.)

Usine à riz et moulin à farine pour riz et fèves. Médaille d'or, Exposition 1878.

62. LOINT Frères & Cie, à Bordeaux (Gironde). — Fécules de pomme de terre, riz, lentilles, etc; tapioca; sagou ; pâtes d'Italie ; semoule.   **(QUAI.)**

63. LUCAS, à Paris, rue Berger, 35. — Collection de céréales et oléagineux, produits français et étrangers.   **(QUAI.)**

64. LYON LEFEBVRE, à Paris, rue de Charenton, 171. — Fécules, dextrines, gommelines, gommes artificielles.   **(QUAI.)**

65. MAUSUY Frères, à Saint-Mihiel (Meuse). — Fabrication de farines par le système Hongrois.   **(QUAI.)**

66. MARTIN-BREY (Jules-L.), à Besançon (Doubs). — Vermicelles, macaroni, biscuits de mer pour l'armée. Compositions diverses de biscuits.   **(QUAI.)**

67. MATHIEU GOURDOT (M.-G.-Henri) et Cie, à Villars, près Neufchâteau (Vosges). — Farine, semoule, pâtes alimentaires.   **(QUAI.)**

68. MAUPRIVEZ (A.-L.), à Paris, rue Mathis, 33. — Tapioca naturel. **(QUAI.)**

69. MAUREL (Joseph), à Marseille (Bouches-du-Rhône), boulevard Dugommier, 27. — Semoules et farines de blés durs, farines hongroises de blés tendres.
(QUAI.)

Récompenses obtenues :
Médaille d'or. Paris 1878, Exposition universelle. Bruxelles 1880, diplôme d'honneur.
Diplôme d'honneur. Anvers 1885, Exposition universelle.

70. MÉNIER, à Paris, rue de Châteaudun, 56. — Pâtes alimentaires ; semoules et tapiocas.   **(QUAI.)**

71. MOLLARD (Jean-Baptiste), à Grigny (Rhône). — Pâtes alimentaires.
(QUAI.)

72. MONLAURENT (Ernest), à Carmentreuil (Marne). — Blés du rayon de Reims, Laon, Châlons; produits de la mouture par cylindres, semoules, farines, sons.
(QUAI.)

73. MONLAURENT (Alfred), à Sillery (Marne). — Blés du rayon de Reims, Laon, Châlons, produits de la mouture par cylindres, semoules, farines, sons. **(QUAI.)**

74. MOREL Fils (Louis), à Meaux (Seine-et-Marne). — Produits des moulins à cylindre et des vermicelleries et matières premières employées.   **(QUAI.)**

75. MORICELLY Ainé (L.-Isidore), à Marseille (Bouches-du-Rhône), rue Noailles, 18. — Blés, farines et issues.   **(QUAI.)**

Minotier, à Marseille, depuis 1851.
Inventeur du Sasseur mécanique à courant d'air comprimé.
Récompenses obtenues :
Exposition universelle Paris 1878. Médaille d'or — Exposition universelle Anvers 1885.
Croix de chevalier de la Légion d'honneur, membre du Jury — Exposition internationale et universelle de Barcelone 1888, Membre du jury, hors concours.

76. NOBLET (C.-E.), à Paris, rue de Châteaudun, 10. — Blé de semence et pruneaux de l'île Verte.   **(QUAI.)**

77. PARRY (Léonard-Louis), à Limoges (Haute-Vienne), avenue des Bénédictins, 17. — Farines diverses.   **(QUAI.)**

78. PATIN (E.) & Cie, à Ivré-l'Évêque (Sarthe). — Amidon de riz et autres céréales ; amidon de marrons d'Inde ; boîtes en carton pour l'emballage.   **(QUAI.)**

79. PERSIN, à Boulancourt (Haute-Marne). — Produits de la mouture faite par les moulins rationnels français aux moulins de Boulancourt.   **(QUAI.)**

80. PIERRAT (E.-Auguste), à Saint-Dié (Vosges). — Fécules de toutes qualités, grain et blutée, dextrines, gommeline, leïogomme.   **(QUAI.)**

> Huit féculeries en exploitation, sept dans les Vosges, à Pajaille, la Bourgonce, Sauley, Le Giron et Vanifosse, Ivoux et Biffontaine et une dans Meurthe-et-Moselle, à Chenevières. Fabrique de dextrine à Etival, (Vosges).

81. POTIN (Vve Félix), à Paris, boulevard de Sébastopol, 103. — Tapioca, sagou, fécule arrow-root.   **(QUAI.)**

> Maison de vente, boulevard Sébastopol, 101 et 103, Paris.
> Gros, rue Palestro, 25. Exportation, rue Palestro, 29.
> Usine à vapeur à la Villette, rue de l'Ourcq, 84 à 89. Usine et entrepôt, à Pantin.
> Tapioca, Sagou, Arrow-Root.

82. PRAT (R. et L.), Successeurs de **Ch. Tamiset et R. Prat,** à Vélars-sur-Ouche, près Dijon (Côte-d'Or). — Farines, fèves décortiquées à manger, brisures de fèves, fèves nettoyées et concassées pour chevaux, cosses.   **(QUAI.)**

83. RENARD (E.), à Fondettes (Indre-et-Loire). — Perles des Roches, pâtes alimentaires avec jus de légumes frais pour potages.   **(QUAI.)**

84. RENAUD Jeune et Cie, à Lyon (Rhône), rue Paul-Bert, 161. — Pâtes alimentaires.   **(QUAI.)**

85. ROLAND (H.), ANCEL & Cie, à Compiègne (Oise), route de Clermont, 16. — Fécules, pulpes touraillées et fleurages.   **(QUAI.)**

> Féculerie Félix Ancel.
> Rappel de médaille d'or à l'Exposition universelle de 1878.

86. SAMUEL-MAROT & Fils, à Troyes (Aube). — Farines. **(E. C.) (QUAI.)**

87. SASSOT & ses Fils, à Nogent-sur-Seine (Aube). — Farines, produits alimentaires.   **(E. C.) (QUAI.)**

88. SCARAMELLI Fils & Cie, à Marseille, (Bouches-du-Rhône), quartier des Oblats. — Semoules et pâtes alimentaires.   **(QUAI.)**

89. SCHOTSMANS (J. & P.) & Cie, à Don, près Lille (Nord). — Farines.   **(E. C.) (QUAI.)**

90. SCHUPP (Humbert), à Epinal (Vosges). — Fécules, glucoses, sirop cristal, glucos masé solides.   **(QUAI.)**

91. SEGAUST (E.-Gabriel), à Saint-Denis (Seine). — Farines, amidons et gluten.   **(QUAI.)**

92. SIMON-BOUCHOTTE & VILGRAIN, à Nancy (Meurthe-et-Moselle). — Farines.   **(E. C.) (QUAI.)**

93. Société anonyme des amidonneries du Nord, (administrateur : **M. Dubreucq),** à Marquette-lez-Lille (Nord). — Amidons et leurs dérivés. **(QUAI.)**

94. Société Anonyme des amidonnerie et glucoserie d'Haubourdin (Nord), Administrateur : **M. Verley,** à Haubourdin (Nord). — Maïs en grains, amidons, germes, huiles, drèches, tourteaux, glucoses divers et sirops.   **(QUAI.)**

95. Société anonyme des amidonneries françaises (Directeur : **M. Paul Pesier),** à Valenciennes (Nord). — Amidons de riz et de maïs, en aiguilles, en marrons, en poudres, tourteaux, sons, gluten.   **(QUAI.)**

> Médailles d'or et argent, Exposition universelle, Paris 1878.
> Hors concours, Exposition d'Amsterdam 1883.
> Diplôme d'honneur, Exposition d'Anvers 1885.

96. Société anonyme des Amidonnerie & Rizerie de France, (Établissements **Verley-Descamps,** à Marquette-lez-Lille (Nord). — Riz en grains, brisures de riz, amidons divers et leurs dérivés.   **(QUAI.)**

> Administrateurs : Edmond Verley et H. Dubreucq, à Marquette-lez-Lille
> Voir Notice à la fin du Catalogue.

97. Société anonyme des Grands Moulins de Corbeil, (Anciens établissements **Darblay et Béranger**), Directeur : **M. Lainey (A),** à Paris, rue du Louvre, 6. — Produits de la mouture du blé.   **(QUAI.)**

98. Société anonyme des Grands Moulins de Corbeil, à Paris, rue du Louvre, 6. — Farines.   **(E. C.) (QUAI.)**

> Société anonyme au capital de douze millions de francs. Usines à Corbeil et au Havre.
> Récompenses obtenues :
> Par les établissements Darblay et Béranger :
> Grande Médaille, Londres 1851.
> Hors-Concours, Paris 1855.
> Hors-Concours, Paris 1867.
> Diplôme d'honneur, Paris 1878.
> Par les Grands Moulins de Corbeil :
> Médaille d'or (la plus haute récompense décernée) Barcelone, 1888.
> Diplôme de premier ordre de mérite, Melbourne 1888.

99. Société anonyme des Moulins de Prouvy, à Prouvy (Nord).— Farines.   **(E. C.) (QUAI.)**

100. Société nouvelle des Moulins de Prouvy, Directeur : **M.Repaire,** Prouvy, par Thiant (Nord). — Produits de moutures.   **(QUAI.)**

101. SOULÈS Aîné, à Paris, rue de Sévigné, 52. — Tapioca, sagou, fécules.   **(QUAI.)**

102. SPRINGER & Cie, à Maisons-Alfort (Seine). — Malt d'orge.   **(QUAI.)**

103. TOURNIER, BARJOU & VEYRE, à Sainte-Colombes (Rhône). — Pâtes alimentaires, macaronis, vermicelles, petites pâtes, etc.   **(QUAI.)**

104. TRILLON, à Nogent-le-Roi (Eure-et-Loir). — Farines.   **(E. C.) (QUAI.)**

105. TRUFFAUT (Alexandre), à Maintenon (Eure-et-Loir). — Blés et ses dérivés.   **(QUAI.)**

106. VAURY (Charles), à Paris, avenue d'Orléans, 104. — Farines.   **(E. C.) (QUAI.)**

107. VILMORIN (Henri de), à Paris, quai de la Mégisserie, 4. — Spécimens en grains et farines de quelques blés d'élite.   **(QUAI.)**

108. VITTECOQ (Edouard-D.), à Beaumont-le-Roger (Eure) —Blés, farines, sons.   **(QUAI.)**

109. VOSGES (Exposition collective des Fabricants de Fécule du département des). — Fécules.   **(E. C.) (QUAI.)**

CLAUDEL (V^e).   JUILLARD & MÉGNIN.   KRANTZ Frères.

110. YBERTY (Jean-T.) & Cie (Successeur de **Magnin**), à Clermont-Ferrand (Puy-de-Dôme). — Pâtes alimentaires.   **(QUAI.)**

> Deux Médailles d'or à l'Exposition de Paris 1878.

COLONIES.

ALGÉRIE.

1. ABRAHAM Sultan à Tlemcen (Oran). — Pâtes alimentaires avec produits du pays.   **(ESPLANADE.)**

2. ABRAM (Antoine), à Bougie (Constantine).— Pâtes alimentaires. **(ESPLANADE.)**

3. ARNAL (Alexandre), à Médéah (Alger). — Semoule de blé dur de Titery.
(ESPLANADE.)

4. ARNAUD (Marius), à Batna (Constantine). — Farine, gruaux, semoule.
(ESPLANADE.)

5. ATARD (François), à Philippeville (Constantine). — Farine de blé tendre, dite tuzelle. Blé tendre.
(ESPLANADE.)

6. AXIACK (Louis), à Bab-el-Oued (Alger) — Blé dur, ble tendre, semoule, farine tuzelle, farine minot (dur et tendre).
(ESPLANADE.)

7. AYME Fils, à Oran. — Blés tendre et dur, farines de tuzelle.
(ESPLANADE.)

8. AZZOPARDI (George) et Cie, à Philippeville (Constantine). — Pâtes alimentaires.
(ESPLANADE.)

9. BASTIDE (Léon), à Bel-Abbès (Oran). — Farine, semoule et son de blé tendre barbu, tuzelle rouge de Provence ; richelle blanche de Naples, etc.
(ESPLANADE.)

10. BENSIDOUN (E.), à Mostaganem (Oran). — Farines tuzelles, semoules blés du pays.
(ESPLANADE.)

11. BERTOLLI (Eugéne), à Bouira (Alger). — Pâtes alimentaires, farines de blé dur et de blé tendre, semoules de blé dur.
(ESPLANADE.)

12. BERTRAND (Émile), à Hussein-Dey (Alger). — Maïs et drèches de maïs puur l'élevage des porcs.
(ESPLANADE.)

13. BOISSET (Louis), à Médéah (Alger). — Pâtes alimentaires, semoules de blé dur, blé dur semoulier de Titery.
(ESPLANADE.)

14. BRIASCO (Laurent), à Médéah (Alger). — Semoule, pâtes alimentaires, blé dur.
(ESPLANADE.)

15. BRINCAT (Joseph), à Sétif (Constantine). — Farine de blé dur. (ESPLANADE.)

16. BUISINE (Florimond), à Marengo (Alger). — Blé tendre en gerbe, blé tendre en sac.
(ESPLANADE.)

17. CAILLAT (Edmond), à Boufarik (Alger). — Tuzelle, minot dur, minot tendre, gruau blé tendre, gruau blé dur, farine de maïs, semoules. (ESPLANADE.)

18. CARRAFANG Fréres, à Mascara (Oran). — Blés tendre et dur, orge, avoine, farines et semoule.
(ESPLANADE.)

19. CASTOGLIOLA (Joseph), à Médéah (Alger).—Semoule de blé dur de Titery.
(ESPLANADE.)

20. CHAPUIS (Henri), à Constantine, rue Nationale, 52. — Meunerie et semoulerie arabe et israélite.
(ESPLANADE.)

21. CHETBOULE (Mardochée), à Mostaganem (Oran). — Farines, tuzelle, semoule.
(ESPLANADE.)

22. Comice agricole de Sidi-bel-Abbès, à Bel-Abbès (Oran). — Céréales diverses.
(ESPLANADE.)

23. Comice agricole de Souk-Ahras, à Souk-Ahras (Constantine). — Céréales, pâtes.
(ESPLANADE.)

24. CORTÈS (Joseph), à Médéah (Alger). — Blé dur semoulier, semoule et farines.
(ESPLANADE.)

25. DARGENTOLLE (Paul), à Nemours (Oran). — Farines de blé tendre et dur.
(ESPLANADE.)

26. DAVID (É.), & COSMANS, à Mostaganem (Oran). — Farines de blé tendre et dur, semoules, céréales diverses.
(ESPLANADE.)

27. DEBONO & CAUCHI, à Bône (Constantine). — Pâtes alimentaires, semoules.   **(ESPLANADE.)**

28. DEBONO & SULTANA, à Bône (Constantine). — Pâtes alimentaires.   **(ESPLANADE.)**

29. DENAVE (Bernard), à Souk-Ahras (Constantine). — Semoule, farine de blé dur, blé dur indigène, orge.   **(ESPLANADE.)**

30. ELLIAOU ben Hayoun, à Tlemcen (Oran). — Semoule de blé dur, farines de blé dur et tendre.   **(ESPLANADE.)**

31. ELLUL Frères, à Mustapha (Alger). — Orge pour brasserie. Malt fabriqué avec la même orge.   **(ESPLANADE.)**

32. FERRERO (Jules), à Saïda (Oran). — Variétés de pâtes alimentaires.   **(ESPLANADE.)**

33. FOUGEROUSSE, à Orléansville (Alger). — Froment tendre en grains et en gerbes.   **(ESPLANADE.)**

34. FOUQUE (Marius), à Affreville (Alger). — Échantillons divers de meunerie.   **(ESPLANADE.)**

35. FRITSCH (Eugène), à Bordj-Bouïra (Alger). — Blé dur, blé tendre, farine tuzelle, farine minot dur, semoule étoile.   **(ESPLANADE.)**

36. GALDÈS (Auguste), à Bône, rue Mermer. — Échantillons de pâtes alimentaires fabriquées chez lui, avec des semoules de blé dur.   **(ESPLANADE.)**

37. GAUCCI (Fidèle), à Medjez-Sfa (Constantine). — Blé dur du pays, farine de blé dur.   **(ESPLANADE.)**

38. GAZANIOL Frères, à Sidi-Brahim (Oran). — Blé tendre, blé dur, avoine ; farines, tuzelle, cos, entière ; semoule, blé dur moyenne, fine.   **(ESPLANADE.)**

39. GÉRIOLA (André), à Constantine, rue Sausay, 14. — Pâtes alimentaires.   **(ESPLANADE.)**

40. GIRAUD Fils ainé, à Blidah (Alger). — Blés tendres, blés durs, orge, avoine, farine de blé tendre et de blé dur, semoule.   **(ESPLANADE.)**

41. GRASSO (Grégoire), à Bel-Abbès (Oran). — Blé tendre et dur, farines et semoules.   **(ESPLANADE.)**

42. GRIVEL, à Saint-Denis du-Sig (Oran). — Blé dur et tendre, farines.   **(ESPLANADE.)**

43. GUIGUE, à Aïn Temouchent (Oran). — Farine tuzelle, blé tendre de 1888.   **(ESPLANADE.)**

44. HAYN (Charles), à Bel-Abbès (Oran). — Blé tendre, orge, avoine, farine, tuzelle, farine entière, semoule grosse et fine.   **(ESPLANADE.)**

45. JEANTET (François), à Achaïches, Commune mixte d'El Milia (Constantine). — Blé adjini, orge, avoine, blé en gerbe, blé m'hamoudi.   **(ESPLANADE.)**

46. LAFITTE (Joseph), à Gouraya (Alger) — Huiles d'olives.   **(ESPLANADE.)**

47. LAROCHE (J.-B.), à El Kseur (Constantine). — Huile d'olives. **(ESPLANADE.)**

48. LAVIE & Cie, à Guelma (Constantine). — Blé, farine et semoule.   **(ESPLANADE.)**

49. LAVIE, Vve & Cie, à Constantine. — Semoules, farine.   **(ESPLANADE.)**

50. LOZE Frères, à Constantine. — Farine de blé dur, farine de blé tendre.   **(ESPLANADE.)**

51. MATHIEU (Émile), à L'Hillil (Oran). — Blé dur, farine tuzelle et minot, semoule potage et semoule étoile. **(ESPLANADE.)**

52. MATHIEU (Gustave), à Perrégaux (Oran). — Farines, tuzelle et entière, blé tendre. **(ESPLANADE.)**

53. MILHAVET (Hyacinthe), à Lourmel (Oran). — Blé tendre et dur, orge, farine tuzelle, farine entière, semoule. **(ESPLANADE.)**

54. MOHRING (Adolphe), à Saouba (Alger). — Farine, tuzelle. **(ESPLANADE.)**

55. MOHRING (François), à Birkadem (Alger).— Farine, tuzelle. **(ESPLANADE.)**

56. MONTEIL (Victor), à Blidah (Alger), rue Grande. — Fécule de patate granulée au gluten de blé dur. **(ESPLANADE.)**

57. MOUTIER (Simon), à Tizi-Ouzou (Alger). — Céréales farine et bechna (sorgho). **(ESPLANADE.)**

58. NARBONNE (Louis), à Hussein-Dey (Alger). — Farines de blé tendre, farine de blé dur, semoules pour vermicellerie. **(ESPLANADE.)**

59. NICOLAS (Charles), à Duvivier (Constantine). — Céréales, produits farineux et dérivés, céréales diverses. **(ESPLANADE.)**

60. NIOCEL (Charles), à Sétif (Constantine). — Farine et semoule. **(ESPLANADE.)**

61. PACE (Salvator), à Bougie (Constantine) — Pâtes alimentaires. **(ESPLANADE.)**

62. PODESTA (Antoine), à Oran, boulevard Séguin. — Pâtes alimentaires et semoules. **(ESPLANADE.)**

63. PODESTA (Marc), à Mostaganem (Oran). — Pâtes fines de toutes sortes avec produits du pays, semoules. **(ESPLANADE.)**

64. ROUEH et CROISSANT, à Damiette (Alger). — Pâtes alimentaires assorties. **(ESPLANADE.)**

65. ROUX (Henri), à Bône (Constantine). — Gâteau alimentaire à base de maïs. **(ESPLANADE.)**

66. SAVERIO VÉNÉZIA, à Alger, faubourg Babel. — Pâtes alimentaires assorties. **(ESPLANADE.)**

67. SCHWARTZ (Charles), à Sétif (Constantine). — Semoules et farines de blé dur. **(ESPLANADE.)**

68. SELLERS (Mme Vve), à Boukanéfis (Oran). — Farines, tuzelle et entière : semoule. **(ESPLANADE.)**

69. SERVAT (Joseph), à Alger, rue Ledru-Rollin, 7. — Farines et semoules. **(ESPLANADE.)**

70. SI AHMED ben Mohamed ben Malek, à Gouraya (Alger). — Froment et autres graines farineuses. Récolte de 1888. **(ESPLANADE.)**

71. SOBRERO (Louis), à Tiaret (Oran). — Blés dur et tendre, farine et semoule, pâtes alimentaires. **(ESPLANADE.)**

72. TRAVERSO (B.), à Arzew (Oran). — Pâtes alimentaires. **(ESPLANADE.)**

COCHINCHINE.

1. Arrondissement de Go-Công, à Go-Công. — Échantillons de paddy. **(ESPLANADE.)**

INDE FRANÇAISE.

1. **Comité d'Exposition**. — Grains, riz, nelly, fécule.   (ESPLANADE.)

2. **TANDOUSOUPRAYARPOULLÉ**. — Bouquet de gerbes de riz en paille.   (ESPLANADE.)

MARTINIQUE.

1. **CALONNE (Séraphin)**, à François. — Fécules diverses.   (ESPLANADE.)

NOUVELLE-CALÉDONIE.

1. **BARA**, à Moindou, — Maïs égrené en épis.   (ESPLANADE.)

2. **BECHTEL**, à Moindou. — Maïs en épis.   (ESPLANADE.)

3. **BOUGIER**, à l'Ile-Nou. — Farine, tapioca, et amidon de manioc, fécule de maïs et de manioc.   (ESPLANADE.)

4. **GRESLAN (de)**, à Dumbéa. — Maïs en épis, fécule magnagna.   (ESPLANADE.)

5. **GUTTIN**, à la Nouvelle-Calédonie. — Maïs.   (ESPLANADE.)

6. **HAYÈS & JEANNENCY**, à Fonwhary. — Blés, orges, avoines, sarrazins, graines de lin, morinda en poudre.   (ESPLANADE.)

7. **HOFF**, à Dumbéa. — Maïs en épis.   (ESPLANADE.)

8. **Internat de Néméara**, à Nouméa. — Sarrazin, maïs, blé.   (ESPLANADE.)

9. **KABAR**, à Houaïlou. — Riz en paille ou padday.   (ESPLANADE.)

10. **KÉRANVAL**, à Koé. — Fécule d'arrow-root.   (ESPLANADE.)

11. **LAURIE**, à Canala. — Riz décortiqué en paille et en pied.   (ESPLANADE.)

12. **MAUCLÈRE**, à Moindou. — Maïs en épis.   (ESPLANADE.)

13. **METZGER (F.)**, station Magenta, à Nouméa. — Maïs en épis.   (ESPLANADE.)

14. **NONENCHWENDER**, à Nouméa. — Farine de manioc, arrow-root.   (ESPLANADE.)

15. **ORREZOLI (Jeanne)**, à la Nouvelle-Calédonie. — Tapioca de manioc, maïs.   (ESPLANADE.)

16. **POULAIN**, à Moindou. — Maïs égrené, et en épis.   (ESPLANADE.)

17. **STREIFF**, à Houaïlou. — Riz en paille ou padday.   (ESPLANADE.)

18. **THOUO (4ᵉ arrondissement de)**, à Thouo. — Farine de manioc.   (ESPLANADE.)

19. **THOUVENIN & Cie**, à Nouméa. — Tapioca en vrac et en paquets.   (ESPLANADE.)

20. **VACHER**, à La Foa. — Graines d'acacia fornèse, maïs en épis   (ESPLANADE.)

RÉUNION.

1. **AUGEARD (Clément)**, à Cilaeos. — Maïs blanc, fécule d'arow-root.   (ESPLANADE.)

2. **AUGEARD (Clément)**, à Cileos. — Maïs rouge de 4 mois.   (ESPLANADE.)

3.   BABET Frères et Cie, à Saint-Pierre. — Riz créole.   (ESPLANADE.)

4.   Crédit Foncier Colonial, à Paris, rue Bergère, 28. — Produits alimentaires.
                    (ESPLANADE.)

5.   DAUDÉ, à Saint-Denis. — Tapioca granulé.   (ESPLANADE.)

6.   DOLABARATZ (A.), Directeur de l'Agence du Crédit Foncier colonial, à Saint-
Denis. — Manioc haché, avoine, maïs jaune et rouge.   (ESPLANADE.)

7.   GÉRARD (Jules), à Saint-Denis. — Tapiocas en grumeaux et granulé de
de manioc, fécule blutée et non blutée de manioc.   (ESPLANADE.)

8.   GÉVIN-MASSÉAUX, à Saint-Paul. — Maïs.   (ESPLANADE.)

9.   LAPEYREIRE (Joseph), Pharmacien de 1re classe de la Marine, à Saint-
Denis. — Graines torréfiées.   (ESPLANADE.)

10.   POTIER (Julien), Directeur du Jardin botanique colonial, à Saint-Denis.
— Cacao et sagou.   (ESPLANADE.)

11.   SELHAUSEN (H.-F.), à Bois-des-Nèfles, Saint-Denis. — Fécule d'arrow-
root, fécule de manioc rose.   (ESPLANADE.)

12.   SELHAUSEN (H.-F.), à Bras-Panon. — Tapiocas.   (ESPLANADE.)

SÉNÉGAL.

1.   AMADY NATAGO, Lam Toro, Chef du **Toro,** (protectorat du Toro). —
Riz sauvage blanc.   (ESPLANADE.)

2.   DIMBA WAR, Président des chefs du **Cayor,** (protectorat du Cayor). —
Mil, dit souna.   (ESPLANADE.)

3.   IBRAHIMA N'DIAYE, Chef du **N'Diambour,** (protectorat du N'Diambour). — Mil, dit fellah et autres.   (ESPLANADE.)

4.   NOIROT (Ernest), administrateur colonial, au Sénégal. — Riz sauvage, graines de nénuphar, mil.   (ESPLANADE.)

TAHITI.

1.   GOUPIL, à Papeete. — Fécule d'arrow-root (tacca pinnatifida) de coco de maioré, de mapé, de manioc.   (ESPLANADE.)

PAYS DE PROTECTORAT.

TUNISIE.

1.   Comité Tunisien (Président : **Mohamed Djellouli),** à Tunis. — Produits alimentaires.   (ESPLANADE.)

2.   Compagnie Franco-Africaine, aux domaines de l'Enfida et Sidi-Tabet. —
Produits de l'agriculture.   (ESPLANADE.)

PAYS ÉTRANGERS.

RÉPUBLIQUE ARGENTINE.

1. **AGUILAR (R.) & Cie**, à Buenos-Ayres. — Farine, son, semoule, blé.
   (PARC.)
2. **AGUIRRE (Benjamin)**, à Tunuyan (Mendoza). — Blé hollandais.   (PARC.)
3. **AYALA (Jean)**, Pampa Centrale. — Blé et tige d'orge.   (PARC.)
4. **ALVEAR (T. de)**, Pampa Centrale. — Maïs et blé.   (PARC.)
5. **ALVIÑA (Michel)**, à Perico-del-Earmen (Jujuy). — Blé.   (PARC.)
6. **ALONZO (A.)**, à Buenos-Ayres. — Collection de blés.   (PARC.)
7. **ANDREU & LABRO**, Buenos-Ayres. — Collections de céréales.   (PARC.)
8. **AQUINO (Marcelin)**, Colonie Jesus-Maria (Santa-Fé). — Blé.   (PARC.)
9. **ARMELA (A.)**, à Pacheco (Buenos-Ayres). — Blé.   (PARC.)
10. **BACIGALUPO**, à Buenos-Ayres. — Farines, blé et blé de Canarie.   (PARC.)
11. **BALLESTEROS (W.)**, à Buenos-Ayres. — Blé.   (PARC.)
12. **BALLETTO, BIDART et Cie**, à Buenos-Ayres. — Produits agricoles. Blé.
   (PARC.)
13. **BANCALARI (M.)**, à Buenos-Ayres. — Farine, son, blé.   (PARC.)
14. **BARAN DE GUI Frères**, à Gualeguaz (E. Rios). — Farine, blés.   (PARC.)
15. **BARRIONUEVO (Grégoire)**, à Famatina (Rioja). — Blés.   (PARC.)
16. **BASAVILBASO (B.)**, à Buenos-Ayres. — Blé.   (PARC.)
17. **BATTILANA (E. E.)**, à Pacheco (Buenos-Ayres). — Blé.   (PARC.)
18. **BERNAN (Philipp)**, à Médinas (Tucuman). — Riz.   (PARC.)
19. **BERNARD (Simon)**, Colonie Caseros (Entre-Rios). — Blé.   (PARC.)
20. **BENVENUTO & Cie**, à Buenos-Ayres. — Orge, blé.   (PARC.)
21. **BERRAZ & LABAT**, à Chivilcoy (Buenos-Ayres). — Blé.   (PARC.)
22. **BERTRAM (W.)**, à Chubut. — Blé.   (PARC.)
23. **BOLLETO (L.)**, à Azcuenaga (Buenos-Ayres). — Orge.   (PARC.)
24. **BORDOY (Jean)**, à Buenos-Ayres. — Blé.   (PARC.)
25. **BRUNT (J.-B.)**, à Chubut. — Orge, blé.   (PARC.)
26. **BURELA (S. M.)**, à Salta. — Différentes espèces de céréales.   (PARC.)
27. **CAMBACÉRÈS (A. T.)**, Pampa Centrale. — Tige de sorgho.   (PARC.)
28. **CALVO (N.)**, à Buenos-Ayres. — Blé.   (PARC.)
29. **CANO (Roberto)**, à Chivilcoy (Buenos-Ayres). — Avoine.   (PARC.)

30. CANTARUTTI Frères, à San-Geromino, (Santa-Fé). — Maïs.   (PARC.)

31. CAPDEVILA (Alphonse), Pampa Centrale. — Tige d'orge.   (PARC.)

32. CASANOVA (Paul), Colonie Caseros (Entre-Rios) — Blé.   (PARC.)

33. CASANOVA (Antoine), à Mendoza. — Maïs rouge, blé,   (PARC.)

34. CASEY (Ed.), à Veclia (Buenos-Ayres). — Orge.   (PARC.)

35. CASTRO (Pierre), à Tunuyan (Mendoza). — Orge.   (PARC.)

36. CASTRO (Florencie), à Tunuyan (Mendoza). — Blé.   (PARC.)

37. CASTRO (S.), à Mendoza. — Blé blanc.   (PARC.)

38. CERENA (Michel), à Santa-Fé. — Blé.   (PARC.)

39. CERETTI (Angel), à Mendoza. — Farine.   (PARC.)

40. CERRO & GONZALEZ, à Buenos-Ayres. — Maïs, blé.   (PARC.)

41. Colonie Amistad, à Santa-Fé. — Maïs.   (PARC.)

42. Colonie Ataliva, à Santa-Fé. — Blé.   (PARC.)

43. Colonie Bella-Italia, à Santa-Fé. — Blé.   (PARC.)

44. Colonie Caraccioli, à Santa-Fé. — Blé.   (PARC.)

45. Colonie Cavour, à Santa-Fé. — Maïs.   (PARC.)

46. Colonie Colastine, à Santa-Fé. — Maïs.   (PARC.)

47. Colonie Fidela, à Santa-Fé. — Blé.   (PARC.)

48. Colonie Franck, à Santa-Fé. — Blé.   (PARC.)

49. Colonie Gessler, à Santa-Fé. — Maïs.   (PARC.)

50. Colonie Grutti, à Santa-Fé. — Blé.   (PARC.)

51. Colonie Helvetia, à Santa-Fé. — Blé, maïs.   (PARC.)

52. Colonie Josephina, à Santa-Fé. — Blé.   (PARC.)

53. Colonie La Temas, à Santa-Fé. — Blé.   (PARC.)

54. Colonie Lehmann, à Santa-Fé. — Blé.   (PARC.)

55. Colonie Nuevo-Jorino, à Santa-Fé. — Blé.   (PARC.)

56. Colonie Osir, à Santa-Fé. — Blé.   (QUAI.)

57. Colonie Pilar, à Santa-Fé. — Blé.   (PARC.)

58. Colonie Progreso, à Santa-Fé. — Blé.   (PARC.)

59. Colonie Rafaela, à Santa-Fé. — Maïs.   (PARC.)

60. Colonie Rafaela, à Santa-Fé. — Blé.   (PARC.)

61. Colonie Roca, à Santa-Fé. — Blé.   (PARC.)

62. Colonie San-Carlos, à Santa-Fé. — Orge.   (PARC.)

63. Colonie San-Geronimo, à Santa-Fé. — Maïs.   (PARC.)

64. Colonie Santa-Maria, à Santa-Fé. — Maïs.   (PARC.)

65. Colonie Santa-Teresa, à Santa-Fé. — Orge, maïs, blé.   (PARC.)

66. Colonie Sastre, à Santa-Fé. — Blé.   (PARC.)

67. Colonie Susana, à Santa-Fé. — Maïs.   **(PARC.)**

68. Colonie Tortuga, à Santa-Fé. — Maïs.   **(PARC.)**

69. Colonie Tortugas, à Santa-Fé. — Blé.   **(PARC.)**

70. Colonie Vila, à Santa-Fé. — Blé.   **(PARC.)**

71. Colonie Wheeluright, à Santa-Fé. — Blé.   **(PARC.)**

72. Commission auxiliaire, à Catamarca. — Blés en tiges, maïs, orge, blé, amidon.   **(PARC.)**

73. Commission auxiliaire, à Chubut. — Blés, orge.   **(PARC.)**

74. Commission auxiliaire, à Formosa. — Amidon, maïs.   **(PARC.)**

75. Commission auxiliaire, à Mendoza. — Collection de maïs.   **(PARC.)**

76. Commission auxiliaire, Misiones. — Maïs, riz.   **(PARC.)**

77. Commission auxiliaire, à Rosario (Santa-Fé). — Collection de maïs, blé, orge.   **(PARC.)**

78. Commission auxiliaire, à Salta. — Blé, maïs, froment, riz.   **(PARC.)**

79. Commission auxiliaire, à San-Juan. — Blés, maïs, orges.   **(PARC.)**

80. Commission auxiliaire, à San-Luis. — Amidon de blé, collection d'avoine, maïs.   **(PARC.)**

81. Commission auxiliaire, à Jujuy.—Amidon de blé, amidon de manioc, quinua et blé.   **(PARC.)**

82. Commission auxiliaire, à Tucuman. — Avoine, maïs, blé.   **(PARC.)**

83. CORDERO (Félix O.), à Santiago-del-Estero. — Blé et maïs, farine de blé et de maïs.   **(PARC.)**

84. CORREA (Armado), à Belgrano (Mendoza). — Farines.   **(PARC.)**

85. CORUÉ, à Vedia (Buenos-Ayres). — Orge.   **(PARC.)**

86. COSSIO (A.), Colonie Caseros (Entre-Rios). — Blés.   **(PARC.)**

87. CRESPO (A.), à Cruz-del-Ejé (Cordoba). — Blé.   **(PARC.)**

88. DELABALLE & Cie, à Mendoza. — Farines.   **(PARC.)**

89. DEMASTRIE LOVATO & Cie, à Buenos-Ayres. — Pâtes diverses.   **(PARC.)**

90. DEVOTO (Antoine), à Buenos-Ayres. — Pâtes.   **(PARC.)**

91. DIZESTI (J. M.), à Candil (Buenos-Ayres). — Blé.   **(PARC.)**

92. DREZ Frères, Colonie Esperanza (Santa-Fé). — Blé.   **(PARC.)**

93. DREYFUS Frères & Cie, à Buenos-Ayres. — Blé.   **(PARC.)**

94. DRYSDALE (F.), à Bragado (Buenos-Ayres). — Seigle.   **(PARC.)**

95. DUGGAN Frères, à Buenos-Ayres. — Luzerne, herbes diverses.   **(PARC.)**

96. ERRAMUSPA, à Buenos-Ayres. — Maïs, blé, orge.   **(PARC.)**

97. ESCHAPP (Émile), à San-Geronimo (Santa-Fé). — Maïs.   **(PARC.)**

98. Établissement Melocoton, à Tunuyan (Mendoza). — Blé.   **(PARC.)**

99. ETCHEPARRE, à Las Heras (Buenos-Ayres). — Blé.   **(PARC.)**

100. ETCHETO (P.), à Buenos-Ayres. — Blé.   **(PARC.)**

101. ETCHETO Frères (Pierre), à Buenos-Ayres. — Farine, semoule, son, blé.   **(PARC.)**

102. FAUREL Frères & Cie, à Buenos-Ayres. — Blé.   **(PARC.)**

103. FERNANDEZ (M.), à Buenos-Ayres. — Blé, orge.   **(PARC.)**

104. FITTE (J. D.), à Tandil (Buenos-Ayres). — Blé.   **(PARC.)**

105. FRANCO (Jean-A.), à San-Pedro (Jujuy). — Riz.   **(PARC.)**

106. FRITTAN (Ed.), à Moreno (Buenos-Ayres). — Orge.   **(PARC.)**

107. GHIRALDO SAENZ & Cie, à Buenos-Ayres. —Blé.   **(PARC.)**

108. GIBBS (S.), à Mendoza. — Blé.   **(PARC.)**

109. GODOY (Maurice), à Mendoza. — Blé rouge.   **(PARC.)**

110. GONZALEZ (Meliton), à Guaimallen (Mendoza). — Farine.   **(PARC.)**

111. GORIA (Pierre), Colonie Jesus-Maria (Santa-Fé). — Blé.   **(PARC.)**

112. GRAPIOLO (Émile), à Buenos-Ayres. — Blé, orge, seigle, avoine, maïs.
                                                                         (PARC.)

113. HEREDIA (Cruz), à Anejos-Sud (Cordoba). — Maïs, blé.   **(PARC.)**

114. HOPPER (Jean), à Santa-Fé. — Orge, blé, maïs.   **(PARC.)**

115. IRUSTA (Caliste), à Maipu (Mendoza). — Maïs.   **(PARC.)**

116. JACQUET (Claude), Colonie Caseros (Entre-Rios). — Blé.   **(PARC.)**

117. JOLLY (A.), à Buenos-Ayres. — Maïs.   **(PARC.)**

118. LAFFEUILLADE (Adolphe), à Général Acha (Pampa Centrale). — Maïs blanc.   **(PARC.)**

119. LAPARTILLA, à Buenos-Ayres. · - Blé.   **(PARC.)**

120. LAVOISIER, à Mendoza. — Orge.   **(PARC.)**

121. LEDESMA (B. & F.) Colonie Colastiné (Santa-Fé). — Blé, maïs, orge.
                                                                         (PARC.)

122. LEFLAMEE, à San-Nicolas (Buenos-Ayres). — Maïs.   **(PARC.)**

123. LEMOS (Emiliano), à Las Heras (Mendoza). — Maïs rouge.   **(PARC.)**

124. LESCANO (Joseph), à Las Heras (Mendoza). — Maïs.   **(PARC.)**

125. LOPEZ, à Gorostiaga (Buenos-Ayres). — Blé.   **(PARC.)**

126. LOTELO (Desiderio), à Tunuyan (Mendoza). — Maïs.   **(PARC.)**

127. LOWÉ (Nicolas), à Buenos-Ayres (Mercèdes). — Herbes diverses. **(PARC.)**

128. MADERNA (A.), à Santa-Fé. — Blé.   **(PARC.)**

129. MAGRI (Emile), Colonie Caseros (Entre-Rios). — Blé.   **(PARC.)**

130. MALCHI (Ceferino), à Guaimallen (Mendoza). — Farines.   **(PARC.)**

131. MALDONADO (Antoine), à Rivadavia (Mendoza). — Blé, farine.
                                                                         (PARC.)

132. MALLMAN (Manuel), à Mendoza. — Collection de blé, maïs blanc.
                                                                         (PARC.)

133. MARCONE (A.), à Buenos-Ayres. — Blé, maïs, avoine.   **(PARC.)**

134. MARCHETTI (Félix), à Buenos-Ayres. — Blé.   **(PARC.)**

135. **MARTINER (Segundo)**, à Las Heras (Mendoza). — Orge.   (PARC.)

136. **MAURY Frères**, à Uruguaz (Entre-Rios). — Farine.   (PARC.)

137. **MIGONI (François)**, à Guaimallen (Mendoza). — Farine.   (PARC.)

138. **MIRANDA (Jean)**, à Quilmes (Buenos-Ayres). — Blé.   (PARC.)

139. **MOLÉRÉS, MARCOARTRI & Cie**, à Buenos-Ayres. — Collection de diverses espèces de blé, orge, avoine, maïs, millet.   (PARC.)

140. **MOLINA (A.)**, à Manantial (Tucuman). — Riz.   (PARC.)

141. **MOLINA (Martin)**, Pampa Centrale. — Blé.   (PARC.)

142. **MONILLO**, à Lujan (Buenos-Ayres). — Orge.   (PARC.)

143. **MOVANDI**, à Varela (Buenos-Ayres). — Blé.   (PARC.)

144. **MOULIN MERLO**, à Junin (San-Luis). — Farine de blé.   (PARC.)

145. **Moulin Saint-Paul**, à Chacabuco (San-Luis). — Farine de blé.   (PARC.)

146. **MOYANO (Leandro)**, à Las Heras (Mendoza). — Maïs jaune.   (PARC.)

147. **NOGUES (Alexandre)**, à Mercédès (Buenos-Ayres). — Farine de semoule   (PARC.)

148. **NOUGUÉS Frères**, à San-Pablo (Tucuman). — Riz.   (QUAI.)

149. **NOVOA (L.)**, à Buenos-Ayres. — Blé.   (PARC.)

150. **OCAMPO (R.)**, à Jamatina (Rioja). — Maïs.   (PARC.)

151. **OJÉA (Antoine)**, à Zapiola (Buenos-Ayres). — Blé.   (PARC.)

152. **ONCTO (Michel)**, à Buenos-Ayres. — Blé.   (PARC.)

153. **ORCOYEN (P.)**, à Buenos-Ayres. — Blé.   (PARC.)

154. **OROÑO (N.)**, Colonie Joaquina (Santa-Fé). — Blé.   (PARC.)

155. **ORTIZ**, à Zarate (Buenos-Ayres). — Blé.   (PARC.)

156. **ORCOYEN (J.)**, Carlos-Keen (Buenos-Ayres). — Maïs.   (PARC.)

157. **OYLVENART (Pierre)**, à Général-Acha (Pampa centrale). — Maïs blanc.   (PARC.)

158. **PAEZ (J. E.)**, à Minas (Cordoba). — Blés.   (PARC.)

159. **PALACIO (Benjamin)**, à Las Heras (Mendoza). — Blé blanc.   (PARC.)

160. **PALACIO (Ignace)**, Pampa Centrale. — Truite du Rio Colorado.   (PARC.)

161. **PAOLI (Cirile)**, Pampa centrale. — Maïs blanc.   (PARC.)

162. **PEGASANO**, P. de Buenos-Ayres. — Collection d'orges et de blés de Canarie.   (PARC.)

163. **PEIRANO (Santiago)**, à Rosario (Santa-Fé). — Pâte d'Italie.   (PARC.)

164. **PENANO (Maurice)**, à San-Pedro (Jujuy). — Riz.   (PARC.)

165. **PERAZZO (D.)**, (Buenos-Ayres). — Collections de blés et maïs.   (PARC.)

166. **PETITH (D.)**, à Carcaraña, (Santa-Fé). — Blé et maïs.   (PARC.)

167. **PEYRANTE (Paul)**, à Mendoza. — Orge.   (PARC.)

168. **PIAGGIO (E.)**, à Buenos-Ayres. — Blé.   (PARC.)

169. **PINTO (Louise E. de)**, à Chamical (Jujuy). — Échantillons de maïs.   (PARC.)

170. PORTHI (E.), (Buenos-Ayres). — Maïs.   (PARC.)

171. Quinta Agronomica, à Mendoza. — Riz, seigle et orge.   (PARC.)

172. RAFFO (E.), (Buenos-Ayres). — Maïs.   (PARC.)

173. RAYO (Isaac). Perico de San-Antonio (Sujuy)) — Maïs et blé.   (PARC.)

174. RICHARD (Louis), Colonie Caseros (Entre-Rios). — Blé et orge.
(PARC.)

175. RIGHE (Jean), Colonie Caseros (Entre-Rios). — Blé.   (PARC.)

176. RIVERA (Manuel), à Junin (Mendoza). — Maïs blanc et jaune.   (PARC.)

177. RIVERO (L.), à Rio-Cuarto (Cordoba). — Blé.   (PARC.)

178. RIVIÈRE (J. M.), à Ajal (Buenos-Ayres). — Farines.   (PARC.)

179. ROCA (A.), Pampa Centrale. — Tige de blé.   (PARC.)

180. RODRIGUEZ (C.), à Buenos-Ayres. — Collections de blés, maïs et avoine.
(PARC.)

181. ROLDAN & FERNANDEZ, à Santa-Fé. — Blé.   (PARC.)

182. ROMERO (Jean), à Victorica (Pampa Centrale). — Tige de blé.   (PARC.)

183. ROMERO (Valentin), à Victorica (Pampa Centrale). — Tiges de blé, maïs
blanc.   (PARC.)

184. RUBER (Joseph), à San-Lorenzo (Santa-Fé). — Maïs.   (PARC.)

185. SAENZ (Émile) & Cie, à Buenos-Ayres). — Orge, maïs, blé.   (PARC.)

186. SALCEDO Frères, à Jamatina (Rioja). — Blés, maïs.   (PARC.)

187. SAN JUAN (Gabriel), Colonie Vila (Santa-Fé). — Maïs.   (PARC.)

188. SAN JUAN (Raphael), Colonie Rafaela (Santa-Fé). — Orge.   (PARC.)

189. SCARIONI (Pierre), Colonie Caseros (Entre-Rios). — Blé.   (PARC.)

190. SANTIVAÑER (P.), à San-Carlos (Mendoza). — Blés.   (PARC.)

191. SOBRADO (B.), à Roque-Perez (Buenos-Ayres). — Maïs.   (PARC.)

192. SOMMARIVA (J.), à Buenos-Ayres. — Collections de maïs, blé.   (PARC.)

193. SOMOZA (Jean), à J. Guerrico (Buenos-Ayres. — Blé.   (PARC.)

194. SOTERAS (Jean), à Chilecito (Rioja). — Blés, maïs.   (PARC.)

195. SOTO (H.), à San-Javier (Cordoba). — Farine de blé, amidon.   (PARC.)

196. TAQUELA (Antoine), à Diamante (Entre-Rios). — Blé, maïs et farine.
(PARC.)

197. TAUREL Frères & Cie, à Chivileoy (Buenos-Ayres). — Blé.   (PARC.)

198. TERATO (François), Colonia-Gessler (Santa-Fé). — Blé.   (PARC.)

199. TEZANOS, PINTO, ALVIÑA & Cie, à Sujuy. — Farine de blé.
(PARC.)

200. TEWES (A.), à Hinojo (Buenos-Ayres). — Avoine.   (PARC.)

201. TONIONI (Alphonse), à San-Lorenzo (Santa-Fé). — Blé.   (PARC.)

202. UNZUÉ (J). & Fils, à Buenos-Ayres. — Collections de maïs, orges, blés
et avoines.   (PARC.)

203. VAQUIÉ (Augustin), à Maipu (Mendoza). — Maïs blanc.   (PARC.)

204. **VEGA (Albin de la),** à Jamatina (Rioja). — Maïs, orge.   **(PARC.)**

205. **VERDE (Auri),** à Calamucita (Cordoba). — Maïs.   **(PARC.)**

206. **VIDAL (Charles),** Pampa Centrale. — Tige d'avoine et d'orge.   **(PARC.)**

207. **VILLACIAN (Santiago),** 9 de Julio (Mendoza). — Blés.   **(PARC.)**

208. **WAGNER (Dr),** à Esperanza (Santa-Fé). — Orge.   **(PARC.)**

209. **WENTI (Aldophe),** à S. Eevonimo (Santa-Fé). — Orge.   **(PARC.)**

210. **Van WIEL (J.),** à Colonie-Helvecia. — Orge, maïs.   **(PARC.)**

211. **ZAMBRANO (A.),** à Victorica (Pampa Centrale). — Tige de blé.   **(PARC.)**

212. **ZIETYOHAM (F.),** à Cordoba. — Avoine.   **(PARC.)**

213. **ZIMMERMANN & CHIHIGAREN,** à Buenos-Ayres. — Collections
de blés, farines.   **(PARC.)**

214. **ZOPPI (Y.),** à Buenos-Ayres. — Collections de maïs, blés, avoines.   **(PARC.)**

AUTRICHE-HONGRIE.

1. **ALTSCHUL (Joseph),** à Paris, rue de la Chapelle, 19.— Produits de minoterie
des moulins Mueller Bäcker de Budapest.   **(QUAI.)**

2. **ALTSCHUL & Cie** à Paris, rue de Dunkerque, 36 bis. — Produits de minoterie du moulin « Gisella » de Budapest.   **(QUAI.)**

3. **BERGER (Robert),** à Budapest. — Produits du moulin à vapeur « Louisen »
        (QUAI.)

4. **BRUM & Fils,** à Vienne IX, Pérégringasse, 1. — Malt façon Munich, façon
Vienne, façon Pilsen et façon Paris. — Orges de Hongrie, de Moravie et de Slovakie.
        (QUAI.)

5. **DEUTSCH (Maurus),** à Paris, rue de la Victoire, 29. — Produits de minoterie
des moulins « Elisabeth » de Budapest.   **(QUAI.)**

6. **GIZELLA (Moulin à vapeur)** Directeur : **Louis de Krausz,** député
à Budapest. — Farines de gruau de Hongrie.   **(QUAI.)**

7. **HAUSER (J.) et SOBOTKA (M.),** à Stadlau près Vienne. — Malt pour
bières de Vienne, de Pilsen et de Munich.   **(QUAI.)**

8. **JIRKU (H. M.),** à Birnbaum (Moravie). — Grain de betterave, graine d'orge
pour semence.   **(QUAI.)**

9. **KOHN (Maurice),** à Paris, rue de Clichy, 35. — Produits des minoteries des
moulins réunis de la Banque générale du Crédit hongrois à Budapest.   **(QUAI.)**

10. **MAJDIC (Peter),** à Krainburg. — Farine de froment de Hongrie.   **(QUAI.)**

11. **MANDEL (E.) & Cie,** à Nyirbator (Hongrie). — Farines de seigle de 4
espèces, esprit de vin raffiné, huile de tournesol pour table.   **(QUAI.)**

12. **Moulin à Vapeur,** à Agram (Croatie). — Farine de froment, gruau et
son, diverses espèces.   **(QUAI.)**

13. **Moulin à Vapeur,** à Lozonez (Hongrie). — Produits de minoterie.   **(QUAI.)**

14. **PANNONIA (Société anonyme des moulins à vapeur)** à
Budapest. — Farines de gruaux, types différents.   **(QUAI.)**

15. **REISZ (Sigismond),** à Temesvar (Hongrie). — Produits de minoterie des
moulins à vapeur Pannonia.   **(QUAI.)**

Classe 67.   2★

16. SCHMIDT & CSASZAR, à Budapest, VIII, Szeszgyar-utcza, 4. — Orge mondé, millet mondé, farine de seigle et de son, pain de millet ; gruau pour fourrage.
(QUAI.)

17. VICTORIA (Moulin à vapeur), à Budapest. — Farines de plusieurs qualités.
(QUAI.)

BELGIQUE.

1. BORREMANS-VANCAMPENHOUT (A.), à Forest-lez Bruxelles. Grains et malts d'orges chevalier et d'escourgeons.
(QUAI.)

2. DAUDELOY (Joseph), à Anvers, 207, avenue du Commerce.— Malts. **(QUAI.)**

3. DE BECKER FARCY et Cie, à Molenbeck-Saint-Jean, rue Sainte-Marie, 14. — Pâtes alimentaires, vermicelles, pâtes d'Italie, macaroni, nouilles, semoules.
(QUAI.)
   Maison fondée en 1865. — Meunerie à cylindres et fabrique de pâtes alimentaires. — Récompense : Paris 1867, bronze.

4. DE BOECK Frères, à Bruxelles. — Malts.
(QUAI.)

5. D'HOEDT-CAUWE (J.), à Bruges. — Malts
(QUAI.)

6. ELSEN (A. J. A.) & Cie, à Anvers, rue Ellerman. — Riz, farine et fleur de riz.
(QUAI.)

7. KEULEMANS & WINDELINCX, à Malines. — Malts.
(QUAI.)

8. LIPPENS (P. A.), ferme Hazegras, à Gand, rue Digue de Brabant, 7 — Grains en paille et en flacons.
(QUAI.)

9. NÉRINCKX-CARELS, à Hal. — Malts.
(QUAI.)

10. POUSELET (Victor), à Anderlues. — Malts.
(QUAI.)

11. Société anonyme des Usines de Wygmael, anciennement **Remy (E). & Cie,** à Wygmael-sous-Wilsele. — Amidon de riz.
(QUAI)

12. TIMMERMANS Frères, à Bruxelles, rue des Commerçants, 49 —Foments de diverses sortes. Produits de mouture. Pâtes alimentaires de toutes sortes.
(QUAI.)

13. WIELEMANS-CEUPPENS, à Bruxelles-Midi. — Malts.
(QUAI.)

BRÉSIL.

(Voir son Catalogue spécial.)

CHILI.

1. ABBA E HIJOS, à Santiago. — Vermicelles.
(PARC.)

2. BARTHELD (Conrado), à Laja. — Farines.
(PARC.)

3. BESNARD (Julio), à Santiago. — Maïs.
(PARC.)

4. BODEGAS DE SAN ANTONIO, à Melipilla.— Froments, orges. **(PARC.)**

5. BUSTOS (Salvador), à Temuco. — Froments.
(PARC.)

6. CARMONA (Francisco), à Osorno. — Froments.
(PARC.)

7. CARRASCO (Sixto), à Osorno. — Froments.
(PARC.)

8. **CERDA (Téofilo)**, à Casablanca. — Froments, orges.   **(PARC.)**

9. **Commissariat de l'Exposition du Chili**, à Santiago.— Froments, avoines,
orges, maïs, sorgho, alpiste, graines mondées, semoule, fécule, amidon.   **(PARC.)**

10. **Commission provinciale**, de Lebu. — Froments, avoines, orges, maïs.
                                                                              (PARC.)

11. **Commission provinciale**, de Llanquihue. — Avoines.   **(PARC.)**

12. **Commission provinciale**, de Tacna. — Maïs.   **(PARC.)**

13. **CORNEJO (Gregorio)**, à Valparaiso. — Casques de pompier.   **(PARC.)**

14. **EBENSPERGER Frères**, à Lebu. — Farines.   **(PARC.)**

15. **École pratique d'agriculture**, à Conception. — Seigles, froments, orges.
                                                                              (PARC.)

16. **EWING (P. Arturo)**, à Victoria. — Farines.   **(PARC.)**

17. **GARCÉS (Nicanor)**, à Osorno. — Froments.   **(PARC.)**

18. **GARCIA HUIDOBIO (Ricardo)**, à Victoria. — Froments, maïs.
                                                                              (PARC.)

19. **HECK (Carlos)**, à Los Angeles.— Farines, semoule.   **(PARC.)**

20. **HORMAN (Gustavo A.)**, à Valparaiso. — Sons de coco.   **(PARC.)**

21. **HUBE (Jorje)**, à Osorno. — Orges.   **(PARC.)**

22. **KLAGER (Juan)**, à Osorno. — Farines.   **(PARC.)**

23. **MENGUE (Federico)**, à Osorno. — Froments.   **(PARC.)**

24. **MONJE (Juan B.)**, à Osorno. — Froments.   **(PARC.)**

25. **MORENO (Benjamin)**, à Maipo. — Maïs.   **(PARC.)**

26. **OELKERS (Federico)**, à Collipulli. — Froments, avoines.   **(PARC.)**

27. **REBOLLEDO (Pedro)**, à Osorno. — Froments.   **(PARC.)**

28. **RIESCO Frères**, à Santiago. — Farines.   **(PARC.)**

29. **ROJAS CAMPOS (Juan N.)**, à Linarès. — Froments, orges.   **(PARC.)**

30. **SANCHEZ (Dario)**, à Rancagua. — Froments.   **(PARC.)**

31. **SANTA CRUZ (Joaquin)**, à Copiapo. — Froments, orges.   **(PARC.)**

32. **SCHWARZENBERG (Juan)**, à Osorno. — Froments.   **(PARC.)**

33. **SETZ (Escardo)**, à Collipulli. — Farine de seigle.   **(PARC.)**

34. **SUTIL (Diègo)**, à Santiago. — Froments, sons.   **(PARC.)**

35. **THINE (Fédérico)**, à Temuco. — Farines.   **(PARC.)**

36. **TRONCOSO (José A. 2°)**, à Bulnes. — Farines diverses.   **(PARC.)**

37. **UNDURRAGA (Adrian)**, à Los Andes. — Froments maïs.   **(PARC.)**

38. **VALDÈS ORTUZAR (Fabio)**, à Victoria. — Froments, avoines, maïs,
sorgho.   **(PARC.)**

39. **VALENZUELA (Pedro D.)**, à San Carlos. — Froments, maïs.   **(PARC.)**

40. **VASQUEZ (Vicente)**, à Osorno. — Froments.   **(PARC.)**

41. **VIAL GUTZMAN (Ignacia)**, à Rancagua. — Froments.   **(PARC.)**

42. WIEDERHOLD (H.), à Osorno. — Avoines.   **(PARC.)**
43. ZANETTA (Francesco), à Valparaiso. — Vermicelles.   **(PARC.)**
44. ZWANZGER (M.), à Union. — Froments, farines.   **(PARC.)**

RÉPUBLIQUE DOMINICAINE.

1. BOSCH (José G.), à Samana. — Amidon de patate.   **(PARC.)**
2. Commission provinciale d'Azua. — Maïs rouge, amidon de patates.
                                                                (PARC.)
3. Commission provinciale de Seïbo. — Riz, amidon Sagou.   **(PARC.)**
4. GRULLON (Eliser), à Santo-Domingo. — Pâtes alimentaires   **(PARC.)**
5. MORILLO (Mlle Y.), à Moca. — Arrow-Root.   **(PARC.)**
6. RIVAS (Gregorio). — Riz en coques.   **(PARC.)**

ÉQUATEUR.

1. Commission coopérative d'Ambato, à Ambato. — Échantillons de
céréales.   **(PARC.)**
2. Commission coopérative, à Quito. — Maïs.   **(PARC.)**
3. INGENIO EL CARMEN, à Milagro. — Fécule de Yuca.   **(PARC.)**
4. JIJON (Manuel), à Quito. — Farine.   **(PARC.)**
5. MADRID (Carlos F.), à Quito. — Maïs, quina, froment, orge, millet, farine de
maïs et de froment, fécule de pommes de terre.   **(PARC.)**
6. MARTINEZ Frères, à Ambato. — Grains.   **(PARC.)**

ESPAGNE.

1. ALONSO del MORAL (Vicente), à Salamanque. — Céréales.   **(QUAI.)**
2. CALDERON & Fils, à Palencia. — Farines.   **(QUAI.)**
3. CLOT (Juan F.), à Madrid. — Produits farineux.   **(QUAI.)**
4. GALLEGO GARCIA (Ismael), à Montijo de la Vega de Arevalo (Ségovie).
— Blé.   **(QUAI.)**
5. GAYON Y ANQULO (Ramon), à Paniza (Saragosse). — Farines
                                                                (QUAI.)
6. GORDILLO (Diego), à Valence. — Produits agricoles.   **(QUAI.)**
7. LOPEZ SEOANE (Victor), à la Coruna. — Céréales.   **(QUAI.)**
8. SALVADO (Juan), à Valence. — Produits agricoles.   **(QUAI.)**
9. TESIFONTE GALLEGO, à Montijo de la Vega. — Blé.   **(QUAI.)**
10. TREVIJANO & Fils, à Vista Alegre (Logrono). — Produits alimentaires.
                                                                (QUAI.)

ÉTATS-UNIS.

1. Board of Trade, à Chicago, Illinois. — Grains indiquant les différents degrés de l'inspection officielle de l'Etat de l'Illinois. **(QUAI.)**

2. Board of Trade, à Minneapolis, Minn. — Grains indiquant les différents degrés de l'inspection officielle de l'Etat du Minnesota. **(QUAI.)**

3. BUTLER (A. P.), à Columbia, S. C. — Riz en grains et dans ses différentes phases de fabrication, qualités diverses. **(QUAI.)**

4. Glen Cove Manuf. Co. (The), à New-York. — Produits du maïs, du blé, de l'avoine et de l'orge. **(QUAI.)**

5. PILLSBURY (Charles H.), à Minneapolis, Minn. — Farine dans ses différentes phases de fabrication. Echantillons. **(QUAI.)**

6. PRODUITS CÉRÉALES (Exposition Collective sous la direction de **Geom. Wm. Hill)**, à Saint-Paul, Minnesota. — Maïs et grains divers. **(QUAI.)**

Bessey (C. E. prof.) Institut agronomique, à Lincoln-Nebraska.
Black (J. C. Gen'l), à Washington, N. Y.
Bliss (O. S.), à Georgia, Vermont.
Bretz (J. H.), à Oakdale, Nebraska.
Cleveland (The A. B.) Co., à New-York, N. Y.
Dowd (M. Fairchilde), à Kansas-City, Missouri.
Foster (Luther), Prof. Collège Agronomique, à Brookings, Dakota.
Furnas (R. W.), à Brownville, Nebraska.
Galerilson (C. L.), à New-Hampton, Iowa.
Haase (A.I.), à Dakota-City, Nebraska.
Henry (W.A.), Prof. à Madison, Wisconsin.
Higgins (J. F.), à Calhonn, Illinois.

Hutchinson (Samuel), à Norwich, Vermont.
Ingersoll (Charles L.), Président du Collège de Colorado, à Fort-Collins, Colorado, Ill.
Morrow (G. E.), Prof. Université d'Illinois, à Champaign.
Nelson (J. F.), à Olney, Ill.
Nims Bros, à Emerson, Iowa.
Saint-Paul, Minneapolis & Manitoba Railroad, à Saint-Paul, Minn.
Silver (J. P.), à Glenville, Maryland.
Thorn (Chas. E.), Directeur de la Station Expérimentale Agronomique, à Columbus, Ohio.
Vanderhoff (R. H.), à Newton, Ill.
Whitney (C. C.), à Marshall, Minnesota.

7. Schumacher (F.) Co., à Akron, Ohio. — Produits du maïs, du blé, de l'avoine et de l'orge. **(QUAI.)**

8. VOGT (August.), à Willow Point, Texas. — Maïs en grains. **(QUAI.)**

GRANDE-BRETAGNE.

1. Aylesbury dairy Co. (Limited), à Londres, Petersburgh Place. — Froment blanc et rouge, avoine blanche. **(QUAI.)**

2. BUSH (W. J.) & Co., à Londres, Artillery lane, Bishopsgate. — Préparations granulées. **(PALAIS.)**

3. CARBUTT & Co., à Londres, Mincing lane. — Riz et ses produits sous toutes leurs formes. **(PALAIS.)**

4. GILLMAN, SPENCER (Limited), à Londres, Saint-George road Southuwark et usines Gordons Whay Rotherhithe. — Rizine, céréales torréfiées, malt. **(PALAIS.)**

5. **Kepler Extract of Malt Co.** Agent : **Burroughs Wellcome & Co.,** à Londres, E. C., Snow Hill Buildings. — Extrait de malt Kepler. **(QUAI.)**

6. **SPEED & Co., (care of Henry's King & Co.),** à Londres, Cornhill, 65, C. — Arrowroot (Speed) fait à la vapeur, fabriqué à la plantation Périn. **(QUAI.)**

7. **Spratt's patent (Limited),** à Londres, Henry street, Bermondsey.— Biscuits, farine et vivres pour l'armée et la marine. **(QUAI.)**

GRÈCE.

1. **ACRIVOS (Adam),** à Méga Gousgounari (Larisse). — Froment. **(PALAIS.)**

2. **ADAM (Athanase),** à Simicli (Larisse). — Froment. **(PALAIS.)**

3. **ÆFANTIS (B.),** à Chatjiobassi (Larisse). — Froment. **(PALAIS.)**

4. **ÆLIANOS (Michel),** à Andritsena (Messénie). — Maïs. **(PALAIS.)**

5. **AGATHOCLÈS (C. O.) & Cie,** à Pazaraki (Triccala). — Froment. **(PALAIS.)**

6. **AGATHOCLÈS (C. O.) & Cie,** à Stylis (Phtiotide et Phocide). — Farines. **(PALAIS.)**

7. **Aigéens (Commune d'),** à Limni (Eubée). — Maïs. **(PALAIS.)**

8. **AMBAZIS (Jean),** à Rentina (Triccala). — Maïs. **(PALAIS.)**

9. **ANASTASSOPOULO (G. H.),** à Rousvanagba (Arcadie). — Froment. **(PALAIS.)**

10. **Andros (Commune d'),** Cyclades. — Froment, orge. **(PALAIS.)**

11. **ANDROUTSOPOULO (Alexandre),** à Calavryta (Achaïe et Élide). — Maïs. **(PALAIS.)**

12. **APOSTOLIDÈS (P. Ch.)** à Volo (Larisse). — Farines. **(PALAIS.)**

13. **ARGYRI HADGI ARGYRI,** à Pharsale (Larisse).— Froment. **(PALAIS.)**

14. **ARGYROPOULO (Jean),** à Paroekia (Cyclades). — Orge. **(PALAIS.)**

15. **BASTA (Baptiste),** à Cythnos (Cyclades). — Orge. **(PALAIS.)**

16. **BELICOS (Siméon),** à Missolonghi (Étolie et Arcarnanie). — Froment et maïs. **(PALAIS.)**

17. **CAFTUROS (Eustathius),** à Galaxidi (Phtiotide et Phocide). — Froment et orge. **(PALAIS.)**

18. **CALAMBOCA (Evangeli),** à Chatziobassi (Larisse).— Froment. **(PALAIS.)**

19. **CALLIMERI (George) & Fils,** à Syra (Cyclades). — Farines, pâtes. **(PALAIS.)**

20. **CANATAKIS (P. C.),** à Galaxidi (Phtiotide et Phocide). — Froment et orge. **(PALAIS.)**

21. **CAPELLAS (A.),** à Syra (Cyclades). — Orge. **(PALAIS.)**

22. **CARAMBELAS (V.),** à Patras (Achaïe et Élide).—Farines et pâtes. **(PALAIS.)**

23. **CARYSTINAKIS (Epaminondas),** à Andros (Cyclades). — Maïs. **(PALAIS.)**

24. **CERAMARIS (Nicolas),** à Rentina (Triccala). — Froment. **(PALAIS.)**

25. **CHARALAMBIS (Th.),** à Patras (Achaïe et Élide). — Froment, orge et maïs. **(PALAIS.)**

26. **CHOIDAS (T.),** à Calogreza (Attique). — Froment.   (**PALAIS.**)

27. **CHRYSSOPOULO (Adam),** à Pharsala (Larisse). — Froment.   (**PALAIS.**)

28. **COMNINOS (George),** à Mégalopoli (Arcadie). — Froment, orge.   (**PALAIS.**)

29. **CONDILIS (Euthymius),** à Galaxidi (Phtiotide et Phocide). — Froment, orge.
(**PALAIS.**)

30. **CONDYLI (Const. N.)** à Naxos (Cyclades). — Froment.   (**PALAIS.**)

31. **COUCOUTARAS (Panagioti),** à Larisse. — Froment.   (**PALAIS.**)

32. **COUROPOULO (P.),** à Chatziobassi (Larisse). — Froment.   (**PALAIS.**)

33. **COUTSOS (Panagi),** à Amaroussi (Attique et Béotie). — Froment, seigle,
   orge.   (**PALAIS.**)

34. **CRISPI (Nicolas C.),** à Paros (Cyclades). — Froment, orge.   (**PALAIS.**)

35. **Cythère (Commune de)** (Argolide et Corinthie). — Froment.   (**PALAIS.**)

36. **DEMÉTRIADES (Ch.),** à Larisse. — Farines.   (**PALAIS.**)

37. **DERLAS (Jean),** à Alymros (Larisse). — Froment, orge   (**PALAIS.**)

38. **DIAMANTIDES (Anastase),** à Avlonari (Eubée). — Froment.   (**PALAIS.**)

39. **DOURANOS (Basile),** à Nauplie (Argolide et Corinthie). — Seigle.
(**PALAIS.**)

40. **ELEUTHERIOS (Pierre),** à Tsabogha (Arcadie). — Froment.   (**PALAIS.**)

41. **ELIE (Leonidas),** à Nauplie (Argolide et Corinthie). — Froment, orge.
(**PALAIS.**)

42. **ELIOPOULO (Assimakis),** à Athènes (Attique et Béotie). — Froment,
   orge, seigle, avoine.   (**PALAIS.**)

43. **EMBYRICOS (Aristide),** à Andros (Cyclades). — Farine, semoule.   (**PALAIS.**)

44. **Erinéon (Commune d'),** à Patras (Achaïe et Élide). — Froment, orge, maïs.
(**PALAIS.**)

45. **FRANTSIS (Pierre),** à Naxos (Cyclades). — Orge.   (**PALAIS.**)

46. **Gavrio (Commune de),** à Andros (Cyclades). — Orge.   (**PALAIS.**)

47. **GEANNOLATOS (Spiridion),** à Assos (Céphalonie). — Froment.
(**PALAIS.**)

48. **GEANOPOULO Frères,** à Vélestino (Larisse). — Farines, pâtes.
(**PALAIS.**)

49. **GEORGACOPOULO (G.),** à Cyparissia (Messénie). — Froment, maïs.
(**PALAIS.**)

50. **GEORGIADÈS (Jean),** à Lamie (Phtiotide et Phocide). — Froment.
(**PALAIS.**)

51. **GHICAS (Nicolas),** à Triccala. — Froment, orge, riz, sorgho.   (**PALAIS.**)

52. **GIANNES (George),** à Athènes. — Pâtes.   (**PALAIS.**)

53. **GOUTSINOPOULO (Ange),** à Pharsala (Larisse). — Froment.   (**PALAIS.**)

54. **JANOPOULOS (Adam),** à Coroumbalie (Arcadie). — Froment.   (**PALAIS**)

55. **JEANNIDÈS (Em.),** à Amorgos (Cyclades). — Froment.   (**PALAIS.**)

56. **LIALIO & RIGOPOULO,** à Patras (Achaïe et Élide). — Farines et
   pâtes.   (**PALAIS.**)

57. LONGOBARDE (Couvent de), à Longobarde (Cyclades). — Orge.
(PALAIS.)

58. LONGUS (Athanase), à Tegée (Arcadie). — Maïs.   (PALAIS.)

59. MACRYJEANNIS (Jean), à Patras (Achaïe et Élide). — Maïs.
(PALAIS.)

60. MAITOS (Nicolas), à Naxos (Cyclades). — Froment.   (PALAIS.)

61. MALIOPOULOS (Démétrius), à Chaïchal (Triccala). — Froment, maïs.
(PALAIS.)

62. MANOURAS (Aristide V.), à Larisse. — Froment.   (PALAIS.)

63. MARATHÉAS (Nicolas), à Athènes. — Froment.   (PALAIS.)

64. MARGARITTI (Apostolo), à Simieli (Larisse). — Froment.   (PALAIS.)

65. MATAS (George A.), à Lygouris (Argolide et Corinthie). — Froment.
(PALAIS.)

66. MAVROMICHALI (Panagioti), à Aréopolis (Laconie). — Froment.
(PALAIS.)

67. MAVROMICHALIS (Panagi), à Oetylon (Laconie). — Froment.
(PALAIS.)

68. MAVROUKAKIS (C.), à Mégare (Attique et Béotie). — Farines.
(PALAIS.)

69. MINEOS (Jean P.), à Lazarbouga (Larisse). — Froment, orge, maïs, sorgho.
(PALAIS.)

70. Minoa (Commune de), à Nauplie (Argolide et Corinthie). — Froment, orge.
(PALAIS.)

71. MORAITES (Charalambe), à Carvassara (Étolie et Acarnanie). — Froment, orge.
(PALAIS.)

72. Naoussa (Commune d'), à Naoussa (Cyclades). — Froment, orge. (PALAIS.)

73. ŒCONOMIDÈS (A. P.) à Cyparissi (Messénie). — Froment, maïs.
(PALAIS.)

74. Œniade (Commune de), à Catochi (Étolie et Acarnanie). — Froment.
(PALAIS.)

75. Orchomenos (Commune d'), à Orchomenos (Arcadie). — Froment. (PALAIS.)

76. PANDOPOULO (G.), à Chatsiobassi (Larisse). — Froment.   (PALAIS.)

77. PAPADOPOULO (A.), à Limni (Eubée). — Froment.   (PALAIS.)

78. PAPADOPOULO (V.), à Baracli (Larisse). — Froment.   (PALAIS.)

79. PAPATHEODORO (George), à Cazaclar (Larisse). — Froment.
(PALAIS.)

80. Paracheloïde (Commune de), à Paracheloïde (Étolie et Acarnanie). — Froment, orge, avoine.
(PALAIS.)

81. PENESSIS (Cyriacos), à Athènes. — Farines.   (PALAIS.)

82. Phalares (Commune de), à Stylis (Phtiotide). — Froment, orge, maïs.
(PALAIS.)

83. Pharcadon (Commune de), à Triccala. — Froment, maïs.   (PALAIS.)

84. Pharsala (Commune de), à Chaiziobassi (Larisse). — Maïs.   (PALAIS.)

85. Pherrée (Commune de), à Velestino (Larisse). — Froment, maïs, avoine, orge. **(PALAIS.)**

86. PHOCAS (Jean G.), à Pyrgos (Céphalonie). — Seigle, orge, froment. **(PALAIS.)**

87. Platée (Commune de), à Platée (Attique et Béotie). — Froment, avoine, seigle. **(PALAIS.)**

88. Prisons de Corfou, à Corfou — Froment, orge, avoine. **(PALAIS.)**

89. REPAS (Nicolas), à Tegée (Arcadie). — Froment. **(PALAIS.)**

90. RHAIF-AGHA (Abdulah), à Larisse. — Froment, orge. **(PALAIS.)**

91. Sciathos (Commune de), à Sciathos (Eubée). — Orge, maïs. **(PALAIS.)**

92. SCLAVOUNOS (Jean), au Pirée (Attique). — Pâtes. **(PALAIS.)**

93. SCLAVOUNOS & SIMITIS, au Pirée (Attique). — Farines. **(PALAIS.)**

94. Scyros (Commune de), à Scyros (Eubée). — Froment, orge. **(PALAIS.)**

95. Sériphos (Commune de), à Sériphos (Cyclades). — Orge, froment. **(PALAIS.)**

96. SKINAS (Risos), à Larisse. — Froment. **(PALAIS.)**

97. STAICO (Eustathios), à Agrinion (Étolie). — Froment, orge, avoine, maïs. **(PALAIS.)**

98. STAMATOPOULO (Démétrius), au Pirée (Attique). — Pâtes alimentaires. **(PALAIS.)**

99. STAMBOGLOU (Grégoire), à Vryssa-Pharsala (Larisse). — Froment, maïs, orge, avoine. **(PALAIS.)**

100. STAMO (George), à Lacreni (Triccala). — Maïs. **(PALAIS.)**

101. TABACLIS (Démétrius), à Almyros (Larisse). — Maïs. **(PALAIS.)**

102. Tegée (Commune de), à Tegée (Arcadie). — Froment, orge, seigle. **(PALAIS.)**

103. THÉOCHARIS (A.), à Peta (Arta). — Froment, maïs, seigle, avoine. **(PALAIS.)**

104. THÉODOROPOULO (D.), à Gousgounar (Larisse). — Froment. **(PALAIS.)**

105. Tolophone (Commune de), à Vitrinitza (Phtiotide et Phocide).— Froment. **(PALAIS.)**

106. TRAVLOS (Démétrius), à Geracka (Céphalonie). — Froment. **(PALAIS.)**

107. TRIANTAPHYLO (Basile), à Simicli (Larisse). — Froment. **(PALAIS.)**

108. TRIANTI Fils, à Patras (Achaïe et Élide). — Farines et froment. **(PALAIS.)**

109. TSITSELIS (Denys A.), à Lixouri (Céphalonie). — Froment. **(PALAIS.)**

110. VARTHALIDÈS (Jean), à Syra (Cyclades). — Froment, orge. **(PALAIS.)**

111. VOSSINIOTIS (G.), à Imbraïm-Effendi (Arcadie). — Froment. **(PALAIS.)**

112. VOUROS (C.), à Athènes. — Froment, orge, maïs, millet, seigle. **(PALAIS.)**

113. VOURTSOS (Jean), à Xirochori (Eubée). — Froment. **(PALAIS.)**

114. ZAPPAS (C.), à Magoulitsa (Triccala). — Orge, maïs. **(PALAIS.)**

115. ZERVAS (Spiridion), à Égine (Attique et Béotie). — Froment, orge. **(PALAIS.)**

GUATEMALA.

1. **BALVINO DE LÉON**, à Retalhulen. — Riz. (PARC.)
2. **CASTEÑEDA (Valentin)**, à Suchitepecques. — Farines. (PARC.)
3. **CHOC (Juan)**, à Chimaltenango. — Maïs divers. (PARC.)
4. **DONIS (Juan)**, à Santa-Roza. — Maïs. (PARC.)
5. **GONZALEZ (Lucas)**, à Livingston. — Riz. (PARC.)
6. **JELA (Joaquin)**, à Guatemala. — Farines. (PARC.)
7. **LORENZANA (Francisco)**, à Jalapa. — Blé. (PARC.)
8. **MAURICIO (Jacoba)**, à Livingston. — Amidons. (PARC.)
9. **MONTÉNEGRO (Miguel)**, à Guatemala. — Grains d'Ajonpli. (PARC.)
10. **Municipalidad de Cubulco**, à Baja Verapaz. — Riz. (PARC.)
11. **Municipalité de San Andrès de Itzapa**, Département de Chimaltenango. — Farine. (PARC.)
12. **Municipalité de Santa-Catalina**, à Jutiapa. — Maïs, piment rouge, indigo. (PARC.)
13. **MURGA (Ramon)**, à Amaliflan. — Maïs. (PARC.)
14. **ORTEGA (Docteur J. J.)**, à Guatemala. — Farines. (PARC.)
15. **PAZ (Juan)**, à Santa-Rosa. — Amidon. (PARC.)
16. **PEREZ (Jacinto)**, à Jalapa. — Riz. (PARC.)
17. **Préfet de Chiquimula**, à Chiquimula. — Amidon. (PARC.)
18. **RESINOS (Doroteo)**, à Jutiapa. — Tapiocas. (PARC.)
19. **RODAS (Celestino)**, à Jutiapa — Amidon de yuca. (PARC.)
20. **RUIZ (Manuel)**, à Jutiapa. — Maïs noir et blanc. (PARC.)
21. **SALGUERO (Antonio)**, à Santa-Rosa. — Riz. (PARC.)
22. **SOLARES (Juan)**, à Chimaltenango. — Blés. (PARC.)
23. **VALLE (Manuel)**, à Guatemala. — Produits alimentaires. (PARC.)

HAWAI.

1. **Gouvernement hawaïen**, à Hawaï. — Échantillons de farines de taro. (PARC.)

ITALIE.

1. **BERTAGNI Frères**, à Bologne, — Pâtes alimentaires, dites Tortellini et autres. (QUAI.)
2. **PARRILLI Frères (J. & S.)**, à Paris, rue du Grand-Prieuré, 18. — Pâtes d'Italie. (QUAI.)
3. **SANSONE (Sauveur)**, à Termini Imerese. — Pâtes d'Italie. (QUAI.)

4. **TANCREDI (Joseph)**, à Naples, St. S. Nicola alla Dogana. — Pâtes d'Italie, macaroni, vermicelles, etc.   **(QUAI.)**

5. **ZAMBELLI Frères**, à Bologne, via Cavaliera, 16. — Pâtes alimentaires aux œufs (Tortellini).   **(QUAI.)**

JAPON.

1. **FUJITA (Kakuzo)**, Osaka-fu, Katano-Kori. — Vermicelles.   **(PALAIS.)**

2. **FUKUI (Asajiro)**, Hiogo-Ken, Uhara-Kori. — Vermicelles.   **(PALAIS.)**

3. **HAMADA (Tokubei)**, Hiogo-Ken, Uhara-Kori. — Vermicelles.   **(PALAIS.)**

4. **HIDEKAWA (Shokei)**, Osaka-fu, Shiki-Kori. — Hoshii dit Domioji (espèce de semoule de riz).   **(PALAIS.)**

5. **KUBOTA (Motokichi)**, Osaka-fu, Katano-Kori. — Riz, blés, orges. **(PALAIS.)**

6. **KUMAMOTO-KENCHO**, Kumamoto (Préfecture de Ken). — Riz. **(PALAIS.)**

7. **MATSUMOTO (Kanjiro)**, Tochigi-Ken, Shimotsuga-Kori. — Riz. Farines de riz.   **(PALAIS.)**

8. **Ministère de l'Agriculture et du Commerce** (Direction de l'Agriculture), à Tokio. — Riz brut, décortiqué et blanchi, sake (vin de riz), tige de riz, orge, tiges d'orge, blés, hadakamugi (horderum), tiges de hadakamugi.   **(PALAIS.)**

9. **MIWA (Hikoshiro)**, Hiogo-Ken, Arima-Kori. — Riz.   **(PALAIS.)**

10. **MORII (Hikojiro)**, Osaka-fu, Katano-Kori. — Vermicelles.   **(PALAIS.)**

11. **MUTO (Ko-Itsu)**, Gunma-Ken, Yamada-Kori. — Riz, blé, farine de blé.
                    (PALAIS.)

12. **NAGASAKA (Jozayemon)**, Yamanashi-Ken, Higashi-Yamanashi-Kori. Riz.   **(PALAIS.)**

13. **NIHON BEIKOKU - SHUSHUTSU - KAISHA** Hiogo - Ken, Kobe-Ku. — Riz bruts et riz mondés.   **(PALAIS.)**

14. **OKADA (Gengoro)**, Iwate-Ken, Hiyenuki-Kori. — Fécule de Erythronium grandiflorum.   **(PALAIS.)**

15. **OKAMOTO (Kiichiro)**, Osaka-fu, Katano-Kori. — Vermicelles, vermicelles préparés avec des œufs.   **(PALAIS.)**

16. **OMORI (In)**, Iwate-Ken, Minami-iwate-Kori. — Blé, fécule de Erythronium grandiflorum.   **(PALAIS.)**

17. **ONISHI (Zentaro)**, Hiogo-Ken, Arima-Kori. — Riz.   **(PALAIS.)**

18. **SHINOBE (Chozo)**, Hiogo-Ken, Uhara-Kori. — Vermicelles.   **(PALAIS.)**

19. **SUGE (Jihei)**, Iwate-Ken, Ninobe-Kori. — Blés, vermicelles.   **(PALAIS.)**

20. **SUKENO (Shobei)**, Hiogo-Ken, Uhara-Kori. — Vermicelles.   **(PALAIS.)**

21. **TAKABASHI (Toyozo)**, Chibaken Sosa-Kori. — Riz de diverses espèces.
                    (PALAIS.)

22. **TSUNODA (Denyemon)**, Chiba-Ken, Sosa-Kori. — Riz.   **(PALAIS.)**

23. **TSUNODA (Kohei)**, Chiba-Ken, Sosa-Kori. — Riz.   **(PALAIS.)**

24. **WATANABE (Tomozo)**, Chiba-Ken, Sosa-Kori. — Riz, pois secs, orge, blé.   **(PALAIS.)**

25. **YAMANOUCHI (Gisaburo)**, Yamanaschi-Ken, Higashi-Yamanaschi-Kori. — Vermicelles.   **(PALAIS.)**

26. YAMASHITA (Itaro), Osaka-fu, Katano-Kori. — Vermicelles. **(PALAIS.)**

27. YUDA (Sei-Ichiro), Iwate-Ken, Nishi-hei-Kori. — Fécules de Erythronium grandiflorum.   **(PALAIS.)**

NORVÈGE.

1. HANSEN (Peter E.), à Christiania. — Blés et graines.   **(QUAI.)**

PARAGUAY.

1. CUARANTA (Marcos), à Assomption. — Vermicelle.   **(PARC.)**

2. Gouvernement de la République du Paraguay, à Assomption. — Farine de mandioca ; fécule de mandioca.   **(PARC.)**

3. PECCI Frères & Cie, à Assomption. — Vermicelle.   **(PARC.)**

4. SAGUIER (D. Fernando) et Cie, à Assomption. — Farine.   **(PARC.)**

PAYS-BAS.

1. BEEK (Van) & JURJAUS, à Amsterdam. — Riz décortiqués.   **(QUAI.)**

2. BLOEMENDAAL & LAAN à Wormerveer. — Riz.   **(QUAI.)**

3. BREBAART (J.), à Winkel. — Grains et semences cultivés sur les fermes de Winkel, Barsuigerhorn, Anna Paulawna et Wieringes.   **(QUAI.)**

4. BULTMAN (H. F,), à Haarlemmermer. — Collection de produits agricoles.   **(QUAI.)**

5. KORENSCHOOF (Société de), à Utrecht. — Farine de froment étuvée et biscuits étuvés.   **(QUAI.)**

  Diplômes de 1re classe : Paris, 1867 ; Philadelphie 1876 ; Amsterdam 1883 ; Anvers 1885 ; Amsterdam 1887.

6. LEUPEN (Vve J.) et Fils, à Haarlem. — Collection de grains et semences néerlandais.   **(QUAI.)**

7. OLY (T.), à Zaandijke. — Orge mondé et perlé.   **(QUAI.)**

8. Société d'Industrie de Groningue (Président : **S. Huizenga**), à Middelstun. — Collection de grains et semences.   **(QUAI.)**

9. TILVOORDE (Van), à Vollenhove. — Glucose.   **(QUAI.)**

10. VERVEY & SPOORENBERG, à Fiel. — Glucose liquide et massée, et produits de fécule.   **(QUAI.)**

11. WESSANEN & LAAN, à Wormerveer. — Riz brut et pelé, déchets de farine de seigle, farine de froment et déchets.   **(QUAI.)**

PORTUGAL.

1. ALVES & Irmãos. — Produits farineux.   **(QUAI.)**

2. Companhia de Moagens da Estrella, à Lisbonne. — Produits farineux.   **(QUAI.)**

3. CONCEIÇAO (Eduardo da) e SILVA & Irmâos. — Produits alimentaires. **(QUAI.)**

4. COSTA (Eduardo-Antonio da). — Produits alimentaires. **(QUAI.)**

5. MAUTHERO (Francisco). — Produits farineux. **(QUAI.)**

6. MORAES (Domingo-José de) & Irmâos. — Produits farineux. **(QUAI.)**

7. PINHEIRO (Joâo-Torres). — Produits farineux. **(QUAI.)**

8. STEPHANINA (C.) & BÉNARD (E.), — Produits farineux. **(QUAI.)**

COLONIES PORTUGAISES.

1. ANDRADE (H. S. C.), à l'Ile de Santiago. — Farine de manioc. **(QUAI.)**

2. MENDONÇA (J. J. C. de), à l'Ile de Santiago (Cap-Vert). — Farine de manioc. **(QUAI.)**

3. Musée des Colonies, à Lisbonne. — Collection de farines des provinces de Cap-Vert, Saint-Thomas et Prince, Guinée portugaise, Angola, Mozambique et Inde portugaise. **(QUAI.)**

4. PINTO (M. R.), à l'Ile de Sâo Thome. — Farine de manioc. **(QUAI.)**

5. ROCHA (J. F. P. da), à l'Ile de Santiago (Cap-Vert). — Farine de manioc. **(QUAI.)**

6. ROSA (F. P.), à l'Ile de Santiago (Cap-Vert). — Farine de manioc. **(QUAI.)**

7. SERRA (J. C.), à l'Ile de Santiago. — Farine de manioc. **(QUAI.)**

ROUMANIE.

1. BAICAN (Alexandre), à Odobesti (Putna). — Blé, maïs, orge, avoine, seigle, millet. Vins vieux d'Odobesti. **(QUAI.)**

2. BREAZU (Ghitza G.), à Cuilnitza (Muscel). — Maïs, colza, haricots, chanvre. **(QUAI.)**

3. BURBURE de WESEMBEEK (H. de), à Dersca (Mihaileni). — Blé, seigle, avoine, maïs, colza. **(QUAI.)**

4. COZADINI (Grigori), à Clinesti (Neamtzu). — Blé, maïs, orge, avoine, pois. **(QUAI.)**

5. DRAGOMIRESCO (Prêtre Nicolas), à Capu Piscului (Muscel). — Maïs et épis de maïs. **(QUAI.)**

6. HINA (Alexandre G.) et RIZO (Mihail), à Vaslui. — Maïs. **(QUAI.)**

7. IONESCU CONSTANTIN (Dican), à Vranesci (Muscel). — Maïs en épis, haricots **(QUAI.)**

8. JEKEL (Carol), à Vaslui, rue Stefan cel Mare. — Farines de blé, semoule. **(QUAI.)**

9. KONIG (Frantz), à Vaslui. — Farines de blé. **(QUAI.)**

10. MARESCH (B. V.), à Mizil. — Produits agricoles. **(QUAI.)**

11. MARGHILOMAN (Jean), à Bucharest, rue Biserica Amzi. — Blé, céréales, maïs, lin, colza, haricots, cameline, etc. **(QUAI.)**

12. MILLAS et Fils, à Braïla. — Farines de blé et sons. **(QUAI.)**

13. NICOLAS (Jean), à Jassy, rue Stefan Cel Mare, 15. — Blé et maïs de 1888
(QUAI.)

14. POLIZU (Costake), à Odobesti (district de Putna). — Maïs de Vrancea.
(QUAI.)

15. ROZNOVANO (Colonel George), à Gara Rosnow (Neamtzu). — Blé, maïs, colza.
(QUAI.)

16. Société des Moulins à vapeur de Botosani, à Botosani. — Farines, blé, semoules de blé et de maïs, son.
(QUAI.)

17. SOLACOGLU Frères, à Bucharest, calea Mosilor, 122. — Vermicelle, macaroni et diverses pâtes.
(QUAI.)

18. SOULZO SUTU, à Bucharest, strada Coltzéi, 29. — Produits agricoles, maïs et orge de Suzeste, blé de la propriété de Grebau.
(QUAI.)

19. STALPEANO (Janco), à Dirmanesti (Muscel). — Maïs, haricots, blé, avoine.
(QUAI.)

20. STRIKIDI (C. H.), à Tomesti (Vaslui). — Blé et maïs.
(QUAI.)

21. TSARANU (Antoine J.), à Focsani. — Maïs, colza, etc.
(QUAI.)

22. VIDRASCU (Dimitri C.), à Ciorlesti. — Maïs.
(QUAI.)

23. VLADOIANO (Vasile), à Craiova. — Blé, maïs, chanvre, semences oléagineuses.
(QUAI.)

24. ZADIC (Grigori), à Tingujai (Vaslui). — Maïs en grains et en épis.
(QUAI.)

25. ZAPPA (Constantin), Commune de Brosteni noi, par Urziceni. — Farines de luxe et esprit raffiné.
(QUAI.)

RUSSIE.

1. ALTOUNDGI, à Féodocie (gouv^t de Tauride). — Farine grenue.
(QUAI.)

2. BACHKIROFF (E. G.) & Fils, à Nijni-Novogorod. — Farines.
(QUAI.)

3. BEKHTEEFF (S.), à Lipowxa (Gouvernement d'Orel). — Fécule de pommes de terre.
(QUAI.)

4. BERG (Comte), à Zagnitz (district de Derpt) Gouvernement de Livonie. — Seigles.
(QUAI.)

5. DOLGOROUKI (Prince P. D.), Gouvernement de Koursch. — Farines.
(QUAI.)

6. EPSTEIN (M.), à Varsovie. — Graines.
(QUAI.)

Société par actions fondée en 1836.
Récompenses :
Paris 1867, grande médaille d'or.
Philadelphie 1876, médaille d'or.
Paris 1878, médaille d'or.

7. FROLOFF (M.), propriété Zimmermann, à Tambow. — Spécimens de blés en grains.
(QUAI.)

8. GRANATE (Alexandre), à Moscou. — Amidon de riz.
(QUAI.)

9. JAVORONKOFF (M.), à Eletz (Gouvernement d'Orel). — Farine, sons.
(QUAI.)

10. KHVOIKA & MISLIVETZ, à Kiev. — Gerbes et graines.
(QUAI.)

11. KOCH, Gouvernement de Tauride. — Amidon.
(QUAI.)

12. KOROVKINE (Les héritiers A. A.), à Kaliazine, (Gouvernement de Tver). — Amidon.
(QUAI.)

13. MOKCHISKY (M.), à Orcha (Gouvernement de Moguiler). — Farine et huile de tourteau.
(QUAI.)

14. PETROFF (A. A.), à Eletz (Gouvernement d'Orel). — Farines de froment.
(**QUAI.**)

15. PISSAREFF, à Kachira. — Graines.
(**QUAI.**)

16. POTOCKA (Comtesse Marie), à Wysokie-Litewskie (Gouvernement de Grodno). — Grains et graines. Vingt variétés.
(**QUAI.**)

Espèces obtenues par hybridation et sélection.
Directeur des cultures, M. Xavier Bielawski, administrateur des domaines de la Comtesse.
La vente annuelle des graines s'élève à 8,000 hectolitres.

17. SATINE (A.), à Ivanovka (Gouvernement de Tamboff). — Seigle, avoine, etc.
(**QUAI.**)

18. SKARJINSKY (J.), à Muguëi (District Elisabethgrad) et à Bourgone Majari (Stavropol). — Farine.
(**QUAI.**)

19. Société des Moulins d'Alatirk, à Alatir (Gouvernement de Simbirsk). — Farines.
(**QUAI.**)

20. Société des Moulins à vapeur de Novorossïsk, à Sébastopol. — Farine et son.
(**QUAI.**)

21. Société J. Wilms, à Goldstadt (Gouvernement de Tauride). — Amidon.
(**QUAI.**)

22. TALDIKINA (Mme Cath.), à Eletz (Gouvernement d'Orel). — Farine.
(**QUAI.**)

23. TCHATCHKOFF (L.), à Smetanka (Gouvernement de Mohilew).— Farine.
(**QUAI.**)

24. TCHOUMAKOFF (M.), à Kostroma. — Fleur de farines.
(**QUAI.**)

25. TOURBIN (J.), à Eletz (Gouvernement d'Orel).— Graines.
(**QUAI.**)

26. WEINSTEIN (Em) & Fils, à Odessa. — Farine, etc.
(**QUAI.**)

27. WISEL (Maurice), à Varsovie. — Amidon.
(**QUAI.**)

GRAND-DUCHÉ DE FINLANDE.

1. BILLNAES (F. L. Hisinger), à Karis. — Froment, seigle, orge, avoine et autres céréales ; semences de graminées.
(**PARC.**)

2. FABRITIUS (Erneste), à Sjoekulla. — Orge
(**PARC.**)

3. HAARTMAN (d'), à Abo. — Farine d'avoine.
(**PARC.**)

4. JOSTSON JAERAEIS (Josef), à Lemo. — Semence d'alopecurus pratensis. (Vulpin des prés).
(**PARC.**)

SAINT-MARIN.

1. LENSOLI (Francesco), à Saint-Marin. — Grains de semence.
(**PALAIS.**)

SALVADOR.

1. Département de Santa-Ana. — Maïs blanc en grains. Orge perlé.
(**PARC.**)

2. Département de San-Vicente. — Farine de yucca.
(**PARC.**)

3. FIGUEROA (Mme Aurelia), à San-Salvador. — Indigo.
(**PARC.**)

4. GUZMAN (Dr David), à San-Salvador. — Maïs assortis en épis de divers territoires.   (PARC.)

5. MARTIN (José Maria), à Santa-Ana. — Blés.   (PARC.)

6. MARTINO (José Ma). — Blé de los Naranjos.   (PARC.)

7. MONTOYA (Mme Mercedes de), à San-Salvador. — Macaronis gros, moyen, lozaques, vermicelles.   (PARC.)

8. PORTA (Pio), à Chiquimula. — Indigo de Santa-Ana.   (PARC.)

9. Village d'Apaneca. — Sésame. Chiam. Riz en garance. Maïs géant.   (PARC.)

10. Village d'Apastepeque. — Blé sans garance.   (PARC.)

11. Village de C'.inameca. — Riz en garance. Maïs d'été. Petit maïs en épi. Farine de yucca.   (PARC.)

12. Village de Guayabal. — Riz en garance.   (PARC.)

13. Village de Guazapa. — Maïs en épis.   (PARC.)

14. Village de Ilopango. — Maïs nuancé, rose en épis.   (PARC.)

15. Village de Iucuapa. — Riz en garance.   (PARC.)

16. Village de la Palma. — Riz en garance.   (PARC.)

17. Village de Mejicanos. — Maïs en épis.   (PARC.)

18. Village de Panchimalco. — Maïs ocre.   (PARC.)

19. Village de Progreso. — Blé sans garance.   (PARC.)

20. Village de San-Martin. — Maïs Salphor blanc.   (PARC.)

21. Village de Santiago Maria. — Eneldo. Coriandre.   (PARC.)

22. Village de Solcoatit'an. — Petit maïs égrené.   (PARC.)

23. Village de Tejutla. — Maïs jaune en épis. Maïs rose égrené.   (PARC.)

24. Village de Tonacatepeque. — Maïs blanc égrené.   (PARC.)

25. Village de Volcan. — Blé en garance. Riz sans garance. Maïs blanc égrené   (PARC.)

26. Village de Zaragoza. — Riz sans garance. Maïs noir uni.   (PARC.)

27. Ville de Chalatenango. — Orge perlé. Farine de blé.   (PARC.)

28. Ville de Metapan. — Blé sans garance.   (PARC.)

SERBIE.

1. ALEXANDRITCH (Milovan), à Vintcha (dépt de Kragouyevatz). — Farine.   (QUAI.)

2. ATANASYVITCH Frères, à Medjouloujyé (dépt de Belgrade). — Farines.   (QUAI.)

3. BABITCH (Ouroche), à Badnevzi (dépt de Kragouyevatz). — Farines. **(QUAI.)**

4. BAYLONI (Ignat) & Fils, à Belgrade. — Blés pour farines ordinaires, farines, semoule, etc.   (QUAI.)

5. CHETCHOVITCH (Mitcha), à Bania (dépt de Kragouyevatz). — Farines.   (QUAI.)

6. **COSTITCH (Radeyé)**, à Stoubagne (dép^t de Krouchevatz). — Farines. (**QUAI.**)

7. **DJOKITCH (Miloche)**, à Lipovatz (dép^t de Krouchevatz). — Farines. (**QUAI.**)

8. **GRISBACH (Franz)**, à Palanka (dép^t de Semendria). — Farines. (**QUAI.**)

9. **HOMOYL (Janos)**, à Barni (dép^t de Belgrade). — Farines. (**QUAI.**)

10. **MARKOVITCH (Marko O. & Cie)**, à Kragouyevatz. — Farines. (**QUAI.**)

11. **MILOCHEVITCH (Paul)**, à Vrbitza (dép^t de Kragouyevatz). — Farines. (**QUAI.**)

12. **VOUKOVITCH (Agator)**, à Kabilia (dép^t de Krouchevatz).— Farines. (**QUAI.**)

RÉPUBLIQUE SUD-AFRICAINE.

1. **BECKETT (T. W.) & Cie**, à Pretoria. — Froment, maïs, sorgho en grains et en farine. (**ESPLANADE.**)

2. **GOUVERNEMENT (Le)**, à Pretoria. — Froment, seigle, orge, maïs, avoine en grains et en farine. (**ESPLANADE.**)

3. **MEINTJES (Edouard P. A.)**, à Pretoria, Arcadia Mill. — Froment, maïs, farine de froment. (**ESPLANADE.**)

4. **MORRIS et FREAN**, à Ventersdorp. — Blé et farine. (**ESPLANADE.**)

SUISSE.

1. **EPPRECHT (Henri)**, à Zurich. — Lactamyle. (**QUAI.**)
> Nouvelle farine lactée supérieure, Approuvée et diplômée par les Sociétés de médecine et d'hygiène de France.
> Dépôt Général : Verdeil 12, rue Ste-Anne, Paris.

2. **MAGGI (Jules) & Cie**, à Kemptthal (Zurich). — Crèmes d'orge, de riz, de maïs, de blé vert, avénaline, farines de blé torréfié et de gruaux de blé, les mêmes en semoule. (**QUAI.**)
> Fécules de blé et de pommes de terre purifiées, Tapioca et sagou préparés et purifiés.
> Farines de légumes cuits : Pois verts et jaunes, lentilles, haricots blancs et rouges, châtaignes. Farine de châtaignes torréfiées. — Pâtes aux farineux.
> Légumineuse digestive, préparation pour malades.— Farine lactée pour enfants et adultes, en boîtes et en rouleaux, séparables en tablettes.

3. **MOREL (Henri L.)**, à Lausanne. — La gallinéa, aliment pour la volaille. (**QUAI.**)

4. **SCHEMIDT (Jean)**, à Wynigen (Berne). — Alphitoga lactine. (**QUAI.**)

5. **Société farine lactée Henri Nestle**, à Vevey (Vaud). — Farine lactée et lait condensé. (**QUAI.**)

6. **VELLINO (C.) & Cie**, à Saxon (Valais). Conserves de fruits et légumes en boîtes de métal et flacons. (**QUAI.**)

URUGUAY.

1. **CAPURRO (Alberto)**, à Montevideo. — Amidon (**PARC.**)

2. **CELIO (José)**, à Colinia. — Grains d'orge, blé, alpiste. (**PARC.**)

3. **SCHMITH (Gustave)**, à Paysandu. — Grains de lin, blés, alpiste. (**PARC.**)

VÉNÉZUÉLA.

1. Commission de l'État des Andes. — Épis, grains et farine de froment
orge.   **(PARC.)**

2. Commission de l'État Zulia et de la ville de Maracaïbo. —
Riz (oryza catifolio), maïs commun, maïs millo (sorghum), maïs indio, racine de enea
(Typha angustifilia), amidon de yuca (manihot utilissima), amidon de patatas (batatas
eludis), amidon de auyama (cucurbita pepo), amidon de turma, pomme de terre (sola-
num tuberosum), amidon de fruta de pan (artocarpus incisa), sagou de batatas et de
auyama   **(PARC.)**

3. Gouvernement de Vénézuéla. — Fécule d'ocumo (colacasia esculenta,
maïs caraïco (zea mays), fécule de yuca (manihot utilissima), riz (oryza latifolia),
maïs jaune en feuilles, maïs blanc et amidon de yuca de la colonie de Guzman-Blanco.
                                                                         (PARC.)

4. MADRIZ (Federico de la), à Paris, rue Portalis, 10. — Maïs.   **PARC.)**

GROUPE VII.

PRODUITS ALIMENTAIRES.

Classe 68.

Produits de la boulangerie et de la pâtisserie.

FRANCE.

1. **ASTRUC (P.),** à Paris, passage du Saumon, 66. — Croustades, biscuits. (**QUAI.**)

2. **AUGER (E.),** à Dijon (Côte-d'Or), rue des Forges, 46. — Pain d'épices. (**QUAI.**)

3. **AUGRAS & CHRÉTIEN,** à Châteauroux (Indre). — Biscuits, petits-fours. (**QUAI.**)

4. **BARBIER Frères,** à Melun (Seine-et-Marne). — Biscuits, petits-fours, caramels. (**QUAI.**)

5. **BERNARD-CÉSAR (Victor),** à Commercy (Meuse), rue de la Gare. — Madeleines, macarons. (**QUAI.**)
   Exposition universelle, Paris, 1878, médaille de bronze.

6. **Bi·cuits-Georges (Société des),** à Paris, rue du Temple, 21. — Biscuits secs. (**QUAI.**)

7. **BOURDIN (George-E.),** à Reims (Marne), place Drouet-d'Erlon, 22. — Graines, farine et pains de soya pour diabétiques, pains de gluten, boules de pain pour potages. (**QUAI.**)

8. **BRATEAU (George),** à Paris, quai de la Cité. — Pain d'épices, biscuits petits-fours. (**QUAI.**)
   Maison fondée en 1810.
   Quatre brevets. Récompenses : médaille d'argent, Anvers, 1885 ; médaille d'or, Bruxelles, 1888.

9. **BRÉGE (Louis),** à Mennecy (Seine-et-Oise). — Biscuits. (**QUAI.**)

10. **BRUYÈRE et Cie,** à Talence-Bordeaux (Gironde). — Biscuits. (**QUAI.**)

11. **CAUMEL Fils,** à Bédarieux (Hérault). — Biscuits et boulangerie. (**QUAI.**)

12. **COLOMBÉ (Gustave),** à Commercy (Meuse), place de l'Hôtel-de-Ville, 4. — Madeleines de Commercy. (**QUAI.**)

13. **COUSIN (Gaston),** à Chantilly (Oise). — Gâteau de Chantilly. (**QUAI.**)

14. DEMAREST (Paul), à Villers-Cotterets (Aisne). — Pains d'épices, biscuits.
(QUAI.)

15. DUBOIS (Armand), à Paris, rue Quincampoix, 40. — Biscuits, pains d'épices.
(QUAI.)

16. DUMEIX (J.-B.), à Paris, rue du Faubourg-Montmartre, 26. — Pains et galettes normandes.
(QUAI.)

17. FOUCART (Vve), à Paris, passage Véro-Dodat, 11. — Pains de gluten.
(QUAI.)

Fabrique à Vichy-les-Bains (Allier) et à Paris, 14, avenue de Versailles, Paris-Auteuil. Maison de vente, 11, passage Véro-Dodat. Pain de gluten, pâtes et farines de Gluten. Médaille d'argent, Exposition universelle 1878.

18. FRUCTUS et Cie, à Monteux (Vaucluse). — Biscuits français.   **(QUAI.)**

19. GONDOLO (Paul), à Paris, rue d'Aboukir, 123. — Gaufrettes, crême de conserve. Meringues.
(QUAI.)

20. GRISEL (C.-Auguste) et HENRY (E. Raymond), à Paris, rue d'Allemagne, 184. — Chapelures.
(QUAI.)

Poivre, épices, muscades, pistaches.
Rillettes de Tours, saucissons de Lyon et Arles, poudres conservatrices pour la viande, boyaux salés, papiers d'étain, rognures et copeaux, etc.

21. GUILLOUT & Cie, à Paris, 116, rue de Rambuteau. — Pain d'épices, biscuits secs, petits-fours.
(QUAI.)

22. GUISLAIN, à Paris, rue aux Ours, 16. — Pains de toutes sortes.   **(QUAI.)**

23. JACQUET (Philibert), à Paris, rue Richelieu, 92. — Pain grillé.   **(QUAI.)**

24. JAVAULT (Albert-L.), à Paris, rue Lafayette, 51. — Biscottes françaises sucrées, biscottes digestives sans sucre.
(QUAI.)

25. JAVOUHEY (A.) Fils, Successeur, (Maison **J. Javouhey**), à Chartres (Eure-et-Loir), rue de la Tonnellerie, 18. — Pain d'épices.
(QUAI.)

Usines à Saint-Brice. — Fabrique de pains d'épices, de dessert et biscuits par machines à vapeur, breveté s. g. d. g. ; pâtisseries sèches, nonnettes et petits fours ; pain d'épice miel de Bretagne et farine de blé ; pain d'épice miel de Beauce et farine de blé ; pain d'épice miel de Beauce et farine de seigle ; pain d'épice miel de Sologne et farine de blé ; pain d'épice miel de Sologne et farine de seigle. — Mention honorable, Paris, 1867 ; Exposition universelle, Paris, 1878.

26. LE MÉE (François), à Lanvollon (Côtes-du-Nord). — Craquelins sucrés.
(QUAI.)

27. LEPAGE (Michel), à Lanvollon (Côtes-du-Nord). — Pâtisseries, croquelines, biscuits.
(QUAI.)

28. LESAFFRE & BONDUELLE, à Marcq-en-Barœul (Nord). — Levures de grains, dite levure de France, spéciale pour boulangeries.
(QUAI.)

Exp. univ. Paris, 1873. Méd. argent. Exp. univ. Anvers, 1885, dipl. d'honneur. Exp. Bruxelles, 1883, 2 diplômes d'honneur et une médaille d'or.

29. LESUEUR (Jules), à Londinières (Seine-Inférieure). — Pièces montées en pastillage.
(QUAI.)

30. MACHIN (Auguste), à Paris, rue de Turenne, 90. — Pain fabriqué.   **(QUAI.)**

31. Manufacture Parisienne des biscuits Olibet, à Suresnes (Seine). — Biscuits, pains d'épices.
(QUAI.)

Usine à Suresnes (Seine). — Dépôt : 5, rue Turbigo, à Paris
Biscuits de luxe, genre Anglais. Biscuits genre, Reims. Pains d'épices supérieurs.
Récompenses :
Médailles d'argent, Sydney 1880 , Paris 1867 ; Paris 1878 (2 médailles).
Médaille d'or, Anvers 1885.
(Voir à la section Espagnole la société « La Iberica. » Marque : Olibet J. e hijo, à Rentéria (Espagne.)

32. MAUREL Fils, à Gardane (Bouches-du-Rhône). — Pâtisseries, nougat.
(QUAI.)

33. MIGEON et WALTIER, à Barbezieux (Charente). — Biscuits et macarons.
(QUAI.)

34. MOLLIER Frères, à Caen (Calvados), rue Saint-Jean, 205. — Biscuits.
(QUAI.)

35. PAVARD (Michel), à Étampes (Seine-et-Oise. — Gâteaux d'amandes glacés.
(QUAI.)

36. PÉGAT (Joseph), à Paris, rue des Bourdonnais, 30. — Crème de macarons.
(QUAI.)

37. POTIN (Vve Félix), à Paris, boulevard Sébastopol, 103. — Pâtisseries diverses, biscuits Français, biscuits genre anglais.
(QUAI.)

Médaille d'or, Anvers 1885.
Maison de vente, b^d Sébastopol, 101-103, Paris. Gros, rue Palestro, 25. Exportation, rue Palestro, 29. Usine à vapeur, rue de l'Ourcq, 83 à 89. Usine et Entrepôt à Pantin.
Pâtisseries diverses, biscuits français, biscuits genre anglais.

38. PRÉCIS (Victor), à Paris, rue du Faubourg-Saint-Martin, 208. — Gaufrettes françaises.
(QUAI.)

39. RAMBEAUD (René-F.-C.), à Partenay (Deux-Sèvres), Grande-Rue, 4. — Gâteaux d'amandes et biscuits.
(QUAI.)

40. SAVARD (Lucien), à Paris, rue de Vannes, 1. — Chapelures.
(QUAI.)

41. SAVIDAN (Y.-J.), à Paris, rue de Vaugirard, 281. — Échaudés, biscuits, gâteaux secs.
(QUAI.)

42. SCAPINI (Jean), à Paris, 22, boulevard des Filles-du-Calvaire. — Biscuits milanais, nouilles, etc.
(QUAI.)

43. SEGAUST (E.-Gabriel), à Saint-Denis (Seine). — Pains et pâtes de gluten.
(QUAI.)

44. SIGAUT (Jules-J.), à Paris, rue Saint-Martin, 140. — Pains d'épices, biscuits petits-fours, nougats.
(QUAI.)

Pains d'épices en tous genres. Nonnettes Sigaut glacées à la vanille, au chocolat, au café, etc., pavés rafraîchissants au miel pur. Morceaux de toutes grosseurs, garnis de fruits glacés et d'amandes.
Biscuits surfins glacés, biscuits parlants brevetés, petits-fours aux amandes et pour le thé. Nougat fin en boîtes riches.
Spécialité d'articles enveloppés pour l'Exportation.
La Maison J. Sigaut, fondée en 1845, a obtenu les récompenses suivantes aux grandes Expositions : Médaille bronze, Exposition de Londres 1851 ; Médaille de bronze, Exposition de Bayonne 1864 ; Médaille d'argent, Exposition universelle de Paris 1867 ; Médaille d'or, Exposition universelle de Paris 1878 ; Médaille d'or, Exposition d'Anvers 1885.

45. Société des Fabricants de biscuits réunis (Olibet jeune et Fils), à Talence-Bordeaux (Gironde). — Biscuits de luxe.
(QUAI.)

Usine à Talence (Gironde), près Bordeaux.
Usine à La Demi-Lune (Près Lyon).
Dépôts :
5, rue Ravez, à Bordeaux.
7, rue Mercière, à Lyon.
5, rue Papère, à Marseille.
Récompenses : Médailles d'argent, Sydney 1880 ; Paris 1867 ; Paris 1878 (2 médailles) ; Médaille d'or, Anvers 1885.
(Voir à la section Espagnole la société « La Iberica ». Marque : Olibet J. e hijo, à Rentéria Espagne).

46. SPRINGER et Cie, à Maisons-Alfort (Seine). — Levure de grains.   **(QUAI.)**
Récompenses aux Expositions universelles :
Médaille d'or et médaille d'argent, Paris 1878.
M. Max Springer, fondateur, officier de la Légion d'honneur, et son premier directeur, M. Berger, chevalier.
Usines à Maison-Alfort (Seine), et à Ris-Orangis (Seine-et-Oise). — Voir cl. 67 et 73.

47. TARPIN (Charles), à Reims (Marne), rue Colbert, 5. — Biscuits.   **(QUAI.)**

48. TOUZANNE Fils (Alfred), à Bordeaux (Gironde), rue Lormont, 21. — Biscuits, type sénégalais, biscuits pour la marine et pour la troupe.   **(QUAI.)**

49. TREILLARD et Cie, à Paris, rue Saint-Honoré, 229. — Pain de soya-dax pour diabétiques.   **(QUAI.)**

50. TROUSSEL (Eugène), à Paris, rue Saint-Denis, 226. — Pains et pâtisseries.   **(QUAI.)**

51. VAURY (Auguste), à Paris, rue de Rivoli, 162. — Biscuits.   **(QUAI.)**
Médaille d'or, Exposition universelle 1867 ; Médaille d'or, Exposition universelle 1878
Biscuit de troupe et d'équipage. Biscuit-pastille à l'abri de l'invasion des vers. Pain-biscuit de conserve pour l'armée et la marine.

52. VILLARET (Paul-Jules), à Nîmes (Gard). — Croquants, biscuits secs.   **(QUAI.)**

53. VITAL (Bertrand), à Martres-Tolosanne (Haute-Garonne). — Biscuits.   **(QUAI.)**

54. WAVELET-HERNU (A.), à Arras (Pas-de-Calais). — Ronds, nonnettes et cœurs d'Arras.   **(QUAI.)**
Médailles aux Expositions de Paris 1878, Amsterdam 1883 et Anvers 1885.

COLONIES.

—

ALGÉRIE.

1. DUVIALARD (Antoine), à Blad-Guitoun (Alger). — Pains divers.   **(ESPLANADE.)**

2. SCHWARTZ Frères, à Oran, rue Saint-Denis. — Biscuits manufacturés pour le commerce, pain d'épices.   **(ESPLANADE.)**

3. TRUCHI (Aimé), à Constantine.— Confiserie et pâtisserie.   **(ESPLANADE.)**

NOUVELLE-CALÉDONIE.

1. GOUDIN, à Nouméa. — Biscuits.   **(ESPLANADE.)**

RÉUNION.

1. PINDRAY DE SAINTE-CROIX D'AMBELLE (H. de), à Saint-Denis. — Biscuits de bord.   **(ESPLANADE.)**

SÉNÉGAL.

1. DIMBA WAR, Président des chefs du **Cayor,** (protectorat du Cayor). —
Pain de tamarin.   (**ESPLANADE.**)

PAYS DE PROTECTORAT.

TUNISIE.

1. MOHAMED ben **SALEM EL EUCCHI,** à Tunis. — Pâtisseries à
l'huile et au miel « zlabia et flayars, »   (**ESPLANADE.**)

PAYS ÉTRANGERS.

RÉPUBLIQUE ARGENTINE.

1. BAGLEY (M. S.) & Cie, à Buenos-Ayres. — Biscuits. (PARC.)

AUTRICHE-HONGRIE.

1. ADAM (A.), à Budapest. — Pâtisseries fines. (QUAI.)

2. DONTO (Étienne), à Szabadka (Hongrie). — Biscuits divers, brioches aux pavots et aux noix. (QUAI.)

3. SCHWAPPACH (Auguste), à Presbourg (Hongrie). — Gâteaux et brioches aux pavots et aux noix, pâtisseries diverses. (QUAI.)

BELGIQUE.

1. MESTDAGH (Ivon), à Ledeberg. — Pains d'épices. (QUAI.)

2. TIMMERMANS-WELLENS (J.), à Ixelles, chaussée de Wavre, 135. — Pains ordinaires et de fantaisie; pains d'amandes; pains à la grecque; biscottes, etc. (QUAI.)

3. VANNESTE-BUSSCHAERT (Henri), à Bruges, rue Flamande, 57. — Biscuits de Bruges. (QUAI.)

BRÉSIL.

(Voir son Catalogue spécial.)

CHILI.

1. EWING (Pedro S.), à Santiago. — Biscuits fondants. (PARC.)

DANEMARK.

1. MEYER (M. A.), à Copenhague. — Pain de santé dit « Diabetes melitas ». (QUAI.)

ÉGYPTE.

1. ACHMED effendi WANIS, au Caire. — Pâtisseries. (PARC.)

ESPAGNE.

1. CONEY (Juan), à Barcelone. — Biscuits. (QUAI.)

2. RAVES (Juan), à Puycerda (Gerone). — Biscuits. (QUAI.)

3. VINAS et Cie, à Barcelone. — Biscuits. (QUAI.)

GRANDE-BRETAGNE.

1. BAKER (Joseph & Sons), 58 city Rsad, à Londres. Boulangerie et patisserie. (QUAI.)

Tous les genres de pains, gâteaux et patisseries, Produits tous les jours.

Machine à tamiser et à mélanger la farine, à mélanger et pétrir la pâte, à diviser la pâte, huches, batteuses à mélanger les pâtes de gâteaux, machines à nettoyer les raisins, à couper les écorces, à blanchir et à broyer les amandes, four à cuisson continue, Bailey-Baker, pour tous les genres de pain ordinaire et de luxe, biscuits, etc.

Four double et chauffé par une fournaise, four simple à sole biaise et accessoires pour la cuisson des petits pains, pourvus des appareils mécaniques d'éclairage, pyromètres.

Outils perfectionnés nécessaires au métier.

Médaille d'or, Amsterdam 1886.

Barcelone 1888 ; Melbourne 1888.

2. GREENWOOD & BATLEY (Lmited), à Leeds. —   **(QUAI.)**
Agent pour la France ; Émile Triponé, rue de Rome, 35, à Paris.
Constructeurs de machine spéciales pour la fabrication des armes de guerre.
Matériel d'artillerie, torpilles « Whitehead », cartouches et projectiles.
Machines-outils en tous genres pour travailler les métaux et le bois.
Machines à vapeur à grande vitesse, système Armington-Sims, chaudières inexplosibles.
Machines à imprimer, à platine le « Soleil ».
Compteurs à eau, système Roux.
Dynamos, système Jones, lampes à arc, système Hochansen.
Installations complètes d'huileries pour graines de toutes espèces et de moulins à farine.
Machines à peigner et filer la bourre de soie, la schappe, le chinx-grass, etc.

3. Lactina & Restorine Manufacturing Co. (Limited), à Londres, Suf-
folk house, Cannon street. — Aliments pour les veaux.   **(QUAI.)**

4. MACFARLANE LANG & Co., à Glasgow, Victoria Biscuit factory. —
Biscuits et gâteaux de toutes sortes, shortbread écossais.   **(QUAI.)**

5. Spratt's patent (Limited), à Londres Henry street, Bermondsey, et à Paris,
rue des Mathurins, 14. — Tablettes alimentaires pour l'armée et la marine.   **(QUAI.)**

ITALIE.

1. COLOMBETTI (Attilio), à Milan, Maria Segreta, 7. — Biscuits genre anglais
pick-nick, etc.   **(PALAIS.)**

2. CORTIS, LOMBARDINI & Cie, à Paris, rue Saint-Pétersbourg, 34. —
Biscuits, pains de luxe.   **(PALAIS.)**

3. DONATI (Agapito), à Rome, via Principe Umberto, 145. — Biscuits.   **(PALAIS.)**

4. GILIO (Eusèbe), à Paris, rue Saint-Antoine, 126. — Pain de maïs, grissini
(spécialité de Turin), pâtisseries, pain de luxe.   **(PALAIS.)**

5. MAZZOCCHI (Pilade), à Côme, via Luini. — Biscuits aux amandes de Côme
(amaretti), macarons à la vanille, biscuits brésiliens.   **(PALAIS.)**

6. PARIANI (Antoine), à Paris, rue Chauveau-Lagarde, 8. — Machine pour
pâtes alimentaires.   **(PALAIS.)**

7. PARRILLI Frères (I. & S.), à Paris, rue du Grand-Prieuré, 18. — Pâtes
alimentaires.   **(PALAIS.)**

8. SCAPINI, à Paris, boulevard Poissonnière. — Biscuits, gâteaux, pains de fantaisie.   **(PALAIS.)**

JAPON.

1. KAWAUCHI (Miyonosuke), à Osaka-fu, Minami-Ku. — Pâtisseries et
sucreries.   **(PALAIS.)**

2. KOBAYASHI (Rinnosuke), à Osaka-fu, Nishi-Ku. — Awaokoski (gâteau
préparé avec du millet).   **(PALAIS.)**

3. Ministère de l'Agriculture et du Commerce (Direction de l'Agriculture), à Tokio. — Kori-tofu (aliment sec préparé avec du soja), Kori-Konnyaku (aliment
sec préparé avec amorphophollus). Fécule de konnyaku.   **(PALAIS.)**

4. TANABE (Hiosaburo), à Tokio-fu, Minami-Katsushiga-Kori. — Pains.
          (PALAIS.)

5. YAJIMA (Fukujiro), à Tokio-fu, Kanda-Ku. — Pâtisseries et sucreries.
          (PALAIS.)

NORVÈGE.

1. Fabrique de biscuits de Saetre, à Asker, près Heggedal. — Biscuits.
          (QUAI.)

PAYS-BAS.

1. **Boulangerie à vapeur de Haan,** à Amsterdam. — Biscuits pour table et dessert, biscuits pour enfants et vieillards.   **(QUAI.)**

   Boulangerie à vapeur « de Haan », Amsterdam. Fournisseur de la cour des Pays-Bas. Spécialité de biscuits de table et de dessert, exquis pour enfants et vieillards par la pureté, la qualité nutritive et la légèreté.

2. **BUSSINK (Coldewey-Jacobus A.),** à Deventer. — Pain d'épices, gâteaux de Deventer.   **(QUAI.)**

3. **DOKKUM (F. L.),** à Sneek. — Pain d'épices, gâteaux.   **(QUAI.)**

4. **GREETER & Cie,** à Amsterdam. — Biscuits de déjeûner et dessert.   **(QUAI.)**

5. **KLOSSMAN BAERSELMAN,** à Groote Poot. — Gâteaux de Deventer.
                                                                          (QUAI.)
6. **JANSSEN (J. H.),** à Arnhem. — Pain de luxe et pain de ménage.   **(QUAI.)**

   Médaille d'argent : Exposition universelle, Bruxelles 1888.

7. **Nederlandsche Biscuits Fabrick,** à Amsterdam. — Farine pour enfants.
                                                                          (QUAI.)
8. **VERKADE et Cie,** à Zaandam. — Biscuits de Hollande.   **(QUAI.)**

PORTUGAL.

1. **MENDES (José Rodrigues).** — Pâtisserie.   **(QUAI.)**

GRAND-DUCHÉ DE FINLANDE.

1. **JOSTSON JAERAEIS (Josef),** à Lemo. — Pain noir de seigle et pain de froment.   **(PARC.)**

2. **LOEPPOENEN (W.),** à Helsingfors. — Pains et biscuits.   **(PARC.)**

3. **MALMSTROEM (Edla),** à Alande. — Pain noir doux.   **(PARC.)**

SALVADOR.

1. **MONTOYA (Mme Mercedes de),** à San-Salvador. — Pâtes de farine de blé.
                                                                          (PARC.)
2. **JOVEL (Mme Brigite),** à San-Vicente. — Produits de pâtisserie et de boulangerie.   **(PARC.)**

SUISSE.

1. **BALTIS (Ulrich),** à Vevey, rue des Deux-Marchés. — Zwibaks (biscottes).
                                                                          (QUAI.)
2. **BRON (L. Émile S.),** à Ouchy (Vaud). — Zwibacks (biscottes).   **(QUAI.)**

3. **BUSFR (Auguste),** à Liestal (Bâle), Hôtel Faucon. — Pâtés de foie gras et conserves   **(QUAI.)**

4. **MAGGI (Jules) & Cie,** à Kemptthal (Zurich). — Biscuits comprimés pour campagnes militaires.   **(QUAI.)**

   « Concentré de bouillon pour malades, Combinaisons des substances nutritives de la viande à base de peptone avec des matières hydrocarbonées, le tout totalement dissous. Tablettes au peptone combinées à la même base. »

5. **WUST-PEYER (G.),** à Willisau (Lucerne). — Pâtisserie Ringli de Willisau.
                                                                          (QUAI.)

GROUPE VII.

PRODUITS ALIMENTAIRES.

Classe 69.

Corps gras alimentaires.

FRANCE.

1. **ABAYE,** au domaine du Tremblay (Eure). — Beurres, fromages.   (QUAI.)
   Marques de fabrique « Royal Camembert » et « Royal Pont-l'Évêque ».
   Chevalier du Mérite agricole.

2. **ALLCARD (H.-J.),** à Paris, rue Richer, 23. — Beurres en boîtes pour l'exportation, beurres frais et lait frais en boîtes.   (QUAI.)

3. **BAZIN,** à Putot-en-Bessin, par Bretteville-l'Orgueilleuse (Calvados) — Beurres.   (QUAI.)

4. **BIEAU (Jules),** à Paris, rue du Pré-Saint-Gervais. — Olives et huiles d'olives, comestibles.   (QUAI.)

5. **BOCHET (Albert), Laiterie Brayonne,** à Forges-les-Eaux (Seine-Inférieure). — Lait pur et non écrémé, traité par le froid et non bouilli, crème pure.   (QUAI.)

6. **BOLL (Louis),** à Paris, rue de Rivoli, 196. — Extrait de présure liquide, présure solide en pastilles et en poudre, colorant pour beurre et pour fromage.   (QUAI.)

7. **BOUTELLEAU,** aux Guéris, près Barbezieux (Charente). — Lot de fromages de Hollande.   (QUAI.)

8. **BRASSEUR,** à Grandvilliers, commune de la Chapelle-Gautier (Calvados). — Lait.   (QUAI.)

9. **BRETEL Frères,** à Valognes (Manche). — Beurres frais et salés.   (QUAI.)

10. **BRIEZ Fils (Francis),** à Arras (Pas-de-Calais), faubourg Ronville. — Huiles, comestibles.   (QUAI.)

11. **CARRIÈRE (Directeur de la Société civile de producteurs),** à Roquefort (Aveyron). — Fromages de Roquefort.   (QUAI.)

12. **CHANDORA (Léon),** à Moissy-Cramayel (Seine-et-Marne). — Lait frais et conservé, beurres salés et frais, fromages.   (QUAI.)

13. **COTHIAS (Auguste),** au Papelin, près de Sens (Yonne). — Lait.   (QUAI.)

14. **CRUVEILLER (Antoine),** à Rouffignac (Dordogne). — OEufs conservés en boîtes pour l'exportation, la marine militaire et marchande.   **(QUAI.)**

15. **DEDRON (Alexis-François),** à Paris, quai de Gesvres, 2. — Fromages divers.   **(QUAI.)**

16. **DELANOÉ (Prudent) & BAILLIF,** au Bourg-des-Comptes (Ille-et-Vilaine). — Beurres frais et salés pour l'exportation.   **(QUAI.)**

17 **DELHOMME,** à Crézancy (Aisne), ferme de la Croix-de-Fer. — Fromages.   **(QUAI.)**

18. **DEMAGNY (F.),** à Isigny (Calvados). — Beurres destinés à l'exportation.   **(QUAI.)**

19. **DUHAMEL (Gustave),** à Argentan (Orne). — Beurre salé et demi-sel, beurre frais de conserve.   **(QUAI.)**
    Médailles argent et bronze, Exposition universelle 1878.
    Diplôme et médaille d'or, Bruxelles 1888.

20. **DURAFORT Fils,** à Paris, boulevard Voltaire, 162. — Pots et bouteilles pour le transport du lait.   **(QUAI.)**

21. **ESCUYER (Jacques),** à Paris, rue Ampère, 30. — Produits lactés français.   **(QUAI.)**

22. **FABRE (J.-B.),** à Aubervilliers (Seine). — Présure en poudre et liquide, colorants en poudre et liquides pour la coagulation du lait et la coloration des beurres et fromages.   **(QUAI.)**

23. **FARINES (Joseph),** à Trouillas (Pyrénées-Orientales). — Huiles.   **(QUAI.)**

24. **Fondoir central de la Boucherie** (Directeur : **Garde**), à Pantin (Seine), rue de Flandre, 86. — Oléo-margarine, margarine.   **(QUAI.)**

25. **GAND-GASSIOT (Vve),** à Beaune (Côte-d'Or). — Présure liquide.   **(QUAI.)**

26. **GIRARD Fils (Auguste-F.),** à Aix (Bouches-du-Rhône), rue Villeverte, 34. — Huile d'olive.   **(QUAI.)**
    Médaille d'argent, Paris 1855.

27. **GODEFROY,** à Orbiquet, près Orbec (Calvados). — Crème fraîche, beurres frais et salés, fromage de Camembert.   **(QUAI.)**

28. **GOUIN,** à Rennes (Ille-et-Vilaine). — Beurre.   **(QUAI.)**

29. **GOUSSEC (Adrien),** ferme de Rozelles, près Voves (Eure-et-Loir). — Crème, goussu, petits pots de crème naturelle.   **(QUAI.)**

30. **GRIMAULT (Joseph),** à Rennes (Ille-et-Vilaine), rue du Pré-Botté, 36. — Beurre.   **(QUAI.)**

31. **GUÉRAULT-GODARD,** à Fère-Champenoise (Marne). — Fromages façon Brie et façon Coulommiers (médaille d'or grand module à l'Exposition universelle de 1878). Usine à vapeur. Expédition pour la France et pour l'Etranger.   **(QUAI.)**

32. **GUÉRIN,** à Doix (Vendée). — Fromages double crème, trappiste, hollande frais et divers.   **(QUAI.)**

33. **ISNARD (Pierre),** à Nice (Alpes-Maritimes). — Huile d'olives, comestible en bouteilles, en estagnons.   **(QUAI.)**

34. **JOULAUD (Pierre Marie),** à Saint-Brieuc (Côtes-du-Nord). — Beurre frais et demi-sel pour la France, beurre salé et demi-sel pour l'exportation.   **(QUAI.)**

35. **KRICK,** à Bar-le-Duc (Meuse). — Présure liquide préparée avec la caillette de veau. Orantia, colorant végétal.   **(QUAI.)**

36. LACHAISE & Cie, à Aubervillers-les-Forges (Ardennes). — Beurres frais et salés. **(QUAI.)**

37. LEPETIT (Auguste), à Saint-Pierre-sur-Dives (Calvados).— Beurres extra-fins de Normandie frais et salés. **(QUAI.)**

Maison fondée en 1873.

38. LEROUX CYR, à la Guerche-de-Bretagne (Ille-et-Vilaine). —Présure liquide pour la coagulation du lait. **(QUAI.)**

39 LE VIGOUREUX (Émile), à Mézidon (Calvados). — Beurres frais et salés. **(QUAI.)**

40. LEYDE (Victor) Aîné, à Aix (Bouches-du-Rhône). — Huiles d'olives vierges extra-supérieures, de conserve, à goût de fruit, à léger goût fruit, de douces sans goût de fruit ; olives, amandes, etc. **(QUAI.)**

41. MAGNAN Frères, à Romans (Drôme).— Huiles de noix et de colza. **(QUAI.)**

42. MARCY (Albin), à Grasse (Alpes-Maritimes). — Huiles d'olives surfines douces et à goût de fruits.

43. MAUREL, H. PROM & MAUREL Frères, à Bordeaux (Gironde), cours de Gourgue, 3. — Huiles, comestibles de graines. **(QUAI.)**

44. MONDOUINS (F.-F.), à Lyon (Rhône), rue Victor Hugo, 30. — Huiles comestibles. Huiles sublimées neutres lubrifiantes. **(QUAI.)**

45. NAQUET (Justin), à Carpentras (Vaucluse). — Huiles, comestibles. **(QUAI.)**

46. NAUX (George), Beurrerie du Cotentin, à Carentan (Manche).— Beurre salé pour l'exportation, beurre frais d'Isigny pour la consommation. **(QUAI.)**

47. NEL (Émile) & Cie, à Rennes (Ille-et-Vilaine). — Beurre pour l'exportation. **(QUAI.)**

48. PAUL-FUMEY (Émile), à Salins (Jura). — Fromages de Gruyère, petite dimension, conservés dans de petites cuves en bois et porcelaine. **(QUAI.)**

49. PELLERIN (Auguste), à Paris, rue Vivienne, 53. — Graisses alimentaires. **(QUAI.)**

50. PLAGNIOL de JAMES, à Marseille (Bouches-du-Rhône), rue Cherchell, 18. — Huile d'olives. **(QUAI.)**

51. PORTEU (L.-H.-A.), à Rennes (Ille-et-Vilaine), boulevard de la Liberté, 5. — Beurre frais, beurre demi-sel, beurre préparé pour l'exportation. **(QUAI.)**

52. RAVOIRE (A.) & Fils, à Salon (Bouches-du-Rhône). — Huiles d'olives comestibles en flacons, carafes, bonbonnes et fûts. **(QUAI.)**

53. RENAULT (Gustave), à Orléans (Loiret). — Présure liquide. **(QUAI.)**

54. ROSEY (Hyacinthe), à Saint-Martin-de-la-Lieue, près Lisieux (Calvados). — Fromages. **(QUAI.)**

55. ROUBAUD (Louis), fabricant d'huiles d'olives, à Martigues (Bouches-du-Rhône). — Huiles d'olives comestibles. **(QUAI.)**

56. ROULLIER-ARNOULT, à Gambais (Seine-et-Oise). — Œufs à couver de toutes races. **(QUAI.)**

57. Société Colmet & Cie « A l'Olivier », (ancienne Maison **Popelin**), à Paris, rue de Rivoli, 70. — Huile d'olives vierge, huile de foie de morue naturelle. **QUAI.)**

Médaille d'argent, Exposition universelle 1867.

58. Société des Caves et des Producteurs réunis de Roquefort (Directeur : **M. Coupiac),** à Roquefort (Aveyron). — Fromage de Roquefort. **(QUAI.)**

Maison fondée en 1842.

Société anonyme pour l'exploitation générale des Caves de la Rue.

Récompenses obtenues aux Expositions universelles de France et de l'étranger : Paris 1867, 1er prix des fromages français et étrangers ; Médaille d'honneur, Philadelphie 1876 ; Paris 1878, diplôme, hors concours ; Bruxelles 1888, diplôme d'honneur.

Administrateur-directeur : M. Etienne Coupiac, chevalier de la Légion d'honneur.

Représentant à Paris : M. J. Lorin, rue du Louvre, 3.

Représentant à Paris pour l'exportation : M. Abbona, rue Lafayette, 54.

59. Société de Laiterie des fermiers réunis, à Paris, boulevard Richard-Lenoir, 54. — Approvisionnement du lait à Paris, fournisseur des hospices et hôpitaux de la Ville de Paris et de l'Assistance publique, machines frigorifiques et appareils à pasteuriser pour la conservation du lait. **(QUAI.)**

60. SOHIER (Adrien J.-A.), à la Meynardie, commune de la Coquille (Dordogne). — Beurres, fromages. **(QUAI.)**

Dépôt à Limoges, rue Fourie, 7. A. Lugin, représentant.

61. Syndicat de Négociants en huiles de Salon (Exposition collective du), à Salon (Bouches-du-Rhône).— Huiles, comestibles de toute nature. **(QUAI.)**

ARMAND (E.) Père et Fils.
ARMIEUX Fils.
AUDIBERT (E.).
AUTHEMOIN & GAUTHIER.
BARIELLE & JOURDAN, (gendre Pascal).
BARTAGNON & ANASTRY.
BEAUFORT (Lazare).
BÉRANGER & SOULIÉ.
BERNARD (J.).
BLANCHARD.
BLAYAC Jeune.
BOY Jeune.
BOY Père et Fils.
BRANDIS.
CARBONEL (Ferdinand).
CARCASSONNE (D. & J.).
CARROUCHÉ Frères.
CAUVET.
CHABAUD.
CHAFFARD & COUDERC.

CHARRUEL (E.).
CHATEAUNEUF (Vve) et Fils.
COREN (C.) & COREN (J.).
COREN Léopold (Vve) Fils.
CORNU (M.).
COUSTAN & Cie.
DARBÈS & Cie.
DONAT Père et Fils.
FAVRE (Victor).
FOURNIER Jeune.
FRAISSINIER.
FROIDEFONT.
GAILLARD & CAVAILLON.
GEBELIN Frères.
GIRARD & AUQUIER.
GIRARD Frères.
GOUNELLE (M.).
GROS (Paul).
HUNZIKER (Vve) et Fils.
LAUGIER Fils.
LYON Jeune.

MORLET Léon (Vve) et DELMAS.
MAUREL & GRAS.
MARTIN Père et Fils.
PASCAL Père et Fils.
PAYEN (E.).
RAVOIRE (Anthime).
RAVOIRE Frères.
REBIÈRE Père et Fils.
RICARD, gendre JAUFFRET.
ROUBAUD (J.) & MALINET.
ROUGON.
SEMÉAC.
TESTANIER & Cie.
THIRAT.
VIAUD (Marius).
VINCENT (F.) & Cie

62. Union des Propriétaires de Nice (Société de l'), à Nice (Alpes-Maritimes). — Huile d'olives supérieure et eau de fleurs d'oranger extra. **(QUAI.)**

Société anonyme : Capital 500,000 francs.

Fabrication d'huile d'olives supérieure et eau de fleurs d'oranger extra.

Siège social à Nice : 7, Place de l'Hôpital.

Maison de vente à Paris : 10, Avenue de l'Opéra.

63. VAYSSIÈRE (Jean), à Paris, impasse Froissart, 11. — Lait frais. **(QUAI.)**

64. VÉDRINE (Joseph), à Marceirat, arrondissement de Murat (Cantal). — Fromages dits : Roquefort du Cantal. **(QUAI.)**

65. VERMINCK, à Marseille (Bouches-du-Rhône). — Huiles comestibles, tourteaux, etc. **(QUAI.)**

66. VOITELLIER Frères (P. H.), à Mantes (Seine-et-Oise). — Collection d'œufs d'oiseaux de basse-cour de toutes races et de toutes variétés. **(QUAI.)**

Maison à Paris, place du Théâtre-Français, 4.

COLONIES.

ALGÉRIE.

1. **ABDERRAHMAN ben Mahmoud ou Rabah,** à Oued Amizour (Constantine). — Huile fine.
(ESPLANADE.)

2. **ADJABI (Elhoussine),** à El Kseur (Constantine). — Huile d'olives.
(ESPLANADE.)

3. **AHMED ben el Hadj Belkaçem,** aux Béni-Ismail, Commune mixte de Dra-el-Mizan. —Huile kabyle.
(ESPLANADE.)

4. **AHMED ben Rabah ben Boukara,** à Douar-Ouled-Delleli (Constantine). — Huile.
(ESPLANADE.)

5. **AILLAUD (Ferdinand),** à Tizi-Ouzou (Alger). — Huiles d'olives vierges, surfines et extra.
(ESPLANADE.)

6. **AUGÉ (Eugène),** à Sidi Chami (Oran). — Huile à manger.
(ESPLANADE.)

7. **AUGIER.** à Taher (Constantine). — Huiles d'olives.
(ESPLANADE.)

8. **BAILLEUL (Aimé),** à Guélâât bou Sba (Constantine). — Huiles d'olives 1887 et 1888.
(ESPLANADE.)

9. **BAILLY (J.),** à Montenotte (Alger).— Huiles d'olives, années 1887 et 1888.
(ESPLANADE.)

10. **BALLINARD (Dominique),** à Barral (Constantine). — Huile d'olives.
(ESPLANADE.)

11. **BARTHET (Joseph),** à Tizi-Ouzou (Alger). — Huile d'olives. (ESPLANADE.)

12. **BASTIDE (Léon),** à Bel-Abbès (Oran). — Huile d'olives, 1887-1888.
(ESPLANADE.)

13. **BATAILLE Frères.** à Bougie (Constantine). — Huile d'olives.
(ESPLANADE.)

14. **BEAUFRANCHET (baron de),** à l'Oued Frarah (Constantine). — Huiles d'olives de diverses qualités.
(ESPLANADE.)

15. **BECKER,** à Palestro (Alger). — Huile d'olives.
(ESPLANADE.)

16. **BEDECARASBURU (Pierre),** à Duvivier (Constantine). — Huile d'olives du pays.
(ESPLANADE.)

17. **BELKASSEM ben Sliman,** à Seddouk, Commune mixte d'Akbou (Constantine). — Huile fine.
(ESPLANADE.)

18. **BEN AOUDA ben Dzezgeb,** à Tlemcen (Oran). — Huile d'olives.
(ESPLANADE.)

19. **BERBACH (Pierre),** à Héliopolis (Constantine). — Huile d'olives, récolte 1887.
(ESPLANADE.)

20. **BERENGUIER (Jean-B.),** à Cherchell (Alger). — Huile. (ESPLANADE.)

21. **BIRGI (F.-J.),** à Montenotte (Alger). — Huile d'olives. (ESPLANADE.)

22. **BLANC (Auguste),** à Duquesne (Constantine). — Huile d'olives récolte 1888.
(ESPLANADE.)

23. BOISSONNET (Baron), à El-Biar (Alger). — Huile d'olives comestible. **(ESPLANADE.)**

24. BONAND (Adolphe de), à Oued El Aleug (Alger). — Huile d'olives 1888. **(ESPLANADE.)**

25. BONNEMAIN (Ernest), à Azazga (Alger). — Huile d'olives vierge surfine. **(ESPLANADE.)**

26. BOUJOL (Paul), à Héliopolis (Constantine). — Huile d'olives 1887. **(ESPLANADE.)**

27. BOURLIER (Charles), à Réghaïa (Alger). — Huile d'olives. **(ESPLANADE.)**

28. BOUTEILLE & BERTHOUX, à Roumè-el-Souk-la Calle (Constantine). — Fromages. **(ESPLANADE.)**

29. BOUTI (Joseph), à Aïn-Tédelès (Oran). — Huile d'olives 1888. **(ESPLANADE.)**

30. BROTONS (Pierre), à Saint-Denis-du-Sig (Oran). — Huile d'olives 1888. **(ESPLANADE.)**

31. CABASSOT Frères, à Mascara (Oran). — Huiles d'olives 1887. **(ESPLANADE.)**

32. Caisse commerciale de France et d'Algérie (Dubout et Cie), à Boulogne-sur-Mer (Pas-de-Calais). — Huile d'olives de Tlemcen. **(ESPLANADE.)**

33. CAPELA à Relizane (Oran). — Huile d'olives. **(ESPLANADE.)**

34. CARROT (Alexis), à Duvivier (Constantine). — Huile d'olives 1887-1888. **(ESPLANADE.)**

35. CASSAR (M.-A.), à Bône (Constantine). — Huile d'olives sauvages. Huile d'olives surfine. **(ESPLANADE.)**

36. CAYLA (Émile), à Bou-Tlélis (Oran). — Huiles d'olives. **(ESPLANADE.)**

37. CAYLA (Jacques), à Tlemcen (Oran). — Huile d'olives. **(ESPLANADE.)**

38. CAYLA (J.-B.), à Aïn-Fezza (Oran). — Huiles d'olives. **(ESPLANADE.)**

39. CHANCOGNE (Alfred), à Tlemcen (Oran). — Huile d'olives. **(ESPLANADE.)**

40. CHERIF ben Halla, à El Maïn, Commune mixte des Bibans (Constantine). — Huile d'olives. **(ESPLANADE.)**

41. CHUZEVILLE (Jules) & Cie, à Tizi-Ouzou (Alger). — Huile surfine vierge. **(ESPLANADE.)**

42. CLOUET des PERRUCHE (Félix), à Lille (Nord). — Huile d'olives de Medjez-Amar. **(ESPLANADE.)**

43. Comice agricole de Bône, à Bône (Constantine). — Huile d'olives. **(ESPLANADE.)**

44. Comice agricole de Bougie, à Bougie (Constantine). — Huiles d'olives. **(ESPLANADE.)**

45. Comice agricole d'Orléansville, à Orléansville (Alger). — Huile d'olives. **(ESPLANADE.)**

46. Comice agricole de Souk-Ahras, à Souk-Ahras (Constantine). — Huiles. **(ESPLANADE.)**

47. COTTE (Émile), à l'Oued-Amizour (Constantine). — Huile d'olives. **(ESPLANADE.)**

48. COUPUT (Gustave), à Tazmalt (Alger). — Huile d'olives vierge. **(ESPLANADE.)**

49. COURCIER (Junior), à Tlemcen (Oran). — Huile d'olives 1887-1888.
(ESPLANADE.)

50. CROISÉ (L.), à Azazga (Alger). —Huile d'olives, 1888.   (ESPLANADE.)

51. DEBARD (Florentin), à l'Arba (Alger). — Huile d'olives.   (ESPLANADE.)

52. DEBONNO (Charles), à Bouiarik (Alger). — Huile d'olives.   (ESPLANADE.)

53. DESCHANEL Frères & VIOLA, à Azazga (Alger). — Huile d'olives
surfine 1888.   (ESPLANADE.)

54. DICK (Vve Christine), à Palestro (Alger) — Huile d'olives 1888.
(ESPLANADE.)

55. DIETRICH (de), à Chanzy (Oran). — Huile d'olives.   (ESPLANADE.)

56. DIEULEFET (Louis), à Strasbourg (Constantine). — Huile d'olives 1888.
(ESPLANADE.)

57. DOLFUS (Gustave), à El-Hanoser, Commune mixte d'El-Milia (Constantine). — Huile d'olives.   (ESPLANADE.)

58. DRO (Baptiste), à Barral (Constantine). — Huile d'olives vertes.
(ESPLANADE.)

59. DUBARD (Charles), à l'Oued Amizour (Constantine). — Huile d'olives.
(ESPLANADE.)

60. DUFOUR (Charles), à Bougie (Constantine). — Huile d'olives comestible.
(ESPLANADE.)

61. DUPERRAY (François), à El Kseur (Constantine). — Huile. (ESPLANADE.)

62. DUPERRÉ (J.-B.), à El Kseur (Constantine). — Huile d'olives 1888.
(ESPLANADE.)

63. DUROS, à Lavarande (Alger). — Huile d'olives.   (ESPLANADE.)

64. DUVIGEANT (Léonce), à Biskra (Constantine). — Huile d'olives d'El
M'eid.   (ESPLANADE.)

65. EL HACHEMI ben si Lounis, à Tamazirt (Alger). — Huile d'olives.
(ESPLANADE.)

66. FAURE (Louis), à Strasbourg (Constantine). — Huile d'olives. (ESPLANADE.)

67. FLEURY (Alcide), à Hennaya (Oran) — Huile d'olives.   (ESPLANADE.)

68. FONTAN (Jean), à Ouzidan (Oran). — Huile d'olives.   (ESPLANADE)

69. FRANCESCHI (Toussaint), à Dellys (Alger). — Huile d'olives, récolte
1888.   (ESPLANADE.)

70. GAILLARD (F.), à Duvivier (Constantine). —Huile d'olives. (ESPLANADE.)

71. GASQ et LABIT, à Béni-Méred (Alger). — Arachides.   (ESPLANADE.)

72. GAUCCI (Fidéle), à Medjez Sfa (Constantine). — Huile d'olives.
(ESPLANADE)

73. GAUTIER (J.-B.), à Béni-Bou-Milek, Commune mixte de Gouraya (Alger).—
Huile d'olives.   (ESPLANADE.)

74. GIRARDIN (J.-C.), à Bouïra (Alger). — Huile d'olives de la récolte de 1888.
(ESPLANADE.)

75. GRAILLAT (Pierre), à Hennayat (Oran). — Huile d'olives. (ESPLANADE.)

76. GRAND (Joseph), à Zérizer (Constantine). — Huile d'olives. (ESPLANADE.)

77. GRAND, CAVALIER & BOYAS, à Tabouda (Constantine). — Huile.
(ESPLANADE.)

78. GUÉRIN (E.-P.), à Villa d'Agadyr, Tlemcen (Oran). — Huile d'olives 1886.
(ESPLANADE.)

79. GUIRAUD (A.-V.), à Héliopolis (Constantine). — Huile d'olives 1886.
(ESPLANADE.)

80. HACINE BEN AHMED BEN NACEUR, à Khonga-sidi-Nadji,
cercle de Keuchela (Constantine). — Huile d'olives.   (ESPLANADE.)

81. HAVARD (Onésime), à Mansoura (Oran). — Huile d'olives.   (ESPLANADE.)

82. HONNORAT (Vve), à El Kseur (Constantine). — Huile d'olives.
(ESPLANADE.)

83. HUGUES, à Maillot (Alger). — Huile d'olives, 1887 et 1888 ; vinaigre de vin
1888.   (ESPLANADE.)

84. ICARD (Henri), à Pont-de-l'Isser (Oran). — Huile d'olives.   (ESPLANADE.)

85. IMBERT (I.), à Négrier (Oran). — Huile d'olives.   (ESPLANADE.)

86. JEAN (François), à Tlemcen (Oran). — Huile d'olives surfine. (ESPLANADE.)

87. JORELLE (Augustin), à Attatba (Alger). — Huile d'olives.   (ESPLANADE.)

88. KAOUADJI, à Tlemcen (Oran). — Huile d'olives.   (ESPLANADE.)

89. KAROUBI MESSAOUD, à Oran. — Huile d'olives.   (ESPLANADE.)

90. KIÉNÉ (Vve), à Mekla (Alger). — Huile d'olives.   (ESPLANADE.)

91. LACOMBE (Barthélemy de), à Bône (Constantine). — Huile.
(ESPLANADE.)

92. LADARRE (François dit André), à Mascara (Oran). — Huile d'olives.
1887.   (ESPLANADE.)

93. LAFITTE (Joseph), à Gouraya (Alger). — Huile d'olives.   (ESPLANADE.)

94. LAMASSOURE (Jean), à Bréâ (Oran). — Huile d'olives.   (ESPLANADE.)

95. LAMASSOURE (J.-P.), à Bréâ (Oran). —Huile d'olives.   (ESPLANADE.)

96. LAROCHE (J.-Bte), à El-Kseur (Constantine).— Huile d'olives. (ESPLANADE.)

97. LAUGIER (Louis), à Aïn-Tédelès (Oran). — Huile d'olives 1888.
(ESPLANADE.)

98. LAVIE & Cie, à Guelma (Constantine). — Huile d'olives.   (ESPLANADE.)

99. LAVIE (Vve) et Cie, à Constantine. — Huile.   (ESPLANADE.)

100. LUQUIN (Claude), à Bône (Constantine), plage Luquin. — Huile d'olives
vierge.   (ESPLANADE.)

101. MABOZ & DELAUNEY, à Souma (Alger). — Huile d'olives 1887.
(ESPLANADE.)

102. MAFFEI MAFFÉO, à Bougie (Constantine). — Huile d'olives de Tazmalt.
(ESPLANADE.)

103. MALGLAIVE (L.-M. de), à Marengo (Alger). — Huile d'olives 1888.
(ESPLANADE.)

104. MARÈS (Paul), à Douéra (Alger). — Huile d'olives.   (ESPLANADE.)

105. MARTEL (Clément), à Tazmalt (Constantine). — Huile d'olives.
(ESPLANADE.)

106. MARTIN (Antoine), à Arbals, Commune mixte de Gouraya (Alger). —
Huile d'olives.   (ESPLANADE.)

107. MASSELOT (Vve Zoé), à Ichou-Tazmalt (Constantine). — Huile fine.
(ESPLANADE.)

108. MASSOT (Eugène), à Tlemcen (Oran). — Huile d'olives.   (ESPLANADE.)

109. MAUDEMAIN (André), à Guelma (Constantine). — Huile   (ESPLANADE.)

110. MILHOMME (Antoine), à Chekfa (Constantine). — Fromages.
(ESPLANADE.)

111. MOHAMED ou Smaïl, à Béni Kalifa, Commune de Mirabeau (Alger). —
Huile d'olives.   (ESPLANADE.)

112. MOLLET (Henri), à Guelma (Constantine). — Huile d'olives 1887. Olives.
(ESPLANADE.)

113. MOUTERDE (J.), à St-Denis-du-Sig (Oran). — Huiles d'olives. (ESPLANADE.)

114. MOUTIER (Simon), à Tizi-Ouzou (Alger). — Huiles d'olives. (ESPLANADE.)

115. MUGNIER (Sylvain), à Philippeville (Constantine). — Huile d'olives.
(ESPLANADE.)

116. NAYME (J.-M.), à Mondovi (Constantine). — Huiles d'olives 1884, 1888.
(ESPLANADE.)

117. NICOLAS (Charles), à Duvivier (Constantine). — Corps gras alimentaires
etc. Huiles comestibles.   (ESPLANADE.)

118. NOEL (Adrien), à Djidjelli (Constantine). — Huile d'olives.   (ESPLANADE.)

119. OTT (Gustave), à Mouzaïaville (Alger). — Huile d'olives 1888. (ESPLANADE.)

120. OUSTRY (Frédéric), à Dra-el-Mizan (Alger). — Huile d'olives 1888.
(ESPLANADE.)

121. PARODI (Jean), à Tlemcen (Oran). — Huile d'olives.   (ESPLANADE.)

122. PERGOLA (André), à Djidjelli (Constantine). — Huile d'olives. (ESPLANADE.)

123. PETIT JEAN (Nicolas), à Tlemcen (Oran). — Huile d'olives.
(ESPLANADE.)

124. PHILIP (Pierre), à El-Maten (Constantine). — Huile d'olives 1888.
(ESPLANADE.)

125. PORCELLAGA (née Marthe Delangle), à Boufarik (Alger). —
Huiles.   (ESPLANADE.)

126. POUGET (Vve Joseph), à Djidjelli (Constantine). — Huile d'olives.
(ESPLANADE.)

127. PRAVET (Fortuné), à Maillot (Alger). — Huiles d'olives. (ESPLANADE.)

128. PRIOU (Louis), à Mostaganem (Oran). — Huile.   (ESPLANADE.)

129. RABAH ben Mohammed, aux Beni-bou-Attab, (Commune mixte de
l'Ouarsenis (Alger). — Huile d'olives.   (ESPLANADE.)

130. RICHAUD (François), à Akbou (Constantine). — Huile d'olives.
(ESPLANADE.)

131. ROMAIN (Jean), à Barral (Constantine). — Huile d'olives. (ESPLANADE.)

132. ROUYER (Paul), à Hammam-Meskoutine (Constantine). — Huile d'olives.
(ESPLANADE.)

133. SAHUT (Auguste), à Nèdroma (Oran). — Huile d'olives 1888. (ESPLANADE.)

134. SAINTE CROIX (Réné de), à Mondovi (Constantine). — Huile.
(ESPLANADE.)

135. SERVIÈS (P.-G.), à St-Denis-du-Sig (Oran). — Huile d'olives ; plan de
l'établissement.   **(ESPLANADE.)**

136. SI ALI ben el Hadi, aux Mechdella, Commune mixte des Beni Mansour
(Alger). — Huile kabyle.   **(ESPLANADE.)**

137. SI HACHEMI ben Si Lounis, à Fort-National (Alger). — Huile d'olives.
                                                                 (ESPLANADE.)

138. SI LOUNIS Naït ou Ameur, à Tamazirt (Alger). — Huile d'olives.
                                                                 (ESPLANADE.)

139. SI MOHAMED CHERIF ben Ali Khatri, à Taoughirt-Naït-Gana
(Constantine). — Huile.   **(ESPLANADE.)**

140. SIMONI (Toussaint), à Dra-El-Attach, Commune de Bouira (Alger). —
Fromages de chèvres et de brebis.   **(ESPLANADE.)**

141. SI MOULA Naït ou Ameur, à Tamazirt (Alger). — Huile d'olives.
                                                                 (ESPLANADE.)

142. SI TOUHAMI ben Mahi Eddine, à Tablat (Alger). — Huile d'olives.
                                                                 (ESPLANADE.)

143. Société d'agriculture d'Alger, à Alger. — Corps gras alimentaires.
                                                                 (ESPLANADE.)

144. STORA (Nathan), à Bougie (Constantine). — Huile d'olives de Kabylie.
                                                                 (ESPLANADE.)

145. STURM (Oscar), à Chebli (Alger). — Huile d'olives.   **(ESPLANADE.)**

146. TEULE (Léon), à Souma (Alger). — Huile d'olives, année 1888. **(ESPLANADE.)**

147. TRICQUEVILLE (de), à Aïn-el-Arba (Oran). — Huile.   **(ESPLANADE.)**

148. VALAT (François), à Négrier (Oran). — Huile d'olives.   **(ESPLANADE.)**

149. VASSOILLE (André), à El-Maten (Constantine). — Huile d'olives, récolte 1888. Huile de Grignon d'olives.   **(ESPLANADE.)**

150. VIALAR (Alfred de), à Alger, boulevard de la République, 21. — Huile
d'olives.   **(ESPLANADE.)**

151. VIDALAIN (Noëli), à Philippeville (Constantine).— Huile vierge d'olives.
                                                                 (ESPLANADE.)

152. VIGNIER (Paul), à Paris, avenue Carnot, 9. — Huile d'olives de Bou-
Far (Guelma).   **(ESPLANADE.)**

153. VIGUIER, à Bône (Constantine). — Huile d'olives vierge récolte 1887-1888.
                                                                 (ESPLANADE.)

154. WAROT (Henri), à l'Arba (Alger). — Huile d'olives.   **(ESPLANADE.)**

155. WOGLER (Vve), à Barral (Constantine). — Huile.   **(ESPLANADE.)**

INDE FRANÇAISE.

1. BALASOUPRAMANIACHETTY. — Huile.   **(ESPLANADE.)**

2. Comité d'Exposition. — Beurre.   **(ESPLANADE.)**

PAYS ÉTRANGERS.

RÉPUBLIQUE ARGENTINE.

1. **BIALE (Joseph)**, à Buenos-Ayres. — Huiles d'olives. (PARC.)
2. **Commission auxiliaire**, à Jujuy. — Fromages et graisse de cochon. (PARC.)
3. **Commission auxiliaire**, à Salta. — Fromage. (PARC.)
4. **ERRECABORDE (Martin)**, à Buenos-Ayres. — Fromages. (PARC.)
5. **GARBINO (Dominique)**, à Gualeguaychu (Entre-Rios). — Graisse de moëlle. (PARC.)
6. **Kemmerich (Société anonyme)**, à La-Paz (Entre-Rios). — Graisse. (PARC.)
7. **NOUGIER (P.)**, à Buenos-Ayres. — Graisse d'autruche. (PARC.)
8. **PANELO & SANTA COLOMA**, à Buenos-Ayres. — Huiles diverses. (PARC.)
9. **REPETTO (J.-.B.)**, à Buenos-Ayres. — Graisses. (PARC.)

AUTRICHE-HONGRIE.

1. **BERG (Sigismond)**, à Penzing, près Vienne. — Produits à l'œuf pour l'industrie et l'alimentation. (QUAI)
2. **BRICHTA (Jacob)**, à Trenesin (Hongrie). — Huile de genièvre. Genièvre en poudre. (QUAI.)
3. **LANGROK (Maurice)**, à Krakovie (Galicie). — Jaunes d'œufs et albumine. (QUAI.)

BELGIQUE.

1. **LIPPENS (Philippe-A.)**, à Gand, rue Digue-de-Brabant, 7. — Beurres frais, beurres salés. (QUAI.)
2. **STORDEUR (J. de)**, à Tubize. — Huiles comestibles. (QUAI.)

BRÉSIL.

(Voir son Catalogue spécial.)

CHILI.

1. **Commissariat de l'Exposition du Chili**, à Santiago. — Graisses de porc, saindoux. (PARC.)
2. **PAULSEN (Antonio)**, à Santiago. — Graisses de porc. (PARC.)

DANEMARK.

1. **FROCK Jeune (P. H. G.)**, à Kragerupgaard. — Fromages divers.   (**PALAIS.**)

RÉPUBLIQUE DOMINICAINE.

1. **Commission provinciale de Azua.** — Graines de sésame.   (**PARC.**)
2. **Commission provinciale de Santiago.** — Huile de coco.   (**PARC.**)
3. **Commission provinciale de Seïbo.** — Graines de sésame.   (**PARC.**)
4. **MORILLO (Mlle Y.).** — Huile de sésame et d'agnacate.   (**PARC.**)

ESPAGNE.

1. **AFAN DE RIVERA (Antonio J.)**, à Grenade. — Huile.   (**QUAI.**)
2. **ALMINANA (Nicolas)**, à Alicante. — Huile.   (**QUAI.**)
3. **CASAS Y BORDAS (Isern)**, à Séville. — Huile.   (**QUAI.**)
4. **CASTELLIZ (Luis de)**, à Barcelone. — Huiles.   (**QUAI.**)
5. **CIRERA (José Ma)**, à Palma (Baléares). — Fromages.   (**QUAI.**)
6. **COSMAS Y CANADELL (Plantier)**, à Barcelone. — Huiles.   (**QUAI.**)
7. **CUADRA (Enrique de la)**, à Utrera (Séville). — Huiles.   (**QUAI.**)
8. **DALMAU (Gabriel)**, à Espluga (Tarragone). — Huiles.   (**QUAI.**)
9. **GAYON et ANQULO (Ramon)**, à Paniza (Saragosse). — Laitages.   (**QUAI.**)
10. **GONZALEZ POSADA (Miguel)**, à Onés (Asturie). — Beurre.   (**QUAI.**)
11. **GONZALO PRIETO (José)**, à Lora-del-Rio (Séville). — Huiles.   (**QUAI.**)
12. **GUELL (Antonio)**, à Olosa-de-Montserrat (Barcelone). — Huiles.   (**QUAI.**)
13. **JIMENEZ MARQUINA (Mariano)**, à Bulbuente (Saragosse). — Huiles.   (**QUAI.**)
14. **LLOBERES (J. Andren)**, à Tarragone. — Huile.   (**QUAI.**)
15. **LUCAS RIPOLL (Pedro)**, à Palma-de-Mallorca (Baléares). — Huile.   (**QUAI.**)
16. **MARTELL (T.)**, à Marmolejo. — Huile et olives.   (**QUAI.**)
17. **ORDEIG (José)**, à Gerona. — Huiles d'olive pure.   (**QUAI.**)
18. **ORDEIX (José)**, à Gerona. — Huiles.   (**QUAI.**)
19. **ORTEGA & SIMON (José M. de)**, à Esparraguera (casa de campo llamada Mas Febrer de la Montaña). — Huile.   (**QUAI.**)
20. **PALOU (Miguel)**, à Palma (Baléares). — Huiles.   (**QUAI.**)
21. **PEREZ Y VIDAL (José)**, à Ibi (Alicante). — Huiles.   (**QUAI.**)
22. **PONS (Cayetano)**, à Barcelone. — Huiles.   (**QUAI.**)

23. **POREAZ (Manuel)**, à Barcelone. — Huiles.   (QUAI.)

24. **PRADAL (A.) & Cie**, à Barcelone. — Graisses et huiles.   (QUAI.)

25. **QUINRA Frères**, à Valence. — Huile.   (QUAI.)

26. **REGUER (Marquis de)**, à Palma (Baléares). — Huile.   (QUAI.)

27. **REINA (Emilio)**, à Puente-Genil (Cordoue). — Huile.   (QUAI.)

28. **RIPALL (Bartolomé)**, à Palma-de-Mallorca (Baléares).— Huiles. (QUAI.)

29. **ROMERO DE LA TORRE (Bartolomé)**, à Cordoue. — Huiles.
                                                                    (QUAI.)

30. **ROMERO (Melchor)**, à Puente-Genil (Cordoue). — Huile.   (QUAI.)

31. **RUIZ DE LA HERRAN (Joaquin)**, à Malaga. — Huiles.   (QUAI.)

32. **SARD (Andrés de)**, à Barcelone. — Huiles.   (QUAI.)

33. **VIVES Y COLON (Antonio)**, à Palma (Baléares). — Huile et miel.
                                                                    (QUAI.)

ÉTATS-UNIS.

1. **Alexander Drug & Seed Co.**, à Augusta, Georgia. — Graines de coton.
Huile de graines de coton, tourteau d'huile de coton.   (QUAI.)

2. **ARMAUR & Co.**, à Chicago, Illinois. — Saindoux.   (QUAI.)

3. **CASSAR (G.) & Co.**, à Baltimore, Md. — Saindoux.   (QUAI.)

4. **Eagle Condensed Milk Co.**, à New-York, 79, Murray street. — Lait concentré.   (QUAI.)

5. **Elgin Condensed Milk Co.**, à Elgin, Illinois. — Lait concentré.   (QUAI.)

6. **GOODRICH (E.-E.)**, à Santa-Clara, California. — Huile d'olives.   (QUAI.)

7. **Helvetia Milk Condensed Co.**, à Highland, Illinois. — Lait concentré.
                                                                    (QUAI.)

8. **HOOPER (Geo F.)**, à Sonoma, California. — Huile d'olives.   (QUAI.)

9. **KLAUBER (J.-C.)**, à Philadelphie, Pa. — Huile de maïs.   (QUAI.)

10. **MICHENER (J.-H.) & Co.**, à Philadelphie, Pa. — Saindoux.   (QUAI.)

11. **RIXFORD (G.-P.)**, à San-Francisco, California. — Huile d'olives.   (QUAI.)

12. **SALMON (D.-E.)** (bureau et Animal Industry), à Washington, D. C.
— Beurres et fromages d'exportation, fabriqués aux États-Unis.   (QUAI.)

13. **STREAKLER Bros & Co.**, à Sterling, Ill. — Matière colorante pour le
beurre.   (QUAI.)

14. **SWIFT & Co.**, à Chicago, Illinois. — Saindoux.   (QUAI.)

15. **Southern Cotton Oil Co.**, à New-York, N. Y. — Série d'huiles de graines de
coton.   (QUAI.)

16. **TAYLOR (Thomas)**, à Washington, D. C. — Microphotographies de la
structure des graisses animales et végétales.   (QUAI.)

17. **WETMORE (Chas.-A.)**, à Livermore, California. — Huile d'olives.   (QUAI.)

GRANDE-BRETAGNE.

1. **London & Provincial Dairy Co.,** à Londres, Halkin street, West Belgrade square. — Echantillons de fromages anglais : cheddars anglais et écossais, stiltons, cheshires, doubles gloucesters.   **(QUAI.)**

GRÈCE.

1. **ARVANITAKI (Athanase),** à Pani (Corfou). — Huiles.   **(PALAIS.)**

2. **CHARITATO (N. M.),** à Argostoli (Céphalonie). — Huiles comestibles.
                                                                  (PALAIS.)

3. **CHATSIS (J.),** à Égine (Attique et Béotie). — Huiles.   **(PALAIS.)**

4. **CHÉRÉTIS (M. Th.),** à Patras (Achaïe et Élide). — Huiles comestibles.
                                                                  (PALAIS.)

5. **COLLAS Frères,** à Corfou. — Huiles comestibles.   **(PALAIS.)**

6. **Commission des Olympies** (Athènes). — Collection des fromages du pays.
                                                                  (PALAIS.)

7. **Cythère (Commune de),** à Cythère (Argolide et Corinthie). — Huiles comestibles.   **(PALAIS.)**

8. **DASCALOTHANASSIS (N.),** à Aetolico (Étolie et Messénie). — Huiles.
                                                                  (PALAIS.)

9. **FLAMBOURIARI (P.),** à Corfou. — Huiles comestibles.   **(PALAIS.)**

10. **GENNATAS (S. A.),** à Corfou. — Huiles comestibles.   **(PALAIS.)**

11. **GENNATAS (Th. A.),** à Corfou. — Huiles comestibles.   **(PALAIS.)**

12. **GEORGOPOULO (G. Ph.),** à Cyparissia (Messénie). — Huiles comestibles
                                                                  (PALAIS.)

13. **GICOPOULO (Théophilos),** à Sparte (Laconie). — Huiles.   **(PALAIS.)**

14. **GLYCOVRYSSIS (Cie),** à Athènes. — Huiles comestibles.   **(PALAIS.)**

15. **GOGO (D.),** à Saint-Laurent-Volo (Larisse). — Huiles.   **(PALAIS.)**

16. **LINARDAKI (J.),** à Pyrgos (Achaïe et Élide). — Huiles.   **(PALAIS.)**

17. **LINARDATOS (Charalambe),** à Lixouri (Céphalonie). — Huiles comestibles.   **(PALAIS.)**

18. **MACIEDO (S.),** à Corfou. — Huiles comestibles.   **(PALAIS.)**

19. **MAVROUKAKIS (C.),** à Mégare. — Huiles.   **(PALAIS.)**

20. **MILIARESSIS (G.),** à Argostoli (Céphalonie). — Huiles comestibles.
                                                                  (PALAIS.)

21. **PAPADOPOULO (A.),** à Limni (Eubée). — Huiles comestibles.   **(PALAIS.)**

22. **PÉPAS (A.),** à Égine (Attique et Béotie). — Huiles comestibles.   **(PALAIS.**

23. **PÉPAS (D.),** à Amaroussi (Attique et Béotie).— Huiles comestibles.   **(PALAIS.)**

24. **PHILARETO Frères,** à Xirochori (Eubée).— Huiles comestibles.   **(PALAIS.)**

25. **PILLICA (Diomède),** à Ithaque (Céphalonie). — Huiles comestibles.
                                                                  (PALAIS.)

26. **RALLI (Denys)**, à Coroni (Messénie). — Huiles. **(PALAIS.)**

27. **SYNGROS (A. D.)**, à Anavryta (Attique et Béotie). — Huiles comestibles. **(PALAIS.)**

28. **Tolophone (Commune de)**, à Tolophone (Phtiotide et Phocide).—Huiles. **(PALAIS.)**

29. **VLASSIS (L.)**, à Athènes. — Huiles comestibles. **(PALAIS.)**

ITALIE.

1. **AGOSTINI VENEROSI DELLA SETA (Comte Alfred)**, à Pise, via S. Cecilia. — Huile d'olives. **(QUAI.)**

2. **CURTOPASSI (Marquis Joseph)**, à Bisceglie (province de Bari). — Huile d'olives extra-fine. **(QUAI.)**

3. **DELLE SEDIE (Olynthe François)**, à Calci (Pise). — Huile d'olives. **(QUAI.)**

4. **FREDIANO (Alexandre)**, à Lucques. — Huile d'olives. **(QUAI.)**

5. **GIACOBINI (François)**, à Altomonte (Cosenza).— Huiles d'olives, première qualité extra. **(QUAI.)**

6. **GIULI (Albert)**, à Lorenzana-Pise. — Huile fine d'olives. **(QUAI.)**

7. **Laiterie de Soligo**, à Soligo (Trévise). — Beurre frais produit à force centrifuge, beurre salé. **(QUAI.)**

8. **Laiterie Vicentine**, à Vicence. — Beurre et fromages. **(QUAI.)**

9. **LUZI (Luce)**, à Fermo. — Fromage, dit Caccio Cavallo ; beurre salé. **(QUAI.)**

10. **MAYRARGUE (Joseph)**, à Bari (Nice), rue Saint-Jean-Baptiste, 1. — Huiles. **(QUAI.)**

11. **MIMBELLI (Luca G.)**, à Livourne. — Huiles d'olives. **(QUAI.)**

12. **PARILLI Frères (J. & S.)**, à Paris, rue du Grand-Prieuré, 18. — Produits alimentaires. **(QUAI.)**

13. **RAE (Samuel) & Cie**, à Livourne, via E. Pollastrini, 3. — Huiles d'olives. **(QUAI.)**

14. **RIZZI (N.) & Cie**, à Milan, via Pietro-Custodi, 12. — Beurre en boîtes pour l'exportation dans les climats chauds. **(QUAI.)**

15. **SCOTTI (E.)**, à Paris, rue Asile-Popincourt, 13.— Fromage de Gorgonzola et autres produits. **(QUAI.)**

16. **TANLONGO (Bernard)**, Directeur de la Banque de Rome, à Rome. — Fromages, dits Caccio Cavallo. **(QUAI.)**

JAPON.

1. **Ministère de l'Agriculture et du Commerce** (Direction de l'Agriculture), à Tokio. — Huiles d'olives. **(PALAIS.)**

PRINCIPAUTÉ DE MONACO.

1. **MÉDECIN (Antoine)**, à Monaco, rue des Briques. — Huile fine comestible. **(PARC.)**

NORVÈGE.

1. Dahls pure milk syndicate, à Drammen. — Lait stérilisé.   (PARC.)

PAYS-BAS.

1. BRANDS (G.) & BOEKEL (P.), à Wieringerwaard. — Fromage de la Hollande septentrionale.   (QUAI.)

2. BREGGEN (J. Van der), à Waddingsveen. — Fromage fabriqué par machine.   (QUAI.)

3. BUIS (J.), à Spierdijle. — Fromages d'Edam et autres.   (QUAI.)

4. BURG (P. Van der), à Berkel. — Beurre de Delfland.   (QUAI.)

5. DRAISMA VAN WALKENBURG (S), à Leeuwarden. — Huile de foie de morue et ses préparations.   (QUAI.)

6. Fabrique de beurre et de fromage, Directeurs : **J. Blom et W. Abrends),** à Wijte. — Beurre préparé pour être conservé.   (QUAI.)

7. Fabrique de Beurre et de laiterie de l'Oldambt, à Winschoten. — Beurre.   (QUAI.)

8. Fromagerie à vapeur hollandaise, à Nieuwe Needorp. — Fromage d'Edam.   (QUAI.)

9. HEEMSKERLE (A), à Hillegom. — Fromage au cumin de rynlande, préparé avec le lait écrémé.   (QUAI.)

10. HUISMAN (P.), à Maasland. — Beurre de Delfland.   (QUAI.)

11. KNOORS & Cie, à Gouda. — Fromage gras de hollande, dit Goudas.   (QUAI.)

12. KOORN (A.), à Hoogmand. — Fromages d'Edam et autres.   (QUAI.)

13. OCKINGA (A. K.), à Stiens. — Beurre.   (QUAI.)

14. SMEELE (P. J.), à la Haye. — Fromages de la Hollande méridionale.   (QUAI.)

15. Société coopérative Vereeniging Stoomzuivelfabriek, Directeur G. Tigler Wybrandi, à Warga. — Beurre, fromage.   (QUAI)

16. Société pour l'encouragement de l'agriculture dans le Nord de la Hollande septentrionale, Président : **M. J. Zyp,** à Abbekerk. — Fromage d'Edam.   (QUAI)

PORTUGAL.

1. DUC DE BRAGANCE (S. A. R. le), à Monte-Mor-o-Novo (district d'Evora). — Huile d'olives.   (QUAI.)

2. ABRUNHOSA (Antonio Cezar), à Castello-Branco. — Huile d'olives.   (QUAI.)

3. ACHAIOLI (Joao da Fonseca), à Portalegre. — Huile d'olives.   (QUAI.)

4. Administraçao das Reaes manadas, à Alter-do-Chao (district de Portalegre). — Huile d'olives.   (QUAI.)

5. AGRELLA (Joao Diogo Pereira), à Campo-Maior (district de Portalegre). — Huile d'olives.   (QUAI.)

6. **AGUAS (Joaquim Pacheco da Costa)**, à Serpa (district de Beja). — Huile d'olives.   **(QUAI.)**

7. **AGUIAR (Antonio Henriques Nunes de)**, à Castello-Branco. — Huile d'olives.   **(QUAI.)**

8. **ALBARINHA (D' Guilherme Nunes)**, à Certa (district de Castello-Branco). — Huile d'olives.   **(QUAI.)**

9. **ALDIAGAS (José Pereira)**, à Villa-Viçosa (district d'Evora). — Huile d'olives.   **(QUAI.)**

10. **ALEGRIA (Adrianno Severo)**, à Estremoz (district d'Evora). — Huile d'olives.   **(QUAI.)**

11. **ALMEIDA (Antonio-Ribeiro da Costa)**, à Bayao (district de Porto). — Huile d'olives.   **(QUAI.)**

12. **ALPENDURADA (Conde de)**, à Vizeu. — Huile d'olives.   **(QUAI.)**

13. **ALTER (Vicomte de)**, à Alter-do-Chao (district de Portalegre). — Huile d'olives.   **(QUAI.)**

14. **ALVARES (Sebastiao José)**, à Borba (district d'Evora).— Huile d'olives.   **(QUAI.)**

15. **ALVES (Alfredo V. Baptista)**, à Covilha (district de Castello-Branco). — Huile d'olives.   **(QUAI.)**

16. **ALVES Junior (Antonio Joaquim)**, à Redondo (district d'Evora). — Huile d'olives.   **(QUAI.)**

17. **ANAO (Antonio José)**, à Villa-Viçosa (district d'Evora). — Huile d'olives.   **(QUAI.)**

18. **ANAO (Manoel Pereira)**, à Villa-Viçosa (district d'Evora).— Huile d'olives.   **(QUAI.)**

19. **ANDRÉ (Comte de SAINT)**, à Monte-Mor-o-Novo (district d'Evora). — Huile d'olives.   **(QUAI.)**

20. **ANTUNES (Joao Chrisostomo)**, à Elvas (district de Portalegre). — Huile d'olives.   **(QUAI.)**

21. **ARNELLAS (Francisco de Pina Macedo Ferraz e)**, à Penamacôr (district de Castello-Branco). — Huile d'olives.   **(QUAI.)**

22. **ASSA (Antonio José)**, à Villa-Viçosa (district d'Evora). — Huile d'olives.   **(QUAI.)**

23. **AZAMBUJA (Miguel)**, à Villa-Viçosa (district d'Evora). — Huile d'olives.   **(QUAI.)**

24. **AZEVEDO (Joao Antonio Terenna)**, à Alandroal (district d'Evora). — Huile d'olives.   **(QUAI.)**

25. **AZEVEDO (Joao Carlos)**, à Quinta-do-Freixial-Bucellas (district de Lisbonne). — Huile d'olives.   **(QUAI.)**

26. **BACELLAR (Duarte Huet)**, à Marco-de-Canavezes (district de Porto).— Huile d'olives.   **(QUAI.)**

27. **BAGUCHO (Joao Joaquim)**, à Elvas (district de Portalegre). — Huile d'olives.   **(QUAI.)**

28. **BAIZINHAS (Antonio Rico)**, à Montoito-Redondo (district d'Evora). — Huile d'olives.   **(QUAI.)**

29. **BALEISAO (Antonio José)**, à Redondo (district d'Evora). — Huile d'olives.   **(QUAI.)**

Classe 69.   2

30. BARRADAS (Joao Lopes), à Villa-Viçosa (district d'Evora). — Huile d'olives.   **(QUAI.)**

31. BARRADAS (José Heliodoro), à Borba (district d'Evora). — Huile d'olives.   **(QUAI.)**

32. BARRADAS (Manoel Fernandes), à Redondo (district d'Evora). — Huile d'olives.   **(QUAI.)**

33. BARRANCOS (Eduardo José Rosado), à Evora. — Huile d'olives.   **(QUAI.)**

34. BARRETO (Viuva), à Covilha (district de Castello-Branco). — Huile d'olives.   **(QUAI.)**

35. BARROS (César Villanova de Vasconcellos Correa de), à Vidigueira (district de Beja). — — Huile d'olives.   **(QUAI.)**

36. BARROS (Ignacio Xavier Teixeira), à Celorico de Basto (district de Braga). — Huile d'olives.   **(QUAI.)**

37. BARROZO (Joaquim Dias Junior), à Elvas (district de Portalegre). — Huile d'olives.   **(QUAI.)**

38. BASTO (Gustavo Ferreira Pinto), à Paredes (district de Porto). — Huile d'olives.   **(QUAI.)**

39. BELLO (Manoel Ignacio), à Alandroal (district d'Evora). — Huile d'olives.   **(QUAI.)**

40. BERTIANDOS (D. Joanna, Condessa de), à Braga (district de Braga). — Huile d'olives.   **(QUAI.)**

41. BISCAIA (Joao de Mattos Roza), à Niza (district de Portalegre). — Huile d'olives.   **(QUAI.)**

42. BOA-VISTA (Comte de), à Beja. — Huile d'olives.   **(QUAI.)**

43. BOIM (Antonio Ribeiro), à Villa-Viçosa (district d'Evora).— Huile d'olives.   **(QUAI.)**

44. BOM (Antonio), à Villa-Viçosa (district d'Evora). — Huile d'olives.   **(QUAI.)**

45. BOTELHO (Joaquim Manoel Hortas), à Castello-Branco. — Huile d'olives.   **(QUAI.)**

46. BRANCO (Aurelio Pinto Tavares Osorio Castello), à Valle-de-Prazeres-Fundao (Castello Branco). — Huile d'olives.   **(QUAI.)**

47. BRANCO (Ignacio Cardoso de Barros Caldeiro Castello), à Portalegre. — Huile d'olives.   **(QUAI.)**

48. BRAVO (Francisco), à Villa-Viçosa (district d'Evora). — Huile d'olives.   **(QUAI.)**

49. BRAVO (Joaquim), à Villa-Viçosa (district d'Evora). — Huile d'olives.   **(QUAI.)**

50. BRAVO (Maria Ascensao), à Villa-Viçosa (district d'Evora). — Huile d'olives.   **(QUAI.)**

51. BRIBAES (Leonor Thereza), à Villa-Viçosa (district d'Evora).— Huile d'olives.   **(QUAI.)**

52. BRITO (Antonio Francisco de Lima), à Arrayollos (district d'Evora). — Huile d'olives.   **(QUAI)**

53. BRITO (Manuel Pires Lavado de), à Moura (district de Beja). — Huile d'olives.   **(QUAI.)**

54. BRITO (Pedro P. de Sousa), à Arcos-de-Val-de-Vez (district de Vianna). — Huile d'olives.   **(QUAI.)**

55. CABRAL (Agostinho Augusto), à Villa-Viçosa (district d'Evora). — Huile d'olives.   **(QUAI.)**

56. CACERES (Manuel d'Albuquerque de Mello Pereira), à Penalva-de Castello (district de Vizeu). — Huile d'olives.   **(QUAI.)**

57. CAIJOLA (Lourenço Caldeira da Gama Lobo), à Campo-Maior.— (district de Portalegre). — Huile d'olives.   **(QUAI.)**

58. CALLADO (D' Antonio Mendes), à Souzel (district de Portalegre). — Huile d'olives.   **(QUAI.)**

59. CALLADO (Joao da Costa), à Alter-do-Chao (district de Portalegre). — Huile d'olives.   **(QUAI.)**

60. CAMPOS (D' Antonio Joaquim d'Araujo Juzarte de), à Portalegre. — Huile d'olives.   **(QUAI.)**

61. CAMPOS (D' Joaquim d'Araujo Juzarte de), à Portalegre. — Huile d'olives.   **(QUAI.)**

62. CAMPOS (Marianna Carolina Ferreira de), à Borba (district d'Evora). — Huile d'olives.   **(QUAI.)**

63. CANDIDO TELLES & Cie, à Elvas (district de Portalegre). — Huile d'olives.   **(QUAI.)**

64. CANHOTO (Francisco Garcia), à Alter-do-Chao (district de Portalegre). — Huile d'olives.   **(QUAI.)**

65. CAPETO (José Rodrigues), à Borba (district d'Evora). — Huile d'olives.   **(QUAI.)**

66. CARDEIRA (Joaquim Manoel de Carvalho), à Alter-do-Chao (district de Portalegre). — Huile d'olives.   **(QUAI.)**

67. CARDOZO (José Lucio da Silva), à Estremoz (district d'Evora) — Huile d'olives.   **(QUAI.)**

68. CAROÇO (Joaquim Vellez), à Portalegre (district de Portalegre). — Huile d'olives.   **(QUAI.)**

69. CARRASCO (Manoel Caeiro), à Moura (district de Beja). — Huile d'olives.   **(QUAI.)**

70. CARRILHO (Pedro Antonio), à Souzel (district de Portalegre). — Huile d'olives.   **(QUAI.)**

71. CARVALHAES (Manoel Peixoto d'Almeida), à Bayao (district de Porto). — Huile d'olives.   **(QUAI.)**

72. CARVALHAES (Manuel Peixoto d'Almeida), à Mezao-Frio (district de Villa-Real). — Huile d'olives.   **(QUAI.)**

73. CARVALHO (D' Antonio Camillo d'Azevedo), à Bayao (district de Porto). — Huile d'olives.   **(QUAI.)**

74. CARVALHO (Antonio José), à Elvas (district de Portalegre). — Huile d'olives.   **(QUAI.)**

75. CARVALHO (Antonio Maria de), à Penamacor (district de Castello-Branco). — Huile d'olives.   **(QUAI.)**

76. CARVALHO (Domingos), à Alandroal (district d'Evora).— Huile d'olives.   **(QUAI.)**

77. CARVALHO (Francisco Cordeiro Namorado), à Fronteira (district de Portalegre). — Huile d'olives.   **(QUAI.)**

Classe 69.   2*

78. CARVALHO (Francisco José Ferreira Nobre de), à Beja. — Huile d'olives.
(QUAI.)

79. CARVALHO (Francisco de Paula), à Estremoz (district d'Evora). — Huile d'olives.
(QUAI.)

80. CARVALHO (Gaspar Alves de), à Redondo (district d'Evora). — Huile d'olives.
(QUAI.)

81. CARVALHO (Joao Victorino Silva), à Alandroal (district d'Evora).— Huile d'olives.
(QUAI.)

82. CARVALHO (José Augusto de Pina), à Portalegre. — Huile d'olives.
(QUAI.)

83. CARVALHO (José da Silva), à Estremoz (district d'Evora). — Huile d'olives.
(QUAI.)

84. CARVALHO (Manoel Victorino da Silva), à Alandroal (district d'Evora). — Huile d'olives.
(QUAI.)

85. CARVALHO (Manuel Antonio), à Castello de Vide (district de Portalegre. — Huile d'olives.
(QUAI.)

86. CARVALHO (Manuel Thomaz Ferreira Nobre de), à Beja. — Huile d'olives.
(QUAI.)

87. CASQUEIRO (José Maria), à Crato (district de Portalegre). — Huile d'olives.
QUAI.)

88. CASTEL BRANCO (D' Domingos Correia Caldeira), à Alter-do-Chao (district de Portalegre). — Huile d'olives.
(QUAI.)

89. CASTEL BRANCO (Joao Barreto Caldeira), à Alter-do-Chao (district de Portalegre). — Huile d'olives.
(QUAI.)

90. CASTELINO (Joaquim Manuel), à Cuba (district de Beja). — Huile d'olives.
(QUAI.)

91. CASTRO (Luiz Antonio da Silva), à Aviz (district de Portalegre). — Huile d'olives.
(QUAI.)

92. CASTRO (D' Manoel Luiz de), à Moura (district d'Evora). — Huile d'olives.
(QUAI.)

93. CASTRO (Manoel Maximo de Brito e), à Fronteira (district de Portalegre). — Huile d'olives.
(QUAI.)

94. CASTRO (Mathias de), à Villa-Viçosa (district d'Evora). — Huile d'olives.
(QUAI.)

95. CASTRO (Maximo Antonio Telles de), à Fronteira (district de Portalegre). — Huile d'olives.
(QUAI.)

96. CHAMORRA (José Faustino), à Borba (district d'Evora). — Huile d'olives.
(QUAI.)

97. CHICHORRO (Antonio Maria), à Portalegre. — Huile d'olives. (QUAI.)

98. CIRNE (Guilherme de Sampaio Freire d'Andrade de Souza), à Santarem. — Huile d'olives.
(QUAI.)

99. COELHO (José Lopes), à Aviz (district de Portalegre). — Huile d'olives.
(QUAI.)

100. COELHO (Maria Joanna da Silva), à Borba (district d'Evora). — Huile d'olives
(QUAI.)

101. COELHO (Valentina das Dores), à Villa-Viçosa (district d'Evora). — Huile d'olives.
(QUAI.)

102. CONDE (Domingos Guerra), à Portalegre. — Huile d'olives.   **(QUAI.)**

103. CORDEIRO (Catharina) & Irmao, à Redondo (district d'Evora.) — Huile d'olives.   **(QUAI)**

104. CORDEIRO (Dr Catharina Ritta), à Monte-dos-Pobres-à Alandroal (district d'Evora). — Huile d'olives.   **(QUAI.)**

105. CORDEIRO (Francisco Raymundo da Silva), à Santarem. — Huile d'olives.   **(QUAI.)**

106. CORDEIRO (Joaquim Augusto da Silva), à Santarem. — Huile d'olives.   **(QUAI.)**

107. CORRÉA (Joao Maria Holbeche), à Santarem. — Huile d'olives. **(QUAI.)**

108. CORTEZ (Antonio Ladislau Parreira), à Serpa (district de Beja).— Huile d'olives.   **(QUAI.)**

109. CORTEZ (Joao Maria Parreira), à Serpa (district de Beja). — Huile d'olives.   **(QUAI.)**

110. COSTA (Comte de), à Evora. — Huile d'olives.   **(QUAI.)**

111. COSTA & Irmao, à Portalegre. — Huile d'olives.   **(QUAI.)**

112. COSTA (Antonio d'Andrade Rebello da), à Portalegre (district de Portalegre). — Huile d'olives.   **(QUAI.)**

113. COSTA (Antonio Jacome da), à Gaviao (district de Portalegre). — Huile d'olives.   **(QUAI.)**

114. COSTA (Domingos Antonio), à Elvas (district de Portalegre). — Huile d'olives.   **(QUAI.)**

115. COSTA (Francisco Maria da Silveira e), à Borba (district d'Evora). — Huile d'olives.   **(QUAI.)**

116. COSTA (Maria Umbolina da), à Villa-Viçosa (district d'Evora). — Huile d'olives.   **(QUAI.)**

117. COUTINHO (Albano), à Anadia (district d'Aveiro). — Huile d'olives.   **(QUAI.)**

118. COUTINHO (Carlos Maria da Cunha), à Bayao (district de Porto). — Huile d'olives.   **(QUAI.)**

119. COUTINHO (Francisco Lemos Ramalho Azevedo), à Condeixa (district de Coimbra). — Huile d'olives.   **(QUAI.)**

120. COUTINHO (Dr Joao Damasceno da Fonseca), à Portalegre. — Huile d'olives.   **(QUAI.)**

121. COUTINHO (Dr Martinho da França Azevedo), à Portalegre. — Huile d'olives.   **(QUAI.)**

122. COUTO (Dr Francisco d'Albuquerque), à Penalva-do-Castello (district de Vizeu). — Huile d'olives.   **(QUAI.)**

123. CRANO (Joao), à Villa-Viçosa (district d'Evora). — Huile d'olives. **(QUAI.)**

124. CRUZ (Domingos da), à Alter-do-Chao (district de Portalegre). — Huile d'olives.   **(QUAI.)**

125. CUNHA (Antonio Augusto Caldas da), à Castello-Branco. — Huile d'olives.   **(QUAI)**

126. CUNHA (José Damaso da), à Fundao (district de Castello-Branco). — Huile d'olives.   **(QUAI.)**

127. CUNHA (Maximianc Xavier da), à Trancozo (district de Guarda). — Huile d'olives. **(QUAI.)**

128. CURADO (Francisco Martins), à Villa-Viçosa (district d'Evora). — Huile d'olives. **(QUAI.)**

129. CURVO (Joaquim Maria Eduardo), à Borba (district d'Evora). — Huile d'olives. **(QUAI.)**

130. CUSTODIO (Marianna do Carmo) & Filhos, à Borba (district d'Evora). — Huile d'olives. **(QUAI.)**

131. DENTUDO (Antonio Maria), à Crato (district de Portalegre). — Huile d'olives. **(QUAI.)**

132. DIAS (José Laurentino), Monte-do-Romao, à Alandroal (district d'Evora). — Huile d'olives. **(QUAI.)**

133. DORIA (Antonio Henriques) & Filhos, à Beja. — Huile d'olives. **(QUAI.)**

134. DUARTE (P. José Baptista), à Castello-de-Vide (district de Portalegre). — Huile d'olives. **(QUAI.)**

135. ESPERANÇA (P. Joaquim José da Rocha), à Villa Viçosa (district d'Evora). — Huile d'olives. **(QUAI.)**

136. Estaçao Ampelo Phylloxerica da Regoa, à Régoa (district de Villa-Real). — Huile d'olives. **(QUAI.)**

137. ESTEVES (Joaquim José), à Alandroal (district d'Evora). — Huile d'olives. **(QUAI.)**

138. EXTREMOZ (José Coelho), à Evora-Monte (district d'Evora). — Huile d'olives. **(QUAI.)**

139. FALCAO (Jacyntho Paes de Mattos), à Ourique (district de Beja). — Huile d'olives. **(QUAI.)**

140. FALCAO (José Maria Coelho), à Evora-Monte (district d'Evora). — Huile d'olives. **(QUAI.)**

141. FARO (D' Joaquim de Carvalho Azevedo Mello e), à Resendo (district de Vizeu). — Huile d'olives. **(QUAI.)**

142. FAUSTO (P. Francisco Martins), à Monte-Mor-o-Novo (district d'Evora). — Huile d'olives. **(QUAI.)**

143. FELIX (Joaquim), à Redondo (district d'Evora). — Huile d'olives. **(QUAI.)**

144. FENDES (José Joaquim), à Alandroal (district d'Evora). — Huile d'olives. **(QUAI.)**

145. FERNANDES (Joao Manoel), à Redondo (district d'Evora). — Huile d'olives. **(QUAI.)**

146. FERNANDES (Joaquim Felippe), à Beja. — Huile d'olives. **(QUAI.)**

147. FERNANDES (Joaquim Felippe Piteira), à Reguengos (district d'Evora). — Huile d'olives. **(QUAI.)**

148. FERNANDES (Joaquim José), à Villa-Viçosa (district d'Evora). — Huile d'olives. **(QUAI.)**

149. FERNANDES (Joaquim José de Mattos), à Evora. — Huile d'olives. **(QUAI.)**

150. FERNANDES (Joaquim Piteira), à Moura (district de Beja). — Huile d'olives. **(QUAI.)**

151. FERNANDES (José Luiz), à Estremoz (district d'Evora). — Huile d'olives.
(QUAI.)

152. FERNANDES (José Manoel), à Redondo (district d'Evora) — Huile d'olives.
(QUAI.)

153. FERNANDES (Manoel de Souza Mattos), à Evora.— Huile d'olives.
(QUAI.)

154. FERNANDES (Miguel José Mattos), à Evora. — Huile d'olives.
(QUAI.)

155. FERREIRA (Antonio Francisco), à Villa-Viçosa. — Huile d'olives.
(QUAI.)

156. FERREIRA (Felippe Franco), à Villa-Viçosa (district d'Evora). — Huile d'olives.
(QUAI.)

157. FERREIRA (Manuel da Costa), à Marvao (district de Portalegre). — Huile d'olives.
(QUAI.)

158. FEYO (Marianno de Souza), à Beja. — Huile d'olives.
(QUAI.)

159. FIERNO (D' Joao Henriques), à Elvas (district de Portalegre). — Huile d'olives.
(QUAI.)

160. FIGUEIRA (José Luiz Martins), à Castro-Verde (district de Beja).— Huile d'olives.
(QUAI.)

161. FIGUEIRA (Manoel Duarte), à Castello-Branco.— Huile d'olives.
(QUAI.)

162. FIGUEIREDO (Antonio Pinto de), à Nellas (district de Vizeu). — Huile d'olives.
(QUAI.)

163. FIGUEIREDO (José de Sousa), à Villa-Viçosa (district d'Evora). — Huile d'olives.
(QUAI.)

164. FONSECA (Fortunato José), à Alandroal (district d'Evora). — Huile d'olives.
(QUAI.)

165. FONSECA (Henrique Arthur Peixoto da), à Santarem. — Huile d'olives.
(QUAI.)

166. FONSECA (José Augusto da), à Redondo (district d'Evora). — Huile d'olives.
(QUAI.)

167. FONSECA (D' Miguel Moreira da), à Lamego (district de Vizeu). — Huile d'olives.
(QUAI.)

168. FRADE (Leonardo Maria), à Borba (district d'Evora).— Huile d'olives.
(QUAI.)

169. FRADINHO (Joao José Pereira), à Villa-Viçosa (district d'Evora). — Huile d'olives.
(QUAI.)

170. FRAGOSO (D' Francisco Eduardo de Barahona), à Evora. — Huile d'olives.
(QUAI.)

171. FRAGOSO (Manuel Diniz Pinto), à Niza (district de Portalegre). — Huile d'olives.
(QUAI.)

172. FRANCISCO (José Ribeiro), à Villa-Viçosa (district d'Evora). — Huile d'olives.
(QUAI.)

173. FRANCO (Antonio Tiberio de Souza), à Portel (district d'Evora). — Huile d'olives.
(QUAI.)

174. FRANCO (José Joaquim), à Arrayollos (district d'Evora). — Huile d'olives.
(QUAI.)

175. FRASAO (Joao Antonio Franco), à Capinha-Fundao (district de Castello-Branco). — Huile d'olives. **(QUAI.)**

176. FREINEDAS (Eduardo d'Almeida), à Castello-de-Vide (district de Portalegre). — Huile d'olives. **(QUAI.)**

177. FREIRE (Antonio Eduardo Baptista), à Beja. — Huile d'olives. **(QUAI.)**

178. GALLACHE (José Augusto), à Santarem. — Huile d'olives. **(QUAI.)**

179. GALLEGO (Gaspar Rodrigues), à Jurumenha-Alandroal (district d'Evora). — Huile d'olives. **(QUAI.)**

180. GALOPPE (Fernando dos Santos), à Portalegre. — Huile d'olives. **(QUAI.)**

181. GAMA (Antonio d'Abreu da), à Nellas (district de Vizeu). — Huile d'olives 1888. **(QUAI.)**

182. GERALDES (Manoel Vaz Preto), à Louza (district de Castello-Branco). — Huile d'olives. **(QUAI.)**

183. GIL (Agostinho), à Estremoz (district d'Evora). — Huile d'olives. **(QUAI.)**

184. GODINHO (Alvaro Augusto de Paiva), à Castello-de-Vide (district de Portalegre). — Huile d'olives. **(QUAI.)**

185. GODINHO (Joaquim Lopes), à Alandroal (district d'Evora). — Huile d'olives. **(QUAI.)**

186. GODINHO (D' José Domingos Ruivo Lopes), à Castello-Branco. — Huile d'olives. **(QUAI.)**

187. GOES (Francisco Xavier Juzarte), à Portalegre. — Huile d'olives. **(QUAI.)**

188. GOMES (Antonio Ruy), à Redondo (district d'Evora). — Huile d'olives. **(QUAI.)**

189. GOMES (José Francisco), à Estremoz (district d'Evora). — Huile d'olive **(QUAI.)**

190. GOMES (José Joaquim), à Melgaço (district de Vianna). — Huile d'olives. **(QUAI.)**

191. GOMES (Manoel Antonio), à Jurumenha-Alandroal (district d'Evora). — Huile d'olives. **(QUAI.)**

192. GOUVÉA (José Pinto), à S.-Joao-da-Pesqueira (district de Vizeu). — Huile d'olives. **(QUAI.)**

193. GOUVEIA (José Lucio), à Crato (district de Portalegre). — Huile d'olives. **(QUAI.)**

194. GUEDES (Manoel Pedro), à Penafiel (district de Porto). — Huile d'olives. **(QUAI.)**

195. GUERRA (Joao Candido da), à Borba (district d'Evora). — Huile d'olives. **(QUAI.)**

196. GUERRA (D' Sebastiao d'Almeida), à Freixo-d'Espada-à-Cinta (district de Bragança). — Huile d'olives. **(QUAI.)**

197. GUERREIRO (Joao Mendes), à Seixal (district de Lisbonne). — Huile d'olives. **(QUAI.)**

198. HORTA (D. Ritta Biscaia), à Niza (district de Portalegre). — Huile d'olives. **(QUAI.)**

199. JERONYMO MARTINS & Fils, à Lisbonne, rue Garrett, 13. — Huile d'olives **(QUAI.)**

200. JINALHAS (Visconde de), à Castello-Branco. — Huile d'olives. **(QUAI.)**

201. JOAQUIM (José), à Evora. — Huile d'olives.   **(QUAI.)**

202. JUNQUEIRO (José Antonio), à Freixo-d'Espada-à-Cinta (district de Bragança). — Huile d'olives.   **(QUAI.)**

203. LACERDA (José d'Aragao Costa), à Villa-Velha-de-Rodam (Castello-Branco). — Huile d'olives.   **(QUAI.)**

204. LACERDA (Manoel Maria Barata), à Borba (district d'Evora). — Huile d'olives.   **(QUAI.)**

205. LAGO (Joao Pereira do), à Mirandella (district de Bragança). — Huile d'olives.   **(QUAI.)**

206. LAMEIRA (Felippe de Moraes), à Borba (district d'Evora). — Huile d'olives.   **(QUAI.)**

207. LEAO (Ignacio Rosado), à Villa-Viçoza (district d'Evora). — Huile d'olives.   **(QUAI.)**

208. LE COCQ (Vve) & Fils, à Castello-de-Vide (district de Portalegre). — Huile d'olives.   **(QUAI.)**

209. LEITAO (Ignacio Manoel), à Borba (district d'Evora). — Huile d'olives. **(QUAI.)**

210. LEITAO (Dr Joao da Silveira Couto), à Borba (district d'Evora). — Huile d'olives.   **(QUAI.)**

211. LEITE (Dr Francisco de Meirelles Pereira), à Celorico-de-Basto (district de Braga). — Huile d'olives.   **(QUAI.)**

212. LEITE (Dr Joaquim Pinheiro d'Azevedo), à Sabroza (district de Villa-Real). — Huile d'olives.   **(QUAI.)**

213. LEMOS (Antonio Carlos Correia Pinto de), à Santa-Martha-de-Penaguiao-e-Regoa (district de Villa-Real). — Huile d'olives.   **(QUAI.)**

214. LEMOS (José Ozorio d'Aragao Magalhaes e), à Cellorico-da-Beira (district de Guarda). — Huile d'olives.   **(QUAI.)**

215. LERIAS (Antonio José), à Alandroal (district d'Evora). — Huile d'olives.   **(QUAI.)**

216. LEVITA (Joaquim Fortunato), à Portalegre. — Huile d'olives.   **(QUAI.)**

217. LEVITA (Dr José Eduardo), à Portalegre. — Huile d'olives.   **(QUAI.)**

218. LIMA (D. Eulalia d'Andrade), à Portalegre. — Huile d'olives.   **(QUAI.)**

219. LIMA (Jorge Abraham d'Almeida), à Quinta-da-Palmeira-Seixal (district de Lisbonne). — Huile d'olives.   **(QUAI.)**

220. LINO (Jacintho Rosado), à Redondo (district d'Evora). — Huile d'olives.   **(QUAI.)**

221. LISINA (Manoel), à Alter-do-Chao (district de Portalegre). — Huile d'olives.   **(QUAI.)**

222. LOBO (André Guilherme Chichorro da Gama), à Monforte (district de Portalegre). — Huile d'olives.   **(QUAI.)**

223. LOBO (Antonio Maria), à Villa-Viçosa (district d'Evora). — Huile d'olives.   **(QUAI.)**

224. LOBO (Joao Augusto da Silva), à Villa-Viçosa (district d'Evora). — Huile d'olives.   **(QUAI.)**

225. LOURENÇO (Joaquim), à Villa-Viçoza (district d'Evora). — Huile d'olives.
(QUAI.)

226. LOURENÇO (José), à Evora-Monte (district d'Evora). — Huile d'olives.
(QUAI.)

227. LOURENÇO (Manoel), à Villa-Viçosa (district d'Evora).— Huile d'olives.
(QUAI.)

228. LUCAS (Francisco Antonio), à Castello-Branco. — Huile d'olives.
(QUAI.)

229. LUCENA (Rosalia de), à Villa-Viçosa (district d'Evora).— Huile d'olives.
(QUAI.)

230. MACEDO (José Pereira de), à Penamacôr (district de Castello-Branco). Huile d'olives.
(QUAI.)

231. MACHADO (Adriano d'Abreu Cardoso), à Santo-Thyrso (district de Porto). — Huile d'olives.
(QUAI.)

232. MACHADO (A. d'Abreu Ferreira), à Alvito (district de Beja). — Huile d'olives.
(QUAI.)

233. MACIAS (André Ponce), à Villa-Viçosa (district d'Evora). — Huile d'olives.
(QUAI.)

234. MACIAS (Manoel de Jesus Ponce), à Villa-Viçosa (district d'Evora). — Huile d'olives.
(QUAI.)

235. MAGGENI (Joao Pedro da Silveira), à Gaviao (district de Portalegre). — Huile d'olives.
(QUAI.)

236. MANHOSO (P. Angelo Maria), à Villa-Viçosa (district d'Evora). — Huile d'olives.
(QUAI.)

237. MARGIOCHI (Francisco Simoes), à Monte-das-Flores (district d'Evora. — Huile d'olives 1887-1888.
(QUAI.)

238. MARIA (Victoria), à Alandroal (district d'Evora). — Huile d'olives.
(QUAI.)

239. MARQUES (Antonio Paes da Silva), à Aviz (district de Portalegre). — Huile d'olives.
(QUAI.)

240. MARQUES (Joao Martins da Silva), à Redondo (district d'Evora). — Huile d'olives.
(QUAI.)

241. MARTEL (D' Joaquim Figueiredo Pestana), à Castello-Branco. — Huile d'olives.
(QUAI.)

242. MASCARENHAS (Arnaldo Clebo Torres), à Idanha-a-Nova (district de Castello-Branco). — Huile d'olives.
(QUAI.)

243. MATTA (José Nunes), à Castello-Branco. — Huile d'olives. (QUAI.)

244. MATTA (José Nunes da), à Certa (district de Castello-Branco).— Huile d'olives.
(QUAI.)

245. MATTOS (Francisco de), à Redondo (district d'Evora). — Huile d'olives.
(QUAI.)

246. MATTOS (Joao Bernardo de). à Villa-Viçosa (district d'Evora). — Huile d'olives.
(QUAI.)

247. MATTOS (José Victorino), à Borba (district d'Evora). — Huile d'olives.
(QUAI.)

248. MELLO (Manuel José dos Santos), à Alijo (district de Villa-Real).— Huile d'olives.
(QUAI.)

249. MENDES (Francisco Callado), à Alter-do-Chao (district de Portalegre). — Huile d'olives. **(QUAI.)**

250. MENDES (D' Francisco Callado), à Fronteira (district de Portalegre). — Huile d'olives. **(QUAI.)**

251. MENEZES (Ignacio da Silva), à Villa-Viçosa (district d'Evora).— Huile d'olives. **(QUAI.)**

252. MENEZES (Joao Cardozo da Silveira), à Borba (district d'Evora) — Huile d'olives. **(QUAI.)**

253. MENEZES (Joao de Souza), à Alter-do-Chao (district de Portalegre). — — Huile d'olives. **(QUAI.)**

254. MENEZES (Joao de Sousa), à Villa-Viçosa (district d'Evora). — Huile d'olives. **(QUAI.)**

255. MENEZES (D. José Gil de Borja Macedo e), à Portel (district d'Evora). — Huile d'olives. **(QUAI.)**

246. MENEZES (José Taveira de Carvalho Pinto de), à Amarante (district de Porto). — Huile d'olives. **(QUAI.)**

257. MENEZES (José de Vasconcellos de Carvalho e), à Marco-de-Canavezes (district de Porto). — Huile d'olives. **(QUAI.)**

258. MENEZES (Manoel Diogo da Silveira), à Villa-Viçosa (district d'Evora). — Huile d'olives. **(QUAI.)**

259. MIRA (José Paulo Barahona Carvalho e), à Evora. — Huile d'olives. **(QUAI.)**

260. MOEINHA (Manoel Jeronimo), à Campo-Maior (district de Portalegre). — Huile d'olives. **(QUAI.)**

261. MONTEIRO (Francisco Vaz), à Ponte-de-Sôr (district de Portalegre). — Huile d'olives. **(QUAI.)**

262. MONTEIRO (Joaquim Anastacio), à Monforte (district de Portalegre). — Huile d'olives. **(QUAI.)**

263. MONTEIRO (Joaquim Vaz), à Ponte-de-Sôr (district de Portalegre). — Huile d'olives. **(QUAI.)**

264. MONTEIRO (D' José Vaz), à Chamusca (district de Santarem). — Huile d'olives. **(QUAI.)**

265. MONTOYA (José Olaia Lopes), à Castello-Branco. — Huile d'olives. **(QUAI.)**

266. MORAES (Antonia Luciana Tocha), à Redondo (district d'Evora).— Huile d'olives. **(QUAI.)**

267. MORTE (Joaquim Diogo), à Alandroal (district d'Evora). — Huile d'olives. **(QUAI.)**

268. MOURA BORGES & Irmaos, à Penamacôr (district de Castello-Branco). — Huile d'olives. **(QUAI.)**

269. MURTA (Ramiro Cezar), à Castello-de-Vide (district de Portalegre). — Huile d'olives. **(QUAI.)**

270. NAMORADO (Joaquim Manoel), à Alter-do-Chao (district de Portalegre). — Huile d'olives. **(QUAI.)**

271. NEVE (José Gomes da Silva), à Evora-Monte (district d'Evora). — Huile d'olives. **(QUAI.)**

272. NEVES (Antonio José), à Alandroal (district d'Evora). — Huile d'olives. **(QUAI.)**

273. NEVES (P. José Ignacio das), à Villa-Viçosa (district d'Evora). — Huile d'olives. (QUAI.)

274. NUNES (Joaquim Vicente), à Villa-Viçosa (district d'Evora). — Huile d'olives. (QUAI.)

275. NUNES (Venancio Antonio), à Villa Viçosa (district d'Evora).— Huile d'olives. (QUAI.)

276. NOGUEIRA (Dʳ Caetano da Graça Brito), à Villa-Viçosa (district d'Evora). — Huile d'olives. (QUAI.)

277. NOGUEIRA (Henrique de Sa), à Portalegre. — Huile d'olives. (QUAI.)

278. NOGUEIRAS (Joao Antonio da Silva), à Villa-Viçosa. — Huile d'olives. (QUAI.)

279. NORTON (Dʳ Thomaz Mendes), à Ponte-de-Lima (district de Vianna). — Huile d'olives. (QUAI.)

280. OLIVAES (Vicomtesse dos), à Quinta-do-Cabeço (district de Lisbonne). — Huile d'olives. (QUAI.)

281. OLIVEIRA (Diogo Urbano Correa de), à Moura (district de Beja). — Huile d'olives. (QUAI.)

282. OLIVEIRA (Estevao Augusto), à Alcochete. — Huile d'olives. (QUAI.)

283. OLIVEIRA (Estevao Jose), à Soure (district de Coimbra). — Huile d'olives. (QUAI.)

284. OLIVEIRA Junior (Estevao Antonio), à Alcochete (district de Lisbonne). — Huile d'olives. (QUAI.)

285. OLIVEIRA (José Miguel de), à Moura (district de Beja). — Huile d'olives. (QUAI.)

286. PAIAS (Joaquim José de Fontes), à Alandroal. — Huile d'olives. (QUAI.)

287. PAIVA (Conde de Castello de), à Castello-de-Paiva (district de Aveiro). — Huile d'olives. (QUAI.)

288. PAIVA (José Mendes Alçada), à Covilha (district de Castello-Branco). — Huile d'olives. (QUAI.)

289. PAIVA (Manoel Gonçalves de), à Terenna-Alandroal (district d'Evora). — Huile d'olives. (QUAI.)

290. PALMA (D. Emilia Laranjo Gomes), à Beja. — Huile d'olives. (QUAI.)

291. PALMEIRO (Manoel de Jesus), à Estremoz (district d'Evora). — Huile d'olives. (QUAI.)

292. PALMEIRO (Xavier Rozado), à Alter-do-Chao (district de Portalegre). — Huile d'olives. (QUAI.)

293. PARACANA (Joaquim Maria da Silva), à Villa-Viçosa (district d'Evora). — Huile d'olives. (QUAI.)

294. PARACANA (Maria d'Assumpçao), à Villa-Viçosa (district d'Evora). — Huile d'olives. (QUAI.)

295. PASSANHA (Alfredo Carlos Infante), à Regoa (district de Villa-Real). — Huile d'olives. (QUAI.)

296. PAULO (José), à Villa-Viçosa (district d'Evora). — Huile d'olives. (QUAI.)

297. PEIXOTO (Joao Pedro), à Redondo (district d'Evora). — Huile d'olives.
(QUAI.)

298. PELEJAO (Alberto da Silva), à Castello-Branco. — Huile d'olives.
(QUAI.)

299. PELEJAO (Lucio da Silva), à Castello-Branco. — Huile d'olives.
(QUAI.)

300. PERDIGAO (Antonio Rosado), à Villa-Viçosa (district d'Evora). —
Huile d'olives. (QUAI.)

301. PERDIGAO (Francisco José), à Redondo (district d'Evora). — Huile
d'olives. (QUAI.)

302. PERDIGAO (Ignacio Augusto Madeira), à Reguengos (district
d'Evora). — Huile d'olives. (QUAI.)

303. PERDIGAO (José Marques Rosado), à Redondo (district d'Evora).
— Huile d'olives. (QUAI.)

304. PEREIRA (D' Accacio Manoel), à Alter-do-Chao (district de Portalegre.) — Huile d'olives. (QUAI.)

305. PEREIRA (D' Antonio Bramao), à Braga. — Huile d'olives. (QUAI.)

306. PEREIRA (Antonio Maria), à Redondo (district d'Evora). — Huile
d'olives. (QUAI.)

307. PEREIRA (José Serrao de Faria), à Santarem. — Huile d'olives.
(QUAI.)

308. PEREIRA (Manoel Joaquim), à Borba (district d'Evora). — Huile
d'olives. (QUAI.)

309. PERFEITO (Antonio José Gonçalves), à Moura (district de Beja)
— Huile d'olives. (QUAI.)

310. PERFEITO (Manuel José Gonçalves), à Moura (district de Beja).
— Huile d'olives. (QUAI.)

311. PERPETUA (Anastacia Roza), à Alandroal (district d'Evora). —
Huile d'olives. (QUAI.)

312. PERPETUA (D. Joanna Bernarda), à Alandroal (district d'Evora).
— Huile d'olives. (QUAI.)

313. PESSOA (Pedro Augusto), à Castello-Branco. — Huile d'olives. (QUAI.)

314. PINA (Augusto de Calça e), à Souzel (district de Portalegre). — Huile
d'olives. (QUAI.)

315. PINA (Joaquim Maximo de Calça e), à Souzel (district de Portalegre). — Huile d'olives. (QUAI.)

316. PINTO (Antonio da Silveira), à Lamego (district de Vizeu).— Huile
d'olives 1888. (QUAI.)

317. PITEIRA (Joao de Deus Rosado), à Villa-Viçosa (district d'Evora).
— Huile d'olives. (QUAI.)

318. PITTA (Joao Maximiano), à Santarem. — Huile d'olives. (QUAI.)

319. PRIME (Conde de), à Nellas et Vizeu (district de Vizeu). — Huile d'olives.
(QUAI.)

320. PROENÇA A VELHA (Visconde), à Penamacor (district de Castello-
Branco). — Huile d'olives. (QUAI.)

321. QUEIJINHA & Irma (Maria José), à Redondo (district d'Evora).
— Huile d'olives. (QUAI.)

322. QUEIMADO (Isidoro Maria), à Redondo (district d'Evora). — Huile
d'olives. (QUAI.)

323. QUEIROGA (Joaquim Perdigao), à Redondo (district d'Evora). —
Huile d'olives. (QUAI.)

324. QUEIROZ (Antonio Eduardo), à Borba (district d'Evora). — Huile
d'olives. (QUAI.)

325. QUEIROZ e LEMOS (Adolpho Pinto de Mesquita), à Celorico-de-Basto (district de Braga). — Huile d'olives. (QUAI.)

326. Quinta districtal do Porto, à Louzada (district de Porto). — Huile
d'olives. (QUAI.)

327. RABASQUILHA (Joao Manuel), à Fronteira (district de Portalegre). — Huile d'olives. (QUAI.)

328. RAMALHO (Joao Valladas), à Alandroal (district d'Evora). — Huile
d'olives. (QUAI.)

329. RAMOS (Antonio Ascençao), à Borba (district d'Evora). — Huile
d'olives. (QUAI.)

330. RAMOS (Antonio Nunes), à Idanha-a-Nova (district de Castello Branco).
— Huile d'olives. (QUAI.)

331. RAMOS (P. Caetano Joaquim de Carvalho, à Villa-Viçosa (district
d'Evora). — Huile d'olives. (QUAI.)

332. RAMOS (Malaquias José Cardozo), à Estremoz (district d'Evora). —
— Huile d'olives. (QUAI.)

333. RAMOS (Manoel Bernardo), à Borba (district d'Evora).— Huile d'olives.
(QUAI.)

334. RAMOS (Manoel Mendes), à Redondo (district d'Evora). — Huile
d'olives. (QUAI.)

335. RAYNOLDS (Guilherme), à Estremoz (district d'Evora). — Huile
d'olives. (QUAI.)

336. RAYNOLDS (Roberto), à Estremoz (district d'Evora).— Huile d'olives.
(QUAI.)

337. REBELLO (Joao Lopes), à Castello-Branco. — Huile d'olives. (QUAI.)

338. REGALLA (D' José Maria), à Campo-Maior (district de Portalegre).
— Huile d'olives. (QUAI.)

339. REIXA (Marianna d'Almeida), à Villa-Viçosa (district d'Evora). —
Huile d'olives. (QUAI.)

340. RELVAS (Carlos Mathias), à Crato (district de Portalegre). — Huile
d'olives. (QUAI.)

341. RIBEIRO (Carlos Guilherme Ferreira), à Certa (district de Castello-
Branco). — Huile d'olives. (QUAI.)

342. RIBEIRO (José Pereira), à Villa-Viçosa (district d'Evora). — Huile
d'olives. (QUAI.)

343. RIVARA (Joao Nepomuceno da Cunha), à Villa-Viçosa (district
d'Evora). — Huile d'olives. (QUAI.)

344. RODRIGUES & Irmao, à Beja. — Huile d'olives. (QUAI.)

345. ROLLO (Francisco Augusto Cardoso), à Portalegre.— Huile d'olives.
(QUAI.)

346. ROLLO (Manoel Braz), à Castello-de-Vide (district de Portalegre). — Huile d'olives.   **(QUAI.)**

347. ROXO (Valentino da Costa), à Castello-Branco.— Huile d'olives. **(QUAI.)**

348. ROZA (Francisco Xavier Tavares), à Castello-de-Vide (district de Portalegre). — Huile d'olives.   **(QUAI.)**

349. ROZA (Jeronymo da Costa), à Villa-Viçosa (district d'Evora). — Huile d'olives.   **(QUAI.)**

350. ROZA (José Francisco), à Villa-Viçosa (district d'Evora). — Huile d'olives.   **(QUAI.)**

351. ROZA (José da Graça Pereira), à Niza (district de Portalegre). — Huile d'olives.   **(QUAI.)**

352. ROZA (Marianno da Boa Marte), à Villa-Viçosa (district d'Evora). — Huile d'olives.   **(QUAI.)**

353. ROZADO (Antonio Marques), à Redondo (district d'Evora). — Huile d'olives.   **(QUAI.)**

354. ROZADO (Joaquim Antonio), à Arrayollos (district d'Evora). — Huile d'olives.   **(QUAI.)**

355. ROZADO (Joaquim Manoel), à Alter-do-Chao (district de Portalegre).— Huile d'olives.   **(QUAI.)**

356. ROZADO (Joaquim dos Santos), à Redondo (district d'Evora). — Huile d'olives.   **(QUAI.)**

357. ROZARIO (Maria da Conceiçao Rocha), à Villa-Viçosa (district d'Evora). — Huile d'olives.   **(QUAI.)**

358. SA (Belmiro Benavente de Mattos e), à Villar-Flor (district de Bragança). — Huile d'olives.   **(QUAI.)**

359. SA (Frederico Magno Durao de), à Monte-Mor-o-Novo (district d'Evora). — Huile d'olives.   **(QUAI.)**

360. SALDANHA (Pedro Maria de Carvalho), à Castello-Branco. — Huile d'olives.   **(QUAI.)**

361. SAMODAES (Comte de), à Marco-de-Canavezes (district de Porto). — Huile d'olives.   **(QUAI.)**

362. SAMODAES (Conde de), à Lamego (district de Vizeu). — Huile d'olives.   **(QUAI.)**

363. SAMPAIO (Augusto Maria Diniz), à Portalegre. — Huile d'olives.   **(QUAI.)**

364. SANCHES (Francisco Cortes), à Portalegre. — Huile d'olives.   **(QUAI.)**

365. SANT'ANNA (Antonio Joaquim de), à Villa-Viçosa (district d'Evora). — Huile d'olives.   **(QUAI.)**

366. SANTOS (Antonio Germano da Fonseca), à Redondo (district d'Evora). — Huile d'olives.   **(QUAI.)**

367. SANTOS (Guilherme Xavier dos), à Portalegre. — Huile d'olives.   **(QUAI.)**

368. SANTOS (José Maria), à Alcochete (district de Lisbonne). — Huile d'olives.   **(QUAI.)**

369. SANTOS (Pedro Pinto Rodrigues dos), à Fundao (district de Castello-Branco). — Huile d'olives.   **(QUAI.)**

370. SARAIVA (José da Silveira Proença), à Castello-Branco. —
Huile d'olives.   (QUAI.)

371. SARDINHA (Joao Mariá da Silva), à Monforte (district de Portalegre). — Huile d'olives.   (QUAI.)

372. SEABRA (D' Alexandre), à Anadia (district d'Aveiro). — Huile d'olives.
                                                                                   (QUAI.)

373. SEGURADO (Joao Antonio), à Villa-Viçosa (district d'Evora). —
Huile d'olives.   (QUAI.)

374. SEIXAS (D' José Maria Cardozo de), à Santarem. — Huile d'olives.
                                                                                   (QUAI.)

375. SEIXAS (Jovellaria Ayres), à Gaviao (district de Portalegre). — Huile
d'olives.   (QUAI.)

376. SEQUEIRA (José Pestana), à Elvas (district de Portalegre). — Huile
d'olives.   (QUAI.)

377. SERENO (Manoel Nunes), à Villa-Viçosa (district d'Evora). — Huile
d'olives.   (QUAI.)

378. SERGIO (José Agnello da Silva), à Santarem. — Huile d'olives.
                                                                                   (QUAI.)

379. SERODIO (José Antonio Gonçalves), à Sabroza et Alijo (district de
Villa-Real). — Huile d'olives.   (QUAI.)

380. SERRA (Antonino José), à Portalegre (district de Portalegre). — Huile
d'olives.   (QUAI.)

381. SILVA (Antonio Vaz da), à Castello-Branco. — Huile d'olives. (QUAI.)

382. SILVA (David Nunes), à Elvas (district de Portalegre). — Huile d'olives.
                                                                                   (QUAI.)

383. SILVA (Elias Propheta Naludeiro), à Alandroal (district d'Evora).
— Huile d'olives.   (QUAI.)

384. SILVA (Frederico Augusto da Cunha e) à Idanha-a-Nova (district
de Castello-Branco). — Huile d'olives.   (QUAI.)

385. SILVA (D' Joao Dias da), à Portalegre. — Huile d'olives.   (QUAI.)

386. SILVA (Joaquim Nunes), à Elvas (district de Portalegre). — Huile
d'olives.   (QUAI.)

387. SILVA (José Bello Madeira), à Alandroal (district d'Evora). — Huile
d'olives.   (QUAI.)

388. SILVA (José Gonçalves da), à Portalegre. — Huile d'olives.   (QUAI.)

389. SILVA (José Joaquim Guimaraes Pestana da), à Alijo (district
de Villa-Real). — Huile d'olives.   (QUAI.)

390. SILVA (José Maria da), à Villa-Viçosa (district d'Evora). — Huile
d'olives.   (QUAI.)

391. SILVA (Manoel Joaquim da), à Redondo (district d'Evora). — Huile
d'olives.   (QUAI.)

392. SILVA (Manuel Duarte Guimaraes Pestana da), à Lamego
(district de Vizeu). — Huile d'olives.   (QUAI.)

393. SILVEIRA (Felippe Nery da), à Estremoz (district d'Evora). — Huile
d'olives.   (QUAI.)

394. SIMOES (Domingos Antonio Pita), à Redondo (district d'Evora). —
Huile d'olives.   (QUAI.)

395. SIMOES (Francisco de S. Pita), à Redondo (district d'Evora). — Huile d'olives.   (QUAI.)

396. SOARES (José Antonio d'Oliveira), à Evora. — Huile d'olives.   (QUAI.)

397. SOEIRO (Francisco), à Villa-Viçosa (district d'Evora). — Huile d'olives.   (QUAI.)

398. SOEIRO (Luiza Bom), à Villa-Viçosa (district d'Evora). — Huile d'olives.   (QUAI.)

399. SOTTO MAYOR (Lonrenço da Cunha Velho), à Braga. — Huile d'olives.   (QUAI.)

400. SOTTO MAYOR (Manuel Figueira Fragoso), à Vidigueira (district de Beja). — Huile d'olives.   (QUAI.)

401. SOUZA (Alfredo Augusto d'Alineida), à Borba (district d'Evora). — Huile d'olives.   (QUAI.)

402. SOUZA (Arnaldo Villar de), à Celeiroz et Sabroza (district de Villa-Real). — Huile d'olives.   (QUAI.)

403. SOUZA (Bernardino Antonio da Rocha), à Alijo (district de Villa-Real). — Huile d'olives.   (QUAI.)

404. SOUZA (Francisco de CO), à Castello-Branco. — Huile d'olives. (QUAI.)

405. SOUZA (José Silverio Vieira de), à Sabroza (district de Villa-Real). — Huile d'olives.   (QUAI.)

406. SOUZA (Manoel Duarte de Carvalho e), à Castello-Branco. — Huile d'olives.   (QUAI.)

407. TARANA (Joaquim Bento), à Villa-Viçosa (district d'Evora). — Huile d'olives.   (QUAI.)

408. TAVARES (Antonio Bernado Xavier), à Portalegre. — Huile d'olives.   (QUAI.)

409. TAVARES (Joao da Silva), à Estremoz (district d'Evora). — Huile d'olives.   (QUAI.)

410. TAVARES (Joaquim da Silva), à Villa-Viçosa (district d'Evora). — Huile d'olives.   (QUAI.)

411. TELLES (Francisco Oliveira Vaz), à Castello-Branco.—Huile d'olives.   (QUAI.)

412. TENORIO (Matheus Rodrigues), à Alter-do-Chao (district de Portalegre). — Huile d'olives.   (QUAI.)

413. THEAS (Antonio Manoel), à Monte-Mor-o-Novo (district d'Evora). — Huile d'olives.   (QUAI.)

414. THEOTONIO (Joao Baptista), à Serpa (district de Beja). — Huile d'olives.   (QUAI.)

415. THEOTONIO Junior (Joaquim Manoel), à Serpa (district de Beja). — Huile d'olives.   (QUAI.)

416. TOCHA (José Rodrigues), à Estremoz (district d'Evora). — Huile d'olives.   (QUAI.)

417. TORRE (Visconde da), à Villa-Verde (district de Braga).— Huile d'olives.   (QUAI.)

418. TORRES (Antonio da Silva), à Villa-Viçosa (district d'Evora). — Huile d'olives.   (QUAI.)

419. TORRES (Joanna Augusta Barreiros), à Evora. — Huile d'olives. (QUAI.)

420. TORRES (Joao de Deus), à Villa-Viçosa (district d'Evora). — Huile d'olives. (QUAI.)

421. TOURO (Diogo Vaz), à Borba (district d'Evora). — Huile d'olives. (QUAI.)

422. TRINDADE (José Maria da), à Villa-Viçosa. — Huile d'olives. (QUAI.)

423. VALERIO (Joanna) & Irma, à Redondo (district d'Evora). — Huile d'olives. (QUAI.)

424. VALLADARES (José Caldeira d'Ordaz), à Castello-Branco. — Huile d'olives. (QUAI.)

425. VARELLA (José Gomes), à Serpa (district de Beja). — Huile d'olives. (QUAI.)

426. VARELLA (D. Maria Anna Gomes), à Serpa (district de Beja). — Huile d'olives. (QUAI.)

427. VASCONCELLOS (Antonio), à Alpiarça (district de Santarem). — Huile d'olives. (QUAI.)

429. VASCONCELLOS (Joao Pereira Teixeira de), à Amarante (district de Porto). — Huile d'olives. (QUAI.)

428. VASCONCELLOS (Joaquim Guilherme), à Elvas (district de Portalegre). — Huile d'olives. (QUAI.)

430. VEDOR (Antonio da Silva), à Villa-Viçosa (district d'Evora). — Huile d'olives. (QUAI.)

431. VEIGA (Maria Isabel), à Villa-Viçosa (district d'Evora). — Huile d'olives. (QUAI.)

432. VIDAL (José Avelino Rodrigues), à Santarem. — Huile d'olives. (QUAI.)

433. VIEIRA (Antonio Maria), à Villa-Viçosa (district d'Evora). — Huile d'olives. (QUAI.)

434. VIEIRA (Francisco de Lemos da Cunha), à Evora. — Huile d'olives. (QUAI.)

435. VIEIRA (José Maria Diniz), à Niza (district de Portalegre). — Huile d'olives. (QUAI.)

436. VIEIRA (José Maria Diniz), à Evora. — Huile d'olives. (QUAI.)

437. VILHENA (Francisco Parreira de), à Ferreira (district de Beja). — Huile d'olives. (QUAI.)

438. VILHENA (D. Maria José Apparicio de), à Ferreira (district de Beja). — Huile d'olives. (QUAI.)

439. VILLAR ALLEN (Vicomte de), à Marco-de-Canavezes (district de Porto). — Huile d'olives. (QUAI.)

440. VILLARINHO DE SAN-ROMAO (Vicomte de), à Marco-de-Canavezes (district de Porto). — Huile d'olives. (QUAI.)

441. VINAGRE (José Antonio Cordeiro), à Villa-Viçosa (district d'Evora). — Huile d'olives. (QUAI.)

442. VISCONDE de ALTAS-MORAS, à Moura (district de Beja). — Huile d'olives. (QUAI.)

443. VISCONDE de BOIZOES, à Mertola (district de Beja). — Huile d'olives. (QUAI.)

444. **VISCONDE de FERREIRA do ALEMTEJO,** à Ferreira (district de Beja). — Huile d'olives.   **(QUAI.)**

445. **VISCONDE de VILLAR ALLEN,** à Villa-Real. — Huile d'olives.   **(QUAI.)**

446. **VISCONDE de VILLARINHO de S. ROMAO,** à Sabroza (Villa-Real). — Huile d'olives.   **(QUAI.)**

447. **ZITA (José Pereira),** à Villa-Viçosa (district d'Evora). — Huile d'olives.   **(QUAI.)**

448. **ZUZARTE (Joaquim Antonio de Souza),** à Neiros-do-Alemtejo (district de Portalegre). — Huile d'olives.   **(QUAI.)**

ROUMANIE.

1. **ASSAN (Georges) Frères,** à Bucharest, chaussée Stefan-cel-mare. — Huiles végétales de colza, de lin, de maïs, semence de coton, etc., extraites par la benzine.   **(QUAI.)**

2. **MOLDOVEAN (Josif),** à Rucar (Muscel). — Fromage contenu dans l'écorce de sapin, baquet à lait.   **(QUAI.)**

RUSSIE.

1. **BLANDOFF (V. N.) Frères,** à Moscou. — Fromages et beurre.   **(QUAI.)**

2. **LOURIÉ Frères et Cie,** à Pinsk (Gouvernement de Minsk). — Huiles et tourteaux.   **(QUAI.)**

3. **PETROFF (Th.),** à Korotoïak (Gouvernement de Voronège).— Huiles de tournesol.   **(QUAI.)**

4. **SLIOSBERG (M. O.),** à Moscou. — Beurres.   **(QUAI.)**

GRAND-DUCHÉ DE FINLANDE.

1. **FABRITIUS (Erneste),** à Sjoekulla. — Fromage.   **(PARC.)**

2. **FRAENDILAE-BEURRERIE (Salin Joseph),** à Kauhava. — Beurre salé et frais.   **(PARC.)**

3. **HAMMALÉN (G. W.),** à Salo. — Beurre salé.   **(PARC.)**

4. **HISINGER (F. L.),** à Karis. — Beurre salé.   **(PARC.)**

5. **KOIVISTO (Eero),** à Wesilahti. — Fromage de lait de chèvre.   **(PARC.)**

6. **KYROENKOSKI,** à Imatra. — Beurre salé et frais.   **(PARC.)**

7. **WINTER (Th.),** à Borga. — Beurre salé.   **(PARC.)**

SAINT-MARIN.

1. **FABBRI (Evelino),** à Saint-Marin. — Huiles, fromages.   **(PALAIS.)**

2. **FILIPPI (Giovanni),** à Saint-Marin. — Huiles.   **(PALAIS.)**

3. **FILIPPI (Pietro),** à Saint-Marin. — Huiles.   **(PALAIS.)**

SALVADOR.

1. **ARGÜELLO** (Docteur **Marcelino**), à San-Miguel. — Fromages.   (PARC.)

SUISSE.

1. **Swiss Condensed Milk Co.**, à Fribourg. — Laits concentrés.   (QUAI.)

URUGUAY.

1. **CARLEN (J. Emilio)**, à Colonia. — Fromages.   (PARC.)
2. **ORDONANA (Domingo)**, à Montevideo. — Œufs d'autruche.   (PARC.)

GROUPE VII.

PRODUITS ALIMENTAIRES.

Classes 70-71.

FRANCE.

1. ALTAZIN-GORÉE, à Boulogne-sur-Mer, (Pas-de-Calais). — Harengs blancs, harengs saurs, morues et maquereaux salés, harengs doux, salés et harengs bouffis. **(QUAI.)**

> Médaille d'or de 1re classe, Exposition universelle, Barcelone, 1888.
> Commission en marée fraîche.

2. AMIEUX Frères (M. Amieux et Cie, successeurs), à Chantenay-lez-Nantes (Loire-Inférieure). — Conserves de légumes, viandes et poissons. **(QUAI.)**

> Huit usines en France pour fabrication des sardines, thon, petits pois, haricots, champignons, truffes et pâtés, viandes et toutes sortes de conserves alimentaires, à Chantenay-lez-Nantes, Paris, Périgueux, Ile d'Yeu, Quiberon, Concarneau, St-Guénolé et Douarnenez.
> Récompenses : Deux médailles d'or. Exposition universelle, Paris, 1878.

3. AUBOUER (L.), à Toulouse (Haute-Garonne), place des Carmes, 11. — Conserves alimentaires, saucissons de volaille et pâtés de foie gras truffés. **(QUAI.)**

4. BAYLE Fils Frères, à Bordeaux (Gironde) — Conserves en flacons, bouchage spécial, fruits vinaigre, prunes d'Ente. **(QUAI.)**

5. BENOIT (Fernand) & Cie, à Ville-en-Bois, Nantes (Loire-Inférieure). — Sardines, thon, légumes, viandes. **(QUAI.)**

6. BENOIT (J.) & LAURIN Fils (L.), à Mallemort (Bouches-du-Rhône). — Fruits au sirop et naturels, pulpes de fruits, tomates, légumes et truffes. **(QUAI.)**

7. BERNARD (L.) & Cie, à Carpentras (Vaucluse). — Truffes conservées. **(QUAI.)**

8. BEZANÇON (P.-Émile), à Paris, rue du Faubourg-Saint-Jacques, 33. — Pâtés de foie gras et de gibiers truffés en boîtes et en terrines, truffes et foies gras conservés au naturel. **(QUAI.)**

> Fabricant de conserves alimentaires. A Paris, Bureaux et Usine à vapeur.
> Marque déposée B. P. — Récompense : Barcelone 1888, médaille de bronze.

9. BILLETTE (Les Fils de Vve), à Concarneau (Finistère). — Conserves de poissons et de légumes. **(QUAI.)**

> Boîtes à ouvertures faciles brevetées S. G. D. G. France, Étranger.

10. BLOCH (Némis & Jules), à Tomblaine, près Nancy (Meurthe-et-Moselle).— Farines de légumes, julienne. (QUAI.)

11. BOISSET-GRAFF (Eugène), à Paris, rue de Beaune, 15. — Timbales milanaises aux truffes de Périgord. (QUAI.)

Pâtisserie-Cuisine. (Expéditions en province de dîners de commande). Timbales Graff, (timbales milanaises truffées), en boîtes pour l'exportation.

12. BOUCLET, à Boulogne-sur-Mer (Pas-de-Calais). — Salaisons et conserves de poissons. (QUAI.)

13. BOURGET (Maison) **Challine (Henri),** Successeur, à Paris, rue de la Petite-Truanderie, 8. — Conserves alimentaires. (QUAI.)

14. BOUTON & HENRAS, à Périgueux (Dordogne). — Truffes conservées en bocaux, boîtes et flacons, foies gras au naturel. (QUAI.)

15. BOUZON (Auguste), — Hôtel du Plat-d'Étain, — à Paris, rue Saint-Martin, 326. — Terrines de conserves de poissons (QUAI.)

16. BRARD-COCARY (Émile), à Lorient (Morbihan).—Conserves de légumes, thon à l'huile. (QUAI.)

17. CANAS-DELOSTAL, à Paris, rue de la Banque, 20. — Escargots cuits au vin blanc, truffés, bourguignons, anchois. (QUAI.)

18. CHALMEL (Eugène), à Paris, rue Oberkampf, 84.— Thon mariné, saumon, filets de harengs, pâtés de foie gras, choucroute garnie, tête de veau en tortue, fromages fins, confitures. (QUAI.)

19. CHAMBON & Fils, à Souillac (Lot). — Truffes conservées en boîtes, flacons et bocaux. (QUAI.)

20. CHANCERELLE, (Wenceslas), à Douarnenez (Finistère).— Conserves, sardines et maquereaux à l'huile, petits pois au naturel. (QUAI.)

21. CHEVALIER, à Puteaux (Seine), rue de l'Oasis, 22. — Conserves alimentaires. (QUAI.)

22. CHEVALLIER-APPERT, à Paris, rue de la Mare, 30. — Conserves alimentaires. (QUAI.)

23. CIEUX (M.-Léon), à Paris, rue des Pyramides, 6. — Pâté de conserve dit : « le délicieux, » épices parisiennes, extraits de viandes en tablettes pour bouillon instantané, raviolis aux stoffas truffées. (QUAI.)

24. CLAIRET (V.-Victor), à Varreddes (Seine-et-Marne).— Oseille conservée. (QUAI.)

Médaille d'or : Exposition universelle et internationale de Bruxelles, 1888.
Médaille d'argent : Exposition universelle et internationale de Bruxelles, 1888.

25. Compagnie hygiénique française (Anciennement), **Rousseau & Cie,** à Paris, rue Hauteville, 57. — Tablettes de bœuf concentré et de potages, rations pour l'armée, poudres de viandes. (QUAI.)

26. Comptoir de Vente des Usines de Nancy, Chévremont & Emberménil, Gérant : **M. Krug,** à Nancy (Meurthe-et-Moselle), rue de Saurupt, 3. — Choucroute en flacons et tonneaux-types. (QUAI.)

27. CONRAT (Frédéric), à Paris, avenue d'Italie, 127. — Objets et articles de salaisons et viandes de conserves. (QUAI.)

Maison fondée en 1858. Usine à vapeur. Spécialité de saucissons d'Arles et de Lorraine, pâtés de foie, jambons de toutes provenances, salaisons françaises, etc. Commission. Exportation.

28. COUDERT, à Paris, rue de Turbigo, 8. — Truffes du Périgord, comestibles, pâtés de foie gras, conserves alimentaires. (QUAI.)

29. CRESPY & AFFAYROUX, à Agen (Lot-et-Garonne). — Prunes étuvées à la vapeur, paubans de verre, boîtes de fer blanc, manchons de zinc. **(QUAI.)**

30. DANDICOLLE (P.) Fils & GAUDIN Ainé, à Bordeaux (Gironde), quai de Queyriës, 16. — Conserves alimentaires, fruits au vinaigre, prunes d'Ente, pâtes alimentaires, etc. **(QUAI.)**

35 Diplômes d'honneur. — Médailles d'or et de mérite aux Expositions de Vienne 1873, Philadelphie 1876.

31. DEAU (François), à Montplaisir, près Lyon (Rhône), route de Genas, 209. — Quenelles truffées, sèches de brochet et de volaille, crème Richelieu et sauce financière, choucroute garnie, tripes au madère. **(QUAI.)**

32. DELORY (Frédéric), à Kerentrech, canton de Lorient (Morbihan). — Conserves alimentaires. **(QUAI.)**

33. DESCHANDELIER & CLAUDOT, à Ruffec (Charente). — Comestibles truffés, terrines de foie gras, gibiers de toutes espèces. **(QUAI.)**

34. DESGOUTTE (Laurent), à Lyon (Rhône), place du Pont, 11. — Saucissons. Salaisons. **(QUAI.)**

35. DESSIRIER Frères, à Paris, rue Beaubourg, 42. — Conserves alimentaires. **(QUAI.)**

36. DHOSTE (Gaston), à Charenton-le-Pont (Seine), rue des Carrières, 28. — Pigeons et cailles grasses, mortes, conservées, pour l'alimentation. **(QUAI.)**

37. DOUBLET (E.) & MAINGOURD, à Orléans (Loiret), boulevard Alexandre-Martin 72. — Conserves de légumes, petits pois, haricots verts, haricots flageolets, asperges. **(QUAI.)**

38. DRONNE Fils (George), à Paris, rue des Petits-Champs, 2. — Pâtés, charcuterie, comestibles, spécialité de foie gras truffés de Strasbourg. **(QUAI.)**

39. DUFORT (Vve Paul), à Villeneuve-sur-Lot (Lot-et-Garonne). — Prunes d'Ente conservées. **(QUAI.)**

40. DUFOUR, à Paris, passage Choiseul, 51. — Tablettes et pastilles « Moussu », tapioca, bouillon néo-féculés. **(QUAI.)**

41. DUMAGNOU (Julien), à Paris, rue Saint-Honoré, 129. — Poissons à l'huile. viandes conservées, légumes conservés, truffes, champignons. **(QUAI.)**

Maison Billet, connue dès 1780 sous le nom d'Hôtel de Provence.
Marques : Billet et Eug. Mercier.
Sardines et thon à l'huile. — Truffes du Périgord. — Petits pois de Clamart, champignons. Usines à Saint-Ouen près Paris, aux Sables-d'Olonne, à Lorient. — Récompenses : Exposition universelle, Paris 1867, méd. d'arg. ; Exp. de Philadelphie 1876 ; Exposition universelle, Paris 1878, médaille d'or.

42. FABRE (J.), à Aubervilliers (Seine), rue de la Haie-Coq, 43. — Boyaux secs et salés pour la charcuterie. **(QUAI.)**

43. FONTAINE (Lucien-A.), à Paris, rue du Marché-Saint-Honoré, 14. — Légumes et fruits conservés, en boîtes et bocaux, produits alimentaires. **(QUAI.)**

44. FOUGERON (Raymond), à Pithiviers (Loiret). — Pâtés d'alouettes, alouettes à la gelée désossées et truffées, pâtés de caneton désossé et truffé en croûte. **(QUAI.)**

45. FRÉLAND (George), à Paris, rue Saint-Dominique, 137. — Conserves de gibier. **(QUAI.)**

46. FRICK (Vve), à Belfort, faubourg de Montbéliard, 55. — Choucroute conservée en fûts et en boîtes. **(QUAI.)**

47. GATECLOUT Frères, à Paris, avenue du Maine, 146 — Salaisons pour le commerce, la guerre, la marine. Viandes fumées et conservées, comestibles. **(QUAI.)**

48. GOURDET (Eugène-A.-A.), à Reims (Marne), rue Talleyrand, 29. — Jambons de Reims frais en boîtes, conservation garantie.   **(QUAI.)**

49. GRAVIER (J.) Aîné & Cie, à Orléans (Loiret). — Conserves alimentaires.   **(QUAI.)**

50. GRINGOIRE (Alfred), (ancienne Maison **Provenchère**), à Pithiviers (Loiret), rue de la Couronne, 13. — Conserves d'alouettes, de gibier et de légumes.   **(QUAI.)**

51. GROSSE & CAHEN (Successeurs de **Lebreton et Brée**), à Paris, rue Simon-le-Franc, 18. — Légumes conservés.   **(QUAI.)**
   Membre du Jury. Hors Concours à l'Exposition internationale de Bruxelles 1888.

52. GUILLOUX (B. & F.-Achille) & Cie, à Kernevel, près Lorient (Morbihan). — Sardines à l'huile.   **(QUAI.)**

53. GUIMIER Fils (Auguste), à Richelieu (Indre-et-Loire). — Jambons, saindoux, conserves de viandes, et légumes.   **(QUAI.)**

54. HAUCK (A.-Anatole), à Paris, boulevard Saint-Marcel, 17. — Harengs de Dieppe marinés au vin blanc (marque capitaine Cook). Maquereaux de Dieppe marinés au vin blanc (marque Vatel).   **(QUAI.)**

55. ISPA (Vve), à Douarnenez (Finistère). — Sardines à l'huile.   **(QUAI.)**

56. JACQUIER (Émile), au Mans, quai de l'Hôpital, 23. — Conserves alimentaires, légumes, sardines.   **(QUAI.)**

57. LABARRE (A.) & Cie, à Montreuil-sous-Bois (Seine). — Substances alimentaires conservées par un procédé spécial.   **(QUAI.)**

58. LADGÉ (Vve Marie), à Toulouse (Haute-Garonne), rue Rempart-Villeneuve, 11. — Conserves alimentaires de toutes sortes.   **(QUAI.)**

59. LAFFARGUE (Nicolas), à Villeneuve-sur-Lot (Lot-et-Garonne). — Prunes d'Ente, dites d'Agen, préparées pour la conserve en pobans et en boîtes de fer blanc.   **(QUAI.)**

60. LAMIABLE (Auguste-E.), à Paris, rue Tiquetonne, 38. — Conserves de légumes.   **(QUAI.)**

61. LAPOSTOLET Frères & CERTEUX, à Paris, rue Oblin, 3. — Légumes secs nettoyés, pois cassés, riz décortiqués et glacés, tapiocas, farines de légumes et autres.   **(QUAI.)**
   Usine à vapeur, 8, passage de l'Atlas, à Paris.
   Médailles de 1re et 2e classes, Paris 1855 ; Médaille d'or, Paris 1878.

62. LASSON & LEGRAND (Maison **Potel & Chabot**), à Paris, boulevard des Italiens, 25. — Comestibles, conserves, fruits.   **(QUAI.)**

63. LE BRETON & FRUH (Successeurs de **A. Dione**), à Paris, rue Chapon, 4. — Conserves alimentaires.   **(QUAI.)**

64. LECOURT (François), à Sèvres (Seine-et-Oise). — Conserves alimentaires.   **(QUAI.)**

65. LEHUCHER & Cie, à Paris, rue du Chemin-Vert, 36. — Conserves alimentaires.   **(QUAI.)**

66. LENOIR Fils (Alexandre), à Paris, rue de Belleville, 215 et 217. — Conserves alimentaires de viandes et gibiers, pâtés de gibiers et de foie gras.   **(QUAI.)**

67. LEVESQUE (Louis) & Cie, à Chantenay, Nantes (Loire-Inférieure). — Sardines à l'huile en boîtes.   **(QUAI.)**
   Médaille d'or, Paris 1878.

68. LÉCLUSE-TRÉVŒDAL (de) Frères, à Audierne (Finistère). — Conserves alimentaires. Sardines à l'huile.   **(QUAI.)**

69. LIBORD (J.-C.), à Paris, rue de Lorraine, 28. — Jambons salés et fumés, pâtés de foie de porc, saucissons d'Arles et de Lorraine, petit salé en saumure.
(QUAI.)

70. LOUIT Frères et Cie, à Bordeaux, rue d'Eysines. — Conserves alimentaires. Chocolat, thés, moutarde, vinaigre, fruits au vinaigre, pâtes alimentaires.
(QUAI.)

71. MARIANVALLE (L.-Eugène), (Successeur de **Pigault**), à Paris, rue Saint-Martin, 101. — Tripes à la mode de Caen, conserves. (QUAI.)

72. MARQUET Frères, à Port-Louis (Morbihan). — Sardines à l'huile « des Parisiennes », « des Lords », « Marquet jeune, Audouin et Cie. » (QUAI.)

73. MARTIN (Paul), à Longwy (Meurthe-et-Moselle). — Saucisson, jambon et poitrine de Lorraine. (QUAI.)

74. MORDIER (François), à Excideuil (Dordogne). — Pâtés de foie gras truffés, truffes conservées au naturel, galantine de faisans truffés, de perdreaux, de lièvres, de chapons, de dindes. (QUAI.)

75. MOREAU, à Paris, rue de Rennes, 75. — Andouillettes et langues fumées.
(QUAI.)

76. MORTENSEN (C.-V), à Paris, Faubourg-Saint-Denis, 202. — Conserves serves alimentaires. (QUAI.)

Poissons marinés, anchois de Norvège, sardines russes, harengs de Hollande, marinés et roulés. Pâtes et sauces d'anchois, pâtes et sauces de crevettes, anguille et saumon en gelée, soupe et tête de veau en tortue, harengs rôtis marinés, saumon conservé au naturel en boîtes, etc.
Médaille de bronze, Exposition Anvers, 1885.

77. MOUGIN (P.-Victor), à Morteau (Doubs). — Jambons et saucissons de Morteau. (QUAI.)

78. NOEL Frères, Ile-de-Groix (Morbihan). — Conserves de poissons à l'huile, sardines, rougets, thon mariné à l'huile d'olive. (QUAI.)

79. NOUVIALLE (J.) & Cie, à Bordeaux (Gironde), rue de Rivière, 2. — Liqueurs, fruits et conserves alimentaires. (QUAI.)

80. OUIZILLE & Cie, à Lorient (Morbihan). — Sardines à l'huile, potages français et anglais, conserves de légumes. (QUAI.)

81. PELLIER Frères, au Mans (Sarthe). — Conserves alimentaires, petits pois, haricots verts et flageolets, légumes divers, sardines à l'huile, poissons divers, viandes, etc. (QUAI.)

82. PÉNAUROS & Fils, à Poullan (Finistère). — Conserves de légumes et de poissons. (QUAI.)

83. PETITJEAN Fils & DESMARAIS, à Paris, rue Pierre-Lescot, 3. — Conserves de quenelles, viandes, poissons, légumes. (QUAI.)

Maison fondée en 1863. — Spécialité de quenelles de volailles, de veau, de brochet, de gibier». Garniture financière. Tête de veau en tortue, Tripes à la mode de Caen. Pâté « Excelsior. Récompenses : Vienne 1873, diplôme de mérite ; Paris 1878, médaille de bronze ; Bruxelles 1888, médaille d'or.

84. PETIT-PELLIEUX, à Paris, rue de Turbigo, 85. — Harengs, maquereaux et thon marinés au vin blanc, conservés en boîtes par procédé spécial, saucissons, le Roll Cambridge au poulet, etc. (QUAI.)

85. PHARAMOND (Alexandre), à Paris, rue de la Grande-Truanderie, 24. — Tripes à la mode de Caen, conserves, fromages. (QUAI.)

A la Petite Normande, «maison fondée en 1843». — Spécialité de tripes à la mode de Caen. Cidre et eau-de-vie de cidre. — Restaurant, rue de la Grande-Truanderie, 24. — Usine à vapeur 3, rue Barbanègre, près les Abattoirs. — Médaille de bronze, Amsterdam 1888.

86. PION & HOTTO (ancienne Maison **Lamarche, Berger, Ritti**), à Paris, rue Saint-Honoré, 89. — Pâtés de foie gras. **(QUAI.)**

87. POTIN (Vve Félix), à Paris, boulevard de Sébastopol, 101 et 103. — Conserves de viande, gibier, poisson, légume, foies gras, fruits au vinaigre et à la saumure. **(QUAI.)**

Maison de vente 101-103, boulevard Sébastopol, Paris ; gros, 25, rue Palestro ; exportation, 29, rue Palestro. Usine à vapeur, 83 à 89, rue de l'Ourcq, à la Villette. Usine et entrepôt à Pantin. — Médaille de bronze, Paris 1867 ; médailles d'or, Paris 1878, Anvers 1885.

88. PREVET & Cie, successeurs de **CHOLLET & Cie**, à Paris, rue des Petites-Écuries, 48. — Conserves alimentaires. — Usines à Meaux (Seine-et-Marne) et à Gomen (Nouvelle-Calédonie). **(QUAI.)**

Maison fondée en 1848.
Légumes desséchés, comprimés et non comprimés.
Potages préparés et conserves alimentaires. — Viandes conservées.
Fournisseurs des Gouvernements. — Prix Monthyon.
Deux médailles d'or (Première, Exposition Universelle de Paris, 1855).
Rappel de médaille d'or, Exposition universelle de Paris 1878.
Membre du Jury, Amsterdam 1883 et Anvers 1885.
Deux médailles d'or, Barcelone 1888.

89. PRICE (Léopold-A.), à Bordeaux, rue Vital-Carles, 32. — Conserves de légumes, huiles d'olives, pâtes alimentaires et prunes. **(QUAI.)**

90. PAYNAL & ROQUELAURE, à Capdenac (Aveyron). — Conserves de viandes, gibiers et foies gras. **(QUAI.)**

91. REYNAUD (Léon), à Chambéry (Savoie), Hôtel-de-France. — Conserves alimentaires, conserves de gibier et légumes. **(QUAI.)**

92. RISCH & CHEMINANT, à Paris, rue Courat, 30 bis. — Conserves de légumes, viandes, pâtés, et toutes conserves en général. **(QUAI.)**

93. RIVIER (Jean-Joaquim), à Bollène (Vaucluse). — Truffes de conserves. **(QUAI.)**

94. RODEL & Fils Frères, à Bordeaux (Gironde), rue du Jardin-Public, 37. — Conserves de viandes, de poissons et de légumes. **(QUAI.)**

95. ROULLAND Fils (L. P.), à Concarneau (Finistère). — Conserves de sardines à l'huile et de petits pois. **(QUAI.)**

96. ROUSSEAU & Cie, à Paris, rue d'Hauteville, 57. — Tablettes de bœuf concentré et de potages, poudres de viandes. **(QUAI.)**

97. ROUSSEL, (Dʳ F.-X.), à Paris, rue de la Victoire, 94. — Jus de bifteck, meat cordial ou liqueur de Lanthois. Mosella ; liqueur française. **(QUAI.)**

98. ROZIÈRE (Louis), aux Lilas (Seine). — Parfum des potages et pastilles Rozière pour le pot-au-feu. **(QUAI.)**

99. SAUPIQUET, à Nantes, rue Crucy, 13. — Conserves de viandes et de poissons. **(QUAI.)**

Spécialité de produits de qualité extra. Sardines Jockey-Club à l'huile. Sardines Jockey-Club à la ravigote. Sardines Jockey-Club sans arêtes. Sardines Jockey-Club sauce tomate. Sardines Jockey-Club au beurre.
Tous ces articles, en boîtes brevetées, les plus faciles à ouvrir, de formes spéciales.

100. SCHMIT (F.), à Pithiviers (Loiret), rue de la Ribellerie, 3. — Pâtés d'alouettes, en croûte fine, en boîtes et terrines. **(QUAI.)**

101. SEVESTRE (Paul), Maison **Beschon**, à Toulouse (Haute-Garonne), rue de Lafayette, 3. — Pâtés de foies gras de canard aux truffes du Périgord. **(QUAI.)**

Médaille d'or, Barcelone 1888, Bruxelles 1888. Spécialité de pâtés de foies gras aux truffes du Périgord. Comestibles de toutes sortes : Dindes, chapons et poulardes truffés. Truffes fraîches et conservées ; gibier, volailles, poissons, charcuterie crue et cuite. Expéditions par colis postaux. Envoi franco du catalogue sur demande.

102. Société Brestoise de produits alimentaires, à Camaret (Finistère).
— Conserves de sardines et maquereaux à l'huile avec ou sans arêtes, légumes. **(QUAI.)**

103. TACOT (Charles), à Paris, rue de Flandre, 119. — Saucissons de Lyon,
d'Arles, mortadelle de Bologne, soupe concentrée, conserves en boîtes.   **(QUAI.)**

> Maison à New-York. — Usine à vapeur.
> Saucisses de Lorraine ; mortadelle de Bologne fraîche et conservée en boîtes.
> Conserves alimentaires, soupe concentrée.
> Produits spéciaux pour l'armée.
> Récompenses obtenues : Bruxelles 1888, médaille d'argent, prix de progrès la plus haute
> récompense décernée par le gouvernement.

104. TIVOLLIER (Emmanuel), à Toulouse (Haute-Garonne), rue Alsace-Lorraine, 31 et 33. — Pâtés de foies gras de canards aux truffes du Périgord.   **(QUAI.)**

105. VERNET Frères & Cie, à Orléans (Loiret), place du Martroi, 1.—Légumes
conserves.   **(QUAI.)**

106. VIANEY Frères, à Paris, quai de la Râpée, 98. — Terrines de foies gras,
de gibier, conserves en boîtes, galantines de volailles truffées, mauviettes et cailles.
(QUAI.)

107. VILLARD (Paul-A.), à Tours (Indre-et-Loire), rue de la Scellerie, 13. —
Rillettes et charcuterie de conserves.   **(QUAI.)**

108. VIVIÉS (Jacques-P.), à Cahors (Lot). — Pâtés de foie gras et de gibier
tomates entières, asperges.   **(QUAI.)**

109. WETZEL (Maison), **V. Mougin,** Successeur, à Morteau (Doubs). — Jambons et saucissons salés et fumés de Morteau.   **(QUAI.)**

COLONIES.

ALGERIE.

1. BERENGUIER (J.-B.), à Cherchell (Alger). — Boîtes conserves de poissons
à l'huile, salaisons.   **(ESPLANADE.)**

2. BONHOMME (Jean), à Djidjelli (Constantine). — Saucissons.   **(ESPLANADE.)**

3. CAURO (T.), à Stora (Constantine). — Sardines à l'huile.   **(ESPLANADE.)**

4. CERVERA (Michel), à Cherchell (Alger). — Anchois à l'huile d'olives et en
saumure, sardines en saumure rouge et en saumure blanche.   **(ESPLANADE.)**

5. CHAUVAIN Fils, à Collo (Constantine). — Sardines à l'huile et aux tomates,
anchois et sardines en saumure, maquereaux à l'huile en boîtes.   **(ESPLANADE.)**

6. DION (G.-L.), à Ténès (Alger). — Conserves à l'huile.   **(ESPLANADE.)**

7. LECOURT (L.-A.), à Bône (Constantine). — Crevettes géantes et conserves de
crevettes.   **(ESPLANADE.)**

8. MIKALEF (Jean), à Bougie (Constantine). — Échantillons de charcuterie
algérienne.   **(ESPLANADE.)**

9. RIGAUD (Aimé), à Mascara (Oran). — Conserves alimentaires.   **(ESPLANADE.)**

10. RIQUIER (Albert), à Stora (Constantine). — Sardines à l'huile.
(ESPLANADE.)

11. SIDER (Frédéric), à Philippeville (Constantine). — Sardines et anchois à l'huile. **(ESPLANADE.)**

12. TEUMA (Joseph), à La Calle (Constantine). — Anchois salés. **(ESPLANADE.)**

13. TUESTE (Jean), à Témouchent (Oran). — Charcuterie algérienne. **(ESPLANADF.)**

14. VAUTOUR PRATTO, à la Calle (Constantine). — Sardines à l'huile, sardines et anchois salés. **(ESPLANADE.)**

1. ABDELKADER ben Friha, à Tilmouni (Oran). — Pois pointus. **(ESPLANADE.)**

2. ABDERRAHMAN ben Mahmoud ou Rabah, à Oued-Amizour (Constantine). — Figues sèches. **(ESPLANADE.)**

3. ALBERGES (Célestin), à Lauriers-Roses (Oran). — Légumes. **(ESPLANADE.)**

4. ARNIAUD (Joseph), à Affreville (Alger). — Fèves et petits pois. **(ESPLANADE.)**

5. AUBERT (Maurice), à Chanzy (Oran). — Asperges, pommes de terre de diverses qualités 1889. **(ESPLANADE.)**

6. AUGÉ (Eugène), à Sidi-Chami (Oran). — Primeurs, légumes divers. **(ESPLANADE.)**

7. BARBIER (F.-E. E.), à Laverdure (Constantine). — Asperges. **(ESPLANADE.)**

8. BARLET (George), à Zérizer (Constantine). — Fèves maltaises. **(ESPLANADE.)**

9. BARRET (Jules), à Témouchent (Oran). — Primeurs. **(ESPLANADE.)**

10. BARREYRE (Théophile), à Aïn-Kial (Oran). — Asperges. **(ESPLANADE.)**

11. BARTHET Ainé, à Tizi-Ouzou (Alger). — Figues sèches. **(ESPLANADE.)**

12. BASTIDE (Léon), à Bel-Abbès (Oran). — Haricots, riz, vesces, pois chiches, fèves, pois. **(ESPLANADE.)**

13. BATTY (Claude), à Kouba (Alger). — Haricots de Lima. **(ESPLANADE.)**

14. BEAUD (Raphaël), à Misserghin (Oran). — Primeurs. **(ESPLANADE.)**

15. BÉDÉCARASBURA (J.-P.), à Aïn-Seynour (Constantine). — Fèves blanches, maltaises, fèves dites fèvettes. **(ESPLANADE.)**

16. BLANCHET (E.), à Bel-Abbès (Oran). — Pois chiches, lentilles, anis, petits pois. **(ESPLANADE.)**

17. BONIFFAY (Aristide), à Alger, rue Joinville, 6. — Fruits secs. **(ESPLANADE.)**

18. BONNEMAISON (Eugène), à El-Kseur (Constantine). — Figues sèches. **(ESPLANADE.)**

19. BORG (Jean), à Biskra (Constantine). — Fèves de Malte. **(ESPLANADE.)**

20. BOSQUET (Henri), à Ben Chicao (Alger). — Pommes de terre rouges et blanches. **(ESPLANADE.)**

21. BOUCHERY (Michel), à Négrier (Oran). — Pommes de terre. **(ESPLANADE.)**

22. BRAME (P.), à l'ouka (Alger). — Patates, oignons et autres légumes frais. **(ESPLANADE.)**

23. **BROTONS (Pierre)**, à Saint-Denis-du-Sig (Oran). — Primeurs.
(ESPLANADE.)

24. **CAHUZAC (Firmin)**, à Témouchent (Oran). — Légumes primeurs.
(ESPLANADE.)

25. **CALMELS (A.)**, à Oran, rue Montebello, 8. — Légumes.   (ESPLANADE.)

26. **CAPELE**, à Ben-Chicao (Alger). — Pommes de terre rouges et blanches.
(ESPLANADE.)

27. **CARRAFANG Frères**, à Mascara (Oran). — Betteraves.   (ESPLANADE.)

28. **CASTETS (Dominique)**, à Ameur-el-Aïn (Alger). — Petits pois, fèves.
(ESPLANADE.)

29. **CATALA (Jacques)**, à Héliopolis (Constantine). — Patates blanches, année
1888.   (ESPLANADE.)

30. **CATHALA (Vve Pierre)**, à Héliopolis (Constantine). — Patates blanches
année 1888.   (ESPLANADE.)

31. **CAYLA (Émile)**, à Bou-Tlélis (Oran). — Haricots.   (ESPLANADE.)

32. **CHAPUIS (J.-B.)**, à Bou-Tlélis (Oran). — Pois chiches, fèves, lentilles.
(ESPLANADE.)

33. **CHAUVAIN Fils**, à Collo (Constantine). — Légumes divers en boîtes.
(ESPLANADE.)

34. **CHÉRIF ben Halla**, à El-Maïn, Commune mixte de Biban (Constantine).—
Figues sèches et raisins secs.   (ESPLANADE.)

35. **COLIN (Aristide)**, à Chanzy (Oran). — Pommes de terre 1889.
(ESPLANADE.)

36. **COMBIER (Adolphe)**, à Aïn-bou-Dib, Commune mixte d'Aïn-Bessem
(Alger). — Pommes de terre.   (ESPLANADE.)

37. **Comice Agricole d'Alger**, à Alger.— Produits agricoles de la région.
(ESPLANADE.)

38. **Comice Agricole de Bône**, à Constantine.— Légumes frais. (ESPLANADE.)

39. **Comice Agricole de Boufarik**, à Alger.— Pommes de terre.(ESPLANADE.)

40. **Comice Agricole de Bougie**, à Constantine.— Figues, caroubes, légumes
frais et secs.   (ESPLANADE.)

41. **Comice Agricole de Douera**, à Douera (Alger). — Légumes et primeurs.   (ESPLANADE.)

42. **Comice Agricole de Médéah**, à Médéah (Alger). — Fèves. (ESPLANADE.)

43. **CORNET (J.)**, à Mondovi (Constantine). — Fèves blanches du pays, petits pois
nains du pays.   (ESPLANADE.)

44. **CORRIEU (Antoine)**, à Nemours (Oran). — Légumes divers.
(ESPLANADE.)

45. **COUTY (Mme Céline)**, à Médéah (Alger).— Fèves.   (ESPLANADE.)

46. **CRACOWSKI (Joseph)**, à Barral (Constantine). — Haricots.
(ESPLANADE.)

47. **CUREL (Antoine)**, à Soukahras (Constantine). — Asperges. (ESPLANADE.)

48. **CUREYRAS (Gaspard)**, à Lamoricière (Oran). — Betteraves fourragères,
betteraves à sucre.   (ESPLANADE.)

49. DAVID & COSMAN, à Mostaganem (Oran). — Asperges, pastèques, etc.
(ESPLANADE.)

50. DECRION (Julien), à Bel-Abbès (Oran). — Fèves, pois ronds, pois carrés, pois pointus, lentilles.   **(ESPLANADE.)**

51. DERRADJI ben Adderrahman, à Ould–Jahia (Constantine). — Fèves.
(ESPLANADE.)

52. DESLINIÈRES (Lucien), à l'Oued-Marsa (Constantine). — Asperges, primeurs.   **(ESPLANADE.)**

53. DIETRICH (de), à Chanzy (Oran). — Pommes de terre.   **(ESPLANADE.)**

54. Djurdjura (Commune mixte du), à Michelet (Alger). — Fruits secs.
(ESPLANADE.)

55. DOL (Salvator), à Souk-Ahras (Constantine).— Fèves maltaises. **(ESPLANADE.)**

56. DOU (A.-Louis), à Dellys (Alger). — Figues sèches.   **(ESPLANADE.)**

57. DUVIGEANT (Léonce), à El-M'cid–Biskra (Constantine). — Poivrons sur pied, verts et secs.   **(ESPLANADE.)**

58. EL HACHEMI ben Si Lounis, à Tamarzirt (Alger). — Figues sèches.
(ESPLANADE.)

59. EL HADJ RABAH ben Bel Kacem, aux Nezlioua, Commune mixte de Dra-el-Mizan (Alger). — Figues noires sèches.   **(ESPLANADE.)**

60. EL MOULOUD ben Abdelkader bel hadj, à Gouraya (Alger). — Raisins secs indigènes 1888.   **(ESPLANADE.)**

91. FAYAUD (François), à Bel-Abbès (Oran).— Pois pointus, haricots.
(ESPLANADE.)

62. FILIMUNDI (Joseph), à Tizi-Ouzou (Alger). — Fèves et pois chiches, figues sèches.   **(ESPLANADE.)**

63. FOLCO (Ernest), à Alger, place de Chartres. — Haricots secs. **(ESPLANADE.)**

64. FRAIX (Jean), à Laverdure (Constantine). — Fèves maltaises blanches 1888.
(ESPLANADE.)

65. FRENDO (Salvator), à Mondovi (Constantine). — Fèves maltaises et arabes, pois chiches.   **(ESPLANADE.)**

66. GABAY (Salomon), à Oran. — Pois chiches 1888.   **(ESPLANADE.)**

67. GARÈSE (Auguste), à Dar-Beïda (Oran). — Primeurs, légumes divers.
(ESPLANADE.)

68. GAUBERT (Philippe), à Relizane (Oran). — Légumes divers.
(ESPLANADE.)

69. GAUCCI (Fidèle), à Medjez-Sfa (Constantine). — Pommes de terre rouges, fèves maltaises.   **(ESPLANADE.)**

70. GAYDAN (Philippe), à Barral (Constantine).— Fèves croisées. **(ESPLANADE.)**

71. GERMA, à Barral (Constantine). — Haricots Saint-Esprit, haricots boulots.
(ESPLANADE.)

72. GUÉNOT (Hortense), à Barral (Constantine). — Fèves blanches, dites de Moulit.   **(ESPLANADE.)**

73. GUÉRIN (E.-P.), à Tlemcen (Oran). — Pommes de terre, fèves.
(ESPLANADE.)

74. HEINTZ (F.-P.), à Mascara (Oran). — Raisins secs en caisse, prunes sèches.
(ESPLANADE.)

75. **JACQUIN (Gustave)**, à Nemours (Oran). — Légumes divers.
(ESPLANADE.)

76. **JEANTET (François)**, à Achaïches, Commune mixte d'El-Milia (Constantine). — Haricots cocos, haricots noirs, haricots blancs. (ESPLANADE.)

77. **JOUBERT (Hippolyte)**, à El-Anasser (Constantine). — Pommes de terre, pois et haricots. (ESPLANADE.)

78. **JOUD (Jules)**, à Rivoli (Oran). — Ail de 1887. (ESPLANADE.)

79. **JOURDAN (Séraphin)**, à Zérizer (Constantine). — Fèves maltaises.
(ESPLANADE.)

80. **JUY (Eugène)**, à El-Kseur (Constantine). — Figues sèches. (ESPLANADE.)

81. **KAROUBY MESSAOUD**, à Oran. — Fèves et pois pointus.
(ESPLANADE.)

82. **KASSI ou Lahssein**, à l'Oued-Amizour (Constantine). — Figues sèches.
(ESPLANADE.)

83. **LADARRE (François)**, à Mascara (Oran). — Fèves de 1888.
(ESPLANADE.)

84. **LANFROY (Joseph)**, à Bel-Abbès (Oran). — Pois pointus. (ESPLANADE.)

85. **LARÉNNE (Auguste)**, à Héliopolis (Constantine). — Lentilles blanches 1888. (ESPLANADE.)

86. **LAROCHE (J.-B.)**, à El-Kseur (Constantine). — Figues sèches et caroubes.
(ESPLANADE.)

87. **LECAVELIER**, à Aïn-Driès (Constantine). — Pois chiches, pois et fèves.
(ESPLANADE.)

88. **LECOURT (L.-A.)**, à Bône (Constantine). — Primeurs. (ESPLANADE.)

89. **LEROY (Charles)**, à Castiglione (Alger) — Patates variées, melons, pastèques. (ESPLANADE.)

90. **LESCURE (E.-C.)**, à Oran, rue de Mostaganem, 54. — Fèves, patates de Malaga, aubergines. (ESPLANADE.)

91. **MAHMOUD ou Rabah**, à Oued-Amizour (Constantine). — Figues sèches.
(ESPLANADE.)

92. **MALBOZ & DELAUNEY**, à Souma (Alger). — Pastèques pour confiture.
(ESPLANADE.)

93. **MARÉCHAL (Justin)**, à Bel-Abbès (Oran). — Fèves, pois pointus.
(ESPLANADE.)

94. **MARÉS (Paul)**, à Douéra (Alger). — Fèves et pois chiches. (ESPLANADE.)

95. **MARTIN (Auguste)**, à Tizi-Ouzou (Alger). — Figues sèches.
(ESPLANADE.)

96. **MARTINEZ (Antonio)**, à Nemours (Oran). — Légumes divers.
(ESPLANADE.)

97. **MAURER (Adolphe)**, à Misserghin (Oran). — Primeurs diverses.
(ESPLANADE.)

98. **MEKKIKA el Habib**, à Sfisef (Oran). — Fèves. (ESPLANADE.)

99. **MÉNOCHET (Jules)**, à Bougie (Constantine). — Figues sèches.
(ESPLANADE.)

100. **MICHELANGELI (P. F.)**, au hameau de Oued-Cham (Constantine). — Fèves. (ESPLANADE.)

101. MOHAMED ou SMAIL, à Beni Kelifa, commune de Mirabeau (Alger). —
Figues.   **(ESPLANADE.)**

102. MOHAMMED ben Rahhal, à Nédroma (Oran). — Primeurs.
                                                                   (ESPLANADE.)

103. MOHAMMED ben Sadok, à Tamelhaat, Commune mixte de l'Ouarsenis
(Alger). — Fèves et pois chiches.   **(ESPLANADE.)**

104. MOHAMED ben Zerrouki, à Tlemcen (Oran). — Pois chiches, fèves.
                                                                   (ESPLANADE.)

105. MONTICELLI, à Misserghin (Oran). — Primeurs.   **(ESPLANADE.)**

106. MOTELEY (J.), à El Ançor (Oran). — Légumes et primeurs. **(ESPLANADE.)**

107. MOUILLON (Paul), à Zarouria (Constantine). — Asperges.   **(ESPLANADE.)**

108. NAVARRO (Pédro), à Muley-Abdelkader (Oran). — Betteraves, potirons,
pommes de terre, oignons, ails, échalottes.   **(ESPLANADE.)**

109. NÉANT (Baptiste), à Guyotville (Alger). — Raisins frais. **(ESPLANADE.)**

110. NICOLAS (Charles), à Duvivier (Constantine). — Tubercules, légumes
farineux secs, légumes verts, légumes, **racines**, épices, fruits secs. **(ESPLANADE.)**

111. NOUZILLE (Auguste), à Tessalah (Oran). — Fèves, haricots.
                                                                   (ESPLANADE.)

112. NOUZILLE (Jacques), à Oued-Cerno (Oran). — Lentilles, pois pointus,
haricots, fèves.   **(ESPLANADE.)**

113. OBITZ (George), à Mirabeau (Alger). — Fèves.   **(ESPLANADE.)**

114. OLIVA (Joseph), à Bel-Abbès (Oran). — Asperges.   **(ESPLANADE.)**

115. OLIVIER (Henri), à El-Biar (Alger). — Raisins secs.   **(ESPLANADE.)**

116. ORTIZ (Domingo), à Nemours (Oran). — Légumes divers.   **(ESPLANADE.)**

117. PAVET (J.-C.), à Mondovi (Constantine). — Fèves blanches récolte 1888.
                                                                   (ESPLANADE.)

118. PÉLISSIÉ (Paul), à Ain-Sultan, Commune mixte de Dra-El-Mizan (Alger).
— Produits provenant du champ d'expériences de l'Ecole arabe.   **(ESPLANADE.)**
   Blés, 3 variétés, et sorgho blanc, gerbe et semence; sorgho noir, gerbe; maïs jaune, et fève
de Séville, gerbes et semences; trèfles, 4 bottes; vins rouges et blancs 1887 et 1888.

119. PINEL (Laurent), à Bou-Tlélis (Oran). — Pois chiches, fèves. **(ESPLANADE.)**

120. PORCELLAGA (Mme) née Marthe Delangle, à Boufarik (Alger).
Légumes frais.   **(ESPLANADE.)**

121. RAMONDA (Constant), à Relizane (Oran). — Légumes divers, raisins
de 1889.   **(ESPLANADE.)**

122. RAULET (Bernard), à Bou-Sfer (Oran). — Primeurs, fruits divers.
                                                                   (ESPLANADE.)

123. RAZÉS Jeune, à Médéah (Alger). — Haricots, fèves, pommes de terre, ails,
oignons.   **(ESPLANADE.)**

124. RIEUPOUILH, à Médéah (Alger). — Fèves.   **(ESPLANADE.)**

125. ROQUET (Henri), à Guelma (Constantine). — Betteraves.   **(ESPLANADE.)**

126. ROUANET (Émile), à Mondovi (Constantine). — Pois chiches du pays,
fèves maltaises et arabes.   **(ESPLANADE.)**

127. ROURE (Frédéric), à Alger, place de Chartres, 1. — Pommes de terre,
primeurs.   **(ESPLANADE.)**

128. ROUSÉ (Auguste), à Saoula (Alger), rue d'Auriol, 31.—Légumes, primeurs
et fruits.   **(ESPLANADE.)**

129. SAMSON (Gustave), à Sidi-Mabrouk (Constantine). — Pois chiches.
                                                             (ESPLANADE.)

130. SCHNEIDER (Frédérick), à Philippeville (Constantine). — Fèves.
                                                             (ESPLANADE.)

131. SI AHMED Ould Sidi Mohammed ben Rerass, à Remchi (Oran).
— Pois chiches, fèves.   **(ESPLANADE.)**

132. SIFFREDI, à Nemours (Oran). — Légumes divers.   **(ESPLANADE.)**

133. Société agricole et industrielle de Batna et du Sud-Algérien,
à Paris, rue St-Lazare, 7. — Légumes divers des Oasis.   **(ESPLANADE.)**

134. SOLER (Joaquin), à Randon (Constantine). — Fèves maltaises.
                                                             (ESPLANADE.)

135. SOMMER Père & Fils, à Tlélat (Oran). — Fèves, petits pois, lentilles,
pois pointus de 1888.   **(ESPLANADE.)**

136. STORA (Nathan), à Bougie (Constantine). — Figues sèches de Kabylie.
Caroubes.   **(ESPLANADE.)**

137. TARAFFO (François), à Misserghin (Oran). — Primeurs. **(ESPLANADE.)**

138. TOCHE Frères, à Bône (Constantine). — Raisins secs.   **(ESPLANADE.)**

139. TRICQUEVILLE (de), à Aïn-el-Arba (Oran). — Amandes sèches.
                                                             (ESPLANADE.)

140. TUR (Pépé), à Tessalah (Oran). — Pommes de terre rouges 1888.
                                                             (ESPLANADE.)

141. Union Agricole d'Afrique, à Saint-Denis-du-Sig (Oran). — Asperges,
artichauts.   **(ESPLANADE.)**

142. VALAT (François), à Négrier (Oran). — Pommes de terre. **(ESPLANADE.)**

143. VERDIER (J.-B.), à Mondovi (Constantine). — Fèves blanches du pays,
                                                             (ESPLANADE.)

144. VIOLA (Baptiste), à Azazga (Alger). — Figues sèches, récolte 1888.
                                                             (ESPLANADE.)

145. WILSON (Charles), à Castiglione (Alger). — Pommes de terre, haricots,
asperges, primeurs.   **(ESPLANADE.)**

146. WOGLER (Vve), à Barral (Constantine).— Fèves maltaises. **(ESPLANADE.)**

147. ZABERN (Maximilien), à Legrand (Oran).— Légumineuses, primeurs.
                                                             (ESPLANADE.)

148. ZURCHER (Paul), à Zaatra (Alger). — Fèves.   **(ESPLANADE.)**

GABON CONGO.

1. PECQUEUR (Mme Léona), à Paris, rue de l'Université, 157 bis. —
Factorerie du Gabon. Produits coloniaux.   **(ESPLANADE.)**

INDE FRANÇAISE·

1. BALASOUPRAMANIACHETTY. — Boîtes de conserves.
                                                             (ESPLANADE.)

2. Comité d'Exposition. — Légumes secs.   **(ESPLANADE.)**

NOUVELLE - CALÉDONIE.

1. **BALLANDE (L.) & Fils,** à Nouméa. — Biche de mer blanche, biche de mer noire. **(ESPLANADE.)**

2. **BECKER (Vve),** à Aurail. — Viande salée. **(ESPLANADE.)**

3. **BOUGIER,** à l'Ile Nou. — Biche de mer, holothurie fumée. **(ESPLANADE.)**

4. **CO-MO,** à Nouméa. — Biche de mer. **(ESPLANADE.)**

5. **Pénitencier de Koé.** — Viande conservée au rhum. **(ESPLANADE.)**

6. **PREVET (Ch.) & Cie,** à Paris, rue des Petites-Écuries, 48. — Conserves de viande et divers produits tirés de l'abattage des bœufs, fabriqués à Gomen. **(ESPLANADE.)**

1. **Affaires Indigènes (Service des),** à Nouméa. — Ignames woré, biognis-morinda. Grosses gourdes. **(ESPLANADE.)**

2. **BECHTEL,** à Moindou. — Petits pois et haricots blancs. **(ESPLANADE.)**

3. **BOUTEILLER,** à Nakety. — Petits pois, haricots riz, haricots païta. **(ESPLANADE.)**

4. **FOUSSARD,** à la Foa. — Haricots, petits pois. **(ESPLANADE.)**

5. **HAYÈS & JEANNENEY,** à Fonwhary. — Fruits du gommier dans l'alcool (cordia glutinosa), haricots des haies. **(ESPLANADE.)**

6. **Internat de Nameara,** à Nouméa. — Haricots rouges de l'Étoile et divers, lentilles, pois indigènes, pois chiches, pois verts, flageolets, etc. **(ESPLANADE.)**

7. **KABAR,** à Houaïlou. — Petits pois, lentilles, haricots. **(ESPLANADE.)**

8. **LAURIE,** à Canala. — Haricots canadiens et païta. **(ESPLANADE.)**

9. **LEGRAND,** à Moindou. — Haricots (païta). **(ESPLANADE.)**

10. **MAUCLÈRE,** à Moindou.—Haricots blancs Soissons, petits pois. **(ESPLANADE.)**

11. **MESSON,** à Moindou. — Petits pois. **(ESPLANADE.)**

12. **MOREAU,** à Moindou. — Haricots. **(ESPLANADE.)**

13. **PEYTOUREAU,** à la Nouvelle-Calédonie. — Haricots païta. **(ESPLANADE.)**

14. **ROUSSEL & JOURDEY,** à Bourail. — Pois secs. **(ESPLANADE.)**

15. **SAULNIER,** à Moindou. — Haricots rouges. **(ESPLANADE.)**

16. **STREIFF,** à Houaïlou. — Lentilles. **(ESPLANADE.)**

17. **Thouo (Arrondissement de),** à Thouo.— Noix de bancoul. **(ESPLANADE.)**

RÉUNION.

1. **LACAZE (Eugène),** à Saint-Pierre — Conserves. **(ESPLANADE.)**

1. **AUGEARD (Clément),** à Cilaos. — Petits haricots blancs, haricots pâles de l'Inde, rouges et noirs, pois blancs, embériques, embrevades. **(ESPLANADE.)**

2. **AUGEARD (Clément),** à Cilas. — Haricots. **(ESPLANADE.)**

3. **AUGEARD (Mlle Emma),** à Cilaos. — Petits pois ronds, pois ronds mange-tout. **(ESPLANADE.)**

4. **BABET Frères et Cie**, à Saint-Pierre. — Haricots noirs, pois ronds, lentilles, embériques, etc. **(ESPLANADE.)**

5. **BRUNIQUEL (Jules)**, à Saint-Gilles. — Mimosa. **(ESPLANADE.)**

6. **Comité central d'Exposition**, à Saint-Denis. — Cocos pour semences. **(ESPLANADE.)**

7. **DOLABARATZ (A.)**, Directeur de l'Agence du Crédit-Foncier colonial, à Saint-Denis. — Antaques ; embériques, embrevades ; haricots blancs, rouges et noirs ; mascate gris, noir et moucheté, etc. **(ESPLANADE.)**

8. **LAROCHE (Gui)**, à Saint-Denis. — Embériques ; haricots blancs, rouges et noirs ; pois du cap Blanc. **(ESPLANADE.)**

9. **LE COAT DE KERVEGUEN, duc de Trévise**, à Saint-Louis. — Pois nègres, haricots noirs, antaques, mimosa, etc. **(ESPLANADE.)**

10. **LORY (Jules)**, à Saint-Denis. — Pistaches. **(ESPLANADE.)**

11. **RICHARD (Adolphe)**, à Sainte-Suzanne, Grand-Hosier. — Woëimer. **(ESPLANADE.)**

12. **SELHAUSEN (H. F.)**, à Bras-Panon. — Pistaches, pois noirs. **(ESPLANADE.)**

13. **SÉNAUD**, à Saint-André. — Letchis vieux. **(ESPLANADE.)**

14. **SERS (Eugène)**, à Saint-André. — Macis. **(ESPLANADE.)**

SAINT-PIERRE ET MIQUELON.

1. **TAJAN & POIRIER**, à St-Pierre. — Conserves de homards **(ESPLANADE.)**

SÉNÉGAL.

1. **DIMBA WAR**, Président des chefs du **Cayor**, (protectorat du Cayor). — Haricots. **(ESPLANADE.)**

TAHITI.

1. **GOUPIL**, à Papeete. — Fruit à pain desséché, maioré (artorarpusmura) tarro et fei desséchés. **(ESPLANADE.)**

PAYS DE PROTECTORAT.

ANNAM-TONKIN.

1. **BRUNSWICK (Eugène)**, à Paris, boulevard Haussmann, 98. — Produits et comestibles du Tonkin et de l'Annam. **(ESPLANADE.)**

TUNISIE.

1. **MAAREK (Vve)**, à Tunis. — Fruits secs, confiserie, etc. **(ESPLANADE.)**

2. **PUISSANT (P.)**, à Tunis, boulevard de Paris. — Primeurs, fruits, comestibles. **(ESPLANADE.)**

PAYS ÉTRANGERS.

ALLEMAGNE.

1. HENRY (Louis), à Strasbourg (Alsace-Lorraine), rue du Dôme, 5.— Terrines, pâtés, boîtes de foie gras. **(QUAI.)**

RÉPUBLIQUE ARGENTINE.

1. CALEY & Cie (S. A.), à Concordia (Entre-Rios).— Langues conservées. **(PARC.)**

2. CHIAPARRA & PARODI, à Buenos-Ayres. — Conserves de gibier et poisson. **(PARC.)**

3. Commission auxiliaire, à Entre-Rios. — Viande sèche et langues conservées. **(PARC.)**

4. GRUGET (Amédée), à Buenos-Ayres. — Conserves de gibier. **(PARC.)**

5. Kemmerich (Société anonyme), à La-Paz (Entre-Rios). — Viandes conservées. **(PARC.)**

6. NOLI (Louis), à Buenos-Ayres. — Viande conservée. **(PARC.)**

7. POUTOHD (S.), à Guaimallen (Mendoza). — Jambon. **(PARC.)**

8. SANSINENA (S. G.), à Buenos-Ayres. — Viandes conservées dans une chambre frigorifique. **(PARC.)**

1. AGUIRRE (Venancio), à Tunuyan (Mendoza). — Haricots. **(PARC.)**

2. ALVEAR (T. de), Pampa Centrale. — Petits pois. **(PARC.)**

3. CARDOSO (Joseph), à Belgrano (Mendoza). — Haricots. **(PARC.)**

4. CASTRO (F.), à Tupungato (Mendoza). — Haricots. **(PARC.)**

5. CHIAPARRA & PARODI, à Buenos-Ayres. — Fruits conservés, légumes conservés. **(PARC.)**

6. Colonie Crespo, à Santa-Fé. — Haricots. **(PARC.)**

7. Colonie Guadalupe, à Santa-Fé. — Haricots. **(PARC.)**

8. Colonie Rafaela, à Santa-Fé. — Petits pois. **(PARC.)**

9. Colonie San-Carlos, à Santa-Fé. — Petits pois. **(PARC.)**

10. Colonie Santa-Teresa, à Santa-Fé. — Haricots, petits pois. **(PARC.)**

11. Commission auxiliaire, à Ayacucho (San-Luis).— Figues et pêches sèches, noix, haricots. **(PARC.)**

12. Commission auxiliaire, à Catamarca. — Différentes plantes de légumes, haricots, fèves, petits pois, fruits secs. **(PARC.)**

13. Commission auxiliaire, à Chacabuco (San-Luis). — Noix, figues sèches.
(PARC.)

14. Commission auxiliaire, à Esperanza (Santa-Fé). — Haricots et petits pois.
(PARC.)

15. Commission auxiliaire, à Jujuy. — Fèves, noix sauvages, haricots, pois chiches.
(PARC.)

16. Commission auxiliaire, à Junin (San-Luis). — Figues sèches, noix.
(PARC.)

17. Commission auxiliaire, Misiones. — 5 espèces de haricots.   (PARC.)

18. Commission auxiliaire, à Monteros (Tucuman). — Haricots.   (PARC.)

19. Commission auxiliaire, à Pedernera (San-Luis). — Figues et pêches sèches, noix.
(PARC.)

20. Commission auxiliaire, à Pringles (San-Luis). — Haricots.   (PARC.)

21. Commission auxiliaire, à Salta. — Fèves et haricots.   (PARC.)

22. Commission auxiliaire, à San-Luis. — Figues et pêches, noix, haricots.
(PARC.)

23. Commission auxiliaire, à San-Martin (San-Luis).— Pêches sèches, haricots.
(PARC.)

24. Commission auxiliaire, à San-Rafael (Mendoza). — Haricots.   (PARC.)

25. Commission auxiliaire, à Santa-Fé. — Lentilles.   (PARC.)

26. Commission auxiliaire, à Tucuman. — Haricots.   (PARC.)

27. Commission auxiliaire, à Tunuyan (Mendoza). — Haricots.   (PARC.)

28. COSSIO (A.), Colonie **Caseros** (Entre-Rios). — Haricots, lentilles et pois.
(PARC.)

29. CRESPO (A.), à Cruz-del-Ejé (Cordoba). — Haricots.   (PARC.)

30. ESCUDERO (Isidoro), à Belgrano (Mendoza). — Noix et haricots. (PARC.)

31. EYZAGUIRRE (V. S. de), à Famatina (Rioja). — Noix, pêches séchées.
(PARC.)

32. FRAU (Joseph), à Jésus-Maria (Santa-Fé). — Haricots.   (PARC.)

33. GRUGET (Amédée), à Buenos-Ayres. — Fruits conservés, légumes conservés.
(PARC.)

34. HEREDIA (Cruz), à Añejos-Sud (Cordoba). — Haricots.   (PARC.)

35. HERRA (B.), à Famatina (Rioja). — Haricots   (PARC.)

36. HERRERA (Dionise), à Maipù (Mendoza). — Haricots.   (PARC.)

37. LAFEUILLADE (Adolphe), à Général-Acha (Pampa Centrale). — Tiges de fèves, tiges de petits pois.
(PARC.)

38. LANFRANCO (Guillaume), à San-Javier (Santa-Fé.)— Haricots.(PARC.)

39. MALLMAN (Manuel), à Mendoza. — Haricots. Pois.   (PARC.)

40. MESTRE (Jules), à San-Javier (Cordoba). — Noix.   (PARC.)

41. OYHENART (Pierre), Pampa Centrale. — Haricots, petits pois, citrouille.
(PARC.)

42. PAWLOSCKI (Alexandre), à Guaimallen (Mendoza). — Noix et haricots.
(PARC.)

43. PINTO (Loise E. de), à Chamical (Jujuy). — Haricots. (PARC.)

44. Quinta agronomica, à Mendoza. — Fèves, haricots, petits pois, lentilles et noix. (PARC.)

45. RAYO (Isaac), à Perico-de-San-Antonio (Jujuy). — Fèves et haricots. (PARC.)

46. SALCEDO Frères, à Famatina (Rioja). — Haricots, raisins secs. (PARC.)

47. SAN-JUAN (Gabriel), colonie **Rafaela** (Santa-Fé).— Haricots. (PARC.)

48. SAVON (Maurice), à Belgrano (Mendoza). — Haricots. (PARC.)

49. SICARDY (Benito), à Mendoza. — Olives. (PARC)

50. SILVEYRA (Grégoire), à Victoria (Pampa Centrale). — Haricots. (PARC.)

51. SOTEROS (Jean), à Chilecito (Rioja). — Haricots. (PARC.)

52. ZOTELO (Desiderio), à Tunuyan (Mendoza). — Haricots. (PARC)

AUTRICHE-HONGRIE.

1. KOHN (Maurice), à Paris, rue de Clichy, 35. — Graines de betteraves de Wohanka et Cⁱᵉ, à Prague. (QUAI.)

2. SGALITZER (J.) & KÖVARY (A.), à Budapesth (Hongrie) V, Palatingasse, 23. — Fruits secs. (QUAI.)

BELGIQUE.

1. AGNIEZ (A.) Frères, à Bruxelles, rue Van Maerland, 26. — Viandes conservées en boîtes. (QUAI.)

2. ANTOGNOLI Frères, à Bruxelles, place de la Constitution. — Viandes et gibiers conservés en boîtes et en terrines. (QUAI.)

3. DUMONTIER (Gustave), à Bruxelles, rue de Cologne, 66. — Conserves alimentaires en boîtes et en flacons. Viandes et gibiers. (QUAI.)

4. MAUSSION Frères, à Bruxelles, rue de la Montagne.— Conserves alimentaires. (QUAI.)

5. RICHARD (Pierre-Louis), à Ixelles (Bruxelles), chaussée de Wâvre, 37. — Pâtés, gibiers, volailles et gibiers rôtis, etc (QUAI.)
   Conservation des truffes et des volailles et gibiers rôtis, par un procédé breveté.
   Récompenses : Bruxelles 1888, Médaille d'argent et prix d'excellence.

1. AGNIEZ (A.) Frères, à Bruxelles, rue Van Maerland, 26. — Légumes conservés. (QUAI.)

2. ANTOGNOLI Frères, à Bruxelles, place de la Constitution. — Fruits en boîtes. (QUAI.)

3. Aspergeries de Bockryck (Herman de Favereau et Dʳ Jos. Theyskens), à Bockryck (Limbourg belge). — Conserves et légumes divers. (QUAI.)

4. BERTRAM (H.), à Bruxelles, rue de Prusse, 3. — Choucroute en fûts. (QUAI.)

5. **BUQUET (Arthur-A.),** à Bruxelles, rue de l'Olivier, 36 — Légumes conservés en boîtes.   **(QUAI.)**

6. **DUMONTIER (Gustave),** à Bruxelles, rue de Cologne, 66. — Fruits et légumes en boîtes et en flacons.   **(QUAI.)**

7. **MAUSSION Frères,** à Bruxelles, rue de la Montagne. — Fruits conservés par divers procédés.   **(QUAI.)**

8. **MIRLAND et Cie,** à Frameries. — Pâtes de pommes, perdrigonne mirland, pâtes de prunes.   **(QUAI.)**

BRÉSIL.

(Voir son Catalogue spécial).

CHILI.

1. **HAVERVEK (Desiderio),** à Lebu. — Viandes salées.   **(PARC.)**

2. **LAILHACAR (Emilio),** à Santiago. — Jambons et conserves.   **(PARC.)**

3. **NOGUEIRA & BLANCHARD,** à Punta-Arenas. — Viandes conservées.
                                                                         (PARC.)

4. **PEILA Frères,** à Valparaiso. — Jambons et conserves.   **(PARC)**

5. **SCIACALUGGA (Francisco),** à Calbuco. — Conserves de crustacés.
                                                                         (PARC.)

1. **Commissariat de l'Exposition du Chili,** à Santiago. — Fèves, petits pois, haricots, pois chiches, lentilles, ail, pruneaux, cerises, noix, amandes, raisins secs, noisettes du Chili, pêches sèches.   **(PARC.)**

2. **Commission provinciale,** à Lebu. — Haricots, petits pois, fèves, gesses-maqui.   **(PARC.)**

3. **DIAZ (Daniel),** à Elqui. — Pêches sèches.   **(PARC.)**

4   **École pratique d'Agriculture,** à Concepcion. — Haricots, fèves, maqui.
                                                                         (PARC.)

5. **ELIZALDE de S. M. (Emilia),** à Elqui. — Raisins secs.   **(PARC.)**

6. **EYZAGUIRRE (J. Ignacio),** à Victoria. — Pruneaux.   **(PARC.)**

7. **HENFEMAN (Carlos),** à Osorno. — Lentilles.   **(PARC.)**

8. **HERNANDEZ (José A.),** à Maipo. — Haricots.   **(PARC.)**

9. **NECKEL Frères,** à Valparaiso. — Raisins secs et pêches sèches.   **(PARC.)**

10. **PERALTA Frères,** à Elqui. — Amandes, raisins secs, pêches sèches, figues.
                                                                         (PARC.)

11. **PEREZ (S. Osvaldo),** à Santiago. — Fruits en conserve.   **(PARC.)**

12. **ROJAS CAMPOS (Juan P.),** à Linarès. — Haricots.   **(PARC.)**

13. **VALDÉS-ORTUZAR (Julio),** à Victoria. — Haricots.   **(PARC.)**

14. **VIAL (Luis E.),** à Quillota. — Fruits en conserve   **(PARC.)**

DANEMARK.

1. BECH JORGEN & Fréres, à Copenhague. — Morues, etc.   (QUAI.)

2. BOESEN & Cie, à Copenhague. — Extrait de viande liquide.   (QUAI.)

3. Fabrique de conserves de Martin Brauat, à Copenhague. — Conserves de poissons.   (QUAI.)

4. FREDRICKSEN (Oscar), à Copenhague. — Saumon fumé.   (QUAI.)

5. GUNNARSSON FRYGGVI, à Copenhague. — Produits de la pêche et de la chasse venant d'Islande.   (QUAI.)

6. KROLL (Jacob B.), à Copenhague. — Poissons fumés.   (QUAI.)

7. LAMPE (Fritz), à Copenhague. — Morues.   (QUAI.)

8. LOHRMANN, à Copenhague. — Anguilles fumées.   (QUAI.)

9. NILSSON (N. F.), à Copenhague. — Poissons fumés.   (QUAI.)

RÉPUBLIQUE DOMINICAINE.

1. Commission provinciale de Seïbo. — Fruits de l'arbre à pain.
                    (PARC.)

ÉGYPTE.

1. MUSTAPHA el DIB el MAWARDI, au Caire. — Dattes, citrons, pistaches.   (PALAIS.)

ÉQUATEUR.

1. Commission coopérative, à Quito. — Fruits. Pois chiches.   (PARC.)

2. MADRID (Carlos F.), à Quito. — Haricots, lentilles, fèves, mani, navets.
                    (PARC.)

ESPAGNE.

1. CAAMAÑO (F.) et Cie, à Noya (Coruna). — Conserves de poissons et viandes.   (QUAI.)

2. CARREÑO (Vve) & Fils, à Noya (Coruna). — Conserves alimentaires.
                    (QUAI.)

3. DARGENTOU DOMINGO (Masso) et Cie, à Buen (Pontevedra). — Sardines et autres poissons.   (QUAI.)

4. FRANCISCO ROSERA (Vve de), à Portosen (Coruna). — Sardines pressées.   (QUAI.)

5. GODOY (Juan), à Isla-Arosa (Pontevedra). — Conserves et sardines pressées
                    (QUAI.)

6. JURADO (C.), à Manille (Philippines). — Comestibles et conserves.   (QUAI.)

7. **LOS CARINOS**, à Madrid. — Jambons et saucisses.   (QUAI.)

8. **LUMBRERAS (Francisco) La Bilbaina**, à Bilbao. — Conserves de poissons, fruits et viandes.   (QUAI.)

9. **MONSERRAT (José)**, à Reus (Tarragone). — Conserves.   (QUAI.)

10. **MUSEROS ROVIRA (Thomas)**, à Murcie. — Conserves.   (QUAI.)

11. **Société commerciale d'Importation et d'Exportation**, à Leguitio (Biscaye). — Conserves.   (QUAI.)

1. **ALONSO DEL MORAL (Vicente)**, à Salamanque. — Légumes. (QUAI.)

2. **CUBERO (Silverio)**, à Villafrechos (Valladolid). — Amandes.   (QUAI.)

3. **GRAU (Jacinto)**, à Tarragone. — Noisettes.   (QUAI.)

4. **LOPEZ SEOANE (Victor)**, à La Coruna. — Légumes.   (QUAI.)

5. **PEREZ BERNAL (José) et Fils**, à Madrid. — Conserves.   (QUAI.)

6. **POREAZ (Manuel)**, à Barcelone. — Olives.   (QUAI.)

7. **MONGATOTE (Domingo)**, à Paris. — Fruits.   (QUAI.)

8. **RODRIGUEZ (Pascual)**, à Paris. — Fruits.   (QUAI.)

9. **VERAS (Alejandro)**, à Paris. — Fruits.   (QUAI.)

ÉTATS-UNIS.

1   **ARMOUR & Co.**, à Chicago, Illinois. — Viandes salées, fumées, conservées en boîtes. Extraits de viande, conserves de soupes.   (QUAI.)

2. **BROUGHAM (Geo.)**, à Chicago, Illinois, 63, Jackson street. — Extraits de viande, conserves de soupes.   (QUAI.)

3. **CASSARD (G.) & Co.**, à Baltimore, Md. — Viandes sèches, salées et fumées.   (QUAI.)

4. **COWDRY (E. T.) & Co.**, à Boston, Mass. — Conserves de viande. (QUAI.)

5. **CURTICE Brothers**, à Rochester, N. Y. — Conserves de viande. (QUAI.)

6. **FERRIS (F. A.) & Co.**, à New-York, 264, Mott street. — Viandes sèches salées et fumées.   (QUAI.)

7. **Franco-American Soup Co.**, à New-York, Waren street. — Conserves de soupes.   (QUAI.)

8. **HUCKINS (J. H. W.) & Co.**, à Boston, Mass. 18, Waterford street. — Conserves de soupes.   (QUAI.)

9. **HUMBERT (Henry) & Co.**, à New-York, 814, Fulton street. — Extraits de viande.   (QUAI.)

10. **LIBBY & Co.**, à Chicago, Illinois. — Conserves de viandes.   (QUAI.)

11. **MICHENER (J. H.) & Co.**, à Philadelphie, Pa. — Viandes sèches, salées et fumées.   (QUAI.)

12. **MOMS & Co.**, à Chicago, Illinois. — Conserves de viandes.   (QUAI.)

13. RICHARD SON & ROBBINS, à Dover, Del. — Conserves de viande.
(QUAI.)

14. SWIFT & Co., à Chicago, Illinois. — Viandes sèches et salées.   (QUAI.)

1. ANDROUS (Samuel N.), à Pomona, California. — Fruits secs.   (QUAI.)

2. BROWN (Arthur), à Badgad, Florida. — Noix diverses.   (QUAI.)

3. California Dried Fruit Association, à San-Francisco, California. — Fruits secs.
(QUAI.)

4. CONOLLY (James C.), à Liverpool (Angleterre, Wavertree road, 155). — Raisins et fruits divers de Californie. Produits distillés des fleurs de Californie. (QUAI.)

5. DREW (N. L.), à Sacramento, California. — Fruits secs.   (QUAI.)

6. Exposition collective, sous la direction de **G. Kern,** à Saint-Louis, Mo. — Légumes conservés, variétés diverses.   (QUAI.)

Clagett (J.), à Tipper-Mailboro, Mo.	Mumsens (W.) & Sons, à Baltimore, Md.
Cleveland (A.-B.) & Co., à New-York.	Myer (Thomas J.), & Co., à Baltimore, Md.
Erie Preserving Co., à Buffalo, N. Y.	Peny (F. N.) & Co., à Providence, R. I.
Griffin Canning Co., à Griffin, Geo.	
Harris (Joseph) Seed Co., à Rochester, N. Y.	Sears & Mitchell, à Chillicastle, Ohio.
Kennon Gray & Co., à Sublett-Tavern, Va.	Wagner Martin & Co., à Baltimore, Md.
Mullory (E.-B.) & Co., à Baltimore, Md.	Winterfoot Packing Co., à Winterfoot, M.

7. Florida State Horticultural Society, à Florida. — Citrons, oranges, etc.
(QUAI.)

8. GRIDLEY (S.) & Co., à Waterville, New-York. — Houblons pressés.
(QUAI.)

9. JENNINGS (W. J.), à Westport, Connecticut. — Légumes et houblons.
(QUAI.)

10. HOOPER (Geo F.), à Sonoma, California. — Fruits secs, olives marinées, noix diverses.
(QUAI.)

11. KIMBALL (Frank A.), à National-City, California. — Citrons, oranges, etc.
(QUAI.)

12. Michigan Agricultural College, à Lansing, Mich. — Légumes et houblons, légumes photographiés.
(QUAI.)

13. MILLS (A. W.), à Clinton, New-York. — Houblons.   (QUAI.)

14. Ministére de l'Agriculture, à Washington, D. C. — Modèles de fruits divers, fruits secs.
(QUAI.)

15. PERRY (F. H.), & Co., à Providence, Rhode-Island. — Légumes conservés, variétés.
(QUAI.)

16. QUAIF (Robert), à Cooperstown, New-York. — Houblons.   (QUAI.)

17. RIXFORD (G. P.), à San-Francisco, California. — Noix diverses.   (QUAI.)

18. ROSA (John), à Milford, Delaware. — Pêches séchées par l'évaporation. (QUAI.)

19. VAN DEMAN (H. E.), à Washington, D. C. — Fruits frais et conservés.
(QUAI.)

20. WEILEY (P. M.), à Saint-Louis, Missouri. — Légumes et houblons. (QUAI.)

21. WHEELER (J. H.), à San-Francisco, California. — Fruits secs.   (QUAI.)

GRANDE-BRETAGNE.

1. BRAND & Co., à Londres, Little Stanhope street, 11, Mayfair. — Extraits de viande, essences, peptones, bouillons, potages, gelées, viandes conservées, sauces. **(QUAI.)**

> Spécialités pour les malades, « Au Prince de Galles ». Maison établie en 1835.
> Essences de bœuf, de mouton, de veau et de poulet. Consommé de bœuf concentré et autres bouillons. Peptone. Potage à la Joxsue et gelée à la Joxsue, gelée du consommé de bœuf. Pastilles savoureuses de viande et autres pastilles. Extrait albumineux de bœuf, bouillon de bœuf de Brand et Cie. Potages. Viandes empotées et viandes conservées de toutes sortes. Zisnozakouska. Sauce AI et sauce « Oion ». Pâté de hareng et d'anchois. Harengs à l'huile. Pâtés Yorkshire et pâtés aux perdrix, au faisan, au coq de bruyère, etc. Langue de bœuf roulée. Bœuf assaisonné avec des épices. Tête de sanglier. Chutnies. Erbscourst ou potage aux pois concentré.
> Récompenses :
> Paris 1878, médaille d'argent et deux mentions honorables.

2. COLEMAN (Alfred), à Paris, rue Bergère, 11. — Jambons anglais extra-fins. **(QUAI.)**

3. Cunningham & de Fourrier Co., (Limited), à Londres, Duncan street, 2, Aldgate. — Viandes, potages, poissons, gibiers, volailles, langues, sauces et gelées conservées. **(QUAI.)**

4. HARRIS (Charles) & Co., à Calne, Wilts. — Petit-salé, jambon, lard. **(QUAI.)**

5. JOHNSON (J. L.), à Londres, Farringdon street, 30. — Bovril et autres extraits de viandes. **(QUAI.)**

6. Liebig's Extract of Meat Co., (Limited), à Londres, Fenchurch avenue, 9. — Extrait de viande. **(QUAI.)**

7. MASON (George) & Co., (Limited), à Londres, King's road, 417. — Essence de bœuf, bouillon concentré, pastilles de viande, et « O. K. » sauce. **(QUAI.)**

8. PERRY (W. T. L.), à Penzance. — Sardines et maquereaux conservés au vinaigre, en boîtes à fermeture hermétique. **(QUAI.)**

1. BUSH & Co. (W. J.), à Londres, Artillery lane, Bishopsgate. — Essences de fruits. **(QUAI.)**

2. CORBETT (John M. P.), Stoke Prior Salt works, Worcestershire. — Sel de toutes espèces à tous usages. **(QUAI.)**

3. FAVRE & Co., à Singapour (Indo-Chine). — Fruits de Singapour conservés au naturel et au sirop, ananas, rhum d'ananas, soupe de tortue. **(QUAI.)**

4. FLEET & Co., à Londres, Warner road, Camberwell. — Bouillon Fleet. **(QUAI.)**

5. KING (Frederick) & Co., (Limited), à Belfast et à Londres. — Aliments et potages dessiccatifs fournis à l'armée et à la marine. **(QUAI.)**

GRÈCE.

1. Ægion (Commune d'), à Ægion (Achaïe et Elide). — Raisins secs **(PALAIS.)**

2. Andros (Commune d'), à Andros (Cyclades). — Figues. **(PALAIS.)**

3. ANTONOPOULO (Jean), à Arta (Achaïe et Elide). — Noisettes, figues. **(PALAIS.)**

4. Argos (Commune d'), à Argos (Argolide et Corinthie). — Raisins secs. **(PALAIS.)**

5. **BALTAS (Ange)**, à Carpenissi (Étolie et Acarnanie). — Raisins secs.
(**PALAIS.**)

6. **BELLAS (Epaminondas)**, à Aetolico (Étolie et Acarnanie). — Raisins secs.
(**PALAIS.**)

7. **BETSIKA (Denys)**, à Syrgos (Achaïe et Elide). — Raisins secs.   (**PALAIS.**)

8. **BETSO (Eurydice N.)**, à Tyrins (Argolide et Corinthie). — Raisins secs.
(**PALAIS.**)

9. **BURLUMIS & Cie**, à Patras (Achaïe et Elide) — Raisins secs.   (**PALAIS.**)

10. **CARAPANOS (Sébastien)**, à Aetolico (Étolie et Acarnanie).   (**PALAIS.**)

11. **CARAVAS (Nicolas)**, à Philiatra (Messénie). — Raisins secs.   (**PALAIS.**)

12. **CARBOUNIS (André)**, à Missolonghi (Étolie et Acarnanie). — Raisins
secs.   (**PALAIS.**)

13. **CARVELLIS (Anastase)**, à Aetolico (Étolie et Acarnanie). — Lentilles,
fèves.   (**PALAIS.**)

14. **Casthanée (Commune de)**, à Larisse. — Figues.   (**PALAIS.**)

15. **CHATZOPOULO (G. D.)**, à Carpenissi (Phtiotide et Phocide). — Noix.
(**PALAIS.**)

16. **CHERETIS (Emm.)**, à Patras (Achaïe et Elide). — Raisins secs.   (**PALAIS.**)

17. **CHOIDAS (E.)**, à Calogreza (Attique). — Amandes.   (**PALAIS.**)

18. **CHRISTOPOULO (Christos)**, à Andritsena (Messénie).— Noix. (**PALAIS.**)

19. **COLOCOTRONIS (Const.)**, à Nauplie (Argolide et Corinthie). — Raisins
secs.   (**PALAIS.**)

20. **COMNINOS (G.)**, à Megalopoli (Arcadie — Raisins secs et légumes divers.
(**PALAIS.**)

21. **CONTOJIANNOPOULO (Christos)**, à Ligourio (Argolide et Corinthie).
— Fèves.   (**PALAIS.**)

22. **CONTOLEON (Antoine)**, à Nauplie (Argolide et Corinthie). — Raisins
secs.   (**PALAIS.**)

23. **COUTSOCOPOULO (N.)**, à Corfou. — Noix.   (**PALAIS.**)

24. **COULOVATOS (Dimakis)**, à Athènes. — Raisins secs.   (**PALAIS.**)

25. **COUTSOS (Panagioti)**, à Amaroussis (Attique). — Fèves, pois chiches, lentilles, etc.   (**PALAIS.**)

26. **Cythère (Commune de)**, à Cythère (Argolide et Corinthie).—Fèves. (**PALAIS.**)

27. **DAMASCHINO (Jean)**, à Corfou. — Noix.   (**PALAIS.**)

28. **DAMIAS (Nicolas)**, à Naxos (Cyclades) — Noix nues.   (**PALAIS.**)

29. **DAVYS (Denys)**, à Argostoli (Céphalonie). — Raisins secs.   (**PALAIS.**)

30. **DEMETRACOPOULO (N.)**, à Nauplie (Argolide et Corinthie). — Raisins
secs.   (**PALAIS.**)

31. **DEPASTA (J. J.)**, à Cea (Cyclades). — Fèves.   (**PALAIS.**)

32. **DIAMANDOPOULO (Diamandis)**, à Naupactie (Étolie et Acarnanie).
— Raisins secs.   (**PALAIS.**)

33. **DIAMANTOPOULO (G.)**, à Caryae (Arcadie). — Lentilles, haricots.
(**PALAIS.**)

34. **DICALIOTIS (C.)**, à Calamata (Messénie). — Olives préparées.   (**PALAIS.**)

35. DIMOPOULO (D.), à Nauplie (Argolide et Corinthie). — Raisins secs.
(PALAIS.)

36. ELIOPOULO (Asimakri), à Athènes. — Fèves.   **(PALAIS.)**

37. Gavrio (Commune de), à Andros (Cyclades). — Figues, noix, fèves, lentilles.
(PALAIS.)

38. GEORGACOPOULO (G. F.), à Cyparissia (Messénie). — Raisins secs.
(PALAIS.)

39. GEORGIADES (Philoclès), à Scyathos (Eubée). — Figues.   **(PALAIS.)**

40. GIANITZIS (Nicolas), à Mégare (Attique et Béotie). — Olives préparées.
(PALAIS.)

41. GRYLLOS (Francois), à Naxos (Cyclades). — Haricots.   **(PALAIS.)**

42. HYPATA (Commune d'), à Hypati (Phtiotide et Phocide).— Haricots.
(PALAIS.)

43. JEANNOLATOS (Spiridion), à Assos (Céphalonie). — Raisins secs,
amandes.   **(PALAIS.)**

44. JOANNIDÈS (Em.), à Amorgos (Cyclades). — Figues et fèves.   **(PALAIS.)**

45. LANOPOULO (Constantin), à Carpenissi (Étolie et Acarnanie). — Figues
et fèves.   **(PALAIS.)**

46. LATHOURCA, à Sériphos (Cyclades). — Pois.   **(PALAIS.)**

47. LAVRANGAS (Gérôme), à Lixouri (Céphalonie). — Noix.   **(PALAIS.)**

48. LINARDATOS (Denys), à Lixouri (Céphalonie). — Raisins secs. **(PALAIS.)**

49. LENDOUDIS (Paul), à Naxos (Cyclades). — Amandes.   **(PALAIS.)**

50. MACRIS (Demetrius), à Naupactie (Étolie et Acarnanie). — Raisins secs.
(PALAIS.)

51. MACRYJEANNI (Jean), à Patras (Achaïe et Elide). — Raisins secs.
(PALAIS.)

52. MANGARITTI (G.), à Argos (Argolide et Corinthie). — Raisins secs.
(PALAIS.)

53. MATAS (G.), à Ligourio (Nauplie). — Pois chiches.   **(PALAIS.)**

54. MATSAS (Jean), à Parikia (Cyclades). — Haricots.   **(PALAIS.)**

55. Megare (Commune de), à Mégare (Attique et Béotie). — Olives préparées.
(PALAIS.)

56. MESSINESSIS (M. P.), à Ægion (Achaïe et Elide). — Raisins secs.
(PALAIS.)

57. MINEOS (J. P.), à Lazarbougha (Larisse). — Pois chiches.   **(PALAIS.)**

58. MITROPOPOULO (Prêtre), à Mégalopoli (Arcadie). — Figues.   **(PALAIS.)**

59. Nauplie (Commune de), à Nauplie (Argolide et Corinthie). — Raisins secs.
(PALAIS.)

60. NIANIARA (Basile), à Missolonghi (Étolie et Acarnanie). — Raisins secs.
(PALAIS.)

61. NICOLAOU (Stavros), à Corinthie (Argolide et Corinthie). — Raisins secs.
(PALAIS.)

62. ŒCONOMIDÈS (A. P.), à Cyparissia (Messénie). — Raisins secs. **(PALAIS.)**

63. ŒCONOMOPOULO (P.), à Calavryta (Achaïe et Elide). — Noix. **(PALAIS.)**

64. ŒLIANOS (Ch. M.), à Andritsena (Messénie). — Lentilles.   (PALAIS.)

65. Œniade (Commune d'), à Catochi (Étolie et Acarnanie). — Pois chiches.
(PALAIS.)

66. PADOVANOS (Ch.), à Argos (Argolide et Corinthie). — Raisins secs.
(PALAIS.)

67. PALCOSOURIAS (Antoine), à Aetolico (Étolie et Acarnanie). — Raisins secs.
(PALAIS.)

68. PAPADIMITRIOS (J.), à Rendina (Triccala). — Haricots, pois, noix.
(PALAIS.)

69. PAPAIOANNOU (Christos), à Delphes (Phtiotide et Phocide). — Lentilles.
(PALAIS.)

70. PAPASTAVRO (Panagioti), à Patras (Achaïe et Elide). — Raisins secs.
(PALAIS)

71. PAPATHEODOROS (George), à Cazaclar (Larisse). — Fèves.
(PALAIS.)

72. Paracheloïde (Commune de), à Aetolico. — Raisins verts.   (PALAIS.)

73. PAXINOS (Timoléon), à Leuci (Céphalonie). — Raisins secs.   (PALAIS.)

74. PEPAS (A.), à Egine (Attique). — Amandes.   (PALAIS.)

75. PETROUTZIS (C.), à Cyparissia (Messénie). — Raisins secs.   (PALAIS.)

76. Phalares (Commune de), à Stylis (Phtiotide et Phocide). — Fèves, lentilles, pois chiches.
(PALAIS.)

77. Pharcadon (Commune de), à Triccala. — Pois chiches.   (PALAIS.)

78. PHARMAXIS (Nicolas), à Naupactie (Étolie). — Raisins secs.   (PALAIS.)

79. PHILARETOS (P.), à Xirochori (Eubée). — Figues.   (PALAIS.)

80. PHOCAS (J. G.), à Pyrgos (Céphalonie). — Fèves, lentilles.   (PALAIS.)

81. PHOCIANOS (Jean), à Parikia (Cyclades). — Pois chiches.   (PALAIS.)

82. PHOTIADÈS (Périclès), à Cyparissia (Messénie). — Raisins secs. (PALAIS.)

83. Platée (Commune de), à Platée (Attique et Béotie). — Fèves, lentilles.
(PALAIS.)

84. Potames (Commune de), à Cythère (Argolide et Corinthie). — Figues.
(PALAIS.)

85. Prisons de Corfou, à Corfou — Fèves, pois chiches, pois.   (PALAIS.)

86. RAISIS (Nicolas), à Apikia (Cyclades). — Fèves.   (PALAIS.)

87. RALLIS (D.), à Caroni (Messénie). — Olives préparées.   (PALAIS.)

88. REEF-AGHA (Abdullah), à Larisse. — Lentilles.   (PALAIS.)

89. REPAS (Nicolas), à Piali (Arcadie). — Fèves.   (PALAIS.)

90. SANOPOULO (Constantin), à Carpenissi (Étolie et Acarnanie). — Noix.
(PALAIS.)

91. SAVOURIS (J.), à Cea (Cyclades). — Amandes.   (PALAIS.)

92. SARRIS (G. E.), à Parikia (Cyclades). — Haricots.   (PALAIS.)

93. Scyathos (Commune de), à Scyathos (Eubée). — Amandes.   (PALAIS.)

94. Scyros (Commune de), à Scyros (Eubée). — Fèves.   (PALAIS.)

95. Sériphos (Commune de), à Sériphos (Cyclades). — Pois.   (**PALAIS.**)

96. Spalathres (Commune de), à Argalasti (Larisse). — Fèves et figues.
(**PALAIS.**)

97. STABOGLOUS (L.), à Volo (Larisse). — Olives préparées.   (**PALAIS.**)

98. STAICOS (Socrates), à Missolonghi (Étolie et Acarnanie). — Raisins
secs.   (**PALAIS.**)

99. STATHOPOULO, à Athènes. — Olives préparées.   (**PALAIS.**)

100. STEFANOS (Antoine), à Syra (Cyclades). — Figues.   (**PALAIS.**)

101. STENOBOGLUS (Grégoire), à Vrysia (Larisse). — Fèves.   (**PALAIS.**)

102. TEGÉE (Commune de), à Piali (Arcadie).— Fèves, pois chiches.   (**PALAIS.**)

103. THEOCHARIS (A.), à Peta (Arta). — Haricots, fèves.   (**PALAIS.**)

104. Tourliani (Couvent de), à Myconos (Cyclades). — Haricots.   (**PALAIS.**)

105. TRAVLOS (Demetrius), à Asprogeraka (Céphalonie). — Raisins secs,
amandes, noix.   (**PALAIS.**)

106. TRIPOS (Stamatios), à Corinthe (Argolide et Corinthie). — Raisins secs.
(**PALAIS.**)

107. TSIATSOS (Jean), à Athènes. — Raisins secs.   (**PALAIS.**)

108. TSITSELIS (Anastase), à Lixouri (Céphalonie).— Raisins secs.   (**PALAIS.**)

109. TSOCRI (Famille du général), à Argos (Argolide et Corinthie). —
Raisins secs.   (**PALAIS.**)

110. VOSSINIOTIS (J.), à Ibraim-Efendi (Arcadie). — Fèves.   (**PALAIS.**)

111. Vostitsa (Commune de), à Vostitsa (Achaïe et Élide). — Raisins secs.
(**PALAIS.**)

112. ZACHAROPOULO (P.), à Cyparissia (Messénie).— Raisins secs. (**PALAIS.**)

113. ZAPPAS (C.), à Magoulista (Triccala). — Pois chiches.   (**PALAIS.**)

114. ZERVAS (Spiridion), à Egine (Attique). — Pois chiches.   (**PALAIS.**)

115. ZIPHOS (Nicitas), à Larisse. — Haricots, pois chiches.   (**PALAIS.**)

GUATEMALA.

1. ANGUIANO (Commandant), à Izabal. — Fruit morro.   (**PARC.**)

2. DE PENALVER (Francisco), à Guatemala. — Bananes conservées. (**PARC.**)

3. LOPEZ (Antonio), à Salama. — Légumes secs.   (**PARC.**)

4. Munipalité de Jocotenango, département de Sacatepequez. — Légumes.
(**PARC.**)

5. Municipalité de San-José-Poaquil, département de Chimaltenango. —
Légumes.   (**PARC.**)

6. Préfet de Escuintla, à Escuintla. — Fruits en conserve.   (**PARC.**)

7. Préfet de Peten, à Flores. — Fruits et liqueurs.   (**PARC.**)

8. Préfet de Zacapa, à Zacapa. — Légumes.   (**PARC.**)

9. THURBER WYNAND & Cie (Elias de Losada), à Guatemala. —
Légumes et fruits divers.   (**PARC.**)

HAWAI.

1. **Gouvernement hawaïen,** à Hawaï. — Échantillons de Kou calebasses.
(**PARC.**)

ITALIE.

1. **BONICELLI (Jean),** à Alexandrie. — Salaisons, jambons, etc.   (**QUAI.**)

2. **CITTERIO (Joseph),** à Rho (Milanais). — Salaisons.   (**QUAI.**)

3. **DENTICI (Joseph),** à Milan, via Manzoni. — Conserves alimentaires.
(**QUAI.**)

4. **FOCCHI Frères,** à Marignan. — Saucissons crus de Milan, préparé pour l'exportation.   (**QUAI.**)

5. **NANNI Frères,** à Bologne. — Mortadelles de Bologne naturelles.   (**QUAI.**)

6. **PARRILLI (I. & S.) Frères,** à Paris, rue du Grand-Prieuré, 18. — Salaisons et conserves alimentaires.   (**QUAI.**)

7. **POLLETTI (M.) & Cie,** à Porto-San-Stefano (Grosseto). — Sardines à l'huile et conserves de tomates.   (**QUAI.**)

8. **SCOTTI EGISTO,** à Paris, rue Popincourt, 13. — Conserves alimentaires.
(**QUAI.**)

1. **BOCCACCI (Jean-Baptiste),** à Antrodoco (Aquila). — Châtaignes.   (**QUAI.**)

2. **GIACOBINI (Chevalier François),** à Altomonte (Cosenza). — Légumes et fruits secs de la Calabre.   (**QUAI.**) .

3. **MAURANO (François) & Fils,** à Castellabate (Salerno). — Figues préparées pour l'exportation.   (**QUAI.**)

4. **MAYZARGUE (Joseph),** à Bari (Nice), rue Saint-Jean-Baptiste, 1. — Fruits secs de Pouille.   (**QUAI.**)

5. **MOLARO (François),** à Naples, Monteoliveto, 72. — Fruits confits.   (**QUAI.**)

6. **PARRILLI Frères (J. & S.)** à Paris, rue du Grand-Prieuré, 18. — Légumes et fruits secs.   (**QUAI.**)

7. **Societa Tartufaria Spoletina (Placidi, Francia et Cie),** à Spolète. — Truffes de Norcia. Conserves alimentaires, etc.   (**QUAI.**)

JAPON.

1. **MATSUMOTO (Manbei),** à Hiroshima-Ken, Hiroshima-Ku. — Conserves de bœuf, huîtres, homards et poissons.   (**PALAIS.**)

2. **SHIMADA (Tsunazo),** à Hiogo-Ken, Yabu-Kori. — Conserves de viande de bœuf et de cerf.   (**PALAIS.**)

1. **HAYAKAWA (Shin-Ichiro),** Iwate-Ken, Minami-Iwaté-Kori. — Sojas secs de diverses sortes.   (**PALAIS.**)

2. **Ministère de l'Agriculture et du Commerce** (Direction de l'Agriculture), à Tokio. — Sojas secs, phaseolus radiatus.   (**PALAIS.**)

3. MUKAIDA (Yasunosuke), Iwate-Ken, Iwate-Kori.— Sojas secs de diverses sortes.   **(PALAIS.)**

4. MUTO (Ko-Itsu), Gunma-Ken, Yamada-Kori. — Châtaignes fraîches, châtaignes sèches.   **(PALAIS.)**

5. NARUKO (Zentaro), Osaka-fu, Hine-Kori. — Conserves de légumes, dites Naratsuké.   **(PALAIS.)**

6. OZAWA (Zenji), Iwate-Ken, Iwate-Kori. — Sojas secs de diverses sortes.
                                                                       (PALAIS.)

7. SHIMADA (Tsunazo), Hiogo-Ken, Yobu-Kori. — Conserves de jeunes pousses de bambou.   **(PALAIS.)**

8. SUGE (Jihei), Iwate-Ken, Ninohe-Kori. — Sojas secs.   **(PALAIS.)**

9. SUGENO (Saisuke), Yamagata-Ken, Minami-murayama-Kori. — Prunes conservées.   **(PALAIS.)**

10. SUZUKI (Otobei), Yamanashi-Ken, Nishiyamanashi-Kori. — Raisins, châtaignes, noix, kaki conservés.   **(PALAIS.)**

11. TAKAHASHI (Toyozo), Chiba-Ken, Sosa-Kori. — Sojas secs, arachides.
                                                                       (PALAIS.)

12. TSUNODA (Denyemon), Chiba-Ken, Sosa-Kori. — Sojas secs.   **(PALAIS.)**

13. TSUNODA (Kohei), Chiba-Ken, Sosa-Kori. — Sojas secs.   **(PALAIS.)**

14. YABAHA (Tokiya), Iwate-Ken, Iwate-Kori.— Sojas secs de diverses sortes.
                                                                       (PALAIS.)

15. YOKOBORI (Shohachi), Gunma-Ken, Sa-i-Kori. — Sojas secs, chaseolus radiatus.   **(PALAIS.)**

16. WATANABE (Tomozo), Chiba-Ken, Sosa-Kori. — Sojas secs, arachides.
                                                                       (PALAIS.)

NORVÈGE.

1. ASTRUP (M. H.), à Christiansund N. — Klipfisch, poisson sans arêtes et autres produits des grandes pêcheries.   **(QUAI.)**

2. BAARSTAD (Svein A.), à Christiansund, N. — Morues.   **(QUAI.)**

3. BERG (Fredrikke), à Christiania. — Anchois.   **(QUAI.)**

4. BORTHEN (Tobias U.), à Trondhjem. — Morues et harengs. Rogue de morue.   **(QUAI.)**

5. Commission norvégienne de l'Exposition Universelle de 1889, à Paris.— Préparations de morue plate, fendue, salée et séchée, de Stokfisch, (morue en bâton, ronde, séchée à l'air), de Rotscher (morue fendue, séchée à l'air). Produits secondaires : têtes, vertèbres pour la fabrication de la colle et du guano, tripes salées et séchées, peaux de morue pour la fabrication de la colle et pour la clarification des bières. Langues de morue salées et séchées, morue sans arêtes ni peau. Produits des grandes pêches de hareng : hareng printanier salé, différents assortiments de harengs d'été, hareng habillé, sardines russes, brisling (sprat) salé, épicé, harengs saurs (saurets et kippers). Maquereau salé, rond et fendu. Sébaste saumurée et salée à sec. Tranches de flétan séchées.   **(QUAI.)**

6. BRYNILDSEN D. S. (Didrik), à Bergen. — Collection de poissons séchés en tout genre.   **(QUAI.)**

Poissons secs, morue en bâton, morues plates, rogues de morue, harengs, huiles de foie de morue, etc.

7. CONRADSEN (Johs), à Stavanger. — Conserves de viandes et de poissons, sardines marinées, harengs, sardines à l'huile norvégiennes, anchois.   **(QUAI.)**

8. EIDSVAAG (Edvard), à Henningsvaer, Lofoten et Christiansund N. — Farine de poisson, préparée à la vapeur, à employer dans les ménages et comme nourriture du soldat en campagne. Langues de morue.   **(QUAI.)**

9. Fabrique de conserves de Bergen, (Bergens Hermetiske Fabrik), à Bergen. — Conserves de produits de pêche.   **(QUAI.)**

10. Fabrique de conserves de Thorstein Bryne, à Stavanger. — Conserves.   **(QUAI.)**

11. ISDAHL & Cie, à Bergen. — Poisson séché (Stockfisch).   **(QUAI.)**

12. JENSEN (Johan M.), à Fredrikshald. — Anchois.   **(QUAI.)**

13. JOERGENSEN (JOERGEN), à Hisken, près Bergen. — Collection de produits de pêche boucanés et salés.   **(QUAI.)**

14. JOHNSEN (Christian), à Christiansund N. — Klipfisch.   **(QUAI.)**

15. KLINGENBERG (Ingvar), à Trondhjem. — Harengs et morues.   **(QUAI.)**

16. KONOW (Wollert), à Bergen. — Poisson séché (Stockfisch). Poisson salé et séché (morue).   **(QUAI.)**

17. LEISNER (Mme Adolfine), à Christiania. — Anchois conservés dans des barillets de chêne.   **(QUAI.)**

18. LIES (E. I.) Preserving Co., à Stavanger. — Conserves.   **(QUAI.)**

19. MOELLER (Christian), à Christiania. — Anchois.   **(QUAI.)**

20. MYHRVOLD (Christiane C.), à Christiania. — Anchois.   **(QUAI.)**

21. Norwegian Preserving Co (The), à Mandal. — Conserves de poissons, de viandes et de gibier.   **(QUAI.)**

22. OLSEN (Carl O.), à Stavanger. — Conserves de viandes et de poissons, anchois, harengs fins, sardines.   **(QUAI.)**
Récompense, Exposition universelle d'Anvers, 1885.

23. PARELIUS (Niels R.), Christiansund N. — Morues séchées.   **(QUAI.)**

24. PARELIUS & LOSSIUS, à Christiansund N. — Morue plate salée. Poisson séché sans arêtes.   **(QUAI.)**

25. Preserving Co., à Bergen. — Viandes et poissons apprêtés, menu gibier, potages, sardines saures norvégiennes, saumon saur à l'huile, anchois.   **(QUAI.)**

26. SCHREINER, NILSEN & THIIS, à Stavanger. — Conserves de poisson et de gibier.   **(QUAI.)**

27. SMITH (Mme Gina), à Christiania. — Anchois aux épices (en tonnelets) et en verres.   **(QUAI.)**
Médaille d'argent, Anvers, 1885. Médaille d'or, Barcelone, 1888.

28. STANGELAND (Enok L.), à Sandnaes. — Conserves de viandes et de poissons.   **(QUAI.)**

29. Stavanger Preserving Co., à Stavanger. — Conserves.   **(QUAI.)**
Établissement fondé en 1873, directeur : M. Q. Mejlaender.

30. TELLEFSEN (Mme Rina), à Christiania. — Conserves d'anchois.   **(QUAI.)**

31. TENGGREN (C. J.), à Lyngvaer, Lofoten. — Farine de poisson alimentaire, poisson sans arêtes, caviar de rogue de morue et autres produits de poisson.   **(QUAI.)**

32. THESEN (Joh.) & Cie, à Bergen. — Collection de poissons séchés et salés. Rogues de morue.   **(QUAI.)**

33. THORSEN (Haktor), à Eid, Sœndhordland. — Anchois, hareng dit « hareng appétissant», brisling (clupea sprattus) saur.   **(QUAI.)**

34. TROYE Jeune (Johan), à Bergen. — Sardines russes, hareng mariné, hareng dit « hareng appétissant » en tonnelets et en boîtes en fer blanc, anchois.
                                                                       (QUAI.)

35. TROYE (William), à Bergen. — Collection de produits de pêche.   **(QUAI.)**

36. VALVATNE (H), à Lunde, Eid, Soendfjord. — Anchois, hareng dit «hareng appétissant », brisling (clupéa sprattus) saur à l'huile.   **(QUAI.)**

PARAGUAY.

1. Gouvernement de la République du Paraguay, à Assomption. — Légumes et fruits.   **(PARC.)**

PAYS-BAS.

1. HEUVEL (G. N. Van den), à Rotterdam et Wlaardingen. — Harengs hollandais en roulade sans arêtes et conservés dans une sauce piquante, nommée rollmops.   **(QUAI.)**

2. LANSDORP (N.), à Amsterdam. — Viandes conservées et salées.   **(QUAI.)**

3. MARSCH (Ter) & Cie, à Rotterdam. — Saucissons, jambons, bœuf fumé.
                                                                       (QUAI.)
Médaille d'or, Bruxelles 1888.
Exportateurs et fournisseurs de navires.

1. BREEBAART (J.), à Winkel. — Légumes siliqueux.   **(QUAI.)**

2. MIDDELBURG ET TER MARSCH, à Rotterdam. — Conserves alimentaires.   **(QUAI.)**
Bruxelles 1888, médaille d'argent.

3. WALDECK (P. F. L.), à Loosduinen. — Légumes siliqueux.   **(QUAI.)**

PORTUGAL.

1. CANCIO (Joâo Marques) & Ca. — Viandes et poissons conservés. **(QUAI.)**

2. Companhia de conservas Lisbonense, à Lisbonne. — Viandes et poissons conservés.   **(QUAI.)**

3. Companhia Nacional de conservas, à Lisbonne. — Viandes et poissons conservés.   **(QUAI.)**

4. COSTA e CARVALHO. — Viandes et poissons conservés.   **(QUAI.)**

5. FRAGOSO, FORTE & Ca. — Viandes et poissons conservés.   **(QUAI.)**

6. GONÇALVES (Maria Rita). — Viandes et poissons conservés.   **(QUAI.)**

7. MARTINS & BRUNO. — Viandes et poissons conservés.   **(QUAI.)**

8. PEREIRA GOMES (Manoel). — Viandes et poissons conservés.   **(QUAI.)**

1. **CONCEIÇAO GUERRA (José da) & Irmao.**— Fruits conservés. (QUAI.)
2. **Companhia de conservas Lisbonense,** à Lisbonne. — Fruits conservés.
(QUAI.)
3. **Companhia Nacional de conservas.** — Fruits conservés.   (QUAI.)
4. **COSTA e CARVALHO.** — Fruits conservés.   (QUAI.)
5. **PAZ MENDES (Francisco da).** — Fruits conservés.   (QUAI.)
6. **PEREIRA GOMES (Manoel).** — Fruits conservés.   (QUAI.)
7. **VELLEZ PERDIGAO (Domingos Thomaz),** à Lisbonne. — Fruits
conservés.   (QUAI.)

COLONIES PORTUGAISES.

1. **Association industrielle Portugaise,** à Lisbonne. — Inhame, haricots.
(QUAI.)
2. **Banque coloniale Portugaise,** à Lourenço–Marques. — Haricots-Cafrial.
(QUAI.)
3. **CAVATHO (R. de),** à l'Ile de Santiago (Cap-Vert). — Haricots.   (QUAI.)
4. **MENDONÇA (J. J. C. de),** à l'Ile de Santiago (Cap-Vert). — Haricots blancs.
Patates.   (QUAI.)
5. **Musée des Colonies,** à Lisbonne. — Collection de fruits et de légumes des
provinces du Cap–Vert, Angola, Saint-Thomas et Prince, Mozambique, etc.   (QUAI.)
6. **ROCHA (J. F. P. de),** à l'Ile de Santiago (Cap-Vert). — Canne à sucre. Haricots.
(QUAI.)
7. **ROSA (F. P.),** à l'Ile de Santiago (Cap-Vert). — Haricots.   (QUAI.)
8. **SERRA (J. C.),** à l'Ile de Santiago (Cap-Vert).— Oranges conservées, patates.
coco, haricots.   (QUAI.)

ROUMANIE.

1. **MIHAILESCU (Ghitza),** à Bucharest, rue Stirbei Voda.— Conserves alimentaires.   (QUAI.)
2. **RUNCESCO (Constantin),** à Badeni-Ungureni (Muscel). — Truites marinées
en barils.   (QUAI.)

1. **BARBULESCU (Pètre),** à Bucharest, rue Victoriei, 95. — Conserves alimentaires.   (QUAI.)
2. **BREAZU (Ghitza Grig),** à Ciulnitza (Muscel). — Maïs, haricots.   (QUAI.)
3. **DRAGOMIRESCO (Flor'an),** à Capu-Piscului (Muscel). — Haricots de
deux espèces, maïs.   (QUAI.)
4. **IONESCO (Marie Const.),** à Vrânesti (Muscel). — Maïs en épis et haricots.   (QUAI.)
5. **SIMON (Moïse-Nathan),** à Bucharest, calea Mosilor, 23. — Conserves alimentaires.   (QUAI.)
6. **STAÏCOVICI (D.),** à Bucharest. — Conserves alimentaires.   (QUAI.)

RUSSIE.

1. **ADGEMOFF (A. M.),** à Saint-Pétersbourg. — Colle de poissons.   (QUAI.)
2. **CHAMIN (A. J.),** à Toula. — Charcuterie.   (QUAI.)
3. **LEVENTHON (J. A.),** à Yalta. — Conserves de viande.   (QUAI.)
4. **MASLOFF (M.),** à Kalouga. — Conserves de poissons.   (QUAI.)
5. **PITOEFF (Y.),** à Tiflis. — Caviar et colle de poisson.   (QUAI.)
6. **ROMAN (J. J.),** à Saint-Pétersbourg. — Conserves de poissons.   (QUAI.)
7. **VIKHAREFF,** à Saint-Pétersbourg. — Conserves.   (QUAI.)
8. **WALKHOFF (L.),** à Kalinovka (Gouvernement de Kiew). — Graines de betteraves et autres.   (QUAI.)
9. **ZOLOTAREFF (Th.) & Cie,** à Ecrivan (Caucase). — Fruits secs.   (QUAI.)

GRAND-DUCHÉ DE FINLANDE.

1. **GROENOVIST (J. B.),** à Tammerfors. — Conserves.   (PARC.)
2. **KYROENKOSKI,** à Imatra. — Saumon et truite conservés, sik fumé, gibiers, écrevisses.   (PARC.)
3. **LOEPPOENEN (W.),** à Helsingfors. — Viande salée et fumée dite « palvate », gibier, saumon conservé, anchois.   (PARC.)

SALVADOR.

1. **GUZMAN (Joaquin P.),** à La Union. — Conserves alimentaires.   (PARC.)
2. **MONTOYA (Mme P. Bernabé de),** à Usulutan. — Langues conservées   (PARC.)

1. **Département de Chalatenango.** — Haricots moyens, petits.   (PARC.)
2. **Département de La-Libertad.** — Haricots, pois chiches.   (PARC.)
3. **Département de San-Salvador.** — Haricots.   (PARC.)
4. **Département de Sonsonate.** — Frijol noir de Chiltiupan, graine de ajote de Armenia.   (PARC.)
5. **Jardin Botanique de San-Salvador.** — Roucou en graine et pâte, pistache sans coque, graine de maraquenon grillée.   (PARC.)
6. **Village de Apaneca,** à Sonsonate. — Pâte de roucou rouge, haricot ayeco.   (PARC.)
7. **Village de Apastepeque.** — Frijol blanc petit.   (PARC.)
8. **Village de Chinameca.** — Haricots.   (PARC.)
9. **Village de Cimarron.** — Châtaignes.   (PARC.)
10. **Village de Gotera.** — Haricot chilipuca.   (PARC.)

11. Village de Potonico. — Graine et pâte de roucou, haricot moyen.   **(PARC.)**

12. Village de San-Sebastian. — Roucou jaune en graine.   **(PARC.)**

13. Village de Volcan. — Ajonjoli blanc.   **(PARC.)**

SERBIE.

1. ARANAJELOVITCH (Tasa), à Lescovatz (dép¹ de Nisch). — Haricots blancs.   **(PALAIS.)**

2. ATNASYEVITCH (Milya), à Pojega (dép¹ d'Oujitze). — Haricots d'Espagne.   **(PALAIS.)**

3. AVRAMOVITCH (Mitar), à Glogovatz (dép¹ de Krayna). — Lentilles.   **(PALAIS.)**

4. BAYTCH (Louka), à Krivay (dép¹ de Schabatz). — Pruneaux.   **(PALAIS.)**

5. BLAGOYEVITCH (Thoma), à Goloubatz (dép¹ de Pojarevatz). — Haricots blancs.   **(PALAIS.)**

6. BOJINOVITCH (Nicodyé), à Kgnajevatz. — Haricots.   **(PALAIS.)**

7. BOJITCH (Joseph), à B. Bachta (dép¹ d'Oujitze. — Pruneaux.   **(PALAIS.)**

8. BOJITCH (Ouroche), à Voukosave (dép¹ de Kragouyevatz). — Haricots blancs.   **(PALAIS.)**

9. Couvent (Le), à Lepovatz (dép¹ d'Alexinatz). — Haricots divers, pois.   **(PALAIS.)**

10. Couvent (Le), à Manassia (dép¹ de Tchoupria). — Haricots divers.   **(PALAIS.)**

11. Couvent (Le), à Tronocha (dép¹ de Podrigné). — Noix.   **(PALAIS.)**

12. DIMITCH (George), à Nisch. — Haricots.   **(PALAIS.)**

13. DJOKOVITCH (Milovan), à Drenovatz (dép¹ de Kragouyevatz). — Haricots blancs.   **(PALAIS.)**

14. DJOUKANOVITCH (Andreas), à Gobetchevo (dép¹ d'Oujitze). — Haricots blancs.   **(PALAIS.)**

15. DJOURITCH (Costantin), à Négotine. — Haricots blancs.   **(PALAIS.)**

16. DJOURITCH (Stevan), à Négotine. — Haricots blancs.   **(PALAIS.)**

17. DRAGALEVITCH (Isidore), à Ivanitze (dép¹ d'Oujitze). — Haricots.   **(PALAIS.)**

18. Établissement Agricole, à Toptchider (dép¹ de Belgrade). — Haricots.   **(PALAIS.)**

19. GEORGEVITCH (Gaya), à Kgnajevatz. — Haricots.   **(PALAIS.)**

20. GEORGEVITCH (Milovan), à G. Zrnoutcha (dép¹ de Roudnik). — Haricots.   **(PALAIS.)**

21. GROUYTCH (Mladen), à M. Vrbitza (dép¹ de Belgrade). — Haricots blancs.   **(PALAIS.)**

22. HATCHI (Thoma), à Belgrade. — Pruneaux.   **(PALAIS.)**

23. IBAYMOVITCH (Osman), à Nisch. — Haricots blancs.   **(PALAIS.)**

24. ISAKOVITCH (Dragomir), à Miokosa (dép¹ de Schabatz). — Haricots jaunes.   **(PALAIS.)**

25. IVACHEVITCH (Jean), à Saranovo (dépt de Kragouyevatz). — Haricots.
(PALAIS.)

26. JIVANOVITCH (Miloche), à Yelentcha (dépt de Schabatz). — Haricots blancs.
(PALAIS.)

27. KARITCH (Milya), à Krsza (dépt de Tchatchak). — Haricots.   (PALAIS.)

28. KORATCH (Paul), à Rasna (dépt d'Oujitze). — Haricots rouges.   (PALAIS.)

29. KOUSMANOVITCH (Miloutine), à Techitza (dépt d'Alexinatz). — Haricots.
(PALAIS.)

30. KOZOPELYA (Miloche), à Zrgneva (dépt d'Oujitze) — Noix.   (PALAIS.)

31. LALOVITCH (Nicolas), à Zayetchar (dépt de Zrna-Reka). — Haricots blancs.
(PALAIS.)

32. LALOVITCH (Svetozar), à Prgnava (dépt de Roudnik). — Haricots.
(PALAIS.)

33. LAZITCH (Constantin), à Boyatitch (dépt de Schabatz). — Fève des marais.
(PALAIS.)

34. LOUKITCH (Yevrem), à Boyne (dépt de Podrigné). — Pruneaux.
(PALAIS.)

35. MAKSIMOVITCH (Djoura), à Roykitch. — Haricots rouges et jaunes.
(PALAIS.)

36. MAKSIMOVITCH (Radislav), à Costelitcha (dépt d'Oujitze). — Pruneaux.
(PALAIS.)

37. MARITCHITCH (Miloutine), à Gratchatz (dépt de Tchatchak). — Haricots blancs.
(PALAIS.)

38. MARKOVITCH (Anto), à Dragoucha (dépt de Toplitza). — Haricots blancs.
(PALAIS.)

39. MARKOVITCH (Atanasse), à Voutchitch (dépt de Kragouyevatz). — Haricots.
(PALAIS.)

40. MARKOVITCH (Jivoyn), à Resnik (dépt de Kragouyevatz). — Pruneaux.
(PALAIS.)

41. MARKOVITCH (Lazar), à Loznitza. — Haricots blancs.   (PALAIS.)

42. MARKOVITCH (Marko), à Kragouyevatz. — Pruneaux. Haricots. (PALAIS.)

43. MATHYEVITCH (Vitchentyé), à Kalyagnevatz (dépt de Roudnik). — Haricots blancs.
(PALAIS.)

44. MATITCH (Nicolas), à Drapitch (dépt de Belgrade). — Haricots.   (PALAIS.)

45. MIKITCH (Mme Catherine A.), à Vragna. — Châtaignes.   (PALAIS.)

46. MILETITCH (Nicolas), à Schtitina (dépt de Kgnajevatz). — Haricots blancs.
(PALAIS.)

47. MILOCHEVITCH (Milan), à Godlyeva (dépt d'Oujitze). — Haricots blancs.
(PALAIS.)

48. MILOCHEVITCH (Vlad), à Arylé (dépt d'Oujitze). — Haricots blancs et jaunes.
(PALAIS.)

49. MILOUTINOVITCH (Sava), à Progorelza (dépt de Tchatchak). — Haricots rouges.
(PALAIS.)

50. MILOVANAVITCH (Miloye), à Voukosavatz (dépt de Kragouyevatz). — Haricots jaunes.
(PALAIS.)

51. MLADENOVITCH (Michel), à Tchoumitch. — Pruneaux. **(PALAIS.)**

52. MOUTATCHITCH (Svetozav), à Kroupagne. — Pruneaux. **(PALAIS.)**

53. MYLKOVITCH (Rista), à Bolyevatz (dép¹ de Zrna-Reka). — Haricots blancs. **(PALAIS.)**

54. NECHITCH (George), à Nisch. — Haricots blancs. **(PALAIS.)**

55. NEDELYKOVITCH (Pétar), à Youkeche (dép¹ de Roudnik). — Haricots blancs. **(PALAIS.)**

56. NICOLITCH (Lazar), à Prekopetch (dép¹ de Kragouyevatz). — Haricots jaunes. **(PALAIS.)**

57. NOVAKOVITCH (Michel), à G. Gorovnitza (dép¹ de Roudnik). — Poires sèches. **(PALAIS.)**

58. OGGNANOVITCH (Svetozar), à G. Zrnoutche (dép¹ de Roudnik). — Poires sèches. **(PALAIS.)**

59. OGNANOVITCH (Svetozar), à Kourchoumlia. — Lentilles. **(PALAIS.)**

60. OKANOVITCH (G.), à Semendria. — Haricots blancs, lentilles. **(PALAIS.)**

61. PADOSAVLYEVITCH (Paul), à Medvedje (dép¹ de Tchoupria). — Haricots jaunes. **(PALAIS.)**

62. PADOVANOVITCH (Anton), à Slatina (dép¹ de Podrigné). — Haricots blancs. **(PALAIS.)**

63. PAVLOVITCH (Panta), à Yelovik (dép¹ de Kragouyevatz). — Haricots d'Espagne. **(PALAIS.)**

64. PEROUNOVITCH (Gligore), à Vlasotinzi (dép¹ de Nisch). — Haricots jaunes. **(PALAIS.)**

65. PÉTRONYEVITCH (Math), à Visibala (dép¹ d'Oujitze). — Haricots. **(PALAIS.)**

66. PHOUKITCH (Miloutine), à Bagna (dép¹ de Kragouyevatz). — Pruneaux. **(PALAIS.)**

67. PIROTCHANATZ (Lyoub), à Kgnajevatz. — Haricots blancs. **(PALAIS.)**

68. PIVLYAK (Miloye), à Ivanitza (dép¹ d'Oujitze). — Haricots. **(PALAIS.)**

69. PLAVLOVITCH (Iliya), à Arandjelovatz. — Pruneaux. **(PALAIS.)**

70. POPOVITCH (Dragoutine K.), à Oub (dép¹ de Valievo). — Prunes. **(PALAIS.)**

71. POPOVITCH (Gaya), à Vrbitch (dép¹ de Podrigné). — Pruneaux. **(PALAIS.)**

72. POPOVITCH (Lyoubomir), à Bela Zrkva. — Pruneaux. **(PALAIS.)**

73. POPOVITCH (Miloutine), à Boukovik (dép¹ de Kragouyevatz). — Pruneaux. **(PALAIS.)**

74. POPOVITCH (Vasiliye), à Arilyé (dép¹ d'Oujitze). — Noix. **(PALAIS.)**

75. POPOVITCH (Vitcha), à Yejevitza (dép¹ de Tchatchak). — Lentilles. — Haricots. **(PALAIS.)**

76. PRODANOVITCH (Proka), à Tchoumitch. — Pruneaux. **(PALAIS.)**

77. PROPADOVITCH (Radovan), à Lipnitza (dép¹ de Tchatchak). — Haricots blancs. Pruneaux. **(PALAIS.)**

78. PRTEGNAC (Tcheda), à Sretenye (dép¹ de Tchatchak.) — Pruneaux. **(PALAIS.)**

79. RADOSAVLYEVITCH (Gaya), à Negotine. — Haricots blancs
(PALAIS.)

80. RADOSAVLYEVITCH (Miloye), à Négotine. — Haricots blancs.
(PALAIS.)

81. RADOSAVLYEVITCH (Sreta), à Kalagnevatz (dép¹ de Roudnik). —
Pruneaux. (PALAIS.)

82. RADOYTCHITCH (Jean), à Sourdoumlitza (dép¹ de Vragna). — Noix.
(PALAIS.)

83. RAYTCHITCH (Gabriel), à Tchoumitch. — Pruneaux.   (PALAIS.)

84. RESTITCH (Vladis) et Cie, à Loznitza. — Haricots blancs.   (PALAIS.)

85. RISTITCH (Vladislav), à Loznitza. — Pruneaux.   (PALAIS.)

86. ROSENSTEIN (L. D.), à Belgrade. — Prunes, pruneaux.   (PALAIS.)

87. ROUJITCH (Pétar), à Négotine. — Haricots blancs.   (PALAIS.)

88. SAMADJITCH (Makiteya), à Miokos (dép¹ de Schabatz). — Haricots
jaunes. (PALAIS.)

89. SARITCH (Miloutine), à Gounzate (dép¹ de Kragouyevatz). — Noix.
Pruneaux. (PALAIS.)

90. SAVITCH (Jean), à Ratay (dép¹ de Krouchevatz). — Haricots.   (PALAIS.)

91. SAVITCH (Lyoubisav), à B. Bachta (dép¹ d'Oujitze). — Haricots blancs.
(PALAIS.)

92. SAVITCH (Miloutine), à Gounzata (dép¹ de Kragouyevatz). — Haricots
blancs. (PALAIS.)

93. SCHOUMA (Miladin), à Progorelatz dép¹ de Tchatchakt).— Haricots blancs.
(PALAIS.)

94. SELAKOVITCH (Steva), à Kreman (dep¹ d'Oujitze). — Haricots jaunes.
(PALAIS.)

95. SIMITCH (Radoye), à Tchoumitch (dép¹ de Kragouyevatz). — Haricots
blancs. (PALAIS.)

96. SIMOVITCH (Dmitar), à Trnava (dép¹ de Tchatchak). — Pruneaux.
(PALAIS.)

97. SOKOVITCH (Thodor), à Drenovatz (dép¹ de Kragouyevatz). — Pruneaux.
(PALAIS.)

98. SPASOYEVITCH (Iliya), à Schabatz. — Pruneaux.   (PALAIS.)

99. STAKITCH (Nedelko), à Toman (dép¹ de Podrigné). — Noix.   (PALAIS.)

100. STALETITCH (Datcha), à Boukovitza (dép¹ de Tchatchak). — Pruneaux.
(PALAIS.)

101. STANIMIROVITCH (Avr), à Maltcha (dép¹ de Nisch). — Haricots.
Fèves. (PALAIS.)

102. STANKOVITCH (Petar), à Prokouplyé. — Haricots blancs.   (PALAIS.)

103. STANOYEVITCH (Lyouba), à Kgnajevatz. — Noix.   (PALAIS.)

104. STEFANOVITCH (George), à Doubotchina (dép¹ de Krayna). — Lentilles.
(PALAIS.)

105. STERIYAELES (Jean), à Nisch. — Noix.   (PALAIS.)

106. STEVANOVITCH (Djoura), à Castaynik (dép¹ de Podrigné). — Châtaignes.
(PALAIS.)

107. STOYANOVITCH (Arsène), à Yelovik (dép¹ de Kragouyevatz). — Haricots rouges. **(PALAIS.)**

108. Syndicat d'épicerie, à Pirot. — Pruneaux. **(PALAIS.)**

109. TADITCH (Milorad), à Lyouboviya (dép¹ de Podrigné). — Pruneaux. Haricots. **(PALAIS.)**

110. TCHELAKOVITCH (Radoytza), à Yasika (dép¹ de Belgrade). — Haricots rouges. **(PALAIS.)**

111. TCHOSITCH (Jean), à Pakovratcha (dép¹ de Tchatchak). — Pruneaux et noix. **(PALAIS.)**

112. TCHOUSITCH (Pétar), à Mrdjelata (dép¹ de Kgnajevatz). — Lentilles. Haricots. Fèves. **(PALAIS.)**

113. TECHITCH (Milenko), à Vlasotinzi (dép¹ de Nisch). — Haricots blancs. **(PALAIS.)**

114. THODOROVITCH (Mathéas), à Palanka (dép¹ de Semendria). — Lentilles. **(PALAIS.)**

115. THODOROVITCH (Zaharie), à Rouda-Boukva (dép¹ d'Oujitze). — Haricots. **(PALAIS.)**

116. TOMACHEVITCH (Yevrena), à Yablanitza. — Pruneaux. **(PALAIS.)**

117. TOUFECTCHITCH (Panta), à Badagna (dép¹ de Prigné). — Pruneaux. **(PALAIS.)**

118. TROYANOVITCH (Milorad), à Négotine. — Lentilles et haricots. **(PALAIS.)**

119. TRSITCH (Yérémya), à Kroupagne (dép¹ de Podrigné). — Haricots rouges. Pois. **(PALAIS.)**

120. VASILYEVITCH (Milosav), à Touritze (dép¹ de Tchatchak).— Haricots d'Espagne. **(PALAIS.)**

121. VELKOVITCH (Yordan), à Sourdoumlitzal (dép¹ de Vragna). — Noix. **(PALAIS.)**

122. VILA (Hinsk), à Grotzka (dép¹ de Belgrade). — Haricots. **(PALAIS.)**

123. VITCHENTITCH (Mladen), à Costoynik (dép¹ de Podrigné). — Pruneaux. **(PALAIS.)**

124. VLADITCH (Bogosav), à Brasina (dép¹ de Podrigné). — Haricots jaunes. **(PALAIS.)**

125. VOUKOVITCH (Milan), à Trbouchatz (dép¹ de Schabatz). — Haricots blancs et jaunes. **(PALAIS.)**

126. YANITCH (Vasilyé), à Kromchevitza (dép¹ de Tchatchak). — Haricots blancs. **(PALAIS.)**

127. YANKOVITCH (Yvan), à Barayevo (dép¹ de Belgrade). — Haricots divers. **(PALAIS.)**

128. YELENITCH (Atanasse), à Nisch. — Pruneaux. **(PALAIS.)**

129. YERITCH (Iliya), à G. Zrnoutché (dép¹ de Roudnik). — Pruneaux. **(PALAIS.)**

130. YERITCH (Nicolas), à Bogatitch (dép¹ de Schabatz). — Haricots blancs. **(PALAIS.)**

131. YEROTYEVITCH (Demeter), à Yartchouyak (dép¹ de Tchatchak). — Haricots. **(PALAIS.)**

132. YEVITCH (Debrosa), à Brdaratz (dép^t de Schabatz). — Haricots blancs.
(PALAIS.)

133. YOKITCH (Maksime) à Radagné (dép^t de Podrigné). — Noix.   **(PALAIS.)**

134. YORGOVITCH (Jean), à Doublyé (dép^t de Schabatz). — Haricots d'Espagne.
(PALAIS.)

135. YOURICHITCH (Costantin), à Zrna-Bara (dép^t de Schabatz). — Haricots.
(PALAIS.)

136. YOVITCHITCH (Vasilyé), à Brestitze (dép^t de Podrigné). — Haricots blancs et jaunes.
(PALAIS.)

137. ZARITCH (Zaharie), à Kreman (dép^t d'Oujitze). — Haricots rouges et autres.
(PALAIS.)

138. ZDRAVKOVITCH (Andréas), à Ribnitza (dép^t de Tchatchak). — Haricots.
(PALAIS.)

RÉPUBLIQUE SUD-AFRICAINE.

1. GOUVERNEMENT (Le), à Pretoria. — Viandes séchées (biltoug).
(ESPLANADE.)

1. GOUVERNEMENT (Le), à Pretoria. — Légumes farineux, secs, fruits secs et préparés.
(ESPLANADE.)

SUISSE.

1. GUTZWILLER (Joseph), à Bâle. — Salade de muscan de bœuf, poissons marinés, vinaigres, moutardes.
(QUAI.)

2. LAVANCHY (Charles), à Lausanne (Vaud). — Jambons, saucissons, lards maigres.
(QUAI.)

3. MAGGI (Jules) & Cie, à Kempthal (Zurich). — Extraits de viande pour bouillons et assaisonnements, potages complets et instantanés en rouleaux séparables et en tablettes.
(QUAI.)

Concentré de bouillon pour malades. Combinaison des substances nutritives de la viande à base de peptone, avec des matières hydrocarbonisées, le tout totalement dissous. Tablettes au peptone combinées à la même base.

1. MAGGI (Jules) & Cie, à Kempthal (Zurich). — Julienne sèche et semoule de pommes de terre torréfiées.
(QUAI.)

Concentré de bouillon pour malades. Combinaison des substances nutritives de la viande à base de peptone avec des matières hydrocarbonisées, le tout totalement dissous. Tablettes au peptone combinées à la même base.

URUGUAY.

1. Comité d'exposition, à Montevideo. — Viande marinée, tasajo, langues salées, graisses, huiles, perdreaux marinés.
(PARC.)

2. GARCIA (R. Valdès), à Montevideo. — Jus de viande.   **(PARC.)**

3. GENINAZZI (Juan), à San-José. — Boudiolas (préparation de porc.) **(PARC.)**

4. MONGRELL & Cie, à Montevideo. — Conserves.   **(PARC.)**

1. Association rurale, à Montevideo. — Légumes.   **(PARC.)**

VÉNÉZUÉLA.

1. Commission de Ciudad-de-Cura. — Aulx (allium sativum), quinchonchos (cajanus indicus), haricots noirs (phasiolus vulgaris, var nigerrimus), haricots divers, mani (arachis hypogea).   **(PARC.)**

2. Commission de l'État Zulia et de la ville de Maracaïbo. — Frijoles (dolichos sp.), frijolillos(dolichos sp.), habitas (dolichos sp.), lentilles (phaseolus munga), haricots (phaseolus vulgaris), quinchonchos (cajanus indicus), caujil (anacardium occidentale), cocos (cocos nucifera), corozos (elœis mélanocca), guyasimo (guazuma ulmifolia), mani (arachis hypogea), mayo (bromélia pinguin), tamarindo (tamarindus indica), tcaco (chrysobalamus ycaco), olives, fruits de l'arbre à pain (artocarpus incisa).   **(PARC.)**

3. MADRIZ (Federico de la), à Paris, rue Portalis, 10. — Haricots.   **(PARC.)**

GROUPE VII.

PRODUITS ALIMENTAIRES.

CLASSE 72.

Condiments et stimulants, sucres et produits de la confiserie.

FRANCE.

1. **ABAUZIT & AUBRESPY,** à Uzès (Gard). — Sucs de réglisse.   **(QUAI.)**

2. **ACHIN Fils aîné,** à Bellegarde (Ain). — Extrait d'absinthe et vermouth. **(QUAI.)**
   Maison fondée en 1863. Médaille à l'Exposition universelle de 1878. Succursale à Genève (Suisse).

3. **AGOBET & Cie,** à Arcueil (Seine), avenue Laplace, 31. — Vinaigres. **(QUAI.)**

4. **AGUETTANT (Vve) et Cie,** au Grand-Montrouge (Seine), avenue de la République, 1. — Vinaigres.   **(QUAI.)**

5. **ANGELO (Vve), BOLOGNESI & CARICHON,** à Saumur (Maine-et-Loire). — Liqueurs.   **(QUAI.)**

6. **ARCHAMBEAUD Frères,** à Bordeaux (Gironde), quai des Chartrons, 72. — Agorante, liqueur tonique apéritive, réparatrice.   **(QUAI.)**

7. **ARLATTE & Cie,** à Cambrai (Nord). — Chicorée.   **(QUAI.)**
   Récompense :
   Diplôme d'honneur, Exposition internationale d'Anvers.
   Chicorée bleu, argent, extra-supérieure.

8. **ARNAUD (Francisque) & Cie,** à Valence (Drôme). — Liqueurs du Dauphiné et absinthe.   **(QUAI.)**
   Usine à vapeur.
   Absinthe Arnaud. Produits du Dauphiné.
   Distillerie spéciale de grandes liqueurs.

9. **ARNOU Frères (Léon & Charles),** à Paris, rue Boileau, 33 bis. — Pâtes, bonbons et conserves de fruits, marrons confits, confitures, confiseries diverses.   **(QUAI.)**
   Fabrique spéciale de pâtés et bonbons de fruits, fruits et marrons confits, confitures conserves de fruits, jus et pulpes de fruits, chocolats, confiseries diverses. Usine à vapeur, rue Boileau, 33 bis et rue Molitor, 13. — Médailles d'argent, Bruxelles 1888.

10. ARTAUX (Maison). — **Cosson Émile**, Successeur, à Dijon (Côte-d'Or), rue Jean-Jacques-Rousseau, 30. — Vinaigre de vin vieux.   **(QUAI.)**

11. AUBÉ (Hippolyte), à Bois-Colombes (Seine). — Liqueurs.   **(QUAI.)**

12. AUBOUIN (Hippolyte), à Paris, boulevard Saint-Germain, 47. — Confitures, cafés.   **(QUAI.)**

13. AVIGNON (Albert), à Boulogne (Seine), avenue de la Reine, 83. — Amer, cordial, liqueur.   **(PALAIS.)**

14. BAGNÈRES (D.-M.-F.) & LANSADE (D.), à Bergerac (Dordogne). — Liqueurs et apéritifs.   **(QUAI.)**

15. BAILLY Frères & Cie, à Ornans (Doubs), — Cordial amer au quinquina identique (imitation Chartreuse), vins fins de « Santa-Maria » absinthe, liqueurs.
                    (QUAI.)

16. BANNIER, à Paris, rue de Béarn, 1. — Confitures.   **(QUAI.)**

17. BARABEAU Père & Fils, à Périgueux (Dordogne). — Liqueurs. **(QUAI.)**

18. BARBIER (Henri), à Paris, rue Aubriot, 10. — Confiserie.   **(QUAI.)**
Spécialité de marrons glacés et de nougats, dessert Barbier (déposé).
Anvers 1885, médaille de bronze. — Liverpool 1886, médaille de bronze. — Barcelone 1888, médaille de bronze de 1re classe.

19. BARBIN (G.-Eugène), à Clermont-Ferrand (Puy-de-Dôme). — Balsamique du Mont-Dore. Curaçao triple sec. Prunelle d'Auvergne au cognac. Bitter (E. Barbin). Cassis. Anisette surfine.   **(QUAI.)**
Succursale 127, rue Lecourbe, Paris. Cassis de Clermont.
Récompenses : Médaille, Paris 1878.

20. BARDY (Durand), Successeur, à Paris, rue St Merri. — Bonbons dits : Bonbons anglais.   **(QUAI.)**

21. BARDILLON (Émile), à Arpajon (Seine-et-Oise). — Vin tonique. **(QUAI.)**

22. BARIELLE Aîné, à Apt (Vaucluse). — Fruits confits.   **(QUAI.)**

23. BARLERIN, à Tarare (Rhône). — Café.   **(QUAI.)**

24. BARRIÈRE, à Saintes (Charente-Inférieure). — Liqueurs.   **(QUAI.)**

25. BARTH & Cie, à Châlon-sur-Saône (Saône-et-Loire). — Liqueurs. **(QUAI.)**
Grande distillerie d'absinthe suisse.
Maison à Genève (Suisse), 26, rue du Mont-Blanc.

26. BASTIANI (Joseph), à Bastia (Corse), boulevard de Cardo, 3. — Fruits, sirops.   **(QUAI.)**

27. BASTIDE (P.-Henri), à Périgueux (Dordogne), rue Gambetta, 33. — Apéritif tonique au quinquina et au vin de Malaga.   **(QUAI.)**

28. BATARDY (ancienne maison **Lexcellent & Chevassu**), à Paris, rue Blomet, 5. — Liqueurs, fruits à l'eau-de-vie, fruits au sirop, spiritueux. **(QUAI.)**
Installation par la vapeur.
Liqueurs supérieures, fruits à l'eau-de-vie, sirops purs garantis de toute fermentation par procédé spécial.
Conserves de fruits pour desserts (bouchage hermétique).
Sucs de fruits pour glaciers et confiseurs, desserts pour soirées dits desserts parisiens.
Esprits et eaux parfumés pour confiseurs, pâtissiers, glaciers. Laboratoire pour fabrication de conserves de fruits au sirop. — Absinthe supérieure, spécialité de curaçao doux et sec en cruchon, marteau, etc.
Médaille d'or Paris 1878, bronze Paris, 67. Diplôme d'honneur, Anvers 85.

29. BAUDOT (Vve) & Fils, à Paris, rue des Deux-Écus, 23. — Sirops et conserves.   **(QUAI.)**

30. BAUDOT-MABILLE Fils (Maison **Vve Léontine Durieu**), propriétaire à Verdun-sur-Meuse (Meuse). — Dragées.   **(QUAI.)**

31. BAZINET, à Pontarlier (Doubs). — Liqueurs diverses.   **(QUAI.)**

32. BEAUFRE (Paul), à Joigny (Yonne). — Liqueurs.   **(QUAI.)**

33. BECHET (Victor-J.), à Paris, rue de Meaux, 29. — Liqueurs.   **(QUAI.)**

34. BÉNARD & LEMAITRE, à Paris, rue Buffon, 15. — Spiritueux. **(QUAI.)**

35. BENOIT (J.-B.) (Maison de l'excellent café **A. Dubois)**, à Paris, rue Montorgueil, 19. — Cafés verts et torréfiés.   **(QUAI.)**

36. BENS (Vve) & Cie, à Paris, rue des Noyers, 25. — Élixir de Lion. **(QUAI.)**

37. BERTHELOT & COUSIN, à Pontarlier (Doubs). — Liqueurs.   **(QUAI.)**

38. BERTHOUD Frères, à Pontarlier (Doubs). — Absinthe.   **(QUAI.)**

39. BERTRAND (E.), à Annonay (Ardèche). — Gélatine fine.   **(QUAI.)**

40. BERTRAND (Ferdinand), (Distillerie Ste-Savine) à Troyes (Aube), rue Voltaire, 28. — Cerise liqueur. Curaçao rouge et blanc.   **(QUAI.)**

41. BEZARD (Pierre), à Paris, rue des Francs-Bourgeois, 32. — Confiserie et vanneries garnies pour confiseurs, sacs satin.   **(QUAI.)**

   Bézard (Pierre), chevalier de la Légion d'honneur.

42. BIGALLET (Félix) et Frère, à Virieu-sur-Bourbre (Isère). — Liqueurs. Citronnade. Absinthe. Amer, etc.   **(QUAI.)**

43. BLACHÉRE (A.), à Avignon (Vaucluse). — Liqueurs.   **(QUAI.)**

44. BLANCHARD & Cie, à Rochefort, rue des Fonderies, 93. — Liqueurs.
                                                                                            (QUAI.)

   Récompenses :
   Médailles d'or, Paris, 1878. — Amsterdam, 1883. — Anvers, 1885. — Barcelone, 1883.
   Maison fondée en 1859.

45. BLANQUI, à Nice (Alpes-Maritimes). — Liqueurs. Amara-Blanqui. **(QUAI.)**

46. BOCCARDO (J.), à Nice (Alpes-Maritimes). — Liqueurs.   **(QUAI.)**

   Le sublime apéritif Pernet-Boccardo est une liqueur aromatique. Apéritive, vermifuge, tonique, pour combattre le choléra. Médailles à l'exposition de Paris 1867. Amer Boccardo et vermouth de Nice.

47. BOCHIROL (B.-Jules), à Sarras (Ardèche). — La nivaroise, la gastro-sthénique. La crème stomachique.   **(QUAI.)**

48. BOCQUET (Maison A), successeur **Garcet & Tremblot**, à Yvetot (Seine-Inférieure). — Moutarde normande.   **(QUAI.)**

49. BONNYAUD (Victor), à Paris, rue Barbette, 13. — Fruits, sirops, liqueurs.   **(QUAI.)**

   Distillateur, ancienne Maison Payen, fondée en 1830. Usine à vapeur, à Paris, rue Barbette, 13. Spécialité de liqueurs surfines, fruits à l'eau-de-vie et sirops, vins fins et spiritueux en gros, fabrique d'absinthe supérieure.

50. BOS (A.), à Decazeville (Aveyron). — Liqueurs.   **(QUAI.)**

51. BOUCHON (A.), à Nassandres (Eure). — Sucres et mélasses.   **(QUAI.)**

52. BOULANGER (Fernand), à Paris, rue des Couronnes, 128. — Sirops, liqueurs, spiritueux et amer paranteau.   **(QUAI.)**

53. BOULLE (Aimé), à Limoges (Haute-Vienne). — Liqueurs.   **(QUAI.)**

54. BOURCIER (J.-Eugène), à Paris, rue Lecourbe, 125. — Liqueurs surfines
et spiritueux.   **(QUAI.)**

55. BOURDIN, à Paris, rue Lemercier, 106. — Liqueurs.   **(QUAI.)**

56. BOURGOIN (E.), à Beaune (Côte-d'Or). — Moutarde.   **(QUAI.)**

57. BOURRET (Alfred-Th.), à Paris, rue Sedaine, 12. — Liqueur « Bourret. »
                                                                               (QUAI)

58. BOUTÉ (Émile) et LAMIRAL (Henri), à Paris, rue de Meaux, 15.
— Liqueurs, fruits à l'eau-de-vie, apéritifs et sirops.   **(QUAI.)**
>   Récompenses : Médaille de bronze, Barcelone, 1888.
>   Médaille d'argent, Bruxelles 1888.
>   Maison à Bercy, 4 et 6, rue Gallois.

59. BOUTRY (Vve) et ses Fils, à Paris, rue de la Comète, 6. — Sucre
approprié à tous les usages de la consommation.   **(QUAI.)**

60. BRACHET (N.-G.), à Périgueux (Dordogne). — Liqueur de noix hygiénique
et digestive.   **(QUAI.)**

61. BRAQUIER (Léon) & BOIVIN, à Verdun (Meuse). — Confiserie.
Confiserie explosible. — Surprises.   **(QUAI.)**
>   Maison fondée en 1783. Bastille explosible (brevetée S. G. D. G.). Obus, melons, lunes,
>   bouteilles champagne, mitrailleuses, bombes Orsini explosibles et sans danger en sucre et en
>   chocolat, contenant dragées, rébus, devises, morceaux de musique, etc., etc. Produits déposés.
>   Cerises, prunes, raisins, fraises, escargots, moules, noix, amandes, noisettes, marrons, le
>   tout à surprise.
>   Récompense : Médaille de bronze à l'Exposition universelle d'Anvers 1885.

62. BRUDENNE (J.) et BESSET, à Ivry (Seine), boulevard d'Alfort, 8. —
Amer et liqueurs.   **(QUAI.)**

63. BRUN, PÉROD & Cie, à Voiron (Isère). — Liqueurs.   **(QUAI.)**

64. BRUNIER & Frères, à Lyon (Rhône). — Liqueurs.   **(QUAI.)**

65. BUISSON (Louis), Au Buisson, commune de Cabans (Dordogne). — Vermouth. Monbazillac et apéritif au vin de grenache dénommé tonique grenache. **(QUAI.)**

66. BUISSON & CRIÉ, à Rouen (Seine-Inférieure).   **(QUAI.)**

67. BURES Aîné (Émile-L.) Grande distillerie normande, à Caen (Calvados),
rue de Geole, 36. — « La Pomme », liqueur extraite du fruit.   **(QUAI.)**
>   Diplôme d'honneur : Exposition universelle, Bruxelles 1888 ; Médaille d'argent : Exposition
>   universelle, Barcelone 1888.

68. BURGEAT-BAILLY (J.-Ferdinand), à St-Dizier (Haute-Marne). —
Liqueur burgeatine, dite rivale de la chartreuse.   **(QUAI.)**

69. CABANÈS (Th.), à Gourdon (Lot). — Liqueurs.   **(QUAI.)**

70. CABRAN (Auguste), à La Crau (Var). — Liqueurs, spiritueux.   **(QUAI.)**

71. CALLARD Jeune & Cie, à Lyon (Rhône), rue Boileau, 94. — Liqueurs.
                                                                               (QUAI.)
>   Spécialités Prunelles à la fine Champagne, bitter Callard, amer Callard, liqueurs surfines.
>   Récompenses :
>   Médailles, Paris 1878.

72. CAMICAS HUGOUNÈNE, à Toulouse (Haute-Garonne). — Vinaigres.
(QUAI.)

73. CANAS-DELOSTAL, à Paris, rue de la Banque, 20. — Le « Fructidor » sec et doux, liqueur tonique et digestive. **(QUAI.)**

74. CASIEZ-BOURGEOIS, à Cambrai (Nord). — Chicorée. **(QUAI.)**

> Maison fondée en 1826.
> Chicorée nouvelle et Chicorée des Mandarins supérieures et hygiéniques.
> Diplôme d'honneur, la plus haute récompense à Bruxelles 1888.

75. Chambre syndicale du Commerce en gros des vins et spiritueux du département de la Côte-d'Or (Exposition collective de la), Président : **Jules Régnier,** à Dijon. — Liqueurs et spiritueux, vinaigres.
(QUAI.)

BIZOUARD (Albert), à Dijon. — Moutarde.
COSSON (Émile), à Dijon. — Vinaigre.
DOREY-PAIN, à Dijon. — Vinaigre.
LECLERC Frères, à Dijon. — Liqueurs.

MUGNIER (Frédéric), à Dijon. — Liqueurs.
PERDRIZET (A.), à Dijon. — Liqueurs.
ROUVIÈRE Fils, à Dijon. — Liqueurs.
PARIS (Octave), à Dijon. — Liqueurs.

76. CHAPPAZ & Cie, à Béziers (Hérault). — Vermouth. **(QUAI.)**

77. CHARDON (Michel), à Clermont-Ferrand (Puy-de-Dôme). — Liqueurs
(QUAI.)

78. CHARNAY, au Grand-Montrouge (Seine). — Liqueurs. **(QUAI.)**

79. CHATEAUNEUF (Urbain), à Dijon (Côte-d'Or). — Crème de cassis, liqueurs. **(QUAI.)**

80. CHAUSSON & Cie, à Paris, avenue du Maine, 224. — Chicorée en paquets, pastilles pour colorer le bouillon. **(QUAI.)**

81. CHOQUART (L.-E.), à Paris, rue de Rivoli, 182. — Chocolats en tablettes. Bonbons en chocolat. Cacaos en poudre. Chocolats de fantaisie. **(QUAI.)**

82. CHOTTIN & GIFFARD, à Angers (Maine-et-Loire). — Liqueurs de menthe. **(QUAI.)**

83. CLACQUESIN-LEFÈVRE, à Paris, rue Dauphine, 24. — Liqueurs, sirops, fruits, conserves. **(QUAI.)**

> Curaçaos supérieurs et Liqueurs surfines. Récompenses : Paris 1878. Paris 1855. Médaille de bronze. Londres 1851, médaille de bronze.

84. CLEMENTZ (Michel et Cie), à Gray (Haute-Saône). — Vinaigres et album industriels. **(QUAI.)**

85. COINTREAU, à Angers (Maine-et-Loire), quai Gambetta.
Guignolet d'Angers véritable. — Triple-Sec blanc Cointreau. **(QUAI.)**

> Maison Cointreau, liquoriste à Angers.
> Maison fondée en 1849. Usine, située quai Gambetta.
> Guignolet d'Angers, liqueur rafraîchissante à la cerise.
> Triple-Sec blanc, liqueur digestive à l'orange.
> Récompenses obtenues :
> Exposition universelle de Paris 1867, mention honorable.
> Exposition universelle de Paris 1878, médaille de bronze.
> Exposition universelle internationale de Bruxelles 1888, membre du Jury.
> Agent d'exportation : Lauriez, 62, faubourg Poissonnière.
> Dépôt à Paris : Rivet, 8, boulevard Poissonnière.

86. Comité des fabricants de sucre de l'arrondissement de Cambrai (Exposition collective du), Secrétaire **J. Helot**, à Cambrai (Nord), rue de l'Epée, 6. — Produits de toute nature.   **(QUAI.)**

ADOLPHE (Honoré), à Forenville.
BERNARD, à Aubenchenl-au-Bac.
BRACQ (Amédée), à Vendegies-sur-Ecaillon.
CAMUSET, à Escaudœuvres.
CROISSILLE (Paul), à Quiéry
DELLOYE (Ch.), à Iwuy.
DELUNGRE (S.), à Caudry-le-Petit.
DUJARDIN (A.), à Masnières.
FONTAINE (E.), à Neuville-Saint-Rémy.
GAUTIER, à Masnières.
GOUVION (A.), à Saulzoir.
HALLETTE (J.), au Cateau.
HALLETTE (Léon), à Inchy-Beaumont.
HÉLOT (Jules), à Noyelles-sur-l'Escaut.
JÉROMEZ, (A.), à Cattenières.
LARGILLIÈRE, à Boistrancourt.
LAURENT, à Villers-Outréaux.
MACAREZ (E.), à La Capelle-sur-Ecaillon.
MALLEZ, à Solesmes.
MARTIN (J.), à Catillon-sur-Sambre.
MILLET (J.), à Bantœux.
RISBOURG (Théophile), à Caudry, gare.

87. COMOZ (Claude), à Chambéry (Savoie). — Vermouth.   **(QUAI.)**

88. Compagnie française des Chocolats et Thés, à Paris, boulevard de Sébastopol. — Chocolats et thés.   **(QUAI.)**

89. CORICON (Léon), Confiturerie de l'Étoile, à Levallois-Perret (Seine), rue de Villiers, 52. — Pots en verre et boîtes métalliques hermétiques.   **(QUAI.)**

Spécialité confitures pour exportation. Médaille d'argent, Paris 1878.

90. COSSÉ-DUVAL & Cie, à Nantes (Loire-Inférieure). — Sucres candis, raffinés et mélasse.   **(QUAI.)**

Maison fondée en 1836. — Médailles : bronze, Paris 1867, or, Paris 1878, or, Anvers, 1885.

91. COTTON (Charles), à Paris, boulevard de la Gare, 68. — Chocolat, matières premières et produit de la fabrication.   **(QUAI.)**

Chocolaterie des Docks Parisiens.
Maison fondée en 1888.
Chocolats en tablettes de tous moulages.
Poudre de cacao, pur et soluble.
Cacao en feuilles, sans sucre.
Croquettes, pastilles, napolitains.
Chocolats de fantaisie.
Chocolats à la crème, bonbons.
Chocolat du Centenaire. Chocolat Saint-Quentinois.

92. COUGOUILLE (E.), à Eymet (Dordogne). — Liqueurs.   **(QUAI.)**

93. COURSE (Paul), à Bergerac (Dordogne). — Liqueurs.   **(QUAI.)**

94. COURTEFOIS (Gustave-L.), à Paris, rue du Temple, 14. — Chocolats, marrons, fruits confits.   **(QUAI.)**

Maison *Morcuit* fondée en 1828 ; la première qui ait appliqué la vapeur à l'industrie du chocolat, par une machine de 6 chevaux, construite par M. Antiq.
A exposé aux expositions de 1834, 1855, 1867 et 1878.
Chocolat de qualité fine ;
Cacao en poudre, pur et soluble ;
Cacao en feuilles ;
Bonbons de chocolat ;
Maison *Courtefois*, 22, avenue d'Italie, fondée en 1860.
Marrons glacés et fruits confits ; Marrons au sirop préparés spécialement pour l'exportation ; Fruits confits ; glacés et au sirop.

95. COURTIN-ROSSIGNOL (Léonce-A.), à Orléans (Loiret), rue du Colombier, 40. — Vinaigres de vin rassis et très vieux.   **(QUAI.)**

Maison fondée en 1783. — Vins, spiritueux et liqueurs. Vinaigres vieux pour la table en fûts et en caisses. — Médaille d'argent, 1re classe. Exposition universelle Paris 1878.
Représenté par MM. E. Coutarat et Cie, cour Dessort, Bercy-Paris.

96. CROISILLE (Paul), à Beaumetz-les-Loges (Pas-de-Calais). — Liqueurs.
                                                                      (QUAI.)

97. CUMIN Frères, à Montreuil-sous-Bois. — Colorants pour bières.   **(QUAI.)**

98. CUSENIER Fils (E.), à Paris, boulevard Voltaire, 224. — Liqueurs.
                                                                      (QUAI.)

99. CUSSE (Louis-A.), à Bordeaux (Gironde), cours Victor Hugo, 73. — Crème
de cacao à la vanille. Bitter-Cusse (Hygiénique). Curaçao doux. Liqueur (La Mellisi-
me). (Elixir des Alpes).   **(QUAI.)**

100. DAGOUSSET (E.), à Gentilly (Seine). — Vinaigres, moutardes.   **(QUAI.)**

101. DAGUIN & Cie, à Paris, rue de Château-Landon, 44. — Sels et produits
chimiques.   **(QUAI.)**

102. DAMIEN, à Rouen (Seine-Inférieure). — Caramels et colorants.   **(QUAI.)**

103. DANONVILLE (D.), à Paris, rue de la Roquette, 67. — Confitures, marrons glacés.   **(QUAI.)**

104. DARDAGNE (C.-Edmond) & BORREDON (G.-Arthur), à
St-Denis (Seine). — Guignolet algérien, liqueur.   **(QUAI.)**

105. DAUTEL & DUTHU, à Dijon (Côte-d'Or). — Crème de cassis de Dijon.
                                                                      (QUAI.)

106. DAVERNE (Gustave-A.), à Montrouge (Seine), route de Châtillon, 87. —
Liqueurs.
Guignolet des Ardennes : Médailles Expositions universelles. Paris 1878, Sydney 1880.

107. DEBACKER (Charles), à Dunkerque (Nord). — Cossettes de chicorée,
chicorée en semoules et poudre, café de glands doux.   **QUAI.)**
Maison de culture. — Tourailles perfectionnées pour le séchage des chicorées, glands doux.
Fabrication, Exportation. — Méd. d'argent et bronze, Exp. univ. Paris 1878. — Usine à vapeur.

108. DEBRISE (J.-Pierre), à Paris, rue de la Chapelle, 107. — Liqueurs, fruits
et sirops.   **(QUAI.)**
Liqueurs, sirops, et spiritueux en gros. — Usine à vapeur.
Entrepôt à Saint-Denis (Seine), 260, avenue de Paris. Médailles de bronze, Paris 1878 ;
d'argent, Bruxelles 1888.

109. DECLERCK (L.) & POTIN, à Paris, rue Montmartre, 166. — Liqueurs
diverses.   **(QUAI.)**
Curaçao sec, doux et blanc. Anisette sèche, douce. Menthe blanche, verte. Cassis, Noyau,
Brou de noix. Moka. Vanille. Liqueur hygiénique. Kümmel sec, doux. Grog américain. Punch au
rhum, au kirsch. Liqueur de Savarin. Dantzick surfin. Marasquin. Liqueur jaune, verte et
blanche. Cerises. Prunes. Chinois. Verjus à l'eau-de-vie. Sirops du codex et sirops-liqueurs de
fantaisie assortis : « Le Métropolitain », « Le Palaiseau », « L'Alliance ». Maison fondée en 1817,
par Grand-Roqueblave et fils, continuée par Ruinet frères et ensuite par Declerck et Potin.
Récompenses : en 1878, une médaille de bronze.

110. DÉJARDIN (Eugène), à Paris, boulevard Haussmann, 109. — Sirop Déjar-
din. (Sirop d'oranges rouges de Malte).   **(QUAI.)**
Aurantine (*Sirop de vin d'oranges rouges de Malte*).
Médailles aux Expositions de Philadelphie, 1876 et de Paris 1878.

111. DELISY & DOISTEAU Fils, à Pantin (Seine), rue de Paris, 95. —
Liqueurs, sirops.   **(QUAI.)**
Distillerie à Pantin, près Paris.
Fabrique de :
Liqueurs.
Fruits.
Sirops.
Caramels.
Absinthe.
Amer, etc.
Vente exclusive au commerce de gros.

112. DELOR & Cie, à Bordeaux (Gironde). — Liqueurs.   (QUAI.)

113. DENEUX-SOUVAUX (F), à Amiens (Somme), rue des Jardins, 72. — Caramels divers pour brasseurs et distillateurs.   (QUAI.)

Fabrique spéciale de colorants pour la brasserie.
Caramels fins pour les eaux-de-vie.
Caramels 1/2 fins et ordinaires, pour la droguerie et l'épicerie.
Mélasses et colles diverses.
Usine à vapeur.

114. DENIZE (C.) et Cie, à Meulan (Seine-et-Oise). — Liqueurs.   (QUAI.)

115. DEROSSY, à Paris, rue de la Chapelle, 125. — Chocolats.   (QUAI.)

116. DESCOINS & PELLETIER, à Paris, rue de Belleville, 33. — Absinthe Descoins. Spiritueux suisses. Amer parisien, cordial.   (QUAI.)

117. DESOYER Frères, à Saint-Germain-en-Laye (Seine-et-Oise). — Liqueurs.   (QUAI.)

118. DESPAX, à Bordeaux (Gironde). — Liqueurs.   (QUAI.)

119. DESSAUX (Ludovic-H.), à Orléans (Loiret), rue de la Tour-Neuve. — Vinaigres pour la table, l'exportation et l'industrie.   (QUAI.)

120. DESTOUCHES Frères, à Châteauroux (Indre). — La Déoloise : liqueur tonidigestive, bitter Destouches, apéritif à base de quinquina.   (QUAI.)

121. DÉTANG (Louis), à la Petite-Chartreuse, près Beaune (Côte-d'Or). — Liqueurs.   (QUAI.)

122. DEUX (A.), & BLANC (A.), à Paris, rue Guichard, 5. — Liqueurs, sirops, fruits à l'eau-de-vie.   (QUAI.)

123. DEVILLIERS (Jules-L.-E.), au Grand-Montrouge (Seine), route d'Orléans, 42. — Extrait d'absinthe suisse.   (QUAI.)

Méd. de bronze, Exp. universelle, Anvers 1885. Méd. d'argent, Exp. univ. Barcelone 1888.

124. DEVUN (Th.) & Cie, à St-Etienne (Loire). — Glands doux.   (QUAI.)

125. DIGEON (Gustave), à Neubourg (Eure). — Liqueur de dessert « la Sayda », eau-de-vie de cidre.   (QUAI.)

126. DOISTAU & Gendres (Maison) — **Louis Guy et Grasset** Successeurs, — à Paris, quai de Valmy, 23. — Liqueurs, sirops, fruits à l'eau-de-vie, absinthe, bitter, Paris-bitter, Paris-cordial, etc.   (QUAI.)

127. DOLIN & Cie, à Chambéry (Savoie). — Liqueurs.   (QUAI.)

Médailles à Philadelphie 1876 et Paris 1878.

128. DOREY-PAIN (Félix), à Dijon (Côte-d'Or)). — Vinaigre de vin de Bourgogne.   (QUAI.)

129. DRAMARD & PRIVÉ (ancienne Maison **Rémond**), à Paris, rue Saint-Merri, 32. — Confitures de toutes sortes.   (QUAI.)

Bruxelles, Barcelone, 1888, médaille d'or. Médaille de mérite. Melbourne.

130. DROULERS & Fils, à Fresnes (Nord). — Chicorée, chocolat.   (QUAI.)

(Ancienne maison E. Courtin, fondée en 1851, par Ch. Bellanger et Cie). Expositions universelles de Paris 1855, Mention honorable ; Paris 1867, Mention honorable ; Paris 1878, Médaille d'argent.

Manufacture de chicorée extra-supérieure. Marques recommandées : Chicorée « La plus appréciée » en paquets argentés fermés par une bande rouge, ou en boîtes de ménages, « gamelle ouvrière », et « boîte à lait parisienne ». — Chicorée de « l'Exposition ». — Chicorées : — « Au Franc-tireur ». « A la Jeune Fresnoise », « A la Magicienne ». Spécialité pour café au lait Santa.

Fabrique de Chocolats. — Chocolats à bouillir. — Chocolats de dessert, de poche, et pour voyages. — Pastilles, croquettes, napolitains, pralines. — Articles de fantaisie, pour fêtes et étrennes, etc.

131. DUBOIS (Camille), au Mans (Sarthe), rue de Quatre-Roues, 10.— « La man-
celle ». Curaçao triple sec; liqueurs.   **(QUAI.)**
> Usine à vapeur. Alcool. Liqueurs supérieures. Sirops. Curaçao triple-sec.

132. DUBONNET Frères, à Paris, rue Sainte-Anne, 49 bis. — Royal-Mont-
morency. Cherry. Brandy.   **(QUAI.)**
> Bruxelles 1888, hors concours, membre du jury ; Barcelone 1888. médaille de 1re classe.

133. DUBOSC, à Paris, rue de la Verrerie, 79. — Moutarde.   **(QUAI.)**

134. DUFOURT & POINSIGNON, à Paris, avenue d'Orléans, 93. — Vinaigre
de vin.   **(QUAI.)**

135. DURAND, à Paris, rue Saint-Merri, 11. — Bonbons.   **(QUAI.)**

136. DURAND, à Carcassonne (Aude). — Confiserie.   **(QUAI.)**

137. DURBAN, à Toulouse (Haute-Garonne). — Liqueurs.   **(QUAI.)**

138. DUREAU (J.-B.), à Paris, boulevard de Magenta, 160. — Journal des Fabricants de sucre.   **(QUAI.)**

139. DUVAL, à Paris, rue Sainte-Croix-de-la-Bretonnerie, 38. — Confitures, marrons glacés.   **(QUAI.)**

140. DUVAL, à Paris, rue Montmartre, 30. — Amer du Gourmet.   **(QUAI.)**
> Distillerie. fabrique de liqueurs et sirops, spiritueux et vins fins. Magasins à l'Entrepôt
> Général, quai Saint-Bernard, butte des eaux-de-vie, 2, 4, et 6 et rue de Bordeaux, 17.—Hors con-
> cours à l'Exposition universelle de Paris 1878, membre du Comité d'installation et expert près
> le Jury. Membre du comité d'installation et d'admission, Exposition universelle de Paris 1889.
> Seul fabricant de l'Amer du Gourmet.

141. EISENMENGER, à Paris, rue Saint-Merri, 42. — Confiserie.   **(QUAI.)**
> Médaille de bronze, Exposition universelle de Paris 1878.

142. FABRE (Alphonse), à Cournon-Terral (Hérault). — Rob apéritif. **(QUAI.)**

143. FAKLER, à Charenton (Seine). — Liqueurs.   **(QUAI.)**

144. FÉLIX (Charles) & Cie, à Châlon-sur-Saône (Saône-et-Loire). — Élixir de
prunelle et pescho.   **(QUAI.)**
> Maison fondée en 1855.
> Seuls fabricants et inventeurs du Pescho, liqueur digestive et tonique.

145. FERRAND Frères, à Lyon (Rhône), rue Ney, 15. — Liqueurs diverses.
                                                                            (QUAI.)

146. FERRÉOL GUITARD Fils (C.) à Villeneuve-sur-Lot (Lot-et-
Garonne). — Anisette, crème de cacao à la vanille. Curaçao à la mandarine ; liqueurs
diverses, apéritifs.   **(QUAI.)**
> Maison fondée en 1850. Médaille d'argent, Paris 1878.

147. FICHET, à Pré-en-Pail (Mayenne). — Liqueurs.   **(QUAI.)**

148. FONTBONNE, à Dijon (Côte-d'Or). — Cassis. Liqueurs.   **(QUAI.)**

149. FOREST, à Bourges (Cher). — Confiseries.   **(QUAI.)**

150. FORESTIER Frères, à Bordeaux (Gironde), cours de l'Intendance, 16. —
Liqueurs.   **(QUAI.)**

151. FORMONT & Cie, à Charenton, quai de Bercy, 10. — Eau d'Ambert.
                                                                            (QUAI.)

152. FOULET (Pierre), à Dijon (Côte-d'Or).— Liqueur du docteur Lavalle. Cassis,
crème de cassis. Liqueurs diverses.   **(QUAI.)**

153. FOUQUET, à Paris, rue de Rivoli, 138. — Café, confiserie et chocolat.
(QUAI.)

154. FOUREY (Paul C.), à Nangis (Seine-et-Marne). — Spiritueux et liqueurs.
(QUAI.)

155. FRIEDNER & Cie, à Paris, rue Cambon, 24. — Liqueurs.   (QUAI.)

156. FROISSAND (M.-M.-F.) & Cie, à Rochefort (Charente-Inférieure), rue Lafayette, 31. — Liqueurs et spiritueux.   (QUAI.)

157. GALLAND (Alexandre-L.), à St-Denis (Seine). — Absinthe française supérieure, liqueur « la Sève-normande ». Cassis, liqueurs de toutes sortes.   (QUAI.)

158. GALLET, GIBOU & Cie, à Paris, rue de l'Argonne, 17. — Caramel.
(QUAI.)

> Mélasse, raffineurs de mélasse, Usine fondée en 1845.
> Caramels de toutes sortes convenant à tous les emplois.
> Colorants pour vins, vinaigre, bière.
> Glucose, cristal et massé.

159. GAMBIER, à Saint-Maur (Seine). — Liqueurs.   (QUAI.)

160. GARNIER (Vve) & Fils, à Enghien-les-Bains (Seine-et-Oise). — Abricotine. Liqueur d'or. Blidah Menthe glaciale. Fleur de thé. Kummel et Cacao.   (QUAI.)

161. GASCARD, à Bois-Guillaume, près Rouen (Seine-Inférieure).—Eau des Jacobins.   (QUAI.)

162. GEFFRAY Frères, à Rouen (Seine-Inférieure). — Confitures.   (QUAI.)

> Confiturerie de Normandie.
> Usine à vapeur pour la fabrication des confitures de toutes sortes.
> Marmelades et raisinés.
> Agent pour l'exportation : L. Fincken d'Autemarche, 16, rue Bleue, Paris.

163. GENESTINE (Francisque), à Clermont-Ferrand (Puy-de-Dôme), rue Saint-Louis. — « Le Gaulois », apéritif.   (QUAI.)

> Agent principal pour l'exportation, Dumonteil-Lagrèze, 27, rue Bergère, Paris.
> « Le Gaulois », apéritif exquis, vente en bouteille exclusivement.

164. GÉRARD, à Épinal (Vosges). — Liqueurs.   (QUAI.)

165. GET Frères (J. & P.), à Revel (Haute-Garonne). — Pippermint.   (QUAI.)

> Maison fondée en 1796.
> Fabrique du Pippermint, distillerie à vapeur.
> Dénomination Pippermint, bouteilles et étiquettes spéciales légalement déposées à titre de marques de fabrique.
> Récompenses : Paris 1878. Exposition universelle, Médaille d'argent.
> Agents généraux à Paris (Exportation) : B. Lauriez, rue du Faubourg-Poissonnière, 62.
> Pour Paris, Seine, Seine-et-Oise, Seine-et-Marne, Marne : Dubonnet Frères, 49 et 51, Ste-Anne et 7, rue du Havre.

166. GILLE (L.-C.-E.) à Paris, rue Jenner, 53. — Vinaigres.   (QUAI.)

> Maison fondée en 1829. Entrepôt, 2, rue de l'Hérault (Parc de Bercy à Charenton). Recommandée pour la qualité et la régularité de ses produits, vinaigre de vin et d'alcool garantis purs.

167. GIROUX-PLOTON (Antony), à Orléans (Loiret). — Vinaigre fin.
(QUAI.)

168. GOUDAL (T.-Hippolyte-B.), à La Ferté-Milon (Aisne).—Liqueur digestive de dessert, « la goudaline ».   (QUAI.)

169. Grande Distillerie Centrale de Paris, à Paris, rue Saint-Antoine, 222. — Liqueurs, sirops. Fruits à l'eau-de-vie.   (QUAI.)

170. GRAVET (Vve), GRILLOIS & Cie, à Langres (Haute-Marne). —
Liqueurs.   (QUAI.)

171. GRÉGORI & Cie, à Bastia (Corse). — Cédrat confit.   (QUAI.)

172. CRIVEAUX (Joanny), à Paris, rue de Lille, 25. — Liqueurs. Élixir de
Bourgogne hygiénique digestif.   (QUAI.)

173. GRONDARD, à Paris, rue de l'Odéon, 1. — Chocolats   (QUAI.)

> Maison fondée en 1853, usine 95, rue d'Orléans, au Grand-Montrouge.
> Chocolat Express, chocolat pour cuire, soluble immédiatement dans l'eau ou dans le lait.
> Déposé en France, Angleterre et Espagne.
> Exiger sur chaque paquet le mot Express et la petite cuisinière.
> Récompenses : Paris 1855, 1867, 1873.

174. GUÉRIN-BOUTRON Frères, à Paris, rue du Maroc, 23. — Chocolats
en tablettes.   (QUAI.)

175. GUÉRY (F.), à Angers (Maine-et-Loire). — Liqueurs et fruits. (QUAI.)

176. GUILLOT (F.-Angel), à Blanzac (Charente). — Liqueurs de Cognac, palais
des produits alimentaires.   (QUAI.)

177. GUILLOTEAUX (Paul), à Versailles (Seine-et-Oise). — Liqueurs. (QUAI.)

178. GUY & GRASSET, à Paris, quai Valmy, 29. — Liqueurs, fruits à l'eau-de-
vie.   (QUAI.)

179. GUYON, à Paris, rue Washington, 37. — Confitures.   (QUAI.)

180. HAINAULT-MONNOT (Alfred-E.), à Avallon (Yonne). — Moutarde.
                                                                      (QUAI.)

181. HAMMEL Frères & Cie, à Reims (Marne). — Liqueurs.   (QUAI.)

182. HAQUET, à Lille (Nord). — Chicorées diverses.   (QUAI.)

183. HARTMANN, à Paris, rue du Renard, 34. — Liqueurs, sirops, fruits à l'eau-
de-vie, amers, apéritifs, etc.   (QUAI.)

> Maison Pelpel fondée en 1811.
> Annexe, rue du Cloître Saint-Merri, 18.
> Entrepôts de spiritueux en gros à l'Entrepôt général, quai Saint-Bernard :
> Butte des eaux-de-vie, 1, 3, 5, 7, 11, 13. — Vins de liqueurs, rue de Bordeaux, 16.
> Annexes de l'Entrepôt, rue Cuvier, 18 et 20 ; rue Guy-de-la-Brosse, 15 ; rue de Jussieu, 17,
> et bureaux 2, rue Guy-de-la-Brosse.
> Usine et entrepôts pour les livraisons hors Paris, au domaine de Conflans-Charenton (Seine),
> rue de l'Arcade, 12, 14, 16, 18 et quai de Bercy prolongé, 2.
> Diplômes d'honneur aux Expositions universelles de Paris 1867, 1878. — Anvers 1885. —
> Barcelone 1888.

184. HÉMARD, à Montreuil-sous-Bois (Seine), rue de Paris, 87. — Absinthe.
                                                                      (QUAI.)

185. HUGON (Gustave-M.), à Paris, rue des Sts-Pères, 30. — Chocolats et bonbons de chocolat.   (QUAI.)

186. HUYOT (Gustave-E.), à Paris, rue de la Glacière, 81. — Confitures (QUAI.)

187. JACQUEMIN Père (P.) & Fils, à Meursault (Côte-d'Or). — Pots et
flacons de moutarde préparée au verjus de Bourgogne.   (QUAI.)

> Deux usines à vapeur. — Expéditions en fûts, seaux et baquets à fermeture brevetée. S.G.D.G.
> — Récompenses obtenues aux Expositions universelles : M. H., Paris, 1855 ; Médailles :
> Londres, 1862; Paris, 1867 et 1878. — Dépôt à Paris, 9, rue Saint-Martin.

188. JACQUIN Frères, à Paris, rue Pernelle, 12. — Confiserie, chocolaterie.
                                                                      (QUAI.)

> Dragées.
> Bonbons.
> Marrons confits et glacés et tout ce qui concerne la confiserie et la chocolaterie.

189. JARRY (Félix), à Niort (Deux-Sèvres), rue de la Gare, 76 bis. — Liqueurs.
Anisette. Cacao. Curaçao triple sec. Elixir Jarry.   **(QUAI.)**

190. JAVILLIER-MORIZOT, à Dijon (Côte-d'Or). — Liqueurs.   **(QUAI.)**

191. JOANNE (E.), à Paris, quai de la Tournelle, 55. — Liqueurs.   **(QUAI.)**

192. JULIEN (Victor), à Lavaur (Tarn). — Curaçao Mandarin. Curaçao Julien.
Curaçao Régent. Chocolatine Favorita. Kern Julien. Reine des Charentes, etc. **(QUAI.)**

193. LABATUT (Auguste), à Agen (Lot-et-Garonne). — « Le Thibet », liqueur
hygiénique. Pruneaux d'Agen, fourrés, glacés.   **(QUAI.)**

194. LABBÉ (François), à Voiron (Isère), rue Grande.—Ratafia de cerise, curaçao génépy des Alpes, pippermint, etc.   **(QUAI.)**

195. LAFOSCADE (Paul-A.-J.) à Houlle près Saint-Omer (Pas-de-Calais).
— Genièv e, marque Lafoscade.   **(QUAI.)**

    Fabrication, système hollandais à triple rectification. — Médaille d'or Exposition universelle
internationale, Bruxelles 1888.

196. LAGAYE, au Mont-Dore (Puy-de-Dôme). — Confiseries.   **(QUAI.)**

197. LAMBERT & Cie, à Paris, rue des Haudriettes, 6. — Chocolats.
                                                                      (QUAI.)

198. LAMOUROUX, à Paris, rue du Faubourg-St-Honoré, 4.— Chocolat. **(QUAI.)**

199. LOMPUY (Th. de) & Cie, à Bordeaux (Gironde), rue du Pas-Saint-George, 41. — Liqueurs.   **(QUAI.)**

    Fabrique de liqueurs et sirops. Usine à vapeur. (Exportation).
    Spécialités : Anisette, crème de cacao, bitter, cognacs, rhums, cordial gascon (vinances).
    Le Salem, ayant pour base unique le café Salem.

200. LANDRIN (Vve), à Paris, rue Montorgueil, 15. — Couleurs pour confiseurs.   **(QUAI.)**

201. LARUELLE (Auguste), à Nancy (Meurthe-et-Moselle), faubourg Stanislas, 45. — Crème de mirabelles, liqueur lorraine.   **(QUAI.)**

    Fabrique de liqueurs supérieures. Spécialité de produits de Lorraine.
    Kirsch, questsch, mirabelles et prunelles.
    Seul fabricant de la Crème de mirabelles, liqueur lorraine obtenue par la distillation du
fruit dont elle porte le nom.
    Voir son exposition, palais de l'alimentation, classe 72.
    Maison de vente à Paris, rue Saint-Honoré, 362.

202. LAUGIER & Cie, à Grenoble (Isère). — Liqueurs.   **(QUAI.)**

    Liqueurs du Dauphiné. Génépy des Alpes. China-China. Inventeur des apéritifs. Amer
Alpin à base d'écorces d'oranges, amères. Kinabark (quinquina) au vin de Malaga.

203. LAUSSEL (Paul), à Vincennes (Seine), rue des Carrières, 3. — Élixir
Laussel, anisette, curaçao sec et triple sec. Kümmel triple sec cristallisé. **(QUAI.)**

    Médaille d'argent Exposition universelle 1878.

204. LAUVIN (Paul), au Havre (Seine-Inférieure), boulevard de Strasbourg, 113.
— Orangine, sirop de limons, liqueurs diverses, bitter Havrais.   **(QUAI.)**

    Inventeur et seul fabricant de l'orangine.
    Spécialité de liqueurs et sirops.
    Bitter Havrais.
    Importation directe de rhums, tafias, et vins étrangers.
    Récompense : Anvers 1885, médaille de bronze.

205. LEBRETON-FAUCHEUX (Laurent), à Angers (Maine-et-Loire).
— Guignolet d'Angers, curaçao blanc, triple sec, liqueur de pêche.   **(QUAI.)**

206. LECLER Frères, à Dijon (Côte-d'Or). — Curaçao sec, anisette, prunelle,
cassis et curaçao triple sec.   **(QUAI.)**

207. LEGOUEY & DELBERGUE, à Paris, rue Thevenot, 13. — Liqueurs surfines, punch Grassot, Trappistine, Curaçao sec, Montmorency, Curaçao cristal.
(QUAI.)

Anciennes maisons : Aubert, Badin frères, Damiens-Fortin et Palisse, Noël-Lasserre et A. J. Godart et fils. — Fondation en 1720.
Grande distillerie et fabrique de liqueurs supérieures, fruits à l'eau-de-vie, sirops, conserves de fruits, spiritueux de toutes sortes. Vermouth et vins apéritifs, Madère, Malaga, Porto, etc.
Spécialités de la maison : Punch Grassot, Trappistine, Montmorency, Curaçao sec, Amer Sétif, bitter rose, Cordial au vin de Portugal.
Magasins de gros à Bercy, rue Gallois, 13 et 15.
Agents à Londres. — Goteborg.
Récompenses :
Paris 1878. — Médaille d'or, Anvers, 1885.

208. LEGRAIN & TIRVEILLOT, à Levallois-Perret (Seine). — Curaçao de France.
(QUAI.)
Distillerie de l'Étoile.
Spiritueux, liqueurs, sirops, vinaigres, vins fins et caramels.
Récompense : Paris 1878, médaille de bronze.

209. LEGRAND & BERTRAND, à Coulommiers (Seine-et-Marne). — Liqueurs, fruits à l'eau-de-vie et amer.
(QUAI.)
Médaille de bronze à l'Exposition de Barcelone 1888.

210. LEJAY-LAGOUTE (Vve) et Cie, à Dijon (Côte-d'Or). — Crèmes de cassis, de prunelles, de framboises et liqueurs surfines.
(QUAI.)
Maison fondée en 1836.
1res récompenses aux Expositions de Paris 1883 ; Amsterdam, 1883.

211. LEJEUNE (Ulysse), à Paris, rue du Château, 23. — Liqueurs et spiritueux.
(QUAI.)

212. LEMAIRE, à Ivry-la-Bataille (Eure). — Liqueurs diverses.
(QUAI.)

213. LEPAGE (Alphonse-P.), à Bergerac (Dordogne). — Chocolat extra-nourrissant.
(QUAI.)
Médaille or, Exposition universelle de Barcelone 1888.

214. LESAGE & Cie, à Paris, rue Saint-Gilles, 7. — Confitures Saint-James.
(QUAI.)

215. LESAGE & DUFOUR, à Nantes (Loire-Inférieure). — Liqueurs.
(QUAI.)

216. LEVILLAIN (A) & Fils aîné, à Rouen (Seine-Inférieure), rue Herbière, 15. — Liqueurs.
(QUAI.)
Spécialité de curaçao, anisette et autres liqueurs surfines pour la clientèle bourgeoise. Vins fins, eaux-de-vie fines en fûts et en bouteilles, rhums, kirschs, sirops et punchs pour soirées.
Exposition universelle de Paris 1878, médaille d'argent.
Vice-président du Jury de l'Exposition d'Algérie 1884.
Rouen, Président du Jury de l'Exposition d'Algérie.

217. LE VRAY Fils, à Petit-Quévilly (Seine-Inférieure). — Caramel. (QUAI.)

218. LILLET Frères, à Podensac (Gironde). — Liqueurs. (QUAI.)

219. LION, à Paris, rue de Sèvres, 76. — Liqueurs. (QUAI.)

220. LOUIT Frères, à Bordeaux (Gironde). — Chocolats. (QUAI.)

221. LOURY (Achille), à Paris, quai de la Cité, 1. — Noyau de Poissy. (QUAI.)

222. LOUVET Frères, à Puteaux (Seine). — Liqueurs. (QUAI.)

223. LUCET-FLEURY (J.), à Orléans (Loiret). — Extrait de fruits. (QUAI.)

224. MAILLIEZ & Cie, à Paris, place de l'École, 4. — Fruits à l'eau-de-vie.
(QUAI.)

225. MAINGRE (Dominique), à Paris, rue des Barres, 15. — Confiserie, bonbons anglais.
(QUAI.)

226. MANUAUD, à Libourne (Gironde). — Cafés en boîtes.
(QUAI.)

227. MARATORE, à Evian-les-Bains (Haute-Savoie). — Liqueurs.
(QUAI.)

228. MARIE-BRIZARD & ROGER, à Bordeaux (Gironde). — Liqueurs.
(QUAI.)

Maison fondée en 1755.
Anisette, curaçao, liqueurs superfines et liqueurs martiniquaises.
Cognacs.
Rhums.
Vins fins français et étrangers.
Maison à Paris, 24, boulevard des Italiens.
Paris 1878, Médaille d'or.
Amsterdam 1883, Diplôme d'honneur.
Exposition spéciale et dégustation à l'entrée de la porte Rapp, contre la grande galerie des Beaux-Arts.

229. MARNIER-LAPOSTOLLE, à Néauple-le-Château (Seine-et-Oise). — Curaçao Marnier.
(QUAI.)

230. MARNOT-MACÉ et Cie, à Troyes (Aube). — Prunelle de champagne.
(QUAI.)

231. MARTES-FERBOS (Léopold), à Bordeaux (Gironde). — Rhum et anisette.
(QUAI.)

232. MARTIN (Paul), à Paris, rue du Faubourg-Saint-Antoine, 315. — Liqueurs.
(QUAI.)

233. MASIN (J.-Joseph), à Marseille (Bouches-du-Rhône), rue Saint-Bruno, 12. — Amer Masin, apéritif tonique.
(QUAI.)

234. MATHON, à Lagny (Seine-et-Marne). — Vinaigre.
(QUAI.)

235. MATTE Fils (J.-Louis-G.), à Montpellier (Hérault). — Chocolats. Pâtes pectorales. Cafés similaires.
(QUAI.)

236. MATTEI, à Bastia (Corse). — Liqueurs.
(QUAI.)

237. MAUPRIVEZ, à Paris, rue Mathis, 33. — Poivres.
(QUAI.)

238. MAYARD, à Paris, rue de l'Echelle, 5. — Liqueurs.
(QUAI.)

239. MÉNIER, à Paris, rue de Châteaudun, 56. — Chocolats, sucre, cacao.
(QUAI.)

240. MERCIER (George), à Fécamp (Seine-Inférieure). — Liqueurs.
(QUAI.)

241. MEYER & PRIMSY, à Paris, rue du Cardinal-Lemoine, 14. — Liqueurs.
(QUAI.)

242. MÉZIN (Ferdinand), à Paris, rue de la Roquette, 112. — Liqueurs.
(QUAI.)

243. MICHEL (L.) et Cie, à Marseille (Bouches-du-Rhône). — L'Amer-Patrie.
(QUAI.)

E. Bourcier, distillateur, seul dépositaire et représentant pour Paris et le département de la Seine, 125, rue Lecourbe, Paris.

244. MIRAND & COURTINE, à Alfortville (Seine). — Thés
(QUAI.)

245. MIRLAND & Cie, à Louvignies-lez-Bavay (Nord). — Pâtes de fruits.
(QUAI.)

246. MONGENET (L.-Michel), à Yenne (Savoie), près Chambéry. — Vermouth.
(QUAI.)

247. MONNOT (ancienne Maison Max), Successeurs : **Monnot Frères**, à Vezenay, près Pontarlier (Doubs). — Absinthe fine de Pontarlier.
(QUAI.)

248. MONTALANT (Gustave), à Saint-Denis (Seine), rue de Paris, 23. — Liqueurs, fruits, absinthe, bitter.   **(QUAI.)**

249. MOUCHOTTE (Octave), à Saint-Mandé (Seine), rue de l'Épinette. — Liqueurs et fruits à l'eau-de-vie.   **(QUAI.)**

250. MOUREAUX Frères, à Paris, rue des Bourdonnais. — Liqueurs.
                                    (QUAI.)

251. MUGNIER (Frédéric), à Dijon (Côte-d'Or), rue de la Liberté. 29. — Apéritif Mugnier au vin de Bourgogne. Crême de cassis de la Côte-d'Or. Bigarreau Bourguignon. Grandes liqueurs.   **(QUAI.)**

    Apéritif Mugnier au vin de Bourgogne. — Crème de Musigny (1re marque de cassis, propriété exclusive de la maison). — Bigarreau Bourguignon. — Grandes liqueurs. — Méd. d'or, aux Expositions universelles d'Anvers. 1885 ; Barcelone, 1888.

252. MURAOUR Frères, à Paris, rue de la Verrerie, 42. — Eau de fleur d'oranger.   **(QUAI.)**

253. NADAUD (Jacques), à Aubusson (Creuse). — Liqueurs.   **(QUAI.)**

254. NALTET-MENAND & Fils, à Châlon-sur-Saône (Saône-et-Loire). — Liqueur, prunelle de Bourgogne, dite Prunelle Naltet.   **(QUAI.)**

255. NASS & HECKMANN (Grande distillerie Franco-Alsacienne), à Belfort (Territoire de Belfort). — Liqueurs et spiritueux.   **(QUAI.)**

256. NÉRIK (Félix), à Clichy (Seine). — Liqueurs, sirops.   **(QUAI.)**

257. NORGET (D.), à Paris, Palais-Royal, 104. — Cafés en grains.   **(QUAI.)**

258. NUTLY & HANOTTE à Douai (Nord). — Chicorée, moutarde.   **(QUAI.)**

    Chicorée. Marque recommandée : « A la Marinière française ». Chicorée des Gourmets. Moutarde supérieure du Nord, marque déposée.

259. PAPIN (Eugène-M.), à Paris, rue Chabanais, 5. — Essence de café.
                                    (QUAI.)

260. PAQUETTE & MERCIER, à Pontarlier (Doubs). — Extrait d'absinthe
                                    (QUAI.)

261. PARCELIER, FOULON & FÉDIT, à Paris, rue du Temple, 15. — Fruits confits, confitures.   **(QUAI.)**

262. PARIGOT (Gaston), à Paris, rue Boutarel, 8. — Pastille universelle.
                                    (QUAI.)

263. PARIS (Octave), à Dijon (Côte-d'Or), rue du Jardin des Plantes. — Cassis de Dijon, kirsch de la Côte-d'Or, prunelle de Bourgogne, curaçao triple sec, anisette, sirops divers.   **(QUAI.)**

264. PASCAL (Joseph), à Dijon (Côte-d'Or), rue Vannerie, 29. — Cassis, crème Vougeot. Liqueur Pascaline. Curaçao de Hollande. Prunelle de Bourgogne. Apéritif Pascal au vin de Malaga.   **(QUAI.)**

265. PAYRAUD & FERROUILLAT, Successeur de **Teisseire Père et Fils,** à Grenoble (Isère), rue de France, 5. — Ratafia de cerises, Teisseire. **(QUAI.)**

266. PERNETTE, à Paris, rue des Moines, 26. — Liqueurs.   **(QUAI.)**

267. PERRAIN (André), à Saintes (Charente-Inférieure) — Liqueurs superfines.
                                    (QUAI.)

    Maison fondée en 1852, par J. Massiou-Magné.
    Spécialité de liqueurs superfines : Anisette superfine, Cassis de Saintonge. — Curaçaos. — Crème d'Aubépine (création). — La Santone (création). — Vieux Breuvage des Pharaons (création). — Crème-Sève de Vieux Cognac (inventée en 1866 par J. Massiou-Magné.)
    Récompenses : Paris 1867. — Paris 1878. Médaille de bronze.

268. PERREIN Frères, à La Réole (Gironde). — « Le Barricot », liqueur de fine champagne. Anisette. Curaçao triple sec. Pippermint. Crème de cacao et bitter.
(QUAI.)

269. PERRENOD & Cie, à Demigny (Saône-et-Loire). — Liqueurs. (QUAI.)

270. PHELLION-BRETON, à Orléans (Loiret). — Vinaigre. (QUAI.)

271. PICON & Cie, à Marseille (Bouches-du-Rhône), boulevard National, 26. — Amer Picon. (QUAI.)

Maisons à Rouen, Bordeaux et Bône (Algérie). Entrepôt à Paris.
Récompenses aux Expositions : Croix de la Légion d'Honneur à M. G. Picon Père, Paris 1878.
Médailles d'argent, Amsterdam 1883, Anvers 1885.
Médailles de bronze, Londres 1862, Paris 1867 et 1878 ; Médaille de progrès, Vienne 1873.
Mention extraordinaire, Amsterdam 1883.

272. PICON (Thérèse), à Charenton, rue de la Zône, 4. — Amer de la fille Picon.
(QUAI.)

Maison fondée en 1888.
Bureau des commandes, 12, rue de Paradis, Paris.

273. PICOU (Gustave O.), à Saint-Denis (Seine).— Liqueurs, fruits à l'eau-de-vie, Bitter, Cherry, Brandy, Guignolet, etc. (QUAI.)

Médailles de bronze, Paris 1878. — d'argent, Amsterdam 1883. — d'or, Anvers 1885. — d'argent, Anvers 1885.

274. PLASSE (L.), à Alfort (Seine). — Absinthe. (QUAI.)

275. PLATIER (P. Auguste-T.), à Nogent-le-Rotrou (Eure-et-Loir), rue Dorée, 16 — Café arôme concentré torréfié au 10me de sucre. Biscuits façon Reims.
(QUAI.)

276. POTIN (Vve Félix), à Paris, boulevard de Sébastopol, 103. — Chocolat en tablettes, bombons de chocolat, cacao en poudre, confiserie, confitures, gelées, fruits confits, sirops et liqueurs, moutardes. (QUAI.)

Médaille de bronze, Paris 1867 ; Médaille d'or, Paris 1878 ; Anvers 1884. Maison de vente 101-103, boulevard Sébastopol, Paris. Gros, 25, rue Palestro. Exportation, 25, rue Palestro. Usine à vapeur 83 à 89, rue de l'Ourcq. Distillerie et entrepôt à Pantin. Chocolats en tablettes et bonbons. Chocolat, cacao en poudre , bonbons et produits de la confiserie. Confitures et gelées. Fruits à l'eau-de-vie. Fruits aux sirops et liqueurs sucrées. Moutardes.

277. POULET, à Lyon (Rhône), rue des Capucins, 3 et 5. — Liqueurs et spiritueux.
(QUAI.)

Médailles, à l'Exposition universelle de Vienne (Autriche) 1873.

278. POUPON (Auguste), Moutarde **Grey-Poupon,** à Dijon (Côte-d'Or). — Moutarde. (QUAI.)

279. PREMIER Fils, à Romans (Drôme). — Absinthe. (QUAI.)

Distillerie spéciale d'absinthe. France. Exportation.
Hors concours : Exposition de Barcelone, 1888.
Membre du Jury.

280. PRÉVOT & Cie, à Paris, rue des Petits-Carreaux, 8. — Cafés brûlés et verts. (QUAI.)

281. PRUDHOMME, FROGER & Cie, à Paris, rue Feutrier, 12. — Liqueurs, sirops et fruits. (QUAI.)

Ancienne maison Collard et Albert Hollier, fondée en 1846.
Récompenses officielles : Paris 1867, Médaille de bronze ; Paris 1878, Médaille d'argent.
Guignolet et Abbaye de Montmartre.
Usine et magasins : 12, rue Feutrier.
Entrepôt à Villeneuve-la-Garenne, près St-Denis (Seine).

282. PUTOIS (George), à Villeneuve-sur-Yonne (Yonne). — Apéritif national.
(QUAI.)

283. QUENOT (Henri), à Dijon (Côte-d'Or). — Crème de cassis.   **(QUAI.)**

284. Raffinerie de Chantenay, (Société anonyme), à Paris, rue de la
Bienfaisance, 6. — Sucres raffinés de toutes sortes.   **(QUAI.)**

285. Raffinerie Parisienne (Administrateur: **Haepen G.**), à Saint-Ouen
(Seine), boulevard Victor Hugo, 160. — Sucres raffinés.   **(QUAI.)**

286. Raffinerie C. Say, (Administrateur délégué : **Ernest Cronier**), à Paris,
boulevard de la Gare, 123. — Sucre raffiné grain fin et cristallisé en pains, cassés,
cubes, granulés, etc.   **(QUAI.)**

287. RAHARD (Léon), Grande vinaigrerie de Blois, à Blois (Loir-et-Cher). —
Vinaigres purs vins en fûts et en bouteilles.   **(QUAI.)**

288. RASPAIL (Vve) & ses Fils, à Paris, rue du Temple, 14.— Liqueurs.
                (QUAI.)

289. RAYNAUD DE MAZAN, à Marseille (Bouches-du-Rhône). — Poivres
et épices.   **(QUAI.)**

290. RENOUARD et Cie, à Paris, rue de l'Abbaye, 14. — Eaux de mélisse des
Carmes.   **(QUAI.)**
   Eaux des Carmes Boyer (Henri Renouard et Cie, successeurs), à Paris, 14, rue de l'Abbaye.
— Londres, Paringdon street, 95. — New-York, Waren street, 16, etc., etc.
   Dépôts des marques de fabrique, années 1806, 1826, 1873, 1877. Laboratoire établi en 1611,
par les Carmes, rue de Vaugirard et transféré par eux en 1792, rue de Taranne, 14, actuellement
par suite d'expropriation, rue de l'Abbaye, 14, Paris.
   Récompenses :
Londres, 1862 ; Paris, 1878.

291. RÉQUIER, à Périgueux (Dordogne), rue Chanzy, 44. — Liqueurs.   **(QUAI.)**

292. RIBOUST, à Paris, impasse Briare, 14. — Liqueurs.   **(QUAI.)**

293. RICARD & GARNIER, à Choisy-le-Roy (Seine). — Liqueurs diverses.
                (QUAI.)

294. RICHARD (Pierre), à Paris, rue Condorcet, 27. — Liqueurs.   **(QUAI.)**

295. RICQLÈS (de) et Cie, à Lyon (Rhône). — Alcool de menthe.   **(QUAI.)**

296. ROBERT (Aubin), à Aire-sur-l'Adour (Landes). — Liqueurs superfines à
base d'eau-de-vie classée.
   Récompenses : Paris 1878, médaille de bronze. — Melbourne 1881, médaille 1re classe.

297. ROBERT (Clovis), à Orléans (Loiret). — Vinaigre fin.   **(QUAI.)**

298. ROBERT, à Aire-sur-l'Adour.   **(QUAI.)**

299. ROBERTET (Paul), à Paris, rue des Petites-Écuries, 44.— Café, confiserie.
                (QUAI.)
   P. Robertet et Cie, brevetés S. G. D. G. Usine à vapeur, à Paris, rue des Petites-Écuries, 46,
et à Grasse (A.-M.), avenue des Capucins. Essence de café pour café instantané, café au lait,
crèmes, pâtisserie et bonbons, aromes de vanille, vanille distillée, eau de fleurs d'oranger.
   Médaille de bronze, Paris 1878 ; médaille d'argent, Amsterdam 1883.

300. ROCHAT (Jean), à Lyon (Rhône), quai de la Charité, 22.—Liqueurs. **(QUAI.)**

301. ROCHER Frères, à la Côte-St-André (Isère). — Curaçao Roc triple sec,
Cherry, Brandy, Werder, eaux de la Côte, prunelle, liqueurs superfines.   **(QUAI.)**
   Maison fondée en 1780.
   Récompenses aux Expositions universelles internationales de Paris :
   Médaille 1re classe, 1855 ; Médaille d'argent, 1867 ; Médaille d'or, 1878.

302. ROITEL (Charles-F.), à Paris, boulevard Voltaire, 72. — La Royale Saint-
Hubert. Orange-Champagne. Anisettes superfine : Liqueurs diverses.   **(QUAI.)**
   Médaille d'argent, Barcelone 1888.

   Classe 72.   2

303. ROUCHON (Antoine), à Paris, rue de Lomerul, 15. — Liqueurs. **(QUAI.)**

304. ROUGIER-RAMBAUD & Fils, à Paris, rue Saint-Martin, 121. — Confiserie. **(QUAI.)**

305. ROUSSEAU (Félix), à Paris, faubourg Poissonnière, 6.— Réglisse Zan. **(QUAI.)**

306. ROUSSEAU (Paul) & MOUREAUX, à Paris, rue Quincampoix, 14. — Liqueurs et amers. **(QUAI.)**

307. ROUSSEL, à Paris, rue de la Chaussée-d'Antin, 23. — Liqueurs. **(QUAI)**

308. ROUVIÈRE Fils (Société F. Rouvière et Savary-Rouvière), à Dijon (Côte-d'Or), — Cassis-Rouvière, prunelle de Bourgogne, crème de kirsch. Sherry-Cassis. **(QUAI.)**

Succursale à Paris, 7, rue de Châteaudun.
Paris 1878, deux médailles de bronze et une mention honorable.
Médaille d'or, Amsterdam 1883 ; deux médailles d'argent et une de bronze, Anvers 1885.
Hors concours, membre du Jury international, Barcelone 1888.

309. RUETSCH, à Paris, rue de Flandre, 173. — Absinthe nouvelle, instantanée économique. **(QUAI.)**

310. RUMILLET-CHARRETIER, au Puy (Haute-Loire) — Liqueurs. **(QUAI.)**

311. SABATIER (Gustave), à Nîmes (Gard). — Extrait d'absinthe suisse **(QUAI.)**

312. SAINT-HILAIRE (Charles) & Cie, à La Souterraine (Creuse). — « Melissa ». Liqueurs. **(QUAI.)**

313. SAINT-MLEUX Frères, à Saint-Malo (Ille-et-Vilaine). — Liqueurs. **(QUAI.)**

314. SAINTOIN Frères, à Orléans (Loiret). — Chocolats, confiserie, liqueurs fines, curaçao renommé. **(QUAI.)**

Maison fondée en 1760, par Jean Saintoin.
Récompenses :
Paris 1878, médaille d'or.
Amsterdam 1883, médaille d'or.
Anvers 1885, diplôme d'honneur.
Maisons :
A Paris, 32, boulevard Haussmann.
A Marseille, 60, rue Consolat.
Représentant pour l'exportation :
M. B. Lauriez, 62, faubourg Poissonnière, à Paris.

315. SALMON (C.-Charles-G.), à Saumur (Maine-et-Loire).— Liqueurs. **(QUAI.)**

Médaille de bronze, Exposition de Barcelone 1888 ; médaille d'argent, Bruxelles 1888.

316. SAMAT (Célestin), à Marseille (Bouches-du-Rhône), rue des Abeilles, 42. — Poivres. **(QUAI.)**

Maison Célestin Samat, fondée à Marseille en 1867.
Création des Poivres Samat, blancs et gris en 1886.
Brevet S. G. D. G., obtenu en janvier de la même année.
Usine à vapeur, superficie 2,600 mètres carrés.
Le Poivre Samat est présenté aux consommateurs comme la moutarde anglaise.

317. SAPIN-GILBERT, à Limoges (Haute-Vienne). — Liqueurs. **(QUAI.)**

318. SAURY (Célestin-J.-F.), à Salces (Pyrénées-Orientales). — Bischoff Lucullus remplaçant le vin chaud. **(QUAI.)**

319. SAVIGNY (Ernest), à Chartres (Eure-et-Loir). — Cafés torréfiés en boîtes et en paquets. **(QUAI.)**

320. SCHOUTEETEN (Regis), à Lille (Nord), rue d'Esquermes, 17. — Curaçao et kummel.
(QUAI.)

321. SÉGUIN & DEDREUX, à Paris, rue Mouffetard, 139. — Crème d'orange. Fleur de cassis.
(QUAI.)

322. SÉMÉZIS (Firmin), à Villeneuve-sur-Lot (Lot-et-Garonne). — Liqueurs.
(QUAI.)

323. SESTRE, à Paris, rue Monsieur-le-Prince, 60. — Cafés, chocolats. (QUAI.)
Sestre, successeur de Lequevrier. — Maison fondée en 1749. — Fabrique de chocolats, thés et cafés. — Expositions de Londres 1862 et de Paris 1867.

324. SEUGNOT, à Paris, rue du Bac, 28. — Confiserie.
(QUAI.)
Premières médailles en 1855, 1867, 1878.

325. SILZ (Fernand) LEROUGE (A.) et Cie, à La Biette, près Saint-Quentin (Aisne). — Sucres bruts et raffinés et sous-produits.
(QUAI.)

326. SIMON, à Chaumont (Haute-Marne). — Liqueurs.
(QUAI.)

327. SIMON Aîné (François), à Châlon-sur-Saône (Saône-et-Loire). — Liqueurs diverses.
(QUAI.)
Maison fondée en 1862.
Inventeur et fabricant du Suc bourguignon.
Fabrique de prunelle et cassis de Bourgogne. — Distillerie d'absinthe supérieure.
Agent à Paris pour l'exportation, B. Lauricz, 62, Faubourg Poissonnière.
Barcelone 1888, Médaille d'argent. Bruxelles 1888, Médaille d'or.

328. Société anonyme du Chocolat Devinck, à Paris, rue des Haudriettes, 6. — Chocolats, cafés et thés.
(QUAI.)

329. Société anonyme des Salines de Maixe, Administrateur délégué : **Lapointe (M)**, à Nancy (Meurthe-et-Moselle), rue Victor Hugo, 3. — Sels raffinés ordinaires. Sel fin, fin Piccard, chimiquement pur.
(QUAI.)

330. Société de la Sucrerie de Bourdon, à Paris, rue de la Paix, 5. — Sucres.
(QUAI.)
Société fondée en 1866. — M. E. Boire, Administrateur-Directeur.
Usines à Bourdon, St-Beauzire, Chappes et Chagnat (Puy-de-Dôme).
Sucres blancs cristallisés, granulés, en semoule et en farine. — Alcools rectifiés supérieurs. — Salins de potasse.
Récompenses : médaille d'or (collabn) et méd. d'argent : Exposition universelle, Paris 1878.

331. Société des Salines de Sommerviller (Administrateur : **P. M.**), à Nancy (Meurthe-et-Moselle). — Sels raffinés et sels dénaturés.
(QUAI.)

332. STOCLIN & Cie, à Sainte-Marie-Kerque, près Audruick (Pas-de-Calais).— Sucre.
(QUAI.)

333. Syndicat des Vins et Spiritueux de la Gironde (Exposition collective du), à Bordeaux. — Boissons aromatiques, fruits à l'eau-de-vie et au jus, liqueurs assorties et vinaigres.
(QUAI.)

ANDOUARD (Pierre), à Bordeaux. — Anisette.

ARCHAMBEAUD (Gaston), à Bordeaux, quai des Chartrons, 72. — Bitter, liqueur.

BOUSQUET (Jules), à Bordeaux, rue Lagrange, 139. — Liqueur des Indes « butucudo ».

BRETON (L.-Félix), à Bordeaux. — Liqueurs et apéritifs.

CAPARROY (J.), à Bordeaux. — Vinaigres de vin et d'alcool.

CAZANOVE (F.-Jean-Paul), à Bordeaux, rue de Turenne, 13. — Liqueur du R. P. A. Kermann.

CHAUVE (C.), et Cie, à Bordeaux, rue Jouannet, 9. — Liqueurs fines.

CHAUVET Fils (J.-A.), à Bordeaux, rue Cancéra, 21. — Liqueurs, apéritifs et fruits conservés.

CIVRAC (Joseph) et Fils et Mathias Frères, à Bordeaux, quai de Paludate, 96. — Bitter
    « El sol ».
COSNARD (T.) et Cie, à Bordeaux. — Liqueurs, apéritifs et fruits conservés.
CUSSE (A. Louis), à Bordeaux, cours Victor Hugo, 73. — Bitter et liqueurs supérieures.
DELOR (A.) et Cie, à Bordeaux, rue de Macau. — Apéritif « Apérital ».
DEMAY (Adolphe), à Bordeaux, allées Damour, 32. — Liqueurs et apèritifs.
DESAPHY (Eugène), à Bordeaux. — Bitter et liqueurs.
DISTILLERIE DE MONTE-CHRISTO (Société Usine), à l'Usine de la Souys (commune de
    Floirac). — Type d'alcool supérieur provenant de la distillation de grains par le
    malt vert sans acides et utilisation des résidus pour la nourriture des bestiaux.
FOURCHÉ (J.-P.), à Bordeaux, rue Saint-Esprit, 6. — Liqueurs supérieures.
GRELLET (Maurice), à Bordeaux, rue Lareppe, 13. — Liqueurs.
GROSS-DROY (Emile), Ancienne Maison ALEXANDRE DROY, à Bordeaux, rue Saint-
    Rémy, 46. — Liqueurs supérieures.
GUILLOT (D.) et Cie, à Bordeaux, rue du Jardin-des-Plantes, 11. — Liqueurs supé-
    rieures.
HATTON et Fils, à Bordeaux, rue Saint-George, 48. — Bitter et liqueurs supérieures.
LALANNE (Arnaud), à Macau. — Amer « Excelsior ».
LASSERRE (Ernest) et Cie, à Bordeaux, rue de la Gare, 40. — Vermouth.
LAURENT (J.) et Fils, à Bordeaux, rue Croix-de-Seguey, 44.— Liqueurs et apéritifs.
MARCHAND (A.) et Cie, à Bordeaux, rue d'Arès, 118. — Liqueurs et bitter.
BRIZARD (les Héritiers de Marie) et ROGER, à Bordeaux. — Liqueurs fines.
RICAUD (Marius), à Bordeaux, route de Toulouse, 387.—Elixir « la madelaine des Alpes».
MILLET (E.) et P. RYCKMANS (ancienne Maison A. BUCHE), à Bordeaux, rue Neuve, 10.
    — Liqueurs, sirops, fruits.
NICOLLEAU (L.), à Bordeaux, rue du Champ-de-Mars, 17. — Liqueurs, apéritifs et
    fruits au jus.
NUYENS et Cie, à Bordeaux. — Liqueurs fines.
PESQUI (Louis), à Bouscat, près Bordeaux. — Vin urané Pesqui, antidiabétique et
    cordial.
PERPEZAT, à Bordeaux, rue Sainte-Catherine, 219. — Bitter et liqueurs supérieures.
PICHEVIN (Edmond M.), à Bordeaux, rue Brun, 6, — Liqueurs.
RAILLAC Aîné (Jean), à Bordeaux, rue Andronne, 17. — Bitter.
REINHART (F. J.), à Bordeaux. — Vermouth.
RENAUD (J. E.) et DUALLÉ, à Bordeaux. — Vinaigres divers.
SIMON (L.), à Bordeaux, quai des Docks, 8. — Liqueurs et apéritifs.
SOUBIRAN (L. Gustave), à Bordeaux, rue des Faures, 74. — Liqueurs supérieures et
    fruits.
TRONQUOY DE LALANDE et Cie, à Bordeaux, rue de Tivoli, 4. — Liqueurs.
UNHOLZ (C. H.), à Bordeaux, rue Lecocq, 35. — Lady Claret.

334. TAFFIN (Jules), à Montreuil-sous-Bois. — Caramels, colorants.   (QUAI.)

335. TANDEAU, à Paris, rue Violet, 50. — Conserves, vinaigres.   (QUAI.)

336. THIBAULT, à Palaiseau (Seine-et-Oise). — Liqueurs.   (QUAI.)

337. THIERCELIN & CHARRIER, à Pithiviers-en-Gâtinais (Loiret). —
Safrans bruts et coupés garantis purs.   (QUAI.)

338. TISSOT & MENU, à Lyon (Rhône). — Liqueurs.   (QUAI.)

339. TRÉBUCIEN (Ernest), à Paris, cours de Vincennes, 25. — Café des
Gourmets, cafés torréfiés en grains. Cafés comprimés. Chocolats, thés.   (QUAI.)

340. TRICONNET (Arthur) et JUMELET (Louis), à Paris, rue d'Allemagne, 138. — Cassis en liqueur.   (QUAI.)

341. VANHERCH (Mme L.-A.), à Paris, rue Pergolèse, 5. — « El-Saas »,
liqueur des Dames de France.   (QUAI.)

342. VERDIER Fils (Bertrand), à Paris, rue du Faubourg-Saint-Denis, 170.
— Liqueurs diverses. Apéritif au vin d'Espagne. Absinthe et amer.   **(QUAI.)**

343. VIALANEIX (Joseph), à Egletons (Corrèze). — Apéritif Vialaneix et
liqueur Ventadour.   **(QUAI.)**

344. VIALE Jeune & Cie, à Saint-Etienne (Loire). — Alcool de menthe. **(QUAI.)**

345. VICAT, à Paris, rue Jules César, 9. — Moutarde.   **(QUAI.)**

346. VILLA, à Toulouse (Haute-Garonne). — Liqueurs.   **(QUAI.)**

347. VILLEMANT LOSSET & Fils, à Hirson (Aisne). — Liqueurs.
                                                                           (QUAI.)

348. VINAY, à Paris, avenue Malakoff, 13. — Chocolat, confiserie.   **QUAI.)**

349. VINCHON (L.-R.-Arthur), à Douchy (Aisne). — Sucre blanc (brut).
                                                                           (QUAI.)

350. VIOLET Aîné (Simon) & Cie, à Thuir (Pyrénées-Orientales). — Byrrh
au vin de Malaga.   **(QUAI.)**

351. VOELCKER-COUMES, à Bayon (Meurthe-et-Moselle). — Chicorée.
                                                                           (QUAI.)
   Hors concours, membre du Jury, Barcelone 1888.

352. VOISIN (Auguste-S.), à Paris, boulevard Voltaire, 200. — Liqueurs cris-
tallisées ; la guignolette.   **(QUAI.)**

353. VRIGNAUD Fils (Henri), à Luçon (Vendée). — Liqueurs diverses.
Prunes à l'eau-de-vie. Bitter. Sirop algérien. Café.   **(QUAI.)**

354. WADELEUX & MÉTROZ, à Paris, rue de la Verrerie, 99. — Mélasses
raffinées et sirops mélasses.   **(QUAI.)**

355. WARIN (P.), à Saint-Waast-la-Haut-lez-Valenciennes. — Sirop glacé.
                                                                           (QUAI.)

COLONIES.

ALGÉRIE.

1. AIGLON (Hippolyte), à Alger, rue Rovigo, 21. — Liqueur de mandarine.
                                                                       (ESPLANADE.)

2. AISSA ben Khaldi, à Bousââda (Alger). — Coriandre et piments du pays.
                                                                       (ESPLANADE.)

3. BANYULS & FOISSY, à Mostaganem (Oran). — Liqueurs.   **(ESPLANADE.)**

4. BARBIER & CHAPUIS, à Oran, rue d'Arzew. — Vinaigres.
                                                                       (ESPLANADE.)

5. BARNAUD & MÉNÉJAM, à Bougie (Constantine). — Liqueurs diverses.
                                                                       (ESPLANADE.)

6. BARTHÈRE (Charles), à Bône, porte d'Hippone. — Liqueurs diverses.
                                                                       (ESPLANADE.)

7. BASTIDE (Léon), à Sidi-bel-Abbès (Oran).— Vinaigre et liqueurs de ménage.
                                                                       (ESPLANADE.)

8. BONNEMAISON (Eugène). à El-Kseur (Constantine). — Azeroline, liqueur de dessert.   **(ESPLANADE.)**

9. BOUCHET (B.-L.), à Bône (Constantine). — Miel blanc et roux.
(ESPLANADE.)

10. BOURLIER (Charles), à Reghaïa (Alger). — Olives   **(ESPLANADE.)**

11. BOUVARD (J.-F.), à Bougie (Constantine). — Safran, récolte de 1889.
(ESPLANADE.)

12. CAID LARBI ben Zagouta, à Souk-Ahras (Constantine). — Miel blanc.
(ESPLANADE.)

13. CALDAIRON (Jean), à Relizane (Oran). — Olives en saumure.
(ESPLANADE.)

14. CAMILLIÉRI & AZZOPARDI, à Bône (Constantine). — Liqueurs assorties.   **(ESPLANADE.)**

15. CASSAR (M.-A.), à Bône (Constantine). — Olives confites.   **(ESPLANADE.)**

16. CASSAR (Vincent), à Alger, route de la Pêcherie. — Beurre d'anchois.
(ESPLANADE.)

17. CAYLA (Émile), à Bou-Thélis (Oran). — Olives.   **(ESPLANADE.)**

18. CAZALIS (Frédéric), à Relizane (Oran). — Raisins à l'eau-de-vie, olives.
(ESPLANADE.)

19. CHATELAIN (Armand), à Oran, rue Kimburn. — Crème de framboise et sirop de groseille avec fruits du pays, crème de cacao, chartreuse imitation.
(ESPLANADE.)

20. CLÉMENT (Jules), à Mascara (Oran). — Olives 1888.   **(ESPLANADE.)**

21. COLOMBANI (Michel), à La Réunion (Constantine).— Safran en tige avec sa graine, safran en fiole, récolte de 1888.   **(ESPLANADE.)**

22. Comice Agricole de Bône, à Bône (Constantine). — Miel.
(ESPLANADE.)

23. Comice Agricole de Souk Ahras, à Souk-Ahras (Constantine) — Miel.
(ESPLANADE.)

24. CORBETO (J.) & Cie, à Oran. — Liqueurs et sirops.   **(ESPLANADE)**

25. COUDERC (Jean), à Philippeville (Constantine). — Liqueur de myrte.
(ESPLANADE)

26. DELACROIX (Agathange), à Littré (Alger). — Liqueur de dessert.
(ESPLANADE.)

27. DEL SOL, à Alger, quai de la Pêcherie. — Anchois en salaison.   **(ESPLANADE.)**

28. DELSOL (Pierre), à El Kseur (Constantine). — Olives noires à l'huile.
(ESPLANADE.)

29. DEMAY (Gustave), à Saint-Antoine (Constantine). — Vinaigres.
(ESPLANADE.)

30. DUPUY Fils (Charles), à Oran, boulevard Charlemagne. — Liqueur de mandarines.   **(ESPLANADE.)**

31. DUVIGEANT (Léonce), à Biskra (Constantine). — Olives de M'cid en conserve, poivrons verts et secs.   **(ESPLANADE.)**

32. EL HADJ SAID ben Abenz, aux Mechdella, Commune mixte des Beni-Mansour (Alger). — Miel kabyle.   **(ESPLANADE.)**

33. FALLET (U.-H.), à Médéah (Alger) — Fruits divers confits dans l'eau-de-vie, cerises, prunes, abricots, poires, raisins, etc.   **(ESPLANADE.)**

34. FOLCO (Ernest), à Alger, place de Chartres. — Vinaigre blanc, vinaigre rouge.   (ESPLANADE.)

35. GALIANA, à Saïda (Oran). — Crème de menthe.   (ESPLANADE.)

36. GARNIER (G.), à Alger, rue Bugeaud, 1. — Liqueurs.   (ESPLANADE.)

37. GARNIER (Marius), à Philippeville (Constantine). — Cordial au quinquina et écorce d'oranges amères à base de malaga et moscatel.   (ESPLANADE.)

38. GAUCCI (Fidèle), à Medjez-Sfa (Constantine). — Olives.   (ESPLANADE.)

39. GAUTIER (J.-B.), à Beni-bou-Milek, Commune mixte de Gouraya (Alger).— Olives vertes en saumure.   (ESPLANADE.)

40. GAYE (de), à Blidah (Alger), rue Mazini, 6.— Sucre et fécule de patates.
                                                       (ESPLANADE.)

41. GENTET (Louis), à Orléansville (Alger).— Crème de mandarines vanillé.
                                                       (ESPLANADE.)

42. GILBRIN (H.-L.), à l'Oued-Amizour (Constantine). — Raisins conservés en bocaux.   (ESPLANADE.)

43. GIRARDIN (J.-C.), à Bouïra (Alger). — Olives en conserves.   (ESPLANADE.)

44. GONSOLIN (Édouard), à Bône (Constantine), cours National. — Liqueur de myrte.   (ESPLANADE.)

45. GORRIAS (Nicolas), à Alger, rue de la Liberté. — Cacao, nectar kina, liqueur hygiénique.   (ESPLANADE.)

46. GREEK (Dominique), à Souk-Ahras (Constantine). — Sirop de limon, sirop d'orange.   (ESPLANADE.)

47. GRIVEL, à Saint-Denis-du-Sig (Oran). — Olives.   (ESPLANADE.)

48. GROLLEAU (Réné), à Souk-el-Hââd, (Alger), — Miel coulé.
                                                       (ESPLANADE.)

49. GUASCO (J.-B.), à Blidah (Alger). — Cerises à l'eau-de-vie.   (ESPLANADE.)

50. HACINE BEN AHMED BEN NACEUR, à Khonga sidi Nadji, cercle de Khenchela (Constantine). — Miel coulé.   (ESPLANADE.)

51. HAMOUD Fils & Cie, à Alger, boulevard de la République. — Sirop d'orgeat, sirop de limon, sirop de moka.   (ESPLANADE.)

52. HOSTAINS (L.-J.), à Rissef Tlemcen (Oran). — Miel jaune 1888.
                                                       (ESPLANADE.)

53. HOUEL, à Médéah (Alger).— Cassis, année 1887, brou de noix, année 1887.
                                                       (ESPLANADE.)

54. HUNEBELLE & MARTIN, à Alger, rue Littré, 1. — Sucre.
                                                       (ESPLANADE.)

55. KAROUBY MESSAOUD, à Oran. — Olives.   (ESPLANADE.)

56. LACOTTE (Joseph), à L'Hillil (Oran). — Olives en saumure 1888.
                                                       (ESPLANADE.)

57. LAMBERT des CILLEULS (Vve), à Aïn Bessem (Alger). — Liqueur digestive, dite Jurjurine.   (ESPLANADE.)

58. LAQUERRIÈRE (Théodore), à Constantine. — Vinaigre de vin blanc, vinaigre de vin rouge, vinaigre de vins divers, ambré.   (ESPLANADE.)

59. LESCURE (E.-C.), à Oran, rue de Mostaganem. — Olives, vinaigre de vin rouge.   (ESPLANADE.)

60. LGRIFA ben MOHAMED, aux Béni-Salah (Constantine). —Miel.
                                                       (ESPLANADE.)

61. LIPPI (Mme Cécile), à Alger, rue de Tanger, 11. — Épices et condiments du pays, conserves de fruits et légumes.   (ESPLANADE.)

62. LOCAIN (Fernand), à Boukanéfis (Oran). — Olives.   (ESPLANADE.)

63. LORQUIN (Constant), à Bône (Constantine). — Liqueurs diverses.   (ESPLANADE.)

64. LUCK (Albert), à Oran, rue Philippe, 1. — Crème de myrtilles, liqueur hygiénique stomachique.   (ESPLANADE.)

65. MALBOZ & DELANNEY, à Souma (Alger).— Confiture de pastèques.   (ESPLANADE.)

66. MARGRY (Gustave), à Blidah (Alger).— Liqueur de mandarines.   (ESPLANADE.)

67. MARTIN (B.), à Alger, rue de Tanger, 14. — Sucre.   (ESPLANADE.)

68. MAURE (Auguste), à Biskra (Constantine). — Liqueur de dattes.   (ESPLANADE.)

69. MAURICE (Constant), à Carnot (Alger). — Vinaigres.   (ESPLANADE.)

70. MERMET (Eugène), à Barral (Constantine). — Olives confites.   (ESPLANADE.)

71. MEYER (Frédéric), à Mostaganem (Oran). — Liqueurs.   (ESPLANADE.)

72. MHAMMED ben Rahhal, à Nedroma (Oran). — Miel liquide 1888.   (ESPLANADE.)

73. MOHAMMED OULD MOULEY AISSA, à Tlemcen (Oran). — Olives noires, rouges et vertes.   (ESPLANADE.)

74. MOLLET (Henri), à Guelma (Constantine). — Olives.   (ESPLANADE.)

75. MONTEIL (Victor), à Blidah (Alger), rue Grande. — Café de caroube en mélange avec celui de glands doux, gelée d'un fruit d'arbre forestier.   (ESPLANADE.)

76. NAVARRO PÉDRO, à Muley-Abdel-Kader (Oran). — Safran.   (ESPLANADE.)

77. NÈGRE (Louis), à Zerizer (Constantine). — Miel.   (ESPLANADE.)

78. NICOLAS (Charles), à Duvivier (Constantine). — Épices, piments, etc. Vinaigres, capres, maté.   (ESPLANADE.)

79. PAOLI (Barthélemy), à Bouira (Alger). — Sirop de grenadine, sirop de groseilles, liqueur de menthe glaciale.   (ESPLANADE.)

80. PIOTROWSKI (Gratien), à Blidah (Alger). — Élixir de mandarines.   (ESPLANADE.)

81. PONS Frères (Michel et Jean), à Alger, place Mahon, 10. — Liqueur de mandarines.   (ESPLANADE.)

82. RAZÈS Jeune, à Médéah (Alger). — Olives.   (ESPLANADE.)

83. REBATTU (Amédée), à Paris, avenue de Wagram, 84. — Miel.   (ESPLANADE.)

84. RENIER (Charles), à Guelma (Constantine). — Quina doré.   (ESPLANADE.)

85. ROMAIN (Jean), à Barral (Constantine). — Olives en saumure.   (ESPLANADE.)

86. ROUSSEL (Armand), à Arzew (Oran). — Élixir, liqueur, élixir hongrois Feuldy, liqueur hongroise Feuldy.   (ESPLANADE.)

87. ROUYER (Paul), à Hammam-Meskoutine (Constantine). — Vinaigre de vin rouge.   (ESPLANADE.)

88. SABATIER (E.-D.), au Nador, Commune de Marengo (Alger). — Vinaigre de ns.   (ESPLANADE.)

89. SABATIER (Jérôme), à Tlemcen (Oran). — Liqueurs.   (ESPLANADE.)

90. SADY (Léopold), à Médéah (Alger). — Cassis et liqueurs diverses.
(ESPLANADE.)

91. SAHUT (Auguste), à Nedroma (Oran). — Miel 1888.   (ESPLANADE.)

92. SALAH LOGHRESSI, aux Beni-Salah (Constantine). — Miel.
(ESPLANADE.)

93. SAMSON (Gustave), à Sidi-Mabrouk (Constantine). — Moutarde noire et moutarde blanche.   (ESPLANADE.)

94. SI TOUHAMI ben Mahi Eddine, à Tablat (Alger). — Olives.
(ESPLANADE.)

95. Société Agricole et Industrielle de Batna et du Sud Algérien, à Paris, rue Saint-Lazare, 7. — Produits sucrés tirés des dattes. Condiments divers.
(ESPLANADE.)

96. SOIPTEUR (Hilaire), à Tlemcen (Oran). — Liqueur.   (ESPLANADE.)

97. Staouëly (la Trappe de), Alger. — Liqueurs et miel.   (ESPLANADE.)

98. TACHET (Isidore), à Alger, boulevard de la République, 12. — Liqueur de mandarines, eau de noix vertes.   (ESPLANADE.)

99. TESTU (Charles), à Bougie (Constantine). — Flacons de variantes, dites hors-d'œuvre du pays.   (ESPLANADE.)

100. THEUS Neveu, à Oran, rue des Casernes. — Liqueurs assorties.
(ESPLANADE.)

101. TLEMÇANI ben Ahmed Chaouch, aux Oulad-Sidi-Abid, Cercle de Tebessa (Constantine). — Miel.   (ESPLANADE.)

102. TRIQUEVILLE (de), à Aïn-el-Arba (Oran). — Olives, miel. (ESPLANADE.)

103. Union Agricole d'Afrique, à Saint-Denis-du-Sig (Oran). — Olives.
(ESPLANADE.)

104. VERRIER (Émile), à Combes (Constantine). — Confitures. (ESPLANADE.)

105. VULMONT (Désiré), à l'Oued-Amizour (Constantine). — Conserves alimentaires (capres).   (ESPLANADE.)

GABON CONGO.

1. Exposition permanente des Colonies, à Paris. — Cafés.   (ESPLANADE.)

2. LEBERRE (Évêque des deux Guinées), au Gabon. — Vanille, café. (ESPLANADE.)

3. PÈNE (Xavier), à Bordeaux (Gironde), rue Dubourdieu, 59. — Fruits et conserves du Gabon.   (ESPLANADE.)

GUADELOUPE.

1. BONIFACE (A.) & BINET GUÉRIN (V.), à la Pointe-à-Pitre. — Cacao en graines.   (ESPLANADE.)

2. Exposition permanente des Colonies, à Paris. — Cafés et cacaos.
(ESPLANADE.)

3. FRENCH (Mlle), au Marigot (Saint-Martin). — Guava-berry ; sirop pectoral.
(ESPLANADE.)

4. LAQUITAINE, à Gourbeyre. — Vanille.   (ESPLANADE.)

5. LAURIOL, aux Trois-Rivières (Habitation Sapotille). — Café bonifié, café moka et café en parche, cacao caraque et cacao créole.   (ESPLANADE.)

6. MOREILHON, au Marigot (Saint-Martin). — Guava-berry distillé et infusé.
(ESPLANADE.)

7. ROUS (Léo), à la Pointe-à-Pitre. — Gelée de goyaves, ananas au naturel, citrons confits au sucre.   (ESPLANADE.)

8. Sous-Comité d'Exposition de Marie-Galante. — Liqueur de monbin.
(ESPLANADE.)

GUYANE FRANÇAISE.

1. FRANCONIE (Vve Victoire), à Paris, rue du Faubourg-Poissonnière, 134. — Produits comestibles et liqueurs de la Guyane.   (ESPLANADE.)

INDE FRANÇAISE.

1. ACHART (Dj.). — Vanille.   (ESPLANADE.)

2. BALASOUPRAMANIACHETTY. — Achards, sirops.   (ESPLANADE.)

3. Comité d'Exposition. — Épices et vinaigre du callon, vanille, poudre à kari, café de Mahé.   (ESPLANADE.)

4. Exposition permanente des Colonies, à Paris. — Cafés.   (ESPLANADE.)

MADAGASCAR.

1. Service Local, à Sainte-Marie-de-Madagascar. — Clous de girofle.
(ESPLANADE.)

MARTINIQUE.

1. CALONNE (Séraphin), au François. — Café, herbes puantes.   (ESPLANADE.)

2. Exposition permanente des Colonies, à Paris. — Cafés et cacaos.
(ESPLANADE.)

3. FOUCHÉ (Virgile), à Saint-Pierre. — Ananas au jus.   (ESPLANADE.)

MAYOTTE ET COMORES.

1. Exposition permanente des Colonies, à Paris. — Cafés.   (ESPLANADE.)

2. FAYMOREAU (de), à Mayotte.—Vanille, cafés, rhum.   (ESPLANADE.)

3. FAYMOREAU (de) & O. MAZARÉ, à Combani. — Sucre brut.
(ESPLANADE.)

4. LE BLANC, à Mayotte. — Vanille, rhum.   (ESPLANADE.)

5. PRÉA , à Paris, rue de Galilée , 25. — Produits comestibles divers.
(ESPLANADE.)

6. VILLÉON, à Mayotte. — Sucre brut.   (ESPLANADE.)

NOSSI-BÉ.

1. KNUR (Louis), à Nossi-Bé. — Café.   **(ESPLANADE.)**

NOUVELLE CALÉDONIE.

1. Affaires indigènes (Service des), à Canala. — Café récolté et préparé par les indigènes de la tribu de Canala.   **(ESPLANADE.)**

2. Affaires indigènes (Services des), à Ni. — Café récolté et préparé par les indigènes de la tribu de Nì.   **(ESPLANADE.)**

3. ARCHAMBAULT, à Moindou. — Café Leroy, ayapana.   **(ESPLANADE.)**

4. BARRA, à Moindou. — Café.   **(ESPLANADE.)**

5. BEAUMONT (Lucien), à Moindou. — Miel et miel d'abeilles sauvages.   **(ESPLANADE.)**

6. BEAUMONT (Vve), à Moindou. — Café.   **(ESPLANADE.)**

7. BON, à Nouméa. — Sel fin, sel gros.   **(ESPLANADE.)**

8. BORDEAUX, à la Nouvelle-Calédonie. — Café en cerises.   **(ESPLANADE.)**

9. BOUTEILLER, à Nakety. — Café, dit moka.   **(ESPLANADE.)**

10. BOUYÉ, à Houaïlou. — Café.   **(ESPLANADE.)**

11. BOYER Père, à Moindou. — Café.   **(ESPLANADE.)**

12. COLLEY & AUGER, à Bourail. — Graines de moutarde.   **(ESPLANADE.)**

13. DEVAMBEZ (Léon), à Bouloupari. — Café, récolte 1886, café en cerises, récolte 1887.   **(ESPLANADE.)**

14. DUHAMEL (Vve), à Moindou. — Café.   **(ESPLANADE.)**

15. ESCHEMBRENNER Fréres, à Moindou. — Café.   **(ESPLANADE.)**

16. Exposition permanente des Colonies, à Paris. — Cafés. **(ESPLANADE.)**

17. GOLEMBIOWSKI, à Nouméa. — Miel (abeilles sauvages).   **(ESPLANADE.)**

18. GRESLAN (de), à Dumbéa. — Thé de Niaoulis, café.   **(ESPLANADE.)**

19. HACQUES, à la Nouvelle-Calédonie. — Café décortiqué.   **(ESPLANADE.)**

20. HAYÉS & JEANNENEY, à Fonwhary. — Gingembre en poudre, thé de miaoulis, miel naturel, erythrina crista gallé.   **(ESPLANADE.)**

21. HODGSON, à Nakety. — Cafés libéria, séchés et dit moka séché dans la pulpe, etc.   **(ESPLANADE.)**

22. HOFF, à Dumbéa. — Vanille, café, miel.   **(ESPLANADE.)**

23. HUYARD, à Moindou. — Café.   **(ESPLANADE.)**

24. Internat de Nameara, à Nouméa. — Moutarde, café.   **(ESPLANADE.)**

25. KABAR Péres, à Houaïlou. — Café.   **(ESPLANADE.)**

26. KERANVAL, à Koë. — Pâtes et confitures de citrons combavas, d'oranges, de goyaves, de pêches, de pamplemousses, etc.   **(ESPLANADE.)**

27. LAURIE, à Canala. — Café en cerises, récoltes 1888, 1886, café dit moka.   **(ESPLANADE.)**

28. LEGRAND, à Moindou. — Café, récoltes 1888 et 1887.   (ESPLANADE.)

29. MAUCLÉRE, à Moindou. — Café.   (ESPLANADE.)

30. MESSON, à Moindou. — Café.   (ESPLANADE.)

31. METSGER, à Bouvail. — Café.   (ESPLANADE.)

32. MÉZIÈRES, à Bouvail. — Café moka et café Leroy.   (ESPLANADE.)

33. MITRIDE, à Fonwhary. — Café en cerises.   (ESPLANADE.)

34. MONTFÉRON, Bouvail. — Café ordinaire.   (ESPLANADE.)

35. MONINOZ, à la Nouvelle-Calédonie. — Café décortiqué et en cerises.
          (ESPLANADE.)

36. MOREAU, à Moindou. — Café.   (ESPLANADE.)

37. NÉVOT, à Moindou. — Café.   (ESPLANADE.)

38. RENARD, à Moindou. — Ail, café.   (ESPLANADE.)

39. ROBILLARD Frères, à Moindou. — Café.   (ESPLANADE.)

40. ROUSSEL & JOURDEY, à Bourial. — Café.   (ESPLANADE.)

41. SABATIER, à Bouvail. — Café ordinaire.   (ESPLANADE.)

42. Service local. — Piments secs.   (ESPLANADE.)

43. STREIFF, à Houaïlou. — Café.   (ESPLANADE.)

44. TRAYAUD, à Moindou. — Café.   (ESPLANADE.)

45. Usine de Bourail, à Bourail. — Sucre et cassonade.   (ESPLANADE.)

46. VENISSEAU, à la Nouvelle-Calédonie. — Café décortiqué.   (ESPLANADE.)

47. VÉVOT, à Moindou. — Ail.   (ESPLANADE.)

48. VILLANOVA, à Moindou. — Café.   (ESPLANADE.)

RÉUNION.

1. AMPHOUX (Thomas), à Saint-Joseph. — Vanille.   (ESPLANADE.)

2. ARCHAMBAULT (Aristide), à Saint-Denis. — Sucre.   (ESPLANADE.)

3. AUBER (Augustin), à Saint-Louis. — Café du pays.   (ESPLANADE.)

4. AUBER (F.), à Saint-Benoît. — Noix muscades ; clous de girofle. (ESPLANADE.)

5. AUBRY (Guillaume), à Saint Paul, — Café moka.   (ESPLANADE.)

6. AUGEARD (Clément), à Cilaos. — Café Leroy, maïs rouge.   (ESPLANADE.)

7. BABET Frères & Cie, à Saint-Pierre. — Café du pays, café Leroy, café marron, vanille.   (ESPLANADE.)

8. BADIÉ (Aristide), à Saint-Pierre. — Café Leroy.   (ESPLANADE.)

9. BADRÉ (Frédéric), à St-Pierre. — Café Leroy.   (ESPLANADE.)

10. BARBOT (Émile), à la Ravine-des-Cabris, Saint-Pierre. — Vanille.
          (ESPLANADE.)

11. BARBOT (Vve), à Saint-Louis. — Vanille. Sucre en vrac, sucre gros grains.
          (ESPLANADE.)

12. BEAUBRUNE (Martin), à St-André. — Vanille.   (ESPLANADE.)

13. BÉDIER (Albert), à St-André. — Vanille.   (ESPLANADE.)

14. BELLIER (Adrien), à Sainte-Suzanne. — Cacao et sucre provenant de sa propriété de Bras-Panon.   (ESPLANADE.)

15. BELLIER de VILLENTROY (Alfred), à La Rivière-des-Plaines (St-Denis). — Safran extra.   (ESPLANADE.)

16. BLANC (Eugène), à Mont-Vert (St-Pierre). — Vanille.   (ESPLANADE.)

17. BOUÉ (Isidore), à Saint-Leu. — Café eden, café du pays, café Leroy.   (ESPLANADE.)

18. BRUNET (Léon), à St-Pierre. — Café Leroy.   (ESPLANADE.)

19. BRUNIQUEL (Jules), à St-Gilles. — Sucre.   (ESPLANADE.)

20. CADARS (Jules), à St-Pierre. — Café Leroy, café du pays.   (ESPLANADE.)

21. CADET (C.) & PAYET (A.), à St-Joseph. — Vanille.   (ESPLANADE.)

22. CAILLOT (V. Julien), à Saint-Pierre-Tampon. — Café Leroy.   (ESPLANADE.)

23. CHABRIER Frères, à Saint-Louis-Gol. — Café du pays, sucre.   (ESPLANADE.)

24. CHATEL, Pharmacien, à St-Denis. — Chocolat.   (ESPLANADE.)

25. CHATEL (Remy), à St-Denis. — Caféine, vanilline.   (ESPLANADE.)

26. CHOPPY (Blainville), à St-Pierre. — Sucre.   (ESPLANADE.)

27. CHOPPY (Henry), à St-Pierre. — Café du pays.   (ESPLANADE.)

28. CLAVERY (Jean), à Ste-Suzanne. — Vanille.   (ESPLANADE.)

29. Comité Central d'Exposition, à St-Denis. — Gelée de tamarin, macis, cacao, vanille, clous de girofle, café Leroy, café du pays.   (ESPLANADE.)

30. CORNU, à Saint-Denis. — Sucre gris de mélasse, sucre blanc.   (ESPLANADE.)

31. DAUDÉ, à Saint-Denis. — Liqueurs, crème de Combava, tapiocas, café du pays, café Leroy et café moka.   (ESPLANADE.)

32. DÉFAUT (Jules), à Entre-Deux. — Café Leroy, café du pays.   (ESPLANADE.)

33. DELANAX (Jules), à St-Pierre. — Café du pays.   (ESPLANADE.)

34. DESRUISSEAUX (Élie), à St-André. — Vanille.   (ESPLANADE.)

35. DOLABARATZ (A.), Directeur de l'agence du Crédit Foncier colonial, à Saint-Denis. — Clous et griffes de girofle, macis jaunes et rouges, cafés, moka, libera, etc. Sucres plusieurs marques, cacao, etc.   (ESPLANADE.)

36. DOUYÉRE (Charles), à St-Denis. — Vanille.   (ESPLANADE.)

37. DUCHEMANN (Adolphe), à la Plaine-des-Palmistes. — Crème de taham.   (ESPLANADE.)

38. DUSSAC, à St-Leu. — Cafés du pays.   (ESPLANADE.)

39. EUDEL & LARRAY, à Paris, rue des Petites-Écuries, 28. — Vanilles.   (ESPLANADE.)

40. Exposition permanente des Colonies, à Paris. — Cafés et cacaos.   (ESPLANADE.)

41. FILLE (Henri), à St-Pierre. — Café du pays, vanille.   (ESPLANADE.)

42. GÉRARD (Jules), à St-Denis. — Tapioca granulé.   (ESPLANADE.)

43. GRENIER (Oscar), à la Pointe-des-Galets. — Café Leroy, café du pays.
(ESPLANADE.)

44. GUIGNÉ (Camille de), à St-Benoît. — Vanille.   (ESPLANADE.)

45. HAUMONT-VIDOT, à St-Denis. — Vanille.   (ESPLANADE.)

46. HÉRALD-NATIVEL, à Entre-Deux. — Café du pays.   (ESPLANADE.)

47. HIBON (François), à St-Pierre (Mahavel). — Café Leroy, café du pays.
(ESPLANADE.)

48. HOARAU (Alexandre), à Entre-Deux. — Café Leroy, café du pays.
(ESPLANADE.)

49. HOARAU (Anaclet), à Entre-Deux. — Café Leroy, café du pays.
(ESPLANADE.)

50. HOARAU (Mlle Cornélie), à Entre-Deux.— Café du pays.   (ESPLANADE.)

51. HOARAU (Duportail), à Entre-Deux. — Café Leroy, café du pays.
(ESPLANADE.)

52. HOARAU (Fortuné), à Entre-Deux. — Café Leroy, café du pays.
(ESPLANADE.)

53. HOARAU (Gaston), à St-Pierre-Tampon. — Café Leroy, café du pays.
(ESPLANADE.)

54. HOARAU (Henri), à Entre-Deux. — Café Leroy, café du pays.
(ESPLANADE.)

55. HOARAU (Vve Jules), à St-Pierre. — Café Leroy, café du pays.
(ESPLANADE.)

56. HOARAU (Juvence), à Saint-Pierre. — Café Leroy, café du pays.
(ESPLANADE.)

57. HOARAU (Léopold), à Entre-Deux. — Café du pays, café Leroy.
(ESPLANADE.)

58. HOARAU (Mikel), à Entre-Deux. — Café Leroy, café du pays.
(ESPLANADE.)

59. HOARAU (Origène), à Entre-Deux. — Café du pays, café Leroy.
(ESPLANADE.)

60. HOARAU (Romain), à Entre-Deux. — Café du pays, café Leroy.
(ESPLANADE.)

61. HUGOT (Émile), à St-Denis. — Sucre.   (ESPLANADE.)

62. ISAUTIER & Fils (Vve), à Saint-Pierre. — Crème de mangasse, de combara, de vanille, curaçao, Mangassaye, vanille, café Leroy, café du pays.
(ESPLANADE.)

63. JAVARY, à Bras-Panon. — Vanille.   (ESPLANADE.)

64. LACAZE (Eugène), à St-Pierre. — Fruits au jus.   (ESPLANADE)

65. LACOUARET, à St-André. — Vanille.   (ESPLANADE.)

66. LAFOSSE (Eugène), à Saint-Benoît. — Sucre. Sucre de sirop.
(ESPLANADE.)

67. LAPEYREIRE (Joseph), Pharmacien de 1re classe de la Marine, à Saint-Denis. — Nouveau succédané du café.   (ESPLANADE.)

68. LAROCHE (Gué), à St-Denis. — Sucre.   ESPLANADE.)

69. LAUDE-MARVILLE, à St-André. — Vanille.   (ÉSPLANADE.)

70. LEBEAUD (Charles), à St-Leu. — Sucre.   (ESPLANADE.)

71. **LECLERC (Clovis)**, à St-Pierre. — Café du pays.   (ESPLANADE.)

72. **LE COAT DE KERVÉGUEN, Duc de Trévise**, à Saint-Pierre.—
Sucres de tous jets, cacao, sirop de sucre, liqueur de combava, mussenda, cafés Leroy,
grand Bourbon, etc.   (ESPLANADE.)

73. **LEFÈVRE (A.)**, à St-Paul. — Miel vert. Sirop.   (ESPLANADE.)

74. **LEFÈVRE (Jules)**, à St-Joseph. — Vanille.   (ESPLANADE.)

75. **LEROY (Jules)**, à St-Denis. — Sucre.   (ESPLANADE.)

76. **LESCOUBLE (Mme L. de)**, à St-Denis. — Vanille.   (ESPLANADE.)

77. **LONZIENNE (Désiré)**, à la Rivière-des-Cabris, St-Pierre.— Café du pays.
                                                                   (ESPLANADE.)

78. **LORY (Jules)**, à St-Denis. — Café moka, café Liberia, cacao.   (ESPLANADE.)

79. **LORY Frères**, à Ste-Rose — Sucre.   (ESPLANADE.)

80. **MAILLOT (Agapis)**, à Entre-Deux. — Café du pays.   (ESPLANADE.)

81. **MARTIN (Charles)**, à Paris, rue Lafayette, 104. — Vanilles de la Réunion.
                                                                   (ESPLANADE.)

82. **MARTIN (Edelbert)**, à St-André. — Vanille.   (ESPLANADE.)

83. **MATIVEL (Émery)**, à Entre-Deux. — Café Leroy.   (ESPLANADE.)

84. **MIKEL (Horace)**, à Entre-Deux. — Café Leroy.   (ESPLANADE.)

85. **MONYOL-MONDON**, à St-Louis. — Sucre.   (ESPLANADE.)

86. **MORANGE & Héritiers G. Imhaus**, à St-Benoît. — Sucre.
                                                                   (ESPLANADE.)

87. **MORIN (Léon-D.)**, à St-André. — Vanille.   (ESPLANADE.)

88. **MOTAIS (Julien)**, à St-Pierre. — Café du pays, café Leroy, vanille.
                                                                   (ESPLANADE.)

89. **MUTEL (Paul)**, à St-Leu. — Café du pays.   (ESPLANADE.)

90. **PAILLÈS (B.)**, à St-Denis. — Vanille.   (ESPLANADE.)

91. **PAYET (Evenor)**, à Entre-Deux. — Café Leroy, café du pays.
                                                                   (ESPLANADE.)

92. **PÉLAGAND**, à St-André. — Sucre, cacao.   (ESPLANADE.)

93. **PERRAULT (Frumence)**, à Champ-Borne. — Vanille.   (ESPLANADE.)

94. **POTHIER (Louis)**, à St-Pierre. — Café Leroy.   (ESPLANADE.)

95. **POTHIN (Simon)**, à St-Denis. — Café Leroy, café du pays (Tampon).
                                                                   (ESPLANADE.)

96. **POTIER (Julien)**, Directeur du Jardin Botanique colonial, à Saint-Denis. —
Paubans ; vanille et graines de baucoulier, muscades.   (ESPLANADE.)

97. **POURQUIER Frères et DE BOISVILLIERS**, à Saint-Denis. —
Crème de cacao, de café, de mangarraye, crème orange des bois, anisettes.
                                                                   (ESPLANADE.)

98. **RAGOT (G.)**, à Bras-de-Ponte (St-Pierre). — Café Leroy. (ESPLANADE.)

99. **RESSÉGUIER**, à St-André. — Vanille.   (ESPLANADE.)

100. **REYMOND (Eugène)**, à St-Pierre. — Caféine.   (ESPLANADE.)

101. **RICHARD (Vve A.)**, à Ste-Suzanne. — Safran, girofle, griffes de
girofle, cacao.   (ESPLANADE.)

102. ROUSSEL (André), à St-Pierre. — Café Leroy.   (ESPLANADE.)

103. ROUSSEL (Charles), à St-Pierre. — Café du pays.   (ESPLANADE.)

104. SELHAUSEN (H.-Fémy), à Bois-de-Nèfles, Saint-Denis.— Café Leroy,
cacao, vanille.   (ESPLANADE.)

105. SELHAUSEN (Vve Ernest), à Ste-Marie. — Café du pays.
                                                                        (ESPLANADE.)

106. SÉNAUD, à St-André. — Jamrosa.   (ESPLANADE.)

107. SERS (Ernest), à St-André. — Noix de muscadier.   (ESPLANADE.)

108. SÉVERIN (Antoine), à Entre-Deux. — Gingembre, safran, piments et
muscades. Café du pays.   (ESPLANADE.)

109. VILLIERS (Adam de), à St-Denis. — Sucre.   (ESPLANADE.)

110. VINSON (Hyacinthe), à St-Denis. — Vanille.   (ESPLANADE.)

111. WELMONT (Mlle Aglaé), à St-Pierre. — Café Leroy.   (ESPLANADE.)

112. YCARD (Léopold), à St-Paul. — Café du pays.   (ESPLANADE.)

113. ZELMAR (Furcy), à St-André. — Vanille.   (ESPLANADE)

SÉNÉGAL.

1. NOIROT (Ernest), Administrateur colonial, au Sénégal. — Casse occidentale (gousses et graines), bintamare des Ouolofs, adiana des Peulhs.   (ESPLANADE.)

TAHITI.

1. Plantation de Vai-Hiria, à Mataiea. — Cassonnade.   (ESPLANADE.)

2. SALMON (Tati), à Papara. — Vanille, cacao, café.   (ESPLANADE.)

3. VALLÈS, à Moorea. — Café.   (ESPLANADE.)

PAYS DE PROTECTORAT.

CAMBODGE.

1. PLANTÉ, à Phnom-Penh. — Cannelle   (ESPLANADE.)

TUNISIE.

1. BONNENFANT & MATHIEU, à La Manouba. — Amer, pâtes d'é-
corces, confitures d'oranges.   (ESPLANADE.)

2. GIROU, à Tunis. — Liqueurs et sirops divers.   (ESPLANADE.)

PAYS ÉTRANGERS.

RÉPUBLIQUE ARGENTINE.

1. **ACUÑA (S. de)**, à Piedra-Blanca (Catamarca). — Sirops de raisin et de cnahar (PARC.)

2. **ALVAREZ (P.)**, à Las-Heras (Mendoza). — Miel d'abeilles. (PARC.)

3. **BAGLEY (M. S.) & Cie**, à Buenos-Ayres. — Liqueurs. Fruits conservés. (PARC.)

4. **BESOZZI (A.) & Cie**, à Rosario (Santa-Fé). — Liqueurs. (PARC.)

5. **BLOTTA (Vincent)**, à Buenos-Ayres. — Fruits secs. Chocolats. Confitures. (PARC.)

6. **CHAVANNE (C.)**, Établissement **Lastenia** (Tucuman). — Sucres. (PARC.)

7. **CHIAPARRA & PARODI**, à Buenos-Ayres — Sauce de tomates. (PARC.)

8. **CLARAC (François)**, à Buenos-Ayres. — Liqueurs. (PARC.)

9. **Commission auxiliaire**, à Catamarca. — Sirops, confitures, anis, etc. (PARC.)

10. **Commission auxiliaire**, à Formosa. — Café. (PARC.)

11. **Commission auxiliaire**, à Jujuy. — Café. Piment cultivé et sauvage. Confiture de mûrier, Liqueur de arrayan (Eugenia uniflora). Sirop de quirusilla. (PARC.)

12. **Commission auxiliaire**, à Junin (San-Luis). — Anis. (PARC.)

13. **Commission auxiliaire**, à Ledesma (Jujuy). — Confitures. (PARC.)

14. **Commission auxiliaire**, à Misiones. — Herbe de mate. (PARC.)

15. **Commission auxiliaire**, à Perico-del-Carmen (Jujuy). — Miel de canne à sucre. (PARC.)

16. **Commission auxiliaire**, à Rosario-de-la-Frontera (Salta). — Sucre. (PARC.)

17. **Commission auxiliaire**, à San-Blas (Rioja). — Anis. (PARC.)

18. **Commission auxiliaire**, à San-Pedro (Jujuy). — Sucres. (PARC.)

19. **COSTA (Louis)**, à Rosario (Santa-Fé). — Liqueurs. (PARC.)

20. **DUBOURG (Jules)**, à Tucuman. — Sucres. (PARC.)

21. **FERRARIO (Emile)**, à Buenos-Ayres. — Liqueurs. (PARC.)

22. **FERRINI (E.) & Cie**, à Buenos-Ayres. — Liqueur Marsicano. (PARC.)

23. **GARCIA (B.)**, à Guaimallen (Mendoza). — Miel d'abeilles. (PARC.)

24. **GARCIA (J. Dominique)**, à Tucuman. — Sucres. (PARC.)

25. **GARCIA (V.)**, à Cruz-Alta (Tucuman). — Sucres. (PARC.)

26. **GARRIDO (Richard)**, à Général-Acha (Pampa Centrale). — Sirops de piquilin. (PARC.)

27. **GATTINA & Cie,** à Gaboto (Santa-Fé). — Liqueurs.   (PARC.)

28. **GIACOMETTI (Ignace),** à Rosario (Santa-Fé). — Vermouth.   (PARC.)

29. **GODET (A.),** à Buenos-Ayres. — Chocolats.   (PARC.)

30. **GRUGET (Amédée),** à Buenos-Ayres.—Fruits conservés, légumes conservés.
                                                                           (PARC.)

31. **GUZMAN & Cie,** à Tucuman. — Sucres.   (PARC.)

32. **HERRERA (Dionisio),** à Las-Heras (Mendoza). — Miel d'abeilles.
                                                                           (PARC.)

33. **HILERET (Clodomire),** à Lules (Tucuman). — Sucres.   (PARC.)

34. **HUERGO (Joselin B.) & Cie,** à Buenos-Ayres. — Curaçao, anisette,
     Liqueurs du Paraguay.   (PARC.)

35. **IÑON (Bélisaire),** à Las-Heras (Mendoza). — Miel d'abeilles.   (PARC.)

36. **LEMOS (Emile),** à Guaimallen (Mendoza). — Miel d'abeilles.   (PARC.)

37. **LEUCIONI (Ferdinand),** à Uruguay (Entre-Rios). — Liqueurs.   (PARC.)

38. **LORENTE (M.),** à Mendoza. — Miel d'abeilles.   (PARC.)

39. **LOUSTERRAU (Albert),** à Belgrano (Mendoza). — Miel d'abeilles.
                                                                           (PARC.)

40. **MALLMAN (Manuel),** à Mendoza. — Anis.   (PARC.)

41. **MALLMAN (Manuel),** à Mendoza. — Cumins.   (PARC.)

42. **MARQUERON (L.),** à Rosario (Santa-Fé). — Liqueurs.   (PARC.)

43. **MARIUS BERTHE (Veuve de),** à Buenos-Ayres. — Liqueurs.   (PARC.)

44. **MENDEZ & HELLER,** à Tucuman. — Sucres.   (PARC.)

45. **MESTRE (Jules),** à San-Javier (Cordoba). — Liqueur stomacale.   (PARC.)

46. **MOLFINO & BUGGERI,** à Rosario (Santa-Fé). — Liqueurs.   (PARC.)

47. **MONTAGUT (Manuel),** à Las-Heras (Mendoza). — Miel d'abeilles.
                                                                           (PARC.)

48. **NOUGUES Frères,** à Tucuman. — Sucres.   (PARC.)

49. **PADILLA Frères,** à Lules (Tucuman). — Sucres.   (PARC.)

50. **PAWLSOCKI (Alexandre),** à Guaimallen (Mendoza). — Miel d'abeilles.
                                                                           (PARC.)

51. **PAZ & POSSE,** à Tucuman. — Sucres.   (PARC.)

52. **PINI & BALBIANI,** à Rosario (Santa-Fé). — Liqueurs différentes.
                                                                           (PARC.)

53. **PINTO (Louise E. de),** à Chamical (Jujuy). — Piment.   (PARC.)

54. **POSSE (W.),** établissement **Esperanza** à Tucuman. — Sucres.   (PARC.)

55. **REIBEL & Cie,** à Entre-Rios (Urugay). — Liqueur.   (PARC.)

56. **RIGHETTI (Victor),** à Santiago-del-Estero. — Anisette, élixir.   (PARC.)

57. **RIMBAUT (A.) & Cie,** à Tucuman. — Liqueur.   (PARC.)

58. **ROSA (R. de la),** à Belgrano (Mendoza). — Miel d'abeilles.   (PARC.)

59. **SALCEDO Frères,** à Famatina (La Rioja). — Piments.   (PARC.)

60. SANTILLAN (Grégoire), à Santiago-del-Estero. — Anis.   (PARC.)

61. SEMINARIO (Vve de), à Buenos-Ayres. — Chocolats.   (PARC.)

62. SOTERAS (Jean), à Chilecito (Rioja). — Vinaigre de raisins.   (PARC.)

63. STEINER (S.), à Rosario (Santa-Fé). — Bitter.   (PARC.)

64. TOFANELLI (S.), à Corrientes. — Liqueurs et boissons.   (PARC.)

65. TORNQUIST (Ernest) & Cie, à N.-Baviera (Tucuman). — Sucres.
(PARC.)

66. VIDELA (Jean), à Buenos-Ayres. — Sucres.   (PARC.)

67. VILLA (Louis), à Corrientes. — Liqueurs et boissons.   (PARC.)

68. VILLA (Salvador), à Ledesma (Jujuy). — Café.   (PARC.)

69. WALTER & HEER, à Capital (Catamarca). — Anisette, menthe, bitter,
absinthe.   (PARC.)

AUTRICHE-HONGRIE.

1. MEISEL (E.) à Cassa (Kaschau). — Pastilles bronchiales.   (QUAI.)

2. NEUMANN (M.) & Fils, à Vacz (Hongrie). — Essence de vinaigre sextuple.
(QUAI.)

BELGIQUE.

1. DERBAIX (Émile) Frères, à Bruxelles, rue de Molenbeck, 181. — Chocolats.
(QUAI.)

2. DE RONNE DELANIER (Léopold), à Gand, rue de la Coupure, 249.
(rive gauche). — Graines de chicorée, chicorée séchée et fabriquée   (QUAI.)

3. GILSON (J.-Joseph), à Jumet. — Chicorée séchée, en cossettes et fabriquée.
(QUAI.)

4. Grande vinaigrerie nationale, à Bruxelles, rue de l'Intendant, 45 —
Vinaigre de vin de l'Étoile. Moutarde de l'Étoile, au vinaigre de vin.   (QUAI.)

5. JONCKHEERE-LOBELLE (Em.), à Roulers. — Semence de chicorée,
chicorées séchées en cossettes, chicorée fabriquée.   (QUAI.)

6. KENIS (Léa), à Bruxelles, rue Van-Artevelde, 17. — Café sucré par la torré-
faction.   (QUAI.)

7. LEFÉVRE (Henri), à Bruxelles, rue Jourdan, 15. — Bonbons fins.   (QUAI.)

8. MAUSSION Frères, à Bruxelles, rue de la Montagne. — Épiceries.   (QUAI.)

9. MEYERS, COURTOIS & Cie, à Laeken, rue de Molenbeck, 31. — Chocolats et confiserie.   (QUAI.)

10. Raffinerie tirlemontoise, à Tirlemont. — Sucres raffinés en diversse
formes.   (QUAI.)
Sucres raffinés, en pains, sciés, pilés, cubes et en fin grain, demi-grain et gros grain.

11. Raffineurs de sucre (Collectivité de) :
GEVERS (Eugène), à Anvers.   PETEN (Auguste), à Anvers.
LEJEUNE (Olivier), à Anvers.   VERCRUYSSE-BRACQ, à Gand.

12. WOLFS (Charles), à Bruxelles, rue du Marché-aux-Herbes, 93. — Gelées
marmelades et sirops de fruits.   (QUAI.)

RÉPUBLIQUE DE BOLIVIE.

1. ARTOLA (Comte Daniel de), à Paris, rue de l'Échiquier, 27. — Cafés des Yungas.   **(PARC.)**

2. CASO (Joaquin), à Paris, boulevard Haussmann, 154. — Chocolats indigènes. Piments et condiments.   **(PARC.)**

3. PERO (Jorge), à Paris, rue de la Bienfaisance, 19. — Café. Quinoa (comestibles).   **(PARC.)**

4. QUIROGA (Serapio), à Paris, rue Soufflot, 7. — Café des Yungas. Vanilles et guarana. Smiarruba de Santa-Cruz. Épices variées.   **(PARC.)**

5. SALINAS-VEGA (Luis), à Paris, rue de Berri, 8. — Vanilles. Guarana.   **(PARC.)**

BRÉSIL.

(Voir son Catalogue spécial).

CHILI.

1. ABBA e Hijos, à Santiago. — Chocolats.   **(PARC.)**

2. BASCUNAIV (Ascanio), à Quillota. — Miel de palmier.   **(PARC.)**

3. BISCHOFFHAUSEN (G. von), à Collioulli. — Miel d'abeilles.   **(PARC.)**

4. Commissariat de l'Exposition du Chili, à Santiago. — Graine de moutarde, piment du Chili, marjolaine, cumin, grains d'anis.   **(PARC.)**

5. CRUZ (José V. R.) à Santiago. — Sirops et liqueurs sucrées.   **(PARC.)**

6. EWING (Pedro), à Santiago. — Produits divers de confiserie.   **(PARC.)**

7. GIOSIA (Luis), à Santiago. — Chocolats.   **(PARC.)**

8. HERNANDEZ (José A.), à Victoria. — Cumin.   **(PARC.)**

9. LOPEZ de C. (Ana R.), à Santiago. — Confitures.   **(PARC.)**

10. MATTI (Benjamin), à Maipo. — Sucres cristallisés.   **(PARC.)**

11. MUJICA (Ramon), à Ranéagua. — Miel de palmier.   **(PARC.)**

12. PRETTA (P.), à Santiago. — Boissons aromatiques de café.   **(PARC.)**

13. VARGAS (G. Victor), à Santiago. — Miel d'abeilles.   **(PARC.)**

14. ZANETTA (Francisco), à Valparaiso. — Chocolats.   **(PARC.)**

CHINE.

1. YEE-KING-FOND, à Paris, rue de Lille, 37. — Thés de toute provenance, girofle, cannelle, extrait de menthe contre la névralgie.   **(PARC.)**

RÉPUBLIQUE DOMINICAINE.

1. **BOIMARE (Pierre)**, à Samana. — Cacao. (PARC.)
2. **CAMBIASO (Sucrerie Ingenio San-Luis)**, à Santo-Domingo. — Sucre. (PARC.)
3. **CASTRO Y MORLA**, à San Pedro-Macoris. — Sucre turbiné. (PARC.)
4. **Commission provinciale de Azua.** — Miel d'abeilles, gingembre, café. (PARC.)
5. **Commission provinciale de Santiago.** — Liqueur amère, racine de cannelle, café. (PARC.)
6. **Commission provinciale de Santo-Domingo.** — Liqueurs, crème de café et de cacao, gingembre aromatique comestible. (PARC.)
7. **Commission provinciale de Seïbo**, à Seïbo. — Café, gingembre. Liqueurs. (PARC.)
8. **Commission provinciale de la Vega.** — Cacao, cannelle. (PARC.)
9. **GINEBRA (José)**, à Porto-Plata. — Café. (PARC.)
10. **MELLOR (S. W.)**, à San Pedro-Macoris. — Sucres. (PARC.)
11. **MORILLO (Mlle Y.)**, à Moca. — Miel. (PARC.)
12. **POPEN (Victoriano)**, à Higuey. — Liqueurs diverses. (PARC.)
13. **POSTEL (A.) et ses Fils**, au Havre (Seine-Inférieure). — Sucre, café, cacao. (PARC.)
14. **RUIZ (Justa R.)**, à Azua. — Pâtes pectorales. (PARC.)
15. **SERRALLES (Juan)**, à San-Pedro-Macoris. — Sucre concret. (PARC.)
16. **SILBERBERG (A.)**, à Samana. — Cacao. (PARC.)
17. **TEJERA (Emiliano)**, à Santo-Domingo. — Cacao. (PARC.)
18. **TEJERA (Juan)**, à Santo-Domingo. — Graines de rocou. (PARC.)
19. **Usine Carlotta**, à Azua. — Sucre. (PARC.)
20. **VICINI (Juan-Bautista)**, à Santo-Domingo. — Sucre. (PARC.)
21. **VIDAL (Manuel)**, à Bani. — Cafés. (PARC.)

ÉGYPTE.

1. **ACHMED effendi WANIS**, au Caire. — Confiseries, pièces montées en sucre. (PALAIS.)
2. **Dairah Sanieh de Son Altesse le Khédive**, au Caire. — Sucres. (PALAIS.)
3. **MUSTAPHA el DIB & Cie**, au Caire. — Café. (PALAIS.)

ÉQUATEUR.

1. **CANADAS (José Maria)**, à Quito. — Café. (PARC.)

2. **Commission coopérative d'Ambato**, à Ambato. — Café.   (PARC.)

3. **Commission coopérative d'Esmeraldas**, à Esmeraldas. — Canne
aigre, café, cacao.   (PARC.)

4. **Commission coopérative de Quito**, à Quito. — Cafés, cacaos, vanille,
piment.   (PARC.)

5. **DREYFUS (Auguste)**, à Paris, avenue Ruysdaël, 3. — Sucres de Lurifico
(Pérou).   (PARC.)

6. **DURAN (Sixto L.)**, à Guayaquil. — Cacao de la Clémentine.   (PARC.)

7. **GONZALEZ ORBEGOSO (Carlos A.)**, à Lima. — Café de Choqui-
songo (Pérou).   (PARC.)

8. **JARAMILLO (Modesto)**, à Milagro. — Sucre.   (PARC.)

9. **LARREA (Manuel)**, à Quito. — Miel.   (PARC.)

10. **MADRID (Carlos F.)**, à Quito. — Moutarde, piment rouge.   (PARC.)

11. **PUGA (Fedérico)**, à Guayaquil et à Paris, rue Bassano, 9. — Fruit de cacao-
tier.   (PARC.)

12. **REYRE Frères & Cie**, à Guayaquil et à Paris, rue de Châteaudun, 34. —
Cacao, café.   (PARC.)

13. **SEMINARIO Frères**, à Guayaquil. — Cacao, café.   (PARC.)

14. **SOTOMAYOR (Gabino)**, à Quito. — Café de Caraburo.   (PARC.)

15. **VALDÈS (Rafael)**, à Milagro. — Sucre blanc.   (PARC.)

ESPAGNE.

1   **AGUIRRE (J.) & Fils**, à Munilla (Logrono). — Chocolats.   (QUAI.)

2. **ALCARAZ (Damaso)**, à Valence. — Échantillons de safran.   (QUAI.)

3   **ALEMANY (Jaime)**, à Palma (Baléares). — Vinaigre.   (QUAI.)

4. **BARRENEUGOA (Damaso de)**, à Ciudad-Real. — Chocolats, cafés torréfiés.   (QUAI.)

5   **BERTRAN & BROS DE CASTELL DEL MAS (Pablo)**, à
Esparraguera. — Liqueurs.   (QUAI.)

6. **CABA (Onofre)**, à Mahon (Baléares). — Sel.   (QUA.)

7. **Compagnie Coloniale**, à Pinto (Madrid). — Chocolats, cafés et tapioca.
                                                                      (QUAI.)

8. **COSTA (P. Ch. da)**, à Puerto-Rico. — Café.   (QUAI.)

9. **ESTEBA OLIVER (Antonio)**, à Palma (Baléares). — Fruits confits.
                                                                      (QUAI.)

10. **GARCIA LUQUE (Mariano)**, à Tolède. — Chocolats et massepains.
                                                                      (QUAI.)

11. **LAMOLLA (Enrique)**, à Lérida. — Liqueurs.   (QUAI.)

12. **LÉAL (Francisco)**, à Corina. — Chocolats.   (QUAI.)

13. **LIMOUSSIN Frères**, à Tolosa (Guipuzcoa). — Chocolats et cafés.   (QUAI.)

14. **LOPEZ (Matias)**, à Madrid (Escorial). — Chocolats, cafés, thés, bonbons et
produits farineux coloniaux.   (QUAI.)

15. **LOPEZ RUBIO (Juan)**, à Vega-de-Grenade. — Sucre.   (QUAI.)

16. **MAX DE XAXARS (T. de)**, à Barcelone. — Anisette.   (QUAI.)

17. **MOLINS (E.) et Cie**, à Saragosse. — Chocolats et confitures.   (QUAI.)

18. **MONERRIS (Antonio)**, à Gijona (Alicante).— Tourrons, amandes et confi-
     tures.   (QUAI.)

19. **MOXEL (Francisco)**, à Barcelone — Liqueurs.   (QUAI.)

20. **ORIOL (Fils de)**, à Barcelone. — Chocolats.   (QUAI.)

21. **RAVENTOS**, à la Havane (Cuba). — Fruits confits.   (QUAI.)

22. **ROSELLO (Vicente) et Cie**, à Palma (Baléares). — Fruits confits.(QUAI.)

23. **RUBIO (Thomas)**, à Astorga (Léon). — Chocolats.   (QUAI.)

24. **SALINAS DE IBIZA**, à Ibiza (Baléares). — Sel.   (QUAI.)

25. **SANCHEZ GARCIA (Enrique)**, à Grenade. — Chocolat.   (QUAI.)

26. **SANCHEZ GIMENEZ (Antonio)**, à Grenade. — Sirops et fruits confits.
                                                                            (QUAI.)

ÉTATS-UNIS.

1. **BOLEN & BYRNE**, à New-York, 415, East 54th street. — « Golden Russet »
    champagne, « Bider », « Ginger » « all » et autres boissons gazeuses.   (QUAI.)

2. **Conway Springs Co.**, à Conway Springs, Kansas. — Sucres de sorghum non
    raffinés.   (QUAI.)

3. **DADANT (Chas.) & Son**, à Hamilton, Illinois.— Vinaigre de miel. (QUAI.)

4. **Douglas Sugar Co.**, à Douglas, Kansas.— Sirops de sorghum, sucres de
    sorghum.   (QUAI.)

5. **Erie Preserving Co,**. à Buffalo, N. Y — Fruits au sucre.   (QUAI.)

6. **Établissement du Ministère de l'Agriculture**, à Stirling, Kansas. —
    Sirops de sorghum.   (QUAI.)

7. **Heinz (H.-J.) Co.**, à Pittsburg, Penn. — Marmelades de pommes, confi-
    tures, etc.   (QUAI.)

8. **KEINITZ (J. & F.)**, à Pittsburg, Penn. Conserves au vinaigre et sauces. (QUAI.)

9. **KINNEY (S. H.)**, à Morristown, Minn. — Sirops de sorghum. Sucres de
    sorghum.   (QUAI.)

10. **MAILLARD (Henry)**, à New-York, 114, West 25th street. — Chocolat et
     cacaos préparés, confiserie, fruits en conserve.   (QUAI.)

11. **MALLORY (E. B.) & Co.**, à Baltimore, Md. — Fruits au sucre.   (QUAI.)

12. **MILLER (George) & Son**, à Philadelphie, 105, Pa, Market street.—Bonbons
     américains.   (QUAI.)

13. **MUNSENS (Wm.) & Sons**, à Baltimore, Md. — Fruits au sucre.   (QUAI.)

14. **MYER (J. F.) & Co.**, à Baltimore, Md.— Fruits au sucre.   (QUAI.)

15. **PERRY (F. R.)**, à Providence, R. I. — Fruits au sucre.   (QUAI.)

16. **RIXFORD (G. P.)**, à San-Francisco, California. — Pâte de jujube.   (QUAI.)

17. **ROSS (Mary E.)**, à New-York, 104, Pearl street. — Sauce « excelsior » de
     Ross.   (QUAI.)

18. SEARS & NICHELS, à Chillicothe, Ohio. — Fruits au sucre.   **(QUAI.)**

19. WAGNER (Martin) & Co., à Baltimore, Md.— Fruits au sucre.   **(QUAI.)**

20. WILEY (Dr), à Washington, D. C. — Sucre et ses dérivés. Sucre d'érable, sucre cristallisé, sirops de sucre.   **(QUAI.)**

21. WILLBUR (H. O.) & Sons, à Philadelphie, Pa, 227, North 3rd street. — Cacao et chocolat.   **(QUAI.)**

GRANDE-BRETAGNE.

1. BAKER (Joseph & Sons), à Londres, 58, City Road. — Confiseries.   **(ESPLANADE.)**

Tous les genres de confiserie, confiture et crèmes glacées, fabriquées tous les jours avec une installation complète de machines pour leur fabrication. — Moulin à sucre et Désagrégateur breveté, machines brevetées à tamiser et raffiner le sucre ; machines à laminer, découper, estamper et imprimer les losanges, fours et machines pour bonbons, confiture, etc., appareils perfectionnés à glacer et à réfrigérer.

Médailles d'or : Amsterdam, 1886 ; Barcelone, 1888 ; Melbourne, 1888.

2. BALLARD (Stephen), à Colwall, Malvern. — Vinaigre de malt pur en bouteilles et petits barils.   **(QUAI.)**

3. BASTIANI (Joseph), à Singapour, Straits Settlements. — Ananas conservés en sirop et dans leur jus par un procédé spécial.   **(QUAI.)**

4. BRATBY & HINCHLIFFE, à Manchester, Sandford street, Ancoats. — Sirops, essences et acides.   **(QUAI.)**

5. BROWN (Charles Kennington), à Loanhead, High street, 17 et à Dalkeith (Ecosse), West Wynd, 1. — Whisky d'Ecosse.   **(QUAI.)**

6. BUCHANAN (James) & Co., à Londres, Bucklresbury, 20. — Whisky d'Ecosse.   **(QUAI.)**

7. CANTRELL & COCHRANE, à Dublin, Belfast, Glasgow et Londres. — Sirops et liqueurs sucrées.   **(QUAI.)**

8. CORBETT (John M. P.) The Worcestershire Salt works, Stoke Pricr, Bromsgrove. — Sel.   **(QUAI.)**

Sels raffinés pour la table, la cuisine, la laiterie, toute préparation d'aliments, conserves, salaisons, etc. Sels pour usines, l'industrie, l'agriculture, le bétail, etc.

Fournisseur des familles royales de l'Angleterre et de l'Europe.

Récompenses :

Diplôme d'honneur : Londres 1862 ; Paris 1867, 1878 ; Philadelphie 1876 ; Sydney 1879 ; Melbourne 1880.

Médailles et diplômes d'honneur, Médailles d'or, Amsterdam 1883 ; Anvers 1885 (2 médailles d'or) ; Bruxelles, Exposition internationale 1888.

Médaille d'or unique à l'Exposition internationale de Paris 1878. Grande médaille d'or dans la section des produits alimentaires à l'Exposition internationale de Sydney 1879.

9. FRY & Sons (J. S.), à Bristol, Union street. — Chocolat, confiserie au chocolat, cacao pur.   **(QUAI.)**

10. GOPAULKISTNAMAH CHETTY & Sons, à Londres, Fenchurch street, 153. — Condiments indiens, karis, chutnies, etc.   **(QUAI.)**

11. Great Tower street Tea Co. (Limited), à Londres, Jewry street, 5. — Thé en paquets pour tous pays.   **(QUAI.)**

12. LAUDER (Archibald), à Glasgow, Sauchiehall street, 70. — Whisky ; modèles pour montrer les méthodes de distillation.   **(QUAI.)**

13. O'BRIEN & Co., à Dublin, Henry place, 5.— Sirops et liqueurs sucrées.   **(QUAI.)**

14 PETITI Federico, à Calcutta (India), et à Londres, Gresham House, 46. — Confiserie.   **(QUAI.)**

GRÈCE.

1. **ABRAMPOULO & Cie,** à Athènes. — Chocolats. (PALAIS.)
2. **CALLICOUNIS (G.),** à Calamate (Messénie). — Sirops et liqueurs. (PALAIS.)
3. **COLLENTIS (Élie M.),** à Argostoli (Céphalonie). — Sirops et liqueurs. (PALAIS.)
4. **GEORGIOU (D.),** à Athènes. — Chocolats et bonbons. (PALAIS.)
5. **LOURIS (E.),** à Argostoli (Céphalonie). — Sirops et liqueurs. (PALAIS.)
6. **MARCOPOULO (Ch.),** à Pyrgos (Achaïe et Élide). — Sirops et liqueurs. (PALAIS.)
7. **PROCOPIS (A. G.),** à Argostoli (Céphalonie). — Sirops et liqueurs. (PALAIS.)
8. **SGAVIHCTSOS (E.),** à Argostoli (Céphalonie). — Sirops et liqueurs. (PALAIS.)

GUATEMALA.

1. **ALVARADO (Manuel),** à Antigua. — Cafés. (PARC.)
2. **AMBROSI (Romualdo),** à San-Geronimo. — Eaux-de-vie, essence de térébenthine. (PARC.)
3. **ANGUIANO (Francisco),** à Guatemala. — Cafés. (PARC.)
4. **APARICIO (P.) et Cie,** à Quezaltenango.— Café. (PARC.)
5. **AYAU (Manuel),** à Esquintla. — Café sauvage. (PARC.)
6. **BARILLAS (Général Manuel),** à Guatemala. — Cafés de la Libertad et cacaos. (PARC.)
7. **BARRIOS (Mme),** à Porvenir. — Produits de sa propriété. (PARC.)
8. **BARRIOS (Arcadio),** à San-Marcos. — Cafés. (PARC.)
9. **BARRUTIA (Salvador),** à Guatemala. — Cafés, indigo, cochenille. (PARC.)
10. **BOLANOS (Léon et Léopoldo),** à Guatemala. — Cafés. (PARC.)
11. **BRAMMA Fréres,** à San-Agustin. — Cafés. (PARC.)
12. **CARCANO (José M.),** à Jalapa. — Cafés. (PARC.)
13. **CHAJ (Juan),** à Huehuetenango. — Café. (PARC.)
14. **CIVIDANIS (Antonio),** à Retalhuleu. — Vinaigre. (PARC.)
15. **CORDON (José Luis),** à Coban. — Café en parchemin. (PARC.)
16. **ESCOBAR (Narciso),** à Guatemala. — Café, sucres. (PARC.)
17. **ESTUPINIAN (Baltasar),** à Chimaltenango. — Cafés. (PARC.)
18. **FLORES (J. Eduardo),** à Guatemala. — Cafés. (PARC.)
19. **FRANCISCO MARTIN (José de),** à Guatemala. — Cafés. (PARC.)
20. **GALINDO (Gregorio),** à Izabal. — Cacaos. (PARC.)
21. **GALINDO (Grégorio),** à Izabal. — Gingembre. (PARC.)
22. **GONSALO ASTURIAS (José),** à Guatemala. — Cafés. (PARC.)
23. **HAZERA (Y.) et Cie,** à Mita. — Café, sucre. (PARC.)
24. **HERRERA & Cie,** à Chimaltenango. — Cafés. (PARC.)
25. **HOCKMEYER & Cie,** à Quezaltenango. — Café de Las Mercedes. (PARC.)
26. **LARA PAVON & ZOLLIKOFFER,** à Chitalon. — Café, sucre. (PARC.)

27.   **LEMUS (Manuel)**, à Guatemala. — Épices (Achote).   (PARC.)

28.   **LIMA (Luis)**, à Izabal. — Légumes.   (PARC.)

29.   **LLERENA** (Docteur **J.**), à Guatemala. — Cafés.   (PARC.)

30.   **LOPEZ (Antonio)**, à Guatemala. — Poivre.   (PARC.)

31.   **LOPEZ (Pedro)**, à Quezaltenango. — Cafés de San Antonio.   (PARC.)

32.   **MANZANO TORRES (Teofilo)**, à Chiquimula. — Cacaos.   (PARC.)

33.   **MAZARRIEGO (Francisco)**, à San-Marcos. — Cafés.   (PARC.)

34.   **MENDIZABAL (Général Calixto)**, à Guatemala. — Cafés.   (PARC.)

35.   **MEOÑO (Marcelo)**, à San-Marcos. — Cafés.   (PARC.)

36.   **Municipalité de Chachaclum**, Département de Peten. — Café, sucre.
                                                                             (PARC.)

37.   **Municipalité de Chiquimulilla**, Département de Santa-Rosa.— Sel, cacao.
                                                                             (PARC.)

38.   **Municipalité de Ciudad-Viéja**, Département de Guatemala. — Café, sucre.
                                                                             (PARC.)

39.   **Municipalité de Jacotan**, Département de Chiquimula. — Café.   (PARC.)

40.   **Municipalité de Jocotenango**, Département de Sacatépequez. — Café.
                                                                             (PARC.)

41.   **Municipalité de la Gomera**, Département d'Escuintla. — Sel.   (PARC.)

42.   **Municipalité de Lanquin**, Département d'Alta-Verapaz. — Cacao, café.
                                                                             (PARC.)

43.   **Municipalité de Mataquescuintla**, Département de Santa Rosa. — Café,
sucre.   (PARC.)

44.   **Municipalité de Palencia**, Département de Guatemala. — Café.   (PARC.)

45.   **Municipalité de Rocleo**, à San-Marcos. — Cafés, cacaos.   (PARC.)

46.   **Municipalité de San-Antonio-La-Paz**, Département de Guatemala. —
Sucres.   (PARC.)

47.   **Municipalité de San-Agustin**, Département de Zacapa. — Café, cacao,
vanille.   (PARC.)

48.   **Municipalité de San-José Poaquil**, Département de Chimaltenango. —
Sucre.   (PARC.)

49.   **Municipalité de San-Felipe**, Département de Retalhuleu. — Café, sucre.
                                                                             (PARC.)

50.   **Municipalité de San-Juan-Bautista**, Département de Solola. — Cacao.
                                                                             (PARC.)

51.   **Municipalité de San-Pedro-las-Huertas**, Département de Guatemala. — Café.   (PARC.)

52.   **Municipalité de Santa-Lucia-Cotzumalguapa**, Département d'Escuintla. — Sucres.   (PARC.)

53.   **Municipalité de Santa-Ynes-de-Petapa**, Département d'Amatitlan. —
Café.   (PARC.)

54.   **Municipalité de Zapotitan**, Département de Jutiapa. — Sucre.   (PARC.)

55.   **MURGA (Ramon)**, à Amatitlan. — Cassonade, cafés.   (PARC.)

56. **ORDOÑES (Jésus Maria)**, à Alta-Verapaz. — Cafés.   (PARC.)

57. **ORELLANA (Concepcion)**, à Zacapa. — Chocolat.   (PARC.)

58. **OYARZABAL (George)**, à Guatemala. — Cafés.   (PARC.)

59. **PENALVER (Ramon de)**, à Guatemala. — Sucres.   (PARC.)

60. **PINETA (José)**, à Guatemala. — Alcools, anisettes, liqueurs.   (PARC.)

61. **Préfet de Alta-Verapaz**, à Coban. — Cacao, sel.   (PARC.)

62. **Préfet de Chiquimula**, à Chiquimula. — Café.   (PARC.)

63. **Préfet de Escuintla**, à Escuintla. — Sucres, café.   (PARC.)

64. **Préfet de Guatemala**, à Guatemala. — Café, cassonade, sucres.   (PARC.)

65. **Préfet de Huehuetenango**, à Huehuetenango. — Poivre, miel, cassonade.   (PARC.)

66. **Préfet de Jalapa**, à Jalapa. — Café.   (PARC.)

67. **Préfet de Jutiapa**, à Jutiapa. — Café.   (PARC.)

68. **Préfet de Peten**, à Flores. — Sucres.   (PARC.)

69. **Préfet de Quezaltenango**, à Quezaltenango. — Cacao.   (PARC.)

70. **Préfet de Quiché**, à Quiché. — Sel.   (PARC.)

71. **Préfet de Retalhuleu**, à Retalhuleu. — Sucre et café.   (PARC.)

72. **Préfet de Sacatepequez**, à Antigua. — Sucres.   (PARC.)

73. **Préfet de San-Marcos**, à San-Marcos. — Café, gingembre.   (PARC.)

74. **Préfet de Santa-Rosa**, à Santa-Rosa. — Sucres et café.   (PARC.)

75. **Préfet de Solola**, à Solola. — Café, cacaos.   (PARC.)

76. **Préfet de Suchitepequez**, à Mazatenango. — Cacaos.   (PARC.)

77. **PRO GONZALEZ (Manuel)**, à Guatemala. — Cafés.   (PARC.)

78. **QUEVEDO (Domingo J.)**, à Guatemala. — Cacaos et beurre de cacao.   (PARC.)

79. **QUEVEDO (Domingo J.)**, à Suchitepequez. — Cacaos et beurre de cacao de sa propriété Casa-Blanca.   (PARC.)

80. **RIOS (José)**, à Escuintla. — Cacaos.   (PARC.)

81. **RODRIGUEZ (Leopoldo)**, à Quezaltenango. — Cafés.   (PARC.)

82. **RODRIGUEZ (Mauricio)**, à Quezaltenango. — Café de Chuva.   (PARC.)

83. **ROJAS (Martin)**, à San-Marcos. — Vinaigres de banana et autres.   (PARC.)

84. **SAMAYOA (J. M.)**, à Guatemala. — Cafés, sucres.   (PARC.)

85. **SARAVIA (Général Ramon)**, à Guatemala. — Cafés.   (PARC.)

86. **SARAVIA (Ignacio G.)**, à Chimaltenango. — Cafés.   (PARC.)

87. **SINIBALDI (Alejandro M.)**, à Amatitlan. — Cassonade.   (PARC.)

88. **SIRGO (Diejo)**, à Guatemala. — Fruits confits.   (PARC.)

89. **SUCHE (Antonio)**, à Esquintla. — Cafés.   (PARC.)

90. **TARACENA (Rigoberto)**, à Guatemala. — Liqueurs variées.   (PARC.)

91. **TEIL (Baron Xavier du)**, à Guatemala. — Sucres, miels.   (PARC.)
92. **TRIBOULET (Carlos)**, à Coban. — Cafés.   (PARC.)
93. **URRUELA (Fils de Gregorio)**, à Guatemala. — Cafés.   (PARC.)
94. **URRUELA (Francisco), Fils**, à San Marcos. — Cafés.   (PARC.)
95. **URRUELA (Manuel), et Cie**, à Guatemala.— Café de Las Vinas. (PARC.)
96. **URRUELA (Salvador)**, à Guatemala. — Cafés de Pétapa.   (PARC.)
97. **VALLADARES (N.)**, à Mazatenango. — Cacaos.   (PARC.)
98. **VASQUEZ (Marcelino)**, à Quezaltenango. — Sucres.   (PARC.)
99. **VENGOHECHEA (E.)**, à Guatemala. — Café.   (PARC.)
100. **VINENT (Santiago)**, à Retalhuleu. — Sucres.   (PARC.)
101. **ZANAHORIA (J.)**, à Chiquimula. — Cafés.   (PARC.)

HAITI.

1. **BARBANCOURT & Cie**, à Port-au-Prince. — Sucre, cafés.   (PARC.)
2. **LARCADE (G.)**, à Paris. — Cacaos.   (PARC.)
3. **LEFEBVRE (Désiré)**, à Port-au-Prince. — Cafés.   (PARC.)
4. **MÉRENTIÉ (F.) & Cie**, à Petit-Goâve. — Cafés.   (PARC.)
5. **MONFLEURY (A.)**, à Port-au-Prince usine de Carrefour. — Cafés. (PARC.)
6. **SIMMONDS Frères**, à Port-au-Prince. — Cafés.   (PARC.)
7. **Usine caféière de Pétionville**, à Pétionville. — Cafés.   (PARC.)
8. **Usines Centrales**, à Petit-Goâve. — Cafés.   (PARC.)

HAWAI.

1. **Gouvernement hawaïen**, à Hawaï. — Échantillons de cafés et de sucres.
          (PARC.)

ITALIE.

1. **BARELLI (Joseph)**, à Rome, via Cavour, 114. — Betteraves au vinaigre.
          (QUAI.)
2. **CESANA (Raphaël)**, à Lecce. — Chocolat en feuilles. Conserves de coings.
          (QUAI.)
3. **CESANO (Arthur)**, à Lecce. — Nougat de plusieurs sortes.   (QUAI.)
4. **CURTOPASSI (Marquis Joseph)**, à Bisceglie (Bari). — Olives en daube.
          (QUAI.)
5. **GIUSTI (Joseph)**, à Modène. — Vinaigre balsamique et ordinaire.   (QUAI.)
6. **LAGHI (Aristide)**, à Brisighella (Ravenne). — Anis, récolte de 1888.   (QUAI.)
7. **MORIONDO & GARIGLIO**, à Turin, via Artisti, 36. — Chocolat en tablettes et fantaisie.   (QUAI.)

8. PAGLIA (Luce), à Castel-San-Pietro (Émile). — Miel épuré, miel en pains.
(QUAI.)

9. RAE (Samuel) & Cie, à Livourne, via, E. Pollastrini, 3. — Olives préparées.
(QUAI.)

10. RAVAGNATI (Dominique), à Centenaro (Brianza). — Miel. **(QUAI.)**

11. SANTILLO (Sauveur), à Paris, rue de Tilsitt, 34. — Conserve des tomates.
(QUAI.)

12. SCOTTI (Egisto), à Paris, rue Popincourt, 13. — Chocolat. **(QUAI.)**

13. SIFO (Joseph), à Bénévent. — Nougat. **(QUAI.)**

14. VENCHI (S. & C.), à Turin. — Dragées. **(QUAI.)**

JAPON.

1. FUJII (Mohei), Yamagata-Ken, Akumi-Kori. — Shoyu (genre de sauce anglaise).
(TROCADERO.)

2. FUKUI (Keijiro), Osaka-fu, Nishi-Ku. — Algues. **(TROCADERO.)**

3. HO (Soshichi), Osaka-fu, Sakai-Ku. — Gâteaux, bonbons et gelées.
(TROCADERO.)

4. HORIBE (Tokuhei), Osaka-fu, Sakai-Ku. — Shoyu (genre de sauce anglaise).
(TROCADERO.)

5. HOSOYAMA (Seihei), Nügata-Ken, Kita Kanbara-Kori. — Shoyu (genre de
sauce anglaise. **(TROCADERO.)**

6. ISHIMA (Mosaku), Miye-Ken, Miye-Kori. — Shoyu (genre de sauce anglaise).
(TROCADERO.)

7. ITO (Kozayemon), Miye-Ken, Miye-Kori. — Shoyu (genre de sauce anglaise).
(TROCADERO.)

8. KAJIYA (Otoyemon), Chiba-Ken, Shimohabu-Kori. — Shoyu (genre de
sauce anglaise). **(TROCADERO.)**

9. KAMIYA (Denyemon), Aichi-Ken, Nagoya-Ku — Yeidentamari (genre
de sauce anglaise). **(TROCADERO.)**

10. KATAOKA (Jukichi), Hiogo-Ken, Isai-Kori. — Shoyu (genre de sauce
anglaise). **(TROCADERO.)**

11. KAWASHIRI (Riochi), Nagasaki-Ken, Higashi-Sonoki-Kori. — Thé
vert, thé rouge, miel. **(TROCADERO.)**

12. KURAMOCHI (Shiuhei), Ibaraki-Ken, Sarushima-Kori. — Thés verts.
(TROCADERO.)

13. KURASHIMA (Matsuo), Ibaraki-Ken, Kita Soma-Kori. — Miso rouge
miso blanc. **(TROCADERO.)**

14. Ministère de l'Agriculture et du Commerce (Direction de l'Agriculture à Tokio. — Gingembres secs, briques de thé rouge et thé vert, divers thés,
Midzuamé (jus de blé congelé et sucré), poudre de gingembre, confitures de gingembre,
piments. **(TROCADERO.)**

15. Ministère de l'Agriculture et du Commerce (Direction de l'Industrie), à Tokio. — Sucre candi. **(TROCADERO.)**

16. NISHIMURA (Zinyemon), Tokio-fu, Nihonbashi-Ku. — Shoyu (genre
de sauce anglaise). **(TROCADERO.)**

17. NOMURA (Kichibei), Osaka-fu, Nishi-Ku. — Algues.   (**TROCADERO.**)

18. OHASHI (Sadajiro), Ibaraki-Ken, Sarushima-Kori. — Shoyu (genre de sauce anglaise).   (**TROCADERO.**)

19. OKAMURA (Seisuke), Shidzuoka-Ken, Shita-Kori. — Thés verts.   (**TROCADERO.**)

20. OSAKA SEICHA-SHUSHUTSU-KAISHA, Osaka-fu, Kita-Ku. — Thés verts de premier choix, thé rouge.   (**TROCADERO.**)

21. SASAKI (Wasuke), Tokio-fu, Fukagawa-Ku. — Shoyu (genre de sauce anglaise).   (**TROCADERO.**)

22. SEICHA-KAISHA, Nagasaki-Ken, Nagasaki-Ku. — Thés.   (**TROCADERO.**)

23. SEKIGUCHI (Hachibei), Ibaraki-Ken, Shida-Kori. — Thés verts, Shoyu (genre de sauce anglaise).   (**TROCADERO.**)

24. SHIBATA (Kiuyu), Yehime-Ken, Shodo-Kori. — Mannen Shoyu (genre de sauce anglaise).   (**TROCADERO.**)

25. SHIMADA (Yayemon), Saitama-Ken, Minami-Saitama-Kori. — Shoyu (genre de sauce anglaise).   (**TROCADERO.**)

26. SUGISAWA (Gosaburo), Ibaragi-Ken, Kitasoma-Kori. — Vinaigre Shoyu (genre de sauce anglaise).   (**TROCADERO.**)

27. SUGISAWA (Massanosuke), Ibaraki-Ken, Kita-Soma-Kori. — Shoyu (genre de sauce anglaise).   (**TROCADERO.**)

28. TAKAWA (Rihei), Ibaraki-Ken, Kuji-Kori. — Shoyu (genre de sauce anglaise).   (**TROCADERO.**)

29. TANABE (Hiosaburo), Tokio-fu, Minami-Katsushiga-Kori. — Cafés.   (**TROCADERO.**)

30. UMINO (Tashichi), Shidzuoka-Ken, Abe-Kori. — Thés verts.   (**TROCADERO.**)

31. YAMAGUCHI (Shiuzo), Nagasaki-Ken, Higashi-Sonoki-Kori. — Thés verts, thés rouges, miel.   (**TROCADERO.**)

32. YOSHINAGA (Yazayemon), Ibaraki-Ken, Kita-Soma-Kori. — Shoyu (genre de sauce anglaise).   (**TROCADERO.**)

GRAND-DUCHÉ DE LUXEMBOURG.

. **SAINT-HUBERT (Auguste de)**, à Luxembourg. — Chicorées.   (**PALAIS.**)

PRINCIPAUTÉ DE MONACO.

1. ECKENBERG (Jean), à Monte-Carlo. — Fruits confits. Sirops de fruits.   (**PARC.**)

2. OTTO (Hector), à Monte-Carlo, villa de Saint-Pierre. — Vinaigre.   (**PARC.**)

3. Société Industrielle et Artistique (Laboratoire de Monte-Carlo), à Monaco, boulevard de la Condamine, 1. — Liqueurs assorties.   (**PARC.**)

NORVÈGE.

1. Compagnie d'exportation Norvégienne, à Christiania. — Jus de fruit norvégiens, sucrés ou secs.   **(QUAI.)**

2. HANSEN (Peter E.), à Christiania. — Miel et cire.   **(QUAI.)**

3. OTTESEN Frères, à Christiania. — Chocolats et bonbons.   **(QUAI.)**

PARAGUAY.

1. AGUSTI (D. Rafael), à Assomption. — Maté, herbe à thé.   **(PARC.)**

2. AUGUSTI (Raphaël), à Assomption. — Café du pays, Gerba-Hese paragnansis, yerba maté, feuilles de yerba, yerba.   **(PARC.)**

3. CANÉTE (D. Augustin), à Assomption. — Café.   **(PARC.)**

4. Gouvernement de la République du Paraguay, à Assomption. — Plantes comestibles, café du pays, yerba maté.   **(PARC.)**

5. LARANGEIRA (Don Tomas), à Concepcion. — Bourses de maté (yerba maté).   **(PARC.)**

6. LARANGEIRA (Th.), à Concepcion. — Pellicule avec yerba fabriquée dans l'établissement de l'exposant, yerba maté.   **(PARC.)**

7. PECCI Frères & Cie, à Assomption.— Bouteilles de Amargo Paraguyo.— Sirops divers pour la fabrication de rafraîchissements.   **(PARC.)**

PAYS-BAS.

1. BENSDORP & Cie, à Amsterdam. — Cacao en poudre et chocolat.   **(QUAI.)**

2. BONT (de) & LEYTEN, à Amsterdam. — Sucreries.   **(QUAI.)**
  Grande médaille, Londres 1862.
  Ordre de François-Joseph, comme membre du jury, à Vienne 1873. Grande médaille à Philadelphie 1876. Médaille d'argent, Paris 1878. Médaille d'or, Amsterdam 1883. Diplôme commémoratif comme membre du jury, Anvers 1885.

3. DRIESSEN (A.), à Rotterdam. — Cacao en poudre, chocolat en tablettes, beurre de cacao.   ,   **(QUAI.)**

4. GROOTES Frères (D. & M.), à Westzaan. — Cacao en poudre. **(QUAI.)**

5. HOEK & Cie, à Amsterdam. — Menthe, jus de réglisse.   **(QUAI.)**

6. HOUTEN (C. J. Van) & Fils, à Weesp. — Cacao van Houten.   **(QUAI.)**
  Le « Cacao van Houten » est un produit destiné à remplacer avec succès tous les chocolats.

7. IONG (Les héritiers de H. de), à Wormerveer. — Cacao de long en poudre pur et soluble.   **(QUAI.)**
  Ce cacao excelle par :
  Sa pureté parfaite, ses substances nutritives et bienfaisantes, son arome délicat et son goût agréable, la simplicité de sa préparation, son économie ; un demi kilogramme représente 100 déjeuners.

8. KORFF (F.) & Cie, à Amsterdam. — Cacao en poudre.   **(QUAI)**

9. OUASHORN (Nicolas A.), à Arnhem. — Caramels mous assortis.   **(QUAI.)**

10. ROSSUM (A. Van), à Houtryle en Polanen. — Sucre de betterave.   **(QUAI.)**

11. Société Internationale de Maltose, Directeur : **M. E. Kiderlen**, à Rotterdam. — Maltose.   **(QUAI.)**

12. STOKHUYZEN & VAN GULDEN, à Alfen-sur-Rhin. — Gelées de fruits.   **(QUAI.)**

PORTUGAL.

1. ALEXANDRE (Manoel). — Liqueurs.   **(QUAI.)**

2. CARVALHO (Ignacio Henriques de). — Liqueurs.   **(QUAI.)**

3. Companhia Nacional de conservas, à Lisbonne.— Fruits confits. **(QUAI.)**

4. CONCEIÇAO (Joao Nunes da). — Liqueurs.   **(QUAI.)**

5. CONCEIÇAO, GARCIA & Irmao. — Fruits confits.   **(QUAI.)**

6. COSTA (Joaquim Gonçalves). — Café.   **(QUAI.)**

7. Fabrica Ancora, à Lisbonne. — Liqueurs, spiritueux, sirops de fruits. **(QUAI.)**

8. FONSECA & Ca. — Liqueurs.   **(QUAI.)**

9. GODINHO (Joaquim Lopes). — Fruits confits.   **(QUAI.)**

10. INIGUER (Antonio Joaquim). — Café.   **(QUAI.)**

11. JESUS PEREIRA (Luiz de). — Liqueurs.   **(QUAI.)**

12. MAUTHERO (Francisco). — Chocolats.   **(QUAI.)**

13. SILVA (Alberto da) & Ca. — Liqueurs.   **(QUAI.)**

14. SILVA (Augusto Jose da). — Liqueurs.   **(QUAI.)**

COLONIES PORTUGAISES.

1. AGUIAR (M. F. de), à l'Ile de Santiago (Cap-Vert). — Café.   **(QUAI.)**

2. ALMEIDA (M. do N.), à l'Ile de Sao-Thomé. — Cacao.   **(QUAI.)**

3. ANDRADE (H. O. C.), à l'Ile de Santiago (Cap-Vert). — Sucre de canne. **(QUAI.)**

4. ARAGAO (F. A. da F.), à l'Ile de Sao-Thomé. — Cacao, café.   **(QUAI.)**

5. ARAUJO (F. J. de), à Lisbonne. — Cacao, café.   **(QUAI.)**

6. Association industrielle Portugaise, à Lisbonne. — Sucre de canne, café.   **(QUAI.)**

7. ASSUMPCAO (D. P. V.), à l'Ile de Sao-Thomé. — Cacao.   **(QUAI.)**

8. Banque Coloniale Portugaise (Agence de la), à l'Ile de Sao-Thomé. — Cacao, café, poivre.   **(QUAI.)**

9. BARBOSA (C. G.), à l'Ile do Fogo (Cap-Vert).— Café, sucre de canne. **(QUAI.)**

10. CARVATHAL (F. de), à l'Ile de Santiago (Cap-Vert). — Café.   **(QUAI.)**

11. CARVALHO (R. de), à l'Ile de Santiago (Cap-Vert). — Sucre de canne à sucre.   **(QUAI.)**

12. MEILO (J. L. de), à l'Ile de Santo-Antao (Cap-Vert). — Café.   **(QUAI.)**

13. MENDONÇA (J. J. C. de), à l'Ile de Santiago (Cap-Vert). — Café. **(QUAI.)**

14. Musée des Colonies, à Lisbonne. — Collection de poivres et de cafés des provinces de Cap-Vert, Guinée portugaise et Inde portugaise.   **(QUAI.)**

15. NOGEIRA (J.-M.-C.), à l'Ile de Sâo-Thomé. — Cacao.   **(QUAI.)**

16. PINTO (M. R.), à l'Ile de Sâo-Thomé. — Poivre en grain.   **. QUAI.)**

17. QUINTAS (Com. J. A.), à l'Ile de Sâo-Thomé. — Cacao.   **(PARC.)**

18. ROCHA (J. F. P. da), à l'Ile de Santiago (Cap-Vert). — Café.   **(PARC.)**

19. SERRA (J. C.), à l'Ile de Santiago (Cap-Vert).— Sucre de canne, café. **(PARC.)**

20. SOUZA (M. do E. S. B. E.), à l'Ile de Sâo-Thomé. — Cacao.   **(PARC.)**

21. SIMOES E FONSECA, à l'Ile de Sâo-Thomé. — Cacao.   **(PARC.)**

ROUMANIE.

1. CAPSA (Grégoire), à Bucharest, rue Victoriei, 26. — Bonbons, pâtisseries, fruits conservés, compotes et autres produits de la confiserie et de la pâtisserie.
(QUAI.)

2. CARACOCIO (George), à Iassy, rue Stefan-cel-mare, 38. — Rahat, halva, confitures, fruits confits, bonbons, etc.   **(QUAI.)**

3. DROSSULIS (Démètre), à Iassy, rue Stefan-cel-mare. — Confiserie, confitures, sucre candi, etc., rahat, halva.   **(QUAI.)**

4. MIHAILESCU (Alexandru), à Iassy, rue Gôlea, 67. — Fruits et bonbons.
(QUAI.)

5. WEINREB & THEHR, à Iassy. — Chicorée.   **QUAI.)**

RUSSIE.

1. BALACHEVA (Mme), à Gorodnistche (District Tcherkask, Gouvernement de Kiew). — Sucre.   **(QUAI.)**

2. BOTKINE (Les Fils de Pierre), sucrerie de Tavolgeansk (district de Belgorod, Gouvernement de Koursk). — Sucre brut.   **(QUAI.)**

3. Fabrique de sucre et Raffinerie Hermanow. — Sucre.   **(QUAI.)**
Société par actions fondée en 1836.
Récompenses :
Paris 1867, grande médaille d'or.
Philadelphie 1876, médaille d'or.
Paris 1878, médaille d'or.

4. FORSTREIM (L. U.), Successeur **d'Amlong,** à Moscou.— Cafés torréfiés.
(QUAI.)

5. GANZBOURSKY (A.), à Kiev. — Fruits confits.   **(QUAI.)**

6. KHARITONENKO (J. G.), à Soumy (Kharkov). — Sucres.   **(QUAI.)**
Kharitonenko, conseiller d'État actuel, raffineur et agriculteur, sous la raison sociale : Maison J. G. Kharitonenko et fils, à Soumy.
Une raffinerie Pawlowsk et cinq fabriques de sucre de betteraves.
Dénommées : Kianitsa, Parkhomowka, Krasno-Yarouga, Nathalie et Wera, situées dans le Gouvernement de Kharkoff.
Ayant obtenu les récompenses suivantes :
Vienne 1873, médaille de progrès.
Philadelphie 1876, médaille de 1re catégorie.
Paris 1878, médaille d'or.
Anvers 1885, médaille d'or.

Classe **72.**   4

7. KOUBISCKINE (B.), à Orel. — Confiserie, pâtes de fruits.   (QUAI.)

8. KOUDRIAVZOFF (A. G.), à Moscou. — Confiserie, pain d'épice.   (QUAI.)

9. KOUSTAREFF (G. V.), à Viazma (Gouvernement de Smolensk). — Pain d'épice.   (QUAI.)

10. PERLOFF BASILE Fils, à Moscou. — Thé de caravane.   (QUAI.)

11. PIKHOFF Frères, à Poretchié (Gouvernement de Jaroslav). — Café de chicorée.   (QUAI.)

12. Raffinerie de Mariensky, (Gouvernement de Kiev). — Sucres.   (QUAI.)

13. SIMIRENKO (S. J.), à Kiev. — Pâtes de fruits et sucre.   (QUAI.)

14. SIOU (C.) & Cie, à Moscou. — Chocolats et bonbons.   (QUAI.)
Maison fondée en 1855.
Récompenses : Paris 1878, grande médaille d'argent.

15. SKARAMANGA (A. G.), à Bachmouth (Gouvernement d'Ekaterinoslav). — Sel de cuisine raffiné.   (QUAI.)

16 Société Alexandrovsk de la Raffinerie de Lebedinsk, à Ichpola (Gouvernement de Kiev). — Sucres.   (QUAI.)

17. Société de la Raffinerie de Sucre de Kiew, à Kiew.— Sucre raffiné.   (QUAI.)

18. Société de la Raffinerie Gorodok, à Gorodok (Gouvernement de Podolks). — Sucre brut raffiné.   (QUAI.)

19. Société de la Raffinerie Tchoupaxkhovka, à Trestionetz (Gouvernement de Kharkow). — Sucres.   (QUAI.)

20. Société par Actions de la Fabrique de Sucre de Hermanon, à Varsovie. — Sucres.   (QUAI.)

21. Société par Actions de la Fabrique de Sucre de Konstancja, (Gouvernement de Varsovie). — Sucres en pains et en poudre.   (QUAI.)

22. TARNOVSKY (B B.), à Paraféevka (Gouvernement de Tchernigov.) — Sucres.   (QUAI.)

23. VORONINE (W.) & Fils, à Tratitsine (Gouvernement de Saratow). — Moutarde.   (QUAI.)

24. WAAG (A. E), Fils, à Doubovka (Gouvernement de Saratov). — Moutarde. Huile de moutarde.   (QUAI.)

25. WULFF (Successeur de **Preiss**), à Moscou. — Moutarde.   (QUAI.)

GRAND-DUCHÉ DE FINLANDE.

1. JOSTSON JANAEIS (Josef), à Lemo. — Confitures d'airelles de marais.   (PARC.)

2. KYROENKOSKI, à Imatra. — Boissons sucrées et confitures de fruits sauvages   (PARC.)

3. LOEPPOENEN (V.), à Helsingfors. — Liqueurs sucrées de fruits sauvages   (PARC.)

4. Raffineries de Toeloe, à Helsingfors. — Sucre en pains et autres.   (PARC.)

SALVADOR.

1. **AGUILAR (Mme Jesus)**, à San-Salvador. — Confiseries   (PARC.)

2. **ALARCON** (Docteur **Vicente**), à Santa-Ana. — Cafés.   (PARC.)

3. **ARIAS (Perfecto)**, à Tecapa. — Cafés.   (PARC.)

4. **AVILA (Général Jaime)**, à San-Miguel. — Cafés caracollillo non lavés.
          (PARC.)

5. **CAMPOS (Lorenzo)**, à Usulutan.— Café caracollillo.   (PARC.)

6. **CARBALLO (Docteur Miguel)**, à Santa-Ana. — Sels de fruits.   (PARC.)

7. **CARCAMO (Mme Eligia)**,à Tonacatepeque. — Café non lavé.   (PARC.)

8. **CASTRO (Pascual)**, à Sensuntepeque.— Café caracollillo, cacao.   (PARC.)

9. **CHINCHILLA (Tomas)**, à Tonacatepeque. — Café non lavé.   (PARC.)

10. **Couvent de Saint-Antoine**, à Santa-Tecla. — Confiseries.   (PARC.)

11. **DAVILA (G.-D.-Jaime)**, à Santiago-Maria. — Café caracolillo.   (PARC.)

12. **Département de Ahuachap'an.** — Café en parchemin.   (PARC.)

13. **Département de Sonsonate.** — Café.   (PARC.)

14. **DORANTES (Mariano)**, à San-Salvador.— Café caracolillo.   (PARC.)

15. **DORANTES Y OJEDA**, à San Salvador. — Cafés, sucre, moscovade.
          (PARC.)

16. **FIGUEROA (José M.)**,à Tonacatepeque. — Café non lavé.   (PARC.)

17. **GALIANO (Sebastian)**, à Santiago-Maria. — Cafés non lavés.   (PARC.)

18. **GRANILLO (Manuel)**, à San Miguel. — Cacao.   (PARC.)

19. **HURTADO (Francisco)**, à Santa-Ana. — Cafés.   (PARC.)

20. **INTERIANO (Hilario)**, à Santa-Ana. — Cafés.   (PARC.)

21. **JOVEL (Mme Brigida de)**, à San Vicente. — Confiseries.   (PARC.)

22. **MASARIEGO (Mme Sara de)**, à Sonsonate. — Cacao moyen.   (PARC.)

23. **MATHEU Hermanos**, à Santa-Ana. — Café.   (PARC.)

24. **MAZARIEGO (Mme de)**, à Sonsonate. — Cacao.   (PARC.)

25. **MELENDEZ (Charles)**, à San-Salvador. — Café, liqueurs.   (PARC.)

26. **MELENDEZ (Manuel-E.)**, à Santa-Tecla. — Café géant, caracolillo.
          (PARC.)

27. **MONTOYA (Mme Bernabé P. de)**, à Usulutan. — Vinaigres.   (PARC.)

28. **MONTOYA (Mme Mercedés de)**, à San-Salvador. — Chocolats.   (PARC.)

29. **MUNGUIA (Ricardo)**, à Usulutan. — Cacao.   (PARC.)

30. **PALACIOS (Joachim-M.)**, à San-Salvador. — Crème d'oranges, de
  coriandre, de rompopo.   (PARC.)

31. **PALACIOS (Mme Hilaria de)**, à San-Vicente. — Vinaigres.   (PARC.)

32. **PENA (Juan)**, à Santiago-Maria. — Café caracollillo.   (PARC.)

33. **PINEDA (Atanasio)**, à Zacatecoluca. — Café de Liberia.   (PARC.)

34. **PORTAL (**Docteur **Enrique)** à San-Salvador. — Cacao.   (PARC.)

35. **VIDES** (Docteur **José M.)**, à Santa-Ana. — Essence de poivre et de piment.   (PARC.)

36. **VIDES (Simon)**, à Santa-Ana. — Sucre blanc non raffiné.   (PARC.)

37. **Village de Chiltiupan.** — Cacao moyen.   (PARC.)

38. **Village de Chinameca.** — Coriandre. Moutarde noire.   (PARC.)

39. **Village de Izalco.** — Café.   (PARC.)

40. **Village de Naulingo.** — Cacao moyen.   (PARC.)

41. **Village de San-Isidro.** — Café.   (PARC.)

42. **Village de San-Luis.** — Sucre blanc en pain.   (PARC.)

43. **Village de San-Sebastian.** — Café en cerises.   (PARC.)

44. **Village de Sonsacate.** — Gingembre blanc.   (PARC.)

45. **Village de Tecapa.** — Vanille.   (PARC.)

46. **Village de Zarragoza.** — Tamarin côtier.   (PARC.)

47. **VILLAREAL (Francisco)**, à Santa-Ana. — Cacao.   (PARC.)

48. **Ville de Chalatenango.** — Pistache sans coque. Tamarins montés. Moutarde.   (PARC.)

49. **Ville de Santa-Ana.** — Café, crèmes, liqueurs, etc.   (PARC.)

50. **Ville de San-Miguel.** — Tamarin.   (PARC.)

51. **Ville de San-Salvador.** — Tiste, pistaches, conserve de citrons.   (PARC.)

52. **Ville de Usulutan.** — Sel blanc ordinaire.   (PARC.)

RÉPUBLIQUE DE SAINT-MARIN.

1. **Commission du Gouvernement.** — Conserves de mûres.   (PALAIS.)

2. **FATTORI (Commandeur Domenico)**, à Saint-Marin. — Vinaigres.
          (PALAIS.)

3. **LENSOLI (Francesco)**, à Saint-Marin. — Miel.   (PALAIS.)

4. **MAZZI (Francesco)**, à Saint-Marin. — Miel.   (PALAIS.)

5. **TONNONI (Pietro A.)**, à Saint-Marin. — Similaire de café aux parfums de
moka et de Saint-Domingue.   (PALAIS.)

SERBIE.

1. **DIMITCH (Michel)**, à Belgrade. — Sucres.   (PALAIS.)

2. **YOVANOVITCH (Pierre M.)**, à Belgrade. — Sucres.   (PALAIS.)

RÉPUBLIQUE SUD-AFRICAINE.

1. **Gouvernement de la République (Le)**, à Pretoria. — Thé, cafés, café de
racine.   (ESPLANADE.)

SUISSE.

1. BAUMELER (Y.), à Hasle (Lucerne). — Ruche, extracteur, commerce de miel suisse. **(QUAI.)**

2. BONGARD (Antoine C.), à Fribourg. — Miel en rayon, miel extrait. **(QUAI.)**

3. BRANDT (Paul), à Genève, rue Verdaine, 15. — Cacao lacté à la viande. **(QUAI.)**

4. CAVENG (Jacob), à Hanz (Grisons). — Miel, cire, vin de miel. **(QUAI.)**

5. DEMONT (Jean), à Nyon (Vaud). — Lécrelets variés (bonbons au miel) et gâteaux anglais. **(QUAI.)**

6. DENNER & Cie, à Bâle (Suisse). — Liqueurs fines. **(QUAI.)**

Établissement fondé en 1878 à Thoune (Suisse), pour la fabrication du Bitter Suisse. — Bitter stomachique aux herbes des Alpes.
Distillation de toutes les liqueurs fines. Spécialité Rose des Alpes. Inventeurs et fabricants. Absinthe, gentiane pure. — Kirsch. — Vermouth, etc. — Cognac, maison à Cognac.
Agence générale à Paris, M. Verdeil, 12 rue St-Anne.

7. DESHUSSES (J.-F.), à Versoix (Genève). — Confiserie, bonbons au caramel, fourrés et autres. **(QUAI.)**

Maison fondée en 1852.
Bonbons au caramel, imitation de fruits, fourrés de chocolats, de fruits et de fondants aux fruits. — Récompenses : Bruxelles 1888, diplôme d'honneur ; Barcelone 1888, méd. or.
Agent pour la place de Paris, M. Léon Deutsch, rue Montmartre, 99, Paris.

8. DUMOULIN (François), à Lauzanne (Vaud). — Miel coulé, en rayon, cire, notice sur les abeilles. **(QUAI.)**

9. GAVILLET (Henri), à Lauzanne (Vaud), rue Mercerie, 18. — Café de figues, essence de café. **(QUAI.)**

10. GILLET (Paul M.). à Monthoron (Fribourg). — Miels divers, vinaigre au miel, cerises conservées à l'eau-de-vie. **(QUAI.)**

11. HUBER (Rodolphe), à Niederurdorf (Zurich). — Miel des années 1881-1889. Cire. **(QUAI.)**

12. KASPAR-ZIMMERMANN, à Lucerne. — Ruche d'abeilles. **(QUAI.)**

13. KOCH (Émile) & Cie, à Bâle. — Lecherlys de Bâle. **(QUAI.)**

14. KOHLER (Amédée) & Fils, à Lausanne (Vaud).— Chocolats en tablettes, croquettes et pastilles, à la noisette, gianduja, bonbons pralinés, cacao en poudre. **(QUAI.)**

Récompenses : 1851 Londres, 1855 Paris, 1885 Anvers.

15. LEHMANN (George), à Neuchâtel. — Biscomes décorés, au miel et au chocolat. **(QUAI.)**

16. MAESTRANI (Aquilina), à Saint-Gall. — Chocolats. **(QUAI.)**

17. MARTI & WIDMER, à Neuchâtel. — Café de chicorée et café de figues café de santé, extrait de café et café de glandes. **(QUAI.)**

18. PETER (G. Daniel), à Vevey (Vaud). — Chocolats, chocolat au lait, en poudre et en croquettes, bonbons au chocolat. **(QUAI.)**

19. RUSS-SUCHARD & Cie, à Neuchâtel. — Chocolat.   (QUAI.)
Fabrique de chocolat Suchard.
Chocolat Suchard en tablettes. Cacao soluble Suchard. Boîtes de fantaisie.
Maison fondée à Serrières, près Neuchâtel (Suisse), en 1826.
Fabriques à Lörrach (Allemagne), et à Bludenz (Autriche).
Entrepôts à Paris et à Londres.
Récompenses aux Expositions universelles :
Londres 1861, médaille unique ; Paris 1867, médaille d'argent ; Vienne 1873, médaille de progrès ; Philadelphie 1876, médaille unique ; Anvers 1885, médaille d'or ; Paris 1878, médaille d'or.

20. SIÉBENTHAL (de) & DALLINGE, à Saubraz (Vaud). — Miels coulés et en rayons, cire, et vinaigre de miel.   (QUAI.)

21. VELLINO (Charles) & Cie, à Saxon (Valais). — Fruits et légumes.
(QUAI.)

URUGUAY.

1. MARTORELL (Antonio F.), à Montevideo. — Chocolats.   (PARC.)

VÉNÉZUÉLA.

1. Commission de l'État des Andes. — Café, cacao (des anciennes missions de Jésuites).   (PARC.)

2. Commission de l'État Zulia et de la ville de Maracaïbo. — Comino (cuminum cymum), cominon, canelito, gengibre (costus sp.), gengibrillo (elionurus tripsacoïdes), canelon (canella alba), vanille, café, cacao, sel.   (PARC.)

3. COOK et Fils (G.), à Maracaïbo. — Sucre candi. Miel.   (PARC.)

4. MADRIZ (Federico de la), à Paris, rue Portalis, 10. — Café.   (PARC.)

5. PARRA (Ricardo), à Maracaïbo. — Cacao de la propriété « Valderramas. »
(PARC.)

6. TOVAR (Mme Dolorès, B. de), à Paris, rue Daubigny, 16. — Cafés.
(PARC.)

7. Van DISSEL, THIES & Cie, à Maracaïbo. — Café du Tachira.   (PARC.)

GROUPE VII.

PRODUITS ALIMENTAIRES.

Classe 73.

Boissons fermentées.

FRANCE.

AISNE.

1. Comice & Syndicat agricoles des Agriculteurs de l'arrondissement de CHATEAU-THIERRY, (Vice-Président : **Carré**), à Épieds (Aisne). — Vins et cidres.   **(QUAI.)**

Bahin, à Courmont, par Fère-en-Tardenois. — Produits de la distillation agricole.

Borniche-Demoncy, à Essonnes, par Château-Thierry. — Vins du pays, vin champanisé en ordinaire.

AUBE.

2. Comice agricole départemental (Président : **Huot**), à Troyes (Aube). — Vins, cidres et alcools.   **(QUAI.)**

Bourgeois (Ernest), à Rilly-Sainte-Cyre. — Vins, eau-de-vie.

Cadet (Élisée), à Montgueux. — Liqueur Cadet Élisée, vins et eau-de-vie.

Goubault (Edmond), à Champigny, commune de Loubressel. — Boissons fermentées.

Guénin-Gauthrot, à Troyes, rue Courtalon, 36. — Vins, eau-de-vie.

Huot (Gustave), à la Planche, commune de Saint-Léger. — Vins d'eau sucrée, alcool, eau-de-vie.

Lagoguey, à Champsicourt, commune de Maraye-en-Othe. — Cidre, poiré.

Mathieu (Victor), à Saint-Mards-en-Othe. — Hydromel, cidre, eau-de-vie de cidre.

Paillot (Victor), à Rumilly-lez-Vandez. — Cidre de poires et de pommes.

Poron-Grisart (Amand), à Troyes. — Flacons de jus, sirops.

3. Société horticole, Vigneronne & Forestière de l'AUBE (Président : **Baltet**), à Troyes. — Produits des vignes.   **(QUAI.)**

André (Eugène), à Crézancy. — Vin blanc.

André (Jean), à Crézancy. — Vin rouge.

Bablin (Eugène), à Sainte-Savine. — Vins.

Bailly, à Bué. — Vin de 1887.

BERNARD, à Saint-Phal. — Vins.
BOURGEOIS (Ernest), à Rilly-Sainte-Cyre. — Vins.
CACAULT (Benjamin), à Ervy. — Liqueurs de fleurs.
CACHEUX, aux Riceys. — Vins.
CADET (Élysée), à Montgueux. — Liqueurs, vins.
CHARDIN (Eugène), à Channes. — Eaux-de-vie.
CHATRY-DUPONT, à Bouilly. — Vins et eaux-de-vie.
CHAUSSIN-LARRIVÉE, à Landreville. — Vins.
DATTEZ Fils, à Troyes. — Vins.
DROT (Alphonse), à Ervy. — Vins.
DUBREUIL (Charles), à Gyé-sur-Seine. — Vins.
DUCHESNE-ROBILLARD, à Bar-sur-Aube. — Vins.
FARINET, aux Riceys. — Vins.
FERRAND, aux Riceys. — Eaux-de-vie.
GÉRARD-HARVIER, aux Riceys. — Vins.
GOUBAULT (Ludovic), à Courteranges. — Eaux-de-vie de fruits.
GROUPE DE BOUILLY, à Bouilly. — Vins et eaux-de-vie.
GROUPE DE L'ARRONDISSEMENT DE BAR-SUR-AUBE, à Bar-sur-Aube. — Vins et eaux-
    de-vie.
GROUPE DE LA FORÊT DE CHAOURCE, à Chaource. — Cidres, poirés.
GROUPE DE LA FORÊT D'OTHE, à Othe. — Cidres.
GROUPE DE L'ARRONDISSEMENT DE BAR-SUR-SEINE, à Bar-sur-Seine. — Vins, eaux-de-vie,
    cidres.
HARVIER (Régis), aux Riceys. — Vins.
HORIOT-HUBERT, aux Riceys. — Eaux-de-vie.
HOURSEAU (Nicolas), à Bouilly. — Vins et eaux-de-vie.
HOUZELOT (Nicolas), à Bouilly. — Vins.
LANQUERY (Onésime), à Celles. — Vins.
LAOUR (Émile), à Ervy. — Eaux-de-vie.
LECLERC (Paul), à Polisy. — Vins.
LECLERC-GATOUILLAT, aux Valdreux (Chennegy). — Cidres, poirés, eaux-de-vie.
LECLERC-ROIZARD, à Sainte-Savine. — Vins.
LÉCURIOT, à Viviers. — Eaux-de-vie.
MARGUET (Achille), à Chavanges. — Eaux-de-vie.
MAUDIER, aux Boulins (Maraye-en-Othe). — Cidre, poiré.
MONIN-ROYER, à Pargues. — Vins.
NAUDOT (Paul), à Troyes. — Vins.
NOEL (Eugène), à la Mivoie (Saint-Mards-en-Othe). — Cidres, poirés.
PAPILLON, à Torvilliers. — Vins.
PERRIER (Louis), aux Riceys. — Eaux-de-vie.
PEUTOT (Alfred), à Brienne. — Vins.
PILLOST, à Troyes. — Vins.
PRUDENT (Léandre), à Laines-aux-Bois. — Vins et eaux-de-vie.
PRUDENT (Nicolas), à Laines-aux-Bois. — Vins et eaux-de-vie.
PRUGNIER (Paul), aux Riceys. — Vins.
QUENEDEY, aux Riceys. — Eaux-de-vie.
RIGOLLEY, aux Riceys. — Vins.
ROBERT-BALTET, à Bar-sur-Aube. — Vins.
ROTHIER (Émile), à Troyes. — Vins.
RUELLE (Auguste), à Buxeuil. — Vins et eaux-de-vie.
SALOGNON (Victor), aux Riceys. — Eaux-de-vie, vins.
SAUVENET (Léon), aux Riceys. — Vins.

SERBOURCE, à Romilly. — Eaux-de-vie.
SYLVAN-TASSIN, à la Rivière-de-Corps. — Vins.
TASSEL-VIREY, aux Riceys. — Vins.
TAUPIN (Antoine), à Chesley. — Vins.
THOMAS-ROGER, à Ervy. — Cidres, vins.
TINTRELIN-CHOISY, à Bagneux. — Vins et eaux-de-vie.
VAILLIER (Edmond), à Troyes. — Eaux-de-vie.
VALLAT (Prudent), à Charmont. — Kirsch.
VERRY-ROCHER, aux Riceys. — Vins.
VIEUHAEUSER, aux Riceys. — Vins.
VIREY (Edmond), aux Riceys. — Eaux-de-vie.
ZEDDES (DE), aux Riceys. — Vins et eaux-de-vie.

CHARENTE.

4. Rayon viticole de COGNAC.   (QUAI.)

ANDRÉ (Joseph), à Bonneville. — Eau-de-vie.
AUBIN, à Rauville, par Aigre. — Eaux-de-vie.
AUDOIN, à la Talonnière, par Luxé. — Eaux-de-vie.
BARNETT Fils et Cie, à Cognac. — Eau-de-vie.
BARRAUD (A.) et Cie, à Cognac. — Eau-de-vie (Belle-Vedelle).
BARRAUD Fils aîné et Cie, à Cognac. — Eau-de-vie.
BELLAMY (Alphonse), à Aumagne (Charente-Inférieure). — Eau-de-vie.
BISQUIT-DUBOUCHÉ et Cie, à Jarnac. — Eau-de-vie.
BRISSON (Jules), à Cognac. — Eau-de-vie.
CHAPT (Camille) et Cie, à Saint-André-de-Cognac. — Eau-de-vie.
CHASSERIAUD (Eugène), à Chez-les-Rois, commune de Louzac. — Eau-de-vie.
CHAUSSEROUGE (Jean), à Prunelas-de-Salignac-de-Pons, par Pérignac. — Eau-de-vie.
CLERJEAUD (Louis), à Jarnac. — Eau-de-vie.
COMBEAU (Pascal), à Cognac. — Eau-de-vie.
CONSTANTIN et BOIFFIER (Louis), à Vibrac. — Eau-de-vie.
DEGROIS (Numa), à Chavenac, par Charmant. — Eau-de-vie.
DENIS (J.) HENRY MOUNIÉ et Cie, à Cognac. — Eau-de-vie.
  Agent à Paris, pour l'exportation : F. Dumonteil-Lagrèze, 27, rue Bergère.
  Agents à Londres : MM. H. Rivière et Cie, 25, Crutched Friars.

DROUET-PINARD, à Roissac, par Salles-d'Angles. — Eau-de-vie.
DROUILLARD (Alexandre), à Cognac. — Eau-de-vie.
DRUT, à Saint-Aubin, par Aigre. — Eaux-de-vie.
DRUT (Pierre), à Saint-Aubin, par Aigre. — Eaux-de-vie.
DUBOIS Frères et CAGNION, à Blanzac. — Eau-de-vie.
DURAS (E.), à Cognac. — Eau-de-vie.
FOUCAULD (Lucien) et Cie, à Cognac. — Eau-de-vie.
GACHET (H.) à Lignières Sonneville. — Eau-de-vie.
GAZEAUD (Pierre), à Ambleville. — Eau-de-vie.
GILSON (Jules), et Cie, à Cognac. — Eaux-de-vie de Grande-Champagne vieille.
  Ancienne Maison Léonin Arnaud, fondée en 1861.

GUÉRIN-BONTAUD (Pierre), à Cailletières, commune de Genac. — Eau-de-vie.
HARDY (A.) et Cie, à Cognac. — Eau-de-vie.
HARDY et L. GUÉRIN, à Cognac. — Eau-de-vie.
HÉRIARD, à Cognac. — Eau-de-vie.

LAVERGNE (Jean), à Aubeterre. — Eau-de-vie.
LORRAIN, DESPAS et NEVEU, à Jarnac. — Eau-de-vie.
MATIGNON (François), aux Colineaux, commune de Lignières-Sonneville. — Eau-de-vie.
MAURAIN, à Foiqueure, par Luxé. — Eau-de-vie.
MICHAUD (Émile), à Châteauneuf. — Eau-de-vie.
NORMANDIN (N.) et Cie, à Châteauneuf. — Eau-de-vie.
PELLISSON Père et Cie, à Cognac. — Eau-de-vie.
PHELIPOT (L.-M.) chez Samson. — Eau-de-vie.
PIGNON (Th.) et CURLIER (F.), à Jarnac. — Eau-de-vie.
PLANAT (O.) et Cie, à Cognac. — Eau-de-vie.
PUET (E.), à Saint-Jean-d'Angély. — Eau-de-vie.
RICHARD (François), à Mérignac, par Jarnac. — Eaux-de-vie.
ROBIN (Jules) et Cie, à Cognac. — Eau-de-vie.
ROULLET et DELAMAIN, à Jarnac. — Eau-de-vie.
ROUX (Maurice) et Cie, à Cognac. — Eau-de-vie.
SABOURAUD (Édouard), à Angeac-Champagne, par Salles-d'Angles. — Eau-de-vie.
SABOURAUD (Henri), à Bréville. — Eau-de-vie.
TRIBOT Fils (Auguste) et Cie, à Cognac. — Eau-de-vie.

5. Syndicat agricole et viticole du canton de COGNAC.   (QUAI.)

BOISFERON (Georges), à Bréville. — Eau-de-vie.
BOSSAY, à Châteaubernard. — Eau-de-vie.
BOUSELEAU, à Mesnac. — Eau-de-vie.
BRIAND (Stanislas), à Ars. — Eau-de-vie.
CHAGNAUD, à Vitis-Parc, commune de Cherves. — Eaux-de-vie.
DAGNAUD, à Bréville. — Eau-de-vie.
DIEUDONNÉ (Jean), à Cherves. — Eau-de-vie.
FILLIOUX (Alfred), à Javrezac. — Eau-de-vie.
FILLIOUX (Justin), à Richemont. — Eau-de-vie.
GIRARD (Jacques), à Louzac. — Eau-de-vie.
HÉRIARD, à Cognac. — Eau-de-vie.
HÉRIARD (Élie) et Cie, à Cognac. — Eau-de-vie.
HUCHON (Henri), chais Margonnet, commune du Bourg. — Eau-de-vie.
JARNAC (Maurice de), à Garde-Epée, commune de Saint-Brice. — Eau-de-vie.
LAMBERT, à l'Hermitage, commune de Cherves. — Eau-de-vie.
LOIZEAU (Abel), à Bréville. — Eau-de-vie.
MARTIN (Henri), à Saint-Laurent. — Eau-de-vie.
MÉNIER (Édouard), à Bréville. — Eau-de-vie.
PELLUCHON (Félix), à Saint-Sulpice. — Eau-de-vie.
PROUHET, à Jamouzeau, commune de Saint-Laurent. — Eau-de-vie.
ROBIN (Vve Jules), à Château-de-Laffont. — Eau-de-vie.
SABOURAUD (Henri), à Bréville. — Eau-de-vie.
TAPON (Eugène), à Saint-Sulpice. — Eau-de-vie.
TERRIÈRE-HUORT, à Azac, par Burie. — Eau-de-vie.
VIAUD (Victor), à Mesnac. — Eau-de-vie.
VIGNAUD (Maurice), à Cherves. — Eau-de-vie.
VINCENT (Jean), à Bréville. — Eau-de-vie.
YVON, à Gimeux. — Eau-de-vie.

6. Syndicat cantonal agricole et viticole de SEGONZAC.   (QUAI.)

AUBOIN (Léandre), à Marville. — Eaux-de-vie.
BALLET (Élie), à la Nérolle. — Eau-de-vie.

BARRAUD (Jean), chais Barraud. — Eau-de-vie.
BERNARD (Amédée), à la Couture, commune de Genté. — Eau-de-vie.
BOUJUT, à Maine-au-Breton. — Eau-de-vie.
BREDON (Joseph), à Récheville, par Segonzac. — Eau-de-vie.
BRUNET (Démosthène), à Gimeux, par Cognac. — Eau-de-vie.
CAILLETAUD (Henri), à Biard, par Segonzac. — Eau-de-vie.
DEGAIL (Henri), à Segonzac. — Eau-de-vie.
FERRAND (Élie), chais Barraud, commune de Segonzac. — Eau-de-vie.
FERRAND (Eugène), à Biard, par Segonzac. — Eau-de-vie.
FERRAND (Justin), à Segonzac. — Eau-de-vie.
FROUIN, chez Péron de Jarnac, par Segonzac. — Eau-de-vie.
FROUIN (François), chais Allard, par Segonzac. — Eau-de-vie.
GABLOTAUD, à la Pallue, commune de Gensac. — Eau-de-vie.
GAGARD (Étienne), à l'Échalotte, commune de Juillac-le-Coq. — Eau-de-vie.
GADRAS (Jean), à Mortefond, par Segonzac. — Eau-de-vie.
GADRAS-RABY, au Pible, par Segonzac. — Eau-de-vie.
GIRAUD (G.), à Boulot, commune de Lignières-Sonneville. — Eau-de-vie.
GOURRY (François), à Bouchet, par Segonzac. — Eau-de-vie.
GUÉRIN (Étienne), à Biard, par Segonzac. — Eau-de-vie.
GUÉRIN-BOUTAUD (Pierre), à Cailletières, commune de Genac, par Rouillac. — Eau-de-vie.
HÉRARD (Charles), à Genté. — Eau-de-vie.
LACROIX (Jean), à Garanville, par Segonzac. — Eau-de-vie.
MALLET (A.), à l'Échalotte, commune de Juillac-le-Coq. — Eau-de-vie.
MOCQUET (Frédéric), à l'Abbaye, commune de Mainxe. — Eau-de-vie.
PILOTTE (Jérémie), à Récheville. — Eau-de-vie.
PINARD (Félix), à Marville, commune de Genté. — Eau-de-vie.
PINAUD, à Récheville. — Eau-de-vie.
PINAUD (Clément), à Salles-d'Angles. — Eau-de-vie.
PRIOULAT (Joseph), à Boucqueville, commune de Juillac. — Eau-de-vie.
PRIOULAT (Joseph), à l'Échalotte, commune de Juillac-le-Coq. — Eau-de-vie.
RABY (Élie), chais Barraud, par Segonzac. — Eau-de-vie.
SAUNIER (Eugène), à la Nérolle, par Segonzac. — Eau-de-vie.
SAUNIER (Frédéric), chais Boujut, commune de Mainxe. — Eau-de-vie.
VALTEAU (Jean), aux Barbotins, commune de Gensac. — Eau-de-vie.

CHARENTE-INFÉRIEURE.

7. Syndicat agricole de la CHARENTE-INFÉRIEURE.   (QUAI.)

BASTARD, à Ballans. — Vin blanc 1865, vin rouge 1880. Eau-de-vie 1852.
BÉAL (Augustin), à Pont-l'Abbé. — Vin blanc.
BOISGIRAUD, à Génezac. — Vin rouge.
BROSSARD (Pierre), à Jarlac. — Eau-de-vie de 1868, petite champagne.
CANDE (Henri), à Blanzac. — Eau-de-vie 1885-86.
CHAPRON (Pierre), à la Touche, commune de Chaniers. — Eau-de-vie de 1874.
DENIS (E.), à Romegoux. — Vins et eaux-de-vie.
FABIEN, à Chadenac-Pons. — Vins, eaux-de-vie.
GALLUT (Clément), à Colles. — Eaux-de-vie de différents âges.
GARNIER (Clément), à Echebrune. — Eaux-de-vie de différents âges.
GRANIER SAINT-AUBIN (Louis), à Aigrefeuille. — Vins et eaux-de-vie

GUITREAU, à Agudelle. — Eaux-de-vie de différents âges.

LACHAIZE (Alexandre), à Jarnac-Champagne. — Vieille eau-de-vie de Jarnac-Champagne 1875.

LAMBERT-SIMON, au Cher-de-Chambon. — Eaux-de-vie vieilles 1865.

LAURAINE (J.-C.), à Burie. — Eau-de-vie vieille 1843 et 1878.

LESTRANGE (Comte R. de), à la villa Saint-Jullien, commune de Saint-Genès. — Eaux-de-vie 1860-68-72-74.

LIGNERON (Pierre), au Tourneau. — Eaux-de-vie vieilles diverses.

MAGNIER (Edmond), à Thenac. — Vin blanc 1887.

MAGNIER (G.), au château de Thenac. — Vin blanc 1865 et eau-de-vie 1837.

MARTEL-BRIDIER, à Saintes. — Vins de cépages français et américains.

MÉMAIN (Jacques), à la Vioche, commune de Macqueville. — Eaux-de-vie vieilles 1848-58-65-75, vin blanc 1888, vin rouge 1888.

MÉNIER (Louis), à Soubran. — Vieux cognac.

MOREAU (Honoré), à Saint-Léger. — Vin blanc 1874.

NORMAND-DUFIÉ, aux Églises-d'Argenteuil. — Eaux-de-vie 1858-77.

PITAUD (Marcel), à Jazennes. — Eaux-de-vie d'Echebrune et de Jazennes 1850 et nouvelle.

QUANTIN, à Tanzac et à la Bonneterie. — Vins blancs de Tanzac 1858-65-70 et de la Bonneterie 1887-88.

QUÉRET (Henri), à Saint-Porchaire. — Eaux-de-vie 1848-52-58-65-74, cépage américain Noah 1888.

RAISON (E.), à Virban, près Aulnay. — Vins rouges et blancs 1875, eau-de-vie vieille.

RIBOTEAU (Pierre), à Brisambourg. — Vins 1854-75, eaux-de-vie 1865-87-88.

ROBIN, au Fribeau, commune de Senlignonnes. — Eaux-de-vie.

TIERCE, à Saint-Martin-de-la-Coudre. — Eaux-de-vie de différents âges.

TORNIER (Félicien), à la Guêterie, commune de Saint-Simon-de-Borde. — Eaux-de-vie 1850-70-87.

VERNEUIL (Albert), à Cozes. — Vins et eaux-de-vie d'âges divers.

VIGIER, à Chantabrit, commune de Villars. — Eaux-de-vie 1875.

CHER.

8. Comité départemental du CHER. (Président : **H. Brisson,** député), à Bourges. — Vin blanc et vin rouge, eau-de-vie, cidre. (**QUAI.**)

ANDRÉ (Eugène), à Crézancy. — Vin blanc.

ANDRÉ (Jean), à Crézancy. — Vin rouge.

BAILLY, à Bué. — Bouteilles de vins 1887.

BALLAND (François), à Sancerre. — Vin rouge nouveau et vieux.

BARBRY (Louis), à Azy. — Échantillons de vins.

BAUDRY, à Bourges. — Eau-de-vie.

BERNARDEAU (Étienne), à Venesmes. — Vins blancs vieux et nouveaux.

BERNEAU (Louis-P.), à Sancerre. — Échantillons vin nouveau d'Amigny.

BILLON-QUENTIN (Philippe), à Venesmes. — Vins blancs.

BITARD (Paul), à Sancerre. — Vins.

BLAIN (François), à Montigny. — Échantillons de vin.

BLAIN (Sylvain-M.), à Montigny. — Échantillons de vins.

BONGRAND (Émile), à Sancerre. — Vins de Sancerre 1885 et 1887.

BONNAIRE (Antoine), à Saint-Maur. — Vin rouge.

BONNELAT (Antoine), à Saint-Maur. — Cidres.

BONNET (Pierre), à Montigny. — Échantillons de vin.

BOUCHERAT (Jean), à Vesdun. — Vins gris, blancs, rouges. Eau-de-vie de marc.

Bouquet (P.-A.-M.), à Sancerre. — Vins vieux de Sancerre.
Cardoux (François), à Saint-Satur. — Vins gris.
Cazin (Alexandre), à Montigny. — Échantillons de vins.
Chabin (Louis), à Crézancy. — Vins blancs, rouges.
Champault (Pierre), à Crézancy. — Échantillons de vins rouges.
Chatain (Nicolas), à Nozières. — Vins vieux et nouveaux.
Chaumeton, à Sury-ès-Bois. — Vins.
Chavanne (Henri), à Dun-sur-Auron. — Vin rouge. Eau-de-vie de vin et de marc.
Cherrier (Étienne), à Crézancy. — Vins de 1881, 1884 et 1887.
Cherrier (Pierre), à Montigny. — Échantillons de vins.
Chevallier (Albert), à Vierzon. — Vin blanc.
Chotard (Constant), à Crézancy. — Vin rouge.
Chotard (Jean), à Crézancy. — Vins rouges, blancs 1884 et 1887.
Comice agricole de Sancerre, à Sancerre. — Vins.
Cottat (L.) Bouillot, à Verdigny. — Vins rouges de 1875.
Daulny, à Brie. — Vin de 1887.
Debrade (Jean), à Quincy. — Vin blanc de Quincy en bouteilles.
Debret (Pierre), à Montigny. — Vin rouge.
Decencière (Pierre-Louis), à Vailly. — Échantillons de vin.
Denizot (Jean), à Sancerre. — Vin nouveau d'Amigny.
Depierres, à Ménetou-Salon. — Vins et eau-de-vie.
Dion (Louis), à Ménetou-Rastel. — Vin.
Dubois de Belair, à Lury. — Vin.
Faroux (Joseph), à Crézancy. — Vin rouge.
Fleurier, à Concressault. — Vin.
Fleurier (Sébastien), à Verdigny. — Vins rouges, blancs.
Fleury (Amédée), à Lury. — Vins rouges, blancs.
Garsonnin (Eugène), à Sancerre. — Vin rouge de Sancerre.
Girault (Alexandre), à Crézancy. — Vin rouge.
Gogot (Pierre), à Crézancy. — Vin rouge.
Goudinoux (Pierre), à Montigny. — Échantillons de vin.
Grégoire, à Aubigny. — Vins.
Grézault (Gabriel), à Massay. — Vin.
Guénin (Henri-Théodore), à Lury. — Vin de plants américains.
Guillot (Stéphane), à Vesdun. — Vin.
Jossant (Abel), à Montigny. — Vins rouges.
Joulin (François), à Crézancy. — Vins rouges.
Joulin (Marc), à Crézancy. — Vin blanc et vin rouge.
Jublot (Étienne), à Villegenon. — Vin, cidre, poiré.
Laforge (Ernest), à Concressault. — Cidre.
Lefèvre (Louis), à Vierzon-Ville. — Vins.
Lestang (Charles), à Sancerre. — Vins de 1878, 1881, 1887.
Linard (François), à Crézancy. — Vin rouge.
Loiseau (Augustin), à Santranges. — Cidre.
Maitrasse, à Aubigny. — Vins.
Malfuson (Edmond), à Sancerre. — Vins.
Mallet (Isidore), à Montigny. — Vin rouge.
Maréchal (Patient), à Verdigny. — Vin rouge.
Migeon (Louis), à Crézancy. — Vin blanc et vin rouge.
Millerioux Auguste), à Neuvy-deux-Clochers. — Vin rouge.
Millerioux (Habert), à Saint-Satur. — Vin rouge et vin blanc.
Millerioux (Pierre), à Ménetou-Rastel. — Vin rouge.

Millet (André), à Neuvy-deux-Clochers. — Vin rouge.
Millet (Jean), à Neuvy-deux-Clochers. — Vin rouge.
Millet (Jean-Baptiste), à Crézancy. — Vin rouge.
Mingasson (Ernest), à Veaugues. — Vin rouge et vin blanc.
Mondurier (Jean), à Montigny. — Vin rouge.
Morin (François), à Montigny. — Vin.
Morin (François), à Crézancy. — Vin rouge et vin blanc.
Motret (Jean), à Sancerre. — Vin rouge.
Motret (Jean), à Montigny. — Échantillons de vins.
Motret (Jules), à Montigny. — Échantillons de vins.
Motret (Louis), à Montigny. — Vin rouge.
Motret (Sylvain), à Montigny. — Vin rouge.
Neveu (Hippolyte), à Verdigny. — Vin rouge et vin blanc.
Neveu (Simon), à Verdigny. — Vin rouge.
Pagnet (François), à Saint-Amand. — Vin vieux et nouveau.
Pellé (Théophile), à Argent. — Vin rouge et vin blanc.
Péras (Louis), à Menetou-Salon. — Vins de Menetou et de Vasseley.
Perret-Delorme (Jean), à Venesmes. — Vin rouge et vin blanc
Pinard (Vincent), à Sancerre. — Vin rouge.
Pinon (François), à Sancerre. — Vin rouge et vin blanc.
Pinon (Théodore), à Sancerre. — Vin vieux et nouveau.
Pinson (Anselme), à Crézancy. — Vin rouge.
Pinson (Arthème), à Crézancy. — Vin rouge.
Pinson (François), à Crézancy. — Vin rouge.
Pinson (Pierre), à Crézancy. — Vin rouge.
Pinson-Rhomble, à Crézancy. — Vin rouge.
Ponroy (Jules), à Montigny. — Vin.
Quillier (Napoléon), à Sancerre. — Vins rouges de Sancerre et de Bué.
Rabourdin (S.-M.), à Lury. — Vins.
Raffertin (Jacques), à Crézancy. — Vin rouge.
Raimbault (J.-L.), à Chéry. — Vin rouge.
Roger (E.-F.), à Bué. — Eau-de-vie.
Roulin (Louis), à Montigny. — Vin.
Sadrin-Chevrin, à Saint-Amand. — Vin.
Sallé (Pierre), à Crézancy. — Vins blancs, rouges.
Sauget (Arthur), à Lury. — Vin blanc.
Sonciet (Alexandre), à Crézancy. — Vin rouge.
Société Syndicale des vignerons (Président : Boulay), à Saint-Satur. — Vin rouge.
Société vigneronne (Président : Paillard-Biquin), à Sancerre. — Vins.
Supplisson (Maurice), à Sancerre. — Vins vieux de Sancerre.
Syndicat anti-phylloxerique (Président : Mingasson), à Veaugues. — Vins blancs et
     vins rouges.
Thomas, à Sancerre. — Vins.
Trotereau-Bailly, à Massay. — Vins.
Trotereau-Lapha, à Quincy. — Vin.
Turpin (Désiré), à Crézancy. — Vins rouges et vins blancs.
Vaillant de Guélis (Eug.-Antoine), à Sancerre. — Vin rouge de Sancerre.
Vaillant de Guélis (Georges), à Sancerre. — Vin blanc de 1887.
Vatan, à Sancerre. — Vins.
Véron (Auguste), à Sancerre. — Vin.
Vétois (Pierre-C.), à Crézancy. — Vin rouge.

COTE-D'OR.

9. Chambre syndicale du commerce en gros des Vins et Spiritueux de la COTE-D'OR. (QUAI.)

BAILLY, à Chenove. — Vins crus Chenove et Clos du Roi. 1885-86-88.

BERTHAU-ROUSSEAU, à Chambolle. — Vins de Chambolle-Musigny. Côte-d'Or grand ordinaire. Eau-de-vie de marc.

BICHOT-MOYNE, à Chambolle-Musigny. — Musigny 1885, 86 et 87. Bonnes-Mares 1884.

BIET (Jules), à Clos-Vougeot. — Eau-de-vie de marc du Clos de Vougeot 1887-88.

BRITSCHGKI, à Nuits. — Vins de Nuits-Leurrées 1877-1886.

CAMUZET-FAIVELEY (Pierre), à Vosne-Romanée. — Echézeaux 1885. Boudots et grand ordinaire 1887.

CHAMPEAUX (Denys de), à Vosne. — Vins des crus Beaux-Monts 1877-78-81-85 et Chambertin 1869-76-77-78-81.

CHAMPY Père et Cie, à Beaune. — Vins rouges : Romanée-Conti 1858, Clos-Vougeot 1858. Musigny 1846-1865-1874-1875.

CHANUT (Dr), à Vosne. — Vins crus Richebourg, 1865-70-81-85-87-88. Echézeaux 1846-65-69-70-78-81-85-87-88, Suchot 1865-81-85-86-87-88, Malconsort 1884-85-86-87-88, Clos Saint-Denis 1885-87-88. Eau-de-vie de marc, 1870.

CHAUVENET-MAGNY, à Nuits, rue de Quincey. — Vins de Nuits 1885.

CLERGET-DUCHEMIN, à Dijon, place Saint-Georges. — Vins des crus d'Echézeaux 1886-87, Côte-d'Or grand ordinaire 1886-87-88.

DARANTIÈRE, à Dijon, place Saint-Jean. — Vins du Clos des Corvées 1887, Côte-d'Or grand ordinaire 1887-88.

FAIVELEY-FERMOUCHE (Vve), à Vosne-Romanée. — Echézeaux, années 1885-86-87-88. Eau-de-vie de marc 1885.

FAUCONET, à Vougeot. — Vins crus Côte-d'Or et grand ordinaire 1883.

FERMOUCHE-IHOTE, à Vosne. — Vins de Vosne, Beaux-Monts 1885-86.

FERMOUCHE-MAIGNOT, à Vosne-Romanée. — Beaux-Monts, 1885-88. Côte-d'Or grand ordinaire 1886-88. Eau-de-vie de marc 1885, 88.

FOLLOT-BUSSON, à Dijon, rue Franklin. — Vins, clos de Varsilles 1870-78-81.

GALAND-LÉCRIVAIN, à Vosne. — Vins d'Echézeaux 1885. Eau-de-vie de marc 1884.

GAREAU-DESPETASSE, à Vougeot. — Vins crus Côte-d'Or et clos du Roi.

GENTILHOMME (Eugène), à Vougeot. — Vin, cru de Vougeot 1887-88. Côte-d'Or grand ordinaire 1888.

GILLES (Sébastien), à Vosne-Romanée. — Vins de Vosne, Suchot 1884-85-88. Côte-d'Or grand ordinaire 1886.

GIRARD Fils (Arthur), à Savigny-lez-Beaune. — Eau-de-vie de marc et kirsch de Bourgogne.

GRANDRY (Alexandre de), à Nuits. — Vins de Pruliers 1876-81-85-78.

GRAPIN (Paul), à Dijon. — Vins.

GRIVELET, à Vosne-Romanée. — Vins fins. Vosne-Romanée, années 1884-85-86-87-88. Passe-tout-grain 1886. Eau-de-vie de marc 1885 et 1886.

GRIVOT-RENEVEY (Joseph), à Vosne-Romanée. — Vins, crus Beaumont 1885, Vosne 1887, Boudots 1878.

GROFFIER (Émile), à Vosne. — Vins de Côte-d'Or grands ordinaires 1886-1887.

GROS-GUENAUD (L.-Gustave), à Vosne-Romanée. — Richebourg, clos des Réas.

GROS-LECRIVAIN (Théodore), à Vosne-Romanée. — Vin Suchot 1881-83-84-85-86-87-88. Grand ordinaire 1885-87-88.

GUILLEMOT (Paul), à Dijon, rue des Vosges. — Vins de Chambertin 1870-74-75-77-78-81-85-86-87.

HYVE (Louis), à Dijon. — Vins rouges et vins blancs de Meursault, Meursault-Genevrières 1885-86-87, Santenot 1885, grand ordinaire 1886.

JAVILLIER-MORISOT, à Dijon. — Vins.

JOLIET (Vve), à Gevrey-Chambertin. — Vins, Clos de Varsilles 1870-78-81.

JOLIET, à Dijon, rue Chabot-Charny.— Vins du Clos des Varoilles 1870-78-81.

LAMARCHE (J.-Constant), à Vosne-Romanée. — Vins fins. Vosne 2ᵉ 1887-85-88. Eau-de-vie de marc 1888.

LIGER-BÉLAIR (Comte Edgard), à Nuits.— Vins de crus St-Georges,1876-77-81, Clos de Tâche, 1876-77-78-81-85, Romanée 1876-77-78-81-85.

LORANCHET, à Vosne. — Vins de Vosne-Romanée 1878-83-85.

MAREY-MONGE (Paul) & DUPONT, à Vosne. — Vins de Romanée.

MARGUERY-GRANDNÉ, à Chambolle. — Vins crus Chambolle-Musigny, 85-86-87-88.

MARION (Adrien), à Morey, par Gevrey-Chambertin.—Bonnes-Mares (Chambolle-Musigny) années 1884-85-86.

MARTIN-NEIGE, à Nuits, rue de Beaune. — Vins de Nuits 1886.

MAUPIN (L.) & POIRSON (J.), à Corgoloin. — Vins.

MILSAUD (Ph.), à Dijon. — Vins.

MONGEARD-MORAND (Joseph), à Vosne-Romanée. — Vins fins du cru des Orvaux, années 1885-86-87-88.

MORAND-NAIGEON (Henri), à Vosne. — Suchot 1885 et 1887.

MUGNIER (Mᵐᵉ Adèle), à Dijon, rue Vannerie, 43. — Vins Echézeaux 1877-81-86.

MUGNIER (Frédéric), à Dijon. — Vins.

NAIGEON (François), à Vosne-Romanée. — Grand ordinaire 1887.

NOELLAT-MAIGNOT (Félix), à Vosne-Romanée. — Vosne Boudots 1885. Vosne Beaumont 1886-87.

OUVRARD (Les héritiers de Jules), à Vougeot. — Clos de Vougeot, rouge 1881 et blanc 1881 et 87.

PARIS (OCTAVE), à Dijon, rue de l'Arquebuse. — Vins.

PASTEUR, à Dijon, rue Franklin. — Vins de Montre-cul, blanc 1862. Côte-d'Or grand ordinaire 1862-87.

PERDRIZET (André), à Dijon. — Romanée 1874, Corton 1874, Nuits 1881 Santenay 1885. Volnay 1886, Grand ordinaire : passe-tout-grain de Meursault 1885, etc.

PERIER (Arsène), à Prémeaux, près Nuits. — Vins crus Prémeaux, Clos Saint-Marc et Pagets.

PERNOT-GILLE (F.-A.), à Dijon, rue Buffon, 7. — Vin rouge Corton (Clos du Roi), années 1885 et 1888.

PHILIPPE-BRIDELET, à Puligny-Montrachet. — Eau-de-vie de marc 1878 et 1888.

PLOUX, à Vougeot. — Vins crus Chambolle-Musigny 1883-86. Eau-de-vie de marc 1886.

POLACK (Charles), à Dijon — Grands vins de Bourgogne.

POUPON (Auguste), à Morey. — Bonnes-Mares 1881-86-88. Grands vins fins. Grands ordinaires 1886-88. Eau-de-vie de marc 1888.

PROMAYET, à Dijon. — Saint-Georges 1869-76-81-83-86.

QUENOT (H.), à Dijon. — Vins.

REGNIAULT (A.), à Dijon. — Vins.

RÉGNIER (Jules), à Dijon, rue Chabot-Charny, 71. — Vins de vignes blanches 74-81-86. Clos Régnier 1874-81-86. Tâche 1874-81-86. Eau-de-vie de marc 1888.

RÉGNIER (Jules) et Cie, à Dijon. — Vin et eau-de-vie de marc de Bourgogne.

RENAUDOT (Pierre), à Vosne. — Vins crus Vosne-Romanée 1881-83-85, Côte-d'Or grand ordinaire 86.

RENAUDOT (Symphorien), à Vosne. — Vins de Vosne-Romanée 1886-87-88. Eau-de-vie de marc 1887.

RIEMBAULT (E.), à Morey, par Gevrey-Chambertin. — Vins.

RODIER, à Dijon, rue Charrue. — Clos des Lambrays, années 1884-85-86.

ROUVIÈRE Fils, à Dijon. — Vins et eau-de-vie de marc de Bourgogne, kirsch de la Côte-d'Or.

SAVOT, à Chenove. — Vins.

SÉNARD (Jules), à Aloxe-Corton.— Corton 1885-86-87. Beaune 1885-86-87.

TÉTARD, à Dijon, rue Buffon. — Vins des crus de Pouilly, grand ordinaire 1886, et de Longric grand ordinaire 1887.

THABARD-BERNARD (A.), à Chenove. — Vins.

THOMAS-BASSOT, à Gevrey-Chambertin. — Vins.

VAISSIER (Edmond), à Dijon. — Bonnes-Mares 1870.

VIÉNOT (Mlle Charlotte), à Prémeaux. — Vins, crus de Musigny 1885, Chambolle 1886.

VIÉNOT (Ch.), à Prémeaux. — Crus de Clos de l'Arlot 1885.

VIÉNOT (Prosper), à Prémeaux. — Vins crus Grandes-Vignes 1886.

10. Chambre de Commerce de BEAUNE.   (QUAI.)

ARMAND (Comte), à Pommard. — Vins de Pommard, Epeneaux, 1870-1881-1885-1886-1888.

AUROUX Frères, à Beaune. — Vins de Corton 1878, Pommard 1878, Beaune 1875, Volnay 1878, Mercurey 1880.

BAHEZRE (H. de), à Nuits. — Vins du Clos des Lambray 1884-1885-1886, Clos Sorbet 1884-1885.

BEAUDET Frères, (A. et L.), à Beaune. — Vins rouges, Clos Vougeot, (Ouvrard) 1885-86, Musigny 1878-81-85, Chambertin 1878-81-85, Nuits, 1878-81-85, Volnay-Champans, 1881-85, Pommard, 1881-85, Beaune 1881-85. Vins blancs.

BERNARD, à Volnay. — Vins de Volnay, 2e (gelée) 1887. Volnay. Passe-tout-grain 1887.

BERNARD (Charles), à Beaune. — Vins de Corton, 1878-81-85-86-87.

BILLEREY (Auguste), à Beaune.— Vins rouges, Chambolle 1878, Romanée-St-Vivant 1877, Beaune (gelée) 1865. Bonnes-Mares 1878. Vins blancs, divers crus.

BILLET-PETITJEAN (J.), à Beaune. — Vins de Beaune 1re 1885, Beaune Passe-tout-grain 1885, Volnay 1885.

BLONDEAU (Louis), à Beaune. — Vins rouges de Musigny 1878-1885, Chambertin 1878, Richebourg 1878, Nuits-St-Georges 1878, Corton 1878-1885, etc... Vins blancs divers crus.

BLONDEAU-THIBAULT, à Cussy-la-Colonne. — Vin blanc 1886.

BOCION (P.-J.), à Beaune. — Vin de Corton 1885-1887-1888. Aloxe 1885-1887-1888. Beaune 1885-1887-1888. Volnay 1881.

BOILLOT Frères, à Volnay. — Volnay, 1885-1886-1887.

BOISTOT ainé, à Beaune. — Vins de Musigny 1870, Corton Clos du Roi 1881, Pommard 1885, Beaune grand ordinaire 1887, Santenot blanc 1886.

BONNET Frères, à Beaune. — Vins de Beaune 1878, Volnay 1885, Pommard 1878, 1884, Santenot rouge 1885.

BOUCHARD Père et Fils, à Beaune. — Vins blancs de Montrachet 1858-1864-1865-1869-1870-1875-1885, Meursault, 1846-1858-1878.

BOURGOGNE (C.), à Pommard. — Vins de Pommard 1881, 1885, Volnay Santenot 1881, 1885. Meursault blanc 1883.

BOURGOIN-JOMAIN Fils, à Beaune.— Vins de Bourgogne mousseux, Pommard mousseux, Volnay mousseux, Nuits mousseux, Romanée mousseux, Chablis mousseux, Goutte d'or mousseux, Chambertin mousseux. Désirée, grand vin mousseux.

BRESSAND-NINOT, à Rully. — Vins de Chardonnet 1881-1886-1887.

BRINTET-MOISSENET, à Nuits. — Vin de Nuits-les-Cailles 1877, Richebourg 1878, Romanée St-Vivant 1878, Pommard Epeneaux 1883, Chambertin 1878.

BRULET-MONGET, à Saint-Aubin. — Vin rouge ordinaire 1887, Passe-tout-grain 1886, 1887. Vin blanc 1887, Vin rouge grenache 1884.

BRUNINGHAUS (R.), à Nuits. — Vins de Corton, Clos du Roi 1884-1885-1886, Champ de Perdrix 1884-1885-1886.

BUFFET (Ferdinand), à Beaune.—Vins rouges, Givry, Mercurey, Santenay, Chassagne, St-Aubin, Savigny, Meursault 1881. Divers vins blancs et divers vins mousseux.

CAPITAIN-GAGNEROT, à Ladois-Serrigny. — Vins de Corton 1881-1885-1886. Grand ordinaire 1887, ordinaire 1886.

CHAMPY Père et Cie, à Beaune. — Vins de divers crus.

Maison fondée en 1720.
Vins rouges : Clos Vougeot 1846, 1865 ; Musigny 1858, 1870, 1874 ; Chambertin 1858, 1885, 1887. Clos de Tart 1865 ; Romanée Saint-Vivant 1875 ; Romanée 1865 ; Richebourg 1870, 1878, 1881, 1885 ; Corton 1870, 1878 ; Saint-Georges 1870 ; Vosne-Echézeaux 1887 ; Nuits 1878 ; Volnay 1865, 1886 ; Pommard-Rugiens 1874, 1885, 1888 ; Pommard-Epeneaux 1878, 1887 ; Pommard 1870 ; Beaune-Grèves 1887 ; Beaune 1875, 1878 ; Savigny 1886 ; Chassagne-Clos Saint-Jean 1888 ; Chassagne 1886.
Vins blancs : Montrachet 1858, 1865, 1881 ; Meursault 1875, 1881 ; Pouilly 1877.

CHARTON Fils (C.), à Beaune.— Vins de Santenot blanc 1885, Beaune 1881, Pommard 1878, Coston 1881, Beaune 1885.

CHEVRIER-BONNARDIN, à Meursault. — Vins de Pommard 1885, Santenot-Meursault 1885-1887. Monthelie 1887. Meursault Goutte d'Or 1886.

COMPAIN (Antonin), à Puligny-Montrachet. — Vins de Puligny 1886.

COMPAIN-JOUARD (Vve) et son Fils, à Puligny-Montrachet. — Vins de Puligny-Montrachet 1885, 1886, 1887, 1888.

DRAPIER (Ch.), à Puligny-Montrachet. — Vins de Chassagne 1re (gelée) 1887, Clos Saint-Jean 1886, Clos Montrachet 1887, Clos Vaillon (gelée 1887), Puligny 1er rouge et blanc.

DUPONT-DEVAUX, à Meloisey. — Vins de Meloisey 1865-1885-1887-1888. Nantoux grand ordinaire Passe-tout-grain 1886. Eau-de-vie de marc 1885.

ÉCOLE PRATIQUE D'AGRICULTURE ET DE VITICULTURE, à Beaune. — Vins de Beaune, Grèves, Marconnets 1885-1886-1887. Chorey ordinaire, eau-de-vie de marc, eau-de-vie de vin 1886-1887.

FOURT-CHALET, à Meursault. — Eau-de-vie de marc de Bourgogne, 1885-1887.

GARNIER Fils (Lazare), à Pernant. — Vins de Pernant, Passe-tout-grain, 1886-1888. Pernand blanc ordinaire 1887. Eau-de-vie de marc 1888.

GAUTHEY Cadet et Fils, à Aloxe. — Vins de Clos de Bèze, 1870-1885. Chambertin, 1874-1886, Corton, 1878, Nuits-Saint-Georges 1886, Aloxe, 1885, Monthelie, 1886, etc.

GIRODIT-HENRY, à Beaune.— Vins de Beaune 1er, 1886, Nuits, 1878, Vosnes 1875, Chambertin 1859, Montrachet, 1865.

GORGES (Célestin), à Savigny-lez-Beaune. — Vins de Vergelesses, 1878.

GORGES-GERMAIN (L.), à Savigny-lez-Beaune. — Vins de Corton 1885-1886-1887, Savigny, 1885-1886-1887, Savigny, 1885-1886, Savigny Passe-tout-grain, Eau-de-vie de marc.

Corton, cuvée de Clermont-Tonnerre, des années 1881, 1883, 1885, 1886, 1887.
Savigny, 1re cuvée, 1883, 1885, 1886, 1887. Savigny, 2e cuvée 1885, 1886, 1887.
Passe-tout-grain 1886, 1887. Eau-de-vie de marc extra-fine, dépositaire à Paris : A. Lachavaune, 93, rue des Partants.
Agent général pour Paris, M. A. Brenot, 86, boulevard de Versailles, à Suresnes (Seine), et pour l'exportation, M. A. Abbona, 54, rue Lafayette, à Paris.

GRAPIN (Paul), à Meursault. — Vins de Meursault, Goutte d'or 1881, Meursault, Clos des Charmes 1881.

GUILLEMARD-OLIVIER Aîné (A.), à Chorey-lez-Beaune. — Vins de Chorey-Gamey 1886, 1887, Chorey Passe-tout-grain 1885, 1886, Eau-de-vie de marc, 1886.

HOSPICES CIVILS, à Beaune. — Vins de Beaune, Santenot 1869, Beaune, diverses cuvées, Pommard 1885, Aloxe-Corton, Volnay-Santenot, Eau-de vie de marc.

JACQUEMINOT (Les Fils de C.) — Vins de Corton 1870-1874-1878-1881-1885, Savigny-Lavière 1878-1878-1881-1885, Aloxe, 1878, 1881, 1885, 1886, 1887.

JAILLOUX-MERLE, à Rully. — Vins du Chardonnet, la Pucelle 1870-1886-1887. Rully rouge 1er Clou et Pillet. Rully rouge, 2e Chapitre.

JARY DE PONTBRIANT (Mme C.), à Pommard. — Vins de Pommard 1877-1881-1883-1885-1886.

JEUNET-GUYARD, à Rully. — Vins de Chardonnet 1er 1870, Rully rouge, 1er 1881.

LABOURÉ-GONTARD, à Nuits. — Vins de Clos de Vougeot, blanc Romanée, Goutte d'Or, Nuits, Volnay, Pommard, Nuits, Saint-Péray.

Laligant-Chameroy, à Beaune.—Vins de Meursault 1870, Latricières, Chambertin 1870, Bonnes-Mares, 1874, Nuits, Corton, Beaune, Pommard, Volnay, etc.

Latour (Louis), à Beaune.—Vins rouges, Corton 1846. Musigny 1865, Nuits 1865, Volnay 1865, Romanée-Conti 1870, Richebourg 1877, Chambertin 1878, etc. Vins blancs.

Lefèvre et Rémondet, à Savigny-lez-Beaune. — Vin de Romanée, mousseux blanc. Nuits, Volnay.

Loubet (A.), à Beaune. — Vins de Chambertin 1876, Romanée 1878, Beaune, 1878, Pommard 1870, Meursault blanc 1870.

Manuel (Léonce), à Meursault. — Vin du Clos, Santenot Volnay 1881, 1885, 1886, Meursault, Clos de la Baronne 1878, Meursault Perrières blanc 1878.

Manuel-Roux, à Savigny-lez-Beaune. — Vin de Gaudeaux 1885, Vergelesses 1885-1886, Gaudeaux 1887, Lavières 1886.

Marey (C.) et Liger-Belair, à Nuits. — Vin de Chambertin 1886. St-Georges 1876-1877-1881-1885. La Tâche 1876-1878-1881. Romanée 1876-1877-1878-1881-1885.

Martini-Rosé, à Beaune. — Vin de Chambertin 1858, Romanée 1865, Richebourg 1870, Nuits 1874, Corton 1878, Musigny 1885, Pommard 1858, Beaune, Pouilly.

Maupin (L.) et Poirson (J.), à Corgoloin. — Vin de Volnay, Clos de la Bousse d'Or, 1878-1885-1886-1887-1888. Eau-de-vie de marc, 1885, 1888, eau-de-vie, 1888.

Menétrier-Belnet (J.), à Beaune.— Vin de Chambertin, 1881, Musigny 1885, Richebourg 1881, Corton 1885 Nuits-St-Georges 1881, Volnay Santenot 1885, Pommard 1878, Beaune 1er cru grèves 1885, Meursault blanc 1878, Chablis 1887.

Premières récompenses Exposition internationale de Melbourne, 1888.

Mignotte-Picard et Cie, à Chassagne-Montrachet. — Vin de Meursault blanc 1859, Montrachet blanc 1846-1858, Mercurey 1882, Santenay 1878-1881, Chassagne 1882, Corton, etc.

Moingeon-Ropiteaux, à Savigny-lez-Beaune.— Vin de Beaune Bressande 1887, Savigny Vergelesses 1887.

Montessus (Comte de), à Rully. — Vin de Rully rouge 1834-1842-1865-1869-1870-1874-1878, Chardonnet blanc, la Chaume 1854-1858-1859.

Montoy (L.-A.), à Beaune. — Vin de Beaune 1er Avaux, Cras, Grèves 1875-1878-1881-1884-1885-1886-1887-1888.

Morot (Albert), à Beaune. — Vin blanc de Montrachet 1865, Meursault 1858, Pouilly 1870-1874-1877, vins rouges Chambertin, Pommard, Beaune, etc.

Muthelet-Delavaivre, à Rully. — Vin de Rully rouge 1864-1878-1881, Rully blanc 1858-1881.

Muthelet (Vve) et C. Ninot, à Rully. — Vin de Bourgogne mousseux ordinaire, supérieur, cuvée de réserve, rosé, rouge.

Naigeon, à Beaune. — Vin de Beaune 1885, Pommard 1885-1887, Chassagne 1885-1887.

Narjoux (Dominique), à Rully. — Vin de Chardonnet 1884, Rully rouge 1881.

Ninot-Narjollet, à Rully. — Vin de Chardonnet 1er 1870, Chamirey 1er 1878.

Pavelot (Louis), à Pernant. — Vin de Pernant blanc ordinaire, eau-de-vie de marc, Pernant 1887.

Perrault Père et Fils, à Rully. — Vin de Gamay rouge 1887, Gamay blanc 1887, Rully 1886-1887, Rully-Chardonnet blanc 1887.

Ponsot (F.), à Beaune. — Vin de Pommard-Rugiens 1881, Beaune 1883, Pommard Epeneaux 1881, Santenay 1er 1886. Beaune passe-tout-grain 1886.

Poty-Serrigny (L.), à Beaune. — Vin de Chambertin 1881, Musigny 1885, Pommard 1883, Beaune 1881, Chorey-Gamay 1885.

Rameau-Lamarosse (Mme), à Pernand. — Vin de Vergelesses 1885-1886-1887-1888, Aloxe, Corton 1885-1886-1887-1888, Pernant 1885-1888.

Rérolle (G.), à Santenay. — Vin de Richebourg (gelée) 1881, Richebourg 1885, Nuits 1881, Beaune grèves 1877, Beaune 1885, Santenay 1887.

Ricaud Frères, à Beaune. — Bières (fermentation haute). Vins eaux-de-vie, vins de Beaune, Clos Ricaud, vins de table rouge 1885-1886-1887.

ROYÉ-LABAUME et Cie, à Beaune. — Vins de Corton 1865-1870-1875-1881-1885. Vin de Vergelesses, Dominodes, Corton blanc 1858-1865-1870-1875-1881.

SALEILLES-CLERGET, à Beaune. — Vin de Pommard 1881. Beaune grèves 1881-85, Beaune grèves, gelée 1885, Musigny 1881.

SAUVAGEOT-POIDEVIN, à Beaune. — Vin de Meursault 1864-1865, Pommard 1862. Romanée 1865-1870.

SEGUIN-MANUEL, à Savigny-lez-Beaune. — Vin de Lavières 1885-1886-1887. Serpentières 1886, 1887.

STADELHOFFER, à Nuits. — Vin de Nuits, 1re cuvée 1883-1885-1887, Nuits grand ordinaire 1887, Nuits Gamey 1887.

THEURIET (Gustave), à Beaune.— Vin de Chambertin 1875. Volnay 1877, Pommard 1878, Beaune 1885, Santenay 1885.

VIEILHOMME (Henry), à Beaune. — Vin de Corton 1877, Beaune grèves 1886. Médailles d'or, Expositions universelles Paris 1867, Vienne 1873, Anvers 1885.

VINCENEUX (Jules), à Beaune. — Vin de Savigny Vergelesses 1886, Nuits Saint-Georges 1886.

VINCENT Frères, à Beaune. — Vin de Chambolle 1869, Chambertin 1870-1878, Vosne 1881, Beaune 1886, Pommard 1886.

VIOLLAND (Léon), à Beaune. — Vin de Beaune 1886, Volnay 1885, Pommard 1885, Savigny 1886, Meursault 1887.

11. Comité d'Agriculture de BEAUNE et de NUITS.   (QUAI.)

BERGERET-ARNOUX, à Nuits. — Vins de Nuits, 1884-85-86-87, première cuvée.

BLIC (de), à Pommard. — Pommard Rugiens 1881, Pommard en fûts 1888, Pommard clos de Cîteaux 1881, Chambertin 1881.

BOILLOT-GARNIER (J.-B. Eugène), à Pommard. — Duresses 1886. Auxey-le-Grand (Côte-d'Or).

BORDET Aîné, à Dijon, rue Cazotte, 2. — Vins de Chambertin 1885-86-87-88, Morey, première cuvée, 1885-86-87-88.

BOUDIER-COLLET et BOUDIER-JOIGNEAULT, à Corgoloin. — Vins, crus de Comblanchien, grandes vignes, 1885-1886, Côte-d'Or, grand ordinaire, 1887-1888. Eau de vie de marc 1887.

BOUDROT (Ernest), à Fixin. — Vins, grand ordinaire, 1885-1886.

BOUDROT-RENAUDOT (P.), à Chambolle-Musigny. — Vins de Bonnes-Mares 1877-81-85, Chambolle 1883-1887, Côte-d'Or, grand ordinaire 1881-83-85-86-87. Eau-de-vie de marc.

BOURSOT (Dr E.), à Chambolle-Musigny. — Vins de Musigny, années 1878-81-84-85-87-88.

BOURSOT-CHAMSON (J.-B.), à Vougeot. — Vins fins, Chambolle-Musigny et Chambolle-Bonnes-Mares 1885. Chambolle-Musigny 1886 et 1887, Nuits, grand ordinaire 1887.

CHAMPY, à Beaune. — Beaune-Grèves, années 1870-74-78-81-85-86-87-88, Savigny-Dominodes 1878-74-78-81.

CLÉMENT-DREVON (Alphonse), à Brochon, par Gevrey-Chambertin. — Vins de Brochon 1886-87.

CLERMONT-TONNERRE (Marquis A.-Roger-C. de), au château de Serrigny. — Vins, Corton, clos du Roi 1888.

CRETIN (René), à Fixin. — Vins fins du clos Napoléon 1877-86-87-88.

DARVIOT-ALBERTIER (L.), à Beaune. — Vins, crus de Grèves, 1875-1881-1885. Marconnets, 1878, 1881, 1885. Pommard, 1877.

DUMOULIN Aîné (Fernand), à Savigny-lez-Beaune. — Vins de Pouget-Corton, 1881-1885-1886, de Vergelesses, 1886-1887-1888. Médailles d'or et d'argent aux Expositions universelles de Paris 1867 et 1878.

FIGEAC (Gabriel), à Nuits. — Vins de Nuits, 1881-1886.

GARDEY (Justin), à Nuits. — Vins, clos des Bouffales, grand ordinaire.

GAUTHEY (Henry), à Aloxe-Corton. — Chambertin 1886, et Corton.

GRACHET (Fernand), à Gevrey-Chambertin. — Vin de Chambertin de 1887 et de 1888

GRANCEY (Comtesse de), au château de Grancey, Aloxe-Corton. — Vin de Corton, 1885-1887.

GRANDNÉ-GRANDNÉ (Pierre), à Nuits, rue St-Symphorien, 93. — Vins de Nuits (Dinôt) 1887.

GRÉSIGNY (Sosthène de), à Gevrey-Chambertin. — Vins de Chambertin 1883-84-87-88, Mazis et Nuits-Saint-Georges 1887, Grandes-Charmes 1881-87.

GRUÈRE (J.-B. Victor), à Fontaine-lez-Dijon. — Vin rouge grand ordinaire, années 1875-76-77 de Fontaine-lez-Dijon.

JORROT (Joseph), à Chambolle-Musigny. — Vins de Bonnes-Mares 1885 et 1887.

JORROT Fils (Paul), à Chambolle-Musigny. — Vins fins de Chambolle-Musigny 1886 et Bonnes-Mares 1887 en fûts. Chambolle-Musigny 1887 et Bonnes-Mares 1878 en bouteilles, et eau-de-vie de marc 1888.

LAGOUTTE (P.-Auguste), à Dijon, rue Saint-Bénigne, 5. — Pinots rouges, clos de la Croix-Blanche, années 1881-83-86.

LAURAIN (Henri), à Beaune, rue Thiers, 11. — Vosne, Beaux-Monts 1885-86-88.

LAVIOLETTE-RUE, à Beaune. — Marconnets, 1885-86.

MAREY-MONGE (Vve Ernest), à Nuits. — Vin de Richebourg 1865 et 1887, Nuits-Vaucrains 1884 et 1886, Beaune-Cras 1886.

MAREY-MONGE (Mme Paul), à Paris, rue de Grenelle, 26. — Vins de Grèves 1885-86-87-88, Epeneaux 85-86-87-88.

MAREY-MONGE (Mlle), à Morey. — Vins de Morey, clos de Tart, 1881-84-88, clos de St-Denis 1881, clos de St-Denis en fûts 1884-88.

MARION (Eugène), à Gevrey-Chambertin. — Chambertin-Marion 1865-77-86-88, Mazières 1870-77-83-86.

MARQUE (Bernard), à Pommard. — Pommard-Rugiens 1881, Pommard Epeneaux, 1881.

MATHOUILLET-CHALON, à Pernant. — Vergelesses, 1885-86.

MIDAN (Nicolas), à Chambolle. — Vins de Chambolle et de Musigny, 1884-85.

MOILLARD-GRIVOT, à Nuits. — Vins de Romanée Saint-Vivant, 1885-1886-1887-1888.

MOLIN (Adolphe), à Beaune. — Vins, crus de Morey, Bonnes-Mares, 1865-1870-1878-1883, Beaune-Grèves, 1865-1870-1878-1881.

MOREAU (Laurent), à Nuits, rue de Dijon, 24. — Nuits, grand ordinaire 1886, Nuits bon ordinaire 1888.

MOYNE-JACQUEMINOT (F.-E. Adrien), à Savigny-lez-Beaune (Côte-d'Or). — Corton 1874-7881-85-86-87-88, Savigny-Lavières, 1881-85-86-87-88, Savigny, 1881-85-86-87-88.

PARISOT (Charles), au château de Tichey, par Seurre. — Vin des Grèves de Beaune.

PILLET, à Flagey, par Nuits. — Vins d'Echézeaux 1881-1886.

POUPON (Auguste), à Morey. — Bonnes-Mares grands vins fins, grands ordinaires et eau-de-vie de marc.

PUJO (Dr Ch.), à Gevrey-Chambertin. — Vin des Mazoyères ou Charmes 1885, grand ordinaire 1888, Gevrey-Chambertin.

RABUTOT (J.-E.), à Dijon, rue Piron, 1. — Vins de Mares-d'Or, 1887-1888. Montre-cul blanc, 1886. Côte d'Or, grands ordinaires, 1887-1888. Chenove ordinaire, 1888.

REITZ-CORNU, à Nuits. — Vins cru de Cras, 1885-1886-1887-1888.

TISSERAND (Adolphe), à Beaune, rue Bussière, 14. — Vin blanc Montrachet, 1870. Vin rouge de Blagny, 1865-1878.

TRIPIER (Mme Théodore), à Beaune. — Vin blanc et vin rouge de Blagny, Montrachet, 1877. Vin rouge de Blagny 1865-1886.

VERGNETTE (Vicomte de), à Beaune. — Vins de Pommard-Meursault Gennevrières, 1858-1865-1870-1875-1878-1881-1885-1886-1887-1888-1865-1877.

VOGUÉ (Comte Arthur de), à Chambolle. — Vins de Musigny 1870-74-78-81-86.

DROME ET ARDÈCHE.

12. Syndicat réunis des vins des Côtes du Rhône, à Valence (Drôme).
— Vins.   (QUAI.)

AUBERT (F.), à Tain (Drôme).
AUDIBERT et DELAS, à Tournon-sur-Rhône (Ardèche).
BARBIER (Louis), à St-Péray (Ardèche).
BOODE (G.-J.), à St-Péray (Ardèche).
BOZZINI (Antoine), à Tain (Drôme).
DESCHAMPS (François), à Tournon-sur-Rhône (Drôme).
DUCROS (Aristide) et PONCET, à Valence-sur-Rhône (Drôme).
ÉTIENNE Père et Fils, à St-Péray (Ardèche).
FERLIN (L.) et Cie, à Valence-sur-Rhône (Drôme).
FERDINAND (Julien), à Tain (Drôme).
GAILLARD Frères, à Maures-sur-Rhône (Ardèche).
GRÉGOIRE et BOURGUIGNON, à Romans (Drôme).
GUIRONNET (F.) et Cie, à Tournon-sur-Rhône (Ardèche).
JABOULET et Cie, à Cornas (Ardèche).
JABOULET (Terchezze), à Tain (Drôme).
JEAN (Cousins), à Valence-sur-Rhône (Drôme).
MALET-FAURE, à St-Péray (Ardèche).
MALEVAL Frères, à St-Jean-de-Muzole (Ardèche).
NAZET (Narcisse), à St-Péray (Ardèche).
NAZET-VASSEUR (L.) et Cie, à Valence-sur-Rhône (Drôme).
NILLIAND (Léon) et Cie, à St-Péray (Ardèche).
NIVOCHE (François), à Valence-sur-Rhône (Drôme).
OZICO Fils, à Maures-sur-Rhône (Ardèche).
PAQUET et Cie, PAQUET et CHAPOUTIER Succ., à Tain (Drôme).
PERRET (H.) et Cie, à St-Péray (Ardèche).
POURRET-BOURNAT et Cie, à St-Péray (Ardèche).
PRUNIER Fils, à Romans (Drôme).
ST-PRIX et Cie (V. Z.), à St-Péray (Ardèche).
PROTHON (N.) et Cie, à Tournon-sur-Rhône (Drôme).
REY DE PAULE et Cie, à St-Péray (Ardèche).
RICHARD Frères, à Tournon-sur-Rhône (Ardèche).
RICHARD (Léon), à Tain (Drôme).
ROBIN et Cie, à Romans (Drôme).
ROCHETTE Frères, à Valence-sur-Rhône (Drôme).
RODET (Marius), à Cornas (Ardèche).
SEYVE et Cie, à la Roche-de-Glux (Drôme).
TOURETTE (Marquis de la), à Tain (Drôme).
VERCASSON, à Valence-sur-Rhône (Drôme).
VIOSSAT, à St-Péray (Ardèche).
VIVARÈS (Cousins), à St-Péray (Ardèche).
VIVARÈS (A.) et Cie, à St-Péray (Ardèche).
VOGELGESANG (F.) Fils, à Tain (Drôme).

EURE.

13. Comité des agriculteurs de BERNAY. — Président : **Bouchon Albert,** — à Bernay (Eure). — Eaux-de-vie de cidre, poiré.   (QUAI.)

BERNAYS (François), à Menneval. — Eau-de-vie de cidre.
DESHAYES (Albert), à Aclou.— Eau-de-vie de cidre.
DUMONT (Paul), à Plasnes. — Eau-de-vie de cidre.
ECALARD (Aimé), à Saint-Léger-de-Rôtes. — Eau-de-vie de cidre.

FINISTÈRE.

14. Comité départemental du FINISTÈRE. — Président : **de Lécluze,** — à Kerfeunteun (Finistère). — Cidres, etc.   (QUAI.)

BRIOZ DE LA MALLERIE, à Kerlagatu, commune de Penhars. — Cidres de 1887 et 1888.
HAMON DE LECLINCHE, à Benodet. — Cidre de 1888.
LE LAY, à Rossulier, commune de Plomelin. — Cidres de 1887 et 1888.

GARD.

15. Société d'Agriculture du GARD.   (QUAI.)

AMPHOUX, à Beauvoisin. — Vins du Gard.
AUDEMARD, à Vergèze. — Vins du Gard.
BLANC (Ferdinand), à Bagnols. — Vins du Gard.
BOISSIER (Albert), à Nîmes. — Vins.
BOISSIER (Jules), à Nîmes. — Vins.
BOUNAUD Frères, à Bernis. — Vins.
BOURRY (Adolphe), à Vergèze. — Vins.
BRUNETON (Ferdinand), à Nîmes. — Vins.
CAZELLES (Émile), à Paris. — Vins.
CHAUZIT, à Nîmes. — Vins.
CLAUSEL DE COUSSERGUES, à Beaucaire.— Vins.
COLOMB DE DAUNAND, à Nîmes. — Vins.
DEJARDIN, à Nîmes. — Vins.
DIDE (Isidore), à Uchaud. —Vins.
DOUMERGUE (Edmond), à Nîmes. — Vins.
FABRE (Gustave). à Nîmes. — Vins.
FONTANÈS Aîné, à Beauvoisin. — Vins.
GLEIZES (Pierre), à Ledenon. — Vins.
GUÉRIN (Louis), à Nîmes. — Vins.
GUÉRIN (Samuel), à Nîmes. — Vins.
GUIGNE-BALDY, à Vauvert. — Vins.
GUIRAUD (Léonce), à Nîmes. — Vins.
HÉRISSON (Albert), à Nîmes. — Vins.
HUGUET Frères, à Bernis. — Vins.
JALLAGUIER, à Nîmes. — Vins.
LUGOL, à Nîmes. — Vins.
MOLINES (Ulysse), à Nîmes. — Vins.
MOURIER, à Bernis. — Vins.

Classe 73.   2

Pagès (Joseph), à Beaucaire. — Vins.
Pascal (Auguste), à Nîmes. — Vins.
Perié et Mejean, à Vergèze. — Vins.
Reboul (Antoine), à Calvisson. — Vins.
Rouvière (Jules), à Nîmes. — Vins.
Thurn (Im.), à Bellegarde. — Vins.

GERS.

16. Syndicat de la Société d'Encouragement à l'Agriculture du GERS. — Président : de Cardes, à Barran (Gers). — Vins, eaux-de-vie.
(QUAI)

Cardes (Auguste de), à Barran. — Vins.
Daguzan (Claude), à Isle-Jourdain. — Vins.
Dupin (Louis), à Maristaing. — Vins.
Laborde (Ludovic), à Fleurance. — Vins.
Lafitan, à Lamupaux. — Vins.
Lagardère, à Castelnau-d'Auzan. — Vins.
Lamarque, à Goudrin. — Vins.
Montant (Louis), à Mirande. — Vins.
Rican (Jules), à Viella. — Vins.
Sansot (Victor), à Auch. — Vins.
Tropania (Eugène), à Saint-Mont. — Vins.

17. Syndicat agricole de CAZAUBON.
(QUAI.)

Broqua (F. de), à Départ-Parleboscq (Landes). — Eau-de-vie du Bas-Armagnac.
Cappin (Lucien), à Sandemagnan, Cazaubon. — Eau-de-vie.
Druilhet (Edward), à Soubiran, Cazaubon. — Eau-de-vie.
Druilhet (Gustave), au Tourné, Cazaubon.— Eau-de-vie du Bas-Armagnac, vins blancs.
Dupuy de Guilheman (Joseph), à Cazaubon. — Eau-de-vie du Bas-Armagnac.
Jayles, à Cutxan, Cazaubon.— Eau-de-vie Bas-Armagnac.
Labadie (Joseph), à Barquet, Mauléon. — Eau-de-vie.
Laudet (Paul), au château de Labale, Parleboscq (Landes). — Eau-de-vie du Bas-Armagnac, 1869-78-88.
Marsan, à Cutxan, Cazaubon. — Eau-de-vie.
Rozis (Ferdinand), à Monclar. — Vins blancs.
Saint-Aubin, au Cerillo, Parleboscq (Landes). — Eau-de-vie.
Sinpé (Jean), à Bourrouilhan. — Eau-de-vie.
Sentex (Théodore), au Tastet, Parleboscq (Landes). — Eau-de-vie.

18. Syndicat agricole d'EAUZE.
(QUAI.)

Castagnet, à Cazenave. — Eau-de-vie d'Armagnac.
Druilhet (Gustave), au Tourné, Cazaubon. — Vin blanc, récolte 1888.
Renaud, à Gondrin. — Eau-de-vie d'Armagnac.
Rozis (Ferdinand), à Monclar. — Vin blanc, récolte de 1888.
Sabbattier (de), à Eauze. — Eau-de-vie d'Armagnac.

19. Union des syndicats de l'ARMAGNAC. — Comice agricole de NOGARO.
(QUAI.)

Caillebar (Ernest), à Estang.
Castagnon, au Château de Lencla, Toujouze.
Courseilhat, à Toujouze.
Dareau Lambadère, à Saint-Martin.

Darrion, à Sion.
Dartigalongue (Joseph), à Nogaro.
Desbous, à Saint-Martin.
Dubosc (Justin), à Arblade-le-Haut.
Ducoin (Eugène), à Manciet.
Ducos-Turbert, à Sion.
Lajus (Faustin), à Paujas.
Laborde-Lupert, à Arblade-le-Haut.
Loumaigne (Édouard), à Sion.
Lartigue (Urbain), à Christie.
Matignon, à Cravencères.
Samaran (Victor), à Cravencères.

GIRONDE.

20. Exposition collective des vins de la GIRONDE. — Secrétaire du comité départemental : **Buhan,** — à Bordeaux, rue Saint-Sernin, 66. — Vins. **(QUAI.)**

Abbadie-Lizet, (A.), à Génissac. — Vins, crus de Génissac.

Abbadie (B.), à Moulis . — Vins Château-Moulis.

Abbe (J.-J.), à Saint-Trélody-Lesparre. — Vins Château-Tapon 1878-81-85.

Allard (Georges), à Saint-Gervais. — Château du Mas 1888.

Armand (Edmond), à Bordeaux. — Vins de la Barthe-Haut-Brion 1877-88-81-84-74.

Arnaud, à Pomerol. — Cru Pétrus.

Arnaud (Camille), à Saint-Genès. — Vins Château-Pérenne 75-78-81.

Arnaud (Faustin), à Margaux. — Cru de Corneillan.

Aubé (Achille), à Pessac. — Domaine du Petit-Haut-Brion 1874-78-87.

Audinet et Buhan, à Ambès. — Vins Château-Piédreux 1887.

Barreyre, (Albert et Cie), à Bordeaux rue Brizard, 1. — Vins Villefranche cru, Massiot Saint-Loubès 1887. Château-Chardan-Saint-Loubès 1887. Cru de Bordes-Saint-Vincent-de-Paul 1887. Cru de Malbrède-Saint-Vincent-de-Paul 1884.

Barreyre (Fernand), a Saint-Vincent-de-Paul. — Vins Malbrède 1884.

Barreyre (Vve), à Saint-Vincent-de-Paul. — Vins cru de Bordes.

Bartherotte (E.), à Abzac. — Vins Château du Barrail 1884-87-88.

Bayssellance et Cazalet, à Moulis. — Vins Château-Duplessis 1881-87-88.

Beaucourt (Fortuné), à Margaux — Vins Château-la-Bégorce.

Béchaud (Adrien), à Saint-Hippolyte. — Vin, domaine du Moine.

Bellemer (C.), à Macau. — Vin Château-Priban, différentes années.
  Médaille d'or, Amsterdam 1883.
  Médaille d'argent : Anvers 1885, Bruxelles et Barcelone 1888.

Bellet (Étienne), à Bourg. — Vins. Cru Perrouille (1res côtes).

Berger (Vve L.), à Cantenac — Vins Brane-Cantenac 1875-83.

Bergegère (Jean), à Saint-André-de-Cubzac. — Domaine de Paradis 1888.

Bernard (Jules), à Camblanes. — Vins Château-Lagarettes (1res côtes)

Bert, à Saint-Estèphe. — Cru Ch. Cauteloup 1878-81-87.

Bertrand (Hippolyte), à Bassens. — Vins Château-Beaumont-Bertrand 1884-87.

Bertrand (H.) et Cie, à Bordeaux cours du Jardin-Public, 25 bis. — Vins Rauzan-Séglan 1875, Château-Lagrange 1875, clos d'Estournel 1880, Château-Beaumont-Buhaud 1884-87.

Byssac (Eugène), à la Cresne. — Vins Château la Ferrade 1865-70-75-76-81-84.

Boidron (Jean-H.), à Saint-Sulpice. — Vin la Chapelle Lescours 1881.

Bonnefous (A.) et Lardit, à Cardan. — Vins cru le Pin 1884-87-88.

Bonnefous (A.) et Lardit, à Cadillac. — Vins, Langoiran 1875, Cadillac 1881.

Bonnefous (Albert), à Cadillac. — Vins, cru Gaillardon 1887-88.

Bonnet (Albert), à Soussans et Margaux. — Cru Gauteyron-Toujaque 1875-87.

Bordes fils, à la Brède. — Vins.

Bordes (J.-J.), à Pessac. — Vins.

Boulès (Ch.), à Mérignac. — Vins.

Boullet (Louis), à Léognan. — Vins, cru Châteauneuf 1887-88.

Bouton (Pierre), à Massugas. — Vins, Château de Blanchet.

Bram (J.-F.), à Cameyrac. — Vins, domaine Château-Briant.

Briol (J.-Léon), à Saint-Loubès. — Vins, Château Chartrau 1887.

Brion (Ulysse), à Begadan. — Vins.

Broqua (F.), à Pauillac. — Cru de Bages.

Bucherie (Benjamin-Pierre de), à Franes. — Vins.

Buhan (E.) et Audinet, à Ludon. — Vins.

Cabourdin, à Preignac. — Cru Château-de-Suduirant.

Calandrin (François J.), à Listrac. — Cru Loubaney-Fourcas, 1869-70-74-75-78-80-81-
    87-88.

Campagnac (E.), à Floirac. — Vins, domaine de Ronceray.

Cardès (Comte F.) , à Rions. — Château Jourdan, vin rouge.

Carré (Jacques), à Néac. — Vins, cru Petit-Vauzelles 1874-87.

Cathala (Victor), à Listrac. — Vins de Fourcas-Dupré 1877-88.

Cazalet (Vve, née Saint-Amand). — Vin, domaine de Lacour, Bouqueyron, diffé-
    rentes années, Moulis 1881-87-88.

Cazeaux-Cazalet, à Loupiac. — Vins, cru Couloumet blanc 1876, rouge 1870-81.

Célérier (Albert), à Bassens. — Vins, Château Morin 1er cru de Côtes, vin rouge 1878-
    84-87-88, vin blanc.

Chaperon et Morange, à Libourne. — Vins.

Chariol (J.), à Montferrand. — Vins.

Charoulet (Jules), à Saint-Émilion. — Vins, Château-St-Georges, côte Pavie 1er grand
    cru, Saint-Émilion.

Chemin (J.-M.), à Rions. — Vins rouges.

Clauzel (Étienne), à Aversan. — Vin Château-Citran, différentes années.

Clavé (O.), à Léognan. — Vins Château-Branon 18 -1878-87.

Clemencet (A.), à Cadaujac. — Vins cru l'Hermitage 1887-88.

Clouzet (F.), à Pessac. — Vins Château-Cazalet, 1884-87-88.

Combrouze-Lavau (G.), à St-Émilion. — Vins, Château-Petit-Bois 1870-71-88.

Constantin (P.), à Saint-Étienne-de-Lisse. — Vins, Montbélier 1874-84-88.

Corne (Paul), à Sainte-Croix-du-Mont. — Vins.

Cruse (Ad.), à Bordeaux, quai des Chartrons, 123. — Vins Château-Laujac.

Cruse (Mme Vve H.), à Bordeaux, cours du Pavé-des-Chartrons.— Vins Château-Pontet-
    Canet.

Cousteau (P.), à Cubzac-les-Ponts. — Cru Pouyet 1888.

Dagneaud (Fernand) et Arnaud (Ernest), à Saint-Loubès. — Vins, domaine de Barailh,
    Côtes Jean Pan 1884-87-88.

Darbeau (Léon), à Pomerol. — Vins, Gombaude-Guillot (1er cru) Pomerol 1887-81-78.

Debelmas (Mmes), à Beautiran. — Vins de Couloumey 1887-88.

Defolie (Paul), à Fargues-de-Langlou. — Château-Rieussec, 1er cru 1869-74-87.

Dejean (Cyprien), à Saint-Pierre-d'Aurillac. — Cru St-Pierre-d'Aurillac 1878-81-87.

Delapierre (Charles), à Moulis. — Vins 1887-88.

Desbats (G.-H.), à Portets. — Château de Portets.

Desse (P.), à Pauillac. — Vins 1878-81-87, Château-Rolland.

Destangue (Émile), à Bayon.— Vins de Château-Falfas 1858-69-78.

Devès (Eugène), à Montferrand. — Vins, Couilly-la-Palanque.

Devignes-Laroza et Davezies gendre, à Ludon. — Vins, Camp-de-Surren et Dernon 1881 87-88.

Dissan (P.), à Margaux. — Vin Château-Dissan 1888.

Dolfus (T.), à Saint-Estèphe. — Vin, Château-Montrose 1878-81-87.

Dolley (J.-G.), à Saint-Androny. — Vins de Vabrou, Ile Patiras 1884-87.

Dompierre-d'Hornoy (amiral de), à Montferrand. — Vins, domaine Peychaud 1887-88.

Dufour de Raymond (comte), à Léognan. — Vins, le Désert 1875-78-87.

Dufresne (J.), à Pomerol. — Vin du Moulinet.

Dumeau (A.), à Sainte-Croix-du-Mont. — Vins, Château-Loubens, Vin blanc, 1874-76-77-78. N'a pas concouru depuis l'Exposition de 1867.

Duperrieu (Jacques), à Pian-sur-Garonne. — Vins, domaine du Plantey-Fruère 1881-84-87-88.

Elbauve (Richard d'), — Vin, abbaye de Verteuil, 10 années.

Eichtal (baron d'), à la Brède. — Vins, cru de St-Selve 1878.

Emerit (Pierre), à Teuillac. — Vins, domaine de la Croix 1875-78-87.

Escabasse (Eugène), à St-Michel. — Vins, Clos-Muchet.

Escarraguel, à Ambès. — Vins, (Arthur), domaine de Léotard 1887.
    Le cru de Léotard a obtenu une Médaille de bronze à l'Exp. univ. d'Anvers en 1885.

Eschenauer (Frédéric), à Pessac. — Vins, Château-Champonac, vin 1878-84-87.

Eschenauer (Frédéric), à Margaux. — Vins, Château-Marquis de Therme, vin 1875-78-84-87.

Exhau (Frédéric), à Cussac. — Vins Château de la Chesnaye, 1880-84-87.

Eyquem (B.-Auguste), à Bordeaux, quai des Chartrons, 77. — Vins Hermitage rouge ordinaire; Muscat Rivesaltes 1865. St-Estèphe, Médoc 1881.

Fabaron (Simon), à Saint-Pey-de-Castets. — Vins.

Farinel (E.), à Bordeaux. — Vins, cru Wynbron 1887.

Farinel (E.), à Bruges. — Vin Château-Ausone, 1878-84.

Ferchaud (Vve), à Saint-Lambert. — Vins, cru de Bellevue.

Flaugergue jeune (Émile), à Beautiran. — Vins, crus de Sans-souci 1887-88, de Haut-Calens, Languit, et la Corne.

Flinoy (Alfred), à la Sauve. — Vins 1888.

Forestier, à Libourne. — Vins les Menus 1er cru St-Émilion, 1868-70-74-81-83-84.

Fornerod (Benjamin), à St-Hippolyte. — Vin Château-de-Ferrand.

Fougères (Théophile), à Saint-Denis-de-Pile. — Vins.

Fouquet (Michel), à Arbis. — Vins 1881-89.

Foussat de Bogeron (G. du), à Izon. — Vins, Château-d'Anglade 1870-87-88.

Gaillard (Ferdinand), à Montagne. — Vin du domaine de la Clotte, 1887-88.

Géraud Fils (J.) et Cie, à Bordeaux, rue Bino, 29. — Vins de Graves 1886.

Giese (Ferdinand), à Macau. — Vin Château-Rose-la-Biche, 1858-1869-70-77-80.

Gillet, à Saint-Christoly. — Vin, cru Gillet 1870-74-78-48.

Goudineau (Jean), à Jan-Dignac-Loirac. — Vins.

Grenier et Degorce (Vve Maurice), à Saint-Genès. — Vin Cantemerle-Serqu.

Guilhou (Blaise), à Ordonnac-Podensac. — Vins de Conquillac.

Guiraud aîné, à Valeyrac — Vins de Valeyrac 1875-78-81.

Guiraud frères, à Valeyrac. — Vins de Loustauneuf 1887-88.

Gurchy (Georges), à Saint-Émilion. — Vin Château Camus, vin de Mazerat 1881-1889.

Horeau, à Libourne, rue Orbe, 24. — Vins.

Hostin jeune, à Moulis. — Cru grand Poujeaux.

Houques, Sourbey (Vve), Joly Destemple, à Gradignan. — Vins de Plantey 1888.

Imbaud (Théodore), à Ambarès. — Vins, Château-Tillac.

Jannaut Fils (A.), à Paillet. — Vins Capeau, côteau St-Anne, 1874-81-84.

Juhel-Bilot et Cie, à Haut-Barsac. — Vins, Château-Doisy, 1874-76.

KLEBER-DULAC (François), à Bassens. — Vins, Château-Muscadet 1887-88.

KŒNIGSWARTER (Mme H.), à Arsac. — Vins de Château-le-Tertre 5e cru.

LABATUT-DUFFIEU, à Arveyres. — Vins.

LABORDE (Achille), à Blaye. — Vins, clos du Monteil et de la Grappe 1888.

LACROIX (Frédéric), à Fronsac. — Vins du domaine de Lugon, 1876-81-84-87-88, Château de Corbin, à Montagne St-Emilion, 1875-1884-87-88.

LADOUX (J.), à Eynesse. — Vins, Martet 1878-83, blanc.

LAFARGUE-DECAZES (G.), à Arveyres. — Vins, Clos Montmigeon.

LAFON (Raymond), à Sauternes. — Vins, Château-Raymond-Lafond 1869-74-78-81.

LAHORE (Jean), à Soulignac. — Vins.

LALANDE (ARMAND), à Saint-Julien. — Vins, Château-Léoville-Poyferré, Ch. Brown Cantenac, à Cantenac, Ch. La Couronne, Pauillac, Ch. Lamartine, à Cantenac, Ch Senilhac, à St-Sernin-de-Cadourne.

LALANNE (Armand), à Macau. — Vins de la Guitarde 1888.

LALIMAN (Léopold), à Floirac. — Vins, Château de la Tomatte.

Récompenses antérieurement obtenues : Commandeur d'Isabelle la Catholique d'Espagne et Commandeur du Christ de Portugal, pour services rendus à la viticulture universelle, auteur de travaux divers sur la question des vignes américaines résistant au phylloxera.

LAMBERT des GRANGES (Marquis de), à Saint-Germain-d'Esteuil.— Vin Château Bricaillon, et Château-Livran, 1878-81-87.

LANNELUC-SANSON, à Bourg. — Vins, Château-Rebeynont.

LAPELLETERIE aîné, à St-Émilion. — Vins.

LARRONDE (Eugène), à Cénac. — Vins du château du Plessis.

LARROUCAUD (Pierre), à Pomerol. — Vin du domaine de l'Enclos, 1878-81-87. .

LARTIGUE (Jean), à Léognan. — Vins, domaine du Gascon 1888.

LATOUR (Jules), à Saint-André-de-Cubzac. — Vins du Château-Timberlay.

LAVAL (P.), à Castillon. — Vins.

LAVAU (Jean), à Néac. — Vins, fontaine de Lavau, vin 1877.

LECOQ (Alfred), à Léognan. — Vins, Château-du-Bourg.

LEFOL (P.) et PEYCHAUD (E.), à Bourg. — Vins, clos de la Prairie 1887.

LEGAY, à Grézillac. — Vins, Château-Franquinolle 1887-88.

LEGENDRE (C.) et Cie, à Libourne. — Vins, domaine de Paillas 1874-76-78-81-83-84.

LÉGLISE Frères, à Pessac. — Vins.

LÉGLISE (Jean), à Blanquefort. — Vins, Tanaïs, Chapeau 1887-88.

LENDEBERG (Baron des Astres de), à Saint-Sulpice-Cameyrac. — Vins, Château-Lamothe 1883-87-88.

LÉON (Alexandre), à Naujac. — Vins, Dunes-du-Flamand 1887.

LILLE (Armand), à Sainte-Eulalie. — Vins, Château-Montjon, Le Gravier.

LOROIS (E.), à Saint-Androny. — Vins, Turc-du-sud, île Patiras 1875-78-81-84-87.

LUETKENS (de), à Saint-Julien. — Vins, Château-St-Pierre.

LUETKENS (de), à Saint-Laurent. — Vins, Château-La Tour, carnet 4e cru.

LYON-ALLEMAND (Comptoir), à Barsac. — Vins, Château-Pernaud, vin blanc 1887-88.

MAGEN (Ernest), à la Rivière. — Vins, domaine de la Rousselle-Canen 1868-70-73.

MALLARD (Stanislas), à Bourg. — Vins.

MAREILHAC, à Léognan. — Vins.

MAURIN (B.), à Arbanatz. — Vins.

MAZEAU (Léonard), à Saint-Philippe-d'Aiguille. — Vins, Château-des-Vignes 1887-86-84-83.

MENGUY (Raoul), à Quinzac. — Vins de la Vigne-Martin.

MOCH (P.), à Bordeaux, c. du Jardin-Public, 69. — Vins.

MOLLINÉ (Edmond), à Margaux. — Vins, Château-Lamouroux 1878-81-89.

MONIER Fils, aux Lèves et Thoumeyragues. — Vins des Ballues.

Monneraye (A.-D. La), à Saint-Androny. — Vins, Sirène, Ile de Patiras 1875-78-81-84-87.

Monnet (J.), à Saint-Loubès. — Vins, Villefranque, cru Massiot, Valenton 1887.

Morange (Camille), à Saint-André-de-Cubzac. — Château-La Motte 1887-84-78.

Morange (Ed.), à Fronsac. — Vins.

Obissier-Lagiraudais, à Lugon et Villegouge. — Vins.

Pauvert de la Chapelle (André), à Saint-Avit-du-Moiron. — Vins, cru de Lavergne, vin 1887.

Pérou (du), à Saucats. — Vins, cru Laguloup, vin rouge 1878 et 1887 et blanc 1887.

Perier de Larsan (H. du), à Moulis (Gironde). — Vins Château-Brillette 1874-75-78-81.

Perrier (Aurélien), à Eyrans. — Vins. Château-Pontet 1881-84-87.

Perrinelle (Alphonse de), à Montferrand. — Vins, Château-Gauvin, vin 1844-65-78-81-84-87-88.

Peychaud (Edmond), à Bourg. — Vins.

Pignat aîné (Jean), à Saint-Émilion. — Vins.
 Diplôme, Médaille d'argent, Exposition universelle d'Anvers 1885.

Pigneguy (Georges), à Lamarque (Gironde). — Vin, Château-Retou, 1868-69-75.

Pistouley (J.), à Libourne.— Vins, St-Emilion, Château-Pelletan 1er cru 1876. (Comte de Tarbes).

Planteau (S.),à Saint-Quentin.— Vins, cru Langalerie 1881-84-87-88, rouge.-- 1884, blanc.

Plisson (E.), à Queyries-Bord. — Cru Perpigna 1887-1888.

Pouyallet, à Pouillac (Gironde). — Vins du grand Saint-Lambert.

Pradié (Mme A. J.), à Verdelais. — Vins.

Quancard, à Saint-Gervais. — Cru de l'Esteyrolles 1887-1888.

Rabère (François), à Valeyrac. — Vins.

Raymond (F.), Chaperon et Cie, à Libourne (Gironde). — Château-Belair, Marignan, Saint-Emilion 1870, Château-Malescot-d'Excuperg 1870, Château-Southac, Saint-Emilion 1877, Lagouspande St-Emilion 1888.

Réaud (I. Gaudin), à Blaye. — Vins.

Renaud (Martin), à Floirac (La Souys). — Vins, Château-des-Moines, cru Campagnon 1881-84-88.

Ricart (Jean), à Léognan. — Vins, domaine de Chevallier de la Malartie-Lagravière, 1874-1887, Château-Malartie-Lagravière, 1874-1887.

Richier (G.), à Ludon (Gironde). — Vin, Château-Ludon-Pomies, Agassac 1881-84-88.

Rigaud (J.-B.-François), à Margaux et Cantenac (Gironde). — Vins, Château-Rauzan, Gassies.

Robien (Guy de), à Soussans. — Vins.

Rozier (A.), à Izon. — Vins, domaine de Frayche, 1887-88.

Saint-Guirons (Vve), à Listrac. — Cru Château-Lestage, 1878-81-87.

Sandré (J. F.), à Léognan. — Vins.

Savariaud (Henri), à Saint-Vincent-de-Paul. — Vins, domaine de Camsec, 1887; domaine du Petit Clos à Sallebœuf, 1884; domaine de Barns La Grave d'Ambarès, 1887.

Schalburg (A.), à Saint-Christophe. — Vin le Cassevert, 1870-74-75-81-82-87.

Seguin (Adolphe), à Saint-Sulpice-d'Izon. — Vins, domaine du Criq, 1887-88.

Skawinski (P.), à Labarde. — Cru Rosemont-Geneste, 1878.

Sonder (L.), à Samonac. — Vins, Château-Rousset, 1875-81-87.

Souquès (Vve P.), à Libourne. — Vins, cru Moulin-Blanc.

Tardes (P. T.), aux Lèves-et-Thoumeyragues.— Vins, La Tour Perrigal, 1881; vin rouge 1887-88.

Tétard, à Castres. — Vins.

Thounens (Albert), à Coirac. — Vins du Barit.

Troquart (Jules), à Saint-Émilion. — Vin cru Villemaurine.

Ubie Fils aîné,à Saint-Terre. — Vins, domaine de St-Terre, domaine de La Croix.

Vendeleers (G.), à Bassens. — Vins.

VERGES-DUPACH (E.), au Pian. — Vins.
VIGOUROUS (A.), à Saint-Médard-d'Eyrans. — Vins.
VIGOUROUS (Georges), à Saint-Médard-d'Eyrans. — Vins.
VIGOUROUX (Louis), à Langon. — Vins.
 Domaines La Croix, Langon (Gironde). — Vins rouges et vins blancs, premiers crus.

VILLE DE BORBEAUX, à Cantenac. — Cru, Château-Kirwan.
VITEL (Jean), à Montagne. — Vin de Plaisance.
WACHTER (Alexandre), à Léognan. — Vins, Château-Olivier, vin 1878.

21. Syndicat des vins et spiritueux de la GIRONDE, à Bordeaux
(Gironde). — Vins rouges et vins blancs de la Gironde, vins nouveaux, vins de liqueur
et spiritueux divers. **(QUAI.)**

ABRIBAT et LAURENS, à Bordeaux, rue Duffour-Dubergier, 7. — Rhums Martinique.
ARNOUILH (P.), à Langoiran, près Bordeaux. — Vins blancs et vins rouges.
AUDIBERT (L.-X.) et MARTIN (A.), à Bordeaux, rue Sainte-Croix, 22. — Vins et spiri-
tueux.
BALAY et Cie, à Bordeaux. — Vins rouges de la Gironde, rhum et cognac.
BARBIER (Léo), à Bordeaux, rue Grangeneuve, 36. — Vieux cognac.
BARBIN-FÉTY (G.-C.-Louis) et Cie, à Bordeaux, rue de la Verrerie, 10. — Vins et
cognacs.
BERTIN (Anselme), à Saint-André-de-Cubzac (Gironde). — Vins de la Gironde.
BERTIN (Georges) et Cie, à Bordeaux. — Vins de la Gironde et rhums.
BOIXEAU (A.) et Cie, à Bordeaux. — Vins, eaux-de-vie et rhums.
BOUQUIER et Cie, à Bordeaux, rue de la Croix-Blanche, 32. — Vins et rhum.
BOURDELLES (E.) et Cie, à Langoiran, près Bordeaux. — Vins fins.
BOUSQUET (Jules) et Cie, à Bordeaux, rue Lagrange, 139. — Vins, rhum.
BRANGE (Ed.) et MOULEYRE (H.), à Bègles-Bordeaux. — Vins et rhum Saint-Roch.
BRAULIO-POC Fils, à Bordeaux, rue Neuve, 4. — Rhum du Lion.
BRISSON (J.) et Cie, à Bordeaux. — Vins de Bordeaux.
BUISSON et Cie, à Bordeaux, rue du Jardin-Public, 6. — Vins et spiritueux.
BURDEL (E.) et Cie, à Bordeaux, cours d'Aquitaine, 17. — Vins rouges et vins blancs de
la Gironde.
CAILLE (J.) Père et Fils, à Bordeaux, place Canteloup, 20. — Vins et rhums.
CALENS Aîné (J.), à Bordeaux. — Vins de la Gironde.
CARBONNE et Cie, à Bordeaux. — Vins de la Gironde.
CARON et Cie, à Libourne, Port du Noyer. — Vins rouges.
CHAUMETTE (A.) et Cie, à Bordeaux, rue de Foy, 5. — Grands vins de Bordeaux.
CHAUVET Fils, à Bordeaux, rue du Cancéra. — Rhum.
CIVRAC (Joseph) et Fils et MATHIAS Frères, à Bordeaux, quai de Paludate, 96. — Vins,
cognac et rhum.
COLIN (L.) et Cie, à Bordeaux. — Vins de la Gironde et rhums.
DABADIE (L.), à Bordeaux, rue Ste-Croix, 91. — Rhums.
DARRIET (Th.) et Cie, à Bordeaux, cours du Médoc, 49. — Vin tonique et rhum.
DELMON et Cie, à Bordeaux, rue Leydet, 3. — Vins fins.
DELOR (A.) et Cie, à Bordeaux. — Vins de la Gironde.
DEMPTOS (J.), à Camblanes. — Vins rouges de Camblanes, diverses années.
DESCAS Père, Fils et Cie, à Bordeaux. — Vins blancs de la Gironde.
DUPONT (Évariste) et Cie, à Bordeaux. — Vins de la Gironde.
FAURE (Pierre), à Sainte-Foix-la-Grande (Gironde). — Vins rouges et vin blanc.
FAYET (F.) et ÉTIENNE (P.), à Bordeaux. — Vins de la Gironde et rhums.
FONDEVILLE (Pierre), à Castets-en-Dorthe (Gironde). — Vins de la Gironde.
FORST Fils et Cie, à Bordeaux. — Vins de la Gironde et cognacs.

GAILLAC (Léo), à Bordeaux. — Vins de la Gironde, cognacs et rhums.

GARDE (G.), et Fils, à Libourne. — Vins fins.

GAULNE (Alfred de), à Langoiran, près Bordeaux. — Vins blancs.

GRELOUD (Emile), à Bordeaux, rue Lasseppe, 120. — Vins de Malaga.

GROTTES (Comte des), à Bordeaux et à la Martinique. — Rhums de la Martinique.

GUIRAUT Frères et Cie, à Bordeaux, allées de Boutant, 28. — Vins de Bordeaux rouges et blancs, vins de liqueur et cognacs.

GUITHON et Cie, à Cenon, près Bordeaux, avenue de Paris. — Vins en bouteilles.

JAEGGI (Adolphe), à Bordeaux, allées de Boutant, 22. — Vins rouges et vin blanc de la Gironde.

LACOURTIADE (P.-Alfred-N.), à Blaye (Gironde). — Vin rouge de la Gironde.

LAFOURCADE (Léon), à Bordeaux, rue de Blanquefort, 7. — Vins et cognacs.

LALANDE (Ferdinand), à Bordeaux. — Vins de liqueur et vins ordinaires.

LANNELUC-SANSON (Ulysse) et Cie, à Bordeaux, rue des Étuves, 4. — Vins blancs de la Gironde.

LARROUDE Frères, à Bordeaux. — Vins rouges de la Gironde.

LARTIGUE (Henri) et Cie, à Bordeaux, rue du Médoc, 104. — Vins de Bordeaux.

LAVIGNASSE (Paul), à Bordeaux, rue Henri-Deffès, 41. — Vins de la Gironde.

LILLET Frères, à Podensac-Bordeaux. — Vins et rhums des Gourmets.

MARCEAU (M.), à Bordeaux, rue Minvielle, 55. — Vin de la Gironde et rhum.

MARCHAND (A.) et Cie, à Bordeaux, rue d'Arès, 118. — Rhums.

MARIE BRIZARD et ROGER (Les Héritiers de), à Bordeaux. — Rhums et eau-de-vie de Cognac.

MARIUS-RICAUD (J.), à Talence, route de Toulouse, 387. — Vins et spiritueux.

MAROT (J.-J.) et Fils, à Bordeaux, rue du Jardin-Public. — Vins rouges et vins blancs.

MAURIN (J. et B.), à Bordeaux, rue de la Brède, 15. — Vins fins.

MAYDIEU (P.), à Bordeaux, route de Toulouse, 232. — Eau-de-vie d'Algérie et vins de Bordeaux.

MÉRIC aîné (S.), à Bordeaux, quai des Chartrons. — Vin rouge.

MOREAU (A.), successeur de P. MARTIN, à Bordeaux, rue de la Gare, 12. — Vins fins.

MOUSSON (Benjamin-C.), à Caudéran, près Bordeaux. — Rhums et cognacs des Guerriers.

NIBAUT (R.-Alban), à Saint-Pierre-d'Aurillac (Gironde). — Vins rouges et vins blancs

NICOLLEAU (L.), à Bordeaux. — Rhums et cognacs.

NOUZARÈDE père (Jean), à Bègles (Gironde). — Rhum de Sainte-Anne.

OTTO HJELT, ESCANDE & Cie, à Bordeaux. — Eau-de-vie de Cognac.

PARENTEAU aîné (E.), et LAGROLET (Louis), à Bordeaux, rue Camille-Godard, 15. — Rhum des plantations de Saint-Esprit.

PASTUREAU frères et fils, à Bordeaux. — Vins de la Gironde et rhums.

PEIGNE (Oscar) et LÉON (Albert), à Talence-Bordeaux, chai du Petit-Bois. — Vins fins.

PETIT-LAROCHE (J.) et Cie, à Bordeaux. — Vins du Médoc et eau-de-vie.

PEYCHAUD (G.), à Saint-Loubès (Gironde). — Vins rouges.

PRÉLAT (Oscar), à Bordeaux, allée de Boutant, 27. — Vins de la Gironde.

PRIVAS (H.-P.-Ferdinand), à Bordeaux, rue Maudron, 71. — Eau-de-vie de 1860 du domaine de la Roche.

REIGNIER (P.) et Cie, successeurs de REIGNER Fils et BOULINEAU aîné, à Bordeaux, allée de Boutant, 33. — Grands vins de Bordeaux.

REINHART, à Bordeaux. — Rhum de la Hacienda de Santa-Maria.

RENAUD (J.-E.) et DUALLÉ, à Bordeaux. — Vins rouges et blancs.

ROBIN frères, à Libourne. — Vins.

RODRIGUES (Gustave) et Cie, (Société œnophile de la Gironde), à Bordeaux. — Vins rouges et vins blancs.

TRONQUOY DE LALANDE et Cie, à Bordeaux. — Rhum.

UNHOLZ (C.-H.), à Bordeaux, rue Lecocq, 35.— Vins de Lady-Claret, vin rouge tonique et apéritif pour dames et personnes faibles.

VIANNE-LAZARE (L.), à Bordeaux, rue Camille-Godard, 67. — Château-Grillon 1874, 1er bourgeois Barsac.

22. Syndicat régional agricole de CADILLAC, PODENSAC et cantons limitrophes.
(QUAI.)

ABEILLÉ (Noël), à Quinsac. — Vins, cru Galleteau.

AMEAU (J.), à Beautiran. — Vins, cru de Clurgeon-Calens 1887-88.

BACQUE (Léon), à Budos. — Vins, Château-Pinquet 1887-88.

BAUDET (J.), à Capian. — Vins, Château de Peyrat 1887.

BERT (L.), à Barsac. — Cru du Aeneau 1887.

BIRON (J.-B.), à Quinsac. — Vins, cru Cavailhac 1870-87-88.

BONNEVAL (Henri), à Laroque. — Vins, Château-Pellair 1884-87.

BORD (P.), à Loupiac. — Vins, clos Jean 1887-88.

BORDESSOULLES (Aristide), à Rions. — Vins, domaine de Salins.

BOTTIN (F.), à Tabanac. — Vins, cru Poujeaux-Lambert 1881-87.

BOUIN (Félix), à Cabanac. — Vins du cru Poujeaux-Lambert. 1887-81.

BRANDIER (H.), à Rions. — Vins, La Bastide 1887-88.

CASTAIGNA, à Camblanes. — Vins, cru Serres.

CASTILLON (A.), à Rions. — Vins, Château-Lagrange 1887-88.

CHAINE (Mme), à Barsac. — Vins, Château-Suau, 2e cru classé 1884-1887-88.

CHALUP (vicomte de), à Preignac. — Vins, Château de Mayne 1869-84-88.

CHASSAIGNE (comte de la), à Loupiac. — Vins, 1887-88, 1876-78.

CLUZANT (L.), à Cabanac. — Vins.

COLLINEAU (L), à Verdelais. — Vins, cru du Pin.

DAUTY (J.), à Rions. — Vins, 1887-88, côtes de Rions.

DEBANS (Jules), à Haut-Barsac. — Vin blanc.

DÉJEAN (H), à Podensac. — Vins.

DESCACQ (J.), à Portets et Castres. — Vins.

DUBOURDIEU (U.), à Cérons. — Vins, cru du Peyrat 1887-88.

DUBOURG (André), à Landiras. — Vins.

DUBOURG (P.), à Saint-Michel. — Vins, cru de Filhol 1888.

DUCAU (B.), à Bouliac. — Vins, cru de Berliquet 1887-88.

DURAND (R.), à la Brède. — Vins, cru de Feytaux 1887-88.

DURANDEAU (J.), à Langoiran. — Vins, Château Grand-Branet 1874-78-87.

GALARD (comte de), à Rions. — Vins, Château de Caïla 1888.

GORSSE (J. de), à Villenave-de-Rions. — Château-Fauchey 1887-88.

GRAZILHON (Jean), à Saint-Estèphe. — Vins, Château Beausite-Grazilhon.

HINGUIN, à Quinsac. — Vins, cru Galleteau 1887-88.

LAFON (Arthur), à Beautiran. — Vins, Château de Laveau 1870-78-84-87-88.

LAFON (A.), à Sainte-Croix-du-Mont. — Vins, Château de Taste 1870-76-78.

LAFON (Gustave), à Ayguemorte. — Vins, cru de Mouniche 1887-84.

LALANNE (J. Clovis), à Virelac — Cru de Gayon 1884.

LALASTE (Achille), à Cérons. — Vins, cru Lalanelle-Fubos 1870-76-84-88.

LANNES (J.-B.), à Portets. — Vins.

LAPELLETERIE aîné, à Saint-Émilion. — Vins, Château-La Ronchonne.

LARRIEU (Eugène), à Preignac. — Vins, Château-Bastor-la-Montagne 1869-76, cru Classé.

LATASTE Fils (J.), à Cadillac. — Vins, Château-Lapassonne, vin blanc 1876-78-87-88.

LEQUIEN DE LA NEUFVILLE, à Lamarque. — Vins, Château-Cap-du-Haut.

MARQUETTE (J.), à Laroque. — Vins, Château-Loubès 1887-88.

MAURET (P.), à Villagrin. — Vins, cru de Lenglet 1887-88.

MÉDEVILLE (Numa), à Béguey. — Vins, Château-Gaabaney 1885-87

MONTESQUIEU (baron Gaston de), à la Brède. — Vins, Château-des-Fougères 1887-88.

PATACHON Frères, à Preignac. — Vin blanc.

PERBOYRE (G.), à Cadillac. — Vins, domaine de Lagrange.

PINSAN (Jean-Louis), à Pragnac. — Vins 1886-87-88.

PINSAN (Paul), à Barsac. — Vins.

POISSONNIÉ (Numa), à Podensac. — Vins, domaine d'Yon 1887.

PROMIS (Paul), à Loupiac. — Vins, Château-de-Loupiac-Promis.

RAVEZ (comte), à Portets. — Vins, Château-Millet 1887-88.

SOLACROUP, à Verdelais. — Vins, clos de Lanauze 1887.

SUBERVIE, à Cadaujac. — Vins, cru la Ronde 1887.

THIEULLET (H.), à Saint-Morillon. — Vins.

VATHAIRE (E. de) à Sainte-Croix-du-Mont. — Vins, Château-Lumoit 1878.

23. Commune de GRADIGNAN.   (QUAI.)

AUDEBERT, DENIGES, MARTET, JOLY, DUGARRY, LAPOUJADE, à Gradignan. — Vins de Beausoleil et de Barricot.

BEYERMANN (Henri), à Gradignan. — Vins.

BIRAC (J.-François), à Léognan. — Vins de Darigueys 1884-1885-1888.

BUHAN (E.), à Gradignan. — Vin Château-Moulerens, 1869-70-74-75-87.

CAZEL (Léon), à Gradignan. — Vins de Haut-Vigneau 1874-87-88.

DEVILLEGOUREIX (Édouard), à Gradignan. — Vin, Château-d'Ornon 1883-84-88.

DUCOURNEAU (D.), à Gradignan. — Vin du domaine de Lambert.

DUFOUR (J.), à Gradignan. — Vins du Château-Laburthe 1888.

FURON Fils (Raymond), à Gradignan. — Vin du domaine de Saint-Géry 1880-81-87.

HAUSSMANN (Baron), à Cestas. — Vins de Cestas.

HOUQUES-CASSE (Jacques), DESTEMPLE et ASSEY, à Gradignan. — Vins de Terresort de Gayac 1888.

HUYARD (H.), à Gradignan. — Vin du domaine de Barthès 1881-87.

LACHAPELLE (Émile), à Gradignan. — Vin du domaine de Tétart 1888.

MINVIELLE (J.-E.), à Gradignan. — Vin du Château-Poumey 1884-87.

MOSELAY (Jules) à Gradignan. — Vins de Gazailhan 1883-84-87.

MONCHET (Vve U.), à Gradignan. — Vins de Prieuré de Gayac 1888.

PASCAL (Vve), à Canéjan. — Vin de Château-Séguin 1874-84-88.

POMMIER, à Gradignan. — Vins de Peycamin.

POMMIER (J.), HOSSEIN (F.) et ÉLIES (L.), à Canéjan. — Vin de Plateau Guillemon et Labraneyre.

RODRIGUES-HENRIQUES (Gaston), à Gradignan. — Vins de Château de Laurenzane.

24. Comice agricole et viticole de LIBOURNE.   (QUAI.)

ARNAUD, à Pommerol. — Vin cru Petrus.

BERTRAND (J.-P), à Saint-Émilion. — Vins.

Médaille d'argent, Exposition internationale de Bruxelles, 1888.

BRUGNET, à Libourne. — Vins.

BUSSIER, à Saint-Michel-la-Rivière. — Cru Mazeris, canon Fronsac, cru Gombaud Palu et Grave, années 1887 et 1888.

BUSSIER-GOUPIL, à Saint-Michel-la-Rivière. — Vins, cru Canon-Bodet.

CORBIÈRE (Pierre), à Saint-Émilion. — Vins.

DARBAND (Léon), à Galgon. — Vins.

DAVID, à Saint-Émilion. — Vin cru Corbin.

DECESSE, à Saint-Émilion. — Vins.

DUCOURT (A.), à Fronsac. — Vins.

FONTAINE, à Libourne. — Vins.

HERVÉ, à Fronsac. — Vins.

LAFUGIE (Pierre), à Saint-Hippolyte. — Vins.

POITOU, à Libourne. — Vins, cru du Roc de Boissac.

RABOT aîné et ROCHEROL gendre, à Vayres. — Vins.

REY-GAUSSEN (Léon), à Libourne. — Vins.

ROUCHUT (Mauléon), à Pomerol. — Vins.

SABY, à Libourne. — Vins.

25. Syndicat agricole et viticole du MÉDOC. (QUAI.)

ADDE (J.-J.), à Saint-Trélody-Lesparre. — Vin Château-Tapon.

ALIBERT (D.), à Saint-Estèphe. — Vins de Château-Morin 1878-81-87.

AVERONS Frères, à Pouillac. — Vins, de Château-Haut-Bages et Latour Laspic, 1878-81-87.

BARITAULT DU CARPIA (Comte de), à Moulis. — Vins Château-de-Mauvezin.

BARTON (B.-F.), à Saint-Julien. — Château-Langon, Léoville, Barton, 1878-81-87.

BERGERON (Adrien), à Moulis. — Vins de Château-Bergeron, 1878-81-87.

BERNOS, DE BOISSAC, COUVE & DÉROULÈDE, à Margaux. — Château-Malescot St-Exupéry, 1878-81-87.

BERT, à Saint-Estèphe. — Vin Château-Canteloup.

BIBIAN (Henri), à Listrac. — Cru Bibian 1878-81-87.

BILLA (E.), à Saint-Julien. — Vins.

BOUIN (Félix), à Cabanac. — Vins.

CALVÉ (Julien), à Pauillac. — Vins Bages-Croizel Calvi.

CARTEJA, à Pauillac. — Duhart-Milon 1878-81-87.

CAYROU (M.), à Pauillac. — Château-Lynch-Bages, Cru Château-Songe, 1878-81-87.

CAZEAUX, Député, à Pauillac. — Vins Château-Balognes, 1878-81-87.

CHAIX D'ESTANGE (Héritiers de), à Margaux. — Château-Lacombes, 1878-81-87.

CHASSAIGNE (Comte de la), à Loupiac. — Vins Château du Cros.

CHAUVET, à Lamarque. — Vin Château-Lamarque.

CONSTANT (Camille), à Pauillac. — Vins Bages Monpelon, 1878-81-87.

DEJEAN (Daniel), à Pauillac. — Vins de Médoc.

DEJEAN (Pierre), à Begadan. — Vins Château-Labadie, 1878-81-87.

DESMONS (Héritiers de), à Saint-Laurent. — Vins Château-Larose-Trintandon 1878-81-87.

DESSE Frères, à Saint-Estèphe. — Vins La Tour-Haut-Vignoble, 1878-81-87.

DESSE (P), à Pauillac. — Vin Château-Rolland, 1878-81-87.

DIRKS-DILLY (L.), à Labarde. — Vin Château de Bourgade de la Chapelle, 1878-81-87.

DUCASSE (Edmond), à Vertheuil. — Vin Lugagnac.

DUGRAVIER, à Macau. — Vin Château-Constant, cru des Trois-Moulins.

DURAND-DASSIER, à Margaux. — Rauzan-Ségla.

DURAND-DASSIER, à Parempuyre. — Vin Château-Parempuyre, cru du Foot-César.

ERRAZU (Héritiers de), à Saint-Estèphe. — Clos d'Essournel.

EYRUM & BERGERON, à Cussac. — Vin Château du Raux.

FAURE à Saint-Julien. — Vins.

FERRAND (A. de), à Pauillac. — Mouton-d'Armailhacq.

FLERS (de), BEAUMONT (de), GRAVILLE (de), COURTIVON (de), à Pauillac (Gironde). — Vins Château-Latour 1878-1881-1887.

FONTENAY, à Arcins. — Vins Château-d'Arcins.

GENIÈS, à Macau. — Vin Château-Pelau.

GONTIER-LALANDE (L.), à Moulis. — Vins.

GRANVAL (Vve J.), au Pian. — Vins.

HEINE (Vve Armand), à Saint-Julien. — Château-Beychevelle.

HERRAN, à Cussac. — Vin Château-Beaumont.

Jadouin (Jules), à Margaux. — Vins Château-Vincent.

Jadouin (Jules) & Ducassou (G.), à Margaux. — Vins Château-Martinas.

Johnston (N.), à St-Julien. — Ducru-Beaucaillou.

Johnston (N.), à Labarde. — Vins de Château-Dauzac.

Lalande (Comtesse de), à Pauillac. — Vins, Château-Pichon, Longueville, Lalande.

Lalanne (J.-Clovis), à Virelade. — Vins.

Lamorère jeune, à Moulis. — Vins.

Langlois (B.), à Saint-Aubin. — Vins.

Larrieu (Eugène), à Pessac. — Vins, Château-H.-Brion 1878-1881-1887.

Lascases (Comte de, à St-Julien. — Vins, Léoville-Lascases, 1878-81-87.

Lawton (Villiams), à Saint-Estèphe. — Vin cru Château-de-Pez.

Lestage (Pierre), à Moulis. — Vins.

Louys (A.), à Saint-Julien. — Château-Lagrange.

Merman (G.), à Saint-Estèphe. — Vin Château-de-Crock.

Merman (J.), à Saint-Estèphe. — Vin Château-de-Marbuzet.

Mondon (Jacques), à Pauillac. — Vin Château-Anseillan.

Pavillon (Vicomte du), à Listrac. — Vin Château-Semeillan, 1878-81-87.

Perier de Larsan (A. du), à Lamarque. — Vin Château-Barreyres.

Peychaud (Vve L.) & Fils, à Saint-Estèphe. — Vins.

Pichon-Longueville (Baron de), à Pauillac. — Château-Pichon-Longueville.

Pillet Will (Comte), à Margaux. — Château-Margaux 1878-1881-1887.

Rabot (A.), à Avensan. — Vins.

Ravez (Comte) & Marquis de Carbonnier de Marsac, à Saint-Julien. — Château-Bra-
    naire.

Renouil, à Cussac. — Vin, cru Anev.

Rothschild (Baronne James de), à Pauillac. — Vins, Mouton-Rothschild.

Rothschild (Barons Alphonse, Gustave et Edmond de), à Pauillac. — Château-Laffitte.

Saint-Affrique (Baron de), à Moulis. — Vins.

Saint-Guirons (Vve), à Listrac. — Vins, Château-Lestage.

Saint-Légier (Comte de), à Pauillac. — Vins, Grand-Puy-Lacoste.

Sarget de la Fontaine (Baron), à Saint-Julien. — Vins, Gruaud-Laroze Sarget.

Sevaistre, à Saint-Julien. — Vin Château-Dubosq.

Seze (Louis), à Ludon. — Vin, Château-Lagune.

Sipière (Vve), à Margaux. — Vin, Château-Desmirail.

Smith (E.), à Lamarque. — Vin Château-Capdeville.

Vieillard (Charles), à Macau. — Vins.

Zédé (Amiral), à Margaux. —Vin, Domaine de la Bégorce.

26. Comice Agricole de la RÉOLE.   (QUAI.)

Albert aîné (Jean), à Camiran. — Vin des Heuriets, rouge 1884, blanc 1878.

Antoine, à Semens, commune de Saint-Macaire. — Vin rouge 1888.

Becquet (Paul), à Saint-Hilaire-de-la-Noaille. — La Combe vin blanc 1887.

Bignon, à Montségur. — Vin blanc 1884.

Cave, à Saint-Romain-de-Vignague. — Vin blanc de Ventouse 1888.

Cazabonne, à Daubèze. — Vins rouges 1874-1884, vins blancs 1884.

Chataigné (Jean), à Saint-Aignan-la Réole. — Vins 1886-1887-1888.

David (François), à Cazaugitat. — Vin récolte 1887.

Deguin, à Montségur. — Vin rouge de Lestage 1887-1888.

Denisse (J.-B.-André), à Mourens-Mont-Pezat. — Vins.

Gallaud, à Cleyrac. — Vin rouge de 1887, 1888.

Grousset (Pierre), à Saint-Pierre-de-Bas. — Propriété du Miey, vin rouge 1887.

Herbet, à Saint-Martin-de-Lerm. — Les Sables, vin blanc 1888.

LAROZE (Léon), à Saint-Martin-de-Lerm. —   Château du Coin, rouge 1887, blanc 1874, 1887.

MARÉS, à Cariman. — Vin rouge 1887.

MONDIET (Édmond), à Saint-Pierre-d'Aurillac. — Château du Roc, vin rouge 1878, 1887.

MONNEREAU, à Saint-Hilaire-de-la-Noaille. — Dejean, vin blanc 1888.

ROCHET, à la Réole. — Vin rouge de Malbat 1887.

SAGET (Jean-Paul), à Saint-André-du-Pain. — Vin de Nollet 1888

THOUNENS, à Coirac. — Vin rouge et vin blanc 1888.

27. Syndicat Viticole et Agricole de SAINT-ÉMILION.   (QUAI.)

ALLARD (d'), à Saint-Émilion. — Vins de Château-Soutard.

BARRAUD (Léopold), à Saint-Émilion. — Vins, crus Patarabet.

BERNARD (Jean), à Saint-Émilion. — **Vin de Trimonlet.**

BERTIN-ROULLEAU, à Saint-Émilion. — Vins, crus Badou-Patarabet.

BEYLOT, à Saint-Émilion. — Vins de Château-Peyraud.

BOISARD, à Saint-Émilion. — Vins de Château-Fomplégade.

BOISARD (Paul), à Saint-Christophe-Saint-Émilion. — Vins.

BON-BARAT, à Saint-Émilion. — Vin de la Merdeloine.

BOUFFARD (Ferdinand), à Saint-Émilion. — Vins, Château-Pairé.

BOUQUEY, à Saint-Cristophe. — Vin Le Marin.

BRUN (Louis), à Saint-Christophe. — Vin Château-du-Sable.

CAPDEMOURLIN, à Saint-Émilion. — Vin de Capdemourlin.

CHAPERON (Paul), à Saint-Émilion. — Vins.

CORDES (des), à Saint-Émilion. — Vins, Château-Francmagne.

DANGLADE (Eugène), à Saint-Christophe. — Vin de Château-Puy-Mouton.

DAVID, à Saint-Émilion. — Vin de Château-Coutet.

DECESSE (Mme) à Saint-Émilion. — Vin de Villemorine.

DENNIEAU à Saint-Émilion. — Vin de Château-Franc-Pourret.

DUBOIS, à Saint-Émilion. — Vin de Michotte.

DUCARPE, à Saint-Émilion. — Vin de Château-de-Beauséjour.

DUFFAU (D.), à Saint-Émilion. — Vin de Château-de-Beauséjour.

DUSSAUT, a Saint-Émilion. — Vins, cru Yon.

FOURCAUD (Victor), à Saint-Émilion. — Vin de Château-Couperie.

FOURCAUD-DUPLESSIS, à Saint-Émilion. — Vin de Château-Trois-Moulins.

FOURCAUD-LAUSSAC, à Saint-Émilion. — Vin de Château-Cheval-Blanc.

GARDE (U.), à Libourne. — Vins Château-du-Tailhas.

GRELOT, à Saint-Émilion. — Vins Le Bragard.

ITEY, à Saint-Christophe. — Vin Château-Cautin.

JORIAUX, à Saint-Christophe. — Vin Château-Gaubert.

LACAZE (Gaston), à Saint-Émilion. — Vin de Château-Bellevue.

LAFARGUE (Vve), à Saint-Émilion. — Vin de Château-Ausone.

LAPPELLETERIE (Camille), à Saint-Émilion. — Vin de la Madeleine.

LAVAU-BRETON, à Saint-Émilion. — Vins.

LAVAU-BRETON (Paul), FAURIE DE SOUCHARD, à Saint-Émilion. — Vins.

LAVEAU (Jean), à Saint-Émilion. — Vin de Larmande.

LEPERCHE et CHAPERON, à Saint-Émilion. — Vins, clos Fourtet.

MALEN (Commandant), à Saint-Émilion. — Vin de Château-Baleau.

MALET-ROQUEFORT (Comte de), à Saint-Émilion. — Vin de la Gaffelière.

MALET-ROQUEFORT (Vicomte de), à Saint-Étienne. — Vin de Peyblanquet.

MARAIS, à Saint-Émilion. — Vin de la Tour-Figeac.

MARCHANT, à Saint-Émilion. — Vin de Château-la-Bouyge.

Marignan (Héritiers Baronne de), à Saint-Émilion. — Vins château-Bel-Air.

Morel (Commandant), à Saint-Émilion. — Vin Château-Berliquet.

Nouvel, à Saint-Émilion. — Vins.

Passemard, à Saint-Émilion. — Vins clos Villemorine.

Passemard, à Montagne-Saint-Émilion. — Vins clos Villemorine.

Petit (Firmin), à Saint-Émilion. — Vins.

Peyraud (Dr), à Saint-Émilion. — Vins cru la Gaffelière.

Pinaud, à Saint-Émilion. — Vin Le Cadet.

Piola, à Saint-Émilion. — Vin Château-le Cadet.

Piola (Albert), à Saint-Émilion. — Vins.

Puchaud à Saint-Émilion. — Vin du Mayne.

Rochefort (Comte de), à Saint-Christophe. — Vin Laroque.

Saint-Genis, à Saint-Émilion. — Vins Château-Lamande.

Seguin (de), à Saint-Georges. — Vin Château-Montéguillon.

Seignat, à Saint-Émilion. — Vins cru Jean du Maine.

Thibeaud (Amédée), à Saint-Émilion. — Vins Château-la-Cluzière.

Thirion-Montauban, à Saint-Émilion. — Vin l'Arrosée.

Troplong, à Saint-Émilion. — Vins Château-Mondot.

Wibaux, à Saint-Christophe. — Vin Château-du Cauze.

HAUTE-LOIRE.

28. Société d'Agriculture de la HAUTE-LOIRE, — Président : **Aymard,** au Puy (Haute-Loire). — Vins, cidres, eaux-de-vie. **(QUAI.)**

Abrial, au Puy. — Vins, eaux-de-vie et cidres.

Cheylard, à la Voute-Chillac. — Vins rouges et vins blancs.

Molherat (Charles), à Langeac. — Vins rouges et vins blancs.

Perrin, maire, à Chamalières. — Kirsch de la Haute-Loire.

HÉRAULT.

29. Société Centrale d'Agriculture de l'HÉRAULT, à Montpellier (Hérault), rue de Maguelonne, 17. — Vins rouges et vins blancs (Saint-Georges, Saint-Drézery, etc.) vins de liqueur, muscats, eau-de-vie, trois-six de vins. **(QUAI.)**

Avinens (Martial), à Clapiers. — Cépages français divers 1885.

Belugon (David), à Montpellier. — Carrignane-Jacquez 1886.

Bérard Jeune, à Mourgues, par Lunel. — Tokay 1872.

Bouisset (Ferdinand), à Montagnac. — Teinturier 1887-1888.

Borwel (Emile), à Montmajou, près Cazouls-lez-Béziers. — Alicante et Carrignane 1869.

Cambon (Jules), à Montpeyroux. — Cépages français 1877.

Cambon (Jules), à Antignac. — Cépages français divers 1870.

Clareton (A.), au Rochet, près Montpellier. — Aramon Cuirant, 1885-1886, Alicatele vin d'une nuit 1886.

Compagnie des Salins du Midi. — Vins de Sables-Piquepoul 1886.

Coural (Frédéric), à Saint-Chinian. — Carrignane 1883.

Courty (Etienne), à Saint-Georges. — Cépages français divers 1884, Clairette 1885.

Cransel, à Clapiers. — Cépages français divers 1886.

Dalbis (A.), à Cuningham. — Millé au 3/6.

Dejean (Adolphe), au Château de Popian. — Clairette-Blanche 1874, Muscat 1874.

Delgrez (Eugène), à Saint-Georges. — Cépages français divers 1885-86.

Despetis (D.), aux Yeuzes, près Mizes. — Aramon-Carrignane 1886.

Espitalier (Gustave), à Saint-Georges. — Cépages français divers 1886.

Figuier-Lerre, à Cette. — Jacquez 1888.

Frank-Taberne, à Clapiers. — Vin rouge 1886.

Gendre et Riben, aux Mandouls, près Montpellier. — Aramon-Carrignane 1886.

Giraud (Louis), à Lunel. — Muscat 1875-1850.

Gondange (Antonin), à Puisserguier. — Muscat 1885.

Hérail (Edmond), à Calaye, près Montpellier. — Cépages français greffés sur américains Petite Syrah 1884. Cépages français 1884-85-86. Petite Syrah 1888-1886, Clairette à Chasselas 1884.

Hours (des), à Mezouls, près Maugino. — Aramon et Petit Bouschet 1886.

Hubert-Desmaret, au Château de Fourques, à Saint-Georges. — Vin rouge 1886.

Hugounenq (Guillaume). — Chasselas 1886.

Huguet (Léon), à Montels, près Montpellier. — Cépages français divers 1886.

Jamme (Ch.), à Lussac, près Montpellier. — Cépages français divers 1886. Jacquez 1886.

Lac (D. du), à la Gaulphine, près les Cazouls-lez-Béziers. — Piquepoul 1860, Bercial 1865, Riesling 1867, Tokay-Furount 1863, Pinault-Chardonay 1869, Picardon 1872, Cirap et Pinot noircies 1883, St-Émilion 1880, Malaga 1889, Muscat 1859-68, eau-de-vie 88.

Lansade de Jonquières (de). — Clairette 1886.

Laurent (Auguste), au Petit-Bard, près Montpellier. — Jacquez 1884 et Canada 1886, Clairette-Bouret 1884, Noah triumph, Clara 1885.

Leenhardt (Abel), à Clapiers. — Cépages français divers 1886.

Leenhardt (Charles), à Fonfroide, près Montpellier.— Alicante Bouschet, Petit Bouschet 1888, Cépages français divers 1888.

Mallet (Etienne), à Cournonterral. — Cépages français divers 1886.

Marès (Henry), à Launac, commune de Fabrègues. — Pinot 1874, Muscat 1859-80.

Martel (Omer), à Cazouls-lez-Béziers. — Piquepoul 1869, Muscat 1860.

Martinier (Jean), à Montarnaud. — Aramon-Carrignane 1886.

Merle (Marius), à Saint-Georges. — Cépages français divers 1886.

Nougailhac, au Château de Saussines, à Lunel. — Muscat.

Pargues (Pierre), à Grabels. — Cépages français divers 1886.

Piétré (Eugène-Thomas), au Château de la Rouquette, à Villeveyrac. — Aramon-Carrignane 1885, Terret-Bouret 1888, Tokay vieux.

Puig (Adolphe), à Teyran. — Cépages français 1884.

Reboul (Louis), à Poussans. — Cépages français divers 1885, Clairette et Puardan 1874.

Romuald-Couderc, à Poussan. — Alicante 1865, Aramon et Carignane 1883.

Rouvier (Dne) à Saint-Georges. — Cépages français divers 1886.

Rouvière-Huc, à Saint-Geniez-des-Mourgues. — Cépages français divers 1885-86.

Stoessel, à Montpellier. — Clairette rosée 1886.

Teissereng (Emile), à Frontignan. — Carrignane-Jacquez 1886, Muscat 1877.

Vedal (Jacques), à Lunel-Viel. — Muscat 1875.

Vidal (G.) frères, à Saint-Georges. — Cépages français divers 1886.

ILLE-ET-VILAINE.

30. Société d'Agriculture, de Commerce et d'Industrie d'ILLE-ET-VILAINE.—Président: **Sirodot,** doyen de la Faculté des sciences, — à Rennes (Ille-et-Vilaine). — Cidres et poirés, eaux-de-vie de cidre, vins rouges et vins blancs. **(QUAI.)**

Beauché fils aîné, à Montfort.

Briend, à la Basse-Rue-en-Pleurtuit. — Cidres.

Champion, à Feins. — Cidre et eau-de-vie.

Daguet, à St-Sauveur-des-Landes.

DECRÉ, à la Brousse-en-Mernel.
FAUQUET (Louis), à Dinard. — Cidre.
FERRAND (Joseph), à Laignelet.
GALLERAND, à Montfort. — Cidre.
GUILLET, à la Guerche-de-Bretagne. — Cidre et poiré.
GUYOT, à la Saudrais-en-Gosné.
HÉRISSANT, aux Trois-Croix, commune de Betton. — Cidres et eaux-de-vie de cidre.
HUNAULT, à Peleneuc, commune de Montauban. — Cidre.
JAGLINE, à la Guérinière-en-Argentré. — Cidre.
LE BESCHU, à Fougères. — Cidres, poirés et eaux-de-vie.
MASSOT, à Poperune, commune de Domloup. — Cidre.
MOREL Fils, à Marcillé-Robert.
RIAUX, à Paramé.
ROYER, à St-Georges-de-Reitembault.

31. Syndicat agricole & horticole de la GUERCHE-DE-BRE-TAGNE. Président : **Després,** au Temple, commune de la Guerche (Ille-et-Vilaine). — Lots de cidre et eaux-de-vie de cidre.   **(QUAI.)**

AUBRY, à la Guerche. — Cidre.
BLANCHET (Vve), à la Fresnais, commune de Visseiche. — Cidre.
BULOURDE, à Rétiers. — Cidre.
DESPRÈS, au Temple, commune de la Guerche. — Cidre, eau-de-vie de cidre.
DIGNON, à la Lande, commune de la Guerche. — Cidre.
DUTERTRE, à Rannée (en Guerche). — Cidre.
FRÈRE (Abel), à la Guerche. — Eau-de-vie de cidre.
GASTINEL (A.), à Gennes-sur-Seiche. — Cidre, eau-de-vie de cidre.
GRIMAULT, à Loussigné, commune de la Guerche. — Cidre.
GUÉTRON, à Tartifume, commune de la Guerche. — Eau-de-vie
GUILLET, à Montloury, commune de la Guerche. — Cidre.
GUILLOUX, à Saut-au-Geai, commune d'Availles. — Eau-de-vie de cidre.
HERVONIN (Pierre), à la Rivière, commune de Moutiers. — Cidre.
LAMOUREUX, à Blanche, commune de Domalain. — Cidres en bouteilles.
LOISEAU, à la Sallerie, commune de la Guerche. — Cidres en bouteilles.
MADELINE, aux Chenais, commune de Drouges. — Cidres en bouteilles.
MALHERRE, au Val, commune d'Availles. — Cidres en bouteilles.
MOISY, à la Perrière, commune de la Guerche. — Cidres en bouteilles.
MOREAU, à Bretigné, commune de la Guerche. — Cidres en bouteilles.
MOUEZY, à la Petite-Guerche, commune de Visseiche. — Cidres en bouteil
TONBON, à Mauhy, commune de la Guerche. — Cidres en bouteilles.

INDRE.

32. Société d'agriculture de l'INDRE — Président : **Baucheron de l'Echevelle (P.)** — à Châteauroux (Indre). — Vins et eaux-de-vie.   **(QUAI.)**

BABAULT (Gilles), à Bouges, par Levroux. — Vin blancs et rouges, eau-de-vie, de vin et de marc.
BONNARME, au Blanc. — Vins rouges et blancs divers, eau-de-vie et kirsch.
BRAULT, à Paray. — Vins rouges et rosés, eau-de-vie de vin.
CROMBEZ (Louis), au Château-de-Lancornes (Vendœuvres). — Alcool de topinambours et de betteraves.
EMERY (Constant), à Houmes (Étrechet). — Cidre.

Classe 73.   3

Guinon (Edmond), à Châteauroux. — Vins de Jacquez, Noah et Châteauroux, eaux-de-vie de cidre.

Lejay de Bellefond (Charles), à Vilvassol (Buzançais). — Vins rouges et rosés, vieux kirschs et eau-de-vie.

Luzarche (d'Azay), à Azay-le-Ferron. — Vins et cidres.

Masquelier (Valery), au Château-des-Planches (Saint-Maur). — Alcool rectifié à 96º ; vins.

Palice (Émile), à Montierehaume. — Eaux-de-vie et liqueurs.

Perrin (Charles), à Baudres. — Vin de 1887.

Petit (Paul), à Vauzelles (Arthon). — Vin de Noah.

Ratouis (Henri), à Château-du-Puy (Villedieu-de-l'Indre). — Vins blancs, rosés et rouges, eau-de-vie de marc.

INDRE-ET-LOIRE.

33. Syndicat vinicole et commercial d'INDRE-&-LOIRE (Exposition collective du), à Tours (Indre-et-Loire). — Vins, spiritueux, bières.

(QUAI.)

Amirault, à Lunault et Montlouis. — Vins rouge et blanc.

Barret (Jules et Félix), à la Salmonières. — Vins rouges et blancs.

Berendorf (Louis), à Tours. — Liqueurs.

Blanchard (Louis), à La Taunoux. — Vins rouges et blancs.

Boissonneau (Edouard), à La Martinière. — Vins rouges.

Bruzeau-Brosseau, à Joué-lez-Tours. — Vins rouges.

Connin (Alfred), à St-Avertin. — Vins rouges et blanc.

Cougny (comte de), au château de la Boissière. — Vins rouges.

Delaunay-Delamotte, à Tours. — Vin blanc.

Delavente (David), à Ligré. — Vins rouges.

Demont-Jamet, à Bourgueil. — Vins rouges.

Denis-Marteau, à Cheneaux. — Vins rouges.

Desaché (Denis), à Sainte-Maure. — Vins rouges.

Drake del Castillo, à Monts. — Vins rouges.

Durand (Louis), à St-Épain. — Vins rouges.

Fagu-Pauvers, à Mouzilly. — Vins rouges.

Fouqueux, à St-Avertin. — Vins.

Fuzier-Hermann, à Varennes. — Vins rouges et blancs. — Cidres

Girardeau (Paul), à Bourgueil. — Vins rouges.

Jahan-Cady, à Esvres. — Vins rouges.

Landry-Gillusseau, à Bourgueil. — Vins rouges.

Langlois-Davonneau (Jules), à Lignières. — Vins rouges.

Lecointe, à Liquoreste. — Anisette.

Lemaitre-Pays, à Bléré. — Vin rouge.

Lesne, à Fondettes. — Vins rouges et blancs.

Leturgeon (François), à Rochecorbon.

Loiseleux (Armand F.), à Bourgueil. — Vins rouges.

Marchandeau-Parfait, à Vallère. — Vins rouges.

Muller (Vve A.), à Reignac. — Vins rouges et blancs.

Pairault, à Bourgueil. — Cassis.

Porcherot (Eugène), à St-Cyr-sur-Loire. — Vins rouges

Raffard, à Sainte-Maure. — Liqueurs.

Raoul-Duval (Fernand), à Genillé. — Vins rouges et blancs.

Rideau Frères, à Bourgueil. — Liqueurs.

Serée (Sylvain), à Civray-sur-Cher. — Vin rouge.
Sergent-Baillé, à St-Avertin. — Vins rouge et blanc.
Serret, à Vallères. — Vin rouge.
Thaureaux-Blondeau, à Restigné. — Vins rouge et blanc.
Tutasne (Léon), à Athée. — Vin rouge.
Vavasseur (Charles), à Vouvray. — Vin blanc.
Webel, à St-Eloi. — Bières.

ISÈRE.

34. Société d'Agriculture de l'arrondissement de GRENOBLE.
— Président : **Dalmas**, — à Grenoble. — Vins, liqueurs.   (QUAI.)

JURA.

35. Exposition Collective des vins du JURA.   (QUAI.)

Aimé (Auguste), à Couliège. — Vins.
Baille (Charles), à Poligny. — Vins.
Bannelier (Alphonse), à Poligny. — Vins.
Billot (Eugène), à Lons-le-Saulnier. — Vins mousseux.
Bonjour (Désiré), à Salins. — Vins.
Bonjour (Hyacinthe), à Salins. — Vins.
Bourgeois (Philibert), à Salins. — Vins.
Carmantrand à Lons-le-Saulnier. — Vins mousseux.
Champon (Clément), à Salins. — Vins.
Chatet (Louis), à Salins. — Vins.
Clavelier (Vve), à Voiteur. — Vins.
Cornu (Claude), à Salins. — Vins.
Cornu (Joseph), à Salins. — Vins.
Courvoisier (Auguste), à Marnoz. — Vins de Champagne.
Daloz Frères, à Lons-le-Saulnier. — Vins mousseux.
Derriez (Pierre-Antoine), à Salins. — Vins.
Devaux (Vve A.), à Lons-le-Saulnier. — Vins mousseux.
Dufay (Jules), à Salins. — Vins.
Dufay (Mme) née Girard, à Salins. — Vins.
Gabet (Albert), à Salins. — Vins.
Gremaud (Charles) à Salins. — Vins.
Gremaud (Joseph), à Salins. — Vins
Javel (Émir), à Arbois. — Vins.
Jeannot (Léon), à Arbois. — Vins.
Lefort (Augustin), à Arbois. — Vins.
Mangin (Félix), à Lons-le-Saulnier. — Vins mousseux.

Vins mousseux, blanc et rosé et vin jaune de Château Chalon. Médailles d'or, d'argent et
de vermeil, diplôme de mérite et 1er prix aux Expositions universelles de Paris 1867, 1878,
Londres 1862, Vienne 1873, Amsterdam 1883, Anvers 1885, etc.

Maraux, Receveur de l'Hospice, à Salins. — Vins.
Michel (Alphonse), à Arbois. — Vins.
Mourroux (Pierre), à Salins. — Vins.
Nicolas (Louis), à Salins. — Vins.
Pacoutet (Jean-Baptiste), à Salins. — Vins.

Pacoutet (Joseph), à Salins. — Vins
Pacoutet (Just), à Salins. — Vins.
Parrod (Emile), à Arbois. — Vins.
Poulet (Léon), à Salins. — Vins.
Raton (Auguste), à Salins. — Vins.
Rodet (Louis), à Salins. — Vins.
Rolier (Jules), à Salins. — Vins.
Rougebief (Alphonse), à Arbois. — Vins.
Suffisant (Louis), à Salins. — Vins.
Toubin (César), à Salins. — Vins.
Toubin (Paul), à Salins. — Vins.
Vercel (Jules), à Arbois. — Vins.
Vincent (Alexandre), à Poligny. — Vins.
Vuillaume (Augustin), à Arbois. — Vins.
Vuillaume (Henri), à Arbois. — Vins.
Vuillin (Marcel), à Poligny. — Vins.

LOT.

36. Société agricole du département du LOT — Président : Docteur
Rey, — à Cahors (Lot), rue du Lycée. — Vins nouveaux et vieux et eau-de-vie.
(QUAI.)

Bergougnioux, à Cahors. — Vin nouveau.
Brunelle et Barillaud, à Souillac. — Brou de noix.
Capmas (P.), à Crayssac. — Vins vieux et nouveaux.
Lasserre, à Espère. — Vin nouveau.
Nucé (Paul de), à Souillac. — Vin nouveau.
Valmary, à Cahors. — Vin de l'année.

MAINE-ET-LOIRE.

**37. Société industrielle et agricole d'ANGERS et de MAINE-&-
LOIRE.**
(QUAI.)

Ackermann. — Vins de la Carte d'Or, Dry Royal, Carte Noire.
Bévière (Gaston de la). — Vin rouge de Champtocé 1881.
Billard. — Vins de la Poissonnière 1870-1887.
Bizard. — Vins de Savennières (Epirée) 1869.
Blavier. — Vins de St-Aubin de Luigné 1870-1871.
Bodinier. — Vins de Trelaze 1875-1881.
Bouchard. — Vins de Bonnezeaux.
Bouchet (Edgard du). — Vins de Faye 1870.
Bougère Frères. — Vins de Saint-Barthélemy.
Bouvet-Ladubay. — Grand vin Excellence, Carte d'Or, Carte Blanche.
Bucaille. — Vins de Montsoreau 1874.
Chapin. — Château de Varrains, Carte Blanche, Carte d'Or. Spéciale cuvée vin brut.
Cointreau. — Vins de la Possonnière 1887.
Courjaret. — Vins de la Martinière 1887.
Courtiller (Mme). — Vins de Saint-Cyr-en-Bourg 1858.

Couzineau. — Vins de Varrains 1870.

Cristal.. — Vins de Parnay 1874-84-87.

Cumont (vicomtesse de). — Vins de Saint-Lambert-du-Lattay 1870 74-84.

Deperrière. — Vins de la Possonnière 1865.

Desportes (Baptiste). — Vins de Chalonnes 1887.

Fermé des Chenaux. — Vins de Dampierre 1884.

Fleuriaye (Yvan de la), Clos de la Roche-aux-Moines. — Vins.

Gilbert. — Vins de Faye 1887.

Guilbeau-Bellanger. — Vins de Savennières 1884.

Haccault. — Vins de Bonnezeaux 1887.

Huault-Dupuy. — Vins de Faye 1884.

Jamin (Prosper). — Vins de Saint-Barthélemy 1868.

Jousselin. — Vins de Ingrandes 1874.

Landais Fils. — Vins de Champigny 1884.

Martin-Renou.— Vins de Thoureil 1887.

Maturié. — Vins de Beugnon 1887.

Maupoint (D°). — Vins de Cabernet-Sauvignan.

Merlet. — Vins de Beaulieu 1870-74-84.

Neuville (de). — Vin de Château de la Tour 1880, Carte Noire, Carte Blanche 1884.

Oger-Bascher. — Vins de Saint-Aubin-de-Luigné 1884-1887.

Palisse (Auguste). — Vins de la Possonnière 1884.

Perrault (Eugène). — Vins de Brezé (Château de Mégnié) 1884.

Peton. — Vins de Tigné 1884.

Rogeron. — Vin blanc Saint-Barthélemy 1884.

Romain (comte de). — Vins de la Possonnière 1870-1881.

Serrant (comte de). — Vins de Savennières (La Coulée) 1887.

Talbot (Mme). — Vins de Savennières (Château de la Roche-aux-Moines).

Vidal (Mme). — Vins de la Possonnière 1874.

MARNE.

38. Syndicat du commerce des vins de CHAMPAGNE.   (QUAI.)

Aubert-Royer et Fils, à Avize. — Vins de Champagne.

Arnould (Ch) et Heidelberger, successeurs de de Saint-Marceau et Cie, à Reims. — Vins de Champagne.

Ayala et Cie, à Ay. — Vins de Champagne.

Barnett et Fils, à Reims. — Vins de Champagne.

Billecart Père et Fils, à Mareuil-sur-Ay. — Vins de Champagne.

Binet Fils (Vve) et Cie, à Reims. — Vins de Champagne.

Bollinger (J.), à Ay. — Vins de Champagne.

Bouché Fils et Cie, à Mareuil-sur-Ay. — Vins de Champagne.

Braeunlich, à Ay. — Vins de Champagne.

Burchard, Delbeck et Cie, à Reims. — Vins de Champagne.

Cazanove (Ch. de), à Avize. — Vins de Champagne.

Chandon et Cie, successeurs de Moet et Chandon, à Épernay. — Vins de Champagne.

Chausson (Albert), à Épernay. — Vins de Champagne.

Clicquot Fils (Eug.) et Cie, à Reims. — Vins de Champagne.

Dagonet et Fils, à Châlons-sur-Marne. — Vins de Champagne.

Desbordes (X.), à Avize. — Vins de Champagne.

DEUTZ et GELDERMANN, à Ay. — Vins de Champagne.
DUMINY et Cie, à Ay. — Vins de Champagne.
FARRE (Charles), à Reims. — Vins de Champagne.
FRÉMINET Fils, à Châlons-sur-Marne. — Vins de Champagne.
GALLICE et Co., successeurs de PERRIER-JOUET et Co., à Épernay. — Vins de Champagne.
GIBERT (Gustave), à Reims. — Vins de Champagne.
GIESLER et Cie, à Avize. — Vins de Champagne.
GONDELLE et Cie, à Reims. — Vins de Champagne.
GOULET (Georges), à Reims. — Vins de Champagne.
HEIDSIECK (Vve) et Cie, à Reims. — Vins de Champagne.
HEIDSIECK (Charles), à Reims. — Vins de Champagne.
HENRIOT et Cie, à Reims. — Vins de Champagne.
IRROY (Ernest), à Reims. — Vins de Champagne.
KOCH Fils, à Avize. — Vins de Champagne.
KRUG et Cie, à Reims. — Vins de Champagne.
KUNKELMANN et Cie, à Reims. — Vins de Champagne.
LANSON Père et Fils, à Reims. — Vins de Champagne.
LECUREUX et Cie, à Avize. — Vins de Champagne
LOCHE (G.), à Avize. — Vins de Champagne.
LOCHE (Vve G.), à Reims. — Vins de Champagne.
MONTEBELLO (Alfred de), à Mareuil-sur-Ay. — Vins de Champagne
MUMM (G. H.) et Cie, à Reims. — Vins de Champagne.
MUMM (Jules) et Cie, à Reims. — Vins de Champagne.
PERRIER Fils (Joseph) et Cie, à Châlons-sur-Marne. — Vins de Champagne.
POL ROGER et Cie, à Reims. — Vins de Champagne.
POMMERY (Vve) Fils et Cie, à Reims. — Vins de Champagne.
RŒDERER (Louis), à Reims.— Vins de Champagne.
RUINART Père et Fils, à Reims. — Vin de Champagne.
WACHTER et Cie, à Épernay. — Vins de Champagne.
WERLÉ et Cie, à Reims. — Vins de Champagne.

39. Comice agricole de l'arrondissement de REIMS, — Président : **Lhotelain**, — à Reims (Marne). — Vins rouge et blanc du pays. (QUAI.)

ANDRIEUX-BRODIER, à Pouillon. — Vins rouge et blanc de Pouillon, vin rouge de Chenay, vin rouge d'Hermonville, eau-de-vie de marc.
BENOIT Fils (Ch.), à Reims. — Vin blanc de Montferré.
BERTRAND-CARRÉ, à Rilly. — Vins rouge et blanc de Rilly.
BERTRAND-COLLART, à Reuil. — Vins rouge et blanc.
BOUCHÉ Fils, à Mareuil-sur-Ay. — Vin rouge de Bouzy.
BRISSET-FOSSIER, à Reims. — Vin blanc de Reims.
BUREAU (Ch.), à Villers-Allerand. — Vins rouge et blanc de Villers.
COMMUNAL, à Hermonville. — Vin rouge de Marzilly.
DÉMOULIN, à Commetreuil. — Vin blanc de Courmas.
FAVART (Léon), à Reims. — Vin blanc de Chenay.
FORTEL (Amédée), à Sillery. — Vins rouge et blanc de Sillery.
GABREAU-FAUPIN, à Saint-Thierry. — Vin blanc de Saint-Thierry.
IRROY (Ernest), à Reims.— Vin rouge d'Avenay, vin blanc d'Avenay, vin blanc de Bougy, vin blanc de Verzenay.
JACQUEMART-PONSIN, à Irval. — Vin blanc d'Irval.
LE CACHEUR-CANOT, à Ay. — Vins rouge et blanc d'Ay, eau-de-vie de marc.
LELOUP (Édouard), à Mailly. — Vin rouge de Ludes, vin blanc de Mailly.

Leroy (E.), à Villers-Franqueux. — Vin blanc de Villers-Franqueux, eau-de-vie de marc.

Leroy-Philippart, à Écueil. — Vins rouge et blanc d'Écueil.

Pérard-Pérard, à Witry-les-Reims. — Vin rouge de Cernay, vin blanc de Witry.

Perseval (Pétré), à Chamery. — Vins rouge et blanc de Chamery.

Petit-Elambert, à Reims. — Vins rouge et blanc de Trigny.

Piot-Fayet, à Sainte-Gemme. — Vin blanc de Sainte-Gemme.

Richet (Albert), à Sermiers. — Vin rouge de Sermiers.

Robert-Mitouart, à Sacy. — Vins rouge et blanc de Sacy.

Roussin (Edmond), à Villedommange. — Vins rouge et blanc de Villedommange.

Soullié (Hubert), à Reims. — Vin rouge de Cumières.

40. Comice agricole de l'arrondissement de SAINTE-MENE-HOULD — Président : **Henry Payart,** — à Ste-Menehould (Marne). — Cidre, poiré, eau-de-vie.   (**QUAI.**)

Chemery (Alfred), à Moiremont. — Cidre, poiré, eau-de-vie.

MAYENNE.

41. Société agricole de la MAYENNE, à Laval (Mayenne). — Cidre et eau-de-vie de cidre, vins rouge et blanc et liqueurs.   (**QUAI.**)

Berthelot (Ferdinand), à Erfroide, commune de la Cropte. — Cidres, eaux-de-vie.

Boisseau, à Ballée. — Vins rouge et blanc de Ballée et de Saint-Denis-d'Anjou, eaux-de-vie.

Comice de Bierné, à Bierné. — Cidres et eaux-de-vie de cidre.

Comice de Chateau-Gontier, à Château-Gontier. — Cidres et eau-de-vie de cidre.

Comice de Cossé-le-Vivien, à Cossé-le-Vivien. — Cidres et eaux-de-vie de cidre.

Fischet (Amédée), à Pré-en-Pail. — Eaux-de-vie de cidre (fine normande), crème normande et liqueurs diverses à base d'eau-de-vie de cidre.

Rezé (Léon), à Grey-en-Bouère. — Cidre, poiré, eau-de-vie.

MEURTHE-ET-MOSELLE.

42. Société centrale d'Agriculture du département de MEURTHE-ET-MOSELLE — Président : **de Meixmoron de Dombasle,** — à Nancy (Meurthe-et-Moselle), rue Stanislas, 43. — Vins et eaux-de-vie.   (**QUAI.**)

Auraux, à Eulmont. — Vins.

Clarté, à Baccarat. — Eau-de-vie, goumi du Japon.

Comice agricole de Toul. — Vins et eaux-de-vie.

Poinsignon, à Pulventeux-Longwy. — Produits de sa distillerie.

Syndicat Viticole de Rosières-aux-Salines. — Vins de Rosières-aux-Salines, 1838 à 1887.

NORD.

43. Société des Agriculteurs du NORD — Président : **Claeys,** sénateur — Alcools.   (**QUAI.**)

Dujardin (A.), à Monchecourt. — Alcool de betteraves.

Martin (H.), au Quesnoy. — Cidre et alcools de fruits.

44. Syndicat des Brasseurs du NORD, à Cambrai (Nord). — Bières.
(QUAI.)

BINAULD & CIE, à Lille (Nord).
BLANQUET Frères, à Saint-Omer (Pas-de-Calais).
BRUNO Frères, à Sars-Poteries (Nord).
CORMAN-VANDAME, à Lille.
COSTEMEND, à Beauvois (Nord).
COURTIN, à Avion (Pas-de-Calais).
DARTEVELLE Frères et Sœurs, à Hautmont (Nord).
DELANNOY, à Beauvois (Nord).
DELAPORTE, à Solesmes (Nord).
DELESALLE-LEMAITRE, à Lille (Nord).
DELMARLE (Vve), à Pont-sur-Sambre (Nord).
FONTAINE & CIE, à Louvroil (Nord).
GUERMONPREY, à Carnières (Nord).
LECLERCQ (E.), à Cambrai (Nord).
LEVÈQUE, à Soissons (Aisne).
MONTREUIL-WACKERNIE, à Boeseghem (Nord).
MOREL & DEGOUVE, à Arras (Pas-de-Calais).
RAVINET Frères, à Dunkerque (Nord).

TABARY, à Sallau-les-Lens (Pas-de-Calais).
   Brasserie de l'Avenir (Système bavarois complet).
   Bières brunes, blanches et blondes, en fûts et en bouteilles.
   Bières, genre Munich.

TESSE & WATRELOT, à Lille (Nord).
WILLIOT, à Poix-du-Nord (Nord).

45. Société d'Agriculture de BOURBOURG — Président: **Legaigneur (Hubert),** — à Bourbourg (Nord). — Bières, alcools, liqueurs.   (QUAI.)

DURIEZ & DROULERS, à Bourbourg. — Alcool de betteraves.
VANDENBROUCQ (Benjamin), à Bourbourg. — Bières.
VANDENBROUCQUE (Léon), à Bourbourg. — Liqueurs faites avec de l'alcool de betteraves.

OUEST.

46. Producteurs agricoles de l'OUEST.   (QUAI.)
AVENEL (Vicomte G. d'), au Château-du-Champ-du-Genêt, par Avranches (Manche). — Cidres.
BLESTEL-REGULARD, à Arques (Seine-Inférieure). — Cidres.
FLOQUET (A.), à Pont-l'Évêque (Calvados). — Cidres.
FONTAINE, à Nantes (Loire-Inférieure), rue Lafayette, 12. — Cidres.
MODELET-NEVEU (H.), à Chartres (Eure-et-Loir). — Cidres.

PAS-DE-CALAIS.

47. Société des agriculteurs du PAS-DE-CALAIS — Président : **Camescasse ;** Secrétaire : **Comon,** — à Arras (Pas-de-Calais). — Alcools. (QUAI.)

CALONNE, à Ruitz. — Alcools.
HANICOTTE (Léon), à Béthune. — Alcools.

PYRÉNÉES-ORIENTALES.

48. Société agricole des PYRÉNÉES-ORIENTALES.   (QUAI)

ALBOIZE (Victor), à Saint-Jean-Lasseille. — Vins.
AY-DUMAS (J.), à Rivesaltes. — Vins.
CHICHET (Jules), à Tautavel. — Vins.
ESCARGUEL (Henri), à Perpignan. — Vins.
FARINES Jeune, à Baixas. — Vins.
FARINES (Pascal), à Baixas. — Vins.
FERRER (Léon), à Perpignan. — Vins.
FLEURIAYE (Yvan de La). — Vins.
FRÈRE (Isidore), à Saint-Genis-du-Fontaine. — Vins.
JAUBERT (F.), à Ponteilla. — Vins.
MORAT (Philippe), à Estagel. — Vins.
PASCAL (Thomas), à Banyuls-sur-Mer. — Vins.
PEPRATX (Eugène), à Perpignan. — Vins.
PEY, à Argelès-sur-Mer. — Vins.
RAZOUS (Jean), à Rivesaltes. — Vins.
SOULIER (Napoléon), à Collioure. — Vins.
TAULIER (Michel), à Estagel. — Vins.
TRIQUERA, à Estagel. — Vins.
VINYES (Auguste), à Perthus. — Vins.

SARTHE.

49. Société des agriculteurs de la SARTHE — Président : **Legludic,** —
Le Mans, rue Haureau, 35 bis. — Vins, cidres, eaux-de-vie.   (QUAI.)

50. Commune de CHENU, à Chenu (Sarthe).   (QUAI.)

BÉCHU (Adrien), à Chenu. — Vins blanc et rouge.
BESNARD (Louis), à Chenu. — Vins blanc et rouge.
BOURDIN (Jules), à Chenu. — Vin rouge.
BOURGOIN-DÉAN (Jean), à Chenu. — Vin rouge.
COINET (Jean), à Chenu. — Vin rouge.
DELAHAYE (Jean), à Chenu. — Vin rouge.
DELANOUE (Arsène), à Chenu. — Vin blanc 1870-1881-1887.
EDELINE (Narcisse), à Chenu. — Vin blanc.
GAUDIN (Théodore), à Chenu. — Vin rouge.
GAUTIER (Renè), à Chenu. — Vin rouge.
GERVAIS (Gustave), à Chenu. — Vin rouge.
GERVAIS (Pierre), à Chenu. — Vin rouge.
GOUBARD (Léon), à Chenu. — Vins blanc et rouge.
GUÉRET (Philippe), à Chenu. — Vins blanc et rouge.
HOUDOIN (Lucien), à Chenu. — Vin rouge 1887.
HUBERT (Émile), à Chenu. — Vins rouges.
JUPIN (Vve), à Chenu. — Vin rouge.
LEHOUX (René), à Chenu. — Vin blanc.
LELARGE (Auguste), à Chenu. — Vin blanc.
LEMOINE (Eugène), à Chenu. — Vin rouge.

LEMOINE (Louis), à Chenu. — Vins blanc et rouge.
MARTEAU Père (Pierre), à Chenu. — Vin rouge.
MASSON (Louis), à Chenu. — Vin rouge.
MONTOUCHET (Jacques), à Chenu. — Vin rouge.
NAIL (Charles), à Chenu. — Vin rouge.
PELLEROT (Pierre), à Chenu. — Vin rouge.
PILET (Eugène), à Chenu. — Vin rouge.
ROBINEAU (Pierre), à Chenu. — Vin rouge.
ROUSSEAU (Mathias), à Chenu. — Vins blanc et rouge.
TULASNE (Vve), à Chenu. — Vins rouge et blanc.

SAVOIE.

51. Société Centrale d'Agriculture de la SAVOIE, à Chambéry (Savoie). **(QUAI.)**

ALEXANDRY (Le Baron Frédéric-Charles d'), à Villard-d'Héry. — Vins.
ARMINJON (Ernest), à Chambéry. — Vins.
BEL (François), à Montmélian. — Vins.
BERNARD (François), à Montmélian. — Vins.
BILLIOUD (Joseph), à Arbin. — Vins.
BOIGNE (Comte de), à Chambéry. — Vins.
CHABERT (Albert), à Chambéry, place Saint-Léger, 54. — Vins rouges de Saint-Baldoph (Savoie).
CHAMPENOIS (Antoine), à Cognin. — Vins.
DESCHAMPS (Jean), à Saint-Jean-de-Maurienne. — Vins.
DUBOULOZ (J.-B.), à Montmélian. — Vins.
FALCOZ (André), à Marches. — Vins.
FARDEL (M.-J.-Antoine), à Chambéry. — Vin blanc sec du Château de Puiset (commune de Planaise), année 1886.
FERRIER (Alfred), à Chambéry, place Saint-Léger, 78. — Vin rouge pour bouchon, de la commune d'Apremont.
GAILLARD (Vve Marguerite), à Serrières. — Vins rouges Mouton 1881-84-87 et Espérance 1887. Vins blancs Candie 1870-84 et Espérance 1870.
MERMET (Charles), à Marches. — Vins.
MULATON (Alphonse), à Chambéry. — Vins.
PÉPIN (Joseph), à Gilly. — Vins.
PERRIER DE LA BATHIE (Vve), à St-Jean-de-la-Porte. — Vins.
REBAUDET, à Aix-les-Bains. — Vins.
REY (Pierre), à la Rochette. — Vins.
RUMILLY (Joseph), à Yenne. — Vin blanc.
SYLVOZ (Charles), à Saint-Jeovie. — Vins.
TOCHON (Pierre), à La Motte-Servolex. — Vins.

SEINE.

52. Syndicat des Brasseurs des Départements limitrophes de la SEINE, à Paris, place de la Bourse, 4. — Bières. **(QUAI.)**
BRIÈRE, à Savigny-sur-Orge.
CIRIER-PAVARD, à Saint-Germain-en-Laye.
HATT (BRASSERIE DE L'ESPÉRANCE), à Ivry-sur-Seine.

HEIMERDINGER et LURCH, à Arcueil (Seine).
PROPPER, aux Moulineaux.
SOCIÉTÉ DES BRASSERIES ET MALTERIES DE FRANCE, à Paris, rue de la Bourse, 6.

SEINE-INFÉRIEURE.

53. Association Agricole de SAINT-ROMAIN, Président : **Léon Desgenetais**, à Saint-Romain-de-Colbosc (Seine-Inférieure). — Cidre, poiré et eau-de-vie de cidre.   **(QUAI.)**

DELANOS (Benoît), à Saint-Romain-de-Colbosc. — Cidre, eau-de-vie de cidre et de poiré

LAMBERT (Michel), à Saint-Romain-de-Colbosc. — Cidre.

MAZE (Pierre), à Saint-Romain. — Poiré, eau-de-vie de cidre et de poiré.

TARN.

54. Sous-comité de Gaillac — Président : **Dupuy-Dutemps**, — à Gaillac (Tarn). — Produits viticoles de l'arrondissement de Gaillac.   **(QUAI.)**

AZÉMAR (Gabriel).

BARBE (J.-L.).

BOUSQUER (Timothée).

FREZONE et Fils.

RAYNAL et Fils.

VENDÉE.

55. Comité départemental de la VENDÉE — Président : **Madelaine**, — à La Roche-sur-Yon. — Vins.   **(QUAI.)**

YONNE.

56. Société d'Agriculture de l'YONNE, avec le concours des **Sociétés agricoles et viticoles des arrondissements** :   **(QUAI.)**

ARCHDÉACON, au Château de Cheney, par Tonnerre. — Vins.

BARAT-LAVINÉ (Anatole), à Joigny. — Vins de la côte Saint-Jacques (années 1884-1885-1887).

BELLIARD (Frédéric), à Épineuil. — Vins rouges et blancs mousseux, vins rouges provenant de sa récolte, années 1865-70-76-81-84 et 87, grands ordinaires.

BENOIT (Vve), à Épineuil. — Vins d'Épineuil.

BIDAULT DE L'ISLE (Albert), à l'Isle-sur-le-Serein. — Vins du clos de la Caquette (l'Isle) années 1881-1885-1887.

BIGAULT (Amédée), à Auxerre. — Vins d'Auxerre (clos Laurent-Lesseré).

BOUVET (Virgile), à Joigny. — Vins de la côte Saint-Jacques et du verger Martin.

CAMBUZAT-ROY (Alexandre G.), à Seignelay. — Vins fins d'Auxerre (Boussicats).

CAMPENON (Mme), à Tonnerre. — Vins de Tonnerre.

CHAIGNET, à Auxerre. — Vin rouge d'Auxerre.

CHARIAT-POULIN, à Irancy. — Vins rouges d'Irancy.

CHEVALLIER (Olympe), à Dannemoine. — Vins de Dannemoine.

CLÉMENDOT (Joseph), à Tonnerre. — Vins de Tonnerre.

CORNUOT, à Béru. — Vin blanc.

Coste (Gustave), à Saint-Julien-du-Sault. — Vins de Saint-Julien-du-Sault (cru la Chapelle), année 1884.

Couillault (Alphonse-E.), à Épineuil. — Vin rouge années 1885 et 1887.

Couperot (Auguste), à Fleys. — Vins blancs de Fleys.

Delestre (Narcisse), à Dannemoine. — Vins de Dannemoine.

Delinotte, à Vaulichères, près Tonnerre. — Vins de Vaulichères.

Deschuches (Henri), à Coulanges-la-Vineuse. — Vins rouges de Coulanges.

Desprez (Émile), à Coulanges-la-Vineuse. — Vins de Coulanges.

Dicquemare (Auguste), à Vézelay. — Vins blancs de l'Abbaye.

Dominé-Capet, à Tonnerre. — Vins de Tonnerre.

Dominé (Gendre), Clémendot, à Tonnerre. — Vins de Tonnerre.

Drouas (Fernand de), à Tonnerre. — Vins de Tonnerre.

Durand (Pierre), à Épineuil. — Vins des années 1870-1878-1881-1884-1887.

Durand-Champfort (Henri), à Vaulichères. — Vin rouge, année 1887.

Eté (Pierre), à Tonnerre. — Vins de Tonnerre, années 1880-1881.

Fèvre Père, aux Brions. — Vins des Brions.

Foin (Théodule), à Michery. — Vins blancs.

Fontant-Portier, à Tonnerre. — Vins de Tonnerre.

Foudriat (Urbain), à Irancy. — Vins rouges d'Irancy.

Gallot (Vve), à Auxerre. — Vins rouges d'Auxerre.

Goubault (Joseph), aux Mulots, près Tonnerre. — Vin blanc de Valrup.

Guinot (Adolphe), à Sens, faubourg Saint-Savinien, 121. — Vins des années : 1874-1878-1881-1884-1888. Eau-de-vie de marc.

Guyon (François), à Venoy. — Vin rouge 1887.

Hardy (Mme), à Tonnerre. — Vins de Tonnerre.

Hugot (Jules), à Coulanges-la-Vineuse.— Vins fins de Coulanges, année 1887.

Jaudé (Elie), à Coulanges-la-Vineuse. — Vins rouges de Coulanges.

Kergorlay (Comte Pierre de), aux Barres-Sainpuit. — Vins blancs et rouges.

Lantonnois (Louis), à Fleys. — Vin blanc de Mont-du-Milieu (Fleys).

Laporte (Alexandre), à Épineuil. — Vins d'Epineuil.

Laribe (Antoine), à Épineuil. — Vins d'Epineuil.

Laribe (Gabriel), à Épineuil. — Vins.

Legrand (Louis), à Dannemoine. — Vins de Dannemoine.

Lenoble (Frédéric), à Dannemoine. — Vins de Dannemoine.

Lizerand (Auguste), à Tonnerre. — Vins de Tonnerre.

Loriferne (Auguste), à Tonnerre. — Vins de Tonnerre.

Lucotte Fils, à Epineuil. — Vins d'Epineuil.

Mérat (Clément), à Epineuil. — Vins rouges : années 1865-1870-76-77-78-81-83-84-85 et 87.

Michecoppin, à Dannemoine. — Vins de Dannemoine.

Michecoppin (Approncule), à Dannemoine. — Vins de Dannemoine.

Nicole (Ambroise), à Vaulichères, près Tonnerre. — Vins de Vaulichères.

Nurdin, à Cravant. — Vin rouge d'Auxerre.

Pascault (Louis), à Vézinnes. — Vins de Vézinnes.

Petit (Jean-Pierre), à Vézinnes. — Vins de Vézinnes.

Portier-Pierriche, à Tonnerre. — Vins de Tonnerre.

Portier-Portier, à Tonnerre. — Vins de Tonnerre.

Prévost Fils (Henri), à Vincelottes. — Vins rouges de Vincelottes.

Raffat (Zéphin), à Vézinnes. — Vins de Vézinnes.

Rapin (Fabien), à la Métairie Foudriat (commune de Gy-l'Évêque). — Vins rouges de 1887.

Raveneau-Cailly (Lucien), à Chablis.—Vins blancs de Chablis supérieur des principaux crus et années depuis 1857 jusqu'à 1887 inclus.

Robin-Quénard, à Chablis. — Vins blancs de Chablis, années 1884-1885.
Rolland (Eugène), à Epineuil. — Vins fins d'Epineuil, années 1884 et 1887.
Roncin (Alcide), à Dannemoine. — Vins de Dannemoine.
Roze (Isidore), à Maison-Rouge, près Tonnerre. — Vins de Maison-Rouge.
Tranchant (François), à Epineuil. — Vins d'Epineuil.
Verdeau (Jacques), à Junay. — Vins blancs de Junay.
Verdeau (Jules), à Junay. — Vins blancs de Junay.
Zanote (Philippe), à Joigny. — Vins côte Saint-Jacques et côte de Mignotte, années
   1884 et 1885.

EXPOSANTS INDIVIDUELS.

1. **ANDRÉ (Joseph)**, à Bonneville (Charente). — Eau-de-vie de Cognac de 1820-
30-40-50-58-60-70.   **(QUAI.)**

2. **ANDRÉ (Louis)**, propriétaire à Nuits (Côte-d'Or). — Vins de Saint-Georges
de Nuits.   **(QUAI.)**
   Médaille d'argent à l'Exposition universelle de Paris 1867.
   Représentant pour Paris et la banlieue, M. Martin, à Paris, place de la Bourse, 11.
   Représentant pour la France et l'Etranger, M. Tetot, à Paris, rue Nouvelle, 11.

3. **ASSIÉ (Jules)**, à Béziers. — Eau-de-vie et vins.   **(QUAI.)**

4. **Association syndicale et commerciale de l'Épicerie Française**,
à Charenton (Seine), rue de l'Entrepôt. — Vins et spiritueux.   **(QUAI.)**
   Vins rouges, de Bourgueil et de Chinon ; vins blancs de Chinon et de Vouvray.
   Vins mousseux rouges et vins mousseux blancs de Chinon.
   Vins rouges du Midi. Vins dits de soutirage. Vins rouges et vins blancs du Bordelais.

5. **AUBOIN (Hippolyte)**, à Paris, boulevard Saint-Germain, 47. — Vins. **(QUAI.)**

6. **AULNAY (d')**, à Musigny (Côte-d'Or). — Vin château Chambolle. **(QUAI.)**

7. **AURILLON (Léopold)**, à Paris, place de la Bastille, 5. — Vins. **(QUAI.)**

8. **BALLUTEAUD (Jean)**, à Champagne-Blanzac (Charente). — Fines champagnes.   **(QUAI.)**

9. **BARASTON (Alphonse)**, à Perpignan (Pyrénées-Orientales). — Banyuls-
Pasteur. Vin de liqueur tonique et inaltérable.   **(QUAI.)**

10. **BARAULT-JARDINIER & Fils**, à Santenay (Côte-d'Or). — Vins.
                                                                     (QUAI.)

11. **BARBET (Émile Augustin)**, « distillerie de l'Hérault », à Paris, rue de
Seine, 13. — Alcool.   **(QUAI.)**

12. **BARDINET**, à Limoges. — Alcools.   **(QUAI.)**

13. **BARON (Edgard-U)**, au château de la Baune, par Beauvoir-sur-Niort (Deux-
Sèvres). — Vins, eau-de-vie et liqueurs.   **(QUAI.)**

14. BARRAL (Jean-Louis), à Paris, rue de Rivoli, 108. — Vins.   **(QUAI.)**

15. BARREAUX (Victor) & Fils, à Lochrist, commune de Languidic (Morbihan). — Kirsch en bouteille.   **(QUAI.)**

16. BARRET (Joseph-Alphonse), à La Vaivie, par St-Loup (Haute-Saône). — Kirsch.   **(QUAI.)**

17. BASTIDE (Scévola), à Château d'Agnac, par Montpellier (Hérault). — Vins rouges de diverses années récoltés sur racines américaines.   **(QUAI.)**

18. BATARD (F.), à Nantes, rue du Haut-Moreau, 14. — Cidre.   **(QUAI.)**

19. BÉNARD & LEMAITRE, à Paris, rue de Buffon, 15. — Absinthe, spiritueux, liqueurs, sirops, fruits à l'eau-de-vie.   **(QUAI.)**

Usine à vapeur. Fabrique d'Absinthe suisse, dépôt de l'Amer du Congo.
Médaille, Paris 1878 ; Médaille, Anvers 1885.
Eaux-de-vie à l'Entrepôt Général.

20. BERGER (Vve), à Paris, boulevard Malesherbes, 16. — Vins.   **(QUAI.)**

21. BERNARDINI(J.-B.), à Sainte-Lucie-de-Tallano (Corse). — Vins.   **(QUAI.)**

22. BERTRAND (Jean), à Raufleville, commune de Malaville (Charente). — Eau-de-vie.   **(QUAI.)**

23. BERTRAND (Julien), au Havre, rue d'Après-Mannevillette, 16. — Rhums.   **(QUAI.)**

Négociant importateur, agence à Saint-Pierre (Martinique).
Vente exclusive au commerce de gros.
Rhum J. B. Sainte-Croix, commission et transit au Havre.
Achats à la commission pour lots de Rhum, à expédier de la Martinique ou aux docks du Havre. — Médaille d'argent, Anvers 1885.

24. BESSERAT (E.), marque Clicquot, à Ay-Champagne. — Vins de Champagne.   **(QUAI.)**

Propriétaire de vignobles à Ay, 1er cru de la Champagne.
Successeur de Henri Clicquot à Reims. — Maison fondée en 1868.
Dépôts, à Paris, rue Auber, 4 ; exportation, rue de Chabrol, 63, à Londres, Vienne et les principales villes de Belgique. Vins doux, secs, très secs et bruts.
Médaille d'or à Bruxelles 1888.

25. BESSEYRE-VAUR, à Vic-le-Comte (Puy-de-Dôme). — Eau-de-vie et kirsch.   **(QUAI.)**

26. BEYSSAC (E.) & Cie, à Bordeaux, rue d'Enghien, 9. — Vins et rhums.   **(QUAI.)**

27. BICHOT-MOYNE (P.-A.-Albéric), à Chambolle-Musigny (Côte-d'Or). — Vins de Musigny de 1885, 1886 et 1887.   **(QUAI.)**

28. BIGOT-RUAULT, à Mantilly (Orne). — Eau-de-vie et cidres.   **(QUAI.)**

29. BILLET (François) et Cie, à Marly-lez-Valenciennes (Nord). — Alcool.   **(QUAI.)**

30. BLANJOT & BEAUCHAMPS, à Soissons-Vauxrot (Aisne). — Alcool pur.   **(QUAI.)**

31. BLANQUET Frères, à Saint-Omer (Pas-de-Calais), quai des Salins. — Bières.   **(QUAI.)**

32. BOITEUX, à la Mouillère-Besançon (Doubs). — Bières.   **(QUAI.)**
Exposition universelle de Paris 1878, médaille d'argent.

33. BOIXEAU (A.) et Cie, à Bordeaux, rue du Jardin-Public, 127. — Rhum et eau-de-vie.   **(QUAI.)**

34. BORDONE (G.-J.-H.), à Frontignan (Hérault). — Vins muscats. (QUAI.)

35. BOS (Alexandre), à Decazeville (Aveyron). — Vins. (QUAI.)

36. BOUCAU (Yves), à Lévignacq-des-Landes (Landes). — Vins. (QUAI.)

37. BOUFFARD (F.), à Bordeaux. — Vins des Quatre-Grands crus de Saint-Émilion. (QUAI.)

38. BOURCIER (Eug.), MICHEL (E.) et Cie, à Paris, rue Lecourbe, 125. — Spiritueux et vins. (QUAI.)

39. BOURDON (Edmond-H.-A.), à Rémy (Oise). — Alcools. (QUAI.)

40. BOURDY Cadet Fils, à Milhaud (Gard). — Vins. (QUAI.)

41. BOURGOIN, à Paris, rue de Constantinople, 17. — Vins. (QUAI.)

42. BOURGOIN-JOMAIN Fils, à Beaune (Côte-d'Or). — Vins. (QUAI.)

43. BOURRY (Adolphe), à Vergèse, canton de Vauvert (Gard). — Vins. (QUAI.)

44. BOUVAIST (Albert), à Abbeville (Somme). — Bières. (QUAI.)
Récompenses obtenues :
Médaille de bronze, Anvers, Exposition de 1885.
Médaille d'argent à l'Exposition de Melbourne 1888.
Deux médailles d'or aux Expositions universelles de Barcelone 1888 et Bruxelles 1888, les plus hautes récompenses accordées.

45. BOUZON (Auguste), Hôtel et restaurant du Plat-d'Étain, à Paris, rue Saint-Martin, 326. — Eaux-de-vie de marc et de cerise, fine champagne de 1851, 1858, 1860 et 1865. (QUAI.)
Eau-de-vie de marc et de cerises (propriété exclusive) Vins des grands crus. Spécialité de filets de sole du Plat d'Étain.

46. BRANGIER Fils, (P. A.), aux Estrées, par la Crêche (Deux-Sèvres). — Alcool de betteraves purifié. (QUAI.)

47. Brasserie du Marché-aux-Chevaux (Dumesnil Frères), à Paris, rue Dareau, 30. — Bières, fermentation basse. (QUAI.)

48. Brasserie du Sud-Est (Grande), à Beaucaire (Gard). — Bière bock blonde, bière bock brune, fabrication genre Munich. (QUAI.)

49. Brasserie de Tantonville (Directeur : **Tourtel**), à Tantonville (Meurthe-et-Moselle). — Bières, tourteaux, etc. (QUAI.)

50. Brasseries et Malteries de France, à Paris, rue de la Bourse, 4. — Bières brune et blonde. (QUAI.)
Brasseries et malteries de France. Société anonyme au capital de 3 millions.
Siège social, à Paris, rue de la Bourse, 4.
Usines I. Brasserie et malterie à Sèvres (Seine-et-Oise).
— II. Brasserie des Moulineaux, à Issy (Seine).

51. Brasserie Malterie « Le Phénix », à Marseille (Bouches-du-Rhône), rue Pavillon, 5. — Malt d'orge d'Auvergne 1888 et bières en bouteilles. (QUAI.)

52. BRETTEVILLE, au Havre, rue du Perrey, 41-42. — Cidres. (QUAI.)

53. BRIET-LEFÈVRE (Auguste), à Crécy-sur-Serre (Aisne), — Cidre. (QUAI.)

54. BRIN-OLIVIER (Marc), à La Flotte (Ile-de-Ré). — Eaux-de-vie « Ile-de-Ré » vieilles et nouvelles. (QUAI.)

55. BRINTET-MOISSENET & Fils, à Nuits (Côte-d'Or). — Grands vins de Bourgogne. (QUAI.)

56. BRUGEL (Denis), à Layrac (Lot-et-Garonne).— Vins et spiritueux.   **(QUAI.)**

57. BRUNET (Léon-P.), à Rauly, près Bergerac (Dordogne). — Vins de dessert de différentes années.   **(QUAI.)**

Médailles aux Expositions universelles de Paris 1855, 1867, 1878.

58. BRUT-NAR, à Paris, rue Mademoiselle, 55. — Vins.   **(QUAI.)**

59. BUSSY (Georges-L. de), au Havre (Seine-Inférieure), rue des Pincettes, 20. Rhums vieux de la Martinique, rhum créole.   **(QUAI.)**

Maison fondée en 1883.— Consignation, transit, importation, exportation.
Rhums de toutes provenances, vins fins étrangers, thés, cafés, poivres, etc.
Rhum créole (marque déposée).
Récompense : Médaille d'argent, Barcelone, 1888.

60. BUZIN & Cie, à Châtillon-sur-Seine (Côte-d'Or). — Alcools.   **(QUAI.)**

61. CABARET (Gustave), brasseur à Saint-Omer (Pas-de-Calais). — Bières brunes, blondes et blanches d'escourgeon. (Fermentation haute.) Malts d'escourgeons de Flandre, d'Arras, de Beauce, de Vendée, de Philippeville.   **(QUAI.)**

Récompenses obtenues aux Expositions universelles :
Médailles de bronze, Anvers 1885, Barcelone 1888.
Médaille d'argent, Bruxelles 1888.

62. CAILHE (Antoine), à Terre-Neuve, près Montluçon (Allier). — Bière bock et de conserve de fermentation basse. Glace artificielle, système Carré.   **(QUAI.)**

Médaille d'argent, Exposition universelle internationale, Paris 1878.

63. CAMPREDON (F.), à Marseille (Bouches-du-Rhône). — Amer hygiénique « Coca-Campredon », « Rina français Campredon ».   **(QUAI.)**

64. CANAS-DELOSTAL, à Paris, rue de la Banque, 20. — Vins blancs mousseux des côteaux de Saumur (non champanisés), crus divers, kirschs de cerises, prunes, pêches, prunelles, eaux-de-vie de vins, etc.   **(QUAI.)**

65. CARLES & BLANC, à Clermont-sur-Hérault (Hérault). — Vins.   **(QUAI.)**

66. CART & FAUQUET, à Issy (Seine). — Vins.   **(QUAI.)**

67. CASANOVA (J.), à Bordeaux (Gironde), place Tartas, 6. — Sève de Médoc dite liqueur Trasforest, sèves de Barsac, Bourgogne, Santerne et de Cognac.   **(QUAI.)**

68. CASTAGNET (E.) & GIACARDY, à Bordeaux, rue des Retaillons, 8.— Vin royal de France.   **(QUAI.)**

69. CATALAN Frères, à Montpellier (Hérault), rue Dessalle-Possel, 19. — Vins de table et de dessert.   **(QUAI.)**

70. Caves de l'Hôtel-Continental (Directeur : **Leguay**), à Paris, rue de Castiglione, 3. — Bordeaux rouges et blancs, bourgognes rouges et blancs, vins de Champagne, vins étrangers, spiritueux et liqueurs.   **(QUAI.)**

Vins d'origine de toute provenance, en bouteilles et en fûts. Médaille d'or et diplôme d'honneur au grand Concours international de Bruxelles, 1888, et Médaille d'or à l'Exposition de Barcelone, 1888.

71. CHALIER & SERT, à Paris, rue Jacob, 8. — Vins de San-Lucar.   **(QUAI.)**

72. CHALUE-VOIRY (Eugène), à Tours (Indre-et-Loire), rue des Halles, 62. — Vin blanc de Vouvray.   **(QUAI.)**

73. CHAMONARD (J.-B.), à Romanèche-Thorins (S.-et-L.). — Vins.   **(QUAI.)**

74. CHAMPION (Victor), à Vertigny (Vosges). — Bière.   **(QUAI.)**

75. CHAMPY Père & Cie, à Beaune (Côte-d'Or). — Vins fins de Bourgogne.
(**QUAI.**)

Vins rouges ; Romanée-Conti, 1858 ; Clos-Vougeot, 1858 ; Musigny, 1846, 1865, 1874 et 1875. Chambertin 1865, 1870, 1881, 1885 ; Clos de Tart 1858, 1887 ; Romanée Saint-Vivant 1878. Romanée 1870 ; Richebourg 1865, 1875, 1887 ; Corton 1878, 1887 ; Bonnes-Mares, 1870 ; Saint-Georges 1886 ; Vosne-Echezeaux 1870 ; Nuits 1870, 1887 ; Volnay 1870, 1885, 1888 ; Pommard 1858 ; Pommard-Epeneaux 1874, 1885 ; Pommard-Rugiens 1878, 1886, 1887 ; Beaune Grèves 1888 ; Beaune 1878, 1885, 1887 ; Aloxe 1887 ; Savigny-Dominaudes 1887 ; Savigny-Vergelesses 1888 ; Savigny 1885, 1887, 1888 ; Chassagne-Clos-Saint-Jean 1887 ; Chassagne-Morgeot 1888 ; Chassagne 1885, 1887 ; Monthelie 1887, 1888 ; Santenay 1887 ; Mercurey 1886, 1887. — Vins blancs : Montrachet 1877 ; Bâtard-Montrachet 1887 ; Meursault-Genevrières 1858 ; Meursault 1875, 1878 ; Pouilly 1878 ; Chablis 1881, 1883. Maison fondée en 1720.

76. CHAPU (P.-A.), à Paris, rue Saint-Martin, 8. — Vins du clos de la Besnerie, commune de Monteaux (Loir-et-Cher)   (**QUAI.**)

77. CHARNAY (Claude), à Grand-Montrouge (Seine). — Vins.   (**QUAI.**)

78. CHAROULET (Jules), à Saint-Émilion (Gironde). — Vins.   (**QUAI.**)
Médaille d'or, Paris 1867.

79. CHARRIER (Gaston), à Plassay, canton de Saint-Porcherie (Charente-Inférieure). — Eau-de-vie et vins.   (**QUAI.**)

80. Château Montrose (Société Viticole du), Président : **Dolfus,** à Paris, rue Taitbout, 29. — Vins.   (**QUAI.**)

81. CHAUREY-ARMSINGER, à Épernay. — Vins de Champagne. (**QUAI.**)

82. Chenu (Maire de la commune de), à Chenu (Sarthe).—Vins blanc et rouge. (**QUAI.**)

83. CIRBIOT-ROGER, à Angoulème. — Eau-de-vie.   (**QUAI.**)

84. CIRIER-PAVARD (Successeur de **Pavard et Cirier),** à St-Germain-en-Laye (Seine-et-Oise). — Bières en fûts et en bouteilles, bières d'exportation.
(**QUAI.**)

Membre du Comité d'admission, Président du syndicat des Brasseurs des environs de Paris. Médaille d'or, Exposition universelle, Paris 1878.

85. CLAUDON (Gustave), à Paris, place Jussieu, 1. — Cognac et alcool. (**QUAI.**)
Maison fondée en 1831. — Maisons à Rouillac (Charente) et Béziers (Hérault). Distillerie à Denain et à Wallers (Nord).

86. CLÉRIN (Alexandre), à Nancy, rue St-Jean, 66. — Kirsch.   (**QUAI.**)

87. COLLETTE (René), aux Moëres (Nord). — Alcools extra-neutres. (**QUAI.**)

88. COLLIN (Adolphe), à Châlons-sur-Marne. — Vins de Champagne. (**QUAI.**)

89. Compagnie des Iles Occidentales, Directeur : **Legras,** à Bordeaux (Gironde), allées d'Orléans, 36. — Rhum Père Labat.   (**QUAI.**)
Rhums (Importation directe).
Maisons à Saint-Pierre (Martinique), Buenos-Ayres, Paris, Barcelone.
Récompenses : 1888 Bruxelles, Médaille de bronze.
Paris, Médaille d'argent.
Barcelone, Médaille d'or.

90. Compagnie des Salins du Midi, à Paris, rue de la Victoire, 84. — Vins de divers cépages français production directe. Vins rouges, blancs et paillets. (**QUAI.**)

91. CONSTANTIN (Comte Victor de), à Beaumont-du-Périgord (Dordogne). — Vins de vignes américaines greffées et non greffées.   (**QUAI.**)

92. COQUELIN (François), au Vivier-sur-Mer (Ille-et-Vilaine). — Cidres pur jus, en fûts et en bouteilles. Eau-de-vie de cidre en fûts.   (**QUAI.**)

Classe 73.   **4**

93. CORNILLIAT (Eugène), au château de Figeac, à Saint-Émilion (Gironde).
— Vins rouges, récoltes 1884, 1886, 1887, 1888. **(QUAI.)**

94. CORTADE (J.-B.), à Céret (Pyrénées-Orientales). — Vins. **(QUAI.)**

95. COUDRÉ Frères et Neveu, à Coulanges-la-Vineuse (Yonne). — Vins de Bourgogne. **(QUAI.)**

Maison fondée en 1838. Médailles argent Bruxelles et Barcelone, 1888.

96. COULON (Charles) & ses Frères, au Havre (Seine-Inférieure). — Rhums fins de la Martinique, Liqueurs, Veuve Amphoux. **(QUAI.)**

Coulon (Charles) ✿ ✿ ✿ 1878, Paris, Mention honorable. — 1883, Amsterdam, Médaille d'argent. — 1885, Anvers, membre du Jury, hors concours. — 1888, Bruxelles, Médaille d'or. — 1888, Barcelone, membre du Jury, hors concours. — 1889, Paris, Exposition universelle, membre de la Commission de l'Exposition coloniale.

97. COURSE (S.), à Rostassac, commune de Panteirq (Lot). — Vins. **(QUAI.)**

98. COURTIN (Paul), à Avion (Pas-de-Calais). — Bières. **(QUAI.)**

99. COUSINO (Mme Isidora G. de) à Paris, avenue Henri-Martin, 68. — Vins des vignobles de Macul (Province de Santiago, Chili). **(QUAI.)**

100. CRÉS (Joseph), à Frontignan (Hérault). — Bouteilles de vin muscat récolté en 1871, vin blanc Carthagène au muscat, muscat de 1887 greffé sur vigne américaine. **(QUAI.)**

101. CROISET (Léon), à Saint-Même-les-Carrières (Charente). — Eau-de-vie. **(QUAI.)**

102. CUMIN, à Montreuil-sous-Bois (Seine). — Liqueurs. **(QUAI.)**

103. CURLIER Frères, à Paris, port de Bercy, 58. — Cognacs. **(QUAI.)**

104. DARTEVELLE Frères & Sœurs, à Hautmont (Nord). — Bières. **(QUAI.)**

105. DAVAINE Frères, à Saint-Amand-les-Eaux (Nord). — Genièvre pur grain. **(QUAI.)**

Médaille d'argent, Amsterdam 1883.

106. DAZIN Frères, à Roubaix, boulevard Beaurepaire. — Bières de fermentation haute à basse température (procédé Hansen). **(QUAI.)**

107. DEBORT (Gustave), à Limoges (Haute-Vienne). — Alcools. **(QUAI.)**

108. DÉCLE (Vve Ch.) et Cie, à Rocourt, près Saint-Quentin (Aisne). — Alcools. **(QUAI.)**

Voir à la classe 45 pour les potasses, sels de soude, sulfates et chlorures de potasse. Médaille d'or à l'Exposition universelle de 1878.

109. DEGRAND (G.-E.), au Buisson-de-Mai, près Pacy-sur-Eure (Eure). — Cidre mousseux en bouteilles. **(QUAI.)**

110. DELANOÉ (Victor), à Nantes, rue du Chapeau-Rouge, 1. — Eau-de-vie de cidres. **(QUAI.)**

111. DELAPORTE (Hermand), à Solesmes (Nord). — Bières. **(QUAI.)**

112. DELAUNAY (E.), au Château-Cambon-la-Pelouze, à Macau (Gironde). — Vins. **(QUAI.)**

113. DELESALLE-LEMAITRE (Alphonse-E.-J.), à Lille (Nord), rue des Vieux-Murs, 15. — Bière : Le Lion de Flandre. **(QUAI.)**

114. DELIZY & DOISTAU Fils, à Pantin, rue de Paris, 95. — Alcools. **(QUAI.)**

Rectification d'alcools supérieurs, de grains, topinambours et betteraves. Médaille d'or, à l'Exposition d'Anvers.

115. DELMARLE (Vve L.), à Pont-sur-Sambre (Nord).— Bière à fermentation haute.
(QUAI.)

116. DELVAUX, à Paris, rue Volney, 12. — Rhums.
(QUAI.)

117. DESSAUX Fils (Ludovic-H.), à Orléans (Loiret), rue de la Tour-Neuve, 17. — Eaux-de-vie de marc, de vin et de fruits.
(QUAI.)

118. DETHAN (Edmond-A.), à Paris, rue Baudin, 26. — Fleur mousseuse de cognac du high-life.
(QUAI.)

119. Distillerie de Croisset-Rouen, à Paris, rue de Rivoli, 134.— Alcools de maïs, de riz, de pommes de terre, de mélasse, tourteaux, drèches, son de maïs, huile de graines.
(QUAI.)

120. DOMECQ-CAZAUX (Vve J. E.) & Fils, à Saint-Émilion (Gironde). — Vins : Château-Canon 1865 et 1869. Château-Grand-Corbin 1874 et 1878.
(QUAI.)

121. DROMAIN, à Pierrepont-en-Laonnois (Aisne). — Bières.
(QUAI.)

122. DUBOIS (Albert) & Cie, à Blanzac (Charente). — Cognac.
(QUAI.)

123. DUBOURDIEU, JANNEAU et BIAUT, à Condom (Gers). — Armagnacs de divers âges ; vins blancs.
(QUAI.)
Médailles d'or, Amsterdam 1883, Anvers 1885.

124. DUCHEMIN (Ambroise), à Paris, rue Saint-Jacques, 5. — Cidre en fûts, en bouteilles et eau-de-vie de cidre.
(QUAI.)
Eaux-de-vie d'Avranches en fûts et en bouteilles. — Tous mes cidres sont naturels et récoltés dans les meilleurs crus de notre canton.

125. DUFLOT (Albert-C.-L.), à Fontaine-les-Vervins (Aisne).— Cidre en bouteilles.
(QUAI.)
Médaille d'argent. Bruxelles 1888.

126. DUHARD (A.), à La Magistère (Tarn-et-Garonne). — Vins.
(QUAI.)

127. DUMARESQ (Mme Armand), à Épineuil, par Tonnerre (Yonne). — Vins d'Épineuil. Perrières 1865 et 1870.
(QUAI.)

128. DUMESNIL Frères, à Paris, rue Dareau, 30. — Vins.
(QUAI.)
Exposition universelle : Paris 1878, G. Dumesnil et Fils, Croix de la Légion d'honneur, hors concours ; Anvers 1885, Croix de Léopold de Belgique.

129. DUPONT (Évariste), à Bordeaux (Gironde). — Vins.
(QUAI.)

130. DUPRÉ Frères, à Auxerre, boulevard Vaulabelle. — Vins.
(QUAI.)

131. DUVAL (Jacques), à Paris, rue Montmartre, 3. — Spiritueux et eau-de-vie.
(QUAI.)

132. DUVAL (Raoul), au Havre, boulevard de Strasbourg, 71. — Vins.
(QUAI.)
Maison fondée en 1858. Amer havrais ; apéritif tonique, hygiénique et digestif. Rhum de l'Ile Barbade des plantations Bridgetown (Antilles). Récompenses : Médaille d'argent, Barcelone 1888, Médaille d'argent : Bruxelles 1888,

133. DUVAL-POUGEOISE, à Vertus (Marne). — Vins de Champagne. (QUAI.)

134. DUVERGEY-TABOUREAU (C.), à Meursault (Côte-d'Or).— Vins et eaux-de-vie.
(QUAI.)

135. EHRHARDT Frères, à Bar-le-Duc (Meuse). — Bières.
(QUAI.)

136. EMONTS (François), à Saint-André-de-Sangonis. — Bières.
(QUAI.)

137. FABRE Fils Ainé (G.), à Nîmes (Gard), boulevard de la République. — Vins.
(QUAI.)

138. FERREX (Jules), à Champagna, par Clairvaux (Jura). — Eau-de-vie de gentiane. (QUAI.)

139. FLOQUET, à Pont-l'Évêque (Calvados). — Cidres. (QUAI.)

140. FLUHR - THIERRY & Cie, au Val d'Ajol, canton de Plombières (Vosges). — Bières. (QUAI.)

141. FOLLOT-BRESSON (François), à Dijon (Côte-d'Or), rue Franklin, 3. — Vins fins et bons ordinaires de Bourgogne. (PALAIS.)

142. FONTANÈS Ainé, à Beauvoisin (Gard). — Vins. (QUAI.)

143. FORTIER-PICARD (Simon), à Beaune (Côte-d'Or). — Vins. Marc. Vins mousseux. (QUAI.)

144. FOUBERT (Jean), à Mortier, par Rouillac (Charente). — Cognacs naturels vieux, récoltés et distillés par J. Foubert. (QUAI.)

145. FOUILLEUL (Pierre-François), à Paris, avenue Dumesnil, 104. — Cidre et eau-de-vie. (QUAI.)

146. FOULON (J.-B.), à La Ferté-Macé (Orne). — Eaux-de-vie de cidre et de poiré. (QUAI.)

147. FRANCON (Isidore), à Lyon (Rhône), quai de Serin. — Vins. (QUAI.)

148. FRAPIN (Pierre) & Cie, à Segonzac (Charente). — Spiritueux. (QUAI.)
Grande Fine Champagne, années 1789, 1829, 1840, 1858, 1865, 1875.
Année 1888 : Fins bois, Fine Champagne et Grande Fine Champagne.
Distillation perfectionnée. — Chauffage à vapeur sèche.

149 GAILLARD (Alphonse), à Épernay (Marne), rue Saint-Laurent, 73. — Vins de Champagne. (QUAI.)

150. GÉDUFFAUT & Cie, à Épernay. — Vins de Champagne. (QUAI.)

151. GEORGE (P.), à Ay-Champagne, canton d'Ay. — Vins et eau-de-vie. (QUAI.)

152. GIBERT-FABRE, à Lézignan (Aude). — Grenache année 1878. (QUAI.)

153. GIRARD Fils (Arthur), à Savigny-lez-Beaune (Côte-d'Or). — Eau-de-vie de marc de Bourgogne, kirsch de Bourgogne. (QUAI.)

154. GODARD (Charles), à Aillevillers (Haute-Saône). — Kirsch. (QUAI.)

155. GORGES (Célestin), à Savigny-lez-Beaune (Côte-d'Or). — Clos des Mouches 1865 et 1870, Marçonnets 1870, Bressandes 1870, Vergelesses 1874, Narbantons 1870. (QUAI.)

156. GOUARNE (Ernest), à Vitré (Ille-et-Vilaine). — Eau-de-vie. (QUAI.)

157 GOULARD (Pedro), à Castel-Sarrazin (Tarn-et-Garonne). — Vins de La Villedieu, eau-de-vie de pays. (QUAI.)

158. Grande Brasserie de l'Est (Bertrand, administrateur), à Maxéville (Meurthe-et-Moselle). — Bières. (QUAI.)

159. Grande Société Française de Distillerie (La Comète), à Paris, boulevard Haussmann, 2. — Alcools et bières. (QUAI.)
Usine à Châlons-sur-Marne.
Siège social, 72, boulevard Haussmann, Paris.
Bière de la Comète :
Dépôt, 24, boulevard Poissonnière, Paris.
Récompenses :
Médaille d'or Anvers, Exposition universelle de 1885.

160. GRAPIN (Ed.-Paul), à Dijon (Côte-d'Or). — Vins de Meursault, Volnay, Pommard, Beaune, Corton, Nuits, St-Georges, Romanée, Musigny et Chambertin.
(QUAI.)

Maison fondée en 1859. — Spécialité de vins fins et grands ordinaires de Bourgogne, propriétaire et maison d'achats à Gevrey-Chambertin (Côte-d'Or). — Agents : Pour l'Exportation, Louis François, rue Cambon, 47, Paris; à Londres, Cossart-Gordon, 75, Mark-Lane; à Saint-Pétersbourg, Carl Westphal, Troitzki-Perenlok, 13. — Médaille de bronze, Paris, 1878.

161. GRATIEN (Alfred), à Beaulieu-lez-Saumur (Maine-et-Loire).— Vin mousseux.
(QUAI.)

162. GROS-GUÉNAUD (L.-Gustave), à Vosne-Romanée (Côte-d'Or).—Vins de Richebourg et du Clos-des-Réas.
(QUAI.)

163. GROSS (G.), à Gauhenans (Haute-Saône).— Vins et spiritueux.
(QUAI.)

164. GROTTES (Eugène des), chez **Aambaud Frères,** au Havre Seine-Inférieure), rue du Chilou. — Rhums.
(QUAI.)

165. GRUBER & Cie (successeur de **Barthel**), à Melun, rue Saint-Liesnes, 9. — Bières.
(QUAI.)

166. GUÉTROT (Alexis), à Ouroux (Nièvre).—Grands vins blancs de Meursault. (Côte-d'Or).
(QUAI.)

167. GUIBERT (Baptiste), à Beaumont (Puy-de-Dôme). — Vins.
(QUAI.)

168. GUICHARD (Joseph-S.-L.) au domaine des Brosses, par St-Berthevin-lez-Laval (Mayenne). — Cidres et poirés.
(QUAI.)

169. GUICHARD-POTHERET & Fils, propriétaire : **Guichard (P.-F.-Albert,** à Châlon-sur-Saône (Saône-et-Loire).— Grands vins de Bourgogne. **(QUAI.)**
Seuls diplômes d'honneur :
Amsterdam, 1883 ; Anvers, 1885.
Médailles de mérite : Londres, 1882 ; Vienne, 1873 ; Philadelphie, 1876.
Médailles d'or : Paris, 1878 ; Melbourne, 1880, 1881 ; Barcelone, 1888.

170. GUIGNE-BALDY, à Vauvert (Gard). — Vins.
(QUAI.)

171. HANUS Frères, à Charmes (Vosges). — Bières.
(QUAI.)

172. HARDON (Alphonse), à Paris, avenue des Champs-Elysées, 122. — Vins du domaine de L'Eysselle.
(QUAI.)

173. HARDY (A.) & Cie, à Cognac (Charente). — Cognac de divers âges et qualités.
(QUAI.)

174. HAU & Cie, à Reims (Marne). — Vins de Champagne.
(QUAI.)

175. HÉBRARD (Émile), à Fronton (Haute-Garonne). — Vins rouges et blancs d'un vignoble de Montplaisir.
(QUAI.)

176. HUET (J.-V.) à Sourdeval-la-Barre (Manche). — Eaux-de-vie de cidre.
(QUAI.)

177. HUGNOT, à Paris, rue des Petites-Écuries, 44. — Vins.
(QUAI.)

178. HUGOUNENQ (Pascal), à Lodève (Hérault). — Vins phosphatés. **(QUAI.)**

179. JACQUEMIN (Georges), à Nancy (Meurthe-et-Moselle). — Vin d'orge (ordinaire et mousseux). Eau-de-vie de vin d'orge. Matières premières nécessaires à la fabrication du vin d'orge.
(QUAI.)

Agent général : M. Neveu, ingénieur civil, à Rueil (Seine-et-Oise).

180. JAFFELIN (H.-Henri), à Beaune (Côte-d'Or). — Eau-de-vie de marc de Bourgogne.
(QUAI.)

181. JEUNET-HENRY (Flavien), à Rully (Saône-et-–Loire).— Vins rouges et blancs.   **(QUAI.)**

182. JOLIET (Vve Albert), à Gevrey-Chambertin (Côte-d'Or). — Vin du clos de Varoilles de 1870, 1878 et 1881.   **(QUAI.)**

183. JOUFFROY (Léon), à Monthier (Doubs). — Kirsch.   **(QUAI.)**

184. KUHN (William), à Clermont-Ferrand. — Vins.   **(QUAI.)**

185. LABARTHE (Émile), à Frontignan (Hérault).—Muscat Frontignan de 1848.   **(QUAI.)**

186. LAC (H.-E.-Dieudonné du) — D' Auda,— à la Gauphine, par Cazouls-lez-Béziers (Hérault). — Vins médicaux et hygiéniques. Vins de quinquina, de Coca, divers vins naturels.   **(QUAI.)**

187. LAFOSCADE (Paul), à Houlle, arr' de Saint-Omer (Pas-de-Calais). — Genièvre.   **(QUAI.)**

188. LAINÉ (Émile), à Loos (Nord). — Alcools raffinés.   **(QUAI.)**

>   Émile Lainé, rectificateur d'alcools, à Loos (Nord). — Succursales à Paris, Saintes et Bordeaux. — Maison fondée en 1876.
>   Alcools superfins par double rectification effective. Le « Rafined superior » (marque déposée). Médailles d'argent, Amsterdam 1883, Anvers 1885.
>   Médaille d'or, Barcelone 1888.

189. LALANDE (A.) & Cie, à Bordeaux, quai des Chartrons, 94. — Vins.
                                                                                      (QUAI)

190. LAMAYOUX (Jacques), à Cette (Hérault). — Vins.   **(QUAI.)**

191. LAMBERT (Ernest), à Paris, rue Molière, 11.— Vins, eaux-de-vie, alcools.
                                                                                      (QUAI.)

>   E. Lambert, chef de la maison P. Lambert, de Paris, 11, rue Molière.
>   Établissements et Entrepôts à Ivry-sur-Seine.
>   Rhum Saint-James.
>   Cette marque est la propriété exclusive de la maison P. Lambert, dont le siége principal est à Marseille et dont les maisons sont à Paris, Bordeaux, Le Havre, Londres et Bruxelles.
>   La maison P. Lambert, de Paris, importe les vins fins étrangers sous la marque d'Alfonso Lérida et Cie.
>   Eaux-de-vie et tous spiritueux.

192. LAPOUJADE-GÉRAUD, à Talence, près Bordeaux. — Vins.   **(QUAI.)**

193. LAUBENHEIMER & Fils, à Nérac (Lot-et-Garonne). — Bières.
                                                                                      (QUAI.)

194. LAURENT (Charles-A.), à Paris, rue François I, 12. — Vins de l'Ile Verte, du Château Abel Laurent, Margaux et de Soussans.   **(QUAI.)**

195. LAVAL (P.), à Castillon. — Vins.   **(QUAI.)**

196. LAVRAND (Vve) ADENOT & Fils, à Châlon-sur-Saône (Saône-et-Loire). — Vins de Bourgogne.   **(QUAI.)**

>   Maison fondée en 1826. — Récompenses aux Expositions universelles de Londres 1862 et Paris 1878. Médailles de bronze et d'argent.

197. LECLERCQ (Émile), à Cambrai (Nord). — Bières brunes et blanche. Bock Martin-Martine pour cafés.   **(QUAI.)**

198. LEFOL (Emile), à Civrac. — Vins.   **(QUAI.)**

199. LEFOURNIER Jeune, à Ay et Épernay. — Vins de Champagne.   **(QUAI.)**

200. LEMERCIER Frères, à Fougerolles (Haute-Saône).—Kirschs et absinthe.
                                                                                      (QUAI.)

201. LEMERCIER & DAVAL (P.), à Prédurupt, canton de Fougerolles (Haute-Saône). — Kirsch. **(QUAI.)**

202. LEMOINE (J.), à Rilly-la-Montagne (Marne). — Vins de Champagne. **(QUAI.)**

203. LESAFFRE & BONDUELLE, à Marcq-en-Barœul (Nord). — Alcool. **(QUAI.)**

Exposition universelle, Paris, 1878, méd. d'argent. Exp. univ. Anvers 1885. Diplôme d'honneur. Exp. Bruxelles 1888, deux diplômes d'honneur et une médaille d'or.

204. LESCURAS (Léon-Léonard), à Limoges, rue Gauffier-Lastour. — Cognac. **(QUAI.)**

205. LEMERCIER & DAVAL, à Prédurupt (Haute-Saône). — Vins. **(QUAI.)**

206. LETARD (Camille), à Archiac (Charente-Inférieure). — Eau-de-vie nouvelle et vieille de « Petite Champagne ». **(QUAI.)**

207. LHOTE Fils (Symphorien), à Dijon (Côte-d'Or). —Grands vins de Bourgogne. Mâcons. Beaujolais. **(QUAI.)**

208. LION (Paul), à Paris, rue de Sèvres, 76. — Spiritueux. **(QUAI.)**

209. LOBERT (Henri), à Anzin (Nord). — Genièvre de grains. **(QUAI.)**

210. LOISELEUR (A.-Félix), à Grand-Clos, commune de Bourgueil (Indre-et-Loir). — Vins. **(QUAI.)**

211. LUZET (Constant), à Luxeuil (Haute-Saône). — Kirsch (Eau de cerise). **(QUAI.)**

212. LYON (Pierre), à La Châtre (Indre). — Berry mousseux, vin ; Nectar des couvents, liqueur Lefranc apéritif. **(QUAI.)**

213. MAILLARD & CROISÉ, à Turqueville (Manche). — Cidre. **(QUAI.)**

214. MANDEVILLE (L.), à Fronton (Haute-Garonne). — Vins. **(QUAI.)**

215. MANGIN (Félix), à Lons-le-Saulnier. — Vins mousseux. **(QUAI.)**

Vins mousseux, blanc et rosé et vin jaune de Château Chalon. Médaille d'or, d'argent et de vermeil, diplôme de mérite et 1er prix aux Expositions universelles de Paris, 1867, 1878. Londres 1862, Vienne 1873, Amsterdam 1883, Anvers 1885, etc.

216. MANIÈRE-DENIZOT, à Savigny-lez-Beaune (Côte-d'Or).—Vins. **(QUAI.)**

217. MAPATAUD (J.-B.), à Limoges (Haute-Vienne). — Bières. **(QUAI.)**

218. MARCHAND (Gabriel), à Cognac. — Eau-de-vie. **(QUAI.)**

219. MARION (Louis), à Paris, rue Richer, 15. —Vins rouge. crus : Bonnes-Mares, Chambolles, Musigny, années 1884, 1884 et 1886 **(QUAI.)**

220. MAUGER (Zéphirin, J.-E.), à Chéry Grand'route (Loiret). — Eau-de-vie. Marc de raisins et de prunes, vins blancs mousseux, vins rouges, gris meunier du clos de Saint-Germain. **(QUAI.)**

221. MAUPIN (Léon) et POIRSON (Jules), à Corgoloin, près Beaune (Côte-d'Or). Volnay grands crus 1825, 1834, 1870, 1886, eau-de-vie de marc 1882, 1886, 1888 Eau-de-vie de vin 1885 et 1888. **(QUAI.)**

222. MAZARD (Henri A.), à Ferrals (Aude). — Vins, vin de Piquepont, vin rouge ordinaire (récoltes 1888). **(QUAI.)**

223. MÉDINE (Vicomte Albert de), à Vouvray (Indre-et-Loire).—Vin blanc de Vouvray. Années 1857, 1858, 1861, 1871, 1873 et 1874. **(QUAI.)**

224. MÉNAGER (E.), à Versailles, rue Saint-Fiacre, 4. — Cidre et eau-de-vie. **(QUAI.)**

225. MERCIER (Eugène) & Cie, à Épernay. — Vins de Champagne. **(QUAI.)**

226. MESSNER (Ernest), à Dijon. — Bières. **(QUAI.)**

227. MEYER (E.-F.), à Coubert (Seine-et-Marne). — Alcools rectifiés. Caramel pour la coloration des eaux-de-vie. **(QUAI.)**

228. MIGNON (Vve), à Marseillan (Hérault). — Vins. **(QUAI.)**

229. MILLON (Henry-Ernest), à Carisey, canton de Flogny (Yonne). — Vins. **(QUAI.)**

230. MILLON (Henry-E.), à Sauvagnat-Sainte-Marthe, par Issoire (Puy-de-Dôme). — Vin rouge de Sauvagnat-Sainte-Marthe, et vins blancs de Carisey. **(QUAI.)**

231. MILSAND (Philibert), à Dijon (Côte-d'Or), rue des Forges, 38. — Vin de Morey 1885. **(QUAI.)**

232. MONTREUIL-WACKERNIE (Edouard C.-J.), à Boëseghem (Nord). — Bières du Nord. **(QUAI.)**

233. MORIN-BALLEUT, à Mesland (Loir-et-Cher). — Vins. **(QUAI.)**

234. MUGNIER (Frédéric), à Dijon (Côte-d'Or), rue de la Liberté, 29. — Grands vins de Bourgogne. **(QUAI.)**

    Apéritif Mugnier au vin de Bourgogne. — Crème de Musigny (1re marque de cassis, propriété exclusive de la maison). — Bigarreau Bourguignon. — Grandes liqueurs. — Méd. d'or, aux Expositions universelles d'Anvers 1885 ; Barcelone 1888.

235. NADAUD (Jacques), à Aubusson (Creuse). — Amer Nadaud, kirsch. **(QUAI.)**

236. NAUROIS (Vte Ludovic de), à Château de St-Maurice (Haute-Garonne). — Vins. **(QUAI.)**

237. NEBUT (Lucien), à Villeneuve-sur-Yonne (Yonne). — Eaux-de-vie, vins. **(QUAI.)**

238. NOIZEUX (Émile), à Charenton, rue de l'Yonne, 32. — Vins. **(QUAI.)**

239. NORMAND Jeune, à Vannes, avenue Saint-Sépharien, 4. — Eau-de-vie et kirsch. **(QUAI.)**

240. NOUGAILLAC-ALQUIER, Château de Saussines, canton de Lunel (Hérault). — Vins. **(QUAI.)**

241. NOVELLINI (Paul-M.), à Ajaccio (Corse). — Bouteille de vin de table de l'année 1887. **(QUAI.)**

242. OLIVIER (Pierre), à Toulouse (Haute-Garonne), rue Temponnière, 2. — Vins. **(QUAI.)**

243. OLLIVIER (Pierre), à Paudronnec (Côtes-du-Nord) — Cidre. **(QUAI.)**

244. Orphelinat de Saverdun (Ariège). — Vins. **(QUAI.)**

245. ORSATTI (Camille), à Paris, rue Pigalle, 5. — Vins de Tallano (Corse). **(QUAI.)**

246. OSIRIS (Daniel-J.), à Paris, rue Labruyère, 9. — Vins du Château de la Tour Blanche, grand cru Haut Sauternes, années 1869-1874-1881-1884. **(QUAI.)**

    Médaille d'or, Paris 1867-1878.
    Médaille d'or, Anvers 1885.
    Décoration du Mérite Agricole en 1887.

247. PAGOT (G.), à Rilly-la-Montagne (Marne). — Grands crus de Champagne. **(QUAI.)**

248.   PARENTEAU (E.) & LAGROLET, à Bordeaux, rue Camille-Godart, 15. — Rhums.   **(QUAI.)**

> La maison possède un grand assortiment de vins fins et de spiritueux en fûts et en bouteilles.
> Demander les prix-courants.
> Envoi d'échantillons sur demande.

249.   PARET (Henri), à Paris, rue Amelot, 63. — Vins.   **(QUAI.)**

250.   PARIS (Octave), à Dijon (Côte-d'Or), rue du Jardin-des-Plantes. — Vins: Chambolle-Musigny de 1883 et de 1886, Gevrey 1886, 1888, Bourgogne blanc, Morey 1883, blanc de 1888, de Sauvernay.   **(QUAI.)**

251.   PÉLISSON, à Cognac (Charente). — Eaux-de-vie.   **(QUAI.)**

252.   PENNELIER (Alfred), à La Neuville-Roy (Oise). — Alcool.   **(QUAI.)**

253.   PERNET (Léon), à Aillevillers, arrondissement de Lure (Haute-Savoie). — Cassis, kirsch.   **(QUAI.)**

254.   PERRUT Frères (jeunes), et BARJONNET, à Vittel (Vosges). — Bières.   **(QUAI.)**

255.   PIGNOLLET (Pierre), à la gare de Condes (Puy-de-Dôme) — Eaux-de-vie de marc de raisins.   **(QUAI.)**

256.   PITOLET (Zacharie), à Dampierre-sur-Salon (Haute-Saône). — Alcoolats pour la fabrication à froid et instantanée de toutes les liqueurs.   **QUAI.)**

> Kirsch de la Haute-Saône. Mérisine-Pitolet, liqueur à base de Kirsch pur de la Haute-Saône; amer Pitolet. — Ces produits ont obtenu des récompenses aux Expositions universelles de Paris 1878 et Anvers 1885.

257.   PLASSE (L.), à Alfort (Seine), rue de Créteil, 11. — Alcools.   **(QUAI.)**

258.   PLET & Cie, au Mans, avenue Ponthieu. — Eau-de-vie et cidres.   **(QUAI.)**

259.   PORION (Eugène), à Wardrecques (Pas-de-Calais). — Alcool rectifié, Éthylique pur 96°.   **(QUAI.)**

> Porion ✠, Récompenses obtenues aux Expositions universelles internationales : Paris 1867, 2 Méd. d'argent, Paris 1878, 3 Médailles d'or ; Amsterdam 1884, 1er Prix ; Anvers 1885, hors concours, membre du Jury.

260.   PORTRON-BASSOT (L.-Nestor), à Nuits-sous-Beaune (Côte-d'Or).— Grands vins de Bourgogne, rouges et blancs et vins mousseux.   **(QUAI.)**

261.   POTIN (Vve Félix), à Paris, boulevard Sébastopol, 101. — Vins de Champagne, de Bordeaux et de Bourgogne rouges et blancs, Spiritueux.   **(QUAI.)**

> Maison de vente, 101-103, boulevard Sébastopol, Paris. — Gros, 25, rue Palestro. — Exportation, 29, rue Palestro. — Caves, 83 à 89, rue de l'Ourcq. — Distillerie et Entrepôt à Pantin.

262.   QUENEDEY (Alexandre), au château de Gazin, à Pomerol (Gironde), et à Paris, boulevard Saint-Germain, 213. — Vins.   **(QUAI.)**

263.   QUENOT (Henri), à Dijon (Côte-d'Or). — Corton première cuvée de 1885, 1886 et 1887, eau-de-vie de marc de Bourgogne nature.   **(QUAI.)**

264.   QUERHOENT (de) et Cie, au Havre, rue Lemaître, 29. — Rhums.
                                                                   (QUAI.)

265.   QUESNEL (Casimir), à Bonneville-la-Louvet, canton de Blangy (Calvados). — Eau-de-vie et cidres.   **(QUAI.)**

266.   QUINAUD (F.), à Chazelle (Charente-Inférieure). — Eau-de-vie Cognac depuis 1853.   **(QUAI.)**

267. RATEAU (E.-Frédéric), aux Gonds, par Saintes (Charente-Inférieure). — Eau-de-vie nature, très vieille.   **(QUAI.)**

268. RAVAT (Henri), à Pouilly, commune de Solutré (Saône-et-Loire). — Vin blanc.   **(QUAI.)**

269. RAYNAL (Charles), à Narbonne (Aude). — Vins de table supérieurs. Clos Raynal.   **(QUAI.)**

270. RÉGNIAULT (Alfred), à Dijon (Côte-d'Or). — Vins fins et ordinaires de Bourgogne, eaux-de-vie de marc de Bourgogne.   **(QUAI.)**

271. REGNIER (Jules) et Cie, à Dijon (Côte-d'Or). —Vins de Tâche-Romanée, du Clos-blanc de Vougeot et de Vougeot-Clos-Régnier.   **(QUAI.)**

272. RENUCCI & CHAFFANJON, à Paris, rue de Graves, 46, Entrepôt Général. — Vins.   **(QUAI.)**

273. REVILLON-CLERJAUD (Pierre-A.), à Paris, rue de l'Arbre-Sec, 52. — Eau-de-vie en bouteilles provenant de sa propriété de Chives (Charente-Inférieure).   **(QUAI.)**

274. REY Aîné, à Condom (Gers). — Eau-de-vie.   **(QUAI.)**

275. RICHARD (Léon), à l'Hermitage, canton de Tain (Drôme). — Vins.**(QUAI.)**

276. RICOMME-PERRIN (Joseph), à Marsillages, canton de Lunel (Hérault). — Vins.   **(QUAI.)**

277. RIEMBAULT-RODIER (Ernest), à Morey (Côte-d'Or).—Vins du clos de la Roche 1884.   **(QUAI.)**

278. RIESTER (Georges), à Puteaux (Seine), quai National, 30. — Bières.   **(QUAI.)**

279. ROBERT (Aubin), à Aire-sur-l'Adour (Landes). — Eaux-de-vie de divers âges.   **(QUAI.)**

280. ROCHER (Albert), à la Ferté-Macé (Orne). — Cidre.   **(QUAI.)**

281. RŒDERER (Vve Théophile & Cie), à Reims.—Grands vins de Champagne.   **(QUAI.)**

282. ROGER (F.-Hippolyte), à Anctoville (Calvados). — Eau-de-vie de cidre de 4 ans et de 56 ans, conservée dans du grès, sans remontage depuis 1833.   **(QUAI.)**

283. ROPER Frères & Cie, à Rilly-la-Montagne (Marne). — Vins de Champagne.   **(QUAI.)**

   Médaille à Vienne en 1873.

284. ROTROU Frères, au Perrier, par Remalard (Orne).—Cidres, Malamadour, eaux-de-vie de cidre.   **(QUAI.)**

285. ROUQUIER (M.-P.), à Aigues-Vives (Hérault). — Vins rouges et blancs. Coteaux de Minerve de différents âges.   **(QUAI.)**

286. ROUSSEAU-BRICOUT (Vve), — Ancienne Maison **Rousseau Père & Fils,** — à Saint-Quentin (Aisne), rue Royale, 41. — Eaux-de-vie. **(QUAI.)**

287. ROUSSILLON (Vve J.) & Cie, à Épernay. — Vins fins de Champagne.   **(QUAI.)**

288. ROUVIER (Dieudonné), à St-Georges-d'Orgues (Hérault). — Vins.   **(QUAI.)**

289. ROUVIÈRE Fils, (Société F. Rouvière et Savary-Rouvière), à Dijon (Côte-d'Or). — Vins de Bourgogne divers, kirsch de la Côte-d'Or, eaux-de-vie de marc de Bourgogne.   (QUAI.)

> Succursale à Paris, 7 rue de Châteaudun.
> Paris 1878, deux médailles de bronze et une mention honorable. -- Médaille d'or, Amsterdam 1883. — Deux médailles d'argent et une de bronze, Anvers 1885.
> Hors concours, membre du Jury, Barcelone 1888.

290. ROY (Gustave), à Château-d'Issan (Gironde). — Vins.   (QUAI.)

> Adresse à Paris, 1 bis, avenue Hoche. — Membre du Jury et de la Commission supérieure aux Expositions de 1867 et 1878. — Hors concours.

291. ROYER (Louis), à Oger, commune d'Avize (Marne).— Vins de Champagne.
(QUAI.)

292. RUTTY & Cie, à Ivry (Seine), quai d'Ivry, 74. — Vins de raisins secs, alcool de vins de raisins secs.   (QUAI.)

293. SABATIER, à Nimes, boulevard Victor Hugo, 28. — Vins.   (QUAI.)

294. SARGET de la FONTAINE (Baron Auguste), à Paris, rue Boissy-d'Anglas, 6. — Vins de son château Gruaud Larose Sarget, commune de Saint-Julien-Médoc (Gironde).   (QUAI.)

> Récompenses : 1855 Paris, grande Médaille, argent.
> 1862 Londres, grande Médaille de bronze doré.
> 1867 Paris, grande Médaille, or.
> 1873 Vienne, grande Médaille, or.
> 1876 Philadelphie, grande Médaille, or.
> 1878 Paris, grande Médaille, or.

295. SAULIER (P.-J.), à Collioure (Pyrénées-Orientales). — Vins : Grenache, Rancio, Malvoisie.   (QUAI.)

296. SAVALLE (D.), Fils & Cie, à Paris, avenue du Bois de Boulogne, 64. — Alcool.   (QUAI.)

297. SCHMIDT & Cie, à Condom (Gers). — Eaux-de-vie d'Armagnac.   (QUAI.)

298. SCHNEIDER (Guillaume), à Moulins. — Bières.   (QUAI.)

299. SEIGNEUR et FORQUE Sœurs, au Soler (Pyrénées-Orientales). — Bouteilles : Château neuf du Soler, Montalba, Castelnau blanc, Cospérons, Banyuls, Rancio doux et sec.   (QUAI.)

300. SEIGNEUR & SORGUE, au Soler, canton de Millas (Pyrénées-Orientales). — Vins.   (QUAI.)

301. SIMON (J.) & Cie, à Hautvillers (Marne). — Vin de Champagne de l'Abbaye d'Hautvillers.   (QUAI.)

302. SIMONNET-FEBVRE & Fils, à Chablis (Yonne). — Vins mousseux et vins blancs de Chablis.   (QUAI.)

303. Société anonyme des Distilleries de la Méditerranée (Administrateur délégué : **Ch. Faure**), à Marseille (Bouches-du-Rhône), rue Saint-Ferréol, 51.— Alcools de maïs et de riz. Drêches.   (QUAI.)

304. Société anonyme des grands vignobles de Sartène (Corse), à Paris, rue du Faubourg-Saint-Honoré, 235. — Vins rouges et blancs, eaux-de-vie.
(QUAI.)

305. Société anonyme de la Raffinerie Parisienne (Administrateur : **Halpoker**), à Saint-Ouen (Seine), boulevard Victor Hugo, 160. — Alcools et salins.
(QUAI.)

306. Société Française des alcools purs, à Paris, place Vendôme, 12. — Alcools.   (QUAI.)

307. Société Régionale de Viticulture de Lyon, à Lyon (Rhône), rue de
l'Arbre-Sec, 27. — Vins.   **(QUAI.)**

308. Société vigneronne de l'arrondissement d'Issoudun ; Président :
M. Brunel, maire, à Issoudun (Indre). — Vins rouges blancs et rosés.   **(QUAI.)**

309. Société Vigneronne d'Issoudun, à Issoudun (Indre). — Vins.   **(QUAI.)**

310. SOLÈRES (B.-J.), à Paris, rue des Écoles, 19. — Vin tannique de Bagnols
Saint-Laurent, Éclipse, Grand-Crémant, champagne avec système de débouchage.
                                                                        (QUAI.)

311. SOULIÉ Père et Fils, au Galet, par Réalville (Tarn-et-Garonne). — Vins.
                                                                        (QUAI.)

312. Souteyrane (Compagnie viticole La) — Président : **M. Dolfus** — à
Paris, rue Taitbout, 29. — Vins.   **(QUAI.)**

313. SPRINGER & Cie, à Maisons-Alfort (Seine). — Alcool de grains.   **(QUAI.)**
    Récompenses aux Expositions universelles :
    Médaille d'or et médaille d'argent, Paris 1878.
    M. Max Springer, Fondateur, Officier de la Légion d'honneur, et son premier directeur,
    M. Beyer, Chevalier.
    Usines à Maisons-Alfort (Seine) et à Ris-Orangis (Seine-et-Oise). — Voir cl. 67 et 68.

314. Sucrerie de Bourdon (Société de la), à Paris, rue de la Paix, 5. —
Alcools.   **(PALAIS.)**
    Société fondée en 1866. M. E. Boire, Administrateur-Directeur.
    Sucrerie et Distillerie à Bourdon (Puy-de-Dôme).
    Alcools rectifiés. — Salins de potasse
    Sucres blancs cristallisés, granulés, en semoule et en farine.
    Récompenses: Médaille d'or (Collab^r) et Médaille d'argent, Exposition universelle, Paris 1878.

315. Syndicat des Agriculteurs de la Vienne, à Poitiers. — Vins. **(QUAI.)**

**316. Syndicats des fabricants de vins de raisins secs du départe-
ment de la Seine** (Paris excepté) **et de la Province,** à Paris, rue de Lancry, 10.
— Vins de raisins secs.   **(QUAI.)**

317. Syndicat des vins de Mâcon et Villefranche, à Belleville-sur-
Saône. — Vins.   **(QUAI.)**

**318. Syndicat général agricole du département de la Charente-
Inférieure** — Président : **M. le Dr Menudier (A)** — à Saintes (Charente-Inférieure). — Eau-de-vie, vins.   **(QUAI.)**

319. TANQUEREY (Hubert), à Lamballe (Côtes-du-Nord). — Cidre en cercle,
en bouteilles, eau-de-vie, cidre et poiré, liqueur de cidre, dite Pomoline.   **(QUAI.)**

320. TARIN (Amédée), au Mesnil-sur-Oger (Marne). — Vins de Champagne.
                                                                        (QUAI.)

321. TAVERA (J.-M.), à Sartène (Corse). — Bouteilles de vin.   **(QUAI.)**
    Médaille d'argent, Exposition universelle de Paris 1878.

322. THOMACHOT (Abel), à Prissé, près Mâcon (Saône-et-Loire). — Cognac,
fine bourgogne, eau-de-vie de marc de Bourgogne.   **(ESPLANADE.)**

323. THOMAS-BASSOT (C.-Auguste) & Fils, à Gevrey-Chambertin
(Côte-d'Or). — Vins, Chambertin, clos des Ruchottes.   **(QUAI.)**

324. TOUBLANC Fils, au Mans, rue Basse, 9. — Alcools.   **(QUAI.)**

325. TOULOUZE (Michel-Henri), à Trébuchet, commune de Nieuil-le-
Vevouil (Ch.-Inf.). — Eau-de-vie.   **(QUAI.)**

326. TOURNEUR & VASSEUR, à St-Omer (Pas-de-Calais). — Genièvre.
                                                                        (QUAI.)

327. TRANCHESSET (L.-Jullian), à Congénies (Gard). — Vin blanc, nature Picpoul, vins rouges ; récoltes 1887-1888. **(QUAI.)**

328. TROUVÉ (Georges), à Saint-André de-Fontenay (Calvados).— Cidre, eau-de-vie de cidre, poiré. **(QUAI.)**

329. TUOT (Victor-P.-E.), à Reims (Marne), place Drouet-d'Erlon, 28. — Vins de Champagne mousseux. **(QUAI.)**

330. VELTEN (E.), Brasserie de la Méditerranée, à Marseille. — Bières. **(QUAI.)**

331. VIVARÈS Jeune, à Frontignan (Hérault). — Vins. **(QUAI.)**

332. VOIRIN (J.-B.), à Vuillafans, commune d'Ornans (Doubs). — Spiritueux. **(QUAI.)**

333. WEILLER (Charles), à Angoulême (Charente). — Grandes champagnes authentiques, vieilles et fines. **(QUAI.)**

334. WELTZ (Jacques), à Montluçon (Allier).

335. WILL, TOURNEUR et Cie, à Bordeaux (Gironde), quai des Chartrons 83. — Rhum G. H. Cardinal, Martinique. **(QUAI.)**

336. WILLIOT (Zulmar), à Poix (Nord). — Bières. **(QUAI.)**

337. WINCKLER (Alphonse), à Lyon, rue de l'Humilité, 3. — Bières. **(QUAI.)**

338. YVERT (Adrien-Alphonse), à Mareil-Marly (Seine-et-Oise). — Eaux-de-vie, vins. **(QUAI.)**

339. YVON (Charles), à Gimeux-Cognac (Charente). — Eaux-de-vie de grande champagne de divers âges, des communes de Gimeux et de Salles-d'Angles. **(QUAI.)**

COLONIES.

ALGÉRIE.

1. **ABADIE,** à Médéah (Alger). — Vin rouge 1887 et 1888. (**ESPLANADE.**)

2. **ABADIE (Louis),** à Oran, boulevard Marceau, 18. — Vin rouge de 1888. (**ESPLANADE.**)

3. **ABRY (Louis),** à l'Oued-Amizour (Constantine). — Vins blancs et vins rouges. (**ESPLANADE.**)

4. **ACCARIÈS (Antoine),** à Saint-Denis-du-Sig (Oran).— Vin rouge. (**ESPLANADE.**)

5. **ACHARD (Auguste),** à Lamtar, Mekerra (Oran). — Vin. (**ESPLANADE.**)

6. **AGUÈS (Auguste),** à Bône, rue Perregaux. — Vin rouge 1888. (**ESPLANADE.**)

7. **AKERMANN (Alexandre),** à Aïn-Bessem (Alger). — Vin rouge des récoltes 1887 et 1888. (**ESPLANADE.**)

8. **ALBALADÉJO (Vve),** à Saïda (Oran). — Vin rouge de 1888. (**ESPLANADE.**)

9. **ALBERGES (Célestin),** aux Lauriers-Roses (Oran).— Vins rouges 1888. (**ESPLANADE.**)

10. **ALBRIEUX (François),** à Penthièvre (Constantine). — Vin rouge 1887-1888. (**ESPLANADE.**)

11. **ALEXANDRE et SAINT Frères (J.),** à Oran, place de la République. — Vins rouge et blanc. (**ESPLANADE.**)

12. **ALFAU, (Philippe),** à Ben-Chicao (Alger). — Vin rouge et vin blanc, année 1888. (**ESPLANADE.**)

13. **ALIBERT (Charles),** à Saint-Lucien (Oran). — Vin rouge 1888, eau-de-vie de vin. (**ESPLANADE.**)

14. **ALLAN (C.),** à Hammam-R'hira (Alger). — Vins rouge, blanc des récoltes de 1887 et 1888. (**ESPLANADE.**)

15. **ALLÈGRE,** à Duzerville (Constantine). — Vins rouges et vins blancs, eaux-de-vie de vin. (**ESPLANADE.**)

16. **ALLEMANN (Nicolas),** à Penthièvre (Constantine).— Vin rouge de 1888. (**ESPLANADE.**)

17. **ALLÈNE (Paul),** à Saïda (Oran).— Vins rouge, blanc. (**ESPLANADE.**)

18. **ALLIAU (Hippolyte),** à Aïn-Bessem (Alger). — Vin rouge, récolte de 1888. (**ESPLANADE.**)

19. **ALTAIRAC (Frédéric),** à Maison-Carrée (Alger). — Vin rouge, année 1887 et 1888, vin blanc muscat, année 1887, vin blanc, année 1888. (**ESPLANADE.**)

20. **AMADRIEN (Antoine),** à Saint-Pierre-Saint-Paul. — Vin blanc, année 1887. Eau-de-vie ordinaire et eau-de-vie de marc, année 1888. (**ESPLANADE.**)

21. **AMELIN (Frédéric),** à Randon (Constantine). — Vin rouge 1887 et 1888. (**ESPLANADE.**)

22.   AMITRANO (François), à Bône (Constantine), rue Damrémont. — Vin rouge, années 1877-1878.   **(ESPLANADE.)**

23.   AMOROS (Pedro), à Oran, rue des Casernes. — Anisette.   **(ESPLANADE.)**

24.   AMORY (Germain), à Lodi (Alger). — Vin rouge et vin blanc des récoltes 1887 et 1888.   **(ESPLANADE.)**

25.   ANASTAZE (J.-F.), à Margueritte (Alger). — Vin rouge, année 1888.   **(ESPLANADE.)**

26.   ANDALOUSES (Le Directeur du Domaines des), à Oran. — Vin rouge 1887-1888, eau-de-vie de vin et de marc 1887-1888.   **(ESPLANADE.)**

27.   ANDRÉ (Auguste), à Bel-Abbès (Oran).—Vins rouge, blanc doux, eau-de-vie de marc 1879.   **(ESPLANADE.)**

28.   ANDRÉ (Frédéric), à Arcole (Oran).— Vins rouge, blanc.   **(ESPLANADE.)**

29.   ANGLADE (Jean), à Kherba (Alger). — Vin rouge, années 1887 et 1888.   **(ESPLANADE.)**

30.   ANTERRIEU (Étienne), à Thiersville (Oran).— Vins rouge, blanc.   **(ESPLANADE.)**

31.   ANTOINE (F.-J.), à Ain-Trid (Oran). — Vin rouge 1887-1888.   **(ESPLANADE.)**

32.   APREA (Louis), à Stora (Constantine). — Vin rouge 1888.   **(ESPLANADE.)**

33.   ARAMBOURG (Victor), à Oran.— Vins rouge et blanc.   **(ESPLANADE.)**

34.   ARBENTZ, à Hassen-ben-Ali (Alger). — Vin rouge des récoltes 1887 et 1888.   **(ESPLANADE.)**

35.   ARGELLIER (Alexis), à Littré (Alger). —   Vin rouge des années 1886 et 1888.   **(ESPLANADE.)**

36.   ARLÈS DUFOUR (Alphonse), à Hammam-R'hira.— Vin rouge années 1882, 1887 et 1888. Vin blanc, années 1885, 1886-1887 et 1888.   **(ESPLANADE.)**

37.   ARNAL (Jean), à Djidjelli (Constantine). — Vin rouge récolte de 1888.   **(ESPLANADE.)**

38.   ARNAUD (Fidèle), à Assi-bou-Nif (Oran). — Vin rouge de 1887.   **(ESPLANADE.)**

39.   ARNAUD (Jules), à Hammam-bou-Hadjar (Oran). — Vins rouge, blanc 1888.   **(ESPLANADE.)**

40.   ARNAUD & BRENOT, à Constantine. — Vin rouge, années 1887-1888. Vin blanc, années 1887-1888.   **(ESPLANADE.)**

41.   ARNAUDET (Xiaire), à Er-Rahel (Oran). — Vins rouge, blanc 1887-1888.   **(ESPLANADE.)**

42.   ARNOUX (François), à Rio-Salado (Oran). — Vin blanc 1887-1888.   **(ESPLANADE.)**

43.   ARNOUX (Louis), à Rio Salado (Oran). — Vins blanc doux et rouge 1886-1887-1888.   **(ESPLANADE.)**

44.   ARTIGOUHA (Jean), à Saint-Louis (Oran). — Vin rouge 1888, eau-de-vie de marc 1888.   **(ESPLANADE.)**

45.   AUBERT (Élie), à Villebourg (Alger). — Vin rouge de la récolte 1887-1888.   **(ESPLANADE.)**

46.   AUBERT (Émile), à Djidjelli (Constantine). — Vin rouge récolte 1888.   **(ESPLANADE.)**

47. AUBERT (Maurice), à Chanzy (Oran). — Vin rouge 1884-1888.
(ESPLANADE.)

48. AUBRY (Victor), à Arzew (Oran). — Vin rouge 1888. (ESPLANADE.)

49. AUGÉ (Eugène), à Sidi-Chami (Oran). — Vin rouge 1884-1885-1886-1887-1888. Vin blanc 1886-1887-1888, eau-de-vie de vin. (ESPLANADE.)

50. AUGIER (Paul), à Hussein-Dey (Alger). — Vin rouge, vin blanc sec et vin blanc champanisé. (ESPLANADE.)

51. AUGUET (Jules), à Mascara (Oran). — Vin rouge 1887-1888. (ESPLANADE.)

52. AULLIO (Joseph), à Oran, route de Gambetta. — Anisette, fleur d'anis.
(ESPLANADE.)

53. AURELLES de PALADINES (Léonce d'), à Boufarik (Alger). — Vin rouge de 1887 et 1888, vin blanc de 1887 et de 1888, vin de liqueur de 1888, eau-de-vie de vin de 1888, alcool de vin de 1888. (ESPLANADE.)

54. AUTRAN (H.-J.-B.), à Oran. — Vins rouge, blanc, eau-de-vie.
(ESPLANADE.)

55. AVININ (Paul), à Jemmapes (Constantine).— Vins rouge, blanc 1887, vin rouge de 1888. (ESPLANADE.)

56. AYACHE (Judas), à Médéah (Alger). — Vin rouge et vin blanc des récoltes 1887 et 1888. (ESPLANADE.)

57. AZENAC (H.-A.), à Alger, rue des Abderrames, 3. — Vin rouge et vin blanc de Rouïba, récolte 1888. (ESPLANADE.)

58. BAC (Pierre), à Lambesse (Constantine). — Vin rouge, récolte de 1888.
(ESPLANADE.)

59. BACQUÈS (Victor), à Témouchent (Oran). — Vin rouge. (ESPLANADE.)

60. BADOIL (A.), à Mustapha (Alger). — Alcool d'asphodèle rectifié.
(ESPLANADE.)

61. BAERBAN (F.-E.), à Constantine, rue Damrémont, 52.—Vermouth au quinquina, amer. (ESPLANADE.)

62. BAILLEUL (Aimé), à Guélâât-bou-Sba (Constantine).— Vin rouge et vin blanc de 1888. (ESPLANADE.)

63. BAILLY (Henri), à Aïn-el-Turck (Oran). — Vin rouge 1888, eau-de-vie de marc. (ESPLANADE.)

64. BAILLY (Vve Nicolas), à Aïn-el-Turck (Oran). — Vin rouge 1887-1888, eau-de-vie de marc. (ESPLANADE.)

65. BAILS (Philippe), à Mascara (Oran). — Vins rouge 1884-1888, blanc 1887-1888. (ESPLANADE.)

66. BAL (Florestine), à Méfessour (Oran). — Vin rouge, eau-de-vie de vin et de marc. (ESPLANADE.)

67. BALAVOINE (Victor), à Palikao (Oran). — Vin rouge 1886-1888.
(ESPLANADE.)

68. BALDINO (Antoine), à Stora (Constantine). — Vin rouge de 1888.
(ESPLANADE.)

69. BALESTRIERI (Angélo), à Philippeville (Constantine). — Vin blanc et vin rouge, année 1888. (ESPLANADE.)

70. BALLINARD (Dominique), à Barral (Constantine). — Vin rouge.
(ESPLANADE.)

71. BALSA (Louis), à Oran. — Vin rouge 1885-1886-1887-1888. (ESPLANADE.)

72.   BANDET (Eugène), à Bou-Medfa (Alger).— Vin rouge, années 1887 et 1888, vin blanc, année 1887, eau-de-vie de marc, année 1887.   **(ESPLANADE.)**

73.   BANYULS & FOISSY, à Mostaganem (Oran). — Quinquina avec vin blanc du pays, curaçao, eaux-de-vie, vin blanc 1887.   **(ESPLANADE.)**

74.   BARBER (Thomas-A.), à La Sénia (Oran). — Vins blanc et rouge.
(ESPLANADE.)

75.   BARBIER (François), à Strasbourg (Constantine). — Vin rouge, année 1888.   **(ESPLANADE.)**

76.   BARBIER (F.-E.-E.), à Laverdure (Constantine). — Vin rouge 1886, 1887 et 1888. Vin blanc 1887.   **(ESPLANADE.)**

77.   BARBIER SAINT-HILAIRE (Étienne), à Marengo (Alger). — Vin rouge.   **(ESPLANADE.)**

78.   BARDOUX (Henri), à Oran, boulevard Séguin, 6. — Vins rouges 1887-1888, blancs 1887-1888, muscat sec 1887, doux 1888, eau-de-vie de vin 1886, de marc 1888.   **(ESPLANADE.)**

79.   BARDOUX KELLER (Joseph), à Oran.— Vins rouge et blanc, muscats, 1883-1884-1885-1886-1887-1888, eaux-de-vie de marc et de vin.   **(ESPLANADE.)**

80.   BARELLE (Lucien-Joseph), à Oued-Cham (Constantine). — Vin rouge 1888, vin blanc 1887-1888.   **(ESPLANADE.)**

81.   BARLET (Georges), à Zérizer (Constantine). — Vin rouge 1887 et 1888.   **(ESPLANADE.)**

82.   BARRAULT & LIBERBOO, à Lavarande (Alger). — Vin rouge et vin blanc, récolte 1887.   **(ESPLANADE.)**

83.   BARRET (Jules), à Oran. — Vins rouge et blanc 1887-1888.   **(ESPLANADE.)**

84.   BARREYRE (Théophile), à Aïn Kial (Oran). — Vin rouge.
(ESPLANADE.)

85.   BARRON (Claude), à Boukanéfis (Oran).— Vins rouge et blanc 1888.
(ESPLANADE.)

86.   BARROT (Raymond), à Philippeville (Constantine). — Vin rouge 1887 et 1888, vin blanc 1887 et 1888.   **(ESPLANADE.)**

87.   BARTEL (Jean), à Cassaigne (Oran). — Vin rouge 1888.   **(ESPLANADE.)**

88.   BARTHOLO (Laurent), à Nechmeya (Constantine). — Vin rouge 1887-1888.   **(ESPLANADE.)**

89.   BARTHOLOMOT (Édouard), à Duvivier (Constantine). — Vin rouge récolte 1888.   **(ESPLANADE.)**

90.   BASCANS & NIPPERT, à Berrouaghia (Alger). — Vin rouge et vin blanc 1888, eau-de-vie de marc 1888.   **(ESPLANADE.)**

91.   BASSO, à Jemmapes (Constantine). — Vin rouge 1888.   **(ESPLANADE.)**

92.   BASTIDE (Léon), à Bel Abbès (Oran). — Vin rouge 1887-1888, vin blanc 1887-1888, muscat doux 1883-1886-1887, de liqueur 1887, eau-de-vie de marc 1878.
(ESPLANADE.)

93.   BATAILLE Frères, à Bougie (Constantine). — Vin rouge.   **(ESPLANADE.)**

94.   BATTY (Claude), à Kouba (Alger). — Vin rouge 1880-1884, 1887 et 1888, vin blanc muscat 1876, vin blanc 1886.   **(ESPLANADE.)**

95.   BAUDET Ainé, à Bou Tlélis (Oran). — Vin rouge 1888.   **(ESPLANADE.)**

96.   BAUDOIN (Alphonse), au Djendel (Alger). — Vin rouge 1887 et 1888, vin blanc 1888.   **(ESPLANADE.)**

Classe **73.**

97. BAUDOUX (Anatole), à Duzerville (Constantine). — Vin rouge 1888
Vin blanc 1888. Eau-de-vie de vin 1887. Eau-de-vie de 1888.   **(ESPLANADE.)**

98. BAUDY (V.-A.), à Sidi Chami (Oran). — Vin rouge 1886-1888, eau-de-vie de
marc 1887.   **(ESPLANADE.)**

99. BAUME (Émile), à Adelia (Alger). — Vins.   **(ESPLANADE.)**

100. BAUSSON (Vve), à Bougie (Constantine). — Vins rouges 1886, 1887, 1888.
                                                                      (ESPLANADE.)

101. BAUX (Vve), à Héliopolis (Constantine). — Vin rouge 1888.   **(ESPLANADE.)**

102. BAYARD (L.-A.), à Philippeville (Constantine). — Vin rouge et vin blanc
1887 et 1888.   **(ESPLANADE.)**

103. BAYLOC (Jeune), à la Robertsau (Constantine). — Vin rouge de 1888.
                                                                      (ESPLANADE.)

104. BAZELLE (L.-I.), à la Safia (Constantine). — Vin rouge et vin blanc de
1888. Vin blanc de 1887.   **(ESPLANADE.)**

105. BEAU (Antoine), à l'Oued-Djemma, Commune mixte du Djendel (Alger).
Vin rouge et vin blanc 1887 et 1888.   **(ESPLANADE.)**

106. BEAUD (Raphaël), à Missergin (Oran). — Vin rouge 1888. **(ESPLANADE.)**

107. BEAUDIER (Antoine), à Dely-Ibrahim (Alger). — Vin rouge 1887 et
1888.   **(ESPLANADE.)**

108. BEAUVILLE (Louis), à Fort National (Alger). — Vin blanc. Vin rouge.
                                                                      (ESPLANADE.)

109. BECKER, à Palestro (Alger). — Vins de diverses qualités. Eau-de-vie.
                                                                      (ESPLANADE.)

110. BEDÉCARASBURU (J.-P.), à Aïn Seynour (Constantine). — Vins
rouges, récoltes 1887 et 1888. Eau-de-vie de marc 1888.   **(ESPLANADE.)**

111. BEDOIN (Jean), à Mansoura (Oran). — Vin rouge.   **(ESPLANADE.)**

112. BEDOS (Antoine), à Zarouëla (Oran). — Vin rouge 1888.   **(ESPLANADE.)**

113. BEDU (Edmond), à Taher (Constantine). — Vin rouge.   **(ESPLANADE.)**

114. BEL & RANOUX, à Robertville (Constantine). — Vin blanc et vin rouge
1888.   **(ESPLANADE.)**

115. BELAUBRE (Louis), à Bissy (Constantine). — Vin rouge, années 1885,
1887 et 1888.   **(ESPLANADE.)**

116. BELLAZ (Joseph), à l'Oued-Amizour (Constantine). — Vin rouge et vin
blanc, année 1888.   **(ESPLANADE.)**

117. BELLEMARE & Cie, à Clichy, boulevard Victor Hugo, 33. — Vin rouge
et vin blanc d'Algérie.   **(ESPLANADE.)**

118. BELVISI (Jean), à Duvivier (Constantine). — Vin rouge de 1888. Vin rosé
de 1888. Eau-de-vie de marc de 1888. Eau-de-vie de vin de 1888.   **(ESPLANADE.)**

119. BENEVOLO (François), à Bône (Constantine). — Eau-de-vie de vin.
Eau-de-vie de marc.   **(ESPLANADE.)**

120. BENOIST (Eugéne), à Castiglione (Alger). — Vin rouge et vin blanc.
                                                                      (ESPLANADE.)

121. BENOIT Fils (Jules), à Misserghin (Oran). — Vins rouge, blanc.
                                                                      (ESPLANADE.)

122. BERBACH (Pierre), à Héliopolis (Constantine). — Vin rouge récolte 1888
                                                                      (ESPLANADE.)

123. BÉRENGER (Pierre), à Mascara (Oran). — Eau-de-vie de marc et de vin, alcool 1888. **(ESPLANADE.)**

124. BERGER (E.-A.), à Birmandréis (Alger). — Vins rouges des récoltes 1886, 1887 et 1888. **(ESPLANADE.)**

125. BERGERAS (Jean), à Hassem-ben-Ali (Alger). — Vin rouge et vin blanc muscat 1888. **(ESPLANADE.)**

126. BERGOUGNOUX (André), à Bel-Abbès (Oran). — Vin rouge 1886, 1887. Vin blanc 1887. **(ESPLANADE.)**

127. BERGY, à Legrand (Oran). — Vin blanc 1886, 1883, rouge de 1888, eau-de-vie de 1882. **(ESPLANADE.)**

128. BÉRINO, à St-Louis (Oran).—Vin rouge 1886, 1887, 1888. Eaux-de-vie de marc et de vin 1887. **(ESPLANADE.)**

129. BERLEBACK (Joseph), à Douéra (Alger). — Eau-de-vie de marc 1886 et 1888. **(ESPLANADE.)**

130. BERNARD (Elzéar), à Oran. — Vin rouge 1887, 1888. **(ESPLANADE.)**

131. BERNARD (Gabriel), à Sillègue (Constantine) — Vin 1887 et 1888. **(ESPLANADE.)**

132. BERNARD (URBAIN), à Guyotville (Alger). — Vin rouge, vin blanc sec, vin blanc doux. **(ESPLANADE.)**

133. BERNEZET (Joseph), à Jemmapes (Constantine). — Vin rouge 1888. **(ESPLANADE.)**

134. BERNIS (Michel), à Palikao (Oran). — Vin rouge 1887. **(ESPLANADE.)**

135. BERROUAGHIA (Le pénitencier agricole de), à Alger. — Vin blanc et vin rouge. **(ESPLANADE.)**

136. BERRY (Henri), à Duvivier (Constantine). — Vin rouge récolte 1888. **(ESPLANADE.)**

137. BERTHIER (Ch.) à Guyotville (Alger). — Vin rouge et vin blanc. **(ESPLANADE.)**

138. BERTHOMEU (Vve Joséphine), à l'Alma (Alger). — Vin rouge, année 1888. **(ESPLANADE.)**

139. BERTHOMIER à Souk-Ahras (Constantine). — Vin rouge et vin blanc. **(ESPLANADE.)**

140. BERTHUY (Louis), à Mekla (Alger). — Vin rouge 1888. **(ESPLANADE.)**

141. BERTOU (Jean), à Duzerville (Constantine). — Vins rouge et blanc 1888. **(ESPLANADE.)**

142. BERTRAND (Adrien), à Miliana (Alger). — Vins rouge et blanc 1887 et 1888. **(ESPLANADE.)**

143. BERTRAND (Auguste), à Lambesse (Constantine). — Vin rouge 1888. **(ESPLANADE.)**

144. BERTRAND (Émile), à Hussein-Dey (Alger). — Vins rouges. Alcool de maïs. Absinthe. **(ESPLANADE.)**

145. BERTRAND (H.), à Négrier (Oran). — Vins rouge, blanc. **(ESPLANADE.)**

146. BERTRAND (Henri), à Négrier (Oran). — Vin rouge. **(ESPLANADE.)**

147. BERTRAND (Louis-Victor), à Constantine, rue Damrémont, 62. — Vermouth au quinquina. Amer au quinquina. **(ESPLANADE.)**

148. BES (Guillaume), à Kherba (Alger). — Vin. **(ESPLANADE.)**

149. BESNARD (Henri), à Kouba (Alger). — Vin rouge des années 1886, 1887 et 1888.   **(ESPLANADE.)**

150. BESSÈDE, à Marseille, boulevard de la Corderie,9.—Vin rouge, vin blanc sec et doux.   **(ESPLANADE.)**

151. BESSES (Antoine), à Strasbourg (Constantine). — Vin rouge. **(ESPLANADE.)**

152. BESSON (Aristide), à Guelma (Constantine). — Vin rouge ordinaire.   **(ESPLANADE.)**

153. BESSON (Charles), à Héliopolis (Constantine). — Vin rouge 1888.   **(ESPLANADE.)**

154. BESSON- PERRAULT (Paul), à La Reghaïa (Alger). — Vins rouge et blanc des récoltes 1882, 1884, 1886, 1887 et 1888. — Vins muscats et vins mousseux.   **(ESPLANADE.)**

155. BETCH (Adam), à Zarouria (Constantine). — Vin rouge et vin blanc.   **(ESPLANADE.)**

156. BEUGIN (Amédée), à Randon (Constantine). — Vin rouge, vin blanc, vin muscat. Eau-de-vie de vin.   **(ESPLANADE)**

157. BIANCO (Vincent), à Jemmapes (Constantine). — Vin rouge, vin blanc sec, vin blanc doux 1888.   **(ESPLANADE.)**

158. BIDEUX (Auguste), à Tiberguent (Constantine). — Vin rouge 1888.   **(ESPLANADE.)**

159. BIDORFF (Vve), à Bou Tlélis (Oran). — Vin rouge 1888. Eau-de-vie 1887.   **(ESPLANADE.)**

160. EIGLE (Georges), à Birmandreis (Alger). — Vins rouges années diverses.   **(ESPLANADE.)**

161. BIGOT (Jean-Baptiste), à Bou-Sfer (Oran). — Vin rouge 1888.   **(ESPLANADE.)**

162. BILLARD & Cie, à Mustapha (Alger). — Vins des récoltes 1882 et 1883. — Esprit de vin.   **(ESPLANADE.)**

163. BILLAUD (Antoine), à Vesoul-Benian (Alger). — Vin rouge 1887. Vin rouge 1887, vin blanc 1887 et 1888. Eau-de-vie de marc 1885 et 1884.   **(ESPLANADE.)**

164. BILLAUD (Pierre), à Rouïba (Alger). — Vin rouge, années 1887 et 1888.   **(ESPLANADE.)**

165. BILLIARD (Albert), à Tazomalt (Constantine). — Vin rouge et vin blanc 1887.   **(ESPLANADE.)**

166. BIREBENT (Pierre), à St-Cloud (Oran). — Vin rouge côteau 1886-1887-1888, de plaine 1888, vin blanc 1888. Eau-de-vie de vins 1884, de marc 1885.   **(ESPLANADE.)**

167. BIRGI (F.-J.), à Montenotte (Alger). — Eau-de-vie de marc, 1887.   **(ESPLANADE.)**

168. BISSAC (Auguste), à Ponteba (Alger). — Vin de 1887. Eau-de-vie de 1888.   **(ESPLANADE.)**

169. BITTARD des PORTES (Félix), à Port-Gueydon (Alger). — Vins rouges, vins blancs, eaux-de-vie.   **(ESPLANADE.)**

170. BITTARD des PORTES, (Paul), à Port-Gueydon (Alger). — Vins rouges, vins blancs et eau-de-vie.   **(ESPLANADE.)**

171. BLAIN (Édouard), à Philippeville (Constantine). — Vin rouge, vin doux et eau-de-vie de vin, année 1888.   **(ESPLANADE.)**

172. BLAIZE (Honoré), à Ouled-Fayet (Alger). — Vin rouge 1888. **(ESPLANADE.)**

173. BLANCHET (C.), à Philippeville (Constantine). — Vin rouge 1888.
(ESPLANADE.)

174. BLANCHOU (A.), à Mascara (Oran). — Vins rouge et blanc 1886, 1887, 1888.
(ESPLANADE.)

175. BLANG (Michel), à El-Affroun (Alger). — Vin blanc, année 1887.
(ESPLANADE.)

176. BLEICHER (Christophe), à Marceau, commune mixte de Gouraya (Alger). — Eaux-de-vie de vin de 1879. Vin blanc alicante doux 1878. Vin rouge montagne de 1881.
(ESPLANADE.)

177. BLOCH (Nathan), à Aïn-Bessem (Alger). — Vin de 1888.
(ESPLANADE.)

178. BLUM (Samuel), à Jemmapes (Constantine). — Vin blanc et vin rouge, années 1887 et 1888.
(ESPLANADE.)

179. BOENSCH (Édouard), à Hussein-Dey (Alger). — Vin rouge. (ESPLANADE.)

180. BOILEAU (Auguste), à Nazereg (Oran). — Vin rouge, vin alicante 1888
(ESPLANADE.)

181. BOISSET (Étienne), à Chekfa (Constantine). — Vin rouge et eau-de-vie de marc 1888.
(ESPLANADE.)

182. BOISSET (Louis), à Médéah (Alger). — Vins rouge, blanc des récoltes de 1887 et 1888. (Coteaux du Nador).
(ESPLANADE.)

183. BOISSON (Fernand), à Constantine, rue Caraman, 6. — Vins rouge, blanc. Eau-de-vie de vin.
.ESPLANADE.)

184. BOISSONNET (Baron), à El-Biar (Alger).— Vin rouge et vin blanc. Eau-de-vie.
(ESPLANADE.)

185. BOIVIN (Alphonse), à Guelâât-bou-Sba (Constantine). — Vin rouge et vin blanc de coteau 1888.
(ESPLANADE.)

186. BONAND (Adolphe de), à Oued-el-Aleug (Alger). — Vin rouge (plant du jura) 1888. Vin blanc (plant Tokay) 1888. Eau-de-vie fine 1888. (ESPLANADE.)

187. BONIFFAY (Aristide), à Alger, rue de Joinville, 6. — Vins rouges, blancs. Eaux-de-vie de vin.
(ESPLANADE.)

188 BONNAFOUS (L.), à Témouchent (Oran). — Vin rouge 1887, 1888.
(ESPLANADE.)

189. BONNEAU (Alphonse), à Aïn-Tédelès (Oran). — Vin rouge 1887, 1888.
(ESPLANADE.)

190. BONNEFOY (Célestin), à Duzerville (Constantine). — Vin rouge 1888. Vin blanc 1888.
(ESPLANADE.)

191. BONNEFOY (Maurice), à Aïn-Smara (Constantine). — Vin rouge, vin gris et vin blanc 1888.
(ESPLANADE.)

192. BONNEMAISON (Eugène), à El-Kseur (Constantine). — Échantillons de vin rouge, échantillons de vin blanc sec, échantillons de vin blanc doux. Eau-de-vie.
(ESPLANADE.)

193. BONNERY (Gustave), à St-Lucien (Oran). — Vins rouge et blanc 1888.
(ESPLANADE.)

194. BONNERY (Raymond), à El-Affroun (Alger). — Vins, récoltes 1887 et 1888.
(ESPLANADE.)

195. BONNERY (Vve), à St-Lucien (Oran). — Vin rouge de 1883 et 1888.
(ESPLANADE.)

196. BONNET (Antoine), à Duvivier (Constantine). — Vin rouge 1888. Eau-de-vie de vin et de marc 1888.
(ESPLANADE.)

197. BONNET (Jean-Pierre), à Bel-Abbès (Oran). — Vin rouge 1888.
(ESPLANADE.)

198. BONNETTE (Auguste), à Morris (Alger). — Vin de plaine de 1887, 1888, vin vieux, 1887. Eau-de-vie de marc 1888.
(ESPLANADE.)

199. BONNIN (Alexis), à Carnot (Alger). — Vin rouge 1888.
(ESPLANADE.)

200. BORDAS (Marc), à Rivoli (Oran). — Vin rouge 1886.
(ESPLANADE.)

201. BORDENAVE Frères, à Culed-Ali (Oran). — Vins rouge et blanc 1888-1887.
(ESPLANADE.)

202. BORDY (Juste), à Méfessour (Oran). — Vin rouge 1888, eau-de-vie 1887.
(ESPLANADE.)

203. BORÉLY LA SAPIE, à Boufarik (Alger). — Vins rouges des années 1883, 1886, 1887 et 1888.
(ESPLANADE.)

204. BORLOZE (Philippe), à Birkadem (Alger). — Vins des récoltes de 1885, 1887 et 1888.
(ESPLANADE.)

205. BORNAND (Félix), à Bougie (Constantine). — Vin rouge, vin blanc et vin rose.
(ESPLANADE.)

206. BORNE-TOUSSAINT, à Constantine. — Vin rouge 1887 et 1888.
(ESPLANADE.)

207. BOSQUET (Henri), à Ben-Chicao (Alger). — Vins rouge, blanc 1888.
(ESPLANADE)

208. BOSSION (G.-A.), à Saoula (Alger). — Vins rouge, blanc 1888, eau-de-vie.
(ESPLANADE.)

209. BOUCHEREAUX-DOURY, à Saint-Lucien (Oran). — Vin rouge 1888.
(ESPLANADE.)

210. BOUCHERY (Michel), à Négrier (Oran). — Vin rouge.
(ESPLANADE.)

211. BOUCHET (B.-L.), à Bône (Constantine). — Vins rouge et blanc, eaux-de-vie de vin et de marc.
(ESPLANADE.)

212. BOUCHON (Juste-Eugène), à El-Ançor (Oran). — Vin rouge 1888, eau-de-vie 1887.
(ESPLANADE.)

213. BOUCHY (L.-E.), à Rouen, place Saint-Marc. — Vins d'Algérie de l'Oued Goudi et de Bou-Fernano, eau-de-vie des mêmes crus.
(ESPLANADE.)

214. BOUDET (Albert), à Duzerville (Constantine). — Vin rouge 1887, vin blanc sec alicante 1888, vin blanc doux alicante 1888, eau-de-vie de marc et eau-de-vie de vin 1888.
(ESPLANADE.)

215. BOUDET (Étienne), à Duzerville (Constantine). — Vin rouge 1888, vin muscat 1888.
(ESPLANADE.)

216. BOUET-VITAL, à Aïn-Farès (Oran). — Vins de 1887-1888.
(ESPLANADE.)

217. BOUILLANE, à Zérizer (Constantine). — Vin rouge 1887 et 1888.
(ESPLANADE.)

218. BOUJOL (Paul), à Héliopolis (Constantine). — Vins blanc et rouge 1888.
(ESPLANADE.)

219. BOULAND (Vve), à Tizi-Ouzou (Alger). — Vin blanc, vermouth sec, vermouth genre Turin, fine champagne, liqueur jaune, génépy du Djurdjura.
(ESPLANADE.)

220. BOULAUG (Jean), à Nemours (Oran). — Vin rouge 1887.
(ESPLANADE.)

221. BOULLU (Joseph), à Nekla (Alger). — Vin rouge 1887 et 1888, vin blanc 1887.
(ESPLANADE)

222. BOUQUET (J.-B.), à Rouached (Constantine). — Vins rouge et blanc.
(ESPLANADE.)

223. BOURGEOIS (Léon), à Aïn-Bessem (Alger). — Vin rouge 1886, 1887.
(ESPLANADE.)

224. BOURGEOIS & LEBELHOMME, à Béni-Méred (Alger). — Vin rouge
1887-1888. (ESPLANADE.)

225. BOURGER (Jacob), à Guélaa-bou-Sba (Constantine). — Vin rouge 1887,
eau-de-vie de marc 1886. (ESPLANADE.)

226. BOURLIER (Charles), à Réghaïa (Alger). — Vins blanc et rouge.
(ESPLANADE.)

227. BOURRET (Louis), à Saint-Lucien (Oran). — Vins blanc et rouge 1888.
(ESPLANADE.)

228. BOUSAADA (L'administrateur de la commune indigène de), à Bousââda
(Alger). — Vin de l'oasis de Bousââda. (ESPLANADE.)

229. BOUSCANT (Joseph), à Mascara (Oran). — Vins blanc, rouge 1887-
1888, eau-de-vie de vin 1887, ratafia vin de grenache 1888. (ESPLANADE.)

230. BOUTONNET (Eugène), à Kherba (Alger). — Vin de Médéah.
(ESPLANADE.)

231. BOUVARD (J.-F.), à Bougie (Constantine). — Vin blanc 1887, vin rouge
de 1887 et 1888. (ESPLANADE.)

232. BOUVIER (Louis), à l'Alma (Alger). — Vin rouge de 1886 et 1887.

233. BOUZERAN (Antoine), à Jemmapes (Constantine). — Vin rouge 1887
1888. (ESPLANADE.)

234. BOVET (Charles), à Ras-El-Akba. — Vin rouge 1886-1888. (ESPLANADE.)

235. BOYER (Barthelémy), à Bréa (Oran). — Vin rouge. (ESPLANADE.)

236. BOYER (Jean), à Aïn-Farès (Oran). — Vin. (ESPLANADE.)

237. BOYER (J.-L.-E.), à Bougie (Constantine). — Vin rouge 1888.
(ESPLANADE.)

238. BOYER (Gustave), et Cie à Oran, route de Mostaganem. — Cognacs,
eau-de-vie, vins divers blancs et rouges. (ESPLANADE.)

239. BOYREAU (Alphonse), à Hammam-bou-Hadjar (Oran). — Vin rouge de
1887-1888, vin de Muscat 1888, vin blanc. (ESPLANADE.)

240. BRAHIM BEL HADJAR, à Médéah (Alger). — Vins rouge et blanc de
1887. (ESPLANADE.)

241. BRAME (P.), à Fouka (Alger). — Vin rouge de 1886, 1887, 1888, vin blanc de
1887 et 1888. (ESPLANADE.)

242. BRAVET (François), à Bouira (Alger). — Vin rouge de 1888.
(ESPLANADE.)

243. BRÉMONTIER (Stanislas), à Ménerville (Alger). — Vins rouge et blanc
muscat 1888. (ESPLANADE.)

244. BRETON (Gustave), à Damiette (Alger). — Vin rouge de 1888.
(ESPLANADE.)

245. BRETTE (Auguste), à Mansoura (Oran). — Vin rouge. (ESPLANADE.)

246. BRIASCO (Laurent), à Médéah (Alger). — Vin rouge de 1887 et 1888.
(ESPLANADE.)

247. BRICHARD (Auguste), à la Robertsau (Constantine). — Vin rouge 1887
et 1888.   **(ESPLANADE.)**

248. BRIÈRE Frères, à Saint-Cloud (Oran). —Vin rouge 1886-1888, eau-de-vie
de 1888.   **(ESPLANADE.)**

249. BRIGAUD, à El-Kantour (Constantine). — Vins rouge et blanc.
                                                               (ESPLANADE.)

250. BRIZOUD (Claude), à Duzerville (Constantine). — Vin rouge récolte 1887-
1888.   **(ESPLANADE.)**

251. BROCKS (Florent), à Miliana (Alger). — Vin rouge 1886 et 1887.
                                                               (ESPLANADE.)

252. BRONDE (C.), à Bône (Constantine). — Vins rouge et blanc, eau-de-vie.
                                                               (ESPLANADE.)

253. BROTONS (Pierre), à Saint-Denis-du-Sig (Oran). — Vin rouge 1888.
                                                               (ESPLANADE.)

254. BRUAT (André), à L'Oued-Séguin (Constantine). — Vin rouge années
1887 et 1888.   **(ESPLANADE.)**

255. BRUN (André), à Sidi-Khaled, Bel-Abbès (Oran). — Vin rouge 1886-1887,
Vin blanc 1887, eau-de-vie de marc.   **(ESPLANADE.)**

256. BRUNO (Charles), à Philippeville (Constantine). — Vins rouge, blanc
1888.   **(ESPLANADE.)**

257. BRUYAS (Étienne), à Rivoli (Oran). — Vin rouge 1888.   **(ESPLANADE.)**

258. BRUYAS (F.), à El-Kseur (Constantine). — Vin blanc 1887-1888.
                                                               (ESPLANADE.)

259. BUCHET (Abel), à Randon (Constantine). — Vin rouge récolte 1888, vin
blanc récolte 1887.   **(ESPLANADE.)**

260. BUISINE (Florimond), à Marengo (Alger). — Vins.   **(ESPLANADE.)**

261. BUISSON (Nicolas), à Aïn-bou-Dib (Alger). — Vin rouge de 1887 et 1888.
                                                               (ESPLANADE.)

262. BUONO (Jean), à Philippeville (Constantine). — Vins rouges de 1887 et de
1888, vins blancs 1887 et 1888.   **(ESPLANADE.)**

263. BURATTI (Édouard), à Oued-Imbert (Oran). — Vin rouge 1887, blanc
1886 et 1887.   **(ESPLANADE.)**

264. BURE (Adrien), à l'Ouider (Constantine). — Vins.   **(ESPLANADE.)**

265. BUREN (Guillaume de), à Bouïra (Alger).— Vins rouges de 1887 et 1888.
                                                               (ESPLANADE.)

266. BURG (Charles), à Béni-Mered (Alger). — Vins rouge et blanc 1888, eau-
de-vie de vin et eau-de-vie de marc.   **(ESPLANADE.)**

267. BURGLIN (Vve), à Assi-bou-Nif (Oran). — Vins rouge et blanc 1888.
                                                               (ESPLANADE.)

268. BUSCAIL (Auguste), à Cassaigne (Oran). — Vin rouge 1887.
                                                               (ESPLANADE.)

269. BUTHION (François), à L'Oued Damous, commune mixte de Gouraya
(Alger). — Vin rouge de l'année 1888.   **(ESPLANADE.)**

270. BUTTICAZ, Frères, à Tielat (Constantine). — Vins rouges et blancs de
1888, vins roses de 1888, eau-de-vie de 1888.   **(ESPLANADE.)**

271. BUZENVAL, Fils, à Duperré (Alger) — Vin rouge de 1887. **(ESPLANADE.)**

272. CABASSOT Frères, à Mascara (Oran). — Vins rouge, blanc 1886-1887, muscat 1887, arcibia 1884, grenache 1883.   **(ESPLANADE.)**

273. CABIERÈS (J. B.), à Assi-bou-Nif (Oran). — Vin rouge 1888. **(ESPLANADE.)**

274. CACHAU (Prosper), à Philippeville (Constantine). — Vin rouge années 1887-1888, vin blanc 1887.   **(ESPLANADE.)**

275. CADET (Laurent), à Aïn-Seymour (Constantine). — Vin rouge 1887-1888, vin blanc 1885-1886-1887, eau-de-vie de marc 1888, eau-de-vie de vin, 1887-1888.   **(ESPLANADE.)**

276. CADIERGUES (Jean), à l'Oued-Imbert (Oran). — Vin rouge 1888.   **(ESPLANADE.)**

277. CAILLAUD (Pierre), à Nazereg (Oran). — Vins rouge et blanc 1888.   **(ESPLANADE.)**

278. Caisse commerciale de France & d'Algérie, DUBOUT & Cie, à Boulogne-sur-mer (Pas-de-Calais). — Vins rouges et blancs 1887 et 1888, eau-de-vie de vin de 1887 et 1888.   **(ESPLANADE.)**

279. CAIX de Saint-Aymour (Amédée de), à Paris, rue Gounod, 4. — Vins rouges et vins blancs de Randon.   **(ESPLANADE.)**

280. CALBAYRAC (Jacques), à Duzerville (Constantine). — Vins rouge et blanc 1888, eau-de-vie de marc 1888, eau-de-vie de vin 1884. **(ESPLANADE.)**

281. CALDAIROU (Jean), à Relizane (Oran). — Vin blanc Lamina doux 1886-1887-1888.   **(ESPLANADE.)**

282. CALLAMAND (Marius), à Aïn-Bessem (Alger). — Vin rouge 1888.   **(ESPLANADE.)**

283. CALLOT (J.), à Pélissier (Oran). — Vin rouge et blanc 1888.   **(ESPLANADE.)**

284. CALMELS (A.), à Oran, rue Montebello. — Vins rouges et blancs 1886-1887-1888.   **(ESPLANADE.)**

285. CALMELS (Henri), à Lourmel (Oran). — Vins rouges et blancs 1885-1886-1887-1888, vin cuit 1888, vin doux 1887-1888, petit bouchet 1888, eau-de-vie de vin 1887 et eau-de-vie de marc 1888.   **(ESPLANADE.)**

286. CALMET (Léopold), à Médéah (Alger). — Vin rouge 1886-1887-1888, blanc 1887 et 1888, muscat sec et doux 1888, eau-de-vie de marc 1887 et 1888.   **(ESPLANADE.)**

287. CAMILLERI Frères & AZZOPARDI, à Bône (Constantine). — Amer d'Afrique, vin hygiénique (genre Turin).   **(ESPLANADE.)**

288. CAMOIN (Honoré), à la Chiffa (Alger). — Vin rouge de 1887. **(ESPLANADE.)**

289. CAMUS (Eugène), à Alger, rue du Hamma, 15. — Vin rouge, vin blanc doux et sec, eaux-de-vie de vin et de marc.   **(ESPLANADE.)**

290. CAMY (Jean), à Hassem-ben-Ali (Alger). — Vin rouge 1887 et 1888, vin blanc 1888, eau-de-vie de marc 1887 et 1888.   **(ESPLANADE.)**

291. CANDELA (Manuel), à Médéah (Alger). — Vin rouge de 1886 et 1887.   **(ESPLANADE.)**

292. CANTI (Angélo), à Guelma (Constantine). — Vin rouge de 1887.   **(ESPLANADE.)**

293. CANTIER (Antoine), à Aïn-Bessem (Alger). — Vin rouge de 1888.   **(ESPLANADE.)**

294. CAPELA (Casimir-H.), à Marnia (Oran). — Vin rouge 1887-1888.   **(ESPLANADE.)**

295. CAPELA (Joseph), à Relizane (Oran). — Vins.   **(ESPLANADE.)**

296. CAPELE, à Ben-Chicao (Alger). — Vins rouge et blanc 1888.   **(ESPLANADE.)**

297. CARAFANG Frères, à Mascara (Oran). — Vins rouge et blanc 1887-1888.   **(ESPLANADE.)**

298. CARAUT (Émile), à l'Oued-Amizour (Constantine). — Vins rouge et blanc 1888.   **(ESPLANADE.)**

299. CARCAGNO (J.-B.), à Oran, rue d'Orléans, 56. — Vin rouge 1887.   **(ESPLANADE.)**

300. CARETTE, à Saint-Ferdinand (Alger). — Vin rouge 1887 et 1888.   **(ESPLANADE.)**

301. CARGUE, à Aïn-Seynour (Constantine). — Vin et eau-de-vie.   **(ESPLANADE.)**

302. CARLIER & SALEMBIER, à Mustapha (Alger). — Vin rouge, vin blanc sec et vin blanc doux, 1887 et 1888.   **(ESPLANADE.)**

303. CARRASSONNETTE (Pierre), à Tizi (Oran). — Vin rouge.   **(ESPLANADE.)**

304. CARROT (Alexis), à Duvivier (Constantine). — Vins rouge blanc 1887 et 1888.   **(ESPLANADE.)**

305. CARRUS (Vve), à Strasbourg (Constantine). — Vin rouge 1888.   **(ESPLANADE.)**

306. CARTON (Emmanuel), à Aïn Bessem (Alger). — Vin.   **(ESPLANADE.)**

307. CARTON & CHOUILLON, à El-Kseur (Constantine). — Vin rouge 1887 et 1888. Vin blanc 1888. Eau-de-vie 1887. Eau-de-vie de marc 1886.   **(ESPLANADE.)**

308. CASANOVA (C.-A.), à Oued-Cham (Constantine). — Vin rouge 1888.   **(ESPLANADE.)**

309. CASILE (Louis), à l'Oued Amizour (Constantine). — Vin rouge, années 1886-1888.   **(ESPLANADE.)**

310. CASSAR (M.-A.), à Bône (Constantine).—Vin rouge, vin blanc sec, 1888, vin blanc doux, vin mousseux, cidre de figues de Barbarie. Liqueur de myrte.   **(ESPLANADE.)**

311. CASTAGLIOLA (Joseph), à Médéah (Alger). — Vin rouge de 1887-1888.   **(ESPLANADE.)**

312. CASTANG (Vve), à Aïn-el-Turck (Oran). — Vin rouge 1887-1888.   **(ESPLANADE.)**

313. CASTELLI (Henri-Eugène), à Philippeville, rue du 62ᵉ de Ligne, 4. (Constantine). — Vins vieux de 1887-1888. Vins nouveaux 1888-1889.   **(ESPLANADE.)**

314. CASTEX (Joseph), à Aïn-Bessem, (Alger). — Vin rouge 1888.   **(ESPLANADE.)**

315. CATALA (Jacques), à Héliopolis, (Constantine). — Vin rouge 1888.   **(ESPLANADE.)**

316. CATHALA (Vve Pierre), à Héliopolis (Constantine) — Vin rouge 1888.   **(ESPLANADE.)**

317. CATHERINEAU (Julien), à Saint-Antoine (Constantine). — Vin rouge 1886-1887 et 1888. Vin blanc, 1885 et 1886. Eau-de-vie 1887 et 1888.   **(ESPLANADE.)**

318. CATTANY (Pierre), à Oran, boulevard Malakoff, 7. — Vins 1886-1887-1888.   **(ESPLANADE.)**

319. CAURO (T.), à Stora (Constantine). — Vin rouge 1888.   **(ESPLANADE.)**

320. CAUSSE (Pierre), à Sidi-Chami (Oran). — Vin rouge et eau-de-vie de marc.   **(ESPLANADE.)**

321. CAYLA (Émile), à Oran. — Vin rouge 1887-1888, blanc 1885, blanc doux 1884-1888, eau-de-vie de marc 18886, eau-de-vie de vin, 1888. **(ESPLANADE.)**

322. CAYLA (Jacques), à Tlemcen (Oran). — Vin rouge 1885-1886-1887, vin blanc 1886-1887. **(ESPLANADE.)**

323. CAYLA (J.-B.), à Aïn-Fezza (Oran). — Vins rouge et blanc. **(ESPLANADE.)**

324. CAYLUS (Sifroid), à Mekta (Alger).— Vin rouge 1888. **(ESPLANADE.)**

325. CAYSINOTTI (Charles), à Fort National (Alger). — Vin rouge. **(ESPLANADE.)**

326. CAZASSUS (Jean), à Duzerville (Constantine). — Vin rouge 1887-1888. **(ESPLANADE.)**

327. CAZELLES (Benjamin), à Philippeville (Constantine). — Vin rouge 1885 et 1887. **(ESPLANADE.)**

328. CAZIMIR (Pierre), à Affreville (Alger). — Vin rouge 1887-1888. **(ESPLANADE.)**

329. CERDAN (Joseph), à Boukanéfis (Oran). — Vin rouge 1887-1888. **(ESPLANADE.)**

330. CERNER (Philippe de), à Bône (Constantine). — Vins en bouteilles. **(ESPLANADE.)**

331. CÉVA (Thomas), à Miliana (Alger). — Vin rouge de 1886 et 1888. **(ESPLANADE.)**

332. CHABANES (Auguste), à Héliopolis (Constantine). — Vin rouge 1888. **(ESPLANADE.)**

333. CHABAUD (Camille), à Témouchent (Oran). — Vin rouge 1887-1888. **(ESPLANADE.)**

334. CHABER (Hippolyte), à Oran. — Vin. **(ESPLANADE.)**

335. CHABER (Louis), aux Trois-Marabouts (Oran).— Vins rouge 1886, rouge et blanc 1887. Ceps divers. **(ESPLANADE.)**

336. CHABERT (Eugène), à Miliana (Alger). — Vin rouge de 1886 et 1887, vin blanc de 1887. Eau-de-vie de vin 1887. **(ESPLANADE.)**

337. CHABOT (Noël), à Djidjelli (Constantine). — Vin rouge 1888. **(ESPLANADE.)**

338. CHABRE (Joseph), au Hammam-bou-Hadjar (Oran). — Vin rouge 1888. **(ESPLANADE.)**

339. CHAISE (Florentin), à El-Goichi (Constantine). — Vins gris 1888. **(ESPLANADE.)**

340. CHAIX (Paul), à Bône (Constantine). — Vin rouge 1888. **(ESPLANADE.)**

341. CHALOUM-LEBHAR, à Saint-Eugène (Alger). — Vin rouge 1886-1887-1888 **(ESPLANADE.)**

342. CHAMBŒUF (François), à Philippeville (Constantine). — Pinot noir de Bourgogne 1886-1887-1888, Pinot de Champagne 1888, muscat sec 1885-1887 et 1888. Eau-de-vie de marc 1886. **(ESPLANADE.)**

343. CHAMBOULIVE (Léon), à Bel-Abbès (Oran).--Vins rouge et blanc 1888. **(ESPLANADE.)**

344. CHANCOGNE (Alfred), à Tlemcen (Oran). — Vin rouge, vin blanc sec ; vin blanc doux, eau-de-vie de marc. **(ESPLANADE.)**

345. CHANSON (Léon), à Saint-Cloud (Oran). — Vin rouge 1887 et 1888. **(ESPLANADE.)**

346. CHAPPE (Auguste), à Birmandreis (Alger). — Vins rouges et blancs de 1887-1888. **(ESPLANADE.)**

347. CHAPUIS (Jean-Baptiste), à Bou-Tlélis (Oran). — Vins rouge et blanc de 1887-1888. **(ESPLANADE.)**

348. CHARBONNEL (Victor), à Duperré (Alger). — Vin rouge et eau-de-vie. **(ESPLANADE.)**

349. CHARDEL (Étienne), à Aïn-Tédelès (Oran).— Vins rouge et blanc 1888. **(ESPLANADE.)**

350. CHARLAIX & LABARTHE, à Duzerville (Constantine). — Vins 1886-1887-1888. Eau-de-vie 1884-1885-1887. Eau-de-vie de marc 1885. Vin blanc muité de 1885. **(ESPLANADE.)**

351. CHARMASSON (Auguste), à Duvivier (Constantine). — Vin rouge 1888. **(ESPLANADE.)**

352. CHARPENTIER (Alphonse), à Hamman-Bouda (Constantine).— Vins blanc et rouge. **(ESPLANADE.)**

353. CHARPENTIER (Louis), à Millésimo (Constantine). — Vin rouge. **(ESPLANADE.)**

354. CHARRIER (J.-H.), à Dellys (Alger). — Eau-de-vie de vin. **(ESPLANADE.)**

355. CHARVET (C.), à Castiglione (Alger). — Vin rouge de 1885-1886-1887 et 1888. **(ESPLANADE.)**

356. CHATELAIN (Armand), à Oran, rue Kimburn. — Chatelain-apéritif, curaçao triple sec. **(ESPLANADE.)**

357. CHATELIN (Pierre), à Médéah (Alger). — Vin blanc 1885. Vin rouge 1887. **(ESPLANADE.)**

358. CHATILLON (Prosper), au Cap Aokas (Constantine). — Vin rouge et vin blanc. **(ESPLANADE.)**

359. CHATROUX (Pierre), à Miliana (Alger). — Vin rouge de 1888. Vin blanc de 1887. **(ESPLANADE.)**

360. CHAUBARD (J.-Gabriel), à Boufarik (Alger). — Eau-de-vie du Sahel. **(ESPLANADE.)**

361. CHAUCHEFOIN & BLOT, à Duzerville (Constantine). — Vins et eau-de-vie. **(ESPLANADE.)**

362. CHAUMARD (Vve), à Saint-Cloud (Oran). — Vins rouge de 1886-1888, blanc 1886. **(ESPLANADE.)**

363. CHAUMONT (Théophile), à Bône (Constantine). — Vin rouge 1887-1888. Vin blanc 1888. **(ESPLANADE.)**

364. CHAZEAU (H.), à Jemmapes (Constantine). — Vins rouge et blanc 1888. Eau-de-vie de marc 1888. **(ESPLANADE.)**

365. CHAZEAU (Jean), à Aïn-el-Turck (Oran). — Vin rouge 1888.**(ESPLANADE.)**

366. CHENIAUX-FRANVILLE (Charles), à Chéragas (Alger). — Vin rouge 1887. Vin blanc 1888. **(ESPLANADE.)**

367. CHEVALLEY (Maurice), à La Bouzaréa (Alger). — Vins rouges et vins blancs secs. **(ESPLANADE.)**

368. CHEVREAU (Achille), à Ponteba (Alger). — Eau-de-vie de marc 1886 et 1887. **(ESPLANADE.)**

369. CHEYMOL (Jacques), à Guelma (Constantine). — Vins rouge et blanc 1888. **(ESPLANADE.)**

370. CHÈZE (Joseph), à Saint-Lucien (Oran). — Vins rouge, blanc 1888.
(**ESPLANADE.**)

371. CHIARELLI Ainé, à Philippeville (Constantine). — Vins rouges et vins blancs.
(**ESPLANADE.**)

372. CHIRIS Antoine), à Boufarik (Alger). — Vins et eaux-de-vie.
(**ESPLANADE.**)

373. CHOLLET (Jean-Louis), à Aïd-Arnat (Constantine). — Vin rouge 1887 et 1888.
(**ESPLANADE.**)

374. CHOULET (Aimé), à Novi (Alger). — Vin rouge et eau-de-vie de marc.
(**ESPLANADE.**)

375. CHOULET (Joseph), à Joinville (Alger). — Vin rouge 1880-1887-1888. Vin blanc sec 1876-1886-1887 et 1888. Vin blanc doux 1887 et 1888. (**ESPLANADE.**)

376. CHOUQUET (Léon), à Saint-Eugène (Alger). — Vins rouge, blanc de 1887-1888.
(**ESPLANADE.**)

377. CHRETIEN (Émile), à Bel-Abbès (Oran). — Eau-de-vie de marc. Vin rouge 1887-1888.
(**ESPLANADE.**)

378. CHRISTOFLE (Adolphe), à Constantine, rue Rohault-de-Fleury. — Vin rouge de 1887.
(**ESPLANADE.**)

379. CIFFRE (Mathieu), à Boufarik (Alger). — Eau-de-vie et alcool.
(**ESPLANADE.**)

380. CLADY (Joseph), à Mascara (Oran). — Vins rouge 1883-1885, blanc 1883-1886-1888.
(**ESPLANADE.**)

381. CLARET (E.), à Chabet el Ameur (Alger). — Vin rouge, vin blanc sec, vin blanc liquoreux de 1888.
(**ESPLANADE.**)

382. CLAUSTRE (Jean), à Héliopolis (Constantine). — Vin rouge 1888.
(**ESPLANADE.**)

383. CLÉMENT (Jules), à Bou-Henni (Oran). — Vin rouge. (**ESPLANADE.**)

384. CLERC (Élie), à Aïn-Tédèlès (Oran). — Vins blanc 1886-1888, rouge 1887-1888.
(**ESPLANADE.**)

385. CLOUET des PERRUCHES (Félix), à Lille (Nord). — Vin rouge de Medjaz Amar Côteau.
(**ESPLANADE.**)

386. CODDET (Vve), à Oran, rue de l'Hôpital, 7. — Vins rouge, blanc 1887-1888.
(**ESPLANADE.**)

387. COHEN (Mardochée et Salomon), à Mostaganem (Oran). — Vin rouge 1887-1888.
(**ESPLANADE.**)

388. COING & ROIG, à Médéah (Alger). — Eau-de-vie de marc, 1888. Tartres, 1888.
(**ESPLANADE.**)

389. COL (Pierre), à Herbillon (Constantine). — Vin rouge, 1884-1885-1886-1887-1888.
(**ESPLANADE.**)

390. COLIN (Arsène), à Chanzy (Oran). — Vin. (**ESPLANADE.**)

391. COLIN (Marcel), à Chanzy (Oran). — Vin rouge 1887-1888. (**ESPLANADE.**)

392. COLINGE (Louis), à Mascara (Oran). — Vins rouges 1884-1886-1887, blancs 1884-1887.
(**ESPLANADE.**)

393. COLLIN (Jean), à Béni-Méred (Alger). — Vin rouge de 1887, Eau-de-vie de vin blanc 1888.
(**ESPLANADE.**)

394. COLLIN & Cie, à Mustapha (Alger). — Eaux-de-vie de vins rouge et blanc, et de marc de raisin, 1886-1887 et 1888.
(**ESPLANADE.**)

395. COLMAN (Nicolas), à Bel-Abbès (Oran). — Vin rouge 1887-1888.
(ESPLANADE.)

396. COMARD (Victor), à Saint-Hippolyte (Oran). — Vin rouge, 1886-1887-
1888   (ESPLANADE.)

397. COMBE (G.-G.), à Souk-Ahras, (Constantine). — Vin rouge, récolte 1887.
(ESPLANADE.)

398. COMBES (Jean), à Héliopolis (Constantine). — Vin rouge 1888.
(ESPLANADE.)

399. COMBES (Jean), à Palikao (Oran). — Vin rouge 1888.   (ESPLANADE.)

400. COMBES (Jean), à Rio-Salado (Oran).— Vins blanc et rouge 1883-1888.
Eau-de-vie de vin.   (ESPLANADE.)

401. COMBIER (Adolphe), à Aïn-bou-Dile (Alger). — Vin rouge 1886-1887
et 1888. Vin blanc de 1888. Eau-de-vie de marc de 1888.   (ESPLANADE.)

Clos Combier, vignobles de 50 hectares, coteaux des vieux Ariles et du Grand-Hamza ;
médaille d'or, Bruxelles 1888.

402. COMET (J.), à Mondovi (Constantine). — Vin rouge 1888.   (ESPLANADE.)

403. Comice agricole des Aribs, à Aïn Bessem (Alger). — Vin rouge et vin
blanc des années 1887 et 1888, eau-de-vie de marc, année 1888.   (ESPLANADE.)

404. Comice agricole de Bône, à Bône (Constantine). — Vins rouges et vins
blancs.   (ESPLANADE.)

405. Comice agricole de Boufarik, à Boufarik (Alger). — Vins. (ESPLANADE.)

406. Comice agricole de Bougie, à Bougie (Constantine). — Vins blancs et
rouges, eau-de-vie.   (ESPLANADE.)

407. Comice agricole de Coléa, à Coléa (Alger). — Vins rouges et vins blancs,
eau-de-vie de vin et de marc, etc.   (ESPLANADE.)

408. Comice agricole de Douéra, à Douéra (Alger). — Vins rouge et blanc
eau-de-vie de marc.   (ESPLANADE.)

409. Comice agricole du Haut Chéliff, à Affreville (Alger). — Vins divers.
(ESPLANADE.)

410. Comice agricole de Médéah, à Médéah (Alger). — Vins divers.
(ESPLANADE.)

411. Comice agricole d'Orléansville, à Orléansville (Alger) — Vin.
(ESPLANADE.)

412. Comice agricole de Sidi-bel-Abbès, à Bel-Abbès (Oran). — Vins
divers.   (ESPLANADE.)

413. Comice agricole de Souk-Ahras (Constantine). — Vins.   (ESPLANADE.)

414. Compagnie algérienne, à Constantine. — Vin rouge et vin blanc d'Aïn-
Regada, 1886, 1887 et 1888.   (ESPLANADE.)

415. Compagnie génevoise, à Sétif (Constantine). — Vin rouge et vin
blanc 1888.   (ESPLANADE.)

416. Compagnie viticole d'Amoura, à Dolfusville, commune mixte du
Djendel (Alger). — Vins rouges et blancs des récoltes de 1886, 1887 et 1888.
(ESPLANADE.)

417. CORBIÈRE (François), à Mansoura (Oran). — Vins rouge blanc.
(ESPLANADE.)

418. CORDÉ (Constant), à Mekla (Alger). — Vin rouge 1888.   (ESPLANADE.)

419. CORDIER (Lucien), au Fondouck (Alger). — Vin rouge   (ESPLANADE.)

420. CORNELOUP (Frédéric), à Jemmapes (Constantine). — Eau-de-vie de marc 1887-1888, eau-de-vie de vin, 1887-1888.   **(ESPLANADE.)**

421. CORNET (I.), à Mondovi (Constantine). — Vin rouge de 1888.   **(ESPLANADE.)**

422. CORNILLAC (X.), à Oran. — Vins rouges 1887-1888.   **(ESPLANADE.)**

423. CORPS (Louis), à Meskiana (Constantine). — Vin rouge 1886, 1887, 1888, vin blanc 1888.   **(ESPLANADE.)**

424. CORRE (Vve), à Sainte-Léonie (Oran). — Vin rouge.   **(ESPLANADE.)**

425. COSTE (Jean), à Rebeval (Alger).— Vin rouge 1887 et 1888, eau-de-vie 1887.   **(ESPLANADE.)**

426. COSTE (Pierre), à Novi (Alger). — Vin rouge 1887, vin blanc muscat Frontignan 1887.   **(ESPLANADE.)**

427. COTHENET (C.-J.), au Fondouck (Alger). — Vin rouge et vin blanc des récoltes 1887 et 1888.   **(ESPLANADE.)**

428. COTRET (Ernest), à Ponteba (Alger). — Vin rouge 1887, eau-de-vie de marc 1887.   **(ESPLANADE.)**

429. COTTE (Joseph), à Bougie (Constantine). — Vin rouge de 1888.   **(ESPLANADE.)**

430. COTTE (Paul), à Cherchell (Alger). — Vin rouge et vin blanc 1886 et 1887   **(ESPLANADE.)**

431. COUANET (Lucien), à Mascara (Oran). — Vins rouges 1885, 1887.   **(ESPLANADE.)**

432. COUCHEZ (Simon), à Lodi (Alger). — Vin rouge et vin blanc.   **(ESPLANADE.)**

433. COUDERC (Félix), à Baba-Hassen (Alger). — Vin rouge et vin blanc 1888.   **(ESPLANADE.)**

434. COUDERC (Jean), à Philippeville (Constantine). — Vin blanc Beni Melek 1887; apéritif au quinquina, au vin blanc.   **(ESPLANADE.)**

435. COULOMB (Mathieu), à Duzerville (Constantine).— Vin rouge 1887-1888, eau-de-vie de vin.   **(ESPLANADE.)**

436. COULOM (Prosper), à Misserghin (Oran). — Vin rouge 1887 et 1888.   **(ESPLANADE.)**

437. COUNILLON (P.-M.), à Sidi-Lhassen (Oran). — Vin rouge 1885, 1886, 1887, 1888, eau-de-vie de marc.   **(ESPLANADE.)**

438. COURBET (Siffren), à Aïn-Bessem (Alger). — Vin rouge 1888.   **(ESPLANADE.)**

439. COURBET (Xavier), à Zérizer. — Vin rouge 1888.   **(ESPLANADE.)**

440. COURCIER (Junior), à Tlemcen (Oran). — Vins rouges 1886, 1887, 1888.   **(ESPLANADE.)**

441. COURET (Joseph), à Sidi-Aich (Constantine). — Vins blanc et rouge.   **(ESPLANADE.)**

442. COURGEON (J.), à Alger (Café d'Europe). — Vin rouge 1887 et 1888, vin blanc 1887 et 1888, et eau-de-vie de marc.   **(ESPLANADE.)**

443. COURT (E.-M.), à Bône (Constantine). — Apéritif Kina-Court, vin de l'Oued Kouba 1885, 1886, 1887, 1888.   **(ESPLANADE.)**

444. COURTOIS (A.), à Assi-ben-Okba (Oran). — Vin rouge 1888, 1889.   **(ESPLANADE.)**

445. COURVOISIER (Léon), à Sidi-Aich (Constantine). — Liqueurs diverses.
(ESPLANADE.)

446. COUTY (Céline), à Médéah (Alger). — Vin.   (ESPLANADE.)

447. CRABANAT (J.-B.), à Er-Rahel (Oran).— Vins blanc et rouge 1888, eau-de-vie de vin.   (ESPLANADE.)

448. CROISÉ, à Azazga (Alger). — Vin rouge 1887 et 1888, vin blanc 1888.
(ESPLANADE.)

449. CROS (Flavien), aux Amouchas (Constantine). — Vin rouge. (ESPLANADE.)

450. CROUZAT, à Médéah (Alger). — Vin rouge 1888.   (ESPLANADE.)

451. CUGÉA (Laurent), à El-Kseur (Constantine). — Vins rouge, blanc 1888.
(ESPLANADE.)

452. CUQ (Paul), à Mascara (Oran). — Vins rouges 1887, 1888. (ESPLANADE.)

453. CUQ (Philippe), à Tizi (Oran). — Vin rouge.   (ESPLANADE.)

454. CUREL (Antoine), à Souk-Ahras (Constantine). — Vins rouge, blanc 1888, eau-de-vie de vin 1888, eau-de-vie de marc 1888.   (ESPLANADE.)

455. CUVELLIER (Alexis), à Dely-Ibrahim (Alger). — Vins rouges 1887-1888.
(ESPLANADE.)

456. DAGNE (L.-A.), à Oran. — Vins rouge, blanc, doux et sec 1887, 1888, alcool et cognac.   (ESPLANADE.)

457. DAGUET (Auguste), à Mondovi (Constantine). — Vin rouge 1888
(ESPLANADE.)

458. DALBIGOT, à Béni-Méred (Alger), — Vins rouges 1887 et 1888, eau-de-vie de marc 1887, 1888.   (ESPLANADE.)

459. DANGER (Pierre), à Miliana (Alger). — Vin rouge 1886 et 1888, vin blanc de 1870.   (ESPLANADE.)

460. DANIÈRE (Claude), à El-Affroun (Alger). — Vins rouge, blanc 1888.
(ESPLANADE.)

461. DARIÈS (Dominique), à El-Kseur (Constantine). — Vin rouge 1888.
(ESPLANADE.)

462. DARIUS (François), à Tizi (Oran). — Vin rouge.   (ESPLANADE.)

463. DARRU (Vve Albert), à Crescia (Alger). — Vins rouge, blanc 1887, eau-de-vie de vin 1887, 1888.   (ESPLANADE.)

464. DAUBÈZE Frères, à Bône (Constantine), rue Bugeaud.— Vin rouge 1887.
(ESPLANADE.)

465. DAUDET (François), à Kouba (Alger). — Vins rouges 1887, 1888.
(ESPLANADE.)

466. DAUDET (Joseph), à Médéah (Alger). — Vin rouge 1886, 1887, 1888, vin blanc 1884 et 1887, vin muscat 1887.   (ESPLANADE.)

467. DAUPHIN (Alexandre), à Kaddous (Alger). — Vins rouge, blanc 1886, 1887, 1888, eau-de-vie de lie de vin blanc 1887, 1888.   (ESPLANADE.)

468. DAUPHIN (Louis), à La Réunion (Constantine). — Vins rouge, blanc 1888, eau-de-vie 1888.   (ESPLANADE.)

469. DAVAN, à Hammam R'irha (Alger). — Vins blanc, rouge.   (ESPLANADE.)

470. DAVID et COSMAN (Vve), à Mostaganem (Oran). — Vin rouge 1887, 1888.   (ESPLANADE.)

471. DAVION VERDEL, à Aomar (Alger). — Vin rouge 1887, 1888.
(ESPLANADE.)

472. DEBLISSON (Mme), à Saint-Rémy (Oran). — Vins rouge, blanc 1888.
(ESPLANADE.)

473. DEBONNO (Charles), à Boufarik (Alger). — Vins rouges divers 1887, 1888, vins blancs divers 1887, 1888, eau-de-vie de vin 1886, 1887, 1888. (ESPLANADE.)

474. DÉCAILLET (Nicolas), à Rouïba (Alger). — Vin rouge 1888, vin blanc (semillon) 1887, 1888, vin blanc (clairette) 1888. (ESPLANADE.)

475. DÉCRÉON (Casimir), à Bouïra (Alger). — Vins 1888. (ESPLANADE.)

476. DECRION (Julien), à Bel-Abbès (Oran). — Vins rouge, blanc, eau-de-vie de marc. (ESPLANADE.)

477. DEGOUL (François), à Oued-Cham (Souk-Ahras). — Vin rouge.
(ESPLANADE.)

478. DEGOUL (Jean), à Oued-Cham (Constantine). — Vins rouge et blanc, eau-de-vie. (ESPLANADE.)

479. DEGOUL (Jean), à Souk-Ahras (Constantine). — Vin rouge 1887.
(ESPLANADE.)

480. DEGOUL (Louis), à Oued-Cham (Constantine). — Vin rouge 1888.
(ESPLANADE.)

481. DELACROIX (Agathange), à Littré (Alger). — Vins rouge, blanc, vin apéritif, eau-de-vie de vin et eau-de-vie de marc. (ESPLANADE.)

482. DELAFOND, à Mostaganem (Oran). — Vins blanc, rouge, eau-de-vie de vin. (ESPLANADE.)

483. DELAGE (Albert), à El-Haria, commune du Kroubs (Constantine). — Vin de côteaux 1888. (ESPLANADE.)

484. DELAGE (Eugène), à Mangin (Oran). — Vin rouge 1881-1888, eau-de-vie de vin 1879. (ESPLANADE.)

485. DELAGE (François), à Birkaden (Alger). — Vin rouge 1885, 1886, 1887, 1888. (ESPLANADE.)

486. DELAHACHE (Eugène), à Zérizer (Constantine). — Vin rouge 1887 et 1888, vin blanc muité 1888, eau-de-vie de vin 1888. (ESPLANADE.)

487. DELAUZUN (Joseph), à Oran, boulevard Charlemagne. — Vin rouge 1887, 1888. (ESPLANADE.)

488. DELBAYS Fils, à Alger, rampe Valée, 4. — Liqueur de mandarines, vermouth et amer. (ESPLANADE.)

489. DELBURG (Oscar), à Mustapha (Alger). — Vins rouge, blanc, eau-de-vie de marc. (ESPLANADE.)

490. DELISLE (Henri), à Saint-Cloud (Oran). — Vin rouge 1887, 1888.
(ESPLANADE.)

491. DELMAS (Pierre), à Miliana (Alger). — Vin rouge 1886, vin blanc 1887.
(ESPLANADE.)

492. DELONCA (J.-J.), à Mascara (Oran). — Vin rouge 1886, 1888. (ESPLANADE.)

493. DELORME, à Oued-Séguin (Constantine). — Vins blanc, rouge.
(ESPLANADE.)

494. DELOUPY (A.), à Aïn et Arba (Oran). — Vin rouge 1888. (ESPLANADE.)

495. DELOUPY (André), à Saint-Denis-du-Sig (Oran) — Vins rouge, blanc 1888. (ESPLANADE.)

Classe **73.**   6

496. DELRIEU (Jean), à Mostaganem (Oran). — Vin rouge 1887, 1888.
(ESPLANADE.)

497. DELSOL (Pierre), à El-Kseur (Constantine). — Vin rouge 1888.
(ESPLANADE.)

498. DELUC (Jean), à Duzerville (Constantine). — Vin rouge 1887-1888, vin
blanc muité 1887, eau-de-vie de marc 1888, eau-de-vie de vin 1888, vin blanc 1887.
(ESPLANADE.)

499. DEMANGEAT, à Médéah (Alger). — Vin rouge 1887, 1888.   **(ESPLANADE.)**

500. DEMANUEL (Jean), à Nazereg (Oran). — Vin rouge 1887, 1888.
(ESPLANADE.)

501. DEMASSIEUX (Louis), à Rebeval (Alger). — Vin rouge 1888.
(ESPLANADE.)

502. DEMAY (Gustave), à Saint-Antoine (Constantine). — Vins rouges et
vins blancs, vin d'or, fine champagne de divers âges.   **(ESPLANADE.)**

503. DEMONCHY (Gaston), à Tipaza (Alger). — Vins rouge, blanc 1887,
1888, eaux-de-vie de vins et de marc, vin blanc liquoreux.   **(ESPLANADE.)**

504. DENAVE (Bernard), à Souk-Ahras (Constantine). — Vin et eau-de-vie.
(ESPLANADE.)

505. DENIS (Basile), à Jemmapes (Constantine). — Vin rouge 1887, 1888.
(ESPLANADE.)

506. DENJEN (Louis), à Thiersville (Oran). — Vin rouge 1887.   **(ESPLANADE.)**

507. DEPAGE (Frédéric), à Aïn-Témouchent (Oran). — Vins.   **(ESPLANADE.)**

508. DERRIEZ (Xavier), à Bou-Sfer (Oran). — Vin rouge, vin blanc, doux et
sec, eau-de-vie de marc.   **(ESPLANADE.)**

509. DESCLAUS (Ernest), à Arcole (Oran). — Vin rouge 1887.   **(ESPLANADE.)**

510. DESCOURS (Pierre), à El-Biar (Alger). — Vin rouge 1887 et 1888.
(ESPLANADE.)

511. DESLINIERES (Lucien), à l'Oued-Marsa (Constantine). — Vins rouge,
blanc.   **(ESPLANADE.)**

512. DESPAUX (Ernest), à Meurad (Alger). — Vin rouge 1887-1888.
(ESPLANADE.)

513. DESSOLIERS, à Tenès (Alger). — Vin de Carignan 1887-1888. Vin de Carignan et Morastel 1888. — Eau-de-vie de figues. Eau-de-vie de vin.   **(ESPLANADE.)**

514. DEYNAT & DURAND, à Chébli (Alger). — Vin rouge 1886 et 1887. Vin
blanc 1887-1888. Eau-de-vie de marc 1887.   **(ESPLANADE.)**

515. DICK (Vve Christine), à Palestro (Alger). — Vin rouge 1887-1888. Vin
blanc 1888. Eau-de-vie 1888.   **(ESPLANADE.)**

516. DINAND (Eva), à Saint-Remy (Oran). — Vin rouge 1888.   **(FSPLANADE.)**

517. DISS (Jean), à l'Oued Amizour (Constantine). — Vins rouge, blanc 1888.
(ESPLANADE.)

518. DOL (Émilien), à Djidjelli (Constantine). — Vin rouge, vin blanc sec, vin blanc
muscat, vin cuit année 1888.   **(ESPLANADE.)**

519. DOL (Salvator), à Souk-Ahras (Constantine). — Vin rouge 1887-1888.
(ESPLANADE.)

520. DOMERGUE (P.-G.), à Hillil (Oran). — Vin rouge 1888-1889.
(ESPLANADE.)

521. DOMUNO (Jean), à Sainte-Léonie (Oran). — Vin rouge 1888. **(ESPLANADE.)**

522. DONDEYNE (Ernest), à Bourkika (Alger). — Vin blanc et eau-de-vie de marc 1888.   **(ESPLANADE.)**

523. DONNADIEU Frères, à Boghar (Alger). — Vin rouge.   **(ESPLANADE.)**

524. DOR (Philomin), à Morris (Constantine). — Vin rouge 1888. Vin blanc muité 1888.   **(ESPLANADE.)**

525. DORÉE (Auguste), à Aïn-Smara (Constantine). — Vins rouge, blanc 1887 et 1888.   **(ESPLANADE.)**

526. DOUTÉ (Célestin), à Randon (Constantine). — Vin rouge 1888. Eau-de-vie de marc.   **(ESPLANADE.)**

527. DROIT (Jean), à Taher (Constantine). — Vin rouge 1887 et 1888. Vin blanc sec 1888. Vin blanc doux 1888. Eau-de-vie de vin 1888. Eau-de-vie de marc 1888.
                                                                        (ESPLANADE.)

528. DRONET (Eugène), à Birtouta (Alger). — Vin rouge 1888. Vin liqueur 1888.   **(ESPLANADE.)**

529. DROUHOT (Eugène), à Milah (Constantine). — Vin de raisins choisis. Vin ordinaire.   **(ESPLANADE.)**

530. DRU Fils, à Paris, rue Charlot, 58. — Vin rouge de l'Oued-Bèshès, années 1884-1885-1886-1887 et 1888. Vin rosé 1884. Vin blanc 1885-1886-1887-1888. Eaux-de-vie de vin et de marc 1878 et 1888.   **(ESPLANADE.)**

> Propriétaire à Chénas (Rhône), et à Oued-Besbes (Algérie).
> Maison fondée en 1808.

531. DRUILLET (Jean), à Saint-Cloud (Oran). — Vins rouge, blanc 1888. Eaux-de-vie de vin 1887-1888.   **(ESPLANADE.)**

532. DUBARD (Charles), à l'Oued-Amizour (Constantine). — Vin rouge, blanc. Vin de Malaga. Eau-de-vie et eau-de-vie de marc.   **(ESPLANADE.)**

533. DUBARD (François), à l'Oued-Amizour (Constantine). — Vin rouge et vin blanc muscat.   **(ESPLANADE.)**

534. DUBAS (Henri), à Millesimo (Constantine). — Vin rouge.   **(ESPLANADE.)**

535. DUBECQ, à Dellys (Alger). — Vins rouge, blanc 1888.   **(ESPLANADE.)**

536. DUBISSON (Charles), à l'Oued-Amizour (Constantine). — Vins rouge, blanc 1888.   **(ESPLANADE.)**

537. DUBOIS (Émile), à Taher (Constantine). — Vin rouge du pays.
                                                                        (ESPLANADE.)

538. DUBOUCHER (Joseph), à Méfessour (Oran). — Vin rouge 1888.
                                                                        (ESPLANADE.)

539. DUBOURG (Victor), à Bône (Constantine). — Vin rouge et vin blanc. Eaux-de-vie de vin et de marc.   **(ESPLANADE.)**

540. DUCHÉ et Fils, à Héliopolis (Constantine). — Vin rouge de 1887.
                                                                        (ESPLANADE.)

541. DUCHENNE (A.-A.), à Philippeville (Constantine). — Vin rouge 1884-1887-1888. Vin blanc 1887. Eau-de-vie de vin 1888.   **(ESPLANADE.)**

542. DUCOMMUN (Alfred), à Nemours (Oran). — Vin rouge 1887-1888.
                                                                        (ESPLANADE.)

543. DUCOS (Vve), à Dra-el-Mizan (Alger). — Vin rouge et vin blanc 1888.
                                                                        (ESPLANADE.)

544. DUCROS (Louis), à Témouchent (Oran). — Vin rouge 1882-1887-1888.
                                                                        (ESPLANADE.)

545. DUDOUIT (P.-C.-A.), à Lourmel (Oran). — Vins blanc, rouge. Eau-de-vie de vin.   **(ESPLANADE.)**

546. DUFOUR (Augustin), à Crescia (Alger). — Vins rouge, blanc.
(ESPLANADE.)

547. DUFOUR (Charles), à Bougie (Constantine). — Vins blanc, rouge.
(ESPLANADE.)

548. DUFOUR (J. H.), à Matemore (Oran). — Vin de 1887.   **(ESPLANADE.)**

549. DULIOUST (Ferdinand), à Alger, rue de Constantine, 28. — Vin rouge
1887 et 1888.   **(ESPLANADE.)**

550. DUMAS (Antoine), à Bône (Constantine). — Vins rouge, blanc.
(ESPLANADE.)

551. DUMONT (Victor), à Kouanin-Bordj-Menaïel (Alger). — Vin rouge 1886-
1888. Vin blanc 1888. Eau-de-vie 1888.   **(ESPLANADE.)**

552. DUMONT (Vve Auguste), à Héliopolis (Constantine). — Vin rouge
de 1888.   **(ESPLANADE.)**

553. DUNKÉ (Jean), à Nechmeya (Constantine). — Vin rouge 1887-1888.
(ESPLANADE.)

554. DUPERRAY (François), à El-Kseur (Constantine). — Eau-de-vie de
marc et de vin. Vin rouge.   **(ESPLANADE.)**

555. DUPERRÉ (J.-B.), à El-Kseur (Constantine). — Vins rouge, blanc 1888.
(ESPLANADE.)

556. DUPOIZAT (Augustin), à Médéah (Alger). — Vin rouge 1887, et blanc
1887.   **(ESPLANADE.)**

557. DUPUIS (Vve de Lavaur), à Saint-Cloud (Oran). — Vin rouge.
(ESPLANADE.)

558. DURAND à Relizane (Oran). — Apéritif.   **(ESPLANADE.)**

559. DURAND (François), à Arcole (Oran). — Vin rouge 1888.   **(ESPLANADE.)**

560. DURAND (Jean), à Aïn-Bessem (Alger). — Vin rouge 1887 et 1888.
(ESPLANADE.)

561. DURAND (Henri), à Aïn-Bessem (Alger). — Vin rouge 1888.   **(ESPLANADE.)**

562. DUREL (Jean), à Oran. — Vins rouge, blanc et eau-de-vie.   **(ESPLANADE.)**

563. DURIEU (Jean), à Mazagran (Oran). — Vins rouges 1886, 87, 88.
(ESPLANADE.)

564. DU RIEUX (Ernest), à Villebourg (Alger). — Vin rouge de 1886 et 1888.
Vin blanc de 1887.   **(ESPLANADE.)**

565. DURILI (Joseph), à Constantine, rue Perregaux, 98 bis. — Vins rouges de
trois années.   **(ESPLANADE.)**

566. DUROS, à Lavarande (Alger). — Eau-de-vie 1887 et 1888.   **(ESPLANADE.)**

567. DUTAIRTRE (Antoine), à Méfessour (Oran). — Vin rouge 1888.
(ESPLANADE.)

568. DUTET (Georges), à Chebli (Oran). — Vins rouge, gris, blanc doux,
blanc sec, et eau-de-vie de vin.   **(ESPLANADE.)**

569. DUVILLARD (Jean), à Jemmapes (Constantine). — Vins rouge, blanc
1888.   **(ESPLANADE.)**

570. EBERHARD (J.-J.) à Oran, rue d'Arzew, 78. — Vin rouge 1886.
(ESPLANADE.)

571. EBSTEIN (Simon), à Batna (Constantine). — Vins blanc, rouge de 1885,
1886 et 1887.   **(ESPLANADE.)**

572. ECHOUA Sultan, à Médéah (Alger). — Vin rouge de 1887.   **(ESPLANADE.)**

573. ECOFFET (Édouard), à Nazereg (Oran). — Vins rouge, blanc, 1886, 1887, 1888.   **(ESPLANADE.)**

574. EHREMPFORT (Charles), à Alger, rue Clauzel, 6. — Vin et eau-de-vie.   **(ESPLANADE.)**

575. EHRHART (Édouard), à Froha (Oran). — Vin, 1887 et 1888. **(ESPLANADE.)**

576. ELLUL Frères, à Mustapha (Alger). — Bière bock algérien, bière, chope.   **(ESPLANADE.)**

577. ERDENGER (Mathias), à Rio-Salado (Oran). — Vin blanc sec 1888.

578. ERLACHER, à Guelàat-bou-Iba (Constantine). — Vin rouge de 1888.

579. ESTÈVE (Pierre), à Palikao (Oran). — Vin rouge 1886 et 1887. **(ESPLANADE.)**

580. ESTIGNARD (Mme), à l'Oued-Amizour (Constantine). — Vin rouge, blanc de 1888.   **(ESPLANADE.)**

581. ESTRADE (Antoine), à Thiersville (Oran). — Vin rouge 1887. **(ESPLANADE.)**

582. ETCHEPARE (Vve), à Fort-National (Alger). — Vin rouge de 1887 et 1888.   **(ESPLANADE.)**

583. ÉTIENNE (Antoine), à Hammam-bou-Hadjar (Oran). — Vin rouge 1886, blanc 1888.   **(ESPLANADE.)**

584. EUVRARD (Adolphe), à Jemmapes (Constantine). — Vin rouge de 1888.   **(ESPLANADE.)**

585. EVÊQUE (L.-L.), à Randon (Constantine). — Vin rouge 1887-1888. Eau-de-vie de marc, vieille. Vin blanc mûté 1888.   **(ESPLANADE.)**

586. EYRINIAC (V.-H.-J), à Mascara (Oran). — Vins rouge, blanc, 1887 et 1888.   **(ESPLANADE.)**

587. FABAS (Philippe), à Mascara (Oran). — Vin rouge, 1885, 1886.   **(ESPLANADE.)**

588. FABRE (Florian), à Bône (Constantine). — Vin blanc de 1886, 1887, 1888, vin rouge 1888. Eau-de-vie de vin 1888. Eau-de-vie de marc 1888.   **(ESPLANADE.)**

589. FABRE (Jean), à Aïn-Abessa (Constantine). — Vin 1887 et 1888.   **(ESPLANADE.)**

590. FABRIÈS (Ernest), à l'Oued-Ali (Oran). — Vin rouge 1888. **(ESPLANADE.)**

591. FALLET (U.-H.), à Médéah (Alger). — Vins rouge, blanc sec de 1884, 1885, 1886, 1887 et 1888. Vin de liqueur de 1886. Eau-de-vie de marc de 1884, 1885, 1886, 1887 et 1888.   **(ESPLANADE.)**

592. FALOUR (C.-A.), à Saint-Lucien (Oran). — Vin blanc 1886. **(ESPLANADE.)**

593. FAMIN & DAVAN, à Alger, rue Bab-Azoun. — Vin rouge 1887 et 1888.   **(ESPLANADE.)**

594. FANY (Antoine), à Jemmapes (Constantine). — Vin rouge 1888.   **(ESPLANADE.)**

595. FAUCHER DE CORN, à Mustapha (Alger). — Vins rouge, blanc.   **(ESPLANADE.)**

596. FAURE (Louis), à Strasbourg (Constantine). — Vin rouge 1888.   **(ESPLANADE.)**

597. FAVÉRIAL (Michel), à Oued-Cham (Constantine). — Vin rouge 1888. Vin blanc 1888. Eau-de-vie de marc 1888.   **(ESPLANADE.)**

598. FAVRE (Clovis), à Duvivier (Constantine). — Vin rouge 1888. Eau-de-vie 1888.   **(ESPLANADE.)**

599. FAY (J.-B.), à Laverdure (Constantine). — Vin rouge.   **(ESPLANADE.)**

600. FAYAUD (Françoi·), à Bel-Abbès (Oran). — Vin rouge 1885, 1887, blanc 1887.   **(ESPLANADE.)**

601. FAYOLLE DU MOUSTIER, à l'Oued-el-Aleug (Alger).— Vins rouges, blancs. Vins de liqueur et eau-de-vie.   **(ESPLANADE.)**

602. FÉBVRE (J.-L.), à Clauzel (Constantine). — Vin rouge 1888.   **(ESPLANADE.)**

603. FEHR (Morand), à Oued Amizour (Constantine). — Vin rouge et eau-de-vie de marc 1888.   **(ESPLANADE.)**

604. FELIN (Bernard), à Oued Amizour (Constantine). — Vins rouge, blanc, vin rose.   **(ESPLANADE.)**

605. FÉLIX (A.-A.), à Saint-Cloud (Oran). — Vins rouges.   **(ESPLANADE.)**

606. FERRANDO (Henri), à Constantine. — Vins.   **(ESPLANADE.)**

607. FERRANDO (Joseph), à Constantine, rue de France, 40. — Apéritif Blankina au vin du Beni Melek, vins d'Algérie.   **(ESPLANADE.)**

608. FIGAROL (Paul), à Médéah (Alger). — Vin rouge de 1887 et 1888.   **(ESPLANADE.)**

609. FIGAROL (Siméon), à Médéah (Alger). — Vins rouges, 1886, 1887, 1888.   **(ESPLANADE.)**

610. FILIMUNDI (Joseph), à Tizi-Ouzou (Alger). — Vin rouge de côteau.   **(ESPLANADE.)**

611. FILIPPINI (P.-M.), à Thiersville (Oran).— Vins rouges 1886 et 1887, blancs 1887.   **(ESPLANADE.)**

612. FILLIOL (Gustave), à Aïn-Bessem (Alger). — Vins rouges 1888.   **(ESPLANADE.)**

613. FILLOL (Ferdinand), à la Calle (Constantine). — Vins rouges 1887 et 1888.   **(ESPLANADE.)**

614. FINCK (Charles), à Palestro (Alger). — Vins rouges et eau-de-vie.   **(ESPLANADE.)**

615. FLEURY (Alcide), à Hennaya (Oran). — Vins.   **(ESPLANADE.)**

616. FLEURY (L.-P.), à Cherchell (Alger). — Vins rouges.   **(ESPLANADE.)**

617. FLINOIS (Charlemagne), à Saïda (Oran). — Vins rouges 1886-1887, blancs 1886 et 1887.   **(ESPLANADE.)**

618. FLOROS (Athanase), à El-Biar (Alger). — Vins rouges, blancs.   **(ESPLANADE.)**

619. FLOUTARD (Philippe), à Ben-Chicao (Alger).—Vin rouge de la récolte 1888.   **(ESPLANADE.)**

620. FOLCO (Ernest), à Alger, place de Chartres. — Vin rouge 1887 et 1888, blanc 1887 et 1888, rouge de dessert 1887.   **(ESPLANADE.)**

621. FOLTZ (Aloys), à Bou-Tlélis (Oran). — Vin rouge 1886, 1887 et 1888.   **(ESPLANADE.)**

622. FONDERE, Neveu (F.), à Oran. — Vin de 1888.   **(ESPLANADE.)**

623. FONTAN (Jean), à Ouzidan (Oran). — Vin rouge.   **(ESPLANADE.)**

624. FONTEYREAUD (J.), à Hammam-bou-Hadjar (Oran). — Vins rouge, blanc 1887-1888.   **(ESPLANADE.)**

625. FOREMBACHER (Charles), à Sidi-Lhassem (Oran). — Vin rouge 1888, eau-de-vie de marc.   **(ESPLANADE.)**

626. FOSSA & BOYER, à Philippeville (Constantine). — Vins rouge, blanc.
(ESPLANADE.)

627. FOUQUE (Laurent), à Oran. — Vin rouge 1887 et 1888.   **(ESPLANADE.)**

628. FOUQUEREAU (J.-P.), à Novi (Alger). — Vin rouge 1887. **(ESPLANADE.)**

629. FOUR (Jean), à Jemmapes (Constantine). — Eau-de-vie de vin, eau-de-vie de marc.   **(ESPLANADE.)**

630. FOURNIER (P.-M.), à Alger, rue Bugeaud, 7. — Vin rouge de 1887 et 1888, vin blanc de 1888.   **(ESPLANADE.)**

631. FOURNIER (Théophile), à Aïn-Tekbalet (Oran). — Vin rouge.
(ESPLANADE.)

632. FOURRET, à Saint-Leu (Oran). — Vins de 1888.   **(ESPLANADE.)**

633. FOURRIER (Henri), à Orléansville (Alger). — Vin rouge 1888.
(ESPLANADE.)

634. FRAISEAU (Louis), à Chekfa (Constantine). — Vin rouge 1888.
(ESPLANADE.)

635. FRAIX (Jean), à Laverdure et Souk-Ahras (Constantine) — Vin rouge de 1887, 1888, eau-de-vie de marc 1887.   **(ESPLANADE.)**

636. FRANCESCHI (Toussaint), à Dellys (Alger). — Vins de la récolte de 1888.   **(ESPLANADE.)**

637. FRANQUES (Émile), à Hammam-bou-Hadjar (Oran). — Vin rouge 1886, 1887, 1888.   **(ESPLANADE.)**

638. FRENDO (Salvator), à Mondovi (Constantine). — Vin rouge de 1887 et 1888, blanc sec 1888, eau-de-vie de marc 1888, eau-de-vie de vin 1887.   **(ESPLANADE.)**

639. FREPPEL (Louis), à l'Oued-Rechal (Alger). — Vin rouge, blanc de 1888.
(ESPLANADE.)

640. FREY (J.-J.), à Sahouria (Oran). — Vin rouge et blanc 1887 et 1888.
(ESPLANADE)

641. FREYCINET (comtesse d'Humiéres de), à Paris, boulevard Haussmann, 154. — Vin rouge et blanc.   **(ESPLANADE.)**

642. FRIANG (François), à Constantine. — Vin rouge et vin blanc de 1887 et 1888, eau-de-vie de vin 1887.   **(ESPLANADE.)**

643. FROGER (Virgile), à Philippeville (Constantine). — Vins blanc, rouge de 1888.   **(ESPLANADE.)**

644. FROTTER (de la Garenne Le), à Nemours (Oran). — Vins blanc, rouge 1887.   **(ESPLANADE.)**

645. FUSCO (Gaëtan), à Taher (Constantine). — Vins rouge 1886 et 1888, blanc 1888.   **(ESPLANADE.)**

646. FUSTER (Jean), à Mondovi (Constantine). — Vin rouge 1888. **(ESPLANADE.)**

647. GABAY (Salomon), à Oran. — Vin rouge 1887-1888.   **(ESPLANADE.)**

648. GACHET (Paul), à Oran, boulevard Malakoff. — Vins rouge de 1887 et 1888.
(ESPLANADE.)

649. GAILLARD (F.), à Duvivier (Constantine). — Vins rouge, blanc de 1888.
(ESPLANADE.)

650. GAILLARDON (Baptiste), à Alger, rue Bruce, 3. — Collection des vins d'Algérie, années 1885, 1886, 1887 et 1888.   **(ESPLANADE.)**

651. GALAUD (Louis), à Guyotville (Alger). — Vins blanc 1887, rouge 1888, eau-de-vie de vin 1888, eau-de-vie de marc 1887.   **(ESPLANADE.)**

652. GALÉA (Charles), à Petit (Constantine). — Vin rouge 1888. **(ESPLANADE.)**

653. GALIAN (Antonin), à Alger, rue de la Marine, 9. — Vin rouge de Mekla 1887. **(ESPLANADE.)**

654. GALIANA (C.), à Saïda (Oran). — Vermouth de Turin au quinquina, amer algérien. **(ESPLANADE.)**

655. GALLAND (Auguste), à Morris (Constantine). — Vin rouge de 1888, eau-de-vie de marc 1888. **(ESPLANADE.)**

656. GALLIN-MARTEL (Désiré), à Damrémont (Constantine). — Eau-de-vie de vin blanc, de vin rouge, de marc et alcool de vin. **(ESPLANADE.)**

657. GAMBA (Étienne), à Enchir-Saïd (Constantine). — Vin rouge de 1888. **(ESPLANADE.)**

658. GAMONET (Gustave), à Hassen-ben-Ali (Alger). — Vin rouge de 1888. **(ESPLANADE.)**

659. GANDIN (Jules), à Saint-Cloud (Oran). — Vin rouge 1886, 1887, 1888, eau-de-vie de marc 1885. **(ESPLANADE.)**

660. GARCIA, Frères, à Oran-Saint-Antoine. — Anisette. **(ESPLANADE.)**

661. GARCIA (Michel), à Rio-Salado (Oran). — Vins rouge, blanc 1888. **(ESPLANADE.)**

662. GARDEIZEN (Auguste), à Boukanéfis (Oran). — Vin rouge 1887 et 1888. **(ESPLANADE.)**

663. GARDETTO (Basile), à Philippeville (Constantine). — Vins de 1886, 1887 et 1888. **(ESPLANADE.)**

664. GAREL (Léon), à Jemmapes (Constantine). — Eaux-de-vie de vin et de marc. **(ESPLANADE.)**

665. GAREL (Léon), à la Robertsau (Constantine). — Vin rouge, plaine et montagne 1888. **(ESPLANADE.)**

666. GARÈSE (Auguste), à Dar-Beïda (Oran). — Vins rouge, blanc 1888. **(ESPLANADE.)**

667. GARIDOU (Benoit), à Aïn-Kirchera (Oran). — Vin blanc 1887. **(ESPLANADE.)**

668. GARNIER (F.-J.), à Dély-Ibrahim (Alger). — Vins. **(ESPLANADE.)**

669. GARNIER (G.), à Alger, rue Bugeaud, 1. — Apéritif et amer. **(ESPLANADE.)**

670. GARNIER (Jean), à Témouchent (Oran). — Eau-de-vie de marc. **(ESPLANADE.)**

671. GARY (Raymond), à Alger, rue d'Orléans, 5. — Vin rouge de 1888, eau-de-vie de 1887. **(ESPLANADE.)**

672. GASQ & LABIT, à Béni-Méred (Alger). — Vins rouge, blanc, eau-de-vie de marc, alcool. **(ESPLANADE.)**

673. GAST (Barthélemy), à Hassem-ben-Ali (Alger). — Vin rouge de 1888. **(ESPLANADE.)**

674. GASTINEL (Timothée), à Philippeville (Constantine). — Vins blancs mousseux. **(ESPLANADE.)**

675. GAUCCI (Fidèle), à Medjez-Sfa (Constantine). — Vin rouge 1888. **(ESPLANADE.)**

676. GAUCHER (Louis), à Témouchent (Oran). — Vins blanc, rouge. **(ESPLANADE.)**

677. GAUDIN Frères, à Miliana (Alger). — Vins rouge, blanc.   **(ESPLANADE.)**

678. GAUDISSARD (Émile), à Alger, rue du Divan. — Vins blanc, rouge.
(ESPLANADE.)

679. GAUTHIER (Paul), à Randon (Constantine). — Vin rouge 1888.
(ESPLANADE.)

680. GAUTHRIN (A.), à Saint-Ouen (Seine). — Vins blancs, rouges et muscats
de l'Oued Beshés.   **(ESPLANADE.)**

681. GAUTRON (Charles), à Port-Gueydon (Alger). — Vins rouge, blanc sec
et blanc liqueur.   **(ESPLANADE.)**

682. GAUTSCHI (Eugène), à Sidi-Chami (Oran). — Vins blanc, rouge, 1887,
1888.   **(ESPLANADE.)**

683. GAUZE (Henri), à Saint-Lucien (Oran). — Vin rouge 1888.   **(ESPLANADE.)**

684. GAVOILLE (Vve), à Saint-Lucien (Oran). — Vin rouge 1888.   **(ESPLANADE.)**

685. GAZEL (E.), à Oran, boulevard Charlemagne. — Vins rouges 1883, 1887, 1888.
(ESPLANADE.)

686. GEAUD (Jules), à Berrouaghia (Alger). — Vins rouges, blancs.
(ESPLANADE.)

687. GÉLAS (Joseph), à la Calle (Constantine). — Vin rouge 1888.
(ESPLANADE.)

688. GENISSON (Claude-Marien), à Héliopolis (Constantine). — Vin rouge
1886, vin blanc (blanquette sèche) 1887, vin blanc (blanquette sèche) 1888. **(ESPLANADE.)**

689. GENISSON, Fils, (François), à Héliopolis (Constantine). — Vin rouge
1888, vin de grenache rosé 1888.   **(ESPLANADE.)**

690. GEOFFROY (Vve), à Médéah (Alger). — Vins rouge, blanc 1888.
(ESPLANADE.)

691. GEORGES (J.-B.), à Damiette (Alger). — Vin rouge et vin blanc de 1888,
eau-de-vie de marc de 1887.   **(ESPLANADE.)**

692. GÉRARD (Fernand), à Philippeville (Constantine). — Vins rouges.
(ESPLANADE.)

693. GÉRARD (J.-J.-A.), à Oran. — Vin rouge 1884, 1888.   **(ESPLANADE.)**

694. GEX, Frères, à Adelina (Alger). — Vin rouge de 1886, 1887 et 1888, vin
blanc de 1888, eau-de-vie 1887.   **(ESPLANADE.)**

695. GILBERGUES (Michel), à Aïn-el-Turck (Oran). — Vin rouge de 1887
et 1888.   **(ESPLANADE.)**

696. GILBRIN (H.-L.), à l'Oued-Amizour (Constantine). — Vin et eau-de-vie.
(ESPLANADE.)

697. GILLES (Jean), à Saint-Rémy (Oran). — Vin rouge 1888.   **(ESPLANADE.)**

698. GILLET (Antoine), à Penthièvre (Constantine). — Vin rouge 1888.
(ESPLANADE.)

699. GILLIER, à Zarouria (Constantine). — Vin rouge 1888.   **(ESPLANADE.)**

700. GIMIÉ (Ferdinand), à Duquesne (Constantine). — Vin rouge de 1888.
(ESPLANADE.)

701. GINER (Auguste), à Lambesse (Constantine). — Vins rouge de 1888, blanc
sec de 1886 et de 1888.   **(ESPLANADE.)**

702. GIRARD, à Saint-Rémy (Oran). — Vin rouge de 1888   **(ESPLANADE.)**

703. GIRARD (Henri), à Blidah (Alger). — Vin rouge de l'année 1888.
(ESPLANADE.)

704. GIRARDIN (H.-C.), à Bouïra (Alger). — Vins rouge, blanc de 1888.
(ESPLANADE.)

705. GIRAUD (Benoît), à Aïn-Bessem (Alger). — Vins rouge, blanc de 1888.
(ESPLANADE.)

706. GIROUD (Victor), à Cherchell (Alger). — Vin rouge 1888. (ESPLANADE.)

707. GIRY (Charles), à Saint-Cloud (Oran). — Vin rouge 1888. (ESPLANADE.)

708. GOBEL (Jacques), à Réghaïa (Alger). — Vins rouges, blancs. Eau-de-vie.
(ESPLANADE.)

709. GOERT & MUGNIER (Camille), à Oran. — Vins rouges. (ESPLANADE.)

710. GOETZ (Joseph), à Lodi (Alger). — Vins rouge, blanc. (ESPLANADE.)

711. GOETZ (Michel), à Clauzel (Constantine). — Vins. (ESPLANADE.)

712. GONON (Célestin), à El-Affroun (Alger). — Vin rouge de 1888.
(ESPLANADE.)

713. GONSOLIN (Édouard), à Bône (Constantine), Cours National, 1. — Vins rouges, blancs et doux de 1888. (ESPLANADE.)

714. GONSON (Louis), à Lambesse (Constantine). — Vin rouge, récolte 1887 et 88, vin cristal rubis (rose) 1887, vins blancs secs 1885 et 1888. Eau-de-vie de vins 1888. (ESPLANADE.)

715. GONZALÈS (Alphonse), à Palikao (Oran). — Vin de 1887. (ESPLANADE.)

716. GONZALVÈS, (Vincent), à Laghouat (Alger).— Vin rouge 1875, 1877 et 1886. (ESPLANADE.)

717. GORET (François), à Hassen-ben-Ali (Alger).— Vins rouges, 1886, 1887 et 1888. Vin blanc de 1888. (ESPLANADE.)

718. GORRIAS (Nicolas), à Alger, rue de la Liberté. — Absinthe, anisette de Bordeaux. (ESPLANADE.)

719. GOUIN (P.-J.), à Tlemcen (Oran). — Vins. (ESPLANADE.)

720. GOUZIN (Aristide), à Bel-Abbès (Oran). — Banyuls-Gouzin apéritif au quina. (ESPLANADE.)

721. GOY (Théodore), à Fontaine-du-Génie (Alger). — Vin rouge de 1888, vin de 1887. (ESPLANADE.)

722. GOZILLON (Nicolas), à Gaelâât-bou-Ha (Constantine). — Vin rouge 1888. (ESPLANADE.)

723. GRABY (Louis), à Méfessour (Oran). — Vin rouge 1888. (ESPLANADE.)

724. GRAF (Georges), à Héliopolis (Constantine). — Vin rouge 1887 et 1888.
(ESPLANADE.)

725. GRAILLAT (Pierre), à Hennaya (Oran). — Vins. (ESPLANADE.)

726. GRAND (Joseph), Zérizer (Constantine). — Vin rouge 1887. (ESPLANADE.)

727. GRAND & Cie, à Bougie (Constantine). — Vins. (ESPLANADE.)

728. GRANDVAUX, à Jemmapes (Constantine). — Vin rouge 1888, vin blanc 1888. (ESPLANADE.)

729. GRANET (Joseph), à St-Remy (Oran). — Vin de 1887. (ESPLANADE.)

730. GRAZIANI (Jean), à Barral (Constantine). — Vi (ESPLANADE.)

731. GRECK (Dominique), à Souk-Ahras (Constantine). — Vin rouge, vin blanc. Eau-de-vie de marc. Amer. Curaçao. Curaçao Greck supérieur. Anisette. Vermouth.   **(ESPLANADE.)**

732. GREHL (Auguste), à Nechmeya (Constantine). — Vin rouge de 1888.
                                                    (ESPLANADE.)

733. GRÊLE (L.-A.), à St-Charles (Constantine). — Vin rouge et vin blanc.
                                                    (ESPLANADE.)

734. GRELLET (Claude), à Kouba (Alger). — Vins rouges et vins blancs.
                                                    (ESPLANADE.)

735. GRENIER (Jean), à Fleurus (Oran). — Vins rouge, blanc 1888.
                                                    (ESPLANADE.)

736. GRILHAULT DES FONTAINES (Léon), à Guelma. — Vin rouge 1887 et 1888. Vin blanc sec 1888. Eau-de-vie de marc 1887.   **(ESPLANADE.)**

737. GRIVEL, à St-Denis-du-Sig (Oran). — Vins rouges, 1886, 1887, 1888, blancs 1888.   **(ESPLANADE.)**

738. GROLLEAU Réné, à Souk-El-Haad (Alger). — Vin rouge 1888.
                                                    (ESPLANADE)

739. GROS (Jean), à Cherchell (Alger). — Vins rouges et vins blancs. Eaux-de-vie de vin et de marc. Ratafia.   **(ESPLANADE.)**

740. GROS (P.), à Penthièvre (Constantine). — Vin rouge de 1887. Eau-de-vie de marc. Eau-de-vie de piquette.   **(ESPLANADE.)**

741. GROSJEAN (J.-B.), à Penthièvre (Constantine). — Vin rouge 1887, 1888.
                                                    (ESPLANADE)

742. GROSJEAN (Joseph), à Penthièvre (Constantine). — Vin rouge de 1888.
                                                    (ESPLANADE.)

743. GROSLIÈRE (Auguste), à Bône. — Vin rouge 1887 et 1888. **(ESPLANADE.)**

744. GROSTÉFOU (Michel), à Bou-Tlélis (Oran). — Vin rouge 1888.
                                                    (ESPLANADE.)

745. GROUTSCH (Pierre), à Alger, passage du Commerce. — Vin rouge 1888, plaine, vin blanc 1887 (côteau), vin rouge 1887 et 1888 (côteau). Eau-de-vie de vin 1885 et 1887.   **(ESPLANADE.)**

746. GRUBER (J.-B.), à Zérizer (Constantine). — Vin rouge 1887 et 1888.
                                                    (ESPLANADE.)

747. GUASCO (J.-B.), à Blidah (Alger). — Liqueur de mandarines. Ratafia de mandarines. Elixir blidéen. Curaçao blidéen. Parfait atlas blidéen. **(ESPLANADE.**

748. GUASCO (Vve) & ROCCO, à Souk-Ahras (Constantine). — Vin rouge.
                                                    (ESPLANADE.)

749. GUCKERT (Joseph), à Assi-Ameur (Oran). — Vin rouge de 1888.
                                                    (ESPLANADE.)

750. GUELPA & FRONZI, à Tiaret (Oran). — Vin rouge.   **(ESPLANADE.)**

751. GUÉRIN (Édouard-Pierre), à Tlemcen (Oran).—Vins rouges 1885, 1886, blanc 1886.   **(ESPLANADE.)**

752. GUERLACH (Pierre), à Tizi-R'liff (Alger). — Vin rouge de côteau 1887.
                                                    (ESPLANADE.)

753. GUET (Michel), à Négrier (Oran). — Vin rouge et eau-de-vie de marc.
                                                    (ESPLANADE.)

754. GUETH (Alphonse), à Rouffach (Constantine). — Vin de 1886, 1887, 1888.
                                                    (ESPLANADE.)

755. GUETTIER (Didier), à Témouchent (Oran).—Vins rouges 1886, 1887, 1888.
(ESPLANADE.)

756. GUIAUD (Jacques), à Morris (Constantine). — Vin de 1888. (ESPLANADE.)

757. GUIBERT, à Assi–ben–Okba (Oran). — Vin rouge 1888. (ESPLANADE.)

758. GUIDE (Louis), à Philippeville (Constantine). — Vin blanc de 1886, vin blanc de 1888. (ESPLANADE.)

759. GUIEYSSE (L'abbé Célestin), à l'Alma (Alger).— Vins rouges, Eaux–de–vie de marc. Eau–de–vie de piquette. Eau–de–vie de vins. (ESPLANADE.)

760. GUIGNARD (Léon), à Tizi-R'liff (Alger). — Vin rouge, vin blanc année 1888. (ESPLANADE.)

761. GUILHEM de LANSAC, (Édouard de), à Mouzaïaville (Alger). — Vin de 1886 et 1887. (ESPLANADE.)

762. GUILLAUME (Paul), à Bouira (Alger). — Vin rouge 1888. (ESPLANADE.)

763. GUILLEMAUD (Jean), à St–Cloud (Oran).—Eaux–de–vie de vin et de marc 1888. (ESPLANADE.)

764. GUILLEMOT (Michel), à Guelma (Constantine). — Vins rouges 1886 et 1888. Vin blanc 1888. (ESPLANADE.)

765. GUILLEMET (Gabriel), à Paris, rue de Grenelle, 50. — Vins d'Algérie. (ESPLANADE.)

766. GUILLOT, à Oued-Cham, Hameau (Constantine). — Vin de 1888. (ESPLANADE.)

767. GUILLOT (Marius), à Djidjelli (Constantine). — Vins ordinaires. (ESPLANADE.)

768. GUIMBELOT (Vve), à Hennaya (Oran) — Vins rouges. (ESPLANADE.)

769. GUINY (du Alain), à Staouëly (Alger). — Vin rouge. (ESPLANADE.)

770. GUIRAUD, à Zarouria (Constantine). — Vin rouge, vin blanc. (ESPLANADE.)

771. GUIRAUD (A.-V.), à Héliopolis (Constantine). — Vin rouge de coupage 1888. Vin rouge côteau 1888. Vin blanc côteau 1888. Eau–de–vie de vin 1886. (ESPLANADE.)

772. GUISS, à Zéralda (Alger). — Vin rouge 1886 et 1887. (ESPLANADE.)

773. GUYARD (Louis), à Philippeville (Constantine). — Vin de 1887 et 1888. Eau–de–vie de marc 1887 et 1888. (ESPLANADE.)

774. GUYONNET (Jean), à Oran, boulevard Seguin, 34. — Vins blanc, rouge 1888. (ESPLANADE.)

775. HÆBERLIN (Émile), à Médéah (Alger). — Vin rouge, blanc de 1888. (ESPLANADE.

776. HAMELIN (ADAM), à Ste-Léonie (Oran). — Vin rouge de 1888. Eau–de–vie de marc. (ESPLANADE.)

777. HAMOUD Fils et Cie, à Alger, boulevard de la République. — Champagne mousseux. Vermouth au quinquina. Amer noir et blanc, amer goudron, bitter curaçao, liqueurs. (ESPLANADE.)

778. HANRIOT (Bonaventure), à Boufarik (Alger). — Vin rouge 1886, 1887 et 1888. (ESPLANADE.)

779. HAOUR (Samuël), à Bône (Constantine), rue Bugeaud, 14. — Eau–de–vie de vin, eau–de–vie de marc, vins rouge, blanc. (ESPLANADE.)

780. HARLAUT (Eugéne), au Ruisseau, prés Alger. — Vins blancs, muscat doux. Vins blancs, muscat sec.   **(ESPLANADE.)**

781. HAUDRICOURT (Armand), à Rivoli (Oran). — Vin rouge 1887, vin blanc 1886.   **(ESPLANADE.)**

782. HAVARD (Onésime), à Mansoura (Oran). — Vins rouge, blanc, eau-de-vie.   **(ESPLANADE.)**

783. HEBRARD (Antoine), à Héliopolis (Constantine). — Vin rouge de 1888. Eaux-de-vie de marc 1887.   **(ESPLANADE.)**

784. HEFFNER (André), à Duzerville (Constantine). — Vin rouge, blanc de 1888.   **(ESPLANADE.)**

785. HEFFNER (Jean), à Duzerville (Constantine). — Vin rouge 1888.   **(ESPLANADE.)**

786. HEINTZ (F.-P.), à Mascara (Oran). — Vins rouge, blanc 1886, 1887, 1888.   **(ESPLANADE.)**

787. HEINTZ (Pierre), à Aïn-Farès (Oran). — Échantillon de vin 1888.   **(ESPLANADE.)**

788. HELLIN (Clother), à Gouraya (Alger). — Vin rouge.   **(ESPLANADE.)**

789. HÉLY D'OISSEL (Paul), à Oued-Besbès (Constantine). — Vins rouge, blanc doux 1888. Eaux-de-vie de marc et de vin 1887 et 1888.   **(ESPLANADE.)**

790. HENNDOUCHE, à Médéah (Alger). — Vin rouge 1887, 1888, vin blanc 1888.   **(ESPLANADE.)**

791. HENRY (Léon), à Médéah (Alger). — Vins blancs secs 1885, 1886, 1887, 1888; doux 1886, 1887, 1888, mousseux 1887. Eau-de-vie de marc 1886, 1887, 1888, vins rouges 1886, 1887, 1888.   **(ESPLANADE.)**

792. HÉRITIER (Théodore), à Bel-Abbès (Oran). — Vins rouges 1887, 1888.   **(ESPLANADE.)**

793. HERLIN (Édouard), à Douaouda (Alger). — Vins rouge, blanc et eau-de-vie de marc.   **(ESPLANADE.)**

794. HERMANN (L.-F.), à Lavarande (Alger). — Vins rouge (côteau) 1887, 1888, Vin rouge (plaine) 1888.   **(ESPLANADE.)**

795. HERTOGH & Cie, à El-Ançor (Oran). Vin rouge 1886, 1887, 1888. Vin blanc 1888.   **(ESPLANADE.)**

796. HEYNEMANN (Vve) & Weill, à Oran. — Vin rouge de 1888.   **(ESPLANADE.)**

797. HEYRAND-DANTOUR (Gabriel), à Crescia (Alger). — Vin rouge 1888.   **(ESPLANADE.)**

798. HOCHARD (Joseph), à Aïn-Tedelès (Oran). — Vin rouge 1888.   **(ESPLANADE.)**

799. HŒRING (Jules), à Guelma. — Vin rouge 1888.   **(ESPLANADE.)**

800. HOFFMAN (Pierre), à Médéah (Alger). — Vin rouge 1887 et 1888.   **(ESPLANADE.)**

801. HOINGNE (Antonin), à Boufarik (Alger). — Vin rouge de Bou Amrous 1887 et 1888. Vin rouge de l'Alma 1887 et 1888.   **(ESPLANADE.)**

802. HOMO (Constantin) à Damiette (Alger). — Vins rouge, blanc 1888.   **(ESPLANADE.)**

803. HONORÉ (Paul), à Damiette (Alger). — Vin rouge 1888.   **(ESPLANADE.)**

804. HOSTAINS (L.-J.), à Tlemcen (Oran). — Vin de Grenache 1887.   **(ESPLANADE.)**

805. HOUBÉ (Charles), à la Chiffa (Alger). — Vins blanc, rouge.   **(ESPLANADE.)**

806. HOUDOU (Modeste), à Oran, boulevard Malakoff. — Vins rouge, blanc, eaux-de-vie et alcool.   **(ESPLANADE.)**

807. HOUEL, à Médéah (Alger). — Vins rouges 1887 et 1888, blanc 1887, 1888, blancs muscat 1887 et 1888. Eaux-de-vie de vin et de marc 1887, 1888.   **(ESPLANADE.)**

808. HUGON (Victor), à Miliana (Alger). — Vins rouge, blanc 1882-1883-1884-1885-1886-1887-1888.   **(ESPLANADE.)**

809. HUGUES, à Maillat (Alger). — Vin rouge 1886-1887-1888.   **(ESPLANADE.)**

810. HUMBERT (P.-Charles-M.), à Alger, rue de Tanger, 19. — Vins rouges 1879, 1886, 1887, 1888. Vins blancs secs, 1882, 1883, 1887, 1888. Vin blanc sucré muscat, 1882, 1885, 1887, 1888. Alicante, 1886, 1887, 1888.   **(ESPLANADE.)**

811. HUMBERT (Vve Léon), à Rouïba, (Alger). — Vin rouge 1886-1887-1888. Vin blanc 1888.   **(ESPLANADE.)**

812. HUMBLOT (Victor), à Constantine. — Vin rouge 1887-1888. **(ESPLANADE.)**

813. HUNEBELLE & BARGE, à Alger, rue Littré, 1. — Vins et eau-de-vie de vin.   **(ESPLANADE.)**

814. HUNEBELLE & MARTIN, à Alger, rue Littré, 1. — Rhum.   **(ESPLANADE.)**

815. HUPFER (Francis), à Duzerville (Constantine). — Vins rouge, blanc 1888.   **(ESPLANADE.)**

816. HUSSENOT (Auguste), à Mostaganem (Oran). — Vin rouge 1887.   **(ESPLANADE.)**

817. ICHOUX & MAKLOUF AZOULAY, à Constantine.— Vins rouge, blanc 1888. Eau-de-vie de marc.   **(ESPLANADE.)**

818. IMBERT (J.), à Négrier (Oran). — Vin rouge.   **(ESPLANADE.)**

819. IMBERTAN (Marius), à Thiersville (Oran). — Vin 1887.   **(ESPLANADE.)**

820. IRIUTH (Joseph), à Zarouria (Constantine). — Vins blanc, rouge.   **(ESPLANADE.)**

821. IZARD (Jean), à Lodi (Alger). — Vins rouge, blanc 1886-1887-1888.   **(ESPLANADE.)**

822. JACCOMC Père, à Hennaya (Oran). — Vins blanc, rouge.   **(ESPLANADE.)**

823. JACQUEMART (Jacques), à Birkadem (Alger). — Vin rouge 1887.   **(ESPLANADE.)**

824. JACQUIER (Hippolyte), à El Arrouch (Constantine). — Vin rouge 1888, blanc doux 1887.   **(ESPLANADE.)**

825. JANINET (J.), à Medjez-Sfa (Constantine). — Vins rouge, blanc 1888.   **(ESPLANADE.)**

826. JARSAILLON (François), à Oran, rue Saint-Denis, 7. — Vins rouges 1883-1884-1885-1886-1887-1888.   **(ESPLANADE.)**

827. JAUNEZ (Octave), à Morris. — Vin 1888.   **(ESPLANADE.)**

828. JAVAL (Ernest), à Bouinan, (Alger). — Vins rouge, blanc sec 1885-1887 et 1888, vin blanc, liqueur 1887. Eau-de-vie de vin 1888.   **(ESPLANADE.)**

829. JEAN (François), à El Kalaô, (Oran). — Vins rouge 1887-1888. Grenache, 1880-1885. Muscat 1881, demi-doux 1883, doux 1883. Eau-de-vie de marc 1879-1887. Eau-de-vie de vin 1887.   **(ESPLANADE.)**

830. JEANNIN (Léon), à Attatba, (Alger). — Vin rouge 1886.   **(ESPLANADE.)**

831. JEANTET (François), à Achaïches, commune mixte d'El Milia (Constantine). — Vin blanc.   **(ESPLANADE.)**

832. JEANTET (François), à El-Milia (Constantine). — Vin rouge 1888. Eau-de-vie de marc.   **(ESPLANADE.)**

833. JEMMAPES (le maire de la commune de), à Jemmapes (Constantine). — Vins rouge, blanc 1887-1888. Eau-de-vie.   **(ESPLANADE.)**

834. JOBERT (Louis), à Nazereg (Oran). — Vins rouge 1883-1887-1888.   **(ESPLANADE.)**

835. JOBERT (Vve Lucie), à Paris, boulevard de Strasbourg, 68. — Échantillons de vins rouges d'El Biar, années 1884 et 1888.   **(ESPLANADE.)**

836. JOLIVET (Adrien), à Paris, rue Juliette Lambert. 7. — Vins rouges, blancs, eau-de-vie, rhums.   **(ESPLANADE.)**

837. JOLY (Pierre), à Bône (Constantine), rue Mesmer, 9. — Eaux-de-vie.   **(ESPLANADE.)**

838. JOIGNOT (Hippolyte), à Pont-de-l'Isser (Oran). — Vin rouge 1887, rouge, blanc 1888.   **(ESPLANADE.)**

839. JOMAIN (Vve), à Legrand (Oran). — Vin rouge, blanc.   **(ESPLANADE.)**

840. JONCA (Jacques), à Tiaret (Oran). — Vin rouge 1880-1887.   **(ESPLANADE.)**

841. JORELLE (Augustin), à Attatba (Alger). — Vin rouge et vin blanc.   **(ESPLANADE.)**

842. JOUBERT (Hippolyte), à El Anasser (Constantine). — Vin rouge, vin rose et vin blanc muscat.   **(ESPLANADE.)**

843. JOUCLA (Antoine), à Mostaganem (Oran). — Vin rouge 1887-1888, vin blanc sec 1886-1887-1888, vin blanc doux 1886-1887.   **(ESPLANADE.)**

844. JOUGLA (Charles), à Marengo (Alger). — Vins rouges, blancs, eau-de-vie de vin.   **(ESPLANADE.)**

845. JOURDAN (Max), à Affreville (Alger). — Vin rouge et vin blanc de 1888.   **(ESPLANADE.)**

846. JOURDAN (Séraphin) à Zérizer (Constantine). — Vin rouge 1887 et 1888. Eau-de-vie de marc, 1887.   **(ESPLANADE.)**

847. JOURDES (Jean), à Aïn-el-Hadjar (Oran). — Vin rouge 1887-1888.   **(ESPLANADE.)**

848. JOURD'HUI (François), à Hennaya (Oran). — Vin rouge.   **(ESPLANADE.)**

849. JOURNOULD (Pierre), à Saint-Cloud (Oran). — Vin rouge 1887-1888.   **(ESPLANADE.)**

850. JOUVE (Augustin), à Cherchell (Alger). — Vin rouge 1887. Eau-de-vie de vin 1887.   **(ESPLANADE.)**

851. JOUYNE (Henry), à Guyotville (Alger). — Vin rouge 1887 et 1888, vin blanc 1887 et 1888. Eau-de-vie de marc.   **(ESPLANADE.)**

852. JUGUE (Paulin), à Mondovi (Constantine). — Vin rouge 1888.   **(ESPLANADE.)**

853. JULIEN, à Bône (Constantine). — Vins.   **(ESPLANADE.)**

854. JULIEN (Alfred), à Aïn-el-Turck (Oran). — Vin 1888.   **(ESPLANADE.)**

855. JULIEN (Henri), à Alger, rue de la Révolution, 7. — Vin rouge d'Aïn-Bessem, 1888.   **(ESPLANADE.)**

856. JULIEN (Pierre), à Saf-Saf (Oran). — Vin rouge.   **(ESPLANADE.)**

857. JULIEN (Edmond) et ses Fils, à Marseille (Bouches-du-Rhône), rue Nicolas, 15. — Vins rouges et vins blancs de Daroussa. Vin blanc doux du même domaine. **(ESPLANADE.)**

858. JULLIEN (Vve Jules), à Mascara (Oran). — Vin blanc 1887. **(ESPLANADE.)**

859. KAROUBY-MASSAOUD, à Oran. — Vin rouge 1885-1886-1887, vin rouge teinturier 1887 ; vin blanc 1887, eau-de-vie de marc. **(ESPLANADE.)**

860. KERCADO (Georges de), à Alger-Mustapha, rue Clauzel, 15. — Vin de Birkadem. **(ESPLANADE.)**

861. KESSLER (Ch.), à Bône (Constantine). — Bières bock. **(ESPLANADE.)**

862. KESSLER (Pierre), à Souk-Ahras (Constantine). — Vin rouge et vin blanc. Eau-de-vie. **(ESPLANADE.)**

863. KIÉNÉ (Vve), à Mekla (Alger). — Vin rouge, années 1887 et 1888. **(ESPLANADE.)**

864. KLEIN (Auguste), à Jemmapes (Constantine). — Vin blanc, vin rouge 1887. **(ESPLANADE.)**

865. KLIPFEL (Auguste), à Aïn-Bessem (Alger). — Vin rouge, années 1887 et 1888. **(ESPLANADE.)**

866. KNECHT VENDELIN, à Fleurus (Oran). — Vin rouge 1887-1888. **(ESPLANADE.)**

867. KOCH (J.-B.), à Batna (Constantine). — Vin rouge 1888. **(ESPLANADE.)**

868. KOCH (Vve), à Héliopolis (Constantine). — Vin rouge 1888. **(ESPLANADE.)**

869. KOENIG (Valentin), à Lannoy, commune mixte de Jemmapes (Constantine). — Vin rouge, année 1888. **(ESPLANADE.)**

870. KOHLER (André), à Saint-Charles (Constantine). — Vin rouge 1888. Vin blanc 1888. **(ESPLANADE.)**

871. KRAFT (Édouard), à Oran. — Bière du pays. **(ESPLANADE.)**

872. KUGLER Frères, à la Robertsau (Constantine). — Vin rouge, année 1888. **(ESPLANADE.)**

873. LABARRÈRE (Eugène), à Lambèsse (Constantine). — Vin rouge et vin blanc. **(ESPLANADE.)**

874. LABATUT (Antoine), à Dra-el-Mizan (Alger). — Vin rouge, année 1888, vin blanc 1887. **(ESPLANADE.)**

875. LABATUT (C.-B.), à Tizi-Ouzou (Alger). — Vin rouge, vin blanc et eau-de-vie de vin. **(ESPLANADE.)**

876. LABLANCHE (J.-M.), à Damiette (Alger). — Vin rouge 1888. **(ESPLANADE.)**

877. LABORDE (Antoine), à Valée (Constantine). — Vin rouge et vin blanc, années 1885, 1886, 1887 et 1888. Eau-de-vie 1887 et 1888. **(ESPLANADE.)**

878. LABROSSE (Claude), au Hamma (Constantine).—Vin rouge 1888. **(ESPLANADE.)**

879. LACOMBE (Barthélemy de), à Bône (Constantine). — Vin blanc et vin rouge, année 1886, 1887 et 1888. Eau-de-vie. **(ESPLANADE.)**

880. LACORNE (Achille), à Pont-de-l'Isser (Oran). — Vins blanc, rouge. **(ESPLANADE.)**

881. LACOSTE, à Tlemcen (Oran). — Vins rouge, blanc 1888. **(ESPLANADE.)**

882. LACOT & ESCANDE, à Souk-Ahras (Constantine). — Vin blanc de 1888. Eau-de-vie de marc 1887.   **(ESPLANADE.)**

883. LACOTTE (Joseph), à Hillil (Oran). — Vin rouge 1887-1888. **(ESPLANADE.)**

884. LACROIX, à Saint-Cloud (Oran). — Vin rouge de 1888.   **(ESPLANADE.)**

885. LACROIX (Paul), à Médéah (Alger). — Vin rouge des récoltes de 1886-1887-1888. Vin blanc de 1887.   **(ESPLANADE.)**

886. LADARRE (François), à Mascara (Oran). — Vins rouges 1885-1886-1887-1888, blancs 1887-1888.   **(ESPLANADE.)**

887. LADEN (Émile), à Damiette (Alger). — Vin rouge et vin blanc de la récolte 1888.   **(ESPLANADE.)**

888. LAFARGE (Léon), à Hassen-ben-Ali (Alger). — Vin rouge des récoltes 1886-1887-1888, vin blanc de la récolte 1887.   **(ESPLANADE.)**

889. LAFFON (Henri), à Er-Rahel (Oran). — Vins blanc, rouge 1888. Eau-de-vie 1887.   **(ESPLANADE.)**

890. LAFFORGUE (Jean), à Miliana (Alger). — Vin rouge, 1888. Eau-de-vie de marc, 1887 et 1888.   **(ESPLANADE.)**

891. LAFITTE (Jacques), à Montenotte (Alger). — Vin rouge, année 1887.   **(ESPLANADE.)**

892. LAFITTE (Joseph), à Gouraya (Alger). — Vin blanc des Zatymas.   **(ESPLANADE.)**

893. LAFONT (Vve Michel), à Lannoy, commune mixte de Jemmapes, (Constantine). — Vin rouge, année 1888.   **(ESPLANADE.)**

894. LAFONT-SAVINE (Auguste de), à Bourges (Cher). — Vins rouges et vin blanc de Philippeville.   **(ESPLANADE.)**

895. LAFORGE (Léon), à Mouzaïaville (Alger). — Eau-de-vie de vin, année 1888. Eau-de-vie de marc, année 1888. Amer Laforge à base d'oranges amères.   **(ESPLANADE.)**

896. LAGARDE (Auguste), à Sétif (Constantine). — Vin rouge de 1886 et 1888. Eaux-de-vie de marc et de vin.   **(ESPLANADE.)**

897. LAGIER (Célestin), à Assi-bou-Nif (Oran). — Vin rouge 1887.   **(ESPLANADE.)**

898. LAGIER (J.-L.), à Assi-bou-Nif (Oran). — Vin rouge 1888. Eau-de-vie de marc.   **(ESPLANADE.)**

899. LALANDE (Jean), à Carnot (Alger). — Vin rouge et vin blanc de la récolte de 1888.   **(ESPLANADE.)**

900. LALLEMANT (E.), à Oran, rue Charles-Quint. — Vin rouge, blanc.   **(ESPLANADE.)**

901. LAMASSOURE (Jean), à Bréa (Oran). — Vins rouge, blanc.   **(ESPLANADE.)**

902. LAMASSOURE (J.-P.), à Bréa (Oran). — Vins blanc, rouge, eau-de-vie.   **(ESPLANADE.)**

903. LAMBERT (Georges), à Nechmeya (Constantine). — Vin rouge 1888.   **(ESPLANADE.)**

904. LAMBERT (Jacques), à Rio-Salado (Oran). — Vin rouge 1887-1888.   **(ESPLANADE.)**

905. LAMBERT (Joseph), à l'Oued-Marsa (Constantine). — Vin blanc et vin rouge.   **(ESPLANADE.)**

Classe 73.   7

906. LAMODIÈRE (Frédéric), à Nazereg (Oran). — Vins rouge, blanc 1887-1888. **(ESPLANADE.)**

907. LAMOTTE (Henri), à Cherchell (Alger). — Vin rouge des années 1886 et 1888. **(ESPLANADE.)**

908. LAMY (Augustin), à Aïn-bou-Dib (Alger). — Vin rouge, année 1888. **(ESPLANADE.)**

909. LAN (Michel), à Téfèschoun (Alger). — Vin rouge récolte 1888, eau-de-vie de vin et eau-de-vie de marc 1888. **(ESPLANADE.)**

910. LANDRER (Léopold), à Nechmeya (Constantine). — Vin rouge de 1888. **(ESPLANADE.)**

911. LANDRY (A.-F.), à Marengo (Alger). — Vin rouge, récolte 1888. **(ESPLANADE.)**

912. LANFROY (Joseph), à Bel-Abbès (Oran).—Vins rouges, 1887, 1888, blancs 1888, eau-de-vie de marc 1887, 1888. **(ESPLANADE.)**

913. LANGESTEIN (Vve), à Tizi-Ouzou (Alger). — Vin rouge 1886 et 1888, vin blanc 1887 et 1888. **(ESPLANADE.)**

914. LANTHEAUME (Henri), à Zérizer (Constantine). — Vin rouge récolte 1887 et 1888, eau-de-vie de vin, eau-de-vie de marc 1888. **(ESPLANADE.)**

915. LAPERLIER (Vve Marguerite), à Mustapha (Alger). — Vin rouge des années 1886, 1887 et 1888. **(ESPLANADE.)**

　　Récompenses obtenues aux Expositions universelles :
　　Paris 1855, médaille d'or (Vins de 1851, 1852, 1853).
　　Paris 1855, médaille de bronze (Céréales).
　　Paris 1855, médaille d'or (Blé), sous le nom d'un fermier.
　　Paris 1867, médaille de bronze (Céréales).
　　Vienne 1873, diplôme de mérite (Groupe II).
　　Anvers 1885, médaille d'or.

916. LAPLACE (Jean), à Sainte-Léonie (Oran). — Vin rouge 1888, eau-de-vie de vin 1888. **(ESPLANADE.)**

917. LAPOILE (Charles), à Lambesse (Constantine). — Vins 1888. **(ESPLANADE.)**

918. LAPORTE (Célestin), à Strasbourg (Constantine). — Vin rouge, année 1888. **(ESPLANADE.)**

919. LARCHER, à Oran. — Vin rouge 1886, 1887, 1888. **(ESPLANADE.)**

920. LAROCHE (J.-B.), à El-Kseur (Constantine). — Vin rouge, année 1888. **(ESPLANADE.)**

921. LAROUSSE (J.-V.), à Draria (Alger). — Vin rouge, année 1888. **(ESPLANADE.)**

922. LARRANG (Michel), à Oran. — Vin rouge 1889, 1883, 1888. **(ESPLANADE.)**

923. LARRENNE (Auguste), à Héliopolis (Constantine). — Vin rouge 1888. **(ESPLANADE.)**

924. LARUE (Jean), à Jemmapes (Constantine). — Vin rouge année 1888. **(ESPLANADE.)**

925. LASSALLE (Bernard), aux Ouled-Agla (Constantine), commune mixte de Bordj-bou-Arreridj. — Vin rouge. **(ESPLANADE.)**

926. LASSALLE (J.-M.), à Rouached (Constantine). — Vin rouge. **(ESPLANADE.)**

927. LAUGIER (M.), à Souk-Ahras (Constantine). — Vins rouges de montagne
récolte 1885, 1886, 1887, 1888, eau-de-vie de marc de 1886, vin blanc sec 1886.
(ESPLANADE.)

928. LAULY (Vve), à Héliopolis (Constantine). — Vin rouge 1888.
(ESPLANADE.)

929. LAURENCIN (Comte de), à Boufarik (Alger). — Vin.   (ESPLANADE.)

930. LAURENS (Jules), à Randon (Constantine). — Vin rouge 1888, vin
blanc 1886 et 1887, eau-de-vie de vin 1887.   (ESPLANADE.)

931. LAURENT (Cadet), à Aïn-Sennour (Constantine). — Vin rouge de 1887 et
1888. — Vin blanc de 1885, 1886 et 1887, Eau-de-vie de marc de 1888, eau-de-vie de vin
de 1887 et 1888.   (ESPLANADE.)

932. LAURENT (Louis), à Saint-Cloud (Oran). — Vin rouge 1886, 1887.
(ESPLANADE.)

933. LAVAGNE (Marius), à Duvivier (Constantine). — Vin rouge 1888.
(ESPLANADE.)

934. I AVALLÉE (Victor), à Damiette (Alger). — Vin rouge et vin blanc.
(ESPLANADE.)

935. LAVEULLE (Joseph), au Fondouck (Alger). — Vin.   (ESPLANADE.)

936. LAVIE et Cie, à Guelma (Constantine). — Vin rouge et vin blanc.
(ESPLANADE.)

937. LAVIE (Vve), et Cie, à Constantine. — Vins.   (ESPLANADE.)

938. LAVILLE (Rémy), à Djelfa (Alger). — Vin de 1886, 1887 et 1888.
(ESPLANADE.)

939. LAVOCAT (Joanny), à Aïn-Bessem. — Vin rouge 1888.   (ESPLANADE.)

940. LE BARBIER & Cie, à Oran, rue d'Arzew. — Vins.   (ESPLANADE.)

941. LEBELHOMME, à Blidah (Alger). — Vin rouge 1887 et 1888, eau-de-vie
de marc 1887.   (ESPLANADE.)

942. LEBIGUE (Florentin), à Bordj-Ménaïel (Alger). — Vin rouge de deux
années, eau-de-vie de vin 1888, eau-de-vie de marc 1888.   (ESPLANADE.)

943. LEBLANC et RANÇON, à Randon (Constantine). — Vins rouges et vins
blancs, eau-de-vie de vin.   (ESPLANADE.)

944. LE BLOND (Maurice), à Aïn-Bessem (Alger). — Vin rouge et vin blanc
1887 et 1888, eau-de-vie de marc 1887.   (ESPLANADE.)

945. LE BRASSEUR (L.-M.-J.), à Fleurus (Oran). — Vin rouge 1888.
(ESPLANADE.)

946. LECHARD & PUECH, à Tamentout (Constantine). — Vin rouge 1886,
1888.   (ESPLANADE.)

947. LECOMTE (Vve), à Oran, rue Philippe, 1. — Vins rouge, blanc 1884,
1887, eau-de-vie de marc 1886.   (ESPLANADE.)

948. LEFEUVRE (J.-B.), à Alger, faubourg Bab-El-Oued. — Vin rouge 1888
(ESPLANADE.)

949. LEFÈVRE (A.), à Jemmapes (Constantine). — Vin rouge de 1885, 1886,
1887 et 1888, eau-de-vie de vin.   (ESPLANADE.)

950. LEGENDRE (Jules), à Aïn-el-Hadjar (Oran). — Vins de deux qualités.
(ESPLANADE.)

951. LEJEUNE (Ozély), à Guelma, rue de la Pépinière. — Vin rouge 1888.
(ESPLANADE.)

952. LE LAURAIN (C.-A.), à Bouzaria (Alger). — Vins rouges 1887, 1888.
(ESPLANADE.)

953. LEMESTROFF (Émile), à Hassen-ben-Ali (Alger). — Vin blanc et vin rouge de 1888, eau-de-vie de 1887.
(ESPLANADE.)

954. LEMOINE (Auguste), à Sainte-Léonie (Oran). — Vin rouge 1888.
(ESPLANADE.)

955. LENORMAND DE LA FOSSE et ses Fils, à Castiglione (Alger). — Vin de 1887 et 1888.
(ESPLANADE.)

956. LÉO (Hilaire), à Chéragas (Alger). — Vin blanc et vin rouge 1886.
(ESPLANADE.)

957. LÉONARD (Jean), à Tenès (Alger). — Vins de 1886, 1887 et 1888.
(ESPLANADE.)

958. LEPÉSANT (Louis), à Miliana (Alger). — Vin rouge de 1887 et 1888, vin blanc de la récolte 1888.
(ESPLANADE.)

959. LEQUIN (E.-F.), à Sidi-Chami (Oran). — Vin et eau-de-vie de marc 1888.
(ESPLANADE.)

960. LEROY, à Chéraïa (Constantine). — Vin rouge 1888.
(ESPLANADE.)

961. LEROY (Charles), à Marnia (Oran). — Vin rouge 1888.
(ESPLANADE.)

962. LESCA (Bernard), à l'Oued-Amizour (Constantine). — Vin rouge 1886, 1887 et 1888, vin blanc 1887.
(ESPLANADE.)

963. LESCURE (E.-C.), à Oran, rue de Mostaganem, 54. — Vins.
(ESPLANADE.)

964. LESIEUR (Ambroise), à Oued-Cham (Constantine). — Vin de liqueur 1886, vin rouge 1887-1888, vin blanc 1888, eau-de-vie 1887, eau-de-vie de vin 1888.
(ESPLANADE.)

965. LESUEUR (Georges), à Philippeville (Constantine). — Vins rouges et vins blancs, vieux et nouveaux.
(ESPLANADE.)

966. LETELLIER D'AUFRESNE (A.), à Kouba (Alger). — Vins rouges de 1884, 1886, 1887 et 1888.
(ESPLANADE.)

967. LETREUX (Jules), au Hamma (Constantine).— Vin rouge de 1888, vin de liqueur 1887.
(ESPLANADE.)

968. LÉVY-BRAM (Ch.), à Bouzaria (Alger). — Vin rouge des récoltes 1887 et 1888, vin blanc sec 1887.
(ESPLANADE.)

969. LIGNIÈRES (Alphonse), à Aïn-Taya (Alger). — Vins rouges, blancs.
(ESPLANADE.)

970. LIGOUGNE (H.), à Saint-Cloud (Oran). — Vin 1887, 1888, eau-de-vie de vin 1887.
(ESPLANADE.)

971. LINDER (J.-B.), à Dra-el-Mizan (Alger). — Vins rouges 1887 et 1888.
(ESPLANADE.)

972. LIOTHAUD (F.-F.), à Castiglione (Alger). — Vins rouges 1883, 1884, 1885, 1886, 1887 et 1888, vins blancs 1884 et 1885.
(ESPLANADE.)

973. LOCAIN FERNAND, à Boukanéfis (Oran). — Vin.
(ESPLANADE.)

974. LOCKHART et Cie, à Saint-Denis-du-Sig (Oran). — Vin rouge 1888.
(ESPLANADE.)

975. LOFFRÉDO (Vve), à la Calle (Constantine). — Vin récolte 1...
.SFLANADE.)

976. LOFFREDO (Vve Joséphine), à la Calle (Constantine). — Vins récolte 1886, 1887 et 1888.
(ESPLANADE.)

977. **LONGHI (Dominique),** à Aïn-el-Turck (Oran). — Vin rouge 1888.
(ESPLANADE.)

978. **LONGHI (Vve Louis),** à Aïn-el-Turck (Oran). — Vin rouge 1888.
(ESPLANADE.)

979. **LONGHI (Vve Pierre),** à Aïn-el-Turck (Oran). — Vin rouge 1888.
(ESPLANADE.)

980. **LONJON (François),** à Cavaignac (Alger). — Vin cuit des récoltes de 1887 et 1888.
(ESPLANADE.)

981. **LOPEZ DIÉGO,** à Thiersville (Oran). — Vin rouge 1888.   (ESPLANADE.)

982. **LORF (V.),** à Nechmaja (Constantine). — Vin rouge 1888.   (ESPLANADE.)

983. **LORQUIN (Constant),** à Bône (Constantine). — Vins rouges.
(ESPLANADE.)

984. **LORQUIN (J.-B.),** à Bône (Constantine). — Amer J.-B. Lorquin, élixir d'Hippone.
(ESPLANADE.)

985. **LOUIS (Eugène),** à Castiglione (Alger). — Vins rouges 1887 et 1888.
(ESPLANADE.)

986. **LOUVET (Michel),** à Damiette (Alger). — Vin rouge et vin blanc de la récolte 1888.
(ESPLANADE.)

987. **LOUVRIER (Auguste),** à Medjez-Sfa, commune de Duvivier (Constantine). — Vin rouge 1888.
(ESPLANADE.)

988. **LOZES (Paul),** à Témouchent (Oran). — Vin rouge 1888.   (ESPLANADE.)

989. **LUCCHI (Valère),** à Bouira (Alger). — Vin rouge et vin blanc de 1888.
(ESPLANADE.)

990. **LUQUIN (Claude),** à Bône, plage Luquin (Constantine). — Vins rouges 1887 et 1888, vins blancs 1887 et 1888.
(ESPLANADE.)

991. **MADON (Ernest),** à Oran, rue d'Arzew, 64. — Vin rouge de 1888, vins blancs de 1887, 1888.
(ESPLANADE.)

992. **MAGE (Pierre-Paul),** à Mostaganem (Oran). — Vins blancs 1885, 1886, 1887.
(ESPLANADE.)

993. **MAGE Fils (Pierre),** à Aïn-Tédelès (Oran). — Vin rouge 1888.
(ESPLANADE.)

994. **MAGNAN (Aristide),** à Oran. — Vins rouges et eau-de-vie de marc 1887, eaux-de-vie de vin 1884.
(ESPLANADE.)

995. **MAGNIER (Joseph),** à Castiglione (Alger). — Vin rouge, année 1888 ; vin blanc, année 1888.
(ESPLANADE.)

996. **MAGRO (Vve),** à Duvivier (Constantine). — Vin rouge, récolte de 1888.
(ESPLANADE.)

997. **MAILLÉ (P.),** à Birkadem (Alger). — Vins rouges et vins blancs. (ESPLANADE.)

998. **MAILLET (Joseph),** à Bône, porte d'Hippone. — Vin rouge récolte 1887.
(ESPLANADE.)

999. **MAINTENON (Francis, Augier de),** à El-Hadjar (Constantine). — Vins rouges 1886 et 1888, vin blanc doux 1887, eau-de-vie de vin 1887.   (ESPLANADE.)

1000. **MAISONNASSE (Auguste),** à Pélissier (Oran). — Vin rouge 1882, 1888, blancs 1880, 1887, 1888.
(ESPLANADE.)

1001. **MALAVAL (Adolphe),** à Constantine. — Vin rouge de Bou Malek 1887 et 1888.
(ESPLANADE.)

1002. MALBOZ et DELAUNEY, à Souma (Alger). — Vin rouge, récoltes 1886 et 1887.   **(ESPLANADE.)**

1003. MALGLAIVE (L.-M.-D.), à Marengo (Alger). — Vin doux grenache 1886 et 1888, vin rouge 1888, vin blanc 1888.   **(ESPLANADE.)**

1004. MALLEN (Hippolyte), à Mascara (Oran). — Vins rouges, blancs.   **(ESPLANADE.)**

1005. MALLEVAL (Joannès), à Damiette (Alger). — Vin rouge et vin blanc muscat.   **(ESPLANADE.)**

1006. MALLEVAL (Joseph), à Damiette (Alger). — Vins rouges (Hassen ben Ali et Damiette) de 1888, vin blanc sec 1888, vin de liqueur 1888. **(ESPLANADE.)**

1007. MALLEVAL (Michel), à Damiette (Alger).— Eau-de-vie de marc 1888. Tartres 1888.   **(ESPLANADE.)**

1008. MALLEVAL (Vve), à Damiette (Alger). — Muscat doux 1888.   **(ESPLANADE.)**

1009. MALVEISIN (Jean), à Aïn-Tahamimime (Constantine). — Vin rouge, récolte 1888.   **(ESPLANADE.)**

1010. MANAS (Vve Céline de), à Philippeville (Constantine). — Vin rouge 1887-1888, vin blanc 1881, 1887-1888.   **(ESPLANADE.)**

1011. MANDRY (J.-J.), à Penthièvre (Constantine). — Vin rouge de 1887-1888, eau-de-vie de marc 1888.   **(ESPLANADE.)**

1012. MANÉGAT, à Oran, rue d'Orléans. — Vins.   **(ESPLANADE.)**

1013. MANGOLD (Étienne), à Guel-ad-Bousba (Constantine). — Vin rouge récolte 1888.   **(ESPLANADE.)**

1014. MANIFICAT, à Belle-Fontaine (Alger). — Vin de la récolte de 1888.   **(ESPLANADE.)**

1015. MANTOUT (Benjamin), à Alger, rue d'Isly, 8.— Vin rouge 1886-1888.   **(ESPLANADE.)**

1016. MARATHON (Paul), à Jemmapes (Constantine).—Vins noirs, vin blanc, eau-de-vie de marc, vin, champagne, cognac pur, vin distillé,   **(ESPLANADE)**

1017. MARCEL, à Bouira (Alger). — Vins de 1888.   **(ESPLANADE.)**

1018. MARCELLE (Sébastien), à Alger, place Bresson, 3. — Vin de Bouira 1886, 1887 et 1888, vin de Blad-Guitoun 1887 et 1888.   **(ESPLANADE.)**

1019. MARCELOT (Gustave), à Zarouëla (Oran). — Vin rouge 1888.   **(ESPLANADE.)**

1020. MARCHAL (Joseph), à Hammam-bou-Hadjar (Oran).— Vin rouge 1887-1888.   **(ESPLANADE.)**

1021. MARÉCHAL (Félix), à Mondovi (Constantine). — Vin rouge récolte 1888.   **(ESPLANADE.)**

1022. MARÉCHAL (Justin), à Bel-Abbès (Oran). — Vins rouge, blanc, eau-de-vie de marc 1888.   **(ESPLANADE.)**

1023. MARÈS (Paul), à Douera (Alger). — Vins divers.   **(ESPLANADE.)**

1024. MARIANI (Antoine), à Oran. — Vin rouge 1888.   **(ESPLANADE.)**

1025. MARIE (Pierre), à Aïn-el-Turck (Oran).— Vin rouge 1888. **(ESPLANADE.)**

1026. MARINI (Blaise), à Miliana (Alger).— Vins rouges de 1886, 1887 et 1888, vins blancs de 1887 et 1888, eau-de-vie de marc de 1888.   **(ESPLANADE.)**

1027. MARIN-PEYREBESSE, à Oran. — Vins blanc, rouge 1888, vin blanc et eau-de-vie vieux   **(ESPLANADE.)**

1028. MARQUET (Charles), à Saint-Cloud (Oran). — Vin blanc 1886, vin rouge 1866, eau-de-vie de marc 1886, de vin 1887. (ESPLANADE.)

1029. MARTEL (H.), à Alger, rue d'Isly, 44. — Vin rouge 1887 et 1888, vin blanc sec 1888, vin blanc doux 1887 et 1888. (ESPLANADE.)

1030. MARTIN (Auguste), à Tizi-Ouzou (Alger). — Vin rouge. (ESPLANADE.)

1031. MARTIN (B.), à Alger, rue de Tanger, 14. — Rhum. (ESPLANADE.)

1032. MARTIN (Ernest), à Thiersville (Oran). — Vin rouge 1887. (ESPLANADE.)

1033. MARTIN (Jules), à Draria (Alger). — Vin rouge de 1887 et 1888, vin blanc de 1887 et 1888. (ESPLANADE.)

1034. MARTIN (Martin), à Hennaya (Oran). — Vin rouge, blanc. (ESPLANADE.)

1035. MARTIN (Mesmin), à Tizi-Ouzou (Alger). — Vin rouge de côteau, vin blanc. (ESPLANADE.)

1036. MARTIN-PETIT (Vve Amélie), à Fleurus (Oran). — Vins rouge, blanc 1888. (ESPLANADE.)

1037. MARTINET (George), à Saint-Louis (Oran). — Vin rouge 1888. (ESPLANADE.)

1038. MARTINOLE (Auguste), à Nègrier (Oran). — Vin rouge 1882, 1887. (ESPLANADE.)

1039. MARTRE (Honoré), à Arcole (Oran). — Vins rouge, blanc 1886, 1887, 1888. (ESPLANADE.)

1040. MARTY, à Relizane (Oran). — Vin rouge 1887. (ESPLANADE.)

1041. MARTY (Pierre), à Ben-Chicao (Alger). — Vin rouge de la récolte 1888. (ESPLANADE.)

1042. MARTZ (Michel), à l'Oued-Amizour (Constantine). — Vin rouge 1888. (ESPLANADE.)

1043. MASCLET, à Médéah (Alger). — Vin rouge et vin blanc. (ESPLANADE.)

1044. MASSENET, à l'Allelick (Constantine). — Vin. (ESPLANADE.)

1045. MASSONNET (François), à Cassaigne (Oran). — Vin rouge 1887-1888. (ESPLANADE.)

1046. MATEU, à Hassen-ben-Ali (Alger). — Vin rouge 1887 et 1888. (ESPLANADE.)

1047. MATHIEU (Théophile), à Bou-Tlélis (Oran). — Vins rouge, blanc 1888, eau-de-vie de vin 1886-1887-1888. (ESPLANADE.)

1048. MATHIS (Charles), à Cassaigne (Oran). — Vin rouge 1887. (ESPLANADE.)

1049. MATTERA (Angelo), à Lannoy, commune mixte de Jemmapes (Constantine). — Vin rouge 1888. (ESPLANADE.)

1050. MAUDEMAIN (André), à Guelma (Constantine). — Vin. (ESPLANADE.)

1051. MAURE (Auguste), à Biskra (Constantine). — Vin rouge de l'Aurès 1887-1888. (ESPLANADE.)

1052. MAURER (Adolphe), à Misserghin (Oran). — Vins rouge, blanc 1882, 1885. (ESPLANADE.)

1053. MAURI (Achille), à Draria (Alger). — Vin rouge des récoltes 1884, 1886 et 1888. (ESPLANADE.)

1054. MAURICE (Constant), à Carnot (Alger). — Vin rouge et vin blanc. (ESPLANADE.)

1055. MAURY (Auguste), à Chéragas (Alger). — Vins blancs et vins rouges.
(**ESPLANADE.**)

1056. MAURY (Étienne), à Froha (Oran). — Vins de 1887.   (**ESPLANADE.**)

1057. MAUVEZIN (Antoine), à Médéah (Alger).— Vin rouge des récoltes 1887 et 1888, vin blanc de la récolte 1888.   (**ESPLANADE.**)

1058. MAYET (Auguste), à Méfessour (Oran). — Vins rouge 1886, 1887, 1888, blanc 1886, 1888, eau-de-vie 1887.   (**ESPLANADE.**)

1059. MAYET (Charles), à Méfessour (Oran). — Vins rouge, blanc 1887-1888, eau-de-vie de vin 1888.   (**ESPLANADE.**)

1060. MAZUÉ (Jean), à Biskra (Constantine). — Vin rouge 1887 et 1888.
(**ESPLANADE.**)

1061. MÈGE (Gaston), à Chabit-el-Ameur (Alger). — Vin rouge 1887 et 1888.
(**ESPLANADE.**)

1062. MENET (J.-H.), à Birmendreis (Alger). — Vins rouge, blanc 1885, 1886, 1887, 1888, eaux-de-vie de vin et de marc.   (**ESPLANADE.**)

1063. MENIGOZ (Désiré), à la Robertsau (Constantine). — Vin rouge 1888.
(**ESPLANADE.**)

1064. MERLE DES ISLES (Antony), à Philippeville (Constantine). — Vin blanc 1885, 1886 et 1888, vin rouge 1888.   (**ESPLANADE.**)

1065. MERMET (André), à Alger, rue d'Isly, 38. — Vins rouges 1886, 1887 et 1888, vin blanc 1887.   (**ESPLANADE.**)

1066. MERMET (Félix), à Misserghin (Oran). — Vins rouge, blanc 1886 et 1887.   (**ESPLANADE.**)

1067. MERMIER (Étienne), à Chabet-el-Ameur (Alger). — Vins rouge, blanc 1888, vin de liqueur 1887 et 1888.   (**ESPLANADE.**)

1068. MEROU (Pierre), à Mondovi (Constantine). — Vins muscat, blanc sec, rouge plaine 1888, eaux-de-vie de marc 1888.   (**ESPLANADE.**)

1069. MERRÉ (Armand), à Thiersville (Oran) — Vin rouge 1887. (**ESPLANADE.**)

1070. MERTZ (Xavier), à Zérizer (Constantine). — Vins rouges. (**ESPLANADE.**)

1071. MESCLON (Lucien), aux Ouled-Agla, commune mixte de Bordj-bou-Arreridj (Constantine). — Vin 1888.   (**ESPLANADE.**)

1072. MESNIL (A.), à Chaïba (Alger). — Vins rouges.   (**ESPLANADE.**)

1073. MESRINE (Marc), à Guelma (Constantine). — Vins rouges secs 1888, vins rouges doux 1886 (grenache), vins blancs secs 1887, eaux-de-vie de marc.
(**ESPLANADE.**)

1074. MESSERSCHMITT, à Guelâât-Bou-Sba (Constantine). — Vin rouge 1888.   (**ESPLANADE.**)

1075. MEUNIER (Adolphe), à Philippeville (Constantine). — Vins blanc, rouge 1886-1888.   (**ESPLANADE.**)

1076. MEYER (Édouard), à Penthièvre (Constantine). — Vins rouge, blanc sec 1888.   (**ESPLANADE.**)

1077. MEYER (Frédéric), à Mostaganem (Oran). — Vin rouge 1887-1888. Bière.
(**ESPLANADE.**)

1078. MEYER (Joseph), à Draria (Alger). — Vin rouge 1888.   (**ESPLANADE.**)

1079. MÉYER (Michel), à Nazereg (Oran). — Vin rouge 1887-1888, blanc 1888, eau-de-vie d'abricots.   (**ESPLANADE.**)

1080. MEYER (P.-E.), à Bône (Constantine). — Vin blanc sec 1887 et 1888.
(ESPLANADE.)

1081. MEYER (Vve Célestin), à Penthièvre (Constantine). — Vin rouge 1887-1888.
(ESPLANADE.)

1082. MIALANE (Étienne), à Aïn-Farès (Oran). — Vin 1888.   **(ESPLANADE.)**

1083. MICHEL (Hippolyte), à Chabet-el-Ameur, commune d'Isserville (Alger). — Vins rouge, blanc doux de 1886.
(ESPLANADE.)

1084. MICHEL-ANGELI (P.-F.), au hameau de l'Oued Cham (Constantine). — Vins rouge, blanc, eau-de-vie.
(ESPLANADE.)

1085. MICHELET (P.-T.), à Oran. — Vins blanc 1884-1885-1887-1888, vin rouge 1887-1888.
(ESPLANADE.)

1086. MIECAMP (Henry), à Marceau (commune mixte de Gouraya) (Alger). — Vins rouge, blanc doux, blanc sec, eaux-de-vie de vin et de marc, rancio.
(ESPLANADE.)

1087. MIGNARD (Vve Jean), à Mandore (Constantine). — Vin rouge 1888.
(ESPLANADE.)

1088. MIGNE (Jean), à l'Oued-Amizour (Constantine). — Vin blanc 1887 et 1888, vin rouge 1888
(ESPLANADE.)

1089. MILHAVET (Hyacinthe), à Lourmel (Oran). — Vins blanc, rouge 1888, eau-de-vie de vin 1888.
(ESPLANADE.)

1090. MILHAVET (J.-M.), à Lourmel (Oran). — Vins blanc, rouge 1888, eau-de-vie de vin.
(ESPLANADE.)

1091. MILHE-POUTINGON (A.), à Rio-Salado (Oran). — Vins rouges 1887-1888, liqueurs 1884, vin blanc sec 1888-1887, eau-de-vie de marc rectifiée et de vin 1882.
(ESPLANADE.)

1092. MIRA IGNATIO, à Trembles (Oran). — Vin rouge 1888.   **(ESPLANADE.)**

1093. MIRHOUSE (H.-G.), à Médéah (Alger). — Vins rouge, blanc 1886-1887, eau-de-vie de marc rectifiée 1886, eau-de-vie de vin 1887.
(ESPLANADE.)

1094. MISSET (Alexis), à Médéah (Alger). — Vin rouge 1886-1887-1888, vin blanc muscat.
(ESPLANADE.)

1095. MOHRING (Adolphe), à Saoula (Alger). — Vin rouge 1887-1888.
(ESPLANADE.)

1096. MOHRING (François), à Birkadem (Alger). — Vin rouge 1887-1888.
(ESPLANADE.)

1097. MOISSON (J.-B.), à Souk-el-Haad (Alger). — Eau-de-vie de marc 1888, eau-de-vie 1885.
(ESPLANADE.)

1098. MOLLARD (Camille), à Saint-Cloud (Oran). — Vin rouge 1888, blanc 1887-1888, eau-de-vie de vin 1887.
(ESPLANADE.)

1099. MOLLET (C.-R.), à Jemmapes (Constantine). — Vin rouge 1888.
(ESPLANADE.)

1100. MOLLET (Henri), à Guelma (Constantine). — Vins rouges 1887-1888, eau-de-vie de marc 1886.
(ESPLANADE.)

1101. MONACO (Vve), à Héliopolis (Constantine). — Vin rouge 1888.
(ESPLANADE.)

1102. MONGIN (Joseph), à Chéragas (Alger). — Vin rouge 1887 et 1888, vin blanc 1888, eau-de-vie de vin et eau-de-vie de marc 1888.
(ESPLANADE.)

1103. MONNERET (Émile), à El-Affroun (Alger). — Vin rouge 1887 et 1888.
(ESPLANADE.)

1104. MONSARRAT (Jean), à Mekla (Alger). — Vin rouge 1887 et 1888.
(ESPLANADE.)

1105. MONTEIL (Victor), à Blidah (Alger), rue Grande. — Sanguine (boisson
fermentée), alcool d'asphodèle, kirs (extrait du fruit d'un arbre forestier.) (ESPLANADE.)

1106. MONTELS (Pierre), à Oran. — Vins rouge, blanc et eau-de-vie.
(ESPLANADE.)

1107. MONTGOBERT (Joseph), à Silos Hillil (Oran). — Vins rouges 1886,
1887, 1888.   (ESPLANADE.)

1108. MONTICELLI, à Misserghin (Oran). — Vin rouge 1888.   (ESPLANADE.)

1109. MOREAU (Mlle), à Rouïba (Alger). — Vin rouge 1888.   (ESPLANADE.)

1110. MOREAU (Désiré), à El-Guédir (Constantine). — Vin 1887. (ESPLANADE.)

1111. MOREAU (Émile), à Philippeville (Constantine). — Vin rouge 1887, 1888.
Vin doux 1887, 1888. Vin blanc 1888.   (ESPLANADE.)

1112. MOREAU (François), à la Bouzaréa (Alger). — Vin rouge 1887, 1888.
Vin blanc 1888. Eau-de-vie 1888.   (ESPLANADE.)

1113. MORINAUD (Jules), à Djidjelli (Constantine). — Vin.   (ESPLANADE.)

1114. MORIZOT, à Bizot (Constantine). — Vin rouge 1888.   (ESPLANADE.)

1115. MORRAL (Alphonse), à Fleurus (Oran). — Vins rouge, blanc 1887,
1888.   (ESPLANADE.)

1116. MORTREIL (Vve), à Bel-Abbès (Oran). — Vins rouge, blanc. Eau-
de-vie 1888.   (ESPLANADE.)

1117. MOSELLE (Louis), à Tizi-Ouzou (Alger). — Vin 1888.   (ESPLANADE.)

1118. MOSSAN Frères, à Oued-Cham (Constantine). — Vin rouge 1888.
(ESPLANADE.)

1119. MOTELEY (J.), à El-Ançor (Oran). — Vin rouge 1888. Eau-de-vie de vin
et de marc.   (ESPLANADE.)

1120. MOUGEL (L.-P.) à Oued-Cham (Constantine). — Vins rouges 1886, 1886
1888.   (ESPLANADE.)

1121. MOUILLON (J.-B.-L.), à Saint-Cloud (Oran). — Vins rouges 1886, 1887.
Vin blanc 1887-1888. Eau-de-vie de marc 1887. Eau-de-vie de vin 1887.   (ESPLANADE.)

1122. MOUILLON (Paul), à Zarouria (Constantine). — Vin rouge 1888. Vin
blanc 1888. Eau-de-vie 1887.   (ESPLANADE.)

1123. MOULIN (Joseph), à Bou-Tlélis (Oran). — Vins rouges 1886, 1887, 1888.
(ESPLANADE.)

1124. MOULINS (Georges), à Héliopolis (Constantine). — Vin rouge 1888.
(ESPLANADE.)

1125. MOURET Régis, à Constantine. — Vin rouge 1888.   (ESPLANADE.)

1126. MOUSSARD (Claude), à El-Kseur (Constantine). — Vin rouge 1888.
(ESPLANADE.)

1127. MOUTERDE (J.), à Saint-Denis-du-Sig (Oran). — Vins rouge, blanc.
(ESPLANADE.)

1128. MOUTIER (Simon), à Tizi-Ouzou (Alger). — Vins rouge, blanc.
(ESPLANADE.)

1129. MOUTON-CHAPAT, à Gastu (Constantine). — Vins rouge, blanc de
1888, eau-de-vie de vin de 1887 et 1888.   (ESPLANADE.)

1130. MUGNIER (Sylvain), à Philippeville (Constantine). — Vin rouge, vin blanc sec et vin blanc muscat de 1888.   **(ESPLANADE.)**

1131. MULSANT-PERREAU, à Alger, rue Bab-Azoun, 1. — Vin blanc de 1885 et 1886.   **(ESPLANADE.)**

1132. MUNCK (Georges de), à Boudjebaâ, Mekerra (Oran).— Vin rouge 1888.   **(ESPLANADE.)**

1133. MURILLON (Joseph), à Grarem (Constantine). — Vin rouge.   **(ESPLANADE.)**

1134. MUS (Clément), à Morris (Constantine). —Vins rouge, blanc muité et eau-de-vie de marc de 1888.   **(ESPLANADE.)**

1135. NAHON (Charles), à Constantine. — Vin muscat.   **(ESPLANADE.)**

1136. NAN (Hyacinthe), à Aïn-Taya (Alger). — Vin de 1888.   **(ESPLANADE.)**

1137. NARBONNE (Henri), à Morris (Constantine). — Vin rouge 1888. Vin blanc doux muité 1886 et 1888, eau-de-vie de vin 1888, eau-de-vie de marc 1888.   **(ESPLANADE.)**

1138. NARBONNE (Louis), à Hussein-Dey (Alger). — Vin rouge 1888.   **(ESPLANADE.)**

1139. NAUDIER (Fernand), à Birmandreis (Alger). — Vin rouge de 1887 et 1888.   **(ESPLANADE.)**

1140. NAVARRO (Joseph), aux Lauriers-Roses (Oran). — Vins rouge, blanc 1888.   **(ESPLANADE.)**

1141. NAVARRO (Joseph), à Témouchent (Oran). — Vin rouge 1888.   **(ESPLANADE.)**

1142. NAVARRO (Pédro) à Muley Abdel-Kader (Oran). — Vins, blanc, sec, blanc liqueur, rouge, 1887, 1888.   **(ESPLANADE.)**

1143. NAVARRO (Salvador), à Chanzy (Oran). — Vin rouge, 1887, 1888.   **(ESPLANADE.)**

1144. NAYME (J.-M.), à Mondovi (Constantine).— Vins rouges, 1885, 86, 87, 88.   **(ESPLANADE.)**

1145. NÉANT (Baptiste), à Guyotville (Alger). — Vins blanc, rouge. Eaux-de-vie de marc et de vin.   **(ESPLANADE.)**

1146. NÈGRE (Louis), à Zérizer (Constantine). — Vins blancs et de liqueur, eaux-de-vie de marc et de vin.   **(ESPLANADE.)**

1147. NICOLAS (Charles), à Duvivier (Constantine). — Vins rouge, blanc, de liqueur, eau-de-vie et alcools.   **(ESPLANADE.)**

1148. NICOLAS (F.-J.), à Héliopolis (Constantine). — Vins blanc, rouge 1888.   **(ESPLANADE.)**

1149. NICOLAS (Louis), à Médéah (Alger). — Vin rouge 1887, 88, blanc sec 1887, doux 1887, mousseux 1887, eau-de-vie, vin et marc 1888.   **(ESPLANADE.)**

1150. NICOLAS (M.-C.), à Aïn-Trid (Oran).— Vins rouges, 1887, 88. Eaux-de-vie de marc et de vin.   **(ESPLANADE.)**

1151. NIELLI (Jules), à Philippeville (Constantine).—Vins rouges, 1886, 87, 88.   **(ESPLANADE.)**

1152. NOEL (Adrien), à Djidjelli (Constantine).— Vins rouges 1888, blancs 1886, 87, 88, vin doux, eau-de-vie de marc.   **(ESPLANADE.)**

1153. NOGUÈS Frères,. à Mascara (Oran). — Vins rouges 1887, 88, blanc 1888.   **(ESPLANADE.)**

1154. NORMAND (Ferdinand), à Levallois-Perret (Seine), rue Trézède. —
Vin rouge d'Aïn-Zaouia.   **(ESPLANADE.)**

1155. NOTELET (Victor), à Téfeschoum (Alger). — Vin rouge 1887, 1888.
                                                                      (ESPLANADE.)

1156. NOUZILLE (Auguste), à Tessalah (Oran). — Vin rouge 1888.
                                                                      (ESPLANADE.)

1157. NOUZILLE (Jacques), à Oued-Cerno (Oran). — Vins rouges 1886, 87,
blanc 1878, eau-de-vie 1875, 1883.   **(ESPLANADE.)**

1158. NOYER (Paul), à Rouffach (Constantine). — Vins rouges ordinaires de
Pinot, de Bourgogne, vin blanc.   **(ESPLANADE.)**

1159. OBADIA (Moïse), à Mascara (Oran). — Vins roug s 1886, 87, 88, blancs
1887, 1888.   **(ESPLANADE.)**

1160. ODILLE (Auguste), à Thiersville (Oran). — Vin 1887.   **(ESPLANADE.)**

1161. OLIVÈS (Pierre), à Birmendreis (Alger). — Vins rouge, blanc.
                                                                      (ESPLANADE.)

1162. OLIVIER (Henri), à El-Biar (Alger). — Vins rouge, blanc sec, blanc
mousseux.   **(ESPLANADE.)**

1163. OLIVIER (L.-H.), à Rouïba (Alger). — Vins rouge et blanc 1888.
                                                                      (ESPLANADE.)

1164. OLIVIER (Vve), à Delly-Ibrahim (Alger). — Vins rouges 1886, 87, 88.
                                                                      (ESPLANADE.)

1165. OLLANIER (A.) & Cie, à Perregaux (Oran). — Eau-de-vie.
                                                                      (ESPLANADE.)

1166. OLLIER (Clément), à Mekla (Alger). — Vins rouges 1886, 87, 88.
                                                                      (ESPLANADE.)

1167. ORLANDO (Gaspard), à Baba-Hassed (Alger). — Vins rouges 1886,
blanc liqueur, 1885 et 1886, muscat doux 1887.   **(ESPLANADE.)**

1168. ORSINI (Martin), à Marnia (Oran). — Vins blanc, rouge 1888.
                                                                      (ESPLANADE.)

1169. OTT (Gustave), à Mouzaïaville (Alger). — Vin rouge et eau-de-vie de 1888.
                                                                      (ESPLANADE.)

1170. OUZILON (Moïse), à Alger, avenue Malakoff, 38. — Anisette algérienne.
                                                                      (ESPLANADE.)

1171. PAGE (Frédéric de) à Aïn-Témouchent (Oran). — Vin rouge 1887, 1888.
                                                                      (ESPLANADE.)

1172. PAGNERRE (Fernand), à Dra-el-Attache, près Bouïra (Alger). —
Vins blanc, rouge de 1888.   **(ESPLANADE.)**

1173. PAILHAS (Étienne), à Fleurus (Oran). — Vins rouges 1887, 1888. Eau-
de-vie de marc 1885.   **(ESPLANADE.)**

1174. PALBROY (Étienne), à Médéah (Alger). — Vins rouges Saint-Charles,
1888, Seyra, 1887, Sauvignon 1887, Guinsault 1887, Madère 1888.   **(ESPLANADE.)**

1175. PALENC Frères, à Lannoy, Commune mixte de Jemmapes (Constantine).
— Vin rouge 1888.   **(ESPLANADE.)**

1176. PALISSER (J.-F.), à Dély-Ibrahim (Alger). — Vins rouges 1887, 1888, et
pour coupage 1888. Vin de liqueur.   **(ESPLANADE.)**

1177. PALUEL (Nicolas), à Oued-Cham (Constantine). — Vin clairet 1888.
                                                                      (ESPLANADE.)

1178. PANAGET (Prosper), à Bône (Constantine). — Vin rouge 1886, 1887, 1888.   **(ESPLANADE.)**

1179. PANCRAZI (Jean), à Oued-Cham (Constantine). — Vins rouge, blanc, 1888.   **(ESPLANADE.)**

1180. PANIS (Louis), à Constantine. — Vermouth au quinquina, amer algérien.   **(ESPLANADE.)**

1181. PAOLI (Barthélémy), à Bouïra (Alger). — Vermouth au quinquina, vin blanc, anisette.   **(ESPLANADE.)**

1182. PAOLI (J.-L.), à Bouïra (Alger). — Vin rouge 1888.   **(ESPLANADE.)**

1183. PAPET (Antoine), à Hussein-Dey (Alger). — Vin rouge 1888.   **(ESPLANADE.)**

1184. PARDIÈS (Raphaël), à Saïda (Oran). — Vin 1887, 1888.   **(ESPLANADE.)**

1185. PARODI (Jean), à Tlemcen (Oran). — Vins rouge, blanc.   **(ESPLANADE.)**

1186. PARRIAUX Père et Fils, à Tabia (Oran). — Eau-de-vie de marc 1886, 87.   **(ESPLANADE.)**

1187. PASCALIN (Victor), à Aïn-Bessem (Alger). — Vins rouges 1887 et 88.   **(ESPLANADE.)**

1188. PASQUIER (C.), au Hamma (Constantine). — Vins rouges 1884, 86, 87 et 88. Eau-de-vie de marc 1887.   **(ESPLANADE.)**

1189. PASQUIER (J.-C.), au Hamma (Constantine).— Vins rouges 1884, 1886 et 1888. Eau-de-vie de marc.   **(ESPLANADE.)**

1190. PASTEUR (Élie), à Chekfa (Constantine). — Vin rouge et eau-de-vie de marc.   **(ESPLANADE.)**

1191. PASTEUR (Étienne), à Chekfa (Constantine). — Vin rouge 1888. Eau-de-vie de marc 1888.   **(ESPLANADE.)**

1192. PASTOR (Jules), à Constantine. — Vins rouges 1887 et 88.   **(ESPLANADE.)**

1193. PASTOR (Vincent), à Aïn-Farès (Oran). — Vins 1887 et 1888.   **(ESPLANADE.)**

1194. PATHIER-BIGAREL (Vve), à Héliopolis (Constantine). — Vins rouge et blanc, coteau 1888, 1887 et 1886. Eau-de-vie 1885 et 1887.   **(ESPLANADE.)**

1195. PAVET (J.-C.), à Mondovi (Constantine).— Vins rouges 1887, 1888.   **(ESPLANADE.)**

1196. PAYROUSE (G.-A.), à Hassen-ben Ali (Alger). — Vins blanc, rouge de 1888.   **(ESPLANADE.)**

1197. PAYROUSE (Paulin), à Hassen-ben-Ali (Alger). — Vins rouge, blanc 1888. Eau-de-vie de marc 1888.   **(ESPLANADE.)**

1198. PAYROUSE (Pierre), à Hassen-ben-Ali (Alger). — Vins rouge, blanc 1888.   **(ESPLANADE.)**

1199. PECH, à Oued-el-Aleug (Alger). — Vin et eau-de-vie.   **(ESPLANADE.)**

1200. PECH (Jules), aux Beni Méred (Alger). — Vins rouge, blanc et eau-de-vie.   **(ESPLANADE.)**

1201. PELADAN (Esaü), à l'Oued-Amizour (Constantine). — Vins rouge, blanc, blanc mousseux et eau-de-vie de marc 1888.   **(ESPLANADE.)**

1202. PÉLISSIÉ(Paul), à Aïn-Sultan, commune mixte de Dra El Mizan (Alger). — Vin rouge 1887. (Cru d'Aïn-Zaouïa). Vin blanc (vigne grimpante de la Kabylie).   **(ESPLANADE.)**

1203. PÉLISSIER (Frédéric), à Thiersville (Oran). — Vin rouge 1887.
(ESPLANADE.)

1204. PÉLISSIER (Romain), à Constantine. — Vins rouges de 1887, 1886 et 1888.
(ESPLANADE.)

1205. PELLET (Jules), à El-Kantour (Constantine). — Vin.   (ESPLANADE.)

1206. PENCIOLELLI (A.-J.), à Bizot (Constantine). — Vin de Bourgogne, vins rouge, blanc.
(ESPLANADE.)

1207. Penthièvre (Le maire de), à Penthièvre (Constantine). — Eau-de-vie de marc.
(ESPLANADE.)

1208. PEPE (Vve), à Tizi-Ouzou (Alger). — Vin rouge 1888.   (ESPLANADE.)

1209. PÉPIN (Joseph), à Djidjelli (Constantine). — Vin rouge 1888.
(ESPLANADE.)

1210. PÉRALS (Joseph), à Aïn-Smara (Constantine). — Vins blancs doux 1887 et 1888, blancs secs 1887 et 1888, rouges 1887 et 1888, apéritif au vin rouge 1887.
(ESPLANADE.)

1211. PÉRIN (Daniel), à Isserbourg (Alger). — Vins rouge 1886 et blanc 1887.
(ESPLANADE.)

1212. PERMINJAT (Marius), à Randon (Constantine). — Vin rouge 1888.
(ESPLANADE.)

1213. PERNET dit Jacquemin (Édouard), à Marengo (Alger). — Vins rouges 1887 et 1888 et blanc 1888.
(ESPLANADE.)

1214. PERNEY (Ernest), à Jemmapes (Constantine). — Eau-de-vie de marc 1888.
(ESPLANADE.)

1215. PERON, à Béni-Mered (Alger). — Vins rouges 1887 et1888 et blancs 1887 et 1888.
(ESPLANADE.)

1216. PERRET (Anthelime), à Bel-Abbès (Oran). — Vins rouge, blanc 1887 et 1888, vins de liqueur de 1880-1887, eau-de-vie de marc 1884, de piquette 1884-1887.
(ESPLANADE.)

1217. PERRETI (J.-P. de), à Bougie (Constantine). — Vermouth quina, apéritif quina au vin de Malaga, amer Soldœen, menthe glaciale, liqueur merises sauvages de la forêt de Toza.
(ESPLANADE.)

1218. PERRIN Frères, à Bel-Abbès (Oran).— Vins rouge, blanc 1887 et 1888.
(ESPLANADE.)

1219. PERRIN (Jacques), à Héliopolis (Constantine).— Vin rouge année 1888.
(ESPLANADE.)

1220. PERRIN (L.-P.), à Bône (Constantine).—Vin rouge, récoltes 1887 et 1888.
(ESPLANADE.)

1221. PERROT (Alphonse), à Héliopolis (Constantine). — Vin rouge 1886.
(ESPLANADE.)

1222. PERROUX (Julien), à Damiette (Alger). — Vin rouge et vin blanc de la récolte de 1888.
(ESPLANADE.)

1223. PERRY (E.), à Bel Abbès (Oran). — Vin rouge 1888, eau-de-vie de vin vieille et de 1888. Bière du pays.
(ESPLANADE.)

1224. PESSINA (Philippe), à Mascara (Oran). — Vins rouge, blanc 1888.
(ESPLANADE.)

1225. PETER (Vincent), aux Beni-Urgine (Constantine). — Vin blanc sec, récolte 1887-1888, vin rouge 1888.
(ESPLANADE.)

1226. PETETIN (Auguste), à Condé-Smendou (Constantine). — Vin rouge 1888, vin muscat 1888, vin de Grenache 1882.   **(ESPLANADE.)**

1227. PETIN (Camille), à Bougie (Constantine).—Vins des années 1887 et 1888.   **(ESPLANADE.)**

1228. PETIT (Auguste), à Souk-Ahras (Constantine). — Vin rouge, vin blanc.   **(ESPLANADE.)**

1229. PETIT (Léon), à Philippeville (Constantine), rue de Constantine, 7. — Vins blanc, rouge année 1888.   **(ESPLANADE.)**

1230. PETIT (Victor), à El-Biar (Alger). — Vin rouge et vin blanc.   **(ESPLANADE.)**

1231. PETITJEAN (J.-G.), à Blad-Touaria (Oran). — Vin rouge 1887-1888.   **(ESPLANADE.)**

1232. PETITJEAN (Nicolas), à Tlemcen (Oran). — Vin rouge. **(ESPLANADE.)**

1233. PFISTER (Antoine), à Aïn-Bessem (Alger). — Vin rouge et vin blanc de la récolte 1888.   **(ESPLANADE.)**

1234. PHÉNIS, à Tiaret (Oran). — Vins.   **(ESPLANADE.)**

1235. PHILIPPON (Auguste), à Saint-Louis (Oran).— Vin rouge 1885-1888.   **(ESPLANADE.)**

1236. PHILIP (Pierre), à Il-Matten (Constantine). — Vins blanc, rouge, 1887 et 1888, vin de liqueur 1887 et 1888, eau-de-vie de vin 1887, eau-de-vie de marc 1887 et 1888.   **(ESPLANADE.)**

1237. PIANETTI (Barthélemy), à Lambesse (Constantine). — Vin rouge, récolte 1888.   **(ESPLANADE.)**

1238. PICANON, à Mascara (Oran). — Vin rouge, blanc 1887-1888.   **(ESPLANADE.)**

1239. PICINBONO (Maurice), à Rovigo (Alger). — Vin rouge.   **(ESPLANADE.)**

1240. PICON & Cie, à Bône (Constantine). — Amer Picon.   **(ESPLANADE.)**

1241. PICOT (Émile), à Aïn-Kerma (Constantine). — Vin blanc récolte 1886, vin rouge, récolte 1888, vin blanc, récolte 1888.   **(ESPLANADE.)**

1242. PIÉGUET (Honoré), à Sainte-Clotilde (Oran). — Vins rouge, blanc 1887-1888.   **(ESPLANADE.)**

1243. PIÉRON (René), à Oued-Amizour (Constantine). — Vins rouge, blanc, récolte 1888.   **(ESPLANADE.)**

1244. PIÉTRA (Emmanuel), à Constantine. — Vins rouge, blanc, eau-de-vie de marc et de vin.   **(ESPLANADE.)**

1245. PILEAU (Armand), à Aïn-Farès (Oran). — Vin rouge 1887-1888.   **(ESPLANADE.)**

1246. PILLON (Abel), à Oued-el-Aleug (Alger). — Vin rouge et vin blanc.   **(ESPLANADE.)**

1247. PINA (Joseph), à Philippeville (Constantine). — Vin rouge et vin blanc 1888, eau-de-vie de vin.   **(ESPLANADE.)**

1248. PINARD (Alexandre), à Staouëli (Alger). — Vins rouges, années 1885-1886 et 1888.   **(ESPLANADE.)**

1249. PINAZO (Jean), à Assi-bou-Nif (Oran). — Vins rouge, blanc 1887-1888, eau-de-vie de vin 1887.   **(ESPLANADE.)**

1250.   PINEL (Laurent), à Bou-Tlélis (Oran).— Vin rouge 1887-1888, vin muité 1888, vin blanc 1887-1888, eau-de-vie de vin 1888.   **(ESPLANADE.)**

1251.   PIOTROWSKI (Gratien), à Blidah (Alger). — Vin rouge et vin blanc, alcoolat de mandarines.   **(ESPLANADE.)**

1252.   PIQUEMAL (Jean), à Héliopolis (Constantine).—Vin rouge, année 1888.   **(ESPLANADE.)**

1253.   PIROT (Jean), à Sidi Lhassen (Oran). — Vin rouge 1886-1887-1888.   **(ESPLANADE.)**

1254.   PLAETEVOET (Albert), à la Réunion (Constantine — Vin rouge, récolte 1888.   **(ESPLANADE.)**

1255.   PLANTIER (A.-A.), à Miliana (Alger). —   Vin rouge des récoltes 1886 et 1887.   **(ESPLANADE.)**

1256.   PLISSONIER (Amédée), à Chekfa (Constantine). — Vin de l'année 1888.   **(ESPLANADE.)**

1257.   POINSOT (Jules), à Duzerville (Constantine).— Vin blanc sec, vin blanc doux, vins rouges.   **(ESPLANADE.)**

1258.   POIVRE (A.), à Gouraya (Alger). — Vin rouge, récoltes 1887 et 1888.   **(ESPLANADE.)**

1259.   POMAROL (Jean), à Aïn-el-Turck (Oran). — Vin rouge 1888.   **(ESPLANADE.)**

1260.   PONS (François), à Saint-Cloud (Oran). — Vin rouge 1884-1886, blanc 1886.   **(ESPLANADE.)**

1261.   PONS Frères (Michel et Jean), à Alger, place Mahon, 10. — Vermouth algérien, amer algérien, vin blanc, vin rouge.   **(ESPLANADE.)**

1262.   PORCELLAGA (Vve) née Delangle Marthe, à Boufarik (Alger). — Vin rouge, vin blanc, eau-de-vie.   **(ESPLANADE.)**

1263.   PORTIER & Cie, à Zéralda (Alger). — Vin rouge et vin blanc.   **(ESPLANADE.)**

1264.   POTTIER, à Oran, place d'Armes. — Vin rouge de 1888.   **(ESPLANADE.)**

1265.   POUGET (Vve Joseph), à Djidjelli (Constantine). — Vin rouge, récolte 1888.   **(ESPLANADE.)**

1266.   POUJOULAT (Édouard), à Oran, rue Diéga, 3. — Vin rouge de 1888.   **(ESPLANADE.)**

1267.   POURAILLY (Édouard), à Miliana (Alger).— Vins rouges des récoltes 1887 et 1888.   **(ESPLANADE.)**

1268.   PRADEL (J.-J.), à Sidi-Marouf (Oran). — Vins rouges 1887-1888, blanc 1882.   **(ESPLANADE.)**

1269.   PRAX (Amédée), à la Roche-Blanche (Constantine). — Vin rouge 1887, vin rouge 1888.   **(ESPLANADE.)**

1270.   PRAX (Victoriano) & Cie, à Philippeville (Constantine).— Vin rouge et vin blanc, années 1887 et 1888, vin de dessert doux et sec.   **(ESPLANADE.)**

1271.   PRAZ (Vve) et Lucien Praz, à l'Oued-Amirour (Constantine). — Vin rouge 1887-1888, eau-de-vie de marc.   **(ESPLANADE.)**

1272.   PRENAT, à El-Biar (Alger). — Vins rouges, vins blancs, cognac.   **(ESPLANADE.)**

1273.   PRIM (Jean), à Rio-Salado (Oran). — Vin rouge 1888.   **(ESPLANADE.)**

1274. PRIOU (Louis), à Mostaganem (Oran). — Vin rouge, vin blanc.
(ESPLANADE.)

1275. PRUDENT (Joseph), à Lambesse (Constantine). — Vin rouge, récolte 1888, vin blanc sec, récolte 1888.
(ESPLANADE.)

1276. PUBREUIL (Léon), à Philippeville (Constantine). — Vin rouge, vin blanc, vin blanc muscat.
(ESPLANADE.)

1277. PUECH (Joseph), à Héliopolis (Constantine). — Vin rouge 1888.
(ESPLANADE.)

1278. PUGNIÈRE (Auguste), à Thiersville (Oran). — Vin rouge 1886.
(ESPLANADE.)

1279. PUIVARGE (Timothée), à Constantine. — Vins rouges 1885-1886-1887-1888.
(ESPLANADE.)

1280. PUJO (Vve Lucia), à Alger, place de Chartres. — Vin rouge et vin blanc de la récolte 1888.
(ESPLANADE.)

1281. PUJO (Pierre), à Hammam R'hira (Alger). — Vins des années 1887 et 1888.
(ESPLANADE.)

1282. PUYRAUD (Pierre), à Mekla (Alger). — Vins rouges 1887 et 1888.
(ESPLANADE.)

1283. PY, à Oran. — Vin.
(ESPLANADE.)

1284. QUÉMÉRAIS (Prosper), à Aïn-Tinn (Constantine). — Vin rouge, année 1888.
(ESPLANADE.)

1285. QUENEDEY (Léon-Alexandre), à Pomerol (Gironde), au Château Gazin, et à Paris, boulevard St-Germain, 213. — Vins de la récolte du château Gazin.
(ESPLANADE.)

1286. QUIQUEREZ (Pierre), à Hennaya (Oran). — Vin rouge.
(ESPLANADE.)

1287. RABISSE (Pierre), à Fleurus (Oran). — Vin rouge et vin blanc 1888.
(ESPLANADE.)

1288. RAFFIN (Jules), à Saint-Antoine (Constantine). — Vin rouge et vin blanc, année 1888.
(ESPLANADE.)

1289. RAISON (Pierre), à Bône (Constantine). — Vin rouge, récolte 1887-1888, vin blanc sec, récolte 1887, vin de muscat jeune Frontignan 1887, eau-de-vie de vin 1887.
(ESPLANADE.)

1290. RAMBERT (J.-B.), à Philippeville (Constantine). — Vin rouge 1887-1888, vin blanc 1887.
(ESPLANADE.)

1291. RAMIÈRE (Vve Célestin), à Lannoy, commune mixte de Jemmapes (Constantine). — Vin rouge, année 1888.
(ESPLANADE.)

1292. RANCAZ Jeune (François), à Souk-Ahras (Constantine). — Vin rouge 1888, eau-de-vie.
(ESPLANADE.)

1293. RAUCH de ROBERTY (Gaston), à El-Milia (Constantine). — Vin rouge, récolte 1888, eau-de-vie de marc, récolte 1888.
(ESPLANADE.)

1294. RAULET (Bernard), à Bou-Sfer. — Vin rouge 1887-1888.
(ESPLANADE.)

1295. RAYNALD (Raymond), à Penthièvre (Constantine). — Vin rouge 1888.
(ESPLANADE.)

1296. RAYNAUD (Angelin), à Maoussa (Oran). — Vin rouge, blanc 1888.
(ESPLANADE.)

1297. RAYNAUD (Jean), à Bizot (Constantine) — Vin rouge 1888.
(ESPLANADE.)

1298. RAYNAUD (Lucie), à Cavaignac (Alger). — Vin de 1886.
(**ESPLANADE.**)

1299. RAZÈS jeune, à Médéah (Alger). — Vin rouge et vin blanc des récoltes de 1887 et de 1888.
(**ESPLANADE.**)

1300. RAYOLLE du MOUSTIER, à l'Oued-El-Aleug (Alger). — Vins rouges et vins blancs, vins de liqueur et eau-de-vie.
(**ESPLANADE.**)

1301. REBATTU (Amédée), à Paris, avenue de Wagram, 84. — Vin et eau-de-vie de marc.
(**ESPLANADE.**)

1302. REBUFAT (Louis), à Mansoura (Oran). — Vin rouge et vin blanc.
(**ESPLANADE.**)

1303. REDON du COLOMBIER (C.-J. de), à Mouzaïaville (Alger).— Vin rouge de 1887 et 1888.
(**ESPLANADE.**)

1304. REDON du COLOMBIER (Georges de), à Constantine. — Vin blanc, année 1887.
(**ESPLANADE.**)

1305. REGLER (Pierre), à Médéah (Alger). — Vin blanc et vin rouge de la récolte de 1887. Eaux-de-vie et liqueurs assorties.
(**ESPLANADE.**)

1306. REGNAULT (Vve) et DUEIL, à Paris, avenue de Villiers, 84. — Vins rouge et blanc, blanc rosé, rosé mousseux. Eau-de-vie et vin muscat sec et doux.
(**ESPLANADE.**)

1307. REGNIER (Germain), à Vesoul-Beniou (Alger). — Vin rouge 1887 et 1888. Eau-de-vie 1888.
(**ESPLANADE.**)

1308. REGNIER (Marcelin), à Aïn-Sennour (Constantine). — Vin rouge.
(**ESPLANADE.**)

1309. REIS (Ludovic), à Saint-Cloud (Oran). — Vins rouges, blancs 1887-1888.
(**ESPLANADE.**)

1310. REMOND (Prosper), à Boukanéfis (Oran). — Vins blancs, rouges 1888.
(**ESPLANADE.**)

1311. RENAUDET, à Beni-Méred (Alger). — Vins rouges de 1880-1882-1884-1886-1888. Vin rose muscadé 1887. Vins blancs secs de 1883-1886-1887. Eaux-de-vie de vins de 1882 de 1887 et de 1888.
(**ESPLANADE.**)

1312. RENAULT (Eugène), à Philippeville (Constantine).— Vins blancs et vins rouges 1886-1887-1888.
(**ESPLANADE.**)

1313. RENIER (Charles), à Guelma (Constantine). — Vin rouge 1888. Vin blanc, 1888.
(**ESPLANADE.**)

1314. REVERCHON (D.), à Birkadem (Alger).— Vins rouges 1886 et 1888. Vins blanc de dessert 1887. Eau-de-vie de vin 1887.
(**ESPLANADE.**)

1315. REVERCHON (Hippolyte), à Birkadem (Alger). — Vin rouge 1886 et 1887. Vin blanc sec 1888. Vins muscats 1888.
(**ESPLANADE.**)

1316. REY (Louis), à Castiglione (Alger). — Vins rouges de 1888 et 1887.
(**ESPLANADE.**)

1317. RIBAUD (Joseph), à Meurad (Alger). — Vin rouge et vin blanc de 1888.
(**ESPLANADE.**)

1318. RIBES Fils, à Oran, boulevard Saint-Seguin. — Vin rouge de 1888.
(**ESPLANADE.**)

1319. RIBES (J.-M.), à Fesdis (Constantine). — Vin rouge et vin blanc de 1888.
(**ESPLANADE.**)

1320. RIBOT (Jean), à Aïn-Farès (Oran). — Vin de 1888.   (**ESPLANADE.**)

1321. RIBOULET (Vve Adèle), à Randon (Constantine). — Vin rouge 1888.   **(ESPLANADE.)**

1322. RICARD (Ernest), à Oran, rue d'Arzew. — Vins rouges 1885-1886-1887-1888.   **(ESPLANADE.)**

1323. RICARD (Louis), à Froha (Oran). — Vins 1887-1888.   **(ESPLANADE.)**

1324. RICHARDI (Angelo), à Hussein-Dey (Alger). — Vin blanc, vin rouge et eau-de-vie.   **(ESPLANADE.)**

1325. RICHEMONT (Comte de), à Birtouta (Alger). — Vins rouges et vins blancs. Eaux-de-vie.   **(ESPLANADE.)**

1326. RIEUPOUILH, à Médéah (Alger). — Vin rouge 1888.   **(ESPLANADE.)**

1327. RIEUX (Ernest du), à Villebourg (Alger). — Vin rouge de 1886 et 1888. Vin blanc de 1887.   **(ESPLANADE.)**

1328. RIEUX (Pierre), à Mascara (Oran). — Vins rouges 1885-1886-1887-1888. Vin blanc 1885.   **(ESPLANADE.)**

1329. RIGOLLET (Rémy), à Maoussa (Oran). — Vins rouges 1886 et 1888.   **(ESPLANADE.)**

1330. RIGOUTIER (François), à Bône (Constantine). — Vins rouges 1887-1888. Vins blancs 1887 et 1888. Muscat frontignan blanc 1888. Eau-de-vie de vin 1886-1887, 1888.   **(ESPLANADE.)**

1331. RINIÉRI (J.-B.), à Tlélat (Oran). — Vin rouge de 1887.   **(ESPLANADE.)**

1332. RIVALS (Henri), à Affreville (Alger). — Vin rouge de 1888. Eau-de-vie de marc.   **(ESPLANADE.)**

1333. RIVES (J.-L.), à Pélissier (Oran). — Vins de 1887, 1888, rouge. Vin blanc et eau-de-vie de 1887.   **(ESPLANADE.)**

1334. RIVES (J.-A.), à Bouira (Alger). — Vins rouges 1887 et 1888. Vins blancs de table 1887 et 1888. Vins blancs muscats de dessert 1887 et 1888.   **(ESPLANADE.)**

1335. RIVIÉRE (François), à El-Affroun (Alger). — Vins rouges de 1887 et 1888. Vins blancs de 1887 et 1888.   **(ESPLANADE.)**

1336. RIVIÉRE Fréres, à Relizane (Oran). — Vin rouge 1888.   **(ESPLANADE.)**

1337. RIVOIRE Fils, à Alger. — Vin rouge et vin blanc. Alcool et eau-de-vie.   **(ESPLANADE.)**

1338. ROBELIN (Placide), à Tizi-Ruiff (Alger) — Eau-de-vie de marc) année 1888.   **(ESPLANADE.)**

1339. ROBERT (Adrien), à Saïda (Oran). — Vin rouge 1887.   **(ESPLANADE.)**

1340. ROBERT (Armand), à Draria (Alger). — Vin rouge.   **(ESPLANADE.)**

1341. ROBIN (Antoine), à Damiette (Alger). — Vins rouges des récoltes 1887 et 1888.   **(ESPLANADE.)**

1342. ROBIN (Augustin), à Dély-Ibrahim (Alger).—Vins rouges années 1887 et 1888.   **(ESPLANADE.)**

1343. ROCHER, à Zarouria (Constantine). — Vin rouge.   **(ESPLANADE.)**

1344. ROCHET (Alphonse), à Douéra (Alger). — Vin rouge année 1888. Eau-de-vie de marc. Vin doux de dessert.   **(ESPLANADE.)**

1345. ROCHETTE (Pierre), à Jemmapes (Constantine). — Vin rouge année 1888.   **(ESPLANADE.)**

1346. ROGER (Louis-Jean), à Tiaret (Oran). — Vin rouge.   **(ESPLANADE.)**

1347. ROGIER (André), à Chabet-El-Ameur (Alger). — Vins rouges vieux et jeune.   **(ESPLANADE.)**

1348. ROGLIANI, à Tizi-Ouzou (Alger). — Vin rouge de l'année 1888.
(ESPLANADE.

1349. ROMANI (Jean), à Barral (Constantine). — Vin rouge récolte 1887.
(ESPLANADE.)

1350. ROMAN (Joseph), à Aïn-Bessem (Alger). — Vin rouge de la récolte 1888.
(ESPLANADE.)

1351. ROQUEFORT (Pierre), à Renault (Oran). — Vins et eau-de-vie.
(ESPLANADE.)

1352. ROQUET (Henri), à Guelma (Constantine). — Vin rouge 1888.
(ESPLANADE.)

1353. ROSEAU (Léon), à Noui (Alger). — Vin rouge et eau-de-vie de marc.
(ESPLANADE.)

1354. ROSELLO (François), à Rio-Salado (Oran). — Vin rouge 1888.
(ESPLANADE.)

1355. ROSTAGNY (Gabriel), à Philippeville (Constantine). — Vin rouge de Beni-Melek.   **(ESPLANADE.)**

1356. ROUFF (Pierre), à Aïn-Zouïa (Alger). — Vins rouges 1887 et 1888.
(ESPLANADE.)

1357. ROULET (Étienne-Abel), à Lodi (Alger). — Vin rouge et vin blanc.
(ESPLANADE.)

1358. ROULET (Théophile de), à El-Biar (Alger).—Vins rouges 1886 et 1888, vins blancs 1879 et 1885. Vin blanc doux liquoreux et vin blanc mousseux. **(ESPLANADE.)**

1359. ROUQUETTE (Antoine), à Hammam-bou-Hadjar (Oran). — Vin rouge et vin blanc 1888.   **(ESPLANADE.)**

1360. ROUQUIER (Amédée), à El-Ançor (Oran). — Vins rouge, blanc sec, blanc doux 1888, vin 1889, eau-de-vie de marc 1888.   **(ESPLANADE.)**

1361. ROURE (Frédéric), à Alger, place de Chartres. — Vin rouge et vin blanc. Eau-de-vie de marc.   **(ESPLANADE.)**

1362. ROUSÉ (Auguste), à Saoula (Alger). — Vins rouges de 1886-1887-1888, piquette de 1887 et 1888, vin de liqueur 1887 et 1888, eau-de-vie de marc 1887 et 1888
(ESPLANADE.)

1363. ROUSSEAU (Édouard), à Damiette (Alger). — Vin rouge et vin blanc de la récolte de 1888.   **(ESPLANADE.)**

1364. ROUSSEAU (Frédéric), à Bône (Constantine). — Vin blanc de l'Oued-Kouba 1886, vin de Cabernet 1886, vin blanc mousseux 1886.   **(ESPLANADE.)**

1365. ROUSSEILL (Louis), à Ben-Chicao (Alger). — Vin de la récolte de 1888.   **(ESPLANADE.)**

1366. ROUSSEL, à Souk-el-Haad (Alger).—Vins blancs des récoltes 1887 et 1888, vin rouge 1888.   **(ESPLANADE.**

1367. ROUSSEL (Henri), à Souk-el-Haad (Alger). — Vin rouge et vin blanc 1888.   **(ESPLANADE.)**

1368. ROUSSIN (Charles), à Bône (Constantine). — Cidre de pommes.
(ESPLANADE.)

1369. ROUX (Élie), à Fort-National (Alger). — Vin rouge.   **(ESPLANADE.)**

1370. ROUX (E.-S.), à Mascara (Oran). — Vin blanc de liqueur 1887, vin rouge 1888, eau-de-vie de vin 1886.   **(ESPLANADE.)**

1371. ROUX (Louis), à Mustapha-Inférieur (Alger). — Vin rouge de l'année 1888. Eau-de-vie de diverses années.   **(ESPLANADE.)**

1372. ROUX (Jean), à Hammam bou-Hadjar (Oran). — Vin rouge 1888.
(ESPLANADE.)

1373. ROUX-MOLLARD, à Aïn-Sennour (Constantine). — Vin rouge 1888, eau-de-vie de marc.   **(ESPLANADE.)**

1374. ROUYER (Paul), à Hammam-Meskoutin (Constantine). — Vin rouge côteau année 1887. Eau-de-vie de marc 1886. Vin blanc.   **(ESPLANADE.)**

1375. ROUYER LEGRAND (N.-G.), à Souk-Ahras (Constantine). — Vin rouge récolte 1888.   **(ESPLANADE.)**

1376. ROZIER (Vve Annette), à Randon. — Vin rouge récolte 1888. Eau-de-vie de marc 1888 Eau-de-vie de vin 1887.   **(ESPLANADE.)**

1377. RUDMANN (Pierre), à Guelaat-Bousba (Constantine). — Vin blanc sec année 1887. Vin rouge année 1888.   **(ESPLANADE.)**

1378. RUELLE (Paulin), à Tizi-Ruilf (Alger). — Vin rouge et vin blanc 1888. Eau-de-vie, années 1887 et 1888.   **(ESPLANADE.)**

1379. RULLIAT (Clément), à Mascara (Oran). — Vins rouge 1887, blanc 1888.
(ESPLANADE.)

1380. RUSTON (Charles), à Isserbourg (Alger). — Vin blanc récolte 1887.
(ESPLANADE.)

1381. RUTILY (Antoine), à Constantine. — Vin rouge 1887. Vin blanc 1887.
(ESPLANADE.)

1382. RYCKWAERT (Louis), à Legrand (Oran). — Vin rouge 1888.
(ESPLANADE.)

1383. SABATIER (Auguste), à Rivoli (Oran). — Vins rouges 1887.1888.
(ESPLANADE.)

1384. SABATIER (E.-D.), au Nador, commune de Marengo (Alger). — Vins rouges, vins blancs. Eaux-de-vie de vins. Un plan de cave.   **(ESPLANADE.)**

1385. SABATIER (Jérôme), à Tlemcem Oran). — Vins.   **(ESPLANADE.)**

1386. SABLON (F.-R. du), à l'Oued Marsa (Constantine). — Vins blancs et vins rouges années 1886, 1887 et 1888. Vins en bouteilles.   **(ESPLANADE.)**

1387. SADELER (Jean), à Clauzel (Constantine). — Eau-de-vie de marc.
(ESPLANADE.)

1388. SADY (Léopold), à Médéah (Alger). — Vins rouges et vins blancs 1887 et 1888. Eau-de-vie de vin et de marc 1887 et 1888.   **(ESPLANADE.)**

1389. SAETON (J.-B.), à Taher (Constantine). — Vin de l'année 1888.
(ESPLANADE.)

1390. SAHUT (Auguste), à Nédroma (Oran). — Vin rouge 1888.   **(ESPLANADE.)**

1391. SAINT-CYR (J. de), à Jemmapes (Constantine). — Vin rouge, année 1888.   **(ESPLANADE.)**

1392. SAINTE-CROIX (René de), à Mondovi (Constantine). — Vins rouges et vins blancs, cognacs, eaux-de-vie de marc et de vins muscats, mistels, moscatels, etc.
(ESPLANADE.)

1393. SAINT-JEAN (Antoine), à Oran. — Vins rouges, blancs et eaux-de-vie.   **(ESPLANADE.)**

1394. SAINT-JEAN (L.-G.-A.), à Hammam-bou-Hadjar (Oran). — Vin rouge
et vin blanc.   **(ESPLANADE.)**

1395. SAINT-PIERRE (A.), à Oran, boulevard Malakoff.— Vin. **(ESPLANADE.)**

1396. SAINT-PIERRE (Vve), à Tizi-Ouzou (Alger). — Vin rouge et vin
blanc.   **(ESPLANADE.)**

1397. SALIBA (Vincent), à El-Biar (Alger).—Vins rouges 1886-1887-1888. Vins
blancs 1887 et 1888.   **(ESPLANADE.)**

1398. SALVAT (Joseph), à Palikao (Oran). — Vin rouge 1888.   **(ESPLANADE.)**

1399. SAMBET (Achille), à Alger, rue de la Liberté, 6. — Vins rouges et vins
blancs secs des années 1886, 1887 et 1888.   **(ESPLANADE.)**

1400. SAMPAYO (Franck), à Penthièvre (Constantine). — Vin muscat, vins
rouges. Eau-de-vie de vin vieille 1887. Eau-de-vie nouvelle 1888. **(ESPLANADE.)**

1401. SAMSON (Gustave), à Sidi-Mabrouk (Constantine). — Vin rouge, année
1888. Vins blancs 1887 et 1888.   **(ESPLANADE.)**

1402. SANDT (Michel), à Aïn-Tinn (Constantine). — Vin rouge. **(ESPLANADE.)**

1403. SANTERRE (A.-E.), à Castiglione (Alger). — Vin rouge 1887 et 1888.
Vin blanc 1887. Eau-de-vie de piquette 1887 et 1888. Eau-de-vie de jujubes 1887.
                                                                (ESPLANADE.)

1404. SAPOR (Éloi), à Aumale (Alger). — Vin rouge de 1888.   **(ESPLANADE.)**

1405. SAPPEY (Vve), à El-Achour (Alger). — Vin rouge 1888. **(ESPLANADE.)**

1406. SARAGOSSE (Joseph), à Philippeville (Constantine). — Vin rouge et
vin blanc, année 1888. Vin blanc, muscat 1888.   **(ESPLANADE.)**

1407. SARDON (Julien), à Philippeville (Constantine).—Vins rouges 1887-1888.
                                                                (ESPLANADE.)

1408. SARDON Frères, à Biskra (Constantine). — Eau-de-vie de dattes.
                                                                (ESPLANADE.)

1409. SARDOU (Joseph), aux Amouchas (Constantine). — Vin rouge, vin
blanc, vin liquoreux, eau-de-vie de marc.   **(ESPLANADE.)**

1410. SARRAZIN (Étienne), à Damiette (Alger). — Vin rouge. **(ESPLANADE.)**

1411. SARTOR (Joseph), à Oran. — Vins blancs et vins rouges 1887-1888.
                                                                (ESPLANADE.)

1412. SAUGEZ (Louis), à Mascara (Oran). — Vins blancs et vins rouges 1887-
1888.   **(ESPLANADE.)**

1413. SAULNIER & COURTIN, à Oued-Cham, hameau (Constantine).
— Vin de l'année 1888.   **(ESPLANADE.)**

1414. SAUNIER (Claude), à Palikao (Oran). — Vin rouge 1888. **(ESPLANADE.)**

1415. SAUNIER (François), à Philippeville (Constantine). — Vins rouges
années 1887 et 1888.   **(ESPLANADE.)**

1416. SAUNIER (J.-B.), à Aïn-Farès (Oran). — Vin.   **(ESPLANADE.)**

1417. SAURAT (François), à Héliopolis (Constantine). — Vin rouge récolte
1888.   **(ESPLANADE.)**

1418. SAUREL, à Oran. — Vins rouges de 1886-1887-1888.   **(ESPLANADE.)**

1419. SAURET (Albert), à Souk-Ahras (Constantine), rue de Tunis. — Vins
rouges années 1886 et 1887.   **(ESPLANADE.)**

1420. SAUVAGNAC (A.-J.), à Morris (Constantine). — Vin rouge 1888.
                                                                (ESPLANADE.)

1421. SAUVETON (Amédée), à Marengo (Alger). — Vin rouge année 1888. Eau-de-vie de marc années 1887 et 1888, eau-de-vie de vin 1887 et 1888. **(ESPLANADE.)**

1422. SAVELLI (Edouard), à Mascara (Oran). — Vins rouges et vins blancs 1886-1887. Eau-de-vie 1886-1887. **(ESPLANADE.)**

1423. SAYSSET (Baptiste), à Saint-Cloud (Oran). — Vin rouge 1888. **(ESPLANADE.)**

1424. SCHAEFER & RADA, à Medjez Sfa (Constantine). — Vin rouge récoltes 1886-1887-1888. Eau-de-vie de vin récolte 1888. **(ESPLANADE.)**

1425. SCHEMBRI (Joseph), à Alger, rue Mahon, 9.—Vin rouge. **(ESPLANADE.)**

1426. SCHERNÉ (François), à l'Oued-Amizour (Constantine). — Vin rouge et vin blanc année 1888. **(ESPLANADE.)**

1427. SCHINDLER, à El-Kseur (Constantine). — Vin rouge et vin blanc année 1888. **(ESPLANADE.)**

1428. SCHMITT (Jacques), à Ben-Chicao (Alger).—Vin rouge et vin blanc de la récolte 1888. **(ESPLANADE.)**

1429. SCHMITT (Vve Georges), à Ben-Chicao (Alger). — Vin rouge de la récolte de 1888. **(ESPLANADE.)**

1430. SCHNEIDER (Frédérik), à Philippeville (Constantine). — Vin rouge **(ESPLANADE.)**

1431. SCHNEIDER (Pierre), à la Verdure (Constantine). — Vin rouge et vin blanc cuit. **(ESPLANADE.)**

1432. SCHWOB (Georges), à Oran. — Eaux-de-vie de vins, de marc, trois-six de vins et vins d'Algérie. **(ESPLANADE.)**

Distillerie à la Senia (Oran). Maisons d'importation au Havre et à Bordeaux : Georges Schwob. Comptoir d'Oran : Jules Daudet.
Agent général de Paris : J. Schnerb, rue d'Hauteville, 72.

1433. SECCHI (Antioche), à Duzerville (Constantine). — Vin rouge et vin blanc 1888. Eau-de-vie de marc 1888. **(ESPLANADE.)**

1434. SEGHIR ben Brahim, à Négrine, cercle de Tébessa (Constantine).— Vin de palmier. **(ESPLANADE.)**

1435. SÉGUIN (Marc), à Petit (Constantine). — Vin blanc. **(ESPLANADE.)**

1436. SELLERS (Vve), à Boukanéfis (Oran). — Vins rouges 1886-1887-1888. **(ESPLANADE.)**

1437. SELTZER (Édouard), à Dely-Ibrahim (Alger). — Vin rouge. **(ESPLANADE.)**

1438. SELVE (Vve), à Oued-Imbert (Oran). — Vins blanc, rouge 1886, 1887, 1888. **(ESPLANADE.)**

1439. SELZMER (Jean), à Sainte-Léonie (Oran). — Vin rouge 1888. **(ESPLANADE.)**

1440. SENGÉS (Dominique), à Strasbourg (Constantine). — Vin rouge 1888. **(ESPLANADE.)**

1441. SEPTANIL Pére, à Berrouaghia (Alger). — Vin rouge 1888. **(ESPLANADE.)**

1442. SEREIN (J.-A.), à Oued-Cham (Constantine). — Vin rouge et vin blanc 1888. Eau-de-vie de marc 1888. **(ESPLANADE.)**

1443. SERENO (Pierre), à Héliopolis (Constantine). — Vins rouge, blanc 1886-1888. Eau-de-vie de vin 1887. **(ESPLANADE.)**

1444. SERENO & SOULEYRE, à Constantine, place Saint-Jean. — Vins.
(ESPLANADE.)

1445. SEROUGNE (P.), à Affreville (Alger). — Vin rouge 1887. **(ESPLANADE.)**

1446. SERRA (Salvator), à Jemmapes (Constantine). — Vin rouge 1888.
(ESPLANADE.)

1447. SERRES (Louis), à Héliopolis (Constantine). — Vin rouge 1888.
(ESPLANADE.)

1448. SERVAT (Joseph), à Alger, rue Ledru-Rollin, 7. — Vins rouge, blanc.
(ESPLANADE.)

1449. SETTE (Alfred), à Arzew (Oran). — Vins 1887-1888. **(ESPLANADE.)**

1450. SICARD (Pierre), à Ben-Chicao (Alger). — Vins rouge, blanc 1888.
(ESPLANADE.)

1451. SIDER (Veuve Auguste), à Bougie (Constantine). — Vins rouge
blanc 1888. **(ESPLANADE.)**

1452. SIDER (Frédéric), à Philippeville (Constantine). — Vin rouge nouveau
1888, vieux 1884. Vin blanc sec nouveau 1888, vin blanc vieux 1883. **(ESPLANADE.)**

1453. SILVESTRE (Ferdinand), à Damiette (Alger). — Vin rouge (Hassen
ben Ali et Damiette). Vin blanc sec et vin muscat. **(ESPLANADE.)**

1454. SIMONPIERI (J.-P.), à Jemmapes (Constantine). — Vin blanc et vin
rouge 1888. **(ESPLANADE.)**

1455. SIMIAN AGUILY, à Mascara (Oran). — Vins rouges 1887-1888, blanc
1888. **(ESPLANADE.)**

1456. SIMONIN (Sébastien), à Sidi-Mabrouck (Constantine). — Vin rouge
1888. **(ESPLANADE.)**

1457. SINARD (Joseph), à Chabet-el-Ameur, commune d'Isserville (Alger).
— Vin rouge 1888. **(ESPLANADE.)**

1458. Société agricole d'Algérie (Beni-Messous), à Paris, rue de Sèze, 4.
— Vins. **(ESPLANADE.)**

**1459. Société agricole et industrielle de Batna et du Sud-
algérien,** à Paris, rue Saint-Lazare, 7. — Alcools de dattes. **(ESPLANADE.)**

1460. Société anonyme viticole et vinicole d'Hydra, à Birmandreis (Alger). — Vins rouges et vins blancs 1885-1886-1887-1888. **(ESPLANADE.)**

1461. Société civile algérienne vinicole et agricole du Sebka, à
Paris, boulevard de Sébastopol, 33. — Vins d'Aïn-Témouchent 1887-1888.
(ESPLANADE.)

1462. Société d'agriculture d'Alger, à Alger. — Vins et spiritueux.
(ESPLANADE.)

1463. Société d'agriculture de Constantine, à Constantine. — Vin blanc,
vin rouge. Eau-de-vie. **(ESPLANADE.)**

1464. Société des Liéges des Hamendas et de la Petite-Kabylie,
à Paris, rue du Rocher, 60.—Vins rouges années 1886 et 1888, vin blanc, eau-de-vie de
vin, eau-de-vie de marc. **(ESPLANADE.)**

1465. Société de viticulture algérienne, à l'Arba (Alger). — Vins et
eaux-de-vie. **(ESPLANADE.)**

1466. Société du Djebel Estaya, à Robertville (Constantine). — Vins rouges
1887-1888. Eau-de-vie de vin 1885. **(ESPLANADE.)**

1467. Société viticole d'Adélia, à Adélia (Alger). — Vins rouges de différents crus et récoltes. Eaux-de-vie. **(ESPLANADE.)**

1468. Société viticole de Reioua, à Paris, rue Saint-Lazare, 99. — Vin rouge et vin blanc 1888.   **(ESPLANADE.)**

1469. SOIPTEUR (Hilaire), à Tlemcen (Oran). — Vin rouge et vin blanc.   **(ESPLANADE.)**

1470. SOLARIE (Jacques), à Saïda (Oran). — Vin rouge de 1887.   **(ESPLANADE.)**

1471. SOMMER Père et Fils, au Tlélat (Oran). — Eaux-de-vie de vin 1880, 1887, 1888. Anisette 1888. Vins rouges 1887, 1888. Vin blanc 1888.   **(ESPLANADE.)**

1472. SONIS (Comte Albert de), à Bône (Constantine). — Vin de muscat 1886-1888, vin blanc sec 1887, eau-de-vie 1887. Vin de coteaux au bord de la mer.   **(ESPLANADE.)**

1473. SOST (Pierre), à Berrouaghia (Alger). — Vins rouges et vins blancs des récoltes 1887 et 1888. Vin blanc doux de la récolte de 1887.   **(ESPLANADE.)**

1474. SOUCHON (Antoine), à Thiersville (Oran). — Vin rouge 1887.   **(ESPLANADE.)**

1475. SOUDÉE (Achille), à Azefroun (Alger). — Vin de l'année 1888.   **(ESPLANADE.)**

1476. SOUIN (J.-N.), à Marnia (Oran). — Vins rouges 1887-1888.   **(ESPLANADE.)**

1477. SPAZA (Antoine), à El-Diss (Constantine). — Vin blanc 1888. Vin rouge 1888.   **(ESPLANADE.)**

1478. SPIARD (J.-C.), à Margueritte (Alger). — Vins rouges, années 1887 et 1888.   **(ESPLANADE.)**

1479. STAOUELY (La Trappe de), à Staouëly (Alger). — Vins divers, alcools.   **(ESPLANADE.)**

1480. STOTZ (G. J.), à Douéra (Alger). — Vins rouges des récoltes 1887 et 1888, vin blanc récolte 1888.   **(ESPLANADE.)**

1481. STRESSEN (Jacques), à Guelaat-Bousba (Constantine). — Vin rouge 1888. Eau-de-vie de marc 1888. Eau-de-vie de figues de Barbarie.   **(ESPLANADE.)**

1482. STUBER (E.), à Bouira (Alger). — Vin rouge.   **(ESPLANADE.)**

1483. STUDER (François), à l'Arba (Alger). — Vins rouges et vins blancs, années 1887 et 1888.   **(ESPLANADE.)**

1484. STURM (Oscar), à Chebli (Alger). — Vins rouges des récoltes 1887 et 1888, vins blancs secs de 1887 et 1888. Eaux-de-vie de vins et eaux-de-vie de marc.   **(ESPLANADE.)**

1485. SUC (Baptiste), à Mangin (Oran). — Vins rouges 1886-1887-1888. Eau-de-vie de marc 1886.   **(ESPLANADE.)**

1486. SYLVESTRE (Pierre), à Duvivier (Constantine). — Vins rouges 1888.   **(ESPLANADE.)**

1487. Syndicat agricole et viticole de Tlemcen, à Tlemcen (Oran). — Vins.   **(ESPLANADE.)**

1488. Syndicat de défense viticole de Saint-Cloud (Oran). — Vins rouges et vins blancs 1887-1888. Eaux-de-vie de vin et de marc différentes années. **(ESPLANADE.)**

1489. Syndicat vinicole d'Aïn-Bessem, à Aïn-Bessem (Alger). — Vins rouges et vins blancs.   **(ESPLANADE.)**

1490. TABACHI (Vve Félicité), à Miliana (Alger). — Vins rouges 1886 et 1887, vins blancs 1886 et 1888.   **(ESPLANADE.)**

1491. TACHET (Isidore), à Alger, boulevard de la République, 12. — Eau-de-vie, amer et vermouth, eau-de-vie de marc 1887, vins rouges 1887, 1888, vin blanc sec 1887, et doux 1887.   **(ESPLANADE.)**

1492. TAILLARD (Victor), à Djidjelli (Constantine). — Vin rouge 1888.
(ESPLANADE.)

1493. TANTI (Angelo), à Guelma (Constantine). — Vin rouge 1887. (ESPLANADE.)

1494. TAOUREL & Cie, à Alger Quai. — Amer africain, vermouth quinquina. Vins blanc, rouge. Fine champagne d'Algérie. (ESPLANADE.)

1495. TARAFFO (François), à Misserghin (Oran). — Vin rouge 1888.
(ESPLANADE.)

1496. TARDY-JOUBERT (Charles), à Oran, rue de Lourmel, 12. — Vins
rouge, blanc 1888. Eau-de-vie de vin 1887. (ESPLANADE.)

1497. TARTAIX (Maurice), à Aïn-Bessem (Alger). — Vins rouges 1887, 1888.
(ESPLANADE.)

1498. TAURINE (Jean), à Héliopolis (Constantine). — Vin rouge 1888.
(ESPLANADE.)

1499. TEISSIER (Henri), à Bône (Constantine). — Eau-de-vie de vin. Trois-
six de vin. (ESPLANADE.)

1500. TERRAS (P.), à Duvivier (Constantine). — Vin rouge de montagne 1888.
Eaux-de-vie de marc et de vin 1888. (ESPLANADE.)

1501. TERRIER (Antoine), à Sidi-Lhassen (Oran). — Eau-de-vie de marc
1888. (ESPLANADE.)

1502. TESTA (Joseph), à Bougie (Constantine). — Amer « Testa.» (ESPLANADE.)

1503. TESTANIÈRE (Gabriel), à El-Kantour (Constantine). — Vin rouge
(ESPLANADE.)

1504. TESTUD (L.-G.), à Novi (Alger). — Vins rouges, années 1887, 1888.
(ESPLANADE.)

1505. TEULE (Léon), à Souma (Alger). — Vin rouge 1888. Eau-de-vie de
marc. (ESPLANADE.)

1506. TEXIER (Théodore), à Béni-Méred (Alger).— Vins rouges et vins blancs
1887 et 1888. Vin cuit et eau-de-vie de vin 1888. (ESPLANADE.)

1507. TÉXIER (Léon), à l'Oued-Amizour (Constantine). — Vin rouge et vin
blanc 1888. (ESPLANADE.)

1508. THÉDREL (Aimable), à Bordj-Menaïel (Alger). — Vins rouges 1886,
1887 et 1888. (ESPLANADE.)

1509. THÉUS NEVEU, à Oran, rue des Casernes. — Vins. (ESPLANADE.)

1510. THÉVENIN, à Bône (Constantine.) — Vin 1887, 1888. Eaux-de-vie de
marc non pressé. Eaux-de-vie de vin. (ESPLANADE.)

1511. THÉVENON (Vve Louis), à Jemmapes. — Vin rouge 1888.
(ESPLANADE.)

1512. THIBAUDIER (Joseph), à Bouïra (Alger). — Vins. (ESPLANADE.)

1513. THIVAUD (Claude), à Médéah (Alger). — Vins blancs et vins rouges
1887, 1888. Eau-de-vie de marc 1887. (ESPLANADE.)

1514. THOMANN (Georges), à Misserghin (Oran). — Vins rouges et vins
blanc 1886, 1888. (ESPLANADE.)

1515. THOMAS (Auguste), à Marceau, commune mixte de Gouraya (Alger).
— Vin rouge, blanc sec, blanc doux. (ESPLANADE.)

1516. THOMAS (Joseph), à Guelma (Constantine), rue d'Announa. — Vin
rouge. (ESPLANADE.)

1517. THOMAS (Louis), à Héliopolis (Constantine). — Vin rouge 1888.
(ESPLANADE.)

1518. THOMAS & TOURMUT, à Arzew (Oran). — Vins rouge, blanc.
Eau-de-vie. **(ESPLANADE.)**

1519. THOUMAZOU-BRU, à Isserville (Alger). — Vins rouges 1887 et 1888.
(ESPLANADE.)

1520. THOREAU-LEVARÉ (J.-J.-H.), à Aïn-Tédelès (Oran). — Vins
rouges et vins blancs 1887, 1888. **(ESPLANADE.)**

1521. THOUVENIN (Alfred), à Misserghin (Oran). — Vins rouges 1887, 1888
(ESPLANADE.)

1522. THOUY (Vve), à Héliopolis (Constantine). — Vins rouge, blanc 1888.
(ESPLANADE.)

1523. THUILLIER (J.-H.), à Meurad (Alger). — Vin. **(ESPLANADE.)**

1524. TILLOY (Jules), à Strasbourg (Constantine). — Vin 1888. **(ESPLANADE.)**

1525. TIMSIT (Émile), à Alger, rue Bruce, 9. — Vin de Malvoisie 1888.
(ESPLANADE.)

1526. TISSIER (Claude), à Novi (Alger). — Vin rouge et rhum. **(ESPLANADE.)**

1527. TOCHE (H.-A.-L.), à Bône (Constantine). — Vins rouges, blanc sec 1888.
(ESPLANADE.)

1528. TOCHE Frères, à Bône (Constantine). — Vins rouges, blancs, de liqueur.
(ESPLANADE.)

1529. TOCHON (Auguste), à Duquesne (Constantine). — Vin rouge 1888.
(ESPLANADE.)

1530. TOPPIN (Raoul), à Hammam-bou-Hadjar (Oran). — Vin rouge 1887.
(ESPLANADE.)

1531. TORRE (Nicolas), à Duzerville (Constantine).— Vins rouges, blancs doux
1888, Eaux-de-vie de marc 1888. **(ESPLANADE.)**

1532. TORREGROSA & BASTIEN, à Oran. — Vins rouges 1886, 1887,
1888. **(ESPLANADE.)**

1533. TORT (Antoine), à Aïn-Bessem (Alger). — Vins rouges 1886, 1887, 1888,
Vin blanc 1888. **(ESPLANADE.)**

1534. TOULON (Élie), à Héliopolis (Constantine). — Vins rouges 1887 et 1888.
(ESPLANADE.)

1535. TOULON (Louis), à Héliopolis (Constantine). — Vin rouge 1888.
(ESPLANADE.)

1536. TOURMANJOT (Pierre), à Isserville (Alger). — Vins rouges 1887 et
1888. **(ESPLANADE.)**

1537. TOURDONNET (Henri de), à Philippeville (Constantine). — Vins
rouges 1879, 1885, 1886, 1887 et 1888. Vin blanc 1888. **(ESPLANADE.)**

1538. TOURNEGRO (Louis), à Aïn-el-Turck (Oran). — Vins rouges 1887 et
1888. **(ESPLANADE.)**

1539. TOURNIER (Joseph), à El-Kantour (Constantine). — Vins rouge et
blanc 1887 et 1888. Eaux-de-vie de vin et de marc 1887 et 1888. Vin blanc sec et vin
de liqueur. **(ESPLANADE.)**

1540. TOURNIÈRES (Joseph), à l'Oued-Amizour (Constantine). — Vin rouge
et vin blanc année 1888. **(ESPLANADE.)**

1541. TOUSTAIN-HABENECK, à Montebello (Alger). — Vins rouges 1887
et 1888. Vin blanc 1887, Eau-de-vie. **(ESPLANADE.)**

1542. TOUYA (Pierre), à Aïn-Cherchar (Constantine). — Vin rouge 1888.
(ESPLANADE.)

1543. TRACQUI (Auguste), à El-Arrouch (Constantine). — Vin rouge.
(ESPLANADE.)

1544. TRÉMAUX (J.-B.), Tipaza (Alger). — Vins rouges des récoltes de 1879, 1882, 1886, 1888. Vin blanc récoltes 1885 et 1888.
(ESPLANADE.)

1545. TRIBAUDEAU (Jules), à Fleurus (Oran). — Vin rouge et vin blanc 1888.
(ESPLANADE.)

1546. TRIBAUDEAU (Louis), à Fleurus (Oran). — Vin rouge, blanc 1887, 1888.
(ESPLANADE.)

1547. TRICQUEVILLE (de), à Aïn-el-Arba (Oran). — Vins.   **(ESPLANADE.)**

1548. TRIDON (Paul), à Dalmatie (Alger). — Vin rouge de 1888. Eau-de-vie de marc.
(ESPLANADE.)

1549. TRINQUIER (Ferdinand), à Duvivier (Constantine). — Vins rouges récoltes 1887, 1888.
(ESPLANADE.)

1550. TROUETTE (Pierre), à Miliana (Alger). — Vins rouges de récoltes 1886, 1887 et 1888. Vin blanc de la récolte 1886.
(ESPLANADE.)

1551. TROUILLIER (Charles), à Bouzaréa (Alger). — Vin rouge et vin blanc 1888.
(ESPLANADE.)

1552. TROUIN (César), à Oran, rue de Turin, 3.—Apéritif oranais. **(ESPLANADE.)**

1553. TRUMEAU (Ferdinand), à Tizi-Rniff (Alger). — Vin rouge de 1888.
(ESPLANADE.)

1554. TUR (Pépé), à Tessalah (Oran). — Vin rouge 1888.   **(ESPLANADE.)**

1555. TUTARD (Marcella), à Villebourg (Alger). — Vins rouges des récoltes 1887, 1888.
(ESPLANADE.)

1556. UBRY (Alfred), à Hassen-ben-Ali (Alger). — Vin rouge et vin blanc de la récolte de 1888.
(ESPLANADE.)

1557. ULPAT (Eugène), à Aïn-Bessem (Alger). — Vins rouges de récoltes 1887 et 1888.
(ESPLANADE.)

1558. Union générale d'Afrique, à Saint-Denis-du-Sig (Oran). — Vin rouge et vin blanc 1887 et 1888.
(ESPLANADE.)

1559. URSCH (Charles), à Maoussa (Oran). — Vin rouge et vin blanc.
(ESPLANADE.)

1560. UZAC (Vve Jeanne), à Millésimo (Constantine). — Vin rouge.
(ESPLANADE.)

1561. VACHER (Léonard), à Bordj-Ménaël (Alger).— Vins rouges des récoltes 1886-1887 et 1888.
(ESPLANADE.)

1562. VAISSE (Jules), à Négrier (Oran). — Vin rouge 1887.   **(ESPLANADE.)**

1563. VAISSIÈRE (Paul), à Draria (Alger). — Vin rouge et vin blanc de 1888.
(ESPLANADE.)

1564. VALAT (Félix), à Thiersville (Oran). — Vin rouge 1887.   **(ESPLANADE.)**

1565. VALAT (François), à Négrier (Oran). — Vin rouge, eaux-de-vie de marc et de vin.
(ESPLANADE.)

1566. VALENCE (P. de), à l'Oued-Kouba (Constantine). — Vin récolte 1888.
(ESPLANADE.)

1567. VALÉS (Jean), à Assi-bou-Nif (Oran). — Vin rouge 1888.   **(ESPLANADE.)**

1568. VALETTE (Alexis), à Héliopolis (Constantine). — Vin rouge récolte 1888, vin blanc doux 1888, eau-de-vie de marc 1887.   **(ESPLANADE.)**

1569. VALLON (Jean-Baptiste), à Fleurus (Oran). — Vin rouge et eau-de-vie de vin.   **(ESPLANADE.)**

1570. VALON (Alfred), à Damiette (Alger). — Vin rouge et vin blanc.   **(ESPLANADE.)**

1571. VARLET (Jules), à Boufarik (Alger). — Vin rouge, blan , eau-de-vie de vin.   **(ESPLANADE.)**

1572. VASSEUR (Antoine), à Castiglione (Alger). — Vin rouge 1887 et 1888.   **(ESPLANADE.)**

1573. VASSOILLE (André), à Il-Matten (Constantine). — Vin rouge et vin blanc 1888   **(ESPLANADE.)**

1574. VATEL (E.), à Draria (Alger). — Vins rouges, vins blancs, eau-de-vie et vins de liqueur.   **(ESPLANADE.)**

1575. VELON, Frères, à Mourad (Alger). — Vin rouge et vin blanc 1888.   **(ESPLANADE.)**

1576. VENEL, à Mansoura (Oran). — Vin rouge.   **(ESPLANADE.)**

1577. VENTENAT (Pierre), à Boukanéfis (Oran). — Vin rouge 1888.   **(ESPLANADE.)**

1578. VENTRE (Blaise), à Affreville (Alger). — Vin blanc et vin rouge.   **(ESPLANADE.)**

1579. VÉRAX (M.-V.-A.), à El-Hadjar (Constantine). — Vins 1886 et 1888, vins blancs 1886, 1887, 1888.   **(ESPLANADE.)**

1580. VERCHÈRE (Pierre & Charles), à Tizi-Rniff (Alger). — Vin rouge des récoltes 1886 et 1888.   **(ESPLANADE.)**

1581. VERDIER (J.-B.), à Mondovi (Constantine). — Vins rouges récoltes 1887, 1888.   **(ESPLANADE.)**

1582. VERDIER (Narcisse), à Mondovi (Constantine).— Vins rouges récoltes 1887, 1888.   **(ESPLANADE.)**

1583. VERNIER (François), à Chanzy (Oran). — Vin de 1888.   **(ESPLANADE.)**

1584. VERNIER (Joseph), à Bou-Sfer (Oran). — Vins 1887-1888.   **(ESPLANADE**

1585. VERRIER (Émile), à Combes (Constantine). — Vins rouges et vins blancs.   **(ESPLANAD**

1586. VERRIER (Émile), à Zérizer (Constantine). — Vins en bouteilles.   **(ESPLANADE.)**

1587. VIALA (Jacques), à Tizi (Oran). — Vin blanc.   **(ESPLANADE.)**

1588. VIALAR (Alfred de), à Alger, boulevard de la République, 21. — Vin rouge et vin blanc.   **(ESPLANADE.)**

1589. VIAU (Vve), à Mascara (Oran). — Vins rouges et vins blancs 1887-1887.   **(ESPLANADE.)**

1590. VIDAL (Louis), à Mondovi (Constantine). — Vin rouge, blanc 1887, eau-de-vie de marc 1887.   **(ESPLANADE.)**

1591. VIEILLEDENT, MARCOU & Cie. à Renault (Oran). — Vin rouge, blanc, eaux-de-vie de marc et de vin 1888.   **(ESPLANADE.)**

1592. VIGNAU (Pierre), à Damiette (Alger).— Vins rouges des récoltes 1887 et 1888, eau-de-vie de marc.   **(ESPLANADE.)**

1593. VIGNAULT (Jean), à Grarem (Constantine). — Vin rouge **(ESPLANADE.)**

1594. VIGNIER (Eugène), à Hammam-R'hira. — Vin rouge des récoltes 1887 et 1888, vin blanc sec 1887, vin blanc doux 1887, eau-de-vie 1887. **(ESPLANADE.)**

1595. VIGUIER (Jubal), à Bône (Constantine). — Vin rouge de montagne récoltes 1887 et 1888. **(ESPLANADE.)**

1596. VILLARET (Louis), à Aïn-Farès (Oran). — Vins 1887-1888. **(ESPLANADE.)**

1597. VILLENEUVE (Camille), à Philippeville (Constantine). — Vin récolte 1888, vin blanc récolte 1888. **(ESPLANADE.)**

1598. VILLON (Eugène), à Gouraya (Alger). — Vin blanc des Zatina, alcool d'Arbouses. **(ESPLANADE.)**

1599. VINCENT (Édouard), à Damiette (Alger). — Vin rouge, vin blanc sec et vin blanc doux de la récolte 1888. **(ESPLANADE.)**

1600. VINCENT (Constant), à Damiette (Alger). — Vin rouge 1888. **(ESPLANADE.)**

1601. VINÇON (Pierre), à Fleurus (Oran). — Vin rouge 1887, 1888. **(ESPLANADE.)**

1602. VIOLA (Ulisse), à Tizi-Ouzou (Alger). — Vin rouge et vin blanc. **(ESPLANADE.)**

1603. VION (Joseph), à Pontéba (Alger). — Vin et eau de vie de 1888. **(ESPLANADE.)**

1604. VIROLLAND (Jules), à Chabet-El-Ameur (Alger). — Vin rouge de la récolte 1888. **(ESPLANADE.)**

1605. VITAL (Marion), à Assi-bou-Nif (Oran). — Vin rouge 1888, eau-de-vie de marc 1885. **(ESPLANADE.)**

1606. VITAL (Vincent), à Duzerville (Constantine). — Vin blanc et vin rouge 1888, 3/6 de 1888, vin de muscat 1887. **(ESPLANADE.)**

1607. VITRAC (Jean), à Courbet (Algérie). — Vin rouge et vin blanc 1888. **(ESPLANADE)**

1608. VIVIER (Édouard), à Montebello (Alger). — Vin rouge de Montebello année 1888, vin rouge d'Attatba, année 1888. **(ESPLANADE.)**

1609. VOHRER (Auguste), à Bouïra (Alger). — Vin rouge des récoltes 1887 et 1888. **(ESPLANADE.)**

1610. VOLLE (Victor), à Saint-Leu (Oran). — Vins rouges 1886, 1887, 1888, blancs 1887, 1888. **(ESPLANADE.)**

1611. VOLLENHOVEN (Jacob-Jean van), à Alger, rampe Valée, 39. — Vins rouges et vins blancs des récoltes 1886, 1887 et 1888. **(ESPLANADE.)**

1612. VUILLEMIN (François), à Aïn-Oumata (Oran). — Vins rouges 1887-1888. **(ESPLANADE.)**

1613. VUILLEMOT (Joseph), à Bou-Sfer (Oran). — Vin rouge et eau-de-vie de marc 1888. **(ESPLANADE.)**

1614. VULMONT (Désiré), à l'Oued-Amizour (Constantine). — Vin rouge année 1888. **(ESPLANADE.)**

1615. WAGNER (Jean-Daniel), à l'Alma (Alger). — Vin rouge et vin blanc **(ESPLANADE.)**

1616. WANDEVOGEL (Angelus), à Fort-National (Alger). — Vins rouges et vins blancs. **(ESPLANADE.)**

1617. WARION (Vve), à Mondovi (Constantine). — Vin blanc sec de 1887. **(ESPLANADE.)**

1618. WAROT (Xavier), à Bouïnan (Alger). — Vins rouges 1886, 1887 et 1888.
(ESPLANADE.)

1619. WAUTERS fils (René), à Tlemcen (Oran). — Vins rouges 1886, 1887, 1888.
(ESPLANADE.)

1620. WEINEST (Balthazar), à Bordj-Menaïel (Alger). — Vin rouge et vin rosé.
(ESPLANADE.)

1621. WESTPHAL (Philippe), à Miliana (Alger). — Vin rouge. (ESPLANADE.)

1622. WIDEMANN (Pierre), à l'Oued-Amizour (Constantine). — Vin rouge 1888.
(ESPLANADE.)

1623. WILHELM (Joseph), à Dely-Ibrahim (Alger). — Vin rouge 1887.
(ESPLANADE.)

1624. WILSON (Charles), à Castiglione (Alger).— Vins rouges de 1885, 1886 et 1887, vin blanc 1887, eau-de-vie de marc 1886, eau-de-vie de vin 1887.   (ESPLANADE.)

1625. WINTER (Ferdinand), à Saint-Cloud (Oran). — Vin rouge de 1888.
(ESPLANADE.)

1626. WOGLER (Vve), à Barral (Constantine).— Vins rouges récoltes de 1886-1888.
(ESPLANADE.)

1627. WORSTORN (Jean), à Nechmeya (Constantine). — Vin rouge 1888.
(ESPLANADE.)

1628. XERRY (Louis), à Bône (Constantine). — Amer au curaçao de Hollande.
(ESPLANADE.)

1629. YUNG (Gustave), à Bourkika (Alger). — Vin blanc et liqueur année 1888.
(ESPLANADE.)

1630. YVARS (Henri), à Mostaganem (Oran). — Vins.   (ESPLANADE.)

1631. ZABERN (Maximilien), à Legrand (Oran). — Vins rouges et blancs 1887-1888.
(ESPLANADE.)

1632. ZENORVADO (Émilie), à Blidah (Alger).— Vins rouges des années 1881-1886-1887 et 1888.
(ESPLANADE.)

1633. ZERMATI (Jacob), à Cheragas (Alger). — Vins rouges des récoltes 1887 et 1888.
(ESPLANADE.)

1634. ZITTEL (Conrad), à Dely-Ibrahim (Alger). — Vin rouge année 1888.
(ESPLANADE.)

1635. ZURCHER (Aimé), à Courbet (Alger). — Vins blancs, vins rouges et eau-de-vie.
(ESPLANADE.)

1636. ZURCHER (Paul), à Zââtra (Alger).— Vins rouges des récoltes 1887-1888.
(ESPLANADE.)

GABON CONGO.

1. LEBERRE (Évêque de Guinée), au Gabon. — Eau-de-vie de mangues.
(ESPLANADE.)

GUADELOUPE.

1. BAILLY (G.) & LESAINT (J.), à la Pointe-à-Pitre. — Rhums de 1re et de 2me qualité, vieux tafia.
(ESPLANADE.)

2. BESSAT, à Sainte-Rose, habitation la Viard. — Rhum.   (ESPLANADE.)

3. BONNETERRE (Héritiers de), à Marie-Galante, habitation Vidon. — Rhum de 1883 et tafia de 1888.   **(ESPLANADE.)**

4. BOUVIER (Vve), à la Goyave, habitation Fort-Ile. — Rhum.

5. BOYER (Edmond), à la Capesterre. — Tafia (un mois de fabrication) et tafia coloré (8 mois de fabrication).   **(ESPLANADE.)**

6. CORDONNJÉ (Pierre), à la Pointe-à-Pitre. — Rhums de 1878, 1884 et 1886.
                                                    (ESPLANADE.)

7. Crédit Foncier Colonial, à la Pointe-à-Pitre. — Rhum de l'usine « Bonne Mère ».   **(ESPLANADE.)**

8. DÉCAP BOULOGNE, à la Capesterre (Marie-Galante). — Rhum de 1886.
                                                    (ESPLANADE.)

9. FIGUIÈRES (A.), à la Capesterre (Marie-Galante). — Rhum.   **(ESPLANADE.)**

10. FRENCH (Mlle), au Marigot (Saint-Martin). — Rhum et bay-rhum.
                                                    (ESPLANADE.)

11. Sous-Comité d'Exposition de Marie-Galante. — Rhum et tafia.
                                                    (ESPLANADE.)

12. VAN ROMONDT, à Saint-Martin, habitation Belle-Plaine. — Rhums de 1880, 1885, 1886, 1887 et 1888.   **(ESPLANADE.)**

INDE FRANÇAISE.

1. BALA SOUPRAMANIA CHETTY. — Punch.   **(ESPLANADE.)**

2. CHARATTE-CHANGARIN. — Arrack de Mahé.   **(ESPLANADE.)**

3. Comité d'Exposition. — Arrack.   **(ESPLANADE.)**

4. FAURE. — Punch.   **(ESPLANADE.)**

MARTINIQUE.

1. AGRICOLE (Eugène), à la Trinité. — Eau-de-vie d'abricots, Rhum vieux.
                                                    (ESPLANADE.)

2. ALBERT (Victor), à Saint-Pierre (Prêcheur). — Rhum, tafia, schrubb.
                                                    (ESPLANADE.)

3. BALLY (Joseph), à Fort-de-France. — Rhum.   **(ESPLANADE.)**

4. BONNOURE (Jules), à Fort-de-France (Pont-de-Chaînes). — Rhums fins.
                                                    (ESPLANADE.)

5. DORN (E.) & CLARAC (F.), à Fort-de-France. — Vins d'ananas et d'oranges, rhums.   **(ESPLANADE.)**

6. DUQUESNAY (Jules), au Marin. — Rhum.   **(ESPLANADE.)**

7. ETTORI (P.-M.), à Saint-Pierre, rue Victor-Hugo. — Cognac, genièvre, rhum.
                                                    (ESPLANADE.)

8. FOUCHÉ (Virgile), à Saint-Pierre. — Vins d'oranges.   **(ESPLANADE.)**

9. GASTON (J.-J.-E.), à Fort-de-France. — Schrubb (liqueur).   **(ESPLANADE.)**

10. GIRARD (Louis), à Fonds-Saint-Denis. — Rhum, tafia.   **(ESPLANADE.)**

11. GROTTES (Eugène des), à Saint-Pierre. — Rhum.   **(ESPLANADE.)**

12. HURARD (Marius), à Saint-Pierre. — Eau-de-vie de cannes, rhum, tafia.
                                                    (ESPLANADE.)

13. JUSSELAIN (Léon), au Carbet. — Rhum, schrubb.   (ESPLANADE.)

14. LANLUMG (Léo), à Saint-Pierre. — Rhum fin.   (ESPLANADE.)

15. LAPIQUONNE (R. & E.), à Saint-Pierre. — Rhum, schrubb.
                                                             (ESPLANADE.)

16. LARTIGUE (Emmanuel), à Sainte-Philomène. — Rhum, schrubb.
                                                             (ESPLANADE.)

17. LASSERRE (Édouard), à Saint-Pierre. — Rhum, tafia.   (ESPLANADE.)

18. MOLINARD (Gaston), à Paris, passage Saulnier, 5. — Rhum. (ESPLANADE.)

19. NINET (Félix), à Saint-Pierre. — Rhum.   (ESPLANADE.)

20. RALU (R.-A.), à Saint-Pierre. — Eau-de-vie de cannes à sucre.
                                                             (ESPLANADE.)

21. RALU (R.-C.-D.), à Saint-Pierre. — Rhum.   (ESPLANADE.)

22. RIÉME (Georges), à Saint-Pierre. — Rhum.   (ESPLANADE.)

23. ROUSSEAU (Ch.), à Saint-Pierre, rue Saint-Louis. — Rhum, tafia.
                                                             (ESPLANADE.)

24. ROY (Th.-Saint-Omer), au Lamentin. — Rhums.   (ESPLANADE.)

25. SAINT-AUDE (Charlius), à Fort-de-France. — Vin d'orange doux et sec.
                                                             (ESPLANADE.)

26. SAINT-LÉGER LALUNG, à Saint-Pierre. — Rhum.   (ESPLANADE.)

NOUVELLE-CALÉDONIE

1. GRESLAN (de), à Dumbéa. — Vin d'orange, rhum d'ananas et de canne à
sucre.   (ESPLANADE.)

2. HAYES & JEANNENEY, à Fonwhary. — Suc alcoolisé de figuier de Barbarie, eau-de-vie d'ananas, de manioc, de dracœna, de pulpe de café, etc. (ESPLANADE.)

3. HOFF, à Dumbéa. — Suc de citron.   (ESPLANADE.)

4. KÉRANVAL, à Koé. — Rhum d'ananas, arach, curaçao, eau-de-vie de Tamarin.
                                                             (ESPLANADE.)

5. Pénitencier de Koé. — Eau-de-vie de papayes.   (ESPLANADE.)

6. ROUSSEL & JOURDEY, à Bourail. — Vinaigre de canne, alcool de manioc, d'oranges, de bananes, etc.   (ESPLANADE.)

7. Usine de Bourail, à Bourail. — Rhum, tafia.   (ESPLANADE.)

8. Usine de Koé, à Koé. — Tafia.   (ESPLANADE.)

RÉUNION.

1. ARCHAMBAULT (Aristide), à Saint-Denis. — Tafia nouveau, vieux,
extra, rhum vieux. Alcool et eaux-de-vie de cannes.   (ESPLANADE.)

2. AUBER (F.), à St-Benoît. — Vieux rhum extra.   (ESPLANADE.)

3. CHABRIER Frères, à St-Louis. — Rhum vieux 1850, 1871, 1888. (ESPLANADE.)

4. CHATEL (Rémy), à Saint-Denis. — Rhum, alcool, eau-de-vie.
                                                             (ESPLANADE.)

5. Comité central d'Exposition, à St-Denis. — Vieux rhum, eau-de-vie.
                                                             (ESPLANADE.)

6. DOLABARATZ (A.), Directeur de l'Agence du Crédit foncier Colonial, à Saint-Denis. — Eau-de-vie de cannes. Rhums 1880, 1884, 1886, 1887 ; rhum nouveau.
(ESPLANADE.)

7. ISAUTIER (Vve) & Fils, à Saint-Pierre. — Rhum ordinaire vieux, Eaux-de-vie de cannes. Alcool de Vesou.
(ESPLANADE.)

8. LAPEYREIRE (Joseph), Pharmacien de 1re classe de la Marine, à Saint-Denis. — Vin de cannes à sucre, vin, eaux-de-vie et alcools.
(ESPLANADE.)

9. LE COAT DE KERVEGUEN, duc de Trévise, à St-Pierre-Tampon. Rhum désinfecté, nouveau et vieux, vin d'ananas. Alcool de Vesou, arrack vieux.
(ESPLANADE.)

10. POTIER (Julien), Directeur du Jardin Botanique Colonial, à Cassinthe. — Amer xylopiame : ayapanine. Triple extrait de bois amer.
(ESPLANADE.)

11. POURQUIER Frères et DE BOIS-VILLIER, à St-Denis. — Extrait d'absinthe ; orcao.
(ESPLANADE.)

12. SALMON (Alexandre), à Saint-Denis. — Rhum extra. **(ESPLANADE.)**

13. SENAUD, à St-André. — Rhum d'ananas. **(ESPLANADE.)**

14. VILLIERS (Adam de), à St-Denis. — Vieux rhum. **(ESPLANADE.)**

SÉNÉGAL.

1. AMADY NATAGO, Lam Toro, Chef du **Toro,** (protectorat du Toro). — Vins tabaskire.
(ESPLANADE.)

TAHITI.

1. CHALLIER, à Papara. — Rhum. **(ESPLANADE.)**

2. Plantation de Vai-Hiria, à Mataiera. — Rhum. **(ESPLANADE.)**

PAYS DE PROTECTORAT

ANNAM-TONKIN.

1. PELLISSON Père & Fils, à Cognac (Charente). — La flore tonkinoise, (Liqueur).
(ESPLANADE.)

TUNISIE.

1. ALLAL SIMON. — Produits de la distillerie. **(ESPLANADE.)**

2. BERTAINCHAUD, propriété Bir-Kassa. — Vins. **(ESPLANADE.)**

3. BONTOUX, BROLEMANN & Cie, à Mégrine, près Tunis. — Vins.
(ESPLANADE.)

4. CARNIÈRES (de), à Soliman. — Vins. **(ESPLANADE.)**

5. Comité Tunisien (Président : **Mohamed Djellouli),** à Tunis, — Vins et plans de vignobles.
(ESPLANADE.)

6. **Compagnie des Chemins de fer de Bóne-Guelma et prolongements,** à Tunis. — Vins. (ESPLANADE.)

7. **CRÉTE & Cie,** à Nebdech-Dib, près Tunis. — Vins. (ESPLANADE.)

8. **DUVAU (A.),** à Tunis. — Vins. (ESPLANADE.)

9. **FERRANDO (Hilario),** à Utique. — Vins. (ESPLANADE.)

10. **GÉRY & LEMAIRE,** à Oued-Zargua. — Vins. (ESPLANADE.)

11. **GUIGNARD,** à Tunis. — Vins. (ESPLANADE.)

12. **GVION.** — Produits de la distillerie. (ESPLANADE.)

13. **LICARI (G.),** à Tunis, rue d'Espagne. — Liqueurs diverses. Amer. (ESPLANADE.)

14. **LUNEL,** à la Sokra, près Tunis. — Vins. (ESPLANADE.)

15. **MARSOT,** à Bal-el-Fellah, Tunis. — Vins. (ESPLANADE.)

16. **MARTRAY (du),** à Tunis et Soukel-Kmis. — Vins. (ESPLANADE.)

17. **MILLE LAURANS & Cie,** à Tunis. — Vins. (ESPLANADE.)

18. **PARADE (A. de),** à Tunis, rue Al-Djazira, 16. — Vins. (ESPLANADE.)

19. **PATY (du) DE CLAM,** à Sfax (domaine El-Hajeb). — Vins. (ESPLANADE.)

20. **PILTER (Th.) & Fils,** à Ksar-Tyr. — Vins, eaux-de-vie, essence. (ESPLANADE.)

21. **POTIN (Paul),** domaine de Bordj-Cédria. — Vins. (ESPLANADE.)

22. **SELON,** à Tunis. — Amer Selon. (ESPLANADE.)

23. **SOTIROPOULO (Dionisio),** à Tunis. — Liqueurs diverses. (ESPLANADE.)

24. **SPIRO LALLACHIS,** à Tunis. — Liqueurs diverses. (ESPLANADE.)

25. **TERRAS,** domaine de Achmed-Zaïd. — Vins. (ESPLANADE.)

26. **VIGUIER (H.),** à Tunis, avenue de la Marine. — Amer Viguier, cognac Viguier, apéritif Viguier. (ESPLANADE.)

PAYS ÉTRANGERS.

RÉPUBLIQUE ARGENTINE.

1. **ACUÑA (S. de)**, à Piedra-Blanca (Catamarca). — Eau-de-vie de raisins. (PARC.)

2. **AGUIRRE (Mme)**, à Mendoza. — Vin blanc. (PARC.)

3. **ALVARES (David)**, à Santa-Maria (Catamarca). — Vin rouge 1880. (PARC.)

4. **AMAR (M.)**, à Cafayate (Salta). — Vin. (PARC.)

5. **ANGIER (Augustin)**, à Santa-Maria (Catamarca). — Vin rouge 1878. (PARC.)

6. **ANTONY (Léon)**, à Esperanza (Santa-Fé). — Bière. (PARC.)

7. **ARAOZ (B.)**, à Ambato (Catamarca). — Eau-de-vie de raisins à 59° et 81°. (PARC.)

8. **ARCE (E.)**, à San-Carlos (Salta). — Vin. (PARC.)

9. **AVILA (J.-B.)**, à San-Carlos (Salta). — Vin. (PARC.)

10. **BARRAQUERO (Honorio)**, à Mendoza. — Vins blancs, rouges. (PARC.)

11. **BENEGAS (Tiburcio)**, à Mendoza. — Vins blancs et rouges. (PARC.)

12. **BERNARD (Marius) & Cie**, à Mendoza. — Vins blancs et rouges; bières et cognacs. (PARC.)

13. **BIECKERT (Émile)**, à Buenos-Ayres. — Bière. (PARC.)

14. **BLAMEY (J.)**, à Andalgalà (Catamarca). — Vin rouge 1886 et 1887. (PARC.)

15. **BRAVO (F.)**, à San-Carlos (Salta). — Vin. (PARC.)

16. **BRIAN (Charles)**, à Minas (Cordoba). — Vins blancs, vin rouge. (PARC.)

17. **CASTRO (Jules)**, à San-Juan. — Vin de Jerez, Andino, Château Castro, Perla. (PARC.)

18. **CASTRO (Florencio)**, à Mendoza. — Vin blanc. (PARC.)

19. **CERRANO & BONACCIO**, à Formosa. — Alcool de canne à sucre. (PARC.)

20. **CHAVARRIA (J. A.)**, à Cafayate (Salta). — Vin. (PARC.)

21. **CISNEROS (Grégoire)**, à Andaigalà (Catamarca).—Eau-de vie de Moscatel. (PARC.)

22. **Commission auxiliaire**, à San-Luis. — Bière « extra stout », Alcool de pêches, vin blanc. (PARC.)

23. **Commission auxiliaire**, à Jujuy. — Alcool, chicha de maïs. (PARC.)

24. **Commission auxiliaire**, à Colalao (Tucuman). — Vins. (PARC.)

25. Commission auxiliaire, à Catamarca (Santa-Cruz). — Vin rouge, vin blanc
1889, eau-de-vie de raisins et céleri.   (**PARC.**)

26. Commission auxiliaire, à Salta. — Vin 1887.   (**PARC.**)

27. Commission auxiliaire, Misiones. — Alcool de canne à sucre.   (**PARC.**)

28. CORDERO (F.), à Rioja. — Vins.   (**PARC.**)

29. COSTA (Louis), à Rosario (Santa-Fé). — Champagne, vermouth.   (**PARC.**)

30. COSTA & Cie (Léopold), à Rioja. — Vins, eau-de-vie.   (**PARC.**)

31. CRESPO (A.), à Cruz-del-Eje (Cordoba). — Vin rouge.   (**PARC.**)

32. DAUL (A.) & Cie, à Formosa. — Alcool.   (**PARC.**)

33. DIAZ (Valentin), à Mendoza. — Anisette.   (**PARC.**)

34. DONCEL (R.), à San-Juan. — Vin blanc.   (**PARC.**)

35. DUBOURG (Jules), à Tucuman. — Alcool.   (**PARC.**)

36. ECHEGARAY Frères & ARNAUD, Établissement **San-Miguel**
(San-Juan). — Vins blancs et rouges.   (**PARC.**)

37. ECHEGARAY (Louis), à Desamparados (San-Juan). — Vins blancs.
                                                                          (**PARC.**)

38. ESCALA (Jean), à San-Geronimo (Santa-Fé). — Safran.   (**PARC.**)

39. ESCUDERO (Isidore), à Belgrano (Mendoza). — Vins blancs et rouges.
                                                                          (**PARC.**)

40. ESPINOSA (Conrade), à Santa-Maria (Catamarca). — Vin rouge 1885,
1887. Vin blanc 1885, 1887.   (**PARC.**)

41. FIGUEROA (C.), à Andalgala (Catamarca). — Eau-de-vie de Moscatel.
                                                                          (**PARC.**)

42. FIGUEROA (S.), à Andalgala (Catamarca). — Vin rouge.   (**PARC.**)

43. FRANCO (Louis A.), à Belen (Catamarca). — Vin rouge, Château-Londres
1887, vin blanc, Château-Franco 1887.   (**PARC.**)

44. GALLINA & Cie, à Gaboto (Santa-Fé). — Vermouth.   (**PARC.**)

45. GARCIA (Flavio), à Mendoza. — Vins blancs, rouges.   (**PARC.**)

46. GARCIA (V.), à Cruz-Alta (Tucuman). — Alcool.   (**PARC.**)

47. GODOY (Nicolas), à Mendoza. — Vins blanc, rouge.   (**PARC.**)

48. GONZALEZ (N.), à San-Carlos (Salta). — Vin 1887.   (**PARC.**)

49. GRANJA ORIOL, à Concordia (Entre-Rios). — Vin rouge.   (**PARC.**)

50. GUIÑAZU (Tristan), à Mendoza. — Vins blanc et rouge.   (**PARC.**)

51. GUZMAN & Cie, à Tucuman. — Alcool.   (**PARC.**)

52. HILERET (C.), à Lules (Tucuman). — Alcool.   (**PARC.**)

53. HUERGO (Joselin B.) & Cie, à Buenos-Ayres.—Cognacs, rhum, genièvre.
                                                                          (**PARC.**)

54. La Colonizadora Argentina, à Concordia. — Alcool.   (**PARC.**)

55. LACUBE (Émile), à Santiago-del-Estero. — Vin blanc de 1887, vin rouge
de 1887.   (**PARC.**)

56. LASMATRES (Hilaire), à Mendoza. — Vins blancs, rouges, cognac.
                                                                          (**PARC.**)

57. LATINO (Antoine), à San-Luis. — Vin blanc. **(PARC.)**

58. LEUCIONI (Ferdinand), Entre-Rios. — Rhum et cognac. **(PARC.)**

59. LIGOULE (L.) & Fils, Desamparados (San-Juan). — Vin blanc, rouge. **(PARC.)**

60. LORENTE (M.) & Cie, à Mendoza. — Vins blancs, rouges, cognac, genièvre. **(PARC.)**

61. MAGARZO (François), à Belen (Catamarca). — Vin blanc 1887. **(PARC.)**

62. MARECHAL & PONCHET, à Formosa. — Eau-de-vie. **(PARC.)**

63. MARGUERON (L.), à Rosario (Santa-Fé). — Cognac. **(PARC.)**

64. MARTIN & Cie, à Mendoza. — Vins blancs, rouges. **(PARC.)**

65. MARTINO & VELA, à Victoria (Entre-Rios). — Vin blanc. **(PARC.)**

66. MAURIN (Jean), à Pocito (San-Juan). — Vins blancs. **(PARC.)**

67. MERCAN (Eliseo), à Merlo (San-Luis). — Vin rouge. **(PARC.)**

68. MESTRE (Jules), à San-Javier (Cordoba). — Vins blancs, vins rouges. **(PARC.)**

69. MICHEL (P. A.), à Tinogasta (Catamana). — Vin. **(PARC.)**

70. MICHEL (S.), à San-Carlos (Salta). — Vin 1887 et 1888. **(PARC.)**

71. MONTEAVARO (Jean), à Mendoza. — Vins. **(PARC.)**

72. MORENO (M. Manuel), à Caucete (San-Juan). — Vins blancs. **(PARC.)**

73. MORENO (C.), à Andalgala (Catamarca). — Vin rouge 1886 et 1887, vin blanc 1887, eau-de-vie de raisins. **(PARC.)**

74. Moulin à sucre « L'Espérance », à San-Pedro (Jujuy). — Alcool. **(PARC.)**

75. MUNIS (François), à Santa-Lucia (San-Juan). — Vin de Bordeaux, vin de Jerez. **(PARC.)**

76. MUR (Custodio), à Mendoza. — Vin rouge. **(PARC.)**

77. NAVARRO (O.), à Tinogasta (Catamarca). — Vin. **(PARC.)**

78. NELSON (Henri), à Santiago-del-Estero. — Alcool de canne à sucre, anisette, genièvre, vermouth, esprit de vin. **(PARC.)**

79. NOBLEGA (S.), à Roman (Catamarca). — Vin blanc. **(PARC.)**

80. NOLI (Louis), à Buenos-Ayres. — Vins. **(PARC.)**

81. NOUGUES Frères, à San-Pablo (Tucuman). —Alcool. **(PARC.)**

82. ORTIZ (Cruz), à San-Luis. — Vin blanc. **(PARC.)**

83. OTERO (Joseph), à Buenos-Ayres. — Vins. **(PARC.)**

84. PADILLA Frères, à Lules (Tucuman). — Alcool. **(PARC.)**

85. PAEZ (J. E.), à Minas (Cordoba). — Vin blanc, vin rouge. **(PARC.)**

86. PAGANO (Joseph), à San-Juan. — Vins blancs, vin rouge. **(PARC.)**

87. PERÉ (Pierre), à Santa-Lucia (San-Juan). — Vin blanc, vin Château-Péré. **(PARC.)**

88. PEREZ (E.), à Minas (Cordoba). — Vins blancs. **(PARC.)**

89. PINI & BALBIANI, à Rosario (Santa-Fé). — Cognac, vermouth. **(PARC.)**

90. POSSE & Fils, à Tucuman. — Eau de-vie   (PARC.)

91. REIBEL & Cie, à Uruguay (Entre-Rios). — Alcool.   (PARC.)

92. RIVAS (H.), à Belen (Catamarca). — Vin rouge 1887.   (PARC.)

93. ROCHA (Devoto) & Cie, à Buenos-Ayres. — Eau-de-vie.   (PARC.)

94. ROSSELOT (Jean de D.), à Trinidad (San-Juan).— Vin blanc, vin rouge.
                                                                (PARC.)

95. ROYERO (Joacin), à Victoria (Entre-Rios). — Vins blanc, rouge.
                                                                (PARC.)

96. RUIZ (Cristoforo), à Santiago-del-Estero. — Vin de 1888.   (PARC.)

97. SANTILLAN (Grégoire), à Santiago-del-Estero — Vin rouge de 1888.
Vin blanc de 1888.   (PARC.)

98. SCHLAN & STRASSER, à Rosario (Santa-Fé). — Bières.   (PARC.)

99. SELARRAYAN (N.), à Poman (Catamarca). —Eau-de-vie de raisins.
                                                                (PARC.)

100. SERU & Cie (Vincent R.), à Mendoza. — Vins blancs, rouges, alcool.
                                                                (PARC.)

101. SILVA (P.), à Poman (Catamarca). — Vin rouge.   (PARC.)

102. Société Laurak Bat, à Concordia (Entre-Rios). — Vin.   (PARC.)

103. SOTERAS (Jean), à Chilecito (Rioja). — Vins, eau-de-vie. (PARC.)

104. SUAREZ (P. C. de), à San-Carlos (Salta). — Vin 1887.   (PARC.)

105. TAQUELA (Antoine), à Diamante (Entre-Rios). — Alcool.   (PARC.)

106. TIERNEY (Jean), Établissement **Santa-Barbara** (San-Juan). — Vin
blanc, vin rouge Malbec.   (PARC.)

107. TOFANELLI, à Corrientes. — Cognac.   (PARC.)

108. TORNQUIST (Ernest) & Cie, à Bella-Vista (Tucuman). — Alcool.
                                                                (PARC.)

109. VELEZ (A.), à San-Carlos (Salta) — Vin 1887.   (PARC.)

110. VILLA (Louis), à Corrientes. — Alcools et vin blanc.   (PARC.)

111. VILLEGAS (A.), à San-Carlos (Salta). — Vin 1888.   (PARC.)

112. WALTER & HERR, à Capital (Catamarca). — Cognac, bière. (PARC.)

113. ZAPANA (M. de), à San-Carlos (Salta). — Vin 1888.   (PARC.)

AUTRICHE-HONGRIE.

1. BAYER (Henri), à Eger (Erlau). — Vins rouges d'Eger (Silier 1888 « bikaver »
dessert 1886, essence 1886).   (QUAI.)

2. BECHER (Jean) & Fils, à Budapest, III, Zsigmond utcza, 108.— Vins blancs
et rouges de Bude, diverses sortes.   (QUAI.)

3. BENDENRITTER (M.), à Esseg (Slavonie). — Eau-de-vie dite « Slivovitz ».
                                                                (QUAI.)

4. BLOCSKEY (Jules), à Villany (Hongrie). — Vins rouges de Villany. (QUAI.)

5. Caves archiducales, fermier : **Wilhelm Schuth,** à Villany (Hongrie).
— Vins de Villany, rouge généreux, blanc à bouquet.   **(QUAI.)**

6. CSATO (G.-Jules), à Villany (Hongrie). — Vins rouges de Villany et Risling
blanc de 1882.   **(QUAI.)**

7. ELEMÉRY (Aurel de), à Nagy-Varad (Hongrie). — Vins d'Ermellek ordinaires et supérieurs de 1886.   **(QUAI.)**

8. ERDODY (Comte Emeric), au Domaine Galgocz (Hongrie). — Vins rouges
supérieurs. Château Galgocz, Oporto ; blancs supérieurs ; Tramin Ruhland.   **(QUAI.)**

9. ERMEL-VOJNITS (Elix), à Vienne. I, Kolowratring, 10. — Vins rouges,
blancs des Comitats Tolna et Baranya.   **(QUAI.)**

10. FERENCZY (Charles de), à Veszprem (Hongrie). — Vins supérieurs de
Somlyo de 1880-81-82.   **(QUAI.)**

11. FISCHER (Jacques), à Budapest VI, Andrassy strasse, 21. — Vins blancs et
rouges de Bude, Karlowitz, Villany et Tokay.   **(QUAI.)**

12. GERENDY (Étienne de), à Sovenyfalva (Transylvanie). — Vins de Transylvanie : Risling 1879-1882-1887 Leanyta 1879-1887. Croquant muscat 1887. Moutarde
de Mme de Gerendy.   **(QUAI.)**

13. GOMBOS (Ladislas), à Torda (Transylvanie). — Vins blancs rouges
supérieurs de Transylvanie (1880-1882-1883-1885).   **(QUAI.)**

14. GROSSE (Jules), à Cracovie (Galicie). — Vin de Tokay (Hongrie).   **(QUAI.)**

15. GROSSÉ (Jules), à S. A. Ughely (Hongrie). — Vin de Tokay.   **(QUAI.)**

16. JANOWITZ (S.), à Razsahegy (Hongrie). — Liqueurs diverses, sliwowitz,
borovischa.   **(QUAI.)**

17. KLEMENT (Alexandre), à Parkany (Hongrie). — Vins et spiritueux.
                                                                       (QUAI.)

18. LANG (M.) & Fils, à Illok (Syrmie). — Vins rouges et spiritueux dits Sil-
vorium (Sliwowitz) de Syrmie.   **(QUAI.)**

19. LAUMAND (Joseph), à Budapest, II, Horvat utcza, 6. — Vins blancs et
rouges de Bude.   **(QUAI.)**

20. LAZAR (Jonas & Cie), à Eger (Hongrie). — Vins blancs, rouges d'Eger
(Erlau).   **(QUAI.)**

21. LITTMANN (Alexandre), à Kassa (Hongrie.) — Vins blancs et rouges
divers.   **(QUAI.)**

22. MAUTNER (Joseph), à Szegszard (Hongrie). — Vins de Szegszard ; eau-
de-vie de vin : Silvarium (Sliwowitz).   **(QUAI.)**

23. ROTH (Bernard), à S. A. Ughely (Hongrie). — Vins de Tokay. Essences 1883,
1885, 1886.   **(QUAI.)**

24. SCHUTH (Vincenz), à Villany (Hongrie).— Vins rouges et blancs de Hongrie.   **(QUAI.)**

25. SCHRODER (Louis), à Gyongyos (Hongrie). — Vins rouges de Visonta
(1885, 1886) Risling blanc 1886.   **(QUAI.)**

26. SCHWARTZKOPF (Géza), à Szegszard (Hongrie). — Vins rouges de
Szegszard 1888 et 1885.   **(QUAI.)**

27. STALEHNER Frères, à Vienne, Hernals, Alsbachstrasse, 4. — Vins
d'Ober, Alsecker, blanc.   **(QUAI.)**

28. TAUSZIG (Sigismond), à Pécs (Hongrie). — Vins blancs et rouges de
Pecs Villany et Szegorara 1879 à 1886.   **(QUAI.)**

BELGIQUE.

1. Association générale des Brasseurs belges, à Bruxelles, boulevard Anspach, 37. — Bières. **(QUAI.)**

2. Association des Brasseurs de la Flandre Occidentale, à Bruges. — Bières. **(QUAI.)**

3. BAUCHAU (Eugène) & Cie, Brasserie de « La Vignette », à Louvain, rue de Malines, 217. — Bière à fermentation haute et basse. **(QUAI.)**

4. BORREMANS - VAN CAMPENHOUT, à Forest-lez-Bruxelles. — Bières. **(QUAI.)**

5. Brasseries Caulier, à Bruxelles-Nord, rue Herry. — Lambic, faro, brune, Munich. **(QUAI.)**

6. Brasserie Tivoli, à Anvers. — Bières. **(QUAI.)**

7. BROGNIEZ, à La Louvière. — Bière. **(QUAI.)**

8. CARBONNELLE (Charles), à Tournai. — Bière dite « Grisette tournaisienne. » **(QUAI.)**

9. CHAINAYE-VIERSET (L.), à Huy. — Vin rouge de Huy. **(QUAI.)**

10. CLAES-VANDERHAEGHEN, à Gand, rue du Sentier, 5. — Uytzet, pale-ale, stout. **(QUAI.)**

11. COUVREUR (Jules), à Wegnez-lez-Verviers. — Bières. **(QUAI.)**

12. DAMIENS (Georges), à Bruxelles, rue Vauthier, 55. — Bières de fermentation haute, basse et spontanée. **(QUAI.)**

13. DAUBIESSE (Ernest), à Wasmes, près Mons. — Bières. **(QUAI.)**

14. DAUBRESSE (Georges), à Wasmes. — Bières. **(QUAI.)**

15. DE BOECK Frères, à Bruxelles, rue de Flandre, 188. — Bières et malts. **(QUAI.)**

16. DE BONTRIDER (Fritz) & Cie, à Vilvorde.— Lambic, faro, mars, brune, orge. **(QUAI.)**

17. DECLERCQ Frères, à Blanckenberghe. — Bières. **(QUAI.)**

18. DE COOMAN-VANSANTEN, à Ninove. — Bières. **(QUAI.)**

19. DELELIENNE (Charles), à Masnuy-Saint-Pierre (Hainaut). — Bières. **(QUAI.)**

20. DELPLANCHE (L.), « Brasserie Brabançonne », à Cureghem (Bruxelles), rue de la Clinique, 51. — Bières. **(QUAI.)**

21. DEMEULEMEESTER - VERSTRAETE (Léon), Brasserie « L'Aigle », à Bruges. — Bière à fermentation basse. **(QUAI.)**

22. DE MOLIE & VAN GEERT, à Gand, rue Saint-Georges. — Uytzet. **(QUAI.)**

23. DENAYER & RISACK, à Vilvorde, rue de Louvain, 74. — Lambic, faro, brune, bière de ménage. **(QUAI.)**

24. DE PRETER (Gustave), à Berchem (Anvers). — Bière d'orge. **(QUAI.)**

25. DE RAUW (V.) & CARLIER (Auguste), à Frameries-lez-Mons. — Bières. **(QUAI.)**

26. DE ROCKER (Ch.) & DE HEEM (J.), à Gand, rue Saint-Liévin. — Uytzet.   **(QUAI.)**

27. DESMEDT-DENAEYER (G.), à Berlaere-lez-Termonde. — Bières.
                                                                           (QUAI.)

28. D'HOEDT-CAUWE (J.), à Bruges.—Bières brune, blonde, double spéciale.
                                                                           (QUAI.)

29. DUPIEREUX-DEBRAS (Eugène), à Namur. — Bières.   **(QUAI.)**

30. DU PONT (Polydore), à Gand, rue des Épingles, 9. — Bières.   **(QUAI.)**

31. FOUASSIN (A.), à Liége (Belgique). — Élixir de Chaudefontaine, Kaïmet cristallisé, amer et bitter, anisette et curaçao national.   **(QUAI.)**

> La Pékinoise, Punch Arac, médailles aux Expositions de Vienne 1873, Paris 1878, Amsterterdam 1883, Bruxelles 1888.

32. FRAEYS (Ferdinand), à Thourout. — Double blonde des Flandres.
                                                                           (QUAI.)

33. GOETHALS-MERTENS (Émile), à Meulebeke. — Bières.   **(QUAI.)**

34. Grande brasserie de Koekelberg, à Koekelberg-lez-Bruxelles, avenue de la Liberté, 13. — Bock et Munich.   **(QUAI.)**

35. GROSFILS (Pierre), à Verviers. — Bières.   **(QUAI.)**

36. HAP (P.), « Brasserie des Deux-Tours », à Bruxelles, chaussée de Louvain, 156. — Lambic, blonde, brune.   **(QUAI.)**

37. HERBOS (J.-B.) Vve & Fils, à Bruxelles, rue Notre-Dame-du-Sommeil, 73. — Bières.   **(QUAI.)**

38. HERINCKX (Félix), à Molenbeek-Saint-Jean, rue de la Sacristie, 14. — Lambic, faro, brune, blonde.   **(QUAI.)**

39. HERMANS Frères, à Anvers, canal des Brasseurs, 29. — Bière d'orge, fermentation haute.   **(QUAI.)**

40. HEYNDRICKX & VERSTRAETEN, « Brasserie royale de Laeken », à Laeken, rue Herry, 85. — Faro, lambic, demi-Bavière.   **(QUAI.)**

41. JEAN (Édouard), à Ostende, rue du Polder. — Bières.   **(QUAI.)**

42. LAMOT-DEBOECK (Vve Emeric), à Niel (Anvers). — Stout, pale-ale, orge.   **(QUAI.)**

43. LANNOY (Adolphe), à Menin. — Bières.   **(QUAI.)**

44. LANNOY-SABLON (Henry), à Marcinelle (Charleroi) — Bières.
                                                                           (QUAI.)

45. LEBRUN-VÉRITER, à Étalle (Luxembourg belge). — Bières.   **(QUAI.)**

46. LHEUREUX (Arthur) Frères, à Pâturages, près Mons. — Bières.
                                                                           (QUAI.)

47. LHEUREUX (Hector), à Pâturages. — Bières.   **(QUAI.)**

48. MANSQUELIER (E.), à Borgerhout-lez-Anvers (Belgique).   **(QUAI.)**

> Amsterdam 1883, médaille d'argent.
> Anvers 1885 (Exportation), médaille d'or. — Anvers 1885 (Industrie), médaille d'or.
> Liverpool 1885, médaille d'or.
> Bruxelles 1888 (Exportation), médaille d'or.
> Bruxelles 1888 (Industrie), diplôme d'honneur.

49. MARINX, brasserie « du Houx », à Gand, digue de Brabant, 70. — Bières à fermentation haute.   **(QUAI.)**

50. MATHIEU (Joseph), à Pâturages. — Bières.   **(QUAI.)**

51. MAUROY-DUBOIS (Edmond), à Blaton (Hainaut). — Bières diverses
à fermentation haute.   **(QUAI.)**

52. MERTENS (Alphonse) & Cie, à Louvain. — Bières d'orge.   **(QUAI.)**

53. MERTENS-ERIX (H.), brasserie « Le Soleil », à Cruybeke. —
Bières.   **(QUAI.)**

54. NOTTÉ (Philippe), à Lessines. — Bières.   **(QUAI.)**

55. PATTE Frères, à Dour. — Bières.   **(QUAI.)**

56. RODENBACH (Eugène), à Roulers. — Bières.   **(QUAI.)**

57. ROYERS-ROBYNS (F. F.), à Anvers, canal de l'Ancre, 17. — Bières
                                                              (QUAI.)

58. SCHUL & Cie, « Brasserie Anversoise », à Anvers, rue du Canal
d'Herenthals. — Bières.   **(QUAI.)**

59. SCHUL & Cie, brasserie « Bavaro-Belge », à Anderlecht, quai du
Halage. — Bock, Munich, brune.   **(QUAI.)**

60. SCHULTE & Cie, Brasserie « Le Lion », à Anvers. — Bières. **(QUAI.)**

61. Société des Brasseurs belges, à Gand, rue du Saint-Esprit, 3. — Bières
                                                              (QUAI.)

62. Société des brasseurs de l'arrondissement de Bruxelles, à
Bruxelles, boulevard Anspach, 37. — Bières.   **(QUAI.)**

63. SPREUX-LECLERCQ (Pierre), à Tournai, rue des Carriers, 3. —
Bières.   **(QUAI.)**

64. STALON & Cie, à Floreffe. — Bières.   **(QUAI.)**

65. STEURS (Ed.), à Givry. — Bières.   **(QUAI.)**

66. VAN BAVEGEM (Adhémar), à Termonde. — Bières.   **(QUAI.)**

67. VAN DEN BERGH & Cie, à Anvers. — Bières.   **(QUAI.)**

68. VAN DEN BOGAERT (Modeste), à Willebroeck — Bières.   **(QUAI.)**

69. VAN DEN BRUGGEN (Jacques), à Bruxelles, rue du Marais, 52. —
Bières.   **(QUAI.)**

70. VAN DEN BRUGGEN (Joseph), à Saventhem. — Bières.   **(QUAI.)**

71. VAN DEN HEUVEL & Cie, « Brasserie Saint-Michel », à
Bruxelles, rue de la Senne, 9. — Lambic, faro, bock, Bavière, Munich. **(QUAI.)**

72. VAN DEN PEERE (Émile), à Bruxelles. — Bières.   **(QUAI.)**

**73. VAN DEN SCHRIECK (Vve F.), brasserie et materiel de
« l'Ancre »,** à Tirlemont. — Bières, malts.   **(QUAI.)**

74. VAN DER BORGHT (Julien & Jean), brasserie « La Couronne », à Bruxelles, rue d'Anderlecht, 120. — Bière dite « Kroon's bier ».
                                                              (QUAI.)

75. VAN DER ELST (Marcus), à Saint-Gilles-Bruxelles, rue Sterckx, 11.
— Bière brune.   **(QUAI.)**

**76. VANDERHAERT-VERSTRAETE (V.), brasserie « Double
Aigle »,** à Louvain. — Brune, Louvain, Peetermann, orge, Mars, Pithem, Uytzet,
Bavière, Munich.   **(QUAI.)**

77. VAN DER MOLEN (Oscar), à Anvers, rue de la Violette, 65. — Bière
d'orge.   **(QUAI.)**

78. VANDEVELDE, distillateur à Gand.   **(QUAI.)**
   Distillerie de liqueurs fines, de genièvre, de seigle et d'alcool purifié.

79. VAN DIEPENBEECK (L.), à Malines. — Bock, Munich, Bavière.
                                                                          (QUAI.)

80. VAN MEERBEECK (Henri), à Borgerhout (Anvers). — Bières.
                                                                          (QUAI.)

81. VAN OUDENHOVE (E.), à Gand, quai aux Vaches, 56. — Bières.
                                                                          (QUAI.)

82. VAN REETH (Casimir), à Boom-lez-Anvers. — Bière de ménage, bière
   d'orge.   **(QUAI.)**

83. VAN VELSEN Frères, à Bornhem. — Anglo-Bavaroise, drydraad, porter
   ou stout léger, brune, Uytzet, orge et vin d'orge.   **(QUAI.)**

84. VAN VOLXEM (Louis) & Cie, « Brasserie Anglo-Belge », à
   Bruxelles, rue Sainte-Catherine, 12. — Pale-ale, impérial stout.   **(QUAI.)**

85. VER ELST (François), à Bruxelles, boulevard Barthélemi, 11. — Lambic
   faro, bière de ménage.   **(QUAI.)**

86. WIELEMANS-CEUPPENS, à Bruxelles-Midi. — Munich et bock.
                                                                          (QUAI.)

87. WILLEMS (Edmond), brasseries « Artois », à Louvain. — Bières.
                                                                          (QUAI.)

88. WILQUIN (Émile) & Cie, à Wasmes. — Bières.   **(QUAI.)**

**89. VINCKENBOSCH-VAN DER CAPELLEN (Jos), brasserie
   « Saint-Paul »**, à Hasselt, rue Demer-aux-Chevaux, 20. — Bières.   **(QUAI.)**

90. WODON-WODON (Gustave), brasserie de « l'Étoile », à
   Namur. — Bières.   **(QUAI.)**

91. WUYTACK (Philémon), à Hamme. — Bière de fermentation haute, en
   cuve.   **(QUAI.)**

BRÉSIL.

(Voir son Catalogue spécial.)

CAP DE BONNE-ESPÉRANCE.

1. Gouvernement du Cap de Bonne-Espérance, à Cape-Town. — Vins
   de la ferme de Greet-Constantia.   **(PARC.)**

2. SEDWICK (I.) & Cie, à Cape-Town, Saint-George's street, 2. — Vins **(PARC.)**

3. « Wine Export Syndicate » (Limited), à Cape-Town. — Vins.   **(PARC.)**

CHILI.

1. ALBA (Olegario), à Elqui. — Vins rouges, vins de liqueurs, eaux-de-vie.
                                                                          (PARC.)

2. ANINAT & Fils, à Concepcion. — Vins rouges et blancs, vins de liqueurs.
                                                                          (PARC.)

3. ARACENA (Rosario V.), à Limache. — Vins rouges. (PARC.)

4. BARAZARTE Frères, à Limache. — Vins rouges, blancs. (PARC.)

5. BENITEZ (Emilio), à San-Fernando. — Eaux-de-vie anisées, boissons spiritueuses. (PARC.)

6. BENITEZ (Manuel J.), à Victoria. -- Vins rouges. PARC.)

7. BODERO (Federico G.), à Elqui. — Vins rouges. (PARC.)

8. BOETTCHER, à Union. — Bières. (PARC.)

9. BRAVO (Baltazar), à Talca. — Vins rouges, blancs. (PARC.)

10. BROWN (Guillermo), à Los Andes. — Vins rouges, blancs. (PARC.)

11. CABALLERO (Francisco), à Valparaiso.— Vins cuits et mousseux, boissons spiritueuses. (PARC.)

12. CAMALEZ (Juan), à Chillan. — Vins rouges. (PARC.)

13. CASTALDI (Aquiles), à Valparaiso. — Liqueurs diverses. (PARC.)

14. CHAIGNEAU (Julio), à Valparaiso. — Vins rouges. (PARC.)

15. Commissariat de l'Exposition du Chili, à Santiago. — Divers vins rouges et blancs. (PARC.)

16. CORREA (J. Gregorio), à Lontué. — Vins rouges. (PARC.)

17. COSGROVE (Santiago), à Coquimbo. — Eaux gazeuses. (PARC.)

18. COUSINO (Isidora G. de), à Santiago. — Vins rouges, blancs. (PARC.)

19. DESMARTIS, à Valparaiso. — Vins de liqueurs, eaux-de-vie anisées, boissons spiritueuses. (PARC.)

20. DESPOUY (Juan) et Fils, à Santiago. — Vins rouges et blancs, boissons spiritueuses. (PARC.)

21. DIAZ (Joaquin), à Santiago. — Vins rouges. (PARC.)

22. DUCAUD (Ernesto), à Victoria. — Vins rouges. (PARC.)

23. EBNER (Andres), à Santiago. — Bières. (PARC.)

24. ELWANGE (Bernardo), à Collipulli. — Liqueurs diverses. (PARC.)

25. ERRAZURIZ (Maximiano), à Los Andes. — Vins rouges. (PARC.)

26. EYQUEM (Miguel), à Santiago. — Vins blancs. (PARC.)

27. FERNANDEZ CONCHA (Domingo), à Maipo. — Vins blancs. (PARC.)

28. FRUGONE (Pedro), à Valparaiso. — Eaux gazeuses. (PARC.)

29. GALLO MONTT, à Caupolican. — Vins rouges, vins de liqueurs, eaux-de-vie. (PARC.)

30. GANA (Domingo), à Limache. — Vins rouges. (PARC.)

31. GARCIA CASTILLO (Manuel A.), à Victoria. — Vins rouges, vins de liqueurs. (PARC.)

32. GOMEZ V. de VILLALON (Eulojia), à Santiago. — Eau-de-vie. (PARC.)

33. GOMTHER (Ernesto), à Linarès. — Eaux-de-vie. (PARC.)

34. GONZALEZ (Francisco J.) à Puchacay. — Eau-de-vie anisée. (PARC.)

35. **GONZALEZ JULIO (Daniel)**, à Talca. — Vins rouges.   (PARC.)

33. **GRONEMEYER & PUELMA**, à Valparaiso. — Eaux gazeuses.
                                                                          (PARC.)

37. **GUBLER & COUSINO**, à Santiago. — Bières, malt, extrait de malt.
                                                                          (PARC.)

38. **HARKE et PAULSEN**, à Chillan. — Vins rouges.   (PARC.)

39. **HERNANDEZ (Luis)**, à Elqui. — Eaux-de-vie.   (PARC.)

40. **HOFFMANN & Cie**, à Limache. — Bières.   (PARC.)

41. **HUBE (Iorje)**, à Osorno. — Bières, liqueurs diverses.   (PARC.)

42. **HUGUET (T. C.) & Cie**, à Quillota. — Vins rouges et blancs   (PARC.)

43. **KELLER Frères**, à Concepcion. — Bières, malt.   (PARC.)

44. **KRETSCHMANN (Odolfo)**, à Valparaiso. — Liqueurs variées.   (PARC.)

45. **LAMOTTE (Remy)**, à Santiago. — Eaux gazeuses.   (PARC.)

46. **LANZ (Cristian)**, à Maipo. — Vins rouges, blancs, eaux-de-vie.   (PARC.)

47. **LARRAIN (U. Emilio)**, à Casablanca. — Eaux-de-vie.   (PARC.)

48. **MANDIOLA (Rafael)**, à Santiago. — Vins rouges, blancs.   (PARC.)

49. **MENESES (Napoleon)**, à Los Andes. — Eaux-de-vie anisées.   (PARC.)

50. **MINTE Hijo**, à Llanquehue. — Alcool.   (PARC.)

51. **MUNOZ (José M.)**, à Elqui. — Eau-de-vie.   (PARC.)

52. **NARANJO (Nicolas)**, à Vallenar. — Vins de liqueurs.   (PARC.)

53. **OCHAGAVIA (Silvestre)**, à Santiago. — Vins rouges.   (PARC.)

54. **OLMEDO (Julio)**, à Santiago. — Vinaigre de miel.   (PARC.)

55. **OVALLE V. de REYES (Fanny)**, à Maipo. — Vins rouges.   (PARC.)

56. **PERALTA (Juan)**, à Elqui. — Eaux-de-vie.   (PARC.)

57. **PEREIRA (Luis)**, à Santiago. — Vins rouges.   (PARC.)

58. **PEREZ DE ARCE**, à Elqui. — Eaux-de-vie.   (PARC.)

59. **PIZANO & ONEF**, à Santiago. — Vins cuits et mousseux.   (PARC.)

60. **PIZARRO (Froilan)**, à Los Andes. — Vins cuits et mousseux.   (PARC.)

61. **PLAGEMAN & Cie**, à Valparaiso. — Bières.   (PARC.)

62. **POHLMAN (Santiago)**, à Valparaiso. — Bitters.   (PARC.)

63. **Quinta Normal de Agricultura**, à Santiago. — Vins blancs, eaux-de-vie.
                                                                          (PARC.)

64. **REYES (Nolasco)**, à Itata. — Eaux-de-vie.   (PARC.)

65. **ROGERS & ZERRANO**, à Concepcion. — Vins rouges.   (PARC.)

66. **ROHDE (César)**, à Valparaiso. — Eaux gazeuses.   (PARC.)

67. **ROJAS SALAMANCA (Francisco)**, à Victoria. — Vins rouges et
    blancs.   (PARC.)

68. **ROSENKHANZ (Guillermo)**, à Linarès. — Bières.   (PARC.)

69. **SALVA DE PELLÉ (Margarita)**, à Quillota. — Vins rouges.   (PARC.)

70. **SCHEUCH & Cie**, à Illapel. — Bières.   (PARC.)

71. **SCHLEYER (Juan) & Cie**, à Chillan. — Vins rouges et vins de liqueurs.
                                                                           (PARC.)

72. **SCHLOTFELDT & MOCLER**, à Colipulli. — Bières.   (PARC.)

73. **SUBERCASEAUX (Ramon)**, à Santiago. — Vins rouges et blancs.
                                                                           (PARC.)

74. **TORRES (J. Dolores)**, à Elqui. — Vins de liqueurs.   (PARC.)

75. **UNGEMACH (Julio)**, à Quillota. — Bières malt.   (PARC.)

76. **URMENETA (I. Thomas)**, à Limache. — Vins rouges.   (PARC.)

77. **VALENZUELA (Manuel F.)**, à Vichuquen. — Vins blancs.   (PARC.)

78. **VALLEDOR (Joaquin)**, à Santiago. — Vins rouges.   (PARC.)

79. **VIRTMANN (Louis)**, à Valparaiso. — Bitter.   (PARC.)

80. **WADDINGTON (Ricardo)**, à Limache. — Vins rouges et blancs. (PARC.)

81. **WALTHER (Gustovo)**, à Oserno. — Bières.   (PARC.)

82. **WICKS (Guillermo P.)**, à Quillota. — Vins rouges et blancs.   (PARC.)

83. **WICKE**, à Rengo. — Bières.   (PARC.)

84. **ZALDIVAR (Ricardo)**, à Chillan. — Vins de liqueurs.   (PARC.)

DANEMARK.

1. **EVERS (C. K.) & Cie**, à Copenhague. — Sirop d'orge, extrait d'orge, bière de
santé. Extrait de bière.   (QUAI.)

2. **Fabrique d'alcools Foretuna**, Gérant : **M. A. Froehlich**, à Copenhague.
— Alcools de 3/6 rectifiés, eaux-de-vie.   (QUAI.)

3. **JACOBSEN (Carl)**, à Ny-Carlsberg. — Bières, levures pures, expositions du
laboratoire de Ny-Carlsberg, plans et dessins de la brasserie de Ny-Carlsberg.
                                                                           (QUAI.)

4. **KJERULFF (C. G.)**, à Slagelse. — Eaux-de-vie.   (QUAI.)

5. **LUPLAU (F. W.)**, à Copenhague. — Punch et liqueurs.   (QUAI.)

6. **MICHELSEN (H.)**, à Saint-Thomas (Antilles danoises).— Boissons et essences
diverses en bouteilles.   (QUAI.)

RÉPUBLIQUE DOMINICAINE.

1. **BLANCO (F. V.)**, à Santo-Domingo. — Spiritueux.   (PARC.)

2. **Commission provinciale de San-Pedro-de-Macoris.** — Vins de
fruits.   (PARC.)

3. **Commission provinciale de Santo-Domingo.** — Rhum.   (PARC.)

4. **CORDERO (Manoll C.)**, à la Vega. — Rhum.   (PARC.)

5. **FREITES (A.)**, à Santo-Domingo. — Rhum en bouteilles.   (PARC.)

6. **GOMEZ (C. J.)**, à La Vega. — Rhum.   (PARC.)

7. **IMBERT (Segundo)**, à Porto-Plata. — Rhum.   (PARC.)

8. MORILLO (Mlle Y.), à Moca. — Vinaigre de miel et de cacao. Rhum.
(**PARC.**)

9. POZO (Esteban), à Santo-Domingo. — Vin d'anacarde. (**PARC.**)

10. SERRALES (Juan), à San-Pedro-Macoris. — Rhum. (**PARC.**)

11. TAVARES (M. J.), à Santiago. — Rhum et eau-de-vie. (**PARC.**)

12. VICINI (J. B.), à Santo-Domingo. — Rhum. (**PARC.**)

13. VILLAIN (J. M.), à Samana. — Rhum. (**PARC.**)

ÉGYPTE.

1. IBRAHIM & BOULAD (S.), à Beyrouth. — Vins de Chtaura. (**PALAIS.**)

2. MISSIONS AFRICAINES (Le supérieur de l'École apostolique des), à Clermont-Ferrand (France). — Vin naturel de Malvoisie, eau-de-vie de la propriété des Missionnaires français à Samos (Turquie). (**PARC.**)

ÉQUATEUR.

1. BARAHONA (Antonio), à Quito. — Rhum. (**PARC.**)

2. Commission coopérative, à Quito. — Alcool. (**PARC.**)

3. Commission coopérative d'Esmeraldas, à Esmeraldas. — Eau-de-vie de canne. (**PARC.**)

4. DREYFUS (Auguste), à Paris, avenue Ruysdaël, 3. — Alcool de Lurifico (Pérou). (**PARC.**)

5. Lager-Beer (Brewery Association), à Guayaquil. — Bière pour les tropiques. (**PARC.**)

6. MARTINEZ Frères, à Ambato. — Vins. (**PARC.**)

7. SALVADOR (Léopoldo), à Quito. — Vin de Tumbaco, Vin de Guadaloupe. (**PARC.**)

ESPAGNE.

1. ACEGLADE (Juan), à Campo-de-Criptana. — Vin. (**QUAI.**)

2. AFAN DE RIVERA (Antonio J.), à Grenade. — Vin. (**QUAI.**)

3. AGUADO (Félix), à Puebla-de-D.-Fadrique. — Vin. (**QUAI.**)

4. AGUADO (Manuel S.), à Murchaute (Navarre). — Vin. (**QUAI.**)

5. AGUADO (Pantaléon), à Murchaute (Navarre). — Vin. (**QUAI.**)

6. AGUADO (Victoriano), à Murchaute (Navarre). — Vin. (**QUAI.**)

7. AGUILA CHAVES (Francisco del) Frères, à Jepes (Tolède). — Vin. (**QUAI.**)

8. AIGUEDAS (Joaquin), à Cabanillas. — Vin. (**QUAI.**)

9. ALADA (Juan), à Murchaute (Navarre). — Vin. (**QUAI.**)

10. ALCHAN (Valentin), à Murchaute (Navarre). — Vin. (**QUAI.**)

11. **ALCOLADO APARICIO (Valentin)**, à Colmenar-de-Oreja (Madrid). — Vin.   (QUAI.)

12. **ALCOLADO FERNANDEZ (Tomas)**, à Colmenar-de-Oreja (Madrid). — Vin.   (QUAI.)

13. **ALMEDO Y LOPEZ (Antonio de)**, à Séville. — Vins, vinaigre, eau-de-vie et liqueurs.   (QUAI.)

14. **ALMEIDA (Rafael)**, à Gina. — Vin.   (QUAI.)

15. **ALMINANA (Nicolas)**, à Alicante. — Vins. Eau-de-vie.   (QUAI.)

16. **ALONSO (M. José)**, à Orihuela (Alicante). — Vin.   (QUAI.)

17. **ALONSO (Fils de Francisco)**, à Valladolid. — Vins rouges, blancs. (QUAI.)

18. **ALONSO (Indalecio)**, à Peten (Orense). — Vin.   (QUAI.)

19. **ALONSO PESQUERA (Théodosio)**, à Quintanilla-de-Abajo (Valladolid). — Vin.   (QUAI.)

20. **ALVAREZ (José)**, à Véga-de-Molinos (Orense). — Vins.   (QUAI.)

21. **ALVAREZ MUNIZ (Marcelino)**, à Madrid. — Vin.   (QUAI.)

22. **AMIGO Y GARCIA (Mariano)**, à Colmenar-de-Oreja. — Vin.   (QUAI.)

23. **AMORES (Manuel de)**, à Séville. — Vins.   (QUAI.)

24. **AMOROS (Fernando)**, à Viar (Alicante). — Vin.   (QUAI.)

25. **ANTONIO GAVILONDS (José)**, à Pitillas (Navarre). — Vin.   (QUAI.)

26. **ANTONIO REIG (José)**, à Sanlucar-de-Barrameda. — Vin.   (QUAI.)

27. **ARAEZ (José)**, à Rosales (Alicante). — Vin.   (QUAI.)

28. **ARBOLEA (Miguel)**, à Maneru (Navarre). — Vin.   (QUAI.)

29. **AREVALO (Géronimo)**, à Miguelturra (C.-Réal). — Vin.   (QUAI.)

30. **AREVALO GIL (Fernando)**, à Requena (Valence). Vin.   (QUAI.)

31. **ARIAS (Angel)**, à Barco-de-Valdeonas (Orense). — Vins.   (QUAI.)

32. **ARIAS (Casimiro)**, à Barco-de-Valdeonas (Orense). — Vins.   (QUAI.)

33. **ARIAS (Dionisio)**, à Nava-del-Rey. — Vin.   (QUAI.)

34. **ARIAS (José)**, à Entoma (Orense). — Vin.   (QUAI.)

35. **ARIAS (Paulino)**, à Sobradelo (Orense). — Vins.   (QUAI.)

36. **ARIAS PRADA (Léandro)**, à Rua (Orense). — Vins.   (QUAI.)

37. **ARIPES (Juan M.)**, à Morata-de-Jalon (Saragosse). — Vin.   (QUAI.)

38. **ARMESTO (Camilo)**, à Rua (Orense). — Vins.   (QUAI.)

39. **ARROUIZ Frères**, à Cartagène. — Vins.   (QUAI.)

40. **ASENSI (Eduardo)**, à Santa-Cruz-de-Mudela. — Vin.   (QUAI.)

41. **ASPRILLAS (Marquis de)**, à Elche (Alicante). — Vin.   (QUAI.)

42. **ATANE (Antonio)**, à Jerez-de-la-Frontera. — Eau-de-vie et vins.   (QUAI.)

43. **ATAZO (Léopoldo G. de)**, à Dolores (Alicante). — Vin.   (QUAI.)

44. **AUDREN (Oliva) & Comp.**, à Tarragone. — Vins.   (QUAI.)

45. **AUGE (Neveux de)**, à Villanueva-de-Duero. — Vin.   (QUAI.)

46. Austriaca (La), à Cajo (Santander). — Bière.   (QUAI.)

47. AVANSAYS (Enrique), à Getaje (Madrid). — Vins.   (QUAI.)

48. AVELLAN DE SOLER (Vve Luisa), à Cartagène. — Vin.
(QUAI.)

49. Bandera Espanola de N. Soria & Frères, à Villafranca-de-los-Barros
(Badajoz). — Vins.   (QUAI.)

50. BARNUEVO (Dionisio), à Santa-Cruz-de-Mudela. — Vin.   (QUAI.)

51. BAROJA (Juan G.), à Corella (Navarre). — Vin.   (QUAI.)

52. BARRILLA CARBAJAL (Gerardo). — Vin.   (QUAI.)

53. BARRIO (Antonio), à Rubiana (Orense). — Vins.   (QUAI.)

54. BARRIO (Carlos del), à Santo Domingo-de-la-Calzada. — Vin de fraise.
(QUAI.)

55. BARRIO (Rafael), à Haro (Logrono). — Vin.   (QUAI.)

56. BARRIOS (Santiago de los), à Madrid. — Vin.   (QUAI.)

57. BASSERES Y REIG, à Ieda. — Vin.   (QUAI.)

58. BAUJON PAZ (Claudio), à Villanueva-de-Duero (Valladolid). — Vin.
(QUAI.)

59. BECARDI & CIE, à Santiago. — Liqueurs.   (QUAI.)

60. BENAPRÈS (Pablo), à Sitges (Barcelone). — Vins.   (QUAI.)

61. BENIMUSLEN (Baron de), à Mahon (Iles Baléares). — Vins.   (QUAI.)

62. BERENGUER (Antonio), à Callosa (Alicante). — Vin.   (QUAI.)

63. BERMEJO FRAILE (Sebastian), à Valdepeñas. — Vin.   (QUAI.)

64. BERNAL (Lorenzo), à Valladolid. — Eau-de-vie et liqueurs.   (QUAI.)

65. BERUIS (José), à Tortosa. — Vin.   (QUAI.)

66. BESTARD (Andrés) & Fils, à Palma (Baléares). — Eaux-de-vie.
(QUAI.)

67. BLANCO (Francisco), à Almoradi (Alicante). — Vin.   (QUAI.)

68. BLANCO (Joaquin), à Barco-de-Valdeonas (Orense). — Vins.   (QUAI.)

69. BLANCO-ESCUREDO (Domingo), à Valladolid. — Vin.   (QUAI.)

70. BLANES (Gonzaga), à Sitges (Barcelone). — Vins.   (QUAI.)

71. BLASQUEZ (Augustin Fils de), à Jerez-de-la-Frontera. — Vins.
(QUAI.)

72. BOFILL (Carlos), à Orihuela (Alicante). — Vin.   (QUAI.)

73. BORDALLO (Federico), à Agost (Alicante). — Vin.   (QUAI.)

74. BORDALLO Y VISEDO, à Alicante. — Vin.   (QUAI.)

75. BORENGUEZ (José), à Catral (Alicante). — Vin.   (QUAI.)

76. BOSADA (Juan), à Barcelone. — Vins.   (QUAI.)

77. BOSCH (José) & Frères, à Badalona (Barcelone). — Anisette.   (QUAI.)

78. BOSCH (Marquis de), à Alicante. — Vin.   (QUAI.)

79. BOUCHERIÉ (P.) & Cie, à Valladolid. — Vin.   (QUAI.)

80. **BRACO (Antonio)**, à Dolores (Alicante). — Vin.   (QUAI.)

81. **BRACO (José)**, à Dolores (Alicante). — Vin.   (QUAI.)

82. **BRAVO POMAR (José)**, à Santa-Cruz-de-Mudela. — Vin.   (QUAI.)

83. **BRAZA (Eladio)**, à Villamartin (Orense). — Vins.   (QUAI.)

84. **BROTORRO (Vve de)**, à Dolores (Alicante). — Vin.   (QUAI.)

85. **BUITOS (Bernardo)**, à Santa-Cruz-de-Mudela. — Vin.   (QUAI.)

86. **BUSQUET (Juan)**, à Badalona (Barcelone). — Anisette.   (QUAI.)

87. **BYASS (Gonzalez) & Cie**, à Jerez-de-la-Frontera. — Vins.   (QUAI.)

88. **CABALLOS ADGULO (Vicente)**, à Cuzcurrita (Logrono). — Vin.
                                                                                 (QUAI.)

89. **CABELLO (Martin)**, à Ocana (Tolède). — Vin.   (QUAI.)

90. **CABEZA DE VACA (Francisco)**, à Puente-Duero (Valladolid). — Vin.
                                                                                 (QUAI.)

91. **CALA (Ramon de)**, à Jerez-de-la-Frontera. — Vins   (QUAI.)

92. **CALDERON & Fils**, à Valence. — Vins.   (QUAI.)

93. **CAMARA Y ARGUE (Marcial de la)**, à Palenzuela (Valence). —
Vins.   (QUAI.)

94. **CAMINERO (Angel) et Cie**, à Valdepeñas. — Vin.   (QUAI.)

95. **CANO (Vve de José)**, à Villanueva-de-Duero. — Vin.   (QUAI.)

96. **CARAVENTES Y TELLO (Ignacio)**, à Valdepeñas. — Vin.   (QUAI.)

97. **CARBALLO (José)**, à Castro (Orense). — Vins.   (QUAI.)

98. **CARBONELL (Veuve)**, à Cordoue. — Vin.   (QUAI.)

99. **CARMONA CABEZON (Andres)**, à Tréda (Valladolid). — Vin.   (QUAI.)

100. **CARRASCO (Santiago S.)**, à Valdepeñas. — Vin.   (QUAI.)

101. **CARRILLO (Nicolas)**, à San-Martin-de-Valdeiglesias. — Vin.   (QUAI.)

102. **CARTAGENA (Francisco)**, à Oranja de Rocamora (Alicante). — Vin.
                                                                                 (QUAI.)

103. **CASABLANCAS & Cie**, à Paris, cité de l'Alma, 11. — Vin.   (QUAI.)

104. **CASADO (Juan)**, à Carenas (Saragosse). — Vin.   (QUAI.)

105. **CASANOVA (Perfecto)**, à Rua (Orense). — Vins.   (QUAI.)

106. **CASA POMBO (Marquis de)**, à Valladolid. — Vin.   (QUAI.)

107. **CASAUWA (Léopoldo)**, à Rua (Orense). — Vins.   (QUAI.)

108. **CASCALAS (Vve et Fils de Francisco)**, à Santa-Cruz-de-Mudela. — Vin.   (QUAI.)

109. **CASONIS (Hilario)**, à Murchante (Navarre). — Vin.   (QUAI.)

110. **CASTANEZ (Manuel)**, à Aljaida (Baléares). — Anisette.   (QUAI.)

111. **CASTELL (José)**, à Torrevieja (Alicante). — Vin.   (QUAI.)

112. **CASTELLANOS (Rogelio)**, à Miguelturra (C.-Réal) — Vin.   (QUAI.)

113. **CASTELLIZ (Luis de)**, à Barcelone. — Vins.   (QUAI.)

114. **CASTILLA (Camillo)**, à Corella (Navarre). — Vin.   (QUAI.)

115.   **CATASUS (Antonio)**, à Sitges. — Vins.   (QUAI.)

116.   **CAUDEL (Antonio)**, à Cox (Alicante). — Vin.   (QUAI.)

117.   **CAYOL (Adrian)**, à Valence. — Bières et eaux gazeuses.   (QUAI.)

118.   **CEBALLOS (Vicente)**, à Haro. — Vin.   (QUAI.)

119.   **CERUDO (José)**, à Duenas (Valladolid). — Vin.   (QUAI.)

120.   **CHALECU & Frères**, à Moral-de-Calatrava. — Vin.   (QUAI.)

121.   **CHEVALO (Santiago)**, à Miguelturra (C.-Réal). — Vin.   (QUAI.)

122.   **CHUECA (Benito)**, à Murehaute (Navarre). — Vin.   (QUAI.)

123.   **CID (Francisco)**, à Torrevieja (Alicante). — Vin.   (QUAI.)

124.   **CILLERO-VILLAR (Pedro)**, à Autol (Rioja). — Vin.   (QUAI.)

125.   **CIRTA (José)**, à Otarelo (Orense). — Vins.   (QUAI.)

126.   **CISUEROS (Tomas)**, à San-Martin-de-Valdeiglesias. — Vin.   (QUAI.)

127.   **COBO Y ORTIZ (Jose)**, à Requena (Valence). — Vin.   (QUAI.)

128.   **COMAS Y CANADELL (Plantier)**, à Barcelone. — Vins.   (QUAI.)

129.   **Comice Agricole**, à Concentana (Alicante). — Vin.   (QUAI.)

130.   **Compagnie Vinicole du Nord de l'Espagne**, à Bilbao.—Vins. (QUAI.)

131.   **CONDE DE GUERRERO**, à Ricla (Saragosse). — Vin.   (QUAI.)

132.   **CONDE DE VIA (Manuel)**, à Puebla-de-Bocamora (Alicante) — Vin.
                                                                                   (QUAI.)

133.   **CONDE OMBUENA (Antonio)**, à Cazalla-de-la-Sierra (Séville). —
       Eau-de-vie.   (QUAI.)

134.   **CONTÉ (Rafael)**, à Rua (Orense). — Vins.   (QUAI.)

135.   **CONTÉ (Ramon)**, à Rua (Orense). — Vins.   (QUAI.)

136.   **CORRAL Frères (R.)**, à Reinosa (Santander). — Vin.   (QUAI.)

137.   **CRUZ Y RUIZ (Eusebio)**, à Valdepeñas. — Vin   (QUAI.)

138.   **CUBERO (Atanasio)**, à Orihuela (Alicante). — Vin.   (QUAI.)

139.   **CUELLAR Y BALLESTOROS (Francisco)**, à Colmenar-de-
       Oréja. — Vin.   (QUAI.)

140.   **CUENTA (R. Ruiz de la)**, à Angemenciana. — Vin.   (QUAI.)

141.   **CUESTA (Arturo de)**, à la Bastida (Alava). — Vins.   (QUAI.)

142.   **CUNCHILLOS (Marcos)**, à Novallas (Saragosse). — Vin.   (QUAI.)

143.   **DACOSTA (Porfirio)**, à Paris. — Vin.   (QUAI.)

144.   **DALMAN (Luis de)**, à Sitges (Barcelone). — Vins.   (QUAI.)

145.   **DALMAU (Gabriel)**, à Espluga (Tarragone). — Vins.   (QUAI.)

146.   **DELGADO (Felipe)**, à Talavera (Tolède). — Vin.   (QUAI.)

147.   **DELGADO (Isidoro)**, à San-Martin-de-Valdeiglesias. — Vin.   (QUAI.)

148.   **DEL PINO Freres**, à Malaga. — Vins et eaux-de-vie.   (QUAI.)

149.   **DIAZ (Antonio)**, à Gorgomo (Orense). — Vins.   (QUAI.)

150.   **DIAZ LOPEZ (Agapito)**, à Rincon de Soto (Rioja). — Vin.   (QUAI.)

151. **DIEZ RODRIGUEZ (Eleuterio)**, à Valladolid. — Vin.   (QUAI.)

152. **DIOS GARCIA (Juan de)**, à Moral de Calatrava. — Vin.   (QUAI.)

153. **DOMINGUEZ (Antonio)**, à Paris. — Vin.   (QUAI.)

154. **DONCEL (Baldomero)**, à Maneru (Navarre). — Vin.   (QUAI.)

155. **DOUAYRE-SIMANSAS (Clemencio)**, à Valdepeñas. — Vin. (QUAI.)

156. **DOULE (José)**, à Reus (Tarragone). — Vins.   (QUAI.)

157. **DUGNE (Tirso)**, à Larraga (Navarre). — Vin.   (QUAI.)

158. **ECHEVARRIA**, à Navarra — Vin.   (QUAI.)

159. **El Agino de Rueda**, à Rueda. — Vin.   (QUAI.)

160. **ELIPE (Manuel)**, à Maurenares (Ciudad-Real). — Vin.   (QUAI.)

161. **ENRIQUER (Aurélio)**, à Barco-de-Valdeonas (Orense). — Vins.   (QUAI.)

162. **ENRIQUER (Julio)**, à Barco-de-Valdeonas (Orense). — Vins.   (QUAI.)

163. **ESCRIBANO (Juan)**, à San-Martin-de-Valdeiglesias. — Vin.   (QUAI.)

164. **ESCUDERO (Théodorio H.)**, à Peten (Orense). — Vins.   (QUAI.)

165. **ESLAVA (Bonifacio) & Fils**, à Pampelune. — Vins.   (QUAI.)

166. **ESTEVÉS (José M.)**, à Rua (Orense). — Vins.   (QUAI.)

167. **FERNANDEZ (Agostin)**, à Castro (Orense). — Vins.   (QUAI.)

168. **FERNANDEZ (Antonio)**, à Palenzuela. — Vin.   (QUAI.)

169. **FERNANDEZ (Florencio)**, à Palenzuela. — Vin.   (QUAI.)

170. **FERNANDEZ (Jacinto)**, à Quintanor-de-la-Orden. — Vin.   (QUAI.)

171. **FERNANDEZ (Joaquin)**, à Villamartin (Orense). — Vins.   (QUAI.)

172. **FERNANDEZ (José M.)**, à Autol (Logrono). — Vin et anis.   (QUAI.)

173. **FERNANDEZ (Juan F.)**, à Barco-de-Valdeonas (Orense).— Vins. (QUAI.)

174. **FERNANDEZ (Léandro)**, à Miguelturra (C.-Real). — Vin.   (QUAI.)

175. **FERNANDEZ (Lorenzo)**, à San-Juan (Alicante). — Vin.   (QUAI.)

176. **FERNANDEZ (Urbano)**, à Murchaute (Navarre). — Vin.   (QUAI.)

177. **FERNANDEZ PRADA (Francisco)**, à Barco-de-Valdeonas (Orense).
— Vins.   (QUAI.)

178. **FERNANDEZ-RICO (Dionisa)**, à Valladolid. — Vin.   (QUAI.)

179. **FERNANDEZ SANCHO Y PALOMINO (Antonio)**, à Colmenar-de-Oreja. — Vins.   (QUAI.)

180. **FERRER (Eduardo)**, à Sitges (Barcelone). — Vins.   (QUAI.)

181. **FERRO (Bartolomé)**, à la Palma. — Vin.   (QUAI.)

182. **FIDALGO (Vicente)**, à Villa-de-Qunitos (Orense). — Vins.   (QUAI.)

183. **FINESTRAT (Baron de)**, à Alicante. — Vins et vinaigres.   (QUAI.)

184. **FOLLA (José)**, à Gorgomo (Orense). — Vins.   (QUAI.)

185. **FOLLA (Manuel)**, à Arcos (Orense). — Vins.   (QUAI.)

186. **FONT (Felipe)**, à Sitges (Barcelone). — Vins.   (QUAI.)

187. **FOURME (Miguel**, à Palma (Baléares). — Eaux-de-vie. (QUAI.)

188. **FRANCA (Angel)**, à Tudela (Navarre). — Vin. (QUAI.)

189 **FRANCISCO CAREER (Fils de)**, à Malaga. — Vins (QUAI.)

190. **FRANCO (Ambrosio)**, à Morata-de-Tajuna. — Vin. (QUAI.)

191. **FRESNO (Francisco del)**, à Valdepeñas. — Vin. (QUAI.)

192. **GABINO, MENDEZ**, à Barco-de-Valdeonas (Orense). — Vins. (QUAI.)

193. **GABINO YGLESIAS**, à Barco-de-Valdeonas (Orense). — Vins. (QUAI.)

194. **GAICOECHEA (José de)**, à Ocana (Tolède). — Vin. (QUAI.)

195. **GALAN (Valentin)**, à Chinchon-y-Madrid. — Vin et eau-de-vie. (QUAI.)

196. **GALLARDO (Léandro)**, à Palenzuela. — Vin. (QUAI.)

197. **GAMAN (Francisco)**, à Orihuela (Alicante). — Vin. (QUAI.)

198. **GARCIA (Antonio)**, à Puebla-de-Rocamera (Alicante). — Vin. (QUAI.)

199. **GARCIA (Eladio)**, à Jerez-de-la-Frontera. — Vin. (QUAI.)

200. **GARCIA (Fils de Eulogio)**, à Ronda (Malaga). — Vin. (QUAI.)

201. **GARCIA (Francisco)**, à Puebla-de-Rocamora (Alicante). — Vin. (QUAI.)

202. **GARCIA (José)**, à Fabuaza (Orense). — Vins. (QUAI.)

203. **GARCIA (Lorenzo)**, à Puebla de Rocamora. — Vin. (QUAI.)

204. **GARCIA CAMBA (José)**, à Postela (Orense). — Vins. (QUAI.)

205. **GARCIA-CORTES (Manuel)**, à Hambran (Tolède), Torre de Esteban.
— Vin. (QUAI.)

206. **GARCIA DE LEONARDO (Eduardo)**, à Requena (Valence). —
Vin. (QUAI.)

207. **GARCIA DE QUESADA (Francisco)**, à Membrilla (Ciudad-Real).
— Vins. (QUAI.)

208. **GARCIA DEL SALTO (Raphaël)**, à Jerez. — Vins. (QUAI.)

209. **GARCIA DIEGUEZ (José)**, à Rua (Orense). — Vins. (QUAI.)

210. **GARCIA ESCOBAR (José)**, à Madrid. — Vin et eau-de-vie. (QUAI.)

211. **GARCIA Y GARCIA (Ruperto)**, à Colmenar-de-Oreja (Madrid) —
Vin. (QUAI.)

212. **GARCIA Y GARCIA (Timoteo)**, à Colmenar-de-Oreja (Madrid). —
Vin. (QUAI.)

213. **GARCIA (Tomas) Y GARCIA**, à Colmenar-de-Oreja (Madrid). —
Vin. (QUAI.)

214. **GARCIA Y GARCIA (Zoilo)**, à Colmenar-de-Oreja (Madrid). — Vin.
(QUAI.)

215. **GARCIA-FLOREZ (Isidoro)**, à Torre de Estaban, Hambran. — Vin.
(QUAI.)

216. **GARCIA GUIJARRO (Luis)**, à Ocana (Tolède). — Vin. (QUAI.)

217. **GARCIA GUTIERREZ (J.)**, à Morata-de-Tajun (Tolède). — Vin.
(QUAI.)

218. **GARCIA GUTIERREZ (M.)**, à Morata-de-Tajuna. — Vin. (QUAI.)

219. **GARCIA INES (A.),** à Burgos. — Vins.   (QUAI.)

220. **GARCIA INÈS (Adolfo),** à Palenzuela. — Vin.   (QUAI.)

221. **GARCIA LOPEZ (José),** à Gomariz (Orense). — Vin rouge.   (QUAI.)

222. **GARCIA MARTINEZ (Juan),** à Nava-del-Rey. — Vin.   (QUAI.)

223. **GARCIA OSTEMBEE (Asensio),** à Orihuela (Alicante). — Vin.
                                                                   (QUAI.)

224. **GARCIA SIMON (Carlos),** à Murehaute (Navarre). — Vin.   (QUAI.)

225. **GARRALDA (Joaquin),** à Autol (Rioja). — Vin.   (QUAI.)

226. **GARRIJA (Benito),** à Pastriz (Saragosse). — Cognac.   (QUAI.)

227. **GARRIGA & Cie,** à Badalona (Barcelone). — Anisette.   (QUAI.)

228. **GAYON Y ANQULO (Ramon),** à Paniza (Saragosse). — Vins.
                                                                   (QUAI.)

229. **GAYOSO (Joaquin),** à Barco-de-Valdeonas (Orense). — Vins. (QUAI.)

230. **GAZTELLI (Eusebio),** à Guérie (Navarre). — Vin.   (QUAI.)

231. **GENÉ (Ramon),** à Cervera (Lérida). — Vin.   (QUAI.)

232. **GESSET (Jané M.),** à Riela. — Vin.   (QUAI.)

233. **GIL (Benito),** à Murehaute (Navarre). — Vin.   (QUAI.)

234. **GIL (José), et Frère,** à Madrid. — Vin.   (QUAI.)

235. **GIL RAMIREZ (M.),** à San-Vicente-de-la-Sousserra (Logrono). — Vin.
                                                                   (QUAI.)

236. **GIMENEZ (Manuel),** à San Martin de-Valdeiglesias. — Vin.   (QUAI.)

237. **GIMENEZ AREVALO (Francisco),** à Grenade. — Alcool.   (QUAI.)

238. **GIRONA (Mariano),** à Almoradi (Alicante). — Vin.   (QUAI.)

239. **GIRONA (Pascal),** à Puebla-de-Rocamora (Alicante). — Vin. (QUAI.)

240. **GIUZONELLA (Juan),** à Villamanisde. — Vin.   (QUAI.)

241. **GOMEZ (Carlos),** à Danniel (Ciudad-Real). — Vin.   (QUAI.)

242. **GOMEZ (Florencio),** à Santa-Cruz-de-Mudela. — Vin.   (QUAI.)

243. **GOMEZ (Isidro),** à Puebla-de-D.-Fadrique. — Vin.   (QUAI.)

244. **GOMEZ (Luciano),** à San-Miguel-de-Otero (Orense). — Vins. (QUAI.)

245. **GOMEZ GONZALEZ (José),** à Valladolid. — Vins et liqueurs. (QUAI.)

246. **GOMEZ SISTERNOS (Aniceto),** à Requena (Valence). — Vin.
                                                                   (QUAI.)

247. **GONZALEZ (Anastasio),** à Murehaute (Navarre). — Vin.   (QUAI.)

248. **GONZALEZ (B.),** à Morata-de-Tajuna (Tolède). — Vin.   (QUAI.)

249. **GONZALEZ (B.) et Cie,** à Jerez-de-la-Frontera. — Vins. (QUAI.)

250. **GONZALEZ (Florencio),** à Villarrobledo. — Vin.   (QUAI.)

251. **GONZALEZ (Joaquin),** à Rosales (Alicante). — Vin.   (QUAI.)

252. **GONZALEZ (Julio),** à Arcos (Orense). — Vins.   (QUAI.)

253. **GONZALEZ (Severino),** à Gorgomo (Orense). — Vins.   (QUAI.)

254. GONZALEZ VALDEOLIVAS (José), à Colmenar-de-Oreja. (Madrid). — Vin. (QUAI.)

255. GRACIA (Josèpha de), à Santa-Cruz-de-Mudela. — Vin (QUAI.)

256. GRENNIO DE COSECHEROS, à Tudela-de-Duero. — Vin. (QUAI.)

257. GUIJARRO (Emilio), à Ocana (Tolède) — Vin. (QUAI.)

258. GUIROGA VAZAQUES (Ramon), à Rua (Orense). — Vins. (QUAI.)

259. GURRIARAN (Ricardo), à Barco-de-Valdeorras. — Vins. (QUAI.)

260. GURRIARAN (Vve & Fils de M.), à Gorgomo (Orense).—Vins. (QUAI.)

261. GUSÉ (Francisco), à Barcelone. — Vins. (QUAI.)

262. GUTIERREZ (Francisco), à Rafa (Alicante). — Vin. (QUAI.)

263. GUTIERREZ (Lorenzo), à Valdepeñas. — Vin. (QUAI.)

264. GUZMAN (Camilo), à Valladolid. — Vin. (QUAI.)

265. HARA (Bernardino), à Murehaute (Navarre). — Vin. (QUAI.)

266. HARO (Silvestre), à Chinchon (Madrid). — Vin et eau-de-vie. (QUAI.)

267. HARO (Silvestre), à Haro (Rioja). — Vin. (QUAI.)

268. HERBELLA (Antonio), à Rua (Orense). — Vins. (QUAI.)

269. HERERA Y SANCHO (Cecilio), à Colmenar-de-Oreja (Madrid). — Vin. (QUAI.)

270. HERNANDEZ (Luciano), à Autol (Logrono). — Vins. (QUAI.)

271. HERREROS (Franc, M. de los) à Palma (Baléares). — Vins. (QUAI.)

272. HERSO (Bartolome), à la Palma (Cartagène). — Vins généreux. (QUAI.)

273. HERVIA (Comte de), à Torrea-Montalvo (Rioja). — Vin. (QUAI.)

274. IAGUEZ (Santas), à Palenzuela. — Vin. (QUAI.)

275. ISATI & Cie, à Jerez-de-la-Frontera. — Vins fins. (QUAI.)

276. IZARRA SALAZAR (Estanislao), à Valdepeñas. — Vin. (QUAI.)

277. JARAUTA (Juan), à Murehaute (Navarre). — Vin. (QUAI.)

278. JAULO Y ARINO (Miguel), à Escatron (Saragosse). — Anisette. (QUAI.)

279. JIMENEZ MARQUINA (Mariano), à Bulheente (Saragosse). — Vin, eau-de-vie. (QUAI.)

280. JOSÉ CACHO (Juan), à Santa-Cruz-de-Mudela. — Vin. (QUAI.)

281. JOSÉ GIL (Juan), à Corella (Navarre). — Vins. (QUAI.)

282. JOSÉ NERA (Pedro), à Riela. — Vin. (QUAI.)

283. JUAN (Pascual de), à Sax (Alicante). — Vin. (QUAI.)

284. LACAZE (F.), à Paris, rue Saint-Denis, 158. — Vin. (QUAI.)

285. LACOCE (F.), à Saragosse. — Vins fins et liqueurs. (QUAI.)

286. LAGUNA (Cirila), à Santa-Cruz-de-Mudela. — Vin. (QUAI.)

287. LAGUNA (Mercédès), à Santa-Cruz-de-Mudela. — Vin. (QUAI.)

288. LAHOZ MUNIESA (Victoria), à Escatron (Saragosse). — Anisette « Lahoz. » (QUAI.)

289. « **La Pureza de Hanada hermanoz** », à Villanueva-de-la-Jara (Cuenca).
— Alcool.   (QUAI.)

290. LARIZ (Benito de), à Ocana (Tolède). — Vin. .   (QUAI.)

291. LASTRAS (Faustino), à San-Martin-de-Valdeiglesias. — Vin.   (QUAI.)

292. LAYMOU (Ramon), à Cartagène. — Vin.   (QUAI.)

293. LECAUDA (E.), à Valladolid. — Vin.   (QUAI.)

294. LENZANO (Mariano S. de), à Haro (Rioja). — Vin.   (QUAI.)

295. LIMOSTE (Cayetano), à Albatera (Alicante). — Vin.   (QUAI.)

296. LIZARRAGA (Siveriano), à Estella. — Vin.   (QUAI.)

297. LLOBERES (J. Andren), à Tarragone. — Vin.   (QUAI.)

298. LLOPIO (Tadeo), à Dolores (Alicante). — Vin.   (QUAI.)

299. LOBER (Vicente), à Saragosse. — Anisettes fines.   (QUAI.)

300. LOBON VENTERO (Juan) , à Hambran (Torre de Esteban). — Vins.
                                                                           (QUAI.)

301. LOPEZ (César), à San-Martin-de-Valdeiglesias. — Vin.   (QUAI.)

302. LOPEZ (Francisco), à Orihuela (Alicante). — Vin.   (QUAI.)

303. LOPEZ (Joaquin), à Barco-de-Valdeonas (Orense). — Vins.   (QUAI.)

304. LOPEZ (Paulino), à Rua (Orense). — Vins.   (QUAI.)

305. LOPEZ (Pedro), à Cordoba. — Vin.   (QUAI.)

306. LOPEZ (Rafael), à Sobradelo (Orense). — Vins.   (QUAI.)

307. LOPEZ (Ventura), à Barco-de-Valdeonas (Orense). — Vins.   (QUAI.)

308. LOPEZ (Victoriano), à Villamartin (Orense). — Vins.   (QUAI.)

309. LOPEZ BRAVO (Esteban), à Jepes (Tolède). — Vins.   (QUAI.)

310. LOPEZ DE HARO (Ramon), à Paris. — Vin.   (QUAI.)

311. LOPEZ del CAMPO (José), à Puebla-de-D.-Fadrique. — Vin.   (QUAI.)

312. LOSADA (Nicanor), à Rua (Orense). — Vins.   (QUAI.)

313. LOSADA (Victoriano), à Villamartin (Orense). — Vins.   (QUAI.)

314. LOTELO (Gerardo), à Rua (Orense). — Vins.   (QUAI.)

315. LUCAS (José), à Catral (Alicante). — Vin.   (QUAI.)

316. LUCAS (Manuel), à Catral (Alicante). — Vin.   (QUAI.)

317. LUCAS (Ramon), à Catral (Alicante). — Vin.   (QUAI.)

318. LUELMO (Francisco), à Villaralbo. — Vin.   (QUAI.)

319. MADRID (Vicente) et Fils, à Valdepeñas. — Vin.   (QUAI.)

320. MALDONADO BOLEA (José) , à Puebla-de-Montalban. — Vin.
                                                                           (QUAI.)

321. MANUEL FERRAU (Vve de) , à Barcelone. — Eaux-de-vie.
                                                                           (QUAI.)

322. MARANON RAMIREZ (Pedro), à Jepes (Tolède) — Vins.   (QUAI.)

323. MARCAS LORENZO (Miguel), à Valladolid. — Vin.   (QUAI.)

324. **MARCOS (F. Sanchez)**, à San-Lucar-de-Barrameda. — Vin.   (QUAI.)

325. **MARIA MEDRANO (Manuel)**, à Ajofrin. — Vin.   (QUAI.)

326. **MARIA MIRA (José)**, à Santa-Cruz-de-Mudela. — Vin.   (QUAI.)

327. **MARIA MONTES (Tomas)**, à Requena (Valence). — Vin.   (QUAI.)

328. **MARIA MON FORT (José)**, à Requena (Valence). — Vin.   (QUAI.)

329. **MARIA PARRAS (Manuel)**, à San-Martin-de-Valdeiglesias.— Vin.
(QUAI.)

330. **MARIA PRO (José)**, à Puerto-de-Santa-Maria. — Vin.   (QUAI.)

331. **MARIA ULTOR (Luis)**, à Getafe (Madrid). — Vin et liqueurs.   (QUAI.)

332. **MAROTO (Enrique A.)**, à Caimena (Tolède). — Vin.   (QUAI.)

333. **MARTI (Francisco de A.)**, à Valls-Tarragone. — Vins.   (QUAI.)

334. **MARTIN (Damaso)**, à San-Martin-de-Valdeiglesias. — Vin.   (QUAI.)

335. **MARTIN (Marcelo)**, à San-Martin-de-Valdeiglesias. — Vin.   (QUAI.)

336. **MARTIN (Ricardo)**, à San-Martin-de-Valdeiglesias. — Vin   (QUAI.)

337. **MARTIN AMPUSDIA (Juan J.)**, à Jepes (Tolède). — Vin.   (QUAI.)

338. **MARTINEZ (Angel)**, à Murehaute (Navarre). — Vin   (QUAI.)

339. **MARTINEZ (Anselmo)**, à Murehaute (Navarre). — Vin.   (QUAI.)

340. **MARTINEZ (Antonio)**, à Barco-de-Valdeonas (Orense). — Vins.   (QUAI.)

341. **MARTINEZ (Antonio)**, à Murehaute (Navarre) — Vin.   (QUAI.)

342. **MARTINEZ (Damaso)**, à Murehaute (Navarre). — Vin.   (QUAI.)

343. **MARTINEZ (Escolastico)**, à Murehaute (Navarre). — Vin.   (QUAI.)

344. **MARTINEZ (Francisco)**, à La Batida (Rioja). — Vin.   (QUAI.)

345. **MARTINEZ (Juan)**, à Murehaute (Navarre). — Vin   (QUAI.)

346. **MARTINEZ (Luciano)**, à Ocana (Tolède). — Vin   (QUAI.)

347. **MARTINEZ (Placido)**, à Murehaute (Navarre). — Vin.   (QUAI.)

348. **MARTINEZ (Raimunda)**, à Murehaute (Navarre). — Vin.   (QUAI.)

349. **MARTINEZ (Ricardo)**, à Barco-de-Valdeonas. (Orense). — Vins.   (QUAI.)

350. **MARTINEZ (Santos)**, à San Martin-de-Valdeiglesias. — Vin.   (QUAI.)

351. **MARTINEZ (Sébastian)**, à Murehaute (Navarre). — Vin.   (QUAI.)

352. **MARTINEZ de la CUADRA (Antolin)**, à Luil (Logrono). — Eau-
de-vie. Vin.
(QUAI.)

353. **MARTINEZ Y MOLINA (Jose)**, à Cartagène. — Vin.   (QUAI.)

354. **MARTINEZ MOLINA (José)**, à Canteras. — Vin.   (QUAI.)

355. **MARTINEZ REY (Manuel)**, à Barco-de-Valdeonas (Orense). — Vins.
(QUAI.)

356. **MARTINEZ RISUEÑO (Carlos)**, à Chinchon (Madrid).— Vin et eau-
de-vie.
(QUAI.)

357. **MARTIN LOZANO (Pédro)**, à Miguelturra (C.-Real). — Vin.   (QUAI.)

358. **MARTORELL (Antonio M.)**, à Palma (Baléares). — Eaux-de-vie.
(QUAI.)

359. **MAS (Evaristo)**, à Dolorès (Alicante). — Vin.   (QUAI.)

360. **MAS & ROVIRA (Juan)**, à Piera. — Vins.   QUAI.)

361. **MASIA LOPEZ (Pedro)**, à Requena (Valence). — Vin.   (QUAI.)

362. **MATEO (Simon)**, à Corella (Navarre). — Vin.   (QUAI.)

363. **MATOSSI FANCONI & Cie**, à Santander. — Bières en bouteilles.
                    (QUAI.)

364. **MAZARRONY (Danado) & Cie**, à Valdepeñas. — Vin et alcools.
                    (QUAI.)

365. **MEINS (Carlos)**, à Madrid. — Bières.   (QUAI.)

366. **MEJIA (Carlos)**, à Orihuela (Alicante). — Vin.   (QUAI.)

367. **MEJIA AGUIRRE (Isac.)**, à Ocana (Tolède). — Vin.   (QUAI.)

368. **MENDEZ (Antonio)**, à Valdepeñas. — Vin.   (QUAI.)

369. **MENDOZA MONSALOE (Alfredo)**, à Requena (Valence). — Vin.
                    (QUAI.)

370. **MENES AUJÉ (Antonio)**, à Valladolid. — Vin.   (QUAI.)

371. **MERLO CEJUDO (Eugenio)**, à Valdepeñas. — Vin.   (QUAI.)

372. **MERLO Y CÉJUDO (Antonio)**, à Valdepeñas. — Vin.   (QUAI.)

373. **MERLO (Luis de) & Frères**, à Valdepeñas. — Vin.   (QUAI.)

374. **MERLO MORALES (Ramon)**, à Valdepeñas. — Vin.   (QUAI.)

375. **MERLO LOZO (Demetrio)**, à Valdepeñas. — Vin.   (QUAI.)

376. **MESTRE (A. C.)**, à Sitges (Barcelone). — Vins.   (QUAI.)

377. **MESTRE Y TERMÉS (Manuel)**, à Sitges (Barcelone). — Vins.
                    (QUAI.)

378. **MINA NAVAS (Gabriel)**, à Banos-de-Montemayor (Cacerès). — Vins.
                    (QUAI.)

379. **MIRABEUT (Félix)**, à Sitges (Barcelone). — Vins.   (QUAI.)

380. **MIRANDA (Fernandez)**, à Médina-del-Campo. — Vin.   (QUAI.)

381. **MIRO (J.)**, à Sitges (Barcelone). — Vins.   (QUAI.)

382. **MOIRON (Modesto)**, à Barco-de-Valdeonas (Orense). — Vins.   (QUAI.)

383. **MOLINA (Juan, Caballero)**, à Cordoue. — Eau-de-vie, vin et cognac.
                    (QUAI.)

384. **MOLINA ZAFULLA (José)**, à Yeda. — Vin.   (QUAI.)

385. **MOMPEAN (José)**, à Catral (Alicante). — Vin.   (QUAI.)

386. **MONEDERO (Enrique)**, à San-Martin-de-Valdeiglesias. — Vins.
                    (QUAI.)

387. **MONSENY CARBONELL (José)**, à Valencia. — Vin.   (QUAI.)

388. **MONZABA (Enrique)**, à Carralla-de-la-Sierra. — Vin.   (QUAI.)

389. **MORA (Antonia)**, à Formentera (Alicante). — Vin.   (QUAI.)

390. **MORAL Y GARCIA (Domingo del)**, à Colmenar-de-Oreja (Madrid).
— Vin.   (QUAI.)

391. **MORAL Y RODRIGUEZ (Antonio del)**, à Colmenar-de-Oreja
(Madrid). — Vin.   (QUAI.)

392. MORALES (Bernardo), à Rueda-de-Jalon. — Vin.   (QUAI.)

393. MORALES Y CRUZ (Francisco), à Valdepeñas. — Vin.   (QUAI.)

394. MORALES & Frères (Ramon), à Valdepeñas (Ciudad-Real). — Vin
blanc.   (QUAI.)

395. MORENO POZO (Emilio), à Cadiz. — Vin.   (QUAI.)

396. MORITZ (Luis de), à Barcelone — Bières.   (QUAI.)

397. MORTINAN ORTEGA (Martin), à leda. — Vin.   (QUAI.)

398. MUDELA (Marquis de), à Tolède. — Vin et alcool.   (QUAI.)

399. MUELA (Clara de la), à Santa-Cruz-de-Mudela. — Vin.   (QUAI.)

400. MUELA (Nicasio), à Santa-Cruz-de-Mudela. — Vin.   (QUAI.)

401. MUELA Frères, à Santa-Cruz-de-Mudela. — Vin   (QUAI.)

402. MULET (Antonio), à Palma (Baléares). — Vins.   (QUAI.)

403. MUNOZ ALVAREZ (Manuel), à Constantina. — Eau-de-vie.
                                                                         (QUAI.)

404. MURCIA (R.), à Caceres. — Vin.   (QUAI.)

405. MURGA LOPEZ (Julian), à Haro (Logrono). — Vin plâtré.   (QUAI.)

406. NALERO Y GIMENEZ (Juan), à Requena (Valence). — Vin.   (QUAI.)

407. NARAVJO MONTES (Antonio), à Carolla-de-la-Sierra (Séville). —
Eau-de-vie.   (QUAI.)

408. NIETO (Francisco), à Miguelturra (C.-Réal). — Vin.   (QUAI.)

409. NIGUER (José), à Puebla-de-Rocamora (Alicante). — Vin.   (QUAI.)

410. NOGUES & Cie, à Tarragone. — Vin.   (QUAI.)

411. NUNEZ (José), à Villoria (Orense). — Vins.   (QUAI.)

412. NUNEZ (Miguel), à Fabriaza (Orense). — Vins.   (QUAI.)

413. OCANA (Valentin de), à Colmenar-de-Oreja (Madrid). — Vin.   (QUAI.)

414. OCANA Y MAURAUARES (Valentin), à Colmenar-de-Oreja
(Madrid). — Vin.   (QUAI.)

415. OJEA (José), à Vontey (Orense). — Vins.   (QUAI.)

416. OLIVA SANCHEZ (Lopez de la), à Jepes (Tolède). — Vins. (QUAI.)

417. OLMO (José), à Fabriaza (Orense). — Vins.   (QUAI.)

418. ORTEGA (José), à Santa-Cruz-de-Mudela. — Vin.   (QUAI.)

419. ORTEZ de CASTRO (José M.), à Santander. — Vins.   (QUAI.)

420. ORTINAS (Antonio P.), à Palma (Baleares). — Eau-de-vie.   (QUAI.)

421. ORTIZ (Garcia) Frères, à Villarrobledo. — Vin.   (QUAI.)

422. ORTIZ MORENO (Manuel), à Ocana (Tolède). — Vin.   (QUAI.)

423. ORTUNA (Joaquin), à San-Miguel-de-Salinas (Alicante). — Vin.   (QUAI.)

424. OTERO (José), à Barco-de-Valdeonas (Orense). — Vins.   (QUAI.)

425. PACHEZA (Jaime), à Puebla-de-Rocamora (Alicante). — Vin.   (QUAI.)

426. PALACIN (Deogratias), à Palenzuela. — Vin.   (QUAI.)

427. **PALACIO Y PALACIO (Antonio)**, à Saragosse. — Eau-de-vie.
(QUAI.)

428. **PALLERO FRANCO (Juan)**, à Fuentesalida. — Vin. (QUAI.)

429. **PALOP (José A.)**, à Ronda (Malaga). — Vin et huile. (QUAI.)

430. **PALOU (Miguel)**, à Palma (Baléares). — Vin. (QUAI.)

431. **PARDO (Dionisio)**, à Murehaute (Navarre). — Vin. (QUAI.)

432. **PARDO (Gilario)**, à Murehaute (Navarre). — Vin. (QUAI.)

433. **PARDO (Valero)**, à Murehaute (Navarre). — Vin. (QUAI.)

434. **PARERA (Juan)**, à Barcelone. — Liqueurs. (QUAI.)

435. **PARRAS (José)**, à San-Martin-de-Valdeiglesias. — Vin. (QUAI.)

436. **PASCUAL (Fils de)**, à Madrid. — Liqueurs. (QUAI.)

437. **PASTOR (Clandio)**, à Palencia. — Vin. (QUAI.)

438. **PASTOR (Fernando)**, à Torrevieja (Alicante). — Vin. (QUAI.)

439. **PASTOR SALINAS (Joaquin)**, à Rafa (Alicante). — Vin. (QUAI.)

440. **PAYA (Tomas)**, à Caceres. — Vin. (QUAI.)

441. **PENNELAS (Fils de D. Vicente)**, à Santa-Cruz-de-Mudela. — Vin.
(QUAI.)

442. **PERAL (Juan V.)**, à Noblejas. — Vin. (QUAI.)

443. **PERAL (Tomas)**, à Orihuela (Alicante). — Vin. (QUAI.)

444. **PEREZ CABELLOS (Joaquin)**, à Membrilla (Ciudad-Real). — Vins.
(QUAI.)

445. **PEREZ (Ciro)**, à Monovar (Alicante). — Vin. (QUAI.)

446. **PERU MILIAU (José)**, à Requena (Valence). — Vin. (QUAI.)

447. **PICAZO (Alfonso)**, à Jepes (Tolède). — Vins. (QUAI.)

448. **PICAZO (José)**, à Orihuela (Alicante). — Vin. (QUAI.)

449. **PICO (Eduardo)**, à Cartagène. — Vins. (QUAI.)

450. **PICO (Eduardo)**, à Santa-Ana. — Vin. (QUAI.)

451. **PIMENTEL (Fernando)**, à Rueda. — Vin. (QUAI.)

452. **PINTO (Manuel)**, à Valladolid. — Vin. (QUAI.)

453. **PITOISEL (Esteban)**, à Tarragone. — Vins. (QUAI.)

454. **PITOISET (Esteban)**, à Tarragone. — Vin. (QUAI.)

455. **PLADELLORENS (M.)**, à Barcelone. — Vins. (QUAI.)

456. **POLANCO et Cie**, à Amuseo (Valence). — Vins. (QUAI.)

457. **POLO TOMAS (Antonio)**, à Ieda. — Vin. (QUAI.)

458. **POMÈS (Pablo)**, à Amurrio (Alava). — Vin. (QUAI.)

459. **POMÈS (Pablo)**, à Bilbao (Amurrio). — Eau-de-vie et liqueurs (QUAI.)

460. **PONS (Cayetano)**, à Barcelone. — Vins. (QUAI.)

461. **PONS (Joaquin)**, à Barcelone. — Liqueurs. (QUAI.)

462. **POZO (Egozeue del)**, à Balluta (Gerona). — Vin. (QUAI.)

463. **PRADA (Antonio)**, à Sobradelo (Orense). — Vins.　(QUAI.)

464. **PRADA (Eduardo)**, à San-Miguel-de-Otero (Orense). — Vins.　(QUAI.)

465. **PRADA (Joaquin de)**, à Barco-de-Valdeonas (Orense). — Vins.　(QUAI.)

466. **PRADA (Mateo)**, à Portela (Orense). — Vins.　(QUAI.)

467. **PRAHOLA Fréres**, à leda. — Vin.　(QUAI.)

468. **PRIETOET de la TORRE (Josè)**, à Valdepeñas. — Vin.　(QUAI.)

469. **PRIETO et de la TORRE (Manuel)**, à Valdepeñas. — Vin.　(QUAI.)

470. **PRODERMO (Comte de)**, à Villafranca (Navarra). — Vin.　(QUAI.)

471. **PUIG DE GALUP (José B.)**, à Sitges. — Vins.　(QUAI.)

472. **QUER (Luis)**, à Reus (Tarragone). — Vins.　(QUAI.)

473. **QUIROZA VAZQUEZ (Manuel)**, à Villoria (Orense). — Vins.　(QUAI.)

474. **RABASCO (Josè)**, à Puebla-de-Rocamora (Alicante). — Vin.　(QUAI.)

475. **RAMIREZ (Luciano)**, à San-Martin-de-Valdeiglesias. — Vin.　(QUAI.)

476. **RAMIREZ DUQUE (Ramon)**, à Jepes (Tolède). — Vins.　(QUAI.)

477. **RAMIRO et Fils (Manuel)**, à Santa-Cruz-de-Mudela. — Vin.　(QUAI.)

478. **RAMON (Dolorès)**, à Benalfufar (Baléares). — Vins.　(QUAI.)

479. **RAMOS (José de la T.)**, à Paris, rue de Bretagne, 67. — Vin.　(QUAI.)

480. **RAMOS (Manuel)**, à San-Martin-de-Valdeiglesias. — Vin.　(QUAI.)

481. **REDONDO (Mariano)**, à Nava-del-Rey. — Vin.　(QUAI.)

482. **REDONDO (Vve Neveux de)**, à Burgos. — Anisette.　(QUAI.)

483. **REINA (Cesar)**, à San-Vicente (Logrono). — Vin.　(QUAI.)

484. **REINA (Emilio)**, à Puente-Genil (Cordoue). — Vin.　(QUAI.)

485. **REINA (Manuel)**, à Puente-Genil (Cordoue). — Vin et huile.　(QUAI.)

486. **REQUENA et Fils**, à Jativa (Valence). — Alcool, vins, eau-de-vie.
　(QUAI.)

487. **RETUCREE (Eugenio)**, à San-Martin-de-Valdeiglesias. — Vin.　(QUAI.)

488. **RIDONDAS (Ramon)**, à San-Martin-de-Valdeiglesias. — Vin.　(QUAI.)

489. **RIERA (J. Bonamusa)**, à Barcelone. — Vins.　(QUAI.)

490. **RIERA Y MATAS (Miguel)**, à Sitges (Barcelone). — Vins.　(QUAI.)

491. **RIO (Jacob del)**, à Villanueva-de-Duero (Valladolid). — Vin.　(QUAI.)

492. **RIO (Marcelo del)**, à Villanueva-de-Duero (Valladolid). — Vin.　(QUAI.)

493. **RIOFLORIDO (Marquis de)**, à Almoradi (Alicante). — Vin.　(QUAI.)

494. **RIVA & RUBIO**, à Jerez-de-la-Frontera. — Vins Jerès.　(QUAI.)

495. **RIVAS (Miguel)**, à Sitges (Barcelone). — Vins.　(QUAI.)

496. **RIVAS (Pédro)**, à Tarrasa. — Vins.　(QUAI.)

497. **ROBERT MARIANO (Fils de)**, à Sitges (Barcelone). — Vins.　(QUAI.)

498. **ROCA (Manuel)**, à Orihuela (Alicante). — Vin.　(QUAI.)

499. **ROCA DE TOGUE (Diégo)**, à Orihuela (Alicante). — Vin.　(QUAI.)

500.   ROCH Y GUITART (Pablo), à Piera (Barcelone). — Vin.   (QUAI.)

501.   RODERO Y FRESNO (Estéban), à Valdepeñas. — Vin.   (QUAI.)

502.   RODERO Y FRESNO (José), à Valdepeñas. — Vin.   (QUAI.)

503.   RODRIGUEZ (Antonio), à Catral (Alicante). — Vin.   (QUAI.)

504.   RODRIGUEZ (Antonio), à Dolores (Alicante). — Vin.   (QUAI.)

505.   RODRIGUEZ (Deogratias, Fils de), à Valdepeñas. — Vin.   (QUAI.)

506.   RODRIGUEZ (Domingo), à Villoria (Orense). — Vins.   (QUAI.)

507.   RODRIGUEZ (Elisa), à Rua (Orense). — Vins.   (QUAI.)

508.   RODRIGUEZ (Joaquin), à Catral (Alicante). — Vin.   (QUAI.)

509.   RODRIGUEZ (José), à Daimiel (C.-Real). — Vin.   (QUAI.)

510.   RODRIGUEZ (José), à San Martin-de-Valdeiglesias. — Vin.   (QUAI.)

511.   RODRIGUEZ (Modesto), à Santa Cruz de Mudela. — Vin.   (QUAI.)

512.   RODRIGUEZ (Santiago), à Villanueva (Orense). — Vins.   (QUAI.)

513.   RODRIGUEZ (Vicente), à Orihuela (Alicante). — Vin.   (QUAI.)

514.   RODRIGUEZ BLANCO (Joaquin), à Barco-de-Valdeonas (Orense). — Vins.   (QUAI.)

515.   RODRIGUEZ NIGUÉS (Martin), à Puebla-de-Rocamora (Alicante). — Vin.   (QUAI.)

516   ROJAS (Joaquin de), à Benijofar (Alicante). — Vin.   (QUAI.)

517.   ROJO ALLES (Ramon), à Valdepeñas. — Vin.   (QUAI)

518.   ROJO DE LA DUENA (Juan), à Santa-Cruz-de-Mudela. — Vin.   (QUAI.)

519.   ROMANO (Benito), à Corella (Navarre). — Vin.   (QUAI.)

520.   ROMERO JUNQUERA (José), à Barco-de-Valdeonas (Orense). — Vins.   (QUAI.)

521.   ROQUER & MARI (José), à Arbos-del-Panades (Tarragone). — Vins et liqueurs.   (QUAI.)

522.   ROSEL (Benito), à Murchante (Navarre). — Vin.   (QUAI.)

523.   ROSEL (Francisco), à Murchante (Navarre). — Vin.   (QUAI.)

524.   ROSEL (Ricardo), à Murchante (Navarre). — Vin.   (QUAI.)

525.   ROVIRA & BORREL (Antonio), à Barcelone. — Vins.   (QUAI.)

526.   RUBIO (Francisco), à Riela. — Vin.   (QUAI.)

527.   RUIZ (Cosme), à Benejuzar (Alicante). — Vin.   (QUAI.)

528.   RUIZ (Isidro), à Barillos (Navarre). — Vin.   (QUAI.)

529.   RUIZ DE LA HERRAN (Joaquin), à Malaga. — Vins.   (QUAI.)

530.   RUIZ MARTINEZ (F.), à Puerto-Santa-Maria. — Vins doux.   (QUAI.)

531.   RUIZ MEDINA (Adrian), à Jepes (Tolède). — Vins.   (QUAI.)

532.   SAENZ (Donato), à Quel (Logrono). — Vin.   (QUAI.)

533.   SAENZ (Julian), à Quel (Logrono). — Vin.   (QUAI.)

534.   SAINZ BRAVO (Melitos), à Jepes (Tolède). — Vins.   (QUAI.)

535. **SALA (Rafael)**, à Torrevieja (Alicante). — Vin. (QUAI.)

536. **SALANVANCA (Enrique de)**, à Talavera-de-la-Reina (Tolède) — Vin. (QUAI.)

537. **SALGADO (Miguel)**, à Barco-de-Valdeonas (Orense). — Vins. (QUAI.)

538. **SALGADO (Pedro A.)**, à Barco-de-Valdeonas (Orense). — Vins. (QUAI.)

539. **SALON (Santiago)**, à Palenzuela. — Vin. (QUAI.)

540. **SANCHEZ (P. Antonio)**, à Quel (Logrono). — Vin. (QUAI.)

541. **SANCHEZ (Dionisio)**, à Corella (Navarre). — Vin. (QUAI.)

542. **SANCHEZ ELVIRA (Lorenza)**, à Jepes (Tolède). — Vins. (QUAI.)

543. **SANCHEZ (Francisco)**, à Iunchillos. — Vin. (QUAI.)

544. **SANCHEZ (Lazaro)**, à Quel (Logrono). — Vin, eau-de-vie. (QUAI.)

545. **SANCHEZ GARCIA (Enrique)**, à Grenade. — Alcool et eau-de-vie. (QUAI.)

546. **SANCHEZ (Manuel)**, à Orihuela (Alicante). — Vin. (QUAI.)

547. **SANCHEZ (Pédro)**, à Logrono. — Vin. (QUAI.)

548. **SANCHEZ Y SALCEDO (M.)**, à Morata-de-Tajuna (Tolède). — Vin. (QUAI.)

549. **SAN FERNANDO (Duc de)**, à Infantes (Ciudad-Real). — Vin. (QUAI.)

550. **SANTA CRUZ (Marquis de)**, à Santa-Cruz-de-Mudela. — Vin. (QUAI.)

551. **SANTIN (Alejo)**, à Portela (Orense). — Vins. (QUAI.)

552. **SARD (Andrès de)**, à Barcelone. — Vins. (QUAI.)

553. **SARRAGAN (Leopoldo)**, à Jerez. — Vin. (QUAI.)

554. **SARRIOL (José)**, à Sitges (Barcelone). — Vins. (QUAI.)

555. **SEAD & Cie**, à Barcelone — Liqueurs. (QUAI.)

556. **SENORIANI (Balbino)**, à Muniain (Navarre). — Vin. (QUAI.)

557. **SERRANO (Mariono)**, à Noblejas. — Vin. (QUAI.)

558. **SEUDARRUBIAS (Damaso)**, à Almodovar-del-Campo (C.-Real). — Vin. (QUAI.)

559. **SICILIA (Ildefonso)**, à Alberite (Logrono). — Vin. (QUAI.)

560. **SIERRA (Eustario)**, à Aleson (Rioja). — Vin. (QUAI.)

561. **SIERRA (José)**, à Vontey (Orense). — Vins. (QUAI.)

562. **SIERRA (Manuel)**, à Barco-de-Valdeonas (Orense). — Vins. (QUAI.)

563. **SIMON (Antonia)**, à Murehaute (Navarre). — Vin. (QUAI.)

564. **SIMON (Bernardo)**, à Murehaute (Navarre). — Vin. (QUAI.)

565. **SIMON (Frederico)**, à San-Martin-de-Valdeiglesias. — Vin. (QUAI.)

566. **SIMON (Grégorio)**, à Murehaute (Navarre). — Vin (QUAI.)

567. **SIMON (Juan)**, à Murehaute (Navarre). — Vin. (QUAI.)

568. **SIMON (Prudencio)**, à Murehaute (Navarre). — Vin. (QUAI.)

569. **SIMON (Santiago)**, à Murehaute (Navarre). — Vin. (QUAI.)

570. **SIMON (Teresa),** à Murchante (Navarre). — Vin. (QUAI.)

571. **SIMON DE FRANCISCO (Benito),** à San-Martin-de-Valdeiglesias. — Vin. (QUAI.)

572. **Sociedad de Cosecheros,** à Chinchon (Madrid). — Vins. (QUAI.)

573. **Sociedad de Cosecheros,** à Daroca. — Vin. (QUAI.)

574. **SOLANES ROVIRA (Enrique),** à Barcelone. — Vins. (QUAI.)

575. **SOLER (Bartolomé),** à Sitges (Barcelone). — Vins. (QUAI.)

576. **SOLER (José),** à Villena (Alicante). — Vin. (QUAI.)

577. **SOREA (Rafael Fernandez de),** à Villafranca-de-los-Barros (Badajoz). — Vins et eau-de-vie. (QUAI.)

578. **SORRIVES (Vicente),** à Dolores (Alicante). — Vin. (QUAI.)

579. **SOTO (Laureano),** à Barco-de-Valdeonas (Orense). — Vins. (QUAI.)

580. **SUAREZ (Apolinar),** à Villoria (Orense). — Vins. (QUAI.)

581. **SUAREZ (Bernardo),** à Sobradelo (Orense). — Vins. (QUAI.)

582. **SUAREZ (Sébastien),** à Rajoa (Orense). — Vins. (QUAI.)

583. **SUAREZ DE PAGA (Francisco),** à Peten (Orense). — Vins. (QUAI.)

584. **SUAREZ SOLANO (Ceferino),** à Requena (Valence). — Vin. (QUAI.)

585. **TARANTA (Anselmo),** à Murchante (Navarre). — Vin. (QUAI.)

586. **TATO (Manuel),** à Villa-de-Qunitos (Orense). — Vins. (QUAI.)

587. **TELLEZ (Ramon) Fils,** à Malaga. — Vin. (QUAI.)

588. **TELLO (Eugenio),** à Valdepeñas. — Vin. (QUAI.)

589. **TERAN (Marquis de),** à Ollauri. — Vin. (QUAI.)

590. **TOMAS (Antonio),** à Ieda. — Vin. (QUAI.)

591. **TORRES (Eduardo),** à Barco-de-Valdeonas (Orense). — Vins. (QUAI.)

592. **TORRES (Elisa),** à Novallas (Saragosse). — Vin. (QUAI.)

593. **TORRES (Federico),** à Orihuela (Alicante). — Vin. (QUAI.)

594. **TORRES (Miguel),** à Novallas (Saragosse). — Vin. (QUAI.)

595. **TORRES (Simon),** à Novallas. — Vin (QUAI.)

596. **TORRES (Teodora),** à Novallas (Saragosse). — Vin. (QUAI.)

597. **TOVAR (José),** à Malaga. — Vin. (QUAI.)

598. **TRINCADO (Augusto),** à Barco-de-Valdeonas (Orense). — Vins. (QUAI.)

599. **TRINCADO (Bernardo),** à Barco-de-Valdeonas (Orense). — Vins. (QUAI.)

600. **TRUGILLO (Bernardino),** à Miguelturra (C.-Real). — Vin. (QUAI.)

601. **UGENA GOMEZ (Braulio),** à Jepes (Tolède). — Vins. (QUAI.)

602. **ULLOA (Eduardo),** à Barco-de-Valdeonas (Orense). — Vins. (QUAI.)

603. **VAL Y PASCUAL (Burbano),** à Saragosse. — Vin. (QUAI.)

604. **VALCARCEL BALGOMA (Francisco),** à Véga-de-Molinos (Orense). — Vins. (QUAI.)

605. VALCARCEL CAMBA (Manuel), à Barco-de-Valdeonas (Orense). — Vins. **(QUAI)**

606. VARGAS (Antonio P. de), à Cabra (Cordoue). — Vin. **(QUAI.)**

607. VARGUER (L. Fernandez), à Rubielos-Altos (Cuenea). — Vin. **(QUAI.)**

608. VASCO Y GALLEGO (Carmelo), à Valdepeñas. — Vin. **(QUAI.)**

609. VELASCO (F. M. de), à Morata-de-Tajuna (Tolède). — Vin. **(QUAI.)**

610. VIEJO (Ignacio), à Santa-Cruz-de-Mudela. — Vin. **(QUAI.)**

611. VILLAR (Martin), à Saragosse. — Vin. **(QUAI.)**

612. VILLAR (Nicolas), à Tarragone (Saragosse). — Vin. **(QUAI.)**

613. VILLESCAS (José), à Puebla-de-Rocamera (Alicante). — Vin. **(QUAI.)**

614. VINAS (Heradio), à Madrid (Colmenar de Oreja). — Vin. **(QUAI.)**

615. VIZCARILLAS (Genaro), à Corella (Navarre). — Vin. **(QUAI.)**

616. VONTANAR (Marquis de), à Balarote (Albacete). — Vin. **(QUAI.)**

617. YEDRA (Angel), à Gorgomo (Orense). — Vins. **(QUAI.)**

618. ZAITIGUI (Vve) et Fils, à Cuzcurrita (Logrono). — Vin. **(QUAI.)**

619. ZULOAGA (José de), à Getafe (Madrid). — Vins. **(QUAI.)**

ÉTATS-UNIS.

1. Annheuser, Busch Brewing Association, à Saint-Louis, Missouri. — Bière et houblons. **(QUAI.)**

2. BEADLESTON & WOER, à New-York, 291, West 10 th. street. — Bière « Lager », « ale », « Porter. » **(QUAI.)**

3. Bergner & Engel Brewing Co., à Philadelphie, Pa. — Boissons de malt fermentées, ale, bière, porter. **(QUAI.)**

4. CORBETT (James C.), à Liverpool (Angleterre), Wavertree road, Fage Hill. — Vins et cognacs de Californie. **(QUAI.)**

5. DADANT (Chas.) & Son, à Hamilton, Illinois. — Vin de miel. **(QUAI.)**

6. Florida Wine Co., à Clay Springs, Florida. — Vin d'orange. **(QUAI.)**

7. HUME & Co., à Washington, D. C. Marketsplace, 807, Pennsylvania avenue. — Whisky de seigle (Rye whisky). Eau-de-vie de pommes (Apple brandy). **(QUAI.)**

8. MOORE & SIMOTT, à Philadelphie, Pa. — Whisky de seigle (Rye malt Whisky). **(QUAI.)**

9. MOTT (S. R. & J. C.), à New-York, N. Y., 118, Warren street. — Cidre mousseux. **(QUAI.)**

10. New-York Hop Extract Works, à Waterville, New-York. — Extrait de houblon. **(QUAI.)**

11. TIBLE & CRABLE, à Eminence, Ky., et à Boston, Mass. — Whisky. **(QUAI.)**

12. VOGT (August.), à Willow-Point, Texas. — Vins. **(QUAI.)**

13. Vins et cognacs, produits de vignobles américains (Exposition collective des), sous la direction de **B. F. Clayton,** à New-York, N. Y. — Vins et cognacs. **(QUAI.)**

AMERICAN WINE Co., à Saint-Louis, Mo.

CRAFT (N. W.), à Shore, North Carolina.

AGENCY EDGE HILL WINE Co., (California), 12, Barclay street, à New-York, N. Y.

GAST WINE Co., à Saint-Louis, Mo.

HOOPER (Geo F.), à Sobre Vista, Cal.

MONTICELLO WINE Co., à Charlottesville, Virginia.

PLEASAUT VALLEY WINE Co., Rheims, N. Y.

PEARSON (A. W.), à Vineland, New-Jersey.

RUSSON (Adolph), à Proffits, Virginia.

RYCKMANN (G.-F.), Brocton Wine Co., à Brocton, N. Y.

SONOMA WINE & BRANDY Co., 1, Front street, à New-York, N. Y.

STONE HILL WINE Co., à Herrmann, Mo.

TO KALON VINEGARDS, H. W. CRABB, à Oakville, Cal.

NEW URBANA WINE Co., à Hammondsport, N. Y.

GRANDE - BRETAGNE.

1. Australian Wine Importers (Limited), à Londres, East India avenue, 3. — Vins d'Australie. **(QUAI.)**

2. BALLINGHALL & Son, à Dundee (Écosse), Park Pleasance Breweries. —Pale-ale avec échantillons d'orge, de malt et de houblon employés dans la fabrication **(QUAI.)**

3. BARTLEET & Co., Warminster Wiltshire, High street Brewery. — Bière en barriques. **(QUAI.)**

4. BEER & Co., (George), Star Brewery, Canterbury Purfleet Wharf Saint-Pauls station, à Londres. — Blé en barriques et en bouteilles. **(QUAI.)**

5. BOAKE ROBERTS (A.) & Co., à Londres, Warton Road Stradfort. — Spécialités pour la clarification et la préservation des vins et des bières. **(QUAI)**

6. BROWN (Charles) & Sons, à Loanhead (Écosse), High street, 17 et Eskdale street, Dalkeck (Ecosse). — Whisky d'Ecosse, mélange Glenesk. **(QUAI.)**

7. BUCHANAN (James) & Co., à Londres E. C., Bucklersbury, 20.— Whisky d'Ecosse. **(QUAI.)**

Marchands de whisky écossais.

Glascow, Leith.

Maison principale, 20, Bucklersbury, London. E. C.

Fournisseurs par privilège de la Chambre des Communes pour le whisky écossais.

Première médaille de mérite, à Melbourne 1888.

Agences dans les colonies et à l'étranger:

Calcutta, Madras, Hong-Kong, Shanghaï, Singapore.

Sydney, Melbourne, Dunedin, Adelaïde.

Boston, Halifax, Saint-Johns.

Alexandrie et le Caire.

8. Bushmills old Distillery Co., (Limited), Bushmills, County of Antrim.— Whisky de malt pur. **(QUAI.)**

9. DEWAR (John) & Sons, à Perth. — Vieux whisky écossais. **(QUAI.)**

10. DUNVILWE & Co., Royal Irish Distilleries, à Belfast. — Vieux whisky irlandais. **(QUAI.)**

11. GILLMAN & SPENCER, à Londres, Castle Brewery Saint-Georges Road, Southwark. — Bières. **(QUAI.)**

12. HALL & Co., à Oxford, Swan Brewery. — Ale et stout faits avec du malt et du houblon; spécimens d'orge, de malt et de houblon. **(QUAI.)**

13. HOLE (James) & Co., à Newark-on-Trent. — Bière. **(QUAI.)**

14. KINLOCH (Charles) & Co., à Londres, E. C., Beckchurch Lane & Queen Victoria street, 3. — Vins et boissons spiritueuses. **(QUAI.)**

15. MACARTHEY & Sons, à Cork. — Whisky d'Irlande. Marques « Clancarty » et « Irish Potheen » **(QUAI.)**

16. MERRITT & Co., à Londres, Mark lane, 48. — Glenrosa Whisky écossais de malt pur. **(QUAI.)**

17. MITCHELL (Henry) & Co. (Limited), à Birkdale Smethwick. — Bières douces, fortes, pâles et amères en bouteilles et en barriques. **(QUAI.)**

18. O'BRIEN & Co., à Dublin, Henry place, 5. — Eaux minérales et gazeuses et autres boissons. **(QUAI.)**

19. PLUNKETT Brothers, à Dublin, Bellevue maltings. — Échantillons de malt, pâte, chocolat rosé, brun doré, candi brun ambré. **(QUAI.)**

20. REDMOND Brothers, à Dublin, Fleet street, 39. — Vieux whisky irlandais en bouteilles. **(QUAI.)**

21. SHILLINGFORD & Co., à Bicester, et à Paris, avenue de Friedland. — Ale et stout. **(QUAI.)**

22. STEWART (John), à Édimbourg, Foantainbridge, 85. — Whisky mélangé. **(QUAI.)**

23. STOCKS (Joseph) & Co., Shibden Head Brewery. — Bières. **(QUAI.)**

24. Tottenham Lager Beer Brewery Ice Factory (Limited), à Londres, Tottenham. — Bières, lager et pilsener. **(QUAI.)**

25. WOOLWAY & Co., à Bristol, Tailor's Court Broad street, Totnes & East Cornwarthy Devonshire ; Ledbury Herefordshire. — Cidres et poirés. **(QUAI.)**

GRÈCE.

1. Achaïa (Société), à Patras (Achaïe et Élide). — Vins. **(PALAIS.)**

2. ALEXANDROPOULOS (V.), à Ægion (Achaïe et Élide). — Vins. **(PALAIS.)**

3. ANASTASSIOU (N.), à Xirochori (Eubée). — Vins. **(PALAIS.)**

4. ANTONIOU (Georges), à Kymi (Eubée). — Vins. **(PALAIS.)**

5. ARGYROS (N.), à Santorin (Cyclades). — Vins. **(PALAIS.)**

6. ASTERIADES (I.), à Scopelos (Eubée). — Vins. **(PALAIS.)**

7. BARBARESSO Frères, au Pirée (Attique et Béotie). — Eau-de-vie, cognac, alcool. **(PALAIS.)**

8. CALIKOUNIS (G. N.), à Calamata (Messénie). — Vins. **(PALAIS.)**

9. CAMPAS (André), à Athènes. — Eau-de-vie, cognac, alcool. **(PALAIS.)**

10. CARAVIAS (A.), à Athènes. — Eau-de-vie, cognac, alcool. **(PALAIS.)**

11. CARAVIAS (Hippocrate), à Ithaque (Céphalonie). — Vins. **(PALAIS.)**

12. CATSIOTI Frères, à Nauplie (Argolide et Corinthie). — Vins. **(PALAIS.)**

13. Château Royal Décelie (Argolide et Corinthie). — Vins. **(PALAIS.)**

14. CHERETIS (M.), à Patras (Achaïe et Élide). — Vins. **(PALAIS.)**

15. CHOIDA Frères, à Argostoli (Céphalonie). — Vins. **(PALAIS.)**

16. **CHRISTOPOULOS (Z.),** à Pyrgos (Achaïe et Élide). — Vins.   (PALAIS.)

17. **COLLAS Fréres,** à Corfou. — Vins.   (PALAIS.)

18. **COLLAS,** à Athènes. — Eau-de-vie, cognac.   (PALAIS.)

19. **COLLENTIS (Elie M.),** à Argostoli (Céphalonie). — Vins.   (PALAIS.)

20. **COSMETATOS (P. Ph.),** à Argostoli (Céphalonie). — Vins.   (PALAIS.)

21. **DALLAPORTAS (P. G.),** à Athènes. — Vins.   (PALAIS.)

22. **DAVYS (A.),** à Athènes. — Vins.   (PALAIS.)

23. **DAVYS & Cie (E.),** à Athènes. — Vins.   (PALAIS.)

24. **DEGEORGES (D.),** à Corfou. — Vins.   (PALAIS.)

25. **DELENDAS (G.),** à Santorin (Cyclades). — Vins.   (PALAIS.)

26. **DELENDAS (N. G.),** à Santorin (Cyclades). — Vins.   (PALAIS.)

27. **DEMACOPOULOS (G.),** à Pyrgos (Achaïe et Élide). — Vins.   (PALAIS.)

28. **DENAXA (Spiridion),** à Athènes. — Vins.   (PALAIS.)

29. **DENDRINOS (Aristide),** à Ithaque (Céphalonie). — Vins.   (PALAIS.)

30. **DOUCAS (G.),** à Eleusis (Attique et Béotie). — Vins.   (PALAIS.)

31. **ELIOPOULO (Asimaki),** à Athènes. — Vins.   (PALAIS.)

32. **EMPIRICO (G. C.),** à Andros (Cyclades). — Vins.   (PALAIS.)

33. **EMPIRIKO (E. C.),** à Andros (Cyclades). — Vins.   (PALAIS.)

34. **EMPIRIKO (N. M.),** à Andros (Cyclades). — Vins.   (PALAIS.)

35. **FLAMBOURIARIS (P.),** à Corfou. — Vins.   (PALAIS.)

36. **GENNATAS (S.),** à Corfou. — Vins.   (PALAIS.)

37. **GENTILLINIS (J.),** à Argostoli (Céphalonie) — Vins.   (PALAIS.)

38. **Glycovryssis (Société de),** à Athènes — Vins.   (PALAIS.)

39. **LAMBADARIUS (Démétrius),** à Athènes. — Vins.   (PALAIS.)

40. **LASSAGNE-MAZZINI (Charles),** à Corfou. — Vins.   (PALAIS.)

41. **LUNZI (Comte Nicolas),** à Zante. — Vins du Château Sarakina.   (PALAIS.)

42. **MACRYJANNIS (J.),** à Patras (Achaïe et Élide). — Vins.   (PALAIS.)

43. **MAKIEDOS (S.),** à Corfou. — Vins.   (PALAIS.)

44. **MALLIAS (M.),** à Athènes. — Vins.   (PALAIS.)

45. **MATZAS (Jean),** à Paros (Cyclades). — Vins.   (PALAIS.)

46. **MERLIN (C.),** à Athènes. — Vins.   (PALAIS.)

47. **MILAKIS (A.),** à Patras (Achaïe et Élide) — Vins.   (PALAIS.)

48. **MORAITES (Thomas),** à Mégare (Attique et Béotie). — Vins.   (PALAIS.)

49. **NALDRESCAS (S.),** à Corfou. — Vins.   (PALAIS.)

50. **NICOLAO (S.),** à Corinthe (Argolide et Corinthie). — Vins.   (PALAIS.)

51. **PACHYS (G.),** à Athènes. — Vins.   (PALAIS.)

52. **PALEOGO Fréres,** à Syra (Cyclades). — Vins   (PALAIS.)

53. PANAGIOTOPOULO (Anastase), à Calamata (Messénie). — Vins. (PALAIS.)

54. PAPADOPOULOS (D.), à Limni (Eubée). — Vins. (PALAIS.)

55. PAPASSOTIRIOU (Nicolas), à Salamis (Attique et Béotie). — Vins. (PALAIS.)

56. PELLETIER (Joseph), à Corfou. — Vins. (PALAIS.)

57. PHOSTERIS (D.), à Santorin (Cyclades). — Vins. (PALAIS.)

58. PILLICAS (Dioméde), à Ithaque (Céphalonie). — Vins. (PALAIS.)

59. POLYCHRONI (C.), à Kifissia (Attique et Béotie). — Vins. (PALAIS.)

60. POURRIS (D.), au Pirée (Attique et Béotie). — Eau-de-vie, cognac, alcool. (PALAIS.)

61. PYRROS (Aristide), à Athènes. — Eau-de-vie, cognac, alcool, vins. (PALAIS.)

62. RICOS (Evangeli), à Argostoli (Céphalonie). — Vins. (PALAIS.)

63. ROUSSOPOULOS (L.), à Keratéa (Attique et Béotie). — Vins. (PALAIS.)

64. SALAS & PAPANICOLAOU, à St-Georges (Argolide et Corinthie). — Vins. (PALAIS.)

65. SCOUZÉS (A.), à Athènes. — Vins. (PALAIS.)

66. SCOUZÉS (P.), à Athènes. — Vins. (PALAIS.)

67. SECOPOUPOS (V.), à Patras (Achaïe et Élide). — Vins. (PALAIS.)

68. SOLON & Fils (G.), à Athènes. — Eau-de-vie, cognac, alcool, vins. (PALAIS.)

69. STRAVOPODI (D.), à Zante. — Vins. (PALAIS.)

70. SYNGROS (A. D.), à Athènes. — Vins. (PALAIS.)

71. THÉOPHILLATOS (J.), à Athènes. — Vins. (PALAIS.)

72. THERMOGIANNIS (N. J.), à Nauplie (Argolide et Corinthie). — Vins. (PALAIS.)

73. THIBÉOS (Spiridion) & Neveu, à Athènes. — Vins. (PALAIS.)

74. TÉREUS (J.), à Pylos (Messénie). — Vins. (PALAIS.)

75. TRECAS (Marinos), à Argostolie (Céphalonie). — Vins. (PALAIS.)

76. TRIPOS (S.), à Corinthe (Argolide et Corinthie). — Eau-de-vie, cognac, alcool, vin. (PALAIS.)

77. TSATSONIS (J. C.), à Patras (Achaïe et Élide). — Vins. (PALAIS.)

78. VLISMA Frères, à Ithaque (Céphalonie). — Vins. (PALAIS.)

79. VOMYLA Frères, à Corinthe (Argolide et Corinthie). — Vins. (JARDIN.)

80. ZANNOS & ROSS (A.), à Pétali (Eubée). — Vins. (PALAIS.)

81. ZAROSCOSTA Frères, à Nauplie (Argolide et Corinthie). — Vins. (PALAIS.)

82. ZINNIS (M. A.), à Patras (Achaïe et Élide). — Vins. (PALAIS.)

83. ZISSIMAS (J.), à Athènes. — Vins. (PALAIS.)

GUATEMALA.

1. **BERTHOLIN (A.),** à Guatemala. — Bières.   **(PARC.)**

2. **GARCIA (Féliciano),** à Guatemala. — Liqueurs de la Manufacture Nationale.
(PARC.)

3. **Municipalité de Santa Lucia Cotzumaeguapa,** Département d'Escuintla. — Eau-de-vie.   **(PARC.)**

4. **Municipalité de San Miguel de Petapa,** Département d'Amatitlan. — Eaux-de-vie.   **(PARC.)**

5. **PACHECO (Narciso),** à Quezaltenango. — Eaux-de-vie.   **(PARC.)**

6. **PINETA (José),** à Guatemala. — Eau-de-vie rectifiée, alcools, anisettes, liqueurs.   **(PARC.)**

7. **ROJAS (Jesus),** à Jalapa. — Eaux-de-vie.   **(PARC.)**

8. **TEIL (Baron Xavier du),** à Guatemala. — Rhum, eaux-de-vie.   **(PARC.)**

HAITI.

1. **BARBANCOURT & Cie,** à Port-au-Prince. — Rhum.   **(PARC.)**

2. **BARRAU (Loyer),** à Port-au-Prince. — Rhum.   **(PARC.)**

HAWAI.

1. **Gouvernement hawaïen,** à Hawaï. — Okolehao, liqueur indigène. Échantillon de vin de citrouille.   **(PARC.)**

ITALIE.

1. **ALLIATA (Edouard, duc de Salaparuta),** à Palerme, place Bologni. — Vin blanc de Corvo. Vin façon Malaga.   **(QUAI.)**

2. **ASCIONE (Sauveur),** à Naples, Molo Piccolo, 18. — Liqueur, fruits au maraschino, vermouth sec.   **(QUAI.)**

3. **AUMALE (Henri d'Orléans, duc d'),** représenté par **Mme Vve Rivet,** à Paris, boulevard Poissonnière, 8. — Vin de Zucco (Sicile).   **(QUAI.)**

4. **BAFFONI-ARSON (Cécile),** à Gubbio (Pérouse). — Vins de table. Photographie des vignobles et des caves.   **(QUAI.)**

5. **BERNASCONISCETI,** à Paris, rue Monge, 31. — Vins de luxe « Lagryma St-Massé ».

6. **BRANCA Frères,** à Milan, via Broletto, 35. — Liqueurs. Vins. Vermouth Alcool. Fernet.   **(QUAI.)**

7. **BULLI (Alexandre),** à Recanati (Marche). — Vin blanc et vin rouge en bouteilles.   **(QUAI.)**

8. **CAPPELLANO (Jean),** à Serralunga d'Alba. — Vins.   **(QUAI.)**

9. **CARETTI Frères (Jean-Marie et Jacques),** à Rome, piazza Navona, 193. — Vermouth, kummel, liqueur Léon XIII.   **(QUAI.)**

10. CASTAGNOLI (G.), à Paris, rue de Paradis, 50. — Vins.   **(QUAI.)**

11. CINZANO (François) & Cie, à Turin, Corso Re Umberto, 10. — Vermouth
et vins.   **(QUAI.)**

> Exportation en caisses (de 12 litres et 24 demi-litres) et en fûts. — Vin blanc d'Asti mousseux.
> Vins rouges du Piémont : Barolo, Nebiolo, Barbera, etc., en bouteilles et en fûts.
> Récompenses : Londres, 1862; Paris, 1867 et 1878; Vienne, 1873; Philadelphie, 1876;
> Amsterdam, 1883; Anvers, 1885; Bruxelles, 1888.

12. CITO (François et Frère), à Naples, S. Marco ai Ferrari, 24. — Vins et
liqueurs.   **(QUAI.)**

13. CITTADINI (Albert), à Porto-Recanati. — Vin.   **(QUAI.)**

14. COMINI (Émile), à Pavie. — Liqueurs diverses.   **(QUAI.)**

15. Compagnie vinicole Sicilienne, à Paris, quai Saint-Bernard, 27, butte
des Eaux-de-vie. — Vins de Marsala et de Syracuse.   **(QUAI.)**

16. CONTI (Mathieu), à Palerme, via S. Polo, 22-28. — Vins ordinaires. Etna
blanc. Etna rouge. Liqueurs. Muscat. Amarena. Lunel.   **(QUAI.)**

17. CORA Frères (Joseph et Louis), à Turin, place San-Carlo, 2. — Vermouth. Vins blancs et vins rouges. Liqueurs.   **(QUAI.)**

18. CURTOPASSI (Marquis Joseph), à Bisceglie (Bari). — Vin rouge ordinaire. « Sorgente » 1887-1888. Santa-Barbara 1887-1888.   **(QUAI.)**

19. DEL TACCA (Émilie), à Gênes, via Fieschi, 5. — Vins divers.   **(QUAI.)**

20. D'EMARESE (E.), à Turin. — Vins, liqueurs, sirops.   **(QUAI.)**

21. Établissement œnologique, à Acquara. — Vins.   **(QUAI.)**

22. FREUND BALLOR & Cie, à Turin, via Ponza, 2. — Vermouth. Liqueurs
variées.   **(QUAI.)**

> Fournisseurs de S. M. le Roi d'Italie.
> Maison fondée en 1856.
> Exportation. Vermouth, vins, liqueurs.
> Récompenses : Médailles d'or et de première classe aux Expositions universelles internationales
> de Londres, 1862 ; Vienne, 1873 : Melbourne, 1881 ; Anvers, 1885 ; Bruxelles, 1888.

23. GAVUTI (Jean), à Gênes, via San-Donato. — Vins divers.   **(QUAI.)**

24. GHIZZONI (Louis), à Plaisance. — Liqueurs. Crème café. Élixir Coca. Bitter.
Vin de Coca. Surrogat au vermouth.   **(QUAI.)**

25. GIACOBINI (C. & I.), à Altamonte. — Vins divers de la Calabre. **(QUAI.)**

26. GIOBERTINI et Cie (Société vinicole), à Paris, rue Rochambeau, 4.
— Vins italiens de plusieurs qualités.   **(QUAI.)**

27. IESU & MOSCA, à Naples. — Vins.   **(QUAI.)**

28. IPPOLITO (Antoine), à Naples. — Vin ordinaire rouge ; vin blanc. **(QUAI.)**

29. LABOREL-MELINI (Louis), à Florence, via Calzaioli. — Vin de
Chianti.   **(QUAI.)**

30. LUCIANO (Joseph), à Pancalieri. — Liqueurs, extraits d'herbes. **(QUAI.)**

31. MACCHI (Louis), à Milan. — Vins.   **(QUAI.)**

32. MATTOI VANOSSI & Cie, à Chiavenna. — Bière.   **(QUAI.)**

33. METHIER & ROBBI, à Saluzzo (Cuneo). — Vin de Coca. Extraits et
liqueurs diverses.   **(QUAI.)**

34. METZGER Freres, à Asti. — Bière blanche et d'exportation.   **(QUAI.)**

35. MIMBELLI (Luca-G.), à Livourne. — Vins toscans de Vergaiolo. **(QUAI.)**

36. MINGUZZI AMADUCCI (David), à Civitella (Forli). — Vin rouge ordinaire dit : Sangiovese.   **(QUAI.)**

37. MORABITO Frères, à Mongiana (Calabre). — Vin rouge et vin blanc de Locri. Vermouth.   **(QUAI.)**

38. PAPÉ (Pierre), Prince de Valdina, à Palerme. — Vin blanc du Château Calattubo, Vin rouge.   **(QUAI.)**

39. POLICASTRELLO (Marquis Pierre), à Palerme. — Vin de Castel Mezzojuso rouge et blanc du cru 1886.   **(QUAI.)**

40. RITTER (Jean), à Chiavenna. — Bière à douze degrés.   **(QUAI.)**

41. ROUFF (I.), à Naples, via Chiaia, 146. — Vins divers.   **(QUAI.)**

42. RUFFI (Hercule), à Rimini. — Vin rouge ordinaire de Sangiovese,   **(QUAI.)**

43. SCALA (Pascal), à Naples, via Chiaia, 135. — Vins : Pompéi rouge. Garguano rouge. Muscat de Lipari. Syracuse rouge. Amarène de Syracuse. Malvoisie. Greco, Gérace. Lacryma-Christi rouge, blanc mousseux. Palerme blanc, rouge.   **(QUAI.)**

44. SCOTTI (Egisthe), à Paris, rue Popincourt, 43. — Vins divers.   **(QUAI.)**

45. SPINOLA-BRUNI (Marquis Étienne de), à Acqui (Alexandrie). — Vin de table ordinaire. Vin de Barbera. Vin de Barolo.   **(QUAI.)**

JAPON.

1. ASAI (Ihei), à Kioto-fu, Shimokio-Ku. — Bokéshu (espèce de saké).   **(PALAIS.)**

2. FUJIMOTO (Kiusuké), Osaka-fu, Nishi-Ku. — Extrait de shoyu.   **(PALAIS.)**

3. FUNAKI (Jinjiro), Tottori-Ken, Kume-Kori. — Saké (vin de riz).   **(PALAIS.)**

4. HIDZUKA (Yohachiro), Osaka-fu, Sakai-Ku. — Saké (vin de riz).   **(PALAIS.)**

5. ICHIKAWA (Kishichi), Tokio-fu, Nihonbashi-Ku. — Vermouth, vin de quinine, vin d'ananas.   **(PALAIS.)**

6. IKEDA (Hachizo), Hiogo-Ken, Muko-Kori. — Saké (vin de riz).   **(PALAIS.)**

7. IKEDA (Sankuro), Hiogo-Ken, Muko-Kori. — Saké (vin de riz).   **(PALAIS.)**

8. INOUYE (Soyemon), Osaka-fu, Nishinari-Kori. — Mirin (espèce de saké).   **(PALAIS.)**

9. ISHIWARI (Shichizayemon), Osaka-fu, Sakai-Ku. — Saké (vin de riz).   **(PALAIS.)**

10. ITO (Shichiroye), Aichi-ken, Chita-Kori. — Saké (vin de riz).   **(PALAIS.)**

11. KASHIKUMA (Fukuzo), Tokio-fu, Minami-Toshima Kori — Bière.   **(PALAIS.)**

12. KISHIDA (Chiuzayemon), Hiogo-Ken, Uhara-Kori. — Saké (vin de riz).   **(PALAIS.)**

13. KUMAGAYA (Ichiro), Tokio-fu, Yotsuya-Ku. — Vermouth.   **(PALAIS.)**

14. Ministère de l'Agriculture et du Commerce (Direction de l'Agriculture), à Tokio. — Vin.   **(PALAIS.)**

15. OKADA (Sanzaeymon) Hiogo-Ken, Uhara-Kori. — Saké (vin de riz).   **(PALAIS.)**

16. OTA (Isaburo), Kioto-fu, Shimokio-Ku. — Kokonoyeshu (vin de riz). Bière.
(PALAIS.)

17. OTSUKA (Toyo), Osaka-fu, Sakai-Ku. — Saké (vin de riz).   **(PALAIS.)**

18. SEKIGUCHI (Hachibei), Ibaraki-Ken, Shida-Kori. — Bières.   **(PALAIS.)**

19. SHIBAYA (Sanjiro), Osaka-fu, Sakai-Ku. — Saké (vin de riz).   **(PALAIS.)**

20. SHIBATA (S. Kosaburo) & OWUCHI (O. Manzo), Tokio-fu. —
Bières.   **(PALAIS.)**

21. SUKA (Yeijiro), Hiogo-Ken, Akashi-Kori. — Asakirishu (eau-de-vie de riz).
(PALAIS.)

22. TAKENAKA (Jisaburo), Osaka-fu, Nishi-Ku. — Saké (vin de riz).
(PALAIS.)

23. TAKU (Tokuhei), Osaka-fu, Sakai-Ku. — Saké (vin de riz).   **(PALAIS.)**

24. TAKU (Tsunesaburo), Osaka-fu, Sakai-Ku. — Saké (vin de riz).   **(PALAIS.)**

25. TANAKA (Gihei), Osaka-fu, Kitaku. — Bokeshu (espèce de saké). **(PALAIS.)**

26. TATSUMA (Kichizayemon), Hiogo-Ken, Muko-Kori. — Saké (vin de riz).
(PALAIS.)

27. TATSUMA Yetsuzo), Hiogo-Ken, Muko-Kori. — Saké (vin de riz). **(PALAIS.)**

28. TORII (Komakichi), Osaku-fu Sakai-Ku. — Saké (vin de riz).   **(PALAIS.)**

29. YAMAJI (Kamejiuro), Hiogo-Ken, Uhara-Kori. — Saké (vin de riz).
(PALAIS.)

20. YAMAJI (Kiujiro), Hiogo-Ken, Uhara-Kori. — Saké (vin de riz).   **(PALAIS.)**

31. YAMAMURA (Tazayemon), Hiogo-Ken, Uhara-Kori. — Saké (vin de
riz).   **(PALAIS.)**

32. YONEZAWA (Shobei), Hiogo-Ken, Muko-Kori. — Saké (vin de riz).
(PALAIS.)

GRAND-DUCHÉ DE LUXEMBOURG.

1. MOUSEL Frères, à Luxembourg. — Bières d'exportation : blondes (façon
Pilsen) : brunes (façon Munich).   **(QUAI.)**
   Médaille d'argent à l'Exposition internationale universelle d'Anvers 1885.
   Fabrication en 1885, 12,000 hectolitres.
   Fabrication en 1886, 18,000 hectolitres.
   Fabrication en 1887, 25,000 hectolitres.
   Fabrication approximative en 1888, 30,000 hectolitres.

PRINCIPAUTÉ DE MONACO.

1. MÉDECIN (Antoine), à Monaco, rue des Briques. — Vins.   **(PARC.)**

2. OTTO (Hector), à Monte-Carlo, villa Saint-Pierre. — Vins et eaux-de-vie. **(PARC.)**

**3. Société Industrielle et Artistique de Monaco (Laboratoire de
Monte-Carlo)**, Directeur : **Albert Lambert**, à Monaco, boulevard de la
Condamine, 1. — Vins cuits de Monaco.   **(PARC.)**

4. STREICHER (Maison), Eugène Soudrille, successeur, à Monaco, rue
Louis, 11. — Sirops assortis, limonades et boissons gazeuses.   **(PARC.)**

NORVÈGE.

1. AASS (P. Ltz), à Drammen. — Bières.   **(QUAI.)**

2. Brasserie centrale de Christiania, à Christiania. — Bières en bouteilles
pour l'exportation.   **(QUAI.)**

3. Brasserie de Christiania, à Christiania. — Bières.   **(QUAI.)**

4. Brasserie de Hamar, à Hamar. — Bières.   **(QUAI)**

5. Brasserie par actions de Christiania, à Christiania. — Bières pour
l'exportation.   **(QUAI.)**

    Récompenses : Médaille de première classe, Melbourne, 1881 ; Médaille d'or, Anvers, 1885.

6. Compagnie Norvégienne d'exportation, à Christiania. — Vins de fruits
norvégiens.   **(QUAI.)**

7. Distillerie de Holmen, à Christiania. — Alcools.   **(QUAI.)**

8. Distillerie de Loejten, à Christiania. — Alcools, eaux-de-vie, punch et bitter.
                                                                        (QUAI.)

9. Fabrique d'alcools de Saelid, à Hamar. — Alcools rectifiés, garantis sans
huile empyreumatique.   **(QUAI.)**

10. LYSHOLM (Joergen B.), à Trondhjem. — Eaux-de-vie, punch et alcool
rectifié à 96°.   **(QUAI.)**

11. POULSEN (H.) et Cie, à Christiania. — Punch en bouteilles.   **(QUAI.)**

12. RINGNES et Cie, à Christiania. — Bières. Planches et cultures des microbes
de la fermentation des bières ; levures et ferments de maladies des bières, cultivées
dans le laboratoire de la brasserie.   **(QUAI.)**

    Brasserie fondée en 1877.
    A obtenu des récompenses aux Expositions universelles suivantes :
    Mention honorable, Paris 1878 ; Médailles d'argent, Amsterdam 1883, et Anvers 1885 ;
    Médaille d'or, Barcelone, 1888.

PARAGUAY.

1. BRÉGAINS (D. Luis), à Assomption. — Liqueurs.   **(PARC.)**

2. DUVAL (C.), à Assomption. — Rhum du Paraguay, myrtina, liqueur fabriquée
avec des fruits du pays.   **(PARC.)**

3. Gouvernement de la République du Paraguay, à Assomption. —
Liqueurs d'écorces, d'encens et d'orangers.   **(PARC.)**

4. PECCI Frères et Cie, à Assomption. — Bouteilles de amargo Paraguay, sirops
divers pour la fabrication de rafraîchissements. Vin de Margeaux, tamarin, horchata,
groseilles, soda.   **(PARC.)**

5. STRATE (K. Dᵉ Van), à Assomption. — Rhum et liqueurs de citron sutil,
lima, orange, citron, ananas, etc.   **(PARC.)**

PAYS-BAS.

1. BOLS (Les héritiers de Lucas), à Amsterdam. — Liqueurs.   **(QUAI.)**

2. BONT (de) & LEYTEN, à Amsterdam. — Liqueurs.   **(QUAI.)**

3. Brasserie Royale Hollandaise, à Amsterdam. — Bière.   (QUAI.)
> Diplôme d'honneur, 1883, Amsterdam.
> Bruxelles, 1888, Hors concours, membre du jury.

4. BYSTERVELD (A. van), Maison **(J.-B. S. Keyn),** à Amsterdam, Lynbaangracht, 259. — Liqueurs et élixirs.   (QUAI.)

5. CATZ & PEKEL Fils, à Pekela (Groningue). — Élixir Catz.   (QUAI.)

6. COOYMANS (C.) & Fils, à Bois-le-Duc. — Liqueurs.   (QUAI.)

7. COOYMANS (G. Y.) & Fils, à Bois-le-Duc. — Liqueurs hollandaises « advocatenborrel ».   (QUAI.)

8. GOHKES Fils (S.), à Doetichem. — Liqueurs hollandaises et advocatenborrel.   (PALAIS.)

9. HAAGES & LEVERT (J.), à Amsterdam. — Liqueurs.   (QUAI.)

10. HELLEBREKERS (H.) & Fils, à Rotterdam. — Liqueurs.   (QUAI.)

11. HULSTKAMP & Fils & MOLYN, à Rotterdam. — Liqueurs.   (QUAI.)
> Maison fondée en 1775. Pavillon gastronomique à l'Esplanade des Invalides.
> Installation et service nationaux.

12. KIDERLEN (E.), à Rotterdam. — Trois-six, genièvre.   (QUAI.)

13. MISPELBLOM & Cie, à Zutphen. — Eau-de-vie pure de grains et vinaigre.   (QUAI.)

14. OOLGAARD (D.), & Fils, à Harlingen. — Liqueurs fines et élixirs.   (QUAI.)
> Médailles de bronze et d'argent, Londres 1862, Paris 1878. Médailles d'or à Anvers 1885
> et à Bruxelles 1888.

15. PERLSTEIN (Ph. Van) & Fils, à Doetichem.— Liqueurs, amers hollandais longæ vitæ, Pomeranzen spiritus, advocatenborrel.   (QUAI.)

16. POLAK (C.), à Groningue. — Élixir et liqueurs.   (QUAI.)

17. RUTTEN (Y. H.), Brasserie du Cavalier Noir, à Maestricht. — Bières indigènes et dites allemandes, en fûts et en bouteilles.   (QUAI.)

18. Société des Brasseries Heineken, à Amsterdam et Rotterdam. — Bière de basse fermentation.   (QUAI.)

19. VOLLENHOVEN (Van), à Amsterdam. — Bière brune du Faucon, bières genre anglais, bières dites de Bavière.   (QUAI.)

20. WYNAUD-FOCKINK, à Amsterdam. — Liqueurs fines.   (QUAI.)
> Maison fondée en 1679.
> Fournisseur breveté des Cours étrangères. Dépôt à Paris, rue Auber, 2 ; à Vienne (Autriche),
> Kohlmarkt, 4 ; à Bruxelles, rue du Bois-Sauvage, 5.

21. ZEEGERS (Herman), Maison **P. J. Van Gils,** à Waalwyk. — Élixir Van Gils.   (QUAI.)

PORTUGAL.

1. DUC DE BRAGANCE (Son Altesse Royale le), à Montemor-o-Novo (district d'Evora). — Vin blanc.   (QUAI.)

2. ABRANTES (José-Manoel), à Redondo (district d'Évora). — Vin rouge.   (QUAI.)

3. AFFONSO (Domingos), à Lisbonne. — Vins divers.   (QUAI.)

4. AFUDARHAM (Vve) & Fils, à Funchal (Madère). — Vins.   (QUAI.)

5. **AGRELLA (Joao-Diogo-Pereira)**, à Campo Maior (district de Portalegre). — Vin rouge. **(QUAI.)**

6. **ALCOFORADO (Dr Antonio-Maria)**, à Vouzella (district de Vizeu). — Vin 1887. **(QUAI.)**

7. **ALDIAGAS (José-Pereira)**, à Villa-Viçosa (district d'Evora). — Vin rouge. **(QUAI.)**

8. **ALEGRIA (Adriano-Severo)**, à Estremoz (district d'Evora). — Vin rouge. **(QUAI.)**

9. **ALMEIDA & Co**, à Porto. — Vins. **(QUAI.)**

10. **ALMEIDA (Antonio Ribeiro da Costa e)**, à Bayao (district de Porto). — Vin 1888. **(QUAI.)**

11. **ALMEIDA (Carlos-Alberto d')**, à Porto. — Vins. **(QUAI.)**

12. **ALMEIDA (J.-Palma)**, à Lourinha (district de Lisbonne). — Vins rouges et vins blancs. **(QUAI.)**

13. **ALMEIDA (João Evangelista Machado da Cunha Faria e)**, à Santo Thyrso (district de Porto). — Vin 1888. **(QUAI.)**

14. **ALMEIDA (José Antonio de)**, à Villa Viçosa (district d'Evora). — Vin rouge. **(QUAI.)**

15. **ALMEIDA (Manoel Ribeiro d')**, à Gondomar (district de Porto). — Vin 1888. **(QUAI.)**

16. **ALMEIDA Junior (Antonio-Nicolau)**, à Porto. — Vins. **(QUAI.)**

17. **ALPENDURADA (Comte de)**, (district de Vizeu). — Vin naturel. Vin de Porto vieux. **(QUAI.)**

18. **ALTER (Vicomte de)**, à Alter-do-Chao (district de Portalegre). — Vin rouge. **(QUAI.)**

19. **ALVARES (Sebastiao José)**, à Borba (district d'Evora). — Vin rouge. **(QUAI.)**

20. **ALVES (Antonio Leandro)**, à Redondo (district d'Evora). — Vin rouge. **(QUAI.)**

21. **ALVES (D. Margarida Alves)**, à Barcellos (district de Braga). — Vin 1888. **(QUAI.)**

22. **ALVES Junior (Antonio-Joaquim)**, à Redondo (district d'Evora). — Vin rouge. **(QUAI.)**

23. **ALVES & FREIRE**, à Bucellas (district de Lisbonne). — Vins blancs. **(QUAI.)**

24. **AMARAL (Jeronymo Teixeira Figueiredo)**, à Villa-Real (district de Villa-Real). — Vin rouge 1888. **(QUAI.)**

25. **AMORIM (Antonio Candido da Silva)**, à Amares (district de Braga). — Vin rouge 1888. **(QUAI.)**

26. **ANDRESEN (J. H.)**, à Porto. — Vins. **(QUAI.)**

27. **Associaçao commercial do Porto**, à Porto. — Exposition collective de vins. **(QUAI.)**

28. **AVELLAR (Francisco de Gouveia Cardozo)**, à Armamar (district de Vizeu). — Vin 1888. **(QUAI.)**

29. **AZEVEDO (Joao Carlos)**, Quinta-do-Freixial-Bucellas (district de Lisbonne). — Vin rouge et vin blanc 1888. **(QUAI.)**

30. BACELLAR (Duarte Huet), à Marco-de-Canavezes (district de Porto). — Vin 1888. (QUAI.)

31. BALANZELLA (Manuel Esteves), à Melgaço (district de Vianna). — Vins. (QUAI.)

32. BALEISAO (Antonio José), à Redondo (district d'Evora). — Vin rouge. (QUAI.)

33. BANCO DO DOURO, à Lamego (district de Vizeu). — Vin rouge 1888. (QUAI.)

34. BAPTISTA (Joao da Silva), à Quinta-do-Batedouro, Aldea-Galega, (district de Lisbonne). — Vin rouge 1888. (QUAI.)

35. BARATA (Joaquim Eduardo Nunes), à Moura (district d'Evora). — Vin rouge. (QUAI.)

36. BARBAS (Antonio Joaquim), à Alandroal (district d'Evora). — Vin. (QUAI.)

37. BARRADAS (José Heliodoro), à Borba (district d'Evora). — Vin rouge. (QUAI.)

38. BARRADAS (Manoel Fernandes), à Redondo (district d'Evora). — Vin rouge. (QUAI.)

39. BARRADAS (D' Raphael da Cunha), à Aljustrel (district de Beja). — Vin rouge 1888. (QUAI.)

40. BARRADAS Junior (L. Joaquim), à Villa-Viçosa (district d'Evora). — Vin rouge. (QUAI.)

41. BARRANCOS (Eduardo José Rosado), à Redondo (district d'Evora). — Vin rouge. (QUAI.)

42. BARRANCOS (Rosa Maria), à Redondo (district d'Evora). — Vin rouge. (QUAI.)

43. BARRETO (Antonio Arsenio da Cruz), à Vianna (district d'Evora). — Vin rouge. (QUAI.)

44. BARRETO (Viuva), à Covilha (district de Castello-Branco). — Eau-de-vie, vin rouge. (QUAI.)

45. BARROS (Cezar Villanova de Vasconcellos Correa de), à Vidigueira (district de Beja). — Vin rouge commun 1888, vin blanc commun 1888. (QUAI.)

46. BARROS (Ignacio Xavier Teixeira de), à Celorico-de-Basto (district de Braga). — Vin 1888. (QUAI.)

47. BASTOS (Bernardino Pereira Leite), à Cabeceiras-de-Basto (district de Braga). — Vin rouge 1888. (QUAI.)

48. BASTO (Gustavo Ferreira Pinto), à Paredes (district de Porto). — Vin 1887. (QUAI.)

49. BELFORD (Joaquim), à Quinta-de-Charnixe, Torres-Vedras (district de Lisbonne). — Vins rouges. (QUAI.)

50. BELFORD & BELFORD, à Torres-Vedras (district de Lisbonne). — Vins rouges. (QUAI.)

51. BERTIANDOS (Comte de), à Torres-Vedras (district de Lisbonne). — Vin rouge 1888. Vin rouge vieux. (QUAI.)

52. BERTIANDOS (D. Joanna, Comtesse de), à Braga. — Vins verts de Minho. Vin rouge 1888. (QUAI.)

53. BIGA (Antonio José), à Alandroal (district d'Evora). — Vin. (QUAI.)

54.   BLANDY Frères & Co., à Funchal, île Madère. — Vins.   **(QUAI.)**

55.   BRAGA (Domingos José Ferreira) à Braga. — Vin rouge 1888.
(QUAI.)

56.   BRAGANÇA (Joaquim Izidoro Moreira), à Aljustrel (district de Beja).
— Vin rouge commun 1888.   **(QUAI.)**

57.   BRANCO (Aurelio Pinto Tavares Osorio Castello), à Valle-de-
Prazeres-Fundao. — Vin rouge.   **(QUAI.)**

58.   BRANCO (Ignacio Cardoso de Barros Caldeira Castello), à
Portalegre. — Vin 1888.   **(QUAI)**

59.   BRANCO E CUNHADAS, à Beja. — Vin rouge 1888. Vin blanc 1888.
(QUAI.)

60.   BRAZ (Alexandre Lopes), à Reguengos (district d'Evora). — Vin rouge.
(QUAI.)

61.   BRITO (Anna Candida Paes de), à Nellas (district de Vizeu). — Vin de
Porto 1888.   **(QUAI.)**

62.   BRITO (Joao Rodrigues de), à Almodovar (district de Beja). — Vin rouge
1888.   **(QUAI.)**

63.   BRITO (José Antonio), à Porto. — Vins.   **(QUAI.)**

64.   BRITO (D' P. Souza), à Arcos-de-Val-de-Vez (district de Vianna). — Vin
rouge et vin blanc 1888.   **(QUAI.)**

65.   BURMESTER (J. W.), à Porto. — Vins.   **(QUAI.)**

66.   CABEÇA (Menoel do Nascimento), à Villa-Viçosa (district d'Evora). —
Vin rouge.   **(QUAI.)**

67.   CABRAL (Agostinho Augusto), à Villa Viçosa (district d'Evora). — Vin
rouge.   **(QUAI.)**

68.   CABRAL (José de Souza), à Vianna (district d'Evora). — Vin rouge.
(QUAI.)

69.   CACERES (Manoel d'Albuquerque de Mello Pereira), à Anadia
(district d'Aveiro). — Vin da Bairrada.   **(QUAI.)**

70.   CACERES (Manuel d'Albuquerque de Mello Pereira) à Penalva
do Castello (district de Vizeu). — Vins 1888.   **(QUAI.)**

71.   CADAVAL (Francisco de Sousa), à Villa-Nova-da-Cerveira (district
de Vianna). — Vin rouge 1888.   **(QUAI.)**

72.   CALDEIRA (Joaquim Felippe), à Redondo (district d'Evora).—Vin rouge
(QUAI.)

73.   CAMACHO (Antonio Severino), à Aljustrel (district de Beja). — Vin
rouge commun 1888.   **(QUAI.)**

74.   Camara municipal de Caminha, (district de Vianna). — Vins 1888.
(QUAI.)

75.   CAMPOS (D' Antonio Joaquim d'Araujo Zuzarte de), à Portalegre
— Eau-de-vie et vin 1888.   **(QUAI.)**

76.   CAMPOS (José d'Almeida), à Porto. — Vins.   **(QUAI.)**

77.   CAMPOS (Marianna Carolina Ferreira de), à Borba (district de
d'Evora) — Vin rouge.   **(QUAI.)**

78.   CAPETO (José Rodrigues), à Borba (district d'Evora). — Vin rouge.
(QUAI.)

79. CARAMELLO (Isidoro José), à Redondo (district d'Evora). — Vin rouge.
(QUAI.)

80. CARAMELLO (José Joaquim), à Redondo (district d'Evora).—Vin rouge.
(QUAI.)

81. CARDEIRO (Francisco Raymundo da Silva), à Santarem. — Vin rouge.
(QUAI.)

82. CARDOZO (José Lucio Mendanha), à Estremoz (district d'Evora). — Vin rouge.
(QUAI.)

83. CARDOZO (José Lucio da Silva), à Estremoz (district d'Evora). — Vin rouge.
(QUAI.)

84. CARVALHAES (Manoel Peixoto d'Almeida), à Bayao (district de Porto). — Vin 1888.
(QUAI.)

85. CARVALHAES (Manuel Peixoto d'Almeida), à Mezao-Frio (district de Villa-Real). — Vin rouge 1888.
(QUAI.)

86. CARVALHO (D. Antonio Camillo d'Azevedo), à Bayao (district de Porto). — Vin blanc 1888.
(QUAI.)

87. CARVALHO (Antonio Maria de), à Penamacor (district de Castello Branco). — Vin rouge.
(QUAI.)

88. CARVALHO (Antonio Maximo Lopes), à Labrujeira (district de Lisbonne). — Vin rouge.
(QUAI.)

89. CARVALHO (Francisco José Ferreira Nobre de), à Beja. — Vin rouge commun 1888. Vin blanc commun.
(QUAI.)

90. CARVALHO (José Augusto de Pina), à Portalegre. — Eaux-de-vie. Vin rouge commun.
(QUAI.)

91. CARVALHO (José Maria de), à Reguengos (district d'Evora). — Vin rouge.
(QUAI.)

92. CARVALHO (Manuel Thomaz Ferreira Nobre de), à Beja. — Vin rouge commun 1888. Vin blanc commun 1888.
(QUAI.)

93. CARVALHO (Marianno Eleuterio de), à Borba (district d'Evora). — Vin rouge.
(QUAI.)

94. CARVALHO (Miguel Carlos Caldeira), à Arronches (district de Portalegre). — Vins.
(QUAI.)

95. CASQUEIRO (José Maria), à Crato (district de Portalegre). — Vins rouges.
(QUAI.)

96. CASTRO (D. Manoel Luiz de), à Moura (district d'Evora). — Vin rouge.
(QUAI.)

97. CASTRO (Mathias de), à Villa-Viçosa (district d'Evora). — Vin rouge.
(QUAI.)

98. CASTRO (D. Rodrigo Rebello Teixeira d'Andrade e), à Celorico-de-Basto (district de Braga). — Vin 1887-1888.
(QUAI.)

99. CHAMIÇO (F.) & F. & S., à Porto. — Vins.
(QUAI.)

100. CHAMORRA (José Faustino), à Borba (district d'Evora). — Vin rouge.
(QUAI.)

101. CHAVES (Affonso), à Santa-Martha-de-Penaguiao (district de Villa Real). — Vin rouge 1888.
(QUAI.)

102. CHAVES (David Gonçalves), à Quinta-de-Sans-souci et Passagem, Alemquer (district de Lisbonne). — Vin rouge et vin blanc.
(QUAI.)

103. CLARINHO (Alvaro José), à Villa-Viçosa (district d'Evora). — Vin
rouge.   (QUAI.)

104. CLODE & BAKER, à Porto. — Vins.   (QUAI.)

105. COELHO (Francisco d'Assim), à Redondo (district d'Evora). — Vin
rouge.   (QUAI.)

106. COELHO (José Thomaz), à Aljustrel (district de Beja). — Vin rouge 1888.
                                                                           (QUAI.)

**107. Compagnie générale de l'Agriculture des vignes du Alto
Douro,** à Porto. — Vins.   (QUAI.)

108. Companhia Uniao Industrial Lisbonense, à Lisbonne. — Boissons.
                                                                           (QUAI.)

109. CONDE (Domingos Guerra), à Portalegre. — Eaux-de-vie.   (QUAI.)

110. CORTE (Vicomte de), à Beja. — Vin rouge 1888.   (QUAI.)

111. COSTA (Antonio Jacome da), à Portalegre. — Vin 1888.   (QUAI.)

112. COSTA (Domingos Antonio), à Elvas (district de Portalegre). — Vin
rouge.   (QUAI.)

113. COSTA (Francisco Maria da Silveira e), à Borba (district d'Evora).
— Vin rouge.   (QUAI.)

114. COSTA (Manoel Antonio da), à Penamacor (district de Castello-Branco).
— Vin rouge.   (QUAI.)

115. COSTA (Salvador da), à Monte-Mor-o-Novo (district d'Evora). — Vin
rouge.   (QUAI.)

116. COSTA Junior & Irmao (José Pereira), à Porto. — Vins.
                                                                           (QUAI.)

117. COUTINHO (Albano), à Anadia (district de Aveiro). — Vin blanc da
Bairrada. Vin rouge da Bairrada.   (QUAI.)

118. COUTINHO (Albano), à Mogofores (district de Vizeu). — Vins rouges.
                                                                           (QUAI.)

119. COUTINHO (Carlos Maria da Cunha), à Bayao (district de Porto).
— Vin 1888.   (QUAI.)

120. COUTINHO (Carlos Maria da Cunha), à Santa Martha de Penaguiao (district de Villa Real). — Vin de Porto 1888.   (QUAI.)

121. COUTINHO (Francisco Lemos Ramalho Azevedo), à Con-
deixa (district de Coimbra). — Vins rouges et blancs.   (QUAI.)

122. COUTO (Dr Francisco d'Albuquerque), à Penalva do Castello (district de Vizeu). — Vin 1888.   (QUAI.)

123. CRAVO (Francisco), à Villa-Viçosa (district d'Evora). — Vin rouge.
                                                                           (QUAI.)

124. CRAVO (Joao do Espirito-Santo), à Villa-Viçosa (district d'Evora).
— Vin rouge.   (QUAI.)

125. CRAVO (Joaquim Pedro), à Villa-Viçosa (district d'Evora). — Vin rouge.
                                                                           (QUAI.)

126. CRAVO (Maria d'Ascençao), à Villa-Viçosa (district d'Evora).— Vin
rouge.   (QUAI.)

127. CREISSAC (S.) & Cie, à Porto. — Vins.   (QUAI.)

128. CROFT & Co, à Porto. — Vins.   (QUAI.)

Classe 73.   12

129. CRUJO (Manoel Gonçalves), à Beja. — Vin rouge 1888. (QUAI.)

130. CUNHA Porto & Irmaos, à Lisbonne. — Vins rouges et blancs. (QUAI.)

131. CUNHA (Antonio Augusto Caldas da), à Castello-Branco. — Vin rouge. (QUAI.)

132. CUNHA (Antonio da Costa e), à Idanha-a-Nova (district de Castello) Branco). — Eau-de-vie. (QUAI.)

133. CUNHA (Antonio da Costa Gouveia e), à Regoa (district de Villa-Real). — Vin de Porto 1888. (QUAI.)

134. CUNHA (D' Bernardino Alves Teixeira da), à Celorico-de-Basto (district de Braga). — Vin rouge 1888. (QUAI.)

135. CUNHA (D' Eduardo), à Lisbonne (Campo-Grande). — Vins rouges, blancs 1887. (QUAI.)

136. CUNHA (Joao Maria Pinto da), à Mezao-Frio (district de Villa-Real). — Vin de Porto 1888. (QUAI.)

137. CUNHA (D' Joaquim Paes), à Santar (district de Vizeu). — Vin rouge 1888. (QUAI.)

138. CUNHA (José Damaso da), à Fundao (district de Castello-Branco). — Vin rouge. (QUAI.)

139. CUNHA (Maximiano Xavier da), à Trancozo (district da Guarda). — Vin rouge 1888. Vin blanc 1888. (QUAI.)

140. CURADO (Francisco Martins), à Villa-Viçosa (district d'Evora). — Vin rouge. (QUAI.)

141. CURVO (Joaquim Maria Eduardo), à Borba (district d'Evora). — Vin rouge. (QUAI.)

142. CUSTODIO & FILHOS (Marianna do Carmo), à Borba (district d'Evora). — Vin rouge. (QUAI.)

143. Delegaçao no Porto da Real associaçao central d'agricultura portugueza. — Vin rouge de 1888 de Ribeira Lima. Vin rouge 1888 de Ribeira Minho. (QUAI.)

144. DENTES (P. José Antonio), à Borba (district d'Evora). — Vin rouge. (QUAI.)

145. DIAS (Joao Ferreira), à Nellas (district de Vizeu). — Vin 1888. (QUAI.)

146. DORIA (Antonio Henriques) & Filhos, à Beja. — Vin rouge 1888. (QUAI.)

147. DRISCOLL (Mackenzie) & Co, à Porto. — Vins. (QUAI.)

148. ESPERANÇA (Comte de), à Cuba (district de Beja). — Vin rouge 1888. (QUAI.)

149. ESPERANÇA (Joaquina José da Rocha), à Villa-Viçosa (district d'Evora). — Vin rouge. (QUAI.)

150. Estaçao Ampelo Phylloxerica da Regoa, à Regoa (district de Villa-Real). — Vin rouge 1888. (QUAI.)

151. ESTEVES (Joaquim José), à Alandroal. — Vin. (QUAI.)

152. FALCAO (Jacintho Paes de Mattos), à Ourique (district de Beja). — Vin rouge 1888. (QUAI.)

153. FALEIRO (José Mariar.no de Carvalho), à Alandroal (district d'Evora). — Vin. (QUAI.)

154.   FALLEIRO (Antonio Guerreiro), à Castro-Verde (district de Beja). — Vin rouge commun 1888.   (QUAI.)

155.   FARIA (Narcizo Marçal Duraes), à Melgaço (district de Vianna). — Vin rouge 1888.   (QUAI.)

156.   FARO (D' Joaquim de Carvalho Azevedo Mello), à Rezende (district de Vizeu). — Vin rouge 1888.   (QUAI.)

157.   Federaçao Agricola do districto d'Evora. — Vin rouge.   (QUAI.)

158.   FEIJAO (Benedicto José), à Redondo (district d'Evora). — Vin rouge.
                                                                               (QUAI.)

159.   FELIX (Joaquim), à Redondo (district d'Evora). — Vin rouge.   (QUAI.)

160.   FENERHEERD Junior (Dch. Matths), à Porto. — Vins.   (QUAI.)

161.   FERNANDES (Joao Manoel), à Redondo (district d'Evora). — Vin rouge.
                                                                               (QUAI.)

162.   FERNANDES (Joaquim Felippe Piteira), à Reguengos (district d'Evora). — Vin rouge.   (QUAI.)

164.   FERNANDES (Joaquim José), à Evora. — Vin rouge.   (QUAI.)

163.   FERNANDES (Joaquim José), à Alandroal (district d'Evora). — Vin.
                                                                               (QUAI.)

165.   FERNANDES (Joaquim José), à Villa-Viçosa (district d'Evora). — Vin rouge.   (QUAI.)

167.   FERNANDES (José Manoel), à Redondo (district d'Evora). — Vin rouge.   (QUAI.)

166.   FERNANDES (José Luiz), à Estremoz (district d'Evora). — Vin rouge.
                                                                               (QUAI.)

168.   FERNANDES (Mathias Piteira), à Evora. — Vin rouge.   (QUAI.)

169.   FERREIRA (Felippe Franco), à Villa Viçosa (district d'Evora). — Vin rouge.   (QUAI.)

170.   FERREIRA (Florencio Caetano Cardoso), à Armamar (district de Vizeu). — Vin 1888.   (QUAI.)

171.   FERREIRA (Francisco Augusto), à Redondo (district d'Evora). — Vin rouge.   (QUAI.)

172.   FERREIRA (J. A.) & Ca, à Lisbonne. — Vins rouges et blancs.   (QUAI.)

173.   FERREIRA (Joaquim Manoel Soares de Souza), à Ferreira do Alemtejo (district de Beja). — Vin rouge.   (QUAI.)

174.   FERREIRA (Jorge Augusto), à Regoa (district de Villa-Real). — Vin de Porto 1888.   (QUAI.)

175.   FERREIRA (José Augusto), à Lamego (district de Vizeu). — Vin 1888.
                                                                               (QUAI.)

176.   FERREIRA & LOPES ANTUNES, à Porto. — Vins.   (QUAI.)

177.   FIALHO (Ignacio Jacintho), à Ferreira-do-Alemtejo (district de Beja). — Vin rouge commun 1888. Vin blanc 1888.   (QUAI.)

178.   FIALHO (Jacintho Marta), & Filho, à Ferreira (district de Beja). — Vin rouge 1888. Vin blanc 1888.   (QUAI.)

179.   FIALHO (José Felippe Marques), à Aljustrel (district de Beja). — Vin rouge 1888.   (QUAI.)

180.   FIGUEIRA (José Luiz Martins), à Castro Verde (district de Beja). —
Vin rouge commun 1888.   (QUAI.)

181.   FIGUEIRA (Manoel Duarte), à Castello-Branco. — Eau-de-vie.
                                                                        (QUAI.)

182.   FIGUEIREDO (Antonio Pinto de), à Nellas (district de Vizeu). —
Vin rouge 1888. Vin 1888.   (QUAI.)

183.   FIGUEIREDO (Luiz Ruivo de), à Mealhada (district d'Aveiro). — Vin
da Bairrada.   (QUAI.)

184.   FLADGATH (Taylor & Jeatman), à Porto. — Vins.   (QUAI.)

185.   FONSECA (Fortunato José), à Alandroal (district d'Evora). — Vin.
                                                                        (QUAI.)

186.   FONSECA (Henrique Arthur Peixoto da), à Santarem. — Vin
rouge 1888.   (QUAI.)

187.   FONSECA (Joaquim Antonio da), à Cuba (district de Beja). — Vin
rouge commun 1888.   (QUAI.)

188.   FONSECA (Luiz Antonio da Silva), à Barcellos (district de Braga).
— Vin 1888.   (QUAI.)

189.   FONSECA (Manuel Correia da), à Murça (district de Villa-Real). —
Vin rouge 1888.   (QUAI.)

190.   FONSECA (D' Miguel Moreira da), à Lamego (district de Vizeu). —
Vin naturel blanc et rouge. Vin de Porto.   (QUAI.)

191.   FRADE (Leonardo Maria), à Borba (district d'Evora). — Vin rouge.
                                                                        (QUAI.)

192.   FRAGOSO (Jordao José), à Ferreira (district de Beja). — Vin rouge.
1888.   (QUAI.)

193.   FRANÇA (D' Felippe), à Portel (district d'Evora).— Vin rouge 1888.
                                                                        (QUAI.)

194.   FRANCO (Antonio Lopes), à Reguengos (district d'Evora). — Vin
rouge.   (QUAI.)

195.   FRANCO (José Maria), à Cortegana (district de Lisbonne). — Vin rouge
1888.   (QUAI.)

196.   FRASAO (Joao-Antonio-Franco), à Capinha-Fundao (district de
Castello-Branco). — Vin rouge.   (QUAI.)

197.   FREIRE (Antonio-Eduardo-Baptista), à Beja. — Vin rouge 1888.
                                                                        (QUAI.)

198.   FREIRE (D' Justino), à Torres-Vedras (district de Lisbonne). — Vins
rouges et blancs communs. Vins liquoreux. Eaux-de-vie.   (QUAI.)

199.   FREITAS (José-Alves de), à Fafe (district de Braga). — Vin 1888.
                                                                        (QUAI.)

200.   FUMAZ (D' Théodoro-Pereira-Silveira), à Moura (district d'Evora).
— Vin rouge.   (QUAI.)

201.   FURTADO (Casemiro de Mello), à Redondo (district d'Evora). — Vin
rouge.   (QUAI.)

202.   GALHARDAS (José-Pedro), à Alandroal (district d'Evora). — Vin
rouge.   (QUAI.)

203.   GALHARDAS (Mathias-José), à Alandroal (district d'Evora). — Vin
rouge.   (QUAI.)

204. GALOPPE (Fernando dos Santos), à Portalegre. — Vin 1888.
(QUAI.)

205. GALVAO (Joao de Brito), à Arcos-Val-de-Vez (district de Vianna). —
Vin rouge 1888.   (QUAI.)

206. GAMA (Antonio d'Abreu da), à Nellas (district de Vizeu). — Vin
rouge 1888.   (QUAI.)

207. GANCHES (Francisco-Gomes), à Sant'Anna-de-Carnota (district de
Lisbonne). — Vins rouges et eaux-de-vie.   (QUAI.)

208. GARCIA (José-Carrilho-Ayres), à Almodovar (district de Beja). — Vin
rouge commun 1888.   (QUAI.)

209. GERALDES (Manoel-Vaz-Preto), à Louza (district de Castello-
Branco). — Vin rouge.   (QUAI.)

210. GIAO (Antonio-Joaquim), à Borba (district d'Evora). — Vin rouge.
(QUAI.)

211. GODINHO (D' José-Domingos-Ruivo), à Castello-Branco. — Eau-
de-vie. Vin rouge.   (QUAI.)

212. GOES (Francisco-Antonio de), à Serpa (district de Beja). — Vin rouge
commun.   (QUAI.)

213. GOES (José-Pedro de), à Alvito (district de Beja). — Vin rouge 1888.
(QUAI.)

214. GOMES (Alonso), à Aljustrel (district de Beja). — Vin rouge 1888. (QUAI.)

215. GOMES (Antonio-Frederico), à Ferreira (district de Beja). — Vin
rouge 1888.   (QUAI.)

216. GOMES (D' Antonio-Frederico), à Vidigueira (district de Beja). — Vin
rouge 1888.   (QUAI)

217. GOMES (Antonio-Ruy), à Redondo (district d'Evora). — Vin rouge.
(QUAI.)

219. GOMES (Avelino), à Redondo (district d'Evora). — Vin rouge.   (QUAI.)

220. GOMES (Joaquim-Marianno), à Villa-Viçosa (district d'Evora). — Vin
rouge.   (QUAI.)

221. GOMES (José-Francisco), à Estremoz (district d'Evora). — Vin rouge.
(QUAI.)

222. GOMES (José-Joaquim), à Melgaço (district de Vianna). — Vins rouge,
blanc 1888.   (QUAI.)

223. GONÇALVES (Manuel-José), à Lanhozo, Regoa (district de Villa-Real).
— Vin de Porto 1888.   (QUAI.)

224. GOUVEA (José-Pinto), à S. Joao-da-Pesqueira (district de Vizeu). — Vin
de Porto 1888.   (QUAI.)

225. GRAHAM (William-John) & Co., à Porto. — Vins.   (QUAI.)

226. GUEDES (Manoel Pedro), à Penafiel (district de Porto). — Vin rouge
commun 1887. Vin blanc 1888.   (QUAI.)

227. GUEDES (Miguel de Souza), à Porto. — Vins.   (QUAI.)

228. GUERRA (Joao Candido da), à Borba (district d'Evora). — Vin rouge.
(QUAI.)

229. GUERRA (D' Sebastiao d'Almeida), à Freixo-de-Espada à Cinta
(district de Bragança). — Vins.   (QUAI.)

230. GUERREIRO (Miguel-Carlos), à Vianna (district d'Evora). — Vin
rouge.   (QUAI.)

231. GUIMARAES & Co., à Porto. — Vins.   (QUAI.)

232. GUIMARAES (Lopes), à Figueira-da-Foz (district de Coimbra). — Vins.
                                                                          (QUAI.)

233. GUIMARAES (Seraphim - Antunes - Rodrigues), à Guimaraes
(district de Braga). — Vin 1888.   (QUAI.)

234. HESPANHOL (Diogo), à Redondo (district d'Evora). — Vin rouge.
                                                                          (QUAI.)

235. HUTCHESON (S. S.), à Porto. — Vins.   (QUAI.)

236. JANSEN & Ca (J. H.), à Lisbonne. — Boissons.   (QUAI.)

237. JÉSUS PEREIRA (Luiz de). — Boissons.   (QUAI.)

238. JORGE (José-Francisco da Costa), à Borba (district d'Evora). — Vin
rouge.   (QUAI.)

239. JULIO (José-Felicio), à Aljustrel (district de Beja). — Vin rouge 1888.
                                                                          (QUAI.)

240. JUNQUEIRO (José-Antonio), à Freixo-d'Espada-à-Cinta (district de
Bragança). — Vins.   (QUAI.)

241. KOPKE (C.-N.) & Co., à Porto. — Vins.   (QUAI.)

242. KROHN Brothers & Co., à Funchal (Madère). — Vins.   (QUAI.)

243. LACERDA (Manoel-Maria-Barata), à Borba (district d'Evora). —
Vin rouge.   (QUAI.)

244. LAGO (Joao-Pereira do), à Mirandella (district de Bragança). — Vin.
                                                                          (QUAI.)

245. LAMEIRA (Félippe de Moraes), à Borba (district d'Evora). — Vin
rouge.   (QUAI.)

246. LEAO (Dr Affonso-Pinto da Gama), à Lamego (district de Vizeu). —
Vin 1883.   (QUAI.)

247. LEAO (Antonio da Rocha), à Porto. — Vins.   (QUAI.)

248. LE COQ (Vve) & Fils, à Castello-de-Vide (district de Portalègre). —
Vins 1888.   (QUAI.)

249. LEINE (Alexandre d'Azevedo de Mello e), à Mezao-Frio (district
de Villa-Real). — Vin rouge 1888.

250. LEITAO (Dr Antonio d'Elvas), à Penamacôr (district de Castello-
Branco). — Vin rouge.   (QUAI.)

251. LEITAO (Ignacio Manoel), à Borba (district d'Evora). — Vin rouge.
                                                                          (QUAI.)

252. LEITAO (Dr Joao da Silveira Couto), à Borba (district d'Evora). —
Vin rouge.   (QUAI.)

253. LEITE (Dr Francisco de Meirelles Pereira), à Célorico-de-Basto
(district de Braga). — Vin blanc 1888. Vin rouge 1888.   (QUAI.)

254. LEITE (Dr Joaquim Pinheiro d'Azevedo), à Sabroza (district de
Villa-Real). — Vin de Porto 1888.   (QUAI.)

255. LEITE (Dr José Guedes), à Regoa (district de Villa-Real). — Vin de
Porto 1888.   (QUAI.)

256. LEMOS (Antonio Carlos Correia Pinto de), à Santa-Martha de Penaguião et Regoa (district de Villa-Real). — Vin de Porto 1888.   **(QUAI.)**

257. LEMOS (José Ozorio d'Aragao Magalhaes e), à Celorico-da-Beira (district de Guarda). — Vin rouge 1888.   **(QUAI.)**

258. LEVITA (Joaquim Fortunato), à Portalegre. — Eaux-de-vie.
                    (QUAI.)

259. LIMA (Carlos Joao Ribeiro), à Melgaço (district de Vianna). — Vin rouge.   **(QUAI.)**

260. LIMA (Jorge Abraham d'Almeida), à Quinta-da-Palmeira-Seixal (district de Lisbonne). — Vin.   **(QUAI.)**

261. LOBO (Antonio Duarte Perry da Fonseca), à Santa-Martha de Penaguiao (district de Villa-Real). — Vin de Porto 1888.   **(QUAI.)**

262. LOBO (João Augusto da Silva), à Villa-Viçosa (district d'Evora). — Vin rouge.   **(QUAI.)**

263. LOURENÇO (Joao), à Villa-Viçosa (district d'Evora). — Vin rouge.
                    (QUAI.)

264. LOURENÇO (Joaquim), à Villa-Viçosa (district d'Evora). — Vin rouge.
                    (QUAI.)

265. LUGAN (M.), à Porto. — Vins.   **(QUAI.)**

266. MACEDO (José Pereira de), à Penamacòr (district de Castello-Branco). — Vin rouge.   **(QUAI.)**

267. MACHADO (Adriano d'Abreu Cardoso), à Santo-Thyrso (district de Porto). — Vin rouge commun 1888.   **(QUAI.)**

268. MACHADO (Adriano d'Abreu Cardozo), à Monçao (district de Vianna). — Vin rouge 1888.   **(QUAI.)**

269. MACHADO (Adriano Maria Cardozo), à Monçao (district de Vianna). Vin rouge 1887 et 1888. Vin blanc 1888.   **(QUAI.)**

270. MACHADO (Antonio Augusto), à Mondini-de-Bastos (district de Villa-Real). — Vin rouge 1888.   **(QUAI.)**

271. MACHADO (Joaquim Pereira), à Cantanhede (district d'Aveiro). — Vin rouge da Bairrada.   **(QUAI.)**

272. MACHADO (Joaquim Rodrigues), à Sabroza-e-Alijò (district de Villa-Real). — Vin rouge 1888.   **(QUAI.)**

273. MACHADO (Luiz Teixeira d'Andrade), à Celorico-de-Basto (district de Braga). — Vin 1887.   **(QUAI.)**

274. MACIAS (Manoel de Jesus Ponce), à Villa-Viçosa (district d'Evora). — Vin rouge.   **(QUAI.)**

275. MACIEIRA (José Maria), à Alhandra, Quinta-da-Escusa (district de Lisbonnes). — Vins rouge et blanc 1888.   **(QUAI.)**

276. MACIEIRA (José Maria), à Lisbonne. — Vin rouge grand ordinaire 1886 et 1887. Vin rouge coupage 1888. Vin blanc léger 1880 et 1885. Eau-de-vie 1885 et 1887.   **(QUAI.)**

277. MADURO (Antonio Maria), à Borba (district d'Evora). — Vin rouge.
                    (QUAI.)

278. MAGALHAES (Leonardo de Souza), à Ribeira-de-Pena (district de Villa-Real). — Vin rouge commun 1888.   **(QUAI.)**

279. MANHOSO (P. Angelo Maria), à Villa-Viçosa (district d'Evora). — Vin rouge.   **(QUAI.)**

280. MARGIOCHI (Francisco Simoes), à Monte-das-Flores (district d'Evora). — Vin ... uge. **(QUAI.)**

281. MARINHA (D' Guilherme Nunes), à Certa (district de Castello-Branco. — Eau-de-vie et vins rouges. **(QUAI.)**

282. MARQUES (Joao Martins da Silva), à Redondo (district d'Evora). — Vin rouge. **(QUAI.)**

283. MARQUES (D' Maria Clementina do O'), à Aljustrel (district de Beja). — Vin rouge 1888. **(QUAI.)**

284. MASCARENHAS (Cezar Augusto d'Abreu), à Lamego (district de Vizeu). — Vin naturel 1888. Vin de Porto 1888. **(QUAI.)**

285. MATTA (Joao Bernardo da), à Villa-Viçosa (district d'Evora). — Vin rouge. **(QUAI.)**

286. MATTA (José Nunes), à Vizeu. — Vin rouge commun 1888. **(QUAI.)**

287. MATTA (José Nunes da), à Certa (district de Castello-Branco). — Vin rouge. **(QUAI.)**

288. MATTOS (Antonio Reis de), à Cuba (district de Beja). — Vin rouge 1888. **(QUAI.)**

289. MATTOS & RIBEIRO, à Estremoz (district d'Evora). — Vin rouge. **(QUAI.)**

290. MAZZIOTI (Antonio Maria Dias Chaves Pereira), à Cintra (district de Lisbonne). — Vin rouge de Collares. **(QUAI.)**

291. MELLO (Antonio Augusto de), à Mangualde (district de Vizeu). — Vin 1888. **(QUAI.)**

292. MELLO (José de Souza Faria e), à Reguengos (district d'Evora). — Vin rouge. **(QUAI.)**

293. MELLO (Manuel José dos Santos). à Alijo (district de Villa-Real).— Vin rouge 1888. **(QUAI.)**

294. MENDES (João Teixeira), à Amarante (district de Porto). — Vin rouge commun 1888. **(QUAI.)**

295. MENDES (José Rodrigues), à Lisbonne. — Boissons. **(QUAI.)**

296. MENEZES (Antonio Ferreira), à Porto. — Vins rouges et blancs. **(QUAI.)**

297. MENEZES (Ignacio da Silva), à Villa-Viçosa (district d'Evora). — Vin rouge. **(QUAI.)**

298. MENEZES (Joao Cardozo da Silveira), à Borba (district d'Evora). — Vin rouge. **(QUAI.)**

299. MENEZES (Joao de Souza), à Villa-Viçosa (district d'Evora). — Vin rouge. **(QUAI.)**

300. MENEZES (D. José Gil de Borja Macedo), à Portel (district d'Evora). — Vin rouge. **(QUAI.)**

301. MENEZES (José Taveira de Carvalho Pinto de), à Amarante (district de Porto). — Vin blanc 1888. Vin rouge 1887. Vin rouge 1888. **(QUAI.)**

302. MENEZES (José de Vasconcellos de Carvalho), à Marco de Canavezes (district de Porto). — Vin 1888. **(QUAI.)**

303. MESQUITA (Joao Ribeiro), à Porto. — Vins. **(QUAI.)**

304. MONTEIRO (Adrianno Augusto da Silva), à Evora. — Vin rouge. **(QUAI.)**

305. MONTEIRO (Francisco Maria), à Estremoz (district d'Evora). — Vin
rouge.   **(QUAI.)**

306. MONTEIRO (Joao Franco), à Cortegana (district de Lisbonne). — Eau-
de-vie.   **(QUAI.)**

307. MONTEIRO (Joaquim Anastacio), à Monforte (district de Portalegre). — Vin 1888.   **(QUAI.)**

308. MONTEIRO (D' José Vaz), à Chamusca (district de Santarem). — Vin
rouge 1888.   **(QUAI.)**

309. MONTES (José Nunes Moraes), à Penamacor (district de Castello-
Branco). — Eau-de-vie, vin rouge.   **(QUAI.)**

310. MORGON Brothers, à Porto. — Vins.   **(QUAI.)**

311. MOTTA (José de Barros Teixeira da), à Braga. — Vin rouge 1887.
                                                                            (QUAI.)

312. MOULINO (Émile) et **MACIEIRA (José),** à Lisbonne. — Vins
rouges et eaux-de-vie de vin.   **(QUAI.)**

313. MOURA (Luiz Manoel Alves de) à Celorico-de-Basto (district de
Braga). — Vin 1887.   **(QUAI.)**

314. MOURA BORGES & Irmaos, (district de Castello Branco). — Vin
rouge.   **(QUAI.)**

315. MOURARIA (Candido José), à Villa-Viçosa (district d'Evora). — Vin
rouge.   **(QUAI.)**

316. MOUSACO (José), à Covilha (district de Castello-Branco). — Vin rouge.
                                                                            (QUAI.)

317. MOXARREIRA (Joao Ribeiro), à Freixofeira (district de Lisbonne).
— Vin rouge 1888.   **(QUAI.)**

318. NEGRAO (Carlos Ozorio), à Mezao-Frio (district de Villa-Real). — Vin
rouge 2888.   **(QUAI.)**

319. NEGRAO (Manoel Nicolau Osorio Pereira), à Bayao (district de
Porto). — Vin rouge commun 1888. Vin blanc 1888.   **(QUAI.)**

320. NEPHEW (Butter) & Co., à Porto. — Vins.   **(QUAI.)**

321. NIEPOORT & Co., à Porto. — Vins.   **(QUAI.)**

322. NIMES (José Joaquim), à Santarem. — Vin rouge.   **(QUAI.)**

323. NOGUEIRA (Faustino de Paiva Sa), à Almeirim (district de Santarem). — Vins rouges et blancs.   **(QUAI.)**

324. NORTON (Thomaz Mendes), à Ponte-de-Lima (district de Vianna). —
Vin rouge 1888.   **(QUAI.)**

325. NUNES (J. A.), à Almada (district de Lisbonne). — Vins communs rouges
et blancs.   **(QUAI.)**

326. NUNES (Joao Collares), à Cintra (district de Lisbonne). — Vins rouges
de Collares.   **(QUAI.)**

327. NUNES (Joaquim Vicente), à Villa-Viçosa (district d'Evora). — Vin
rouge.   **(QUAI.)**

328. OFFLEY CRAMP & FONESTERS, à Porto. — Vins.   **(QUAI.)**

329. OLIVAES (Vicomtesse dos), à Quinta-do-Cabeço (district de Lisbonne). — Vins rouges et blancs.   **(QUAI.)**

330. OLIVEIRA (Bento Rodrigues d') à Gondomar (district de Porto). —
Vin 1888.								**(QUAI.)**

331. OLIVEIRA (Estevao Augusto), à Alcochete (district de Lisbonne). —
Vin rouge 1887.							**(QUAI.)**

332. OLIVEIRA (Estevao José), à Soure (district de Coïmbra). — Vin rouge
1888.								**(QUAI.)**

333. OLIVEIRA (José Nunes de), à Beja. — Vin rouge 1888. Vin blanc 1888.
								(QUAI.)

334. OLIVEIRA Junior (Estevâo Antonio), à Alcochete (district de Lis-
bonne). — Vin rouge 1887-1888.					**(QUAI.)**

335. ORNELLAS (Francisco de Pina Macedo Ferraz Gusmao e)
à Penamacôr (district de Castello-Branco).— Vin rouge.		**(QUAI.)**

336. PAES Junior (Antonio Maria Valente), à Serpa (district de Beja).
— Vin rouge commun 1888.						**(QUAI.)**

337. PAIVA (Conde de Castello de), à Castello-de-Paiva (district d'Aveiro).
— Vin rouge.							**(QUAI.)**

338. PAIVA (Joao), à Villa-Viçosa (district d'Evora). — Vin rouge.		**(QUAI.)**

339. PAIVA (José Mendes Alçada), à Covilha (district de Castello-Branco).
— Vin rouge							**(QUAI.)**

340. PAIVA & Irmaos, à Lisbonne. — Vins rouges et blancs.		**(QUAI.)**

341. PALHA (Joao Garcez), à Penusinhos (district de Lisbonne). — Vin
rouge.								**(QUAI.)**

342. PALMA (D. Emilia Laranjo Gomes), à Beja. — Vin rouge com-
mun 1888.							**(QUAI.)**

343. PALMA Junior (Francisco (Matheus), à Beja. — Vin rouge
commun 1888.							**(QUAI.)**

344. PALMA Senior (Francisco Matheus), à Beja. — Vin rouge com-
mun 1888. Vin blanc 1888.						**(QUAI.)**

345. PANDAL (Joaquim Nunes Branco), à Castello-Branco. — Vin
rouge et eaux-de-vie.						**(QUAI.)**

346. PASSANHA (Alfredo Carlos Infante), à Regoa (district de Villa-
Real). — Vin de Porto 1888.						**(QUAI.)**

347. PATO MONIZ (J. A. Pereira), à Arruda, Quinta-da-Venga (district de
Lisbonne). — Vin rouge commun 1888.					**(QUAI.)**

348. PÉCURTO (Maria José), à Borba (district d'Evora).— Vin rouge. **(QUAI.)**

349. PEIXOTO (Antonio José da Cunha Abreu), à Olhalvo (district
de Lisbonne). — Vin rouge 1888.					**(QUAI.)**

350. PEIXOTO (José da Cunha Abreu), à Labrujeira (district de Lis-
bonne). — Vins rouges 1888, vins liquoreux.				**(QUAI.)**

351. PEIXOTO & CARAÇA, à Redondo (district d'Evora). — Vin rouge.
								(QUAI.)

352. PELEJAO (Lucio de Silva), à Castello-Branco. — Eau-de-vie.
								(QUAI.)

353. PERDIGAO (Francisco José), à Redondo (district d'Evora). — Vin
rouge.								**(QUAI.)**

354. PERDIGAO (José Marques Rosado), à Redondo (district d'Evora).
— Vin rouge.							**(QUAI.)**

355.   PEREIRA (Albino Fernandes), à Ribeira-de-Pena (district de Villa-Real). — Vin rouge commun 1888.   (QUAI.)

356.   PEREIRA (D' Antonio Brandao), à Braga. — Vin rouge 1888.
(QUAI.)

357.   PEREIRA (Antonio Maria), à Redondo (district d'Evora).— Vin rouge.
(QUAI.)

358.   PEREIRA (Candido Manuel), à Lavradio (district de Lisbonne). — Vins rouges et blancs.   (QUAI.)

359.   PEREIRA (Domingos Dias), à Carcavellos (district de Lisbonne). — Vins fins et liquoreux.   (QUAI.)

360.   PEREIRA (Joao Antonio da Silva), à Villa-Viçosa (district d'Evora). — Vin rouge.   (QUAI.)

361.   PEREIRA (José Maria dos Santos), à Estremoz (district d'Evora). — Vin rouge.   (QUAI.)

362.   PEREIRA (Luiz Augusto da Silva), à Santa Martha-de-Penaguiao (district de Villa-Real). — Vin rouge 1888.   (QUAI.)

363.   PEREIRA (Manoel Dias), à Redondo (district d'Evora).— Vin rouge.
(QUAI)

364.   PEREIRA (Manoel Joaquim), à Borba (district d'Evora).— Vin rouge.
(QUAI.)

365.   PERES (Joaquim Manoel de Mattos), à Evora. — Vin rouge.
(QUAI.)

366.   PIETRA (Henrique de Ronze), à Alhandra (district de Lisbonne). — Vin rouge 1888.   (QUAI.)

367.   PINTO (Antonio Rodrigues), à Coïmbra. — Vins.   (QUAI.)

368.   PINTO (Bernardo da Silveira), à Lamego (district de Vizeu). — Vin 1888.   (QUAI.)

369.   PINTO (Joaquim Monteiro), à Santo-Thyrso (district de Porto). — Vin 1888.   (QUAI.)

370.   PINTO (José da Silveira), à Lamego (district de Vizeu). — Vin 1888.
(QUAI.)

371.   PINTO COELHO (D' Carlos Zeferino), à Carcavellos (district de Lisboa). — Vins communs rouges et blancs 1888, vins liquoreux 1874, blanc et rouge.
(QUAI.)

372.   PITA (P. Alexandre Manoel), à Redondo (district d'Evora). — Vin rouge.   (QUAI.)

373.   PITA (Clemente José), à Redondo (district d'Evora). — Vin rouge.
(QUAI.)

374.   PITEIRA (Ignacio de Jesus Rosado), à Villa-Viçosa (district d'Evora). Vin rouge.   (QUAI.)

375.   PITEIRA (Joaquim Rosado), à Villa-Viçosa (district d'Evora). — Vin rouge.   (QUAI.)

376.   PITTA (D'), à Funchal (Madère). — Vins.   (QUAI.)

377.   PONTE (José Caetano da), à Almodovar (district de Beja). — Vin rouge commun 1888.   (QUAI.)

378.   PORTELLA (D' José Ferreira), à Anadia (district d'Aveiro). — Vin rouge de Bairrada.   (QUAI.)

379. POTES (Antonio José de Sà), à Evora. — Vin rouge.   **(QUAI.)**

380. PRADO (José Francisco de Souza), à Odemira (district de Beja). — Vin rouge commun 1888.   **(QUAI.)**

381. PRIME (Comte de), à Nellas et Vizeu (district de Vizeu). — Vin 1888.   **(QUAI.)**

382. PROENÇA-A-VELHA (Vicomte de), à Penamacòr (district de Castello-Branco). — Vin rouge.   **(QUAI.)**

383. Propriété districtale de Porto (Quinta districtal do Porto), à Louzada (district de Porto). — Vin rouge commun 1888.   **(QUAI.)**

384. QUEIMADO (Isodoro Maria), à Redondo (district d'Evora). — Vin rouge.   **(QUAI.)**

385. QUEIROGA (Joaquim Perdigao), à Redondo (district d'Evora). — Vin rouge.   **(QUAI.)**

386. QUEIROZ (Antonio Eduardo), à Borba (district d'Evora).— Vin rouge.   **(QUAI.)**

387. QUEIROZ E LEMOS (Adolpho Pinto de Mesquita), à Celorico de-Basto (district de Braga). — Vin rouge 1888.   **(QUAI.)**

388. QUINTAO (Antonio Joao), à Lisbonne. — Vin.   **(QUAI.)**

389. QUINTAO (Joaquim Dias Leal), à Lisbonne. — Vin.   **(QUAI.)**

390. RAMALHINHO (Izabel Candida), à Redondo (district d'Evora). — Vin rouge.   **(QUAI.)**

391. RAMALHO (Joaquim Manoel), à Estremoz (district d'Evora). — Vin rouge.   **(QUAI.)**

392. RAMON (D. José de la Feria), à Serpa (district de Beja). — Vin rouge commun 1888.   **(QUAI.)**

393. RAMOS (Antonio d'Ascençao), à Borba (district d'Evora).— Vin rouge.   **(QUAI.)**

394. RAMOS (Malaquias José Cardozo), à Estremoz (district d'Evora). — Vin rouge.   **(QUAI.)**

395. RAMOS (Manoel Bernardo), à Borba (district d'Evora). — Vin rouge.   **(QUAI.)**

396. RAMOS (Manoel Mendes), à Redondo (district d'Evora). — Vin rouge.   **(QUAI.)**

397. RAYNOLDS (Guilherme), à Estremoz (district d'Evora). — Vin rouge.   **(QUAI.)**

398. RAYNOLDS (Roberto), à Estremoz (district d'Evora).— Vin rouge.   **(QUAI.)**

399. REBELLO (Albino de Souza), à Nellas (district de Vizeu). — Vin de Porto 1887.   **(QUAI.)**

400. REGOA (Vicomte da), à Regoa (district de Villa-Real). — Vin de Porto 1888.   **(QUAI.)**

401. REIS (Joaquim F. de Cunha), à Regoa (district de Villa-Real). — Vin de Porto 1888.   **(QUAI.)**

402. REIXA (Joao Antunes Nunes), à Villa-Viçosa (district d'Evora). — Vin rouge.   **(QUAI.)**

403. REIXA (Marianna d'Almeida), à Villa-Viçosa (district d'Evora). — Vin rouge.   **(QUAI.)**

404. RIBEIRA BRAVA (Vicomte da), à Vidigueira (district de Beja). — Vin rouge 1888. Vin blanc 1888. **(QUAI.)**

405. RIBEIRO (Carlos Guilherme Ferreira), à Certa (district de Castello-Branco. — Vin rouge. **(QUAI.)**

406. RIBEIRO (Feliciano Cerqueira), à Mondim-de-Bastos (district de Villa-Real). — Vin rouge 1888. **(QUAI.)**

407. RIBEIRO (Martinho da Silva) & Filhos, à Castello-Branco. — Vin rouge. **(QUAI.)**

408. ROBERTSON, Brothers, à Porto. — Vins. **(QUAI.)**

409. RODRIGUES (Antonio Caetano) & Co., à Porto. — Vins. **(QUAI.)**

410. ROSA (José Antonio), à Abrigada (district de Lisbonne). — Vin rouge 1888. **(QUAI.)**

411. ROSA (José Francisco), à Villa-Viçosa (district d'Evora). — Vin rouge. **(QUAI.)**

412. ROSA (Manoel Maria), à Villa-Viçosa (district d'Evora). — Vin rouge. **(QUAI.)**

413. ROSA (Marianno da Boa Morte), à Villa-Viçosa (district d'Evora).— Vin rouge. **(QUAI.)**

414. ROSARIO (Maria da Conceiçao Rocha), à Villa-Viçosa (district d'Evora). — Vin rouge. **(QUAI.)**

415. ROSARIA (Maria da Conceiçao Rocha), à Villa-Viçosa (district d'Evora). — Vin rouge. **(QUAI.)**

416. ROZADO (Antonio Joaquim da Silva), à Redondo (district d'Evora). — Vin rouge. **(QUAI.)**

417. ROZADO (Antonio Marques), à Redondo (district d'Evora). — Vin rouge. **(QUAI.)**

418. RUSSELL (Theophilo Joaquim de Souza Lobo de), à Borba (district d'Evora). — Vin rouge. **(QUAI.)**

419. SA (Belmiro Benavente de Mattos e), à Villa-Flor (district de Bragança). — Vins. **(QUAI.)**

420. SA (João Evangelista), à Monção (district de Vianna). — Vin rouge 1888, vin blanc 1888. **(QUAI.)**

421. SALGADO (Possidonio & Alves), à Moura (district d'Evora). — Vin rouge. **(QUAI.)**

422. SALGUEIRO (José Rodrigues Alfonso), à Valença (district Vianna). — Vin rouge. **(QUAI.)**

423. SAMODAES (Comte de), à Lamego (district de Vizeu). — Vin 1888. **(QUAI.)**

424. SAMODAES (Comte de), à Marco-de-Canavezes (district de Porto). — — Vin 1888. **(QUAI.)**

425. SAMPAIO (D. Antonio Maria Diniz), à Portalegre. — Eau-de-vie. **(QUAI.)**

426. SAMPAIO (José da Cunha), à Villa-Nova de Famalicao (district de Braga).— Vin rouge 1888. **(QUAI.)**

427. SANDE (Diogo Antonio de), à Estremoz (district d'Evora). — Vin rouge. **(QUAI.)**

428. SANDEMAN & Cie, à Porto. — Vins. **(QUAI.)**

429. SANDEMAN (Thomas Glas) & Sons, à Porto. — Vins.   **(QUAI.)**

430. SANTIAGO (Antonio Bernardo), à Penalva-do-Castello (district de Vizeu). — Vin 1888.   **(QUAI.)**

431. SANTOS (Antonio Germano da Fonseca), à Redondo (district d'Evora). — Vin rouge.   **(QUAI.)**

432. SANTOS (Bernardino Julio dos), à Santarem. — Vin rouge 1888.   **(QUAI.)**

433. SANTOS (Francisco Alberto d'Oliveira), à Vianna (district d'Evora). — Vin rouge.   **(QUAI.)**

434. SANTOS (Joao Eduardo dos), à Porto. — Vins.   **(QUAI.)**

435. SANTOS (José Maria dos), à Alcochete (district de Lisbonne). — Vins communs.   **(QUAI.)**

436. SANTOS (José Romao dos), à Aljustrel (district de Beja.) — Vin rouge commun 1888.   **(QUAI.)**

437. SANTOS (Manoel José dos), à Ferreira-do-Alemtejo (district de Beja). — Vin rouge 1888.   **(QUAI.)**

438. SANTOS (Pedro Pinto Rodrigues dos), à Fundao (district de Castello Branco). — Vin rouge.   **(QUAI.)**

439. SANTOS (Rodrigo Marques dos), à Torres-Vedras (district de Lisboa). — Vin rouge 1887. Vin blanc 1887.   **(QUAI.)**

440. SANTOS Junior (Antonio Pinto), à Porto. — Vins.   **(QUAI.)**

441. SARAIVA (Jacintho Manoel), à Redondo (district d'Evora). — Vin rouge.   **(QUAI.)**

442. SAUDE (Manoel Zeferino), à Villa-Viçosa (district d'Evora). — Vin rouge.   **(QUAI.)**

443. SEABRA (Dr Alexandre), à Anadia (district d'Aveiro). — Vins rouge, blanc.   **(QUAI.)**

444. SEARA (Joao José Rodrigues), à Felgueiras (district de Porto). — Vin 1877.   **(QUAI.)**

445. SECRETARIO (Joao Antonio Bravo), à Estremoz (district d'Evora). — Vin rouge.   **(QUAI.)**

446. SEGURADO (Joao Antonio), à Villa-Viçosa (district d'Evora). — Vin rouge.   **(QUAI.)**

447. SEQUEIRA (Antonio Nunes de), à Castello-Branco. — Eau-de-vie.   **(QUAI.)**

448. SERENO (Manoel Nunes), à Villa-Viçosa (district d'Evora). — Vin rouge.   **(QUAI.)**

449. SERODIO (José Antonio Gonçalves), à Sabroza e-Alijo (district de Villa Real). — Vin de Porto 1888.   **(QUAI.)**

450. SEVINATO (Caetano José), à Aljustrel (district de Bessa). — Vin.   **(QUAI.)**

451. SILVA (Alberto da) & Ca. — Boissons.   **(QUAI.)**

452. SILVA (Antonio Vaz da), à Castello-Branco. — Eau-de-vie.   **(QUAI.)**

453. SILVA (Antonio Xavier Torres), à Valença (district de Vianna). — Vins 1888.   **(QUAI.)**

454. SILVA (Augusto José da). — Boissons.   **(QUAI.)**

455. SILVA (Francisco Joaquim da Costa e), à Cintra (district de Lisbonne). — Vin rouge de Collares. **(QUAI.)**

456. SILVA (Frederico Augusto da Cunha e), à Idanha-a-nova (district de Castello-Branco). — Vin rouge. **(QUAI.)**

457. SILVA (Joao Ferreira Marques da), à Nellas (district de Vizeu). — Vin 1888. **(QUAI.)**

458. SILVA (José Augusto da), à Arruda (district de Lisbonne).— Vin rouge. **(QUAI.)**

459. SILVA (José Joaquim Guimaraes Pestana da), à Alijo (district de Villa-Real). — Vin rouge commun 1888. Vin de Porto 1888. **(QUAI.)**

460. SILVA (José Joaquim Guimaraes Pestana), à Ponte-da-Barca (districto de Vianna). — Vin rouge 1888. **(QUAI.)**

461. SILVA (José Manoel de Souza), à Borba (district d'Evora). — Vin rouge. **(QUAI.)**

462. SILVA (José Maria da), à Villa-Viçosa (district d'Evora). — Vin rouge. **(QUAI.)**

463. SILVA (Manuel Duarte Guimaraes Pestana de), à Lamego (district de Vizeu). — Vins naturels, vins de Porto, vieux et nouveaux. **(QUAI.)**

464. SILVA (Manoel Joaquim da), à Redondo (district d'Evora). — Vin rouge. **(QUAI.)**

465. SILVA & CONSENS, à Porto. — Vins. **(QUAI.)**

466. SILVEIRA Fils (José Correra de Mello), à Santa-Martha de Penaguiao (district de Villa-Real). — Vin rouge 1888. **(QUAI.)**

467. SIMOES (Antonio Augusto da Costa), à Mealhada (district d'Aveiro). — Vin rouge da Bairrada. Vin blanc. **(QUAI.)**

468. SIMOES (Domingos Antonio Rita), à Redondo (district d'Evora). — Vin rouge. **(QUAI.)**

469. SIMOES (Elias-José), à Alandroal (district d'Evora). — Vin. **(QUAI.)**

470. SIMOES (Francisco de S. Pita), à Redondo (district d'Evora). — Vin rouge. **(QUAI.)**

471. SMITHES & Co. (Cockburn), à Porto. — Vins. **(QUAI.)**

472. SOTTO MAYOR (Lourenço da Cunha Velho), à Braga. — Vin rouge 1888. **(QUAI.)**

473. SOTTO MAYOR (Manuel Figueira Fragoso), à Vidigueira (district de Beja. — Vin rouge commun 1888. Vin blanc 1888. **(QUAI.)**

474. SOUZA (Alfredo Augusto d'Almeida), à Borba (district d'Evora). — Vin rouge. **(QUAI.)**

475. SOUZA (Antonio Izidoro de), à Alvito (district de Beja). — Vin rouge commun 1888. Vin blanc 1888. **(QUAI.)**

476. SOUZA (Arnaldo Villar de), à Sabroza (district de Villa-Real). — Vin de Porto 1888. **(QUAI.)**

477. SOUZA (Bernardino Antonio da Rocha), à Alijo (district de Villa-Real). — Vin de Porto 1888. **(QUAI.)**

478. SOUZA (Custodio Leite Pereira d'Abreu e), à Cabeceiras-de-Basto (district de Braga). — Vin 1888. **(QUAI.)**

479. SOUZA (Duarte de Mello de), à Penalva-do-Castello (district de Vizeu). — Vin 1888. **(QUAI.)**

480. SOUZA (Francisco José), à Labrujeira (district de Lisbonne). — Vin rouge et eau-de-vie. **(QUAI.)**

481. SOUZA (Joao Antonio Henrique de), à Cabeceiras-de-Basto (district de Braga). — Vin rouge 1888. **(QUAI.)**

482. SOUZA (Joao Candido de Castro), à Beja. — Vin rouge commun et vin blanc 1888. **(QUAI.)**

483. SOUZA (Joaquim Manoel Soares de), à Ferreira (district de Beja).— Vin rouge commun 1888. **(QUAI.)**

484. SOUZA (José Silverio Vieira de), à Sabroza (district de Villa-Real). — Vin rouge 1887. **(QUAI.)**

485. SOUZA (Luiz Vicente Gomes de), à Santa-Martha-de-Penaguiao (district de Villa-Real). — Vin de Porto 1888. **(QUAI.)**

486. TAIT (W. C.) & Co., à Porto. — Vins. **(QUAI.)**

487. TEAGE (Hunt Roope) & Co., à Porto. — Vins. **(QUAI.)**

488. TEIXEIRA (Luiz Paulino), à Chaves (district de Villa-Real). — Vin rouge 1888. **(QUAI.)**

489. THEOTONIO Junior (Joaquim Manoel), à Serpa (district de Beja). — Vin rouge commun 1888. **(QUAI.)**

490. TORRE (Vicomte da), à Villa-Verde (district de Braga). — Vin 1888. **(QUAI.)**

491. TOSCANO (Francisco Maria), à Villa-Viçosa (district d'Evora). — Vin rouge. **(QUAI.)**

492. TRINDADE (José Maria da), à Villa-Viçosa (district d'Evora). — Vin rouge. **(QUAI.)**

493. VALENTE (Francisco Cardozo), à Porto. — Vins. **(QUAI.)**

494. VALLADARES (José Caldeira d'Ordaz de), à Castello-Branco.— Vin rouge et eaux-de-vie. **(QUAI.)**

495. VASCONCELLOS (Antonio), à Alpiarça (district de Santarem). — Vins rouges et blancs, communs et liquoreux et eaux-de-vie. **(QUAI.)**

496. VASCONCELLOS (Antonio Teixeira Coelho de), à Cabeceiras-de-Basto (district de Braga). — Vin rouge 1888. Vin blanc 1888. **(QUAI.)**

497. VASCONCELLOS (Joao Pereira Teixeira de), à Amarante (district de Porto). — Vin 1888. **(QUAI.)**

498. VASCONCELLOS (José Teixeira Pinto), à Lisbonne. — Vins divers. **(QUAI.)**

499. VAZ (Maximiano Pinto Freitas), à Regoa (district de Villa-Real). — Vin de Porto 1888. **(QUAI.)**

500. VELLOSO & TAIT, à Porto. — Vins. **(QUAI.)**

501. VERDE (Constantino Villa), à Arruda (district de Lisbonne). — Vin rouge. **(QUAI.)**

502. VIANNA (Antonio Caetano Rodrigues), à Tondella (district de Vizeu. — Vin 1888. **(QUAI.)**

503. VIEIRA (D' Antonio Cardoso), à Rezende (district de Vizeu). — Vin 1888. **(QUAI.)**

504. VIEIRA (Antonio Joaquim Baptista), à Povoa-de-Lanhoso (district de Braga). — Vin 1888. **(QUAI.)**

505. VIEIRA (Baron de Paço), à Guimaraes (district de Braga).— Vin rouge
1887.   **(QUAI.)**

506. VIEIRA (Manuel José), à Funchal (Madère). — Vins.   **(QUAI.)**

507. VILHENA (Francisco Parreira de), à Ferreira (district de Beja). —
Vin rouge commun 1888. Vin blanc 1888.   **(QUAI.)**

508. VILLA REAL (Comte de), à Villa-Real et à Santa-Martha (district de
Villa-Real). — Vin rouge 1888.   **(QUAI.)**

509. VILLAR D'ALLEN (Vicomte de), à Villar-d'Allen (district de Villa-
Real). — Vin de Porto 1888.   **(QUAI.)**

510. VILLARINHO de S. ROMAO (Vicomte de), à Marco-de-Cana-
vezes (district de Porto). — Vin rouge commun 1888   **(QUAI.)**

511. VILLARINHO de S. ROMAO (Vicomte de), à Sabroza (district
de Villa-Real). — Vin de Porto 1888.   **(QUAI.)**

512. VISCONDE D'ABRIGADA (Successores), à Lisbonne. — Vins divers.
                                                                         (QUAI.)

513. VISCONDE da AGUIEIRA, à Agueda (district d'Aveiro). — Vin rouge.
                                                                         (QUAI.)

514. VISCONDE da SILVEIRA, à Abrigada (district de Lisbonne). — Vins
rouges.   **(QUAI.)**

515. WANDSCHNEIDER (Adolph), à Porto. — Vins.   **(QUAI.)**

516. WANZELLERS & Co., à Porto. — Vins.   **(QUAI.)**

517. WARRE & Co., à Porto. — Vins.   **(QUAI.)**

518. WELLS & Co., (Almeida), à Porto. — Vins.   **(QUAI.)**

519. WOODHOUSE (Smith) & Co., à Porto. — Vins.   **(QUAI.)**

520. ZUZARTE (Joaquim Antonio de Souza), à Veiros do Alemtejo
(district de Portalegre). — Vin rouge 1888.   **(QUAI.)**

COLONIES PORTUGAISES.

1. AGUIAR (M. F. de), à l'Ile de Santiago (Cap-Vert). — Eau-de-vie de mandarines et de canne à sucre.   **(QUAI.)**

2. ANDRADE (H. O. C.), à l'Ile de Santiago (Cap-Vert). — Eau-de-vie d'oranges
et de cannes à sucre.   **(QUAI.)**

3. Association Industrielle portugaise, à Lisbonne. — Vin de mijarella
vin sourel, Ile Brava (Cap-Vert), vinaigre de canne à sucre, eaux-de-vie diverses.
                                                                         (QUAI)

4. BORGES Junior (M. des R.), à l'Ile de Santiago (Cap Vert). — Eau-de-
vie de canne à sucre et de pinha.   **(QUAI.)**

5. CARVALHAL (F. de), à l'Ile de Santiago (Cap-Vert). — Eau-de-vie de canne
à sucre.   **(QUAI.)**

6. Commission de l'Ile Santiago, à l'Ile de Santiago (Cap-Vert). — Eau-de-
vie de canne à sucre, eau-de-vie d'orange.   **(QUAI.)**

7. GONSALVEZ (J. F.), à Angola. — Eau-de-vie de canne à sucre. **(QUAI.)**

8. MENDONÇA (J. J. C. de), à l'Ile de Santiago (Cap-Vert). — Eau-de-vie de
canne à sucre.   **(QUAI.)**

9. **Musée des Colonies,** à Lisbonne. — Collection d'eaux-de-vie des provinces de Cap-Vert, Saint-Thomas et Prince (Guinée portugaise), Angola, Mozambique et Inde portugaise. **(QUAI.)**

10. **NOGUEIRA (C. de Sa),** à l'Ile de Santiago (Cap-Vert). — Eau-de-vie de canne à sucre. **(QUAI.)**

11. **PEREIRA (P. A. da S.),** à l'Ile de Santiago (Cap-Vert). — Eau-de-vie d'oranges. **(QUAI.)**

12. **ROCHA (J.-F.-P. da),** à l'Ile de Santiago (Cap-Vert.) — Eau-de-vie de canne à sucre. **(QUAI.)**

13. **SERRA (J.-C.),** à l'île de Santiago (Cap-Vert). — Eau-de-vie de canne à sucre, eau-de-vie d'oranges. **(QUAI.)**

ROUMANIE.

1. **ALEXIU (Costache),** à Berlad. — Vin rouge de 1880, 1882 et 1884. **(QUAI.)**

2. **ANASTASIU (Tack),** à Tecuciu. — Vins. **(QUAI.)**

3. **ANTONESCO (Marin),** à Crayova. — Vin rouge de Golu-Drancei de 1874 et 1879, vin blanc de Dragashani de 1874 et 1879. Eau-de-vie de prunes de 1878 et 1880. **(QUAI.)**

4. **ARSANESCU (Jon),** à Vladesci (Muscel). — Eau-de-vie de prunes à 15 degrés. **(QUAI.)**

5. **Association Vinicole à Marmora** (Propriétaires : **Singer, Theiler et Finkelstein),** à Bohotin (Falciu). — Curaçao, cacaos-chouva, cognac. **(QUAI.)**

6. **BAICAN (Alexandre),** à Odobesti (Putna). — Vins vieux d'Odobesti. **(QUAI.)**

7. **BALANU (Stefan-Gh.),** à Focsani, rue Percori. — Vins rouges, blancs d'Odobesti de 1882. **(QUAI.)**

8. **BENE (Nicolae),** à Focsani. — Vin. **(QUAI.)**

9. **BENEA (Nicolas),** à Focsani, rue Nationale. — Vins rouges de 1874. **(QUAI.)**

10. **BERHEL (Sch. Z.),** à Iassy. — Vins. **(QUAI.)**

11. **BRANOVICI (Constantin),** à Campu-Lung. — Vins blancs. **(QUAI.)**

12. **BURBURE DE WESEMBECK (H. de),** à Dersca (Mihaileni). — Esprit de vin et eau-de-vie. **(QUAI.)**

13. **CALLIMAKI (Téodor),** à Stanesti (Botosani). — Vin rouge et blanc de Cotmar. **(QUAI.)**

14. **CASSIAN (Nicolae),** à Berlad. — Vin rouge de 1887 et 1888. **(QUAI.)**

15. **CERNESCO (I.),** à Focsani. — Vins. **(QUAI.)**

16. **CÉSIANU,** à Bucharest, rue Batistea, 31. — Eau-de-vie de prunes 1878 (trois variétés de même qualité). **(QUAI.)**

17. **CINCU (Anton),** à Tecuciu. — Vin blanc de Nicoresci 1885. Vin rouge de 1868, 1882 et 1885. **(QUAI.)**

18. **COLORIANU (Iorgu),** à Crayova. — Vin rouge de 1887. **(QUAI.)**

19. **CONSTANTINESCO (Dimitri-J.),** à Balilesti (Muscel). — Eau-de-vie de prunes, vieille, de 15 degrés. **(QUAI.)**

20. **CONSTANTINESCO (Ion),** à Hartaesti (Muscel). — Eau-de-vie de prunes de 10 ans. **(QUAI.)**

21. CONSTANTINESCO (J.), à Hartiesti (Muscel). — Eau-de-vie de prunes à
15 degrés.   **(QUAI.)**

22. CONTINESCO (Nicolae), à Piscou-Corbului (Jud-Tecuci). — Eau-de-vie
de maïs et vins blancs.   **(QUAI.)**

23. COSTACHE (Costica), à Dragasani (Valcea). — Vin muscat de 1885, vin
rouge de 1887.   **(QUAI.)**

24. COSTIN (Lascar), à Barlàd. — Vin rouge de 1886.   **(QUAI.)**

25. CRACIUNESCU (Ghitza), à Priboeni-Muscel. — Vins de 1886, 1887 et
1888.   **(QUAI.)**

26. CRANGU (Alexandru), à Focsani. — Vin muscat et vin rouge.   **(QUAI.)**

27. DANIEL (Dimitri), à Iassy. — Vins de Socola.   **(QUAI.)**

28. DOBROVICI (Constantin), à Berlad. — Vin rouge de 1882 et 1885.
                                                                        (QUAI.)

29. DRAGOMIRESCO (Petre-Nicolae), à Capu-Piscului (Muscel). —
Bouteille de Tuica. Vieille eau-de-vie de prunes.   **(QUAI.)**

30. DUMITRESCO (Ion), à Râmnicu-Valcea. — Eau-de-vie de prunes de 1882.
                                                                        (QUAI.)

31. FINKELSTEIN (Berl), à Iassy, strada Lapusneanu, 20. — Vin blanc de
Cotnari de 1866 et 1876. Vin d'Odobesti de 1882, de Socola 1872, d'Uricani 1876, de
Cosmoica 1882 et esprit de vin vieux.   **(QUAI.)**

32. FLORIAN (Mathieu), à Campu-Lung.— Eaux-de-vie de prunes de 1880-82-
87-86.   **(QUAI.)**

33. GHEORGHIU (Apostol-P.), à Valeni (Muscel). — Vin, récolte 1887.
                                                                        (QUAI.)

34. HERESCU (Constantin V.), à Râmnicu-Valcea. — Vin vieux de 1875, de
Dragasani.   **(QUAI.)**

35. IORDACHE (Nicolae), à Berlâd.— Vins rouges de 1888, 1882, 1876 et 1877,
vins blancs de 1888, de 1878.   **(QUAI.)**

36. ISACESCU (Const.), à Lipora (Vaslui). — Vin blanc 1884.   **(QUAI.)**

37. ISACHIA (le frère), au monastère de Cernica. — Eau de mélisse. **(QUAI.)**

38. GUVARA (Iorgu), à Berlad. — Vin rouge de Sârâteni de 1875, 1884 et de
1887.   **(QUAI.)**

39. KRETZOIU (B.-B.), à Toultcha (Dobroudja). — Cognacs, chartreuse, curaçao, cacao, bénédictine, chocolat, rose, vanille, amer, liqueurs de dames. **(QUAI.)**

40. MARGHILOMAN (J.), à Bucharest, rue Biserica Amzi, 7. — Eau-de-
vie de prunes et vins.   **(QUAI.)**

41. MESTECANEANU (Nicolae), à Cosetu (Muscel). — Eau-de-vie de
prunes à 16 degrés.   **(QUAI.)**

42. METAXA (Jorgu), à Târgu-Ocna. — Vin.   **(QUAI.)**

43. NAVILLE (J.) et Cie. gare d'Ulmeni. — Cognacs en bouteilles et en fûts.
                                                                        (QUAI.)

44. NEGROPONTES (Ulysse I.), à Braila. — Vin rouge de 1885, provenant
du vignoble de Ionnasesci (Marasesti), cognac de 1872.   **(QUAI.)**

45. PERIDE (Dr Alexandre), à Vaslui. — Vin blanc de 1887.   **(QUAI.)**

46. POLIZU (Costache), à Odobesti. — Vin rouge de 1882.   **(QUAI.)**

47. POMPICU (Alecu), à Focsani, rue Odobesti. — Vins rouges, blancs vieux d'Odobesti. **(QUAI.)**

48. POPESCO (Joan), à Bàrlad. — Vins. **(QUAI.)**

49. PRÉST (Gheorghe Acsenti), à Oràsti (District de Vaslui). — Vin blanc de 1885 et de 1887, vin rouge de 1885. **(QUAI.)**

50. ROHR (Anton), à Iassy, Socola, commune de Bucium. — Vin de Cotnar en bouteilles de 1882, muscat de 1886, rouge de 1882 et 1888. **(QUAI.)**

51. ROZNOVANO (Nicolas Rosseti), à Iassy. — Vin de Cotnaz de 1851, 1885, 1886. **(QUAI.)**

52. RUSSESCO (Const. A.), Dealou Marc-Valea Gratülor. — Vins de 1868, 1870, 1876, 1878, 1882, Vermouth, eau-de-vie de prunes. **(QUAI.)**

53. SABATAY (Alexandre), à Braïla, boulevard Carol 1er, 116. — Liqueur diverses. **(QUAI.)**

54. STATESCO (Théodor), à Crayova. — Vin rouge de Palilu (Dolpu) de 1885. **(QUAI.)**

55. STATESCU (Théodore), y Craaova, rue Regele-Jonnitui, 15. — Vin en bouteilles. **(QUAI.)**

56. TEODORESCU (Anton), à Crayova, strada Panduru, 4. — Vin rouge 1883 et 1887. **(QUAI.)**

57. THEODORESCU (Tare), à Spantor (District de Ilfor). — Vin blanc absinthé (Pelin) de 1887. **(QUAI.)**

58. THEILER (J.), à Husi. — Liqueurs. **(QUAI.)**

59. TUCIDIDE (Costache), à Iassy, strada Brandusu. — Vin rouge de Brandusu 1887. **(QUAI.)**

60. VARLAM (Dr), à Vaslui. — Vin et eau-de-vie de prunes. **(QUAI.)**

61. VISONI (Nitza-G.), à Juguva (Muscel). — Eau-de-vie de prunes de 15 degrés. **(QUAI.)**

62. VLADESCO (Constantin), à Boteni (Muscel). — Eau-de-vie de prunes de 1878. **(QUAI.)**

63. VOINESCO (Nita-J.), à Calinesci (Muscel). — Eau-de-vie de prunes de 15 degrés. **(QUAI.)**

RUSSIE.

1. ALEXANDROFF (J.), à Slobodzk (Gouvernement de Viatka). — Alcools rectifiés. **(QUAI.)**

2. ANDRONIKOFF (Prina S.), à Tiflis. — Vins de Kakhetie. **(QUAI.)**

3. APOSTOLOPOULO (N.), à Rezina (Gouvernement de Bessarabie). — Vins. **(QUAI.)**

4. ARTZIMOVITCH (A.), à Kroutii (Gouvernement de Podolie). — Vin. **(QUAI.)**

5. ASVADOUROFF, à Ackermann. — Vins de Bessarabie. **(QUAI.)**

6. BAGRATION-MOUKHRANSKY (J.), (Gouvernement du Caucase). — Vins. **(QUAI.)**

7. BLANKENHAGEN (Comte de), à Allash (Gouvernement de Livonie). — Crème d'Allash. **(QUAI.)**

8. **CHAKH BOUDAGOFF (D.)**, à Tiflis. — Vins.   (QUAI.)

9. **CHOUSTOFF (N.) & Fils**, à Moscou. — Eau-de-vie, liqueurs.   (QUAI.)

10. **Compagnie de la Brasserie de Jigoulew**, à Samara. — Bière.
                                                                  (QUAI.)

11. **DANILOFF**, à Minoussinsk. — Eaux-de-vie.   (QUAI.)

12. **DENCKER (T.) & Cie**, à Saint-Pétersbourg. — Vins de tous pays. (QUAI.)
     Nos vins de la Crimée Méridionale sont le produit des vignes françaises de Bordeaux, des vignes du Rhin, d'Espagne et de Hongrie, cultivées dans ce pays. Maison fondée en 1815.

13. **DJORDJADZE**, à Tiflis. — Vins du Caucase.   (QUAI.)

14. **DOKOUTCHAEFF (B.)**, à Saint-Pétersbourg. — Sols typiques de la Russie.
                                                                  (QUAI.)

15. **DOLGOFF (A. B.)**, à Nijni-Novgorod. — Alcools et eaux-de-vie   (QUAI.)

16. **DREYER (R.)**, à Riga. — Liqueurs et esprits.   (QUAI.)

17. **FABRIKOFF et Fils (A.)**, à Kizliar (Gouvernement du Caucase). — Vins et eaux-de-vie.
                                                                  (QUAI.)

18. **FAIURSKY et Fils**, à Kastel (Gouvernement de Tauride). — Vins.   (QUAI.)

19. **FÉODOCIOU (T.)**, à Telenecht (Gouvernement de Bessarabie). — Vins.
                                                                  (QUAI.)

20. **FROLOFF Frères**, à Nijni-Novgorod. — Eau-de-vie et liqueurs.   (QUAI.)

21. **GALITZINE (le prince Léon)**, à Moscou. — Vins de Crimée.   (QUAI.)
     Vins de cépages de France.
     Dernières récompenses obtenues : Diplôme d'honneur à Bruxelles 1888 ; Grande Médaille or, à Barcelone 1888.

22. **GODZIEFF (L.)**, à Tiflis. — Vins de Kakhétie.   (QUAI.)

23. **GOUBONINE (P. J.)**, à Ialta (Crimée). — Vins.   (QUAI.)

24. **GROBMAN (L.)**, à Knyszyn (Gouvernement de Lomza). — Alcool.   (QUAI.)

25. **GUENDJENTSOFF (J. A.) Frères**, à Chemaxha (Gouvernement de Bacou). — Vins.
                                                                  (QUAI.)

26. **HZVILING (S.)**, à Odessa. — Eau-de-vie distillée.   (QUAI.)

27. **IWANOFF**, à Tachkent. — Alcool, eau-de-vie, houblon.   (QUAI.)
     Vitrine de style oriental, exécutée à Saint-Pétersbourg, d'après les dessins de l'artiste W. Kavazire.
     Exposition des vins du Turkestan, esprit de vin, esprit de grain, eau-de-vie, bière.
     Matériaux de verrerie, bouteilles. Céréales, houblon, carbatine, semencine, santonine, Coton, soie. Tabac.

28. **IZMIROFF**, à Saint-Pétersbourg. — Vins et cognac de Kizliar.   (QUAI.)

29. **KALACHNIOKOFF (P. P.)**, à Pskow. — Eaux-de-vie et liqueurs.
                                                                  (QUAI.)

30. **KANANOFF (M. J.)**, à Kizliar (Gouvernement du Caucase). — Vins. (QUAI.)

31. **KEPHELIS**, à Sébastopol (Gouvernement de Tauride). — Eau-de-vie. (QUAI.)

32. **KEUN (J.)**, à Stockmannshof (Gouvernement de Livonie). — Liqueurs d'orange
                                                                  (QUAI.)

33. **KHARLAMOFF (N.)**, à Novotcherkask (Don). — Vins du Don.   (QUAI.)

34. KHATCHANOFF (L.), à Chemakha (Gouvernement de Bacou). — Vins.
(QUAI.)

35. KHRISTOFOROFF (G. N.) & TAKOPOULO (P. J.), en Crimée.
— Vins. (QUAI.)

36. LANINE (N.), à Moscou. — Vins mousseux, eaux gazeuses de fruits.
(QUAI.)

37. MAKAROFF (P.), à Tiflis. — Vins de Kakhetie. (QUAI.)

38. MERKOULOFF (J.), à Novotcherkask (Gouvernement du Don).—Vins. (QUAI.)

39. MOROZOFF, à Riazan. — Eau-de-vie. (QUAI.)

40. NOVOSILTZOFF (G. A.), à Koursk. — Alcools et liqueurs. (QUAI.)

41. OSSINSKY (V.), à Novorossiisk (Kouban). — Vins. (QUAI.)

42. OUCHVERIDZE, à Vladicaucase. — Vins. (QUAI.)

43. OZEROFF, à Kolomna (Moscou). — Alcool et eau-de-vie. (QUAI.)

44. PAHLEN (Comte de), à Grand Eckau (Gouvernement de Courlande). —
Crème d'Eckau. (QUAI.)

45. PAMPHILOVA (Mme E.), à Bogorodsk (Gouvernement de Moscou). —
Eau-de-vie. (QUAI.)

46. PAPAIEFF (N. & P.) Frères, à Derbent (Gouvernement de Daghestan).
— Vins. (QUAI.)

47. PAVLOFF (A.), à Novotcherkask (Gouvernement du Don). — Vins. (QUAI.)

48. PODOLSKAIA (A. C.), à Loumy (Gouvernement de Kharkov). — Alcools
rectifiés. (QUAI.)

49. POPOFF (K. N.) & Cie, à Moscou. — Eaux-de-vie et liqueurs. (QUAI.)

50. RABOTKINE, à Moscou. — Alcools rectifiés. (QUAI.)
Maison fondée en 1884, à Moscou. Récompenses : 1885, Médaille de bronze.

51. ROGUER (P. B.), à Pskow. — Liqueurs. (QUAI.)

52. ROSENBERG (J. M.), à Odessa. — Eau-de-vie et liqueurs. (QUAI.)

53. RZETKOWSKI (Théodor), à Yeziorko (Gouvernement de Lomza). —
Alcools. (QUAI.)
Distillerie de Yeziorko, gouvernement et district de Lomza (Pologne)
Rectification des esprits de vin.
Fabrication des liqueurs.
Usine à vapeur. — Exposition universelle d'Anvers 1885. — Deux médailles.

54. SELUK (F. A.), à Ioltcha (Gouvernement de Minsk). — Alcools. (QUAI.)

55. SIGALIN (Raphaël), à Varsovie. — Coumis. (QUAI.)
Établissement au Caucase pour la fabrication du coumis hygiénique.

56. SIGALINA (Claude), à Varsovie. — Kéfer. (QUAI.)
Lait hygiénique au képhir du Caucase (Despora Caucasia), spécialité médicale, à Varsovie,
rue Krolewska (Royale), 31.
Maison fondée en 1863.

57. SILBERHOLZ (J.), à Varsovie. — Bières. (QUAI.)

58. SINOU-CHINE (M. G.), à Moscou. — Alcools et liqueurs. (QUAI.)

59. SKARJINSKY (J.), à Miguéi (District Elisabethgrad) et à Bourgone Majari
(Stavropol). — Vins. (QUAI.)

60. SMIRNOFF (J. & Fils), à Moscou. — Eaux-de-vie et liqueurs. (QUAI.)

61. SOCIÉTÉ (Vve M. A. Popova, successeur), à Moscou. — Alcools et
liqueurs.   **(QUAI.)**

62. Société par actions d'alcools rectifiés de Mariensky, à Lipetsk.
— Alcools rectifiés.   **(QUAI.)**

63. Société par actions (KELLER & Cie), à Saint-Pétersbourg. — Alcools
et eaux-de-vie.   **(QUAI.)**

64. Société pour la rectification d'eaux-de-vie, à Varsovie. — Alcools.
                                                                       (QUAI.)

65. SOKOLOFF (A. D.), à Novotcherkask (Gouvernement du Don). — Vins
mousseux.   **(QUAI.)**

66. SOUZTCHENKOFF (P.), à Novotcherkask (Gouvernement du Don). —
Vins mousseux.   **(QUAI.)**

67. SOUSELIN, à Perm (Gouvernement d'Ekatérinbourg). — Eau-de-vie. **(QUAI.)**

68. STAHL, à Saint-Pétersbourg. — Vins de Crimée.   **(QUAI.)**

69. STECKER (A.E.), à Lublino district de Ialta (Gt de Tauride). — Vins. **(QUAI.)**

70. SVETCHINE (M.), à Tzaritzine. — Eau-de-vie.   **(QUAI.)**

71. TER-AROUTINOFF, à Vladicaucase (Caucase). — Vins.   **(QUAI.)**

72. TERENTIEFF (N. A.), à Bakou. — Alcools de raisin et de blé, vins.
                                                                       (QUAI.)

73. TERMIN, à Saint-Pétersbourg. — Vins.   **(QUAI.)**

74. THIÉBAUT (V.), à Koutaïs. — Vins de table et mousseux, eaux-de-vie
                                                                       (QUAI.)

75. TITOUFF (V.), à Smoliani (Gouvernement de Maguilen). — Alcools **(QUAI.)**

76. VREDE (Baron P. de), à Sitz (District Weissenstein, Gouvernement d'Es-
thonie). — Alcool.   **(QUAI.)**

77. ZVARIKINE (N. O.), à Astrakhan. — Vins.   **(QUAI.)**

GRAND-DUCHÉ DE FINLANDE.

1. PESONEN (Gust), à Vasa. — Esprit de vin, eau-de-vie et liqueurs. **(PARC.)**

2. PIHLGREN (Axel), à Helsingfors. — Punch suédois.   **(PARC.)**

3. POPOFF Frères, à Helsingfors. — Punch suédois.   **(PARC.)**

4. Société anonyme des Brasseries de Wasa. — Bière.   **(PARC.)**

SAINT-MARIN.

1. BORGHESI (Comte Bartolomeo), à Saint-Marin. — Vins.   **(PALAIS.)**

2. Commission du Gouvernement. — Extraits d'absinthe du Mont Titan.
                                                                       (PALAIS.)

3. FABBRI (Evelino), à Saint-Marin. — Vins.   **(PALAIS.)**

4. FILIPPI (Giovanni), à Saint-Marin. — Vins.   **(PALAIS.)**

5. FILIPPI (Pietro), à Saint-Marin. — Vins.   **(PALAIS.)**

6. LENSOLI (Francesco), à Saint-Marin. — Vins.   **(PALAIS.)**

7. RAVEZZI (Luiggi), à Saint-Marin. — Vins.   (PALAIS.)

8. REFFI (Francesco), à Saint-Marin. — Vins.   (PALAIS.)

9. TONNINI (Commandeur Pietro), à Saint-Marin. — Vins.   (PALAIS.)

10. VITO (Serafini), à Saint-Marin. — Vins.   (PALAIS.)

SALVADOR.

1. ARTIGA & Ca., à San-Vicente.— Eau-de-vie commune.   (PARC.)

2. CARBALLO (Docteur Miquel), à Santa-Ana. — Liqueurs orientales.
                                                                  (PARC.)

3. GALINDO (Docteur Francisco E.), à Sonsonate.—Eaux-de-vie.   (PARC.)

4. GUZMAN (Docteur David I.), à San-Salvador. — Vin Graziella. (PARC.)

5. MATHÉ (Juan), à Sonsonate. — Eaux-de-vie, liqueurs fabriquées. (PARC.)

6. MELENDEZ (Carlos), à San-Salvador. — Eaux-de-vie, liqueurs fabriquées
                                                                  (PARC.)

7. PALACIOS (Joaquin M.), à San-Salvador. — Liqueurs, crèmes. (PARC.)

SERBIE.

1. ANTITCH (Arsa), à Négotine. — Eau-de-vie.   (PALAIS.)

2. ATCHIMOVITCH (Marko), à Gratchatza (Dépt de Tchatchak). — Eau-de-
   vie.   (PALAIS.)

3. BRKISCH (Svetozar), à Doubovitze. — Eaux-de-vie.   (PALAIS.)

4. CHATINKA KARA-PAVLOVA, à Semendria. — Vin de 1886. (PALAIS.)

5. CHONCHITCH (Saba), à Lipnitza (Dépt de Tchatchak). — Eau-de-vie.
                                                                  (PALAIS.)

6. DRACHKOVZI (Cornélias), à Belgrade. — Eaux-de-vie.   (PALAIS.)

7. Établissement Agricole, à Topchider. — Eaux-de-vie.   (PALAIS.)

8. GEORGEVITCH (Ianko), à Kamen-Dol (Dépt de Belgrade). — Eau-de-vie
   de 1847.   (PALAIS.)

9. JIVKOVITCH (Ilya), à Kgnajevatz. — Eau-de-vie.   (PALAIS.)

10. KOTZITCH (Mile), à Kgnajevatz. — Eau-de-vie de 1885.   (PALAIS.)

11. KREN (Ferdinand & Fils), à Tchatchak. — Eau-de-vie.   (PALAIS.)

12. KRISTISCH (I.), à Belgrade. — Vin de 1874.   (PALAIS.)

13. KRIVATCHITCH (Ilya), à Tchatchak. — Eau-de-vie de 1882.   (PALAIS.)

14. LALOVITCH (Nicolas), à Zaïtchar. — Eau-de-vie.   (PALAIS.)

15. LAZARÉVITCH (Michel), à Négotine. — Vins de 1887.   (PALAIS.)

16. LOUKITCH (Arsa), à Belgrade. — Vins.   (PALAIS.)

17. MARITCH (Jephrem), à Semendria. — Vin de 1887.   (PALAIS.)

18. MICHOVITCH (Joko), à Strouganiki (Valiévo). — Eau-de-vie. (PALAIS.)

19. **MIHAILOVITCH (Louka)**, à Popaditche (Dép' de Valiévo).— Eau-de-vie.
(**PALAIS.**)

20. **MIHAILOVITCH (Théodore)**, à Négotine. — Eau-de-vie.   (**PALAIS.**)

21. **MILOCHEVITCH (Liouba)**, à Moysigne (Dép' de Roudnik). — Eau-de-vie.
(**PALAIS.**)

22. **MILORADOVITCH (Vasilyé)**, à Kognarsva (Dép' de Tchatchak).— Eau-de-vie.
(**PALAIS.**)

23. **MLADENOVITCH (Nicolas)**, à Semendria. — Vin de 1886.   (**PALAIS.**)

24. **NINITCH (H.) Frères**, à Négotine. — Vin de 1879.   (**PALAIS.**)

25. **NOVAKOVITCH (Michel)**, à D. Garevnitze (Dép' de Roudnik).— Eau-de-vie.
(**PALAIS.**)

26. **ORLOVITCH (Damnyan)**, à Oujitze. — Eau-de-vie de 1875 et 1884.
(**PALAIS.**)

27. **PATCHITCH (Iean)**, à Belgrade. — Eau-de-vie de 1851.   (**PALAIS.**)

28. **PEROUNITCHITCH (Mladen)**, à Poïega (Dép' d'Oujitze).— Eau-de-vie.
(**PALAIS.**)

29. **PETROVITCH (Dim)**, à Belgrade. — Vins de 1876.   (**PALAIS.**)

30. **PETROVITCH (Jephrem)**, à Semendria. — Vin de 1883.   (**PALAIS.**)

31. **PÉTROVITCH (S.)**, à Zaïtchar. — Vin de 1884.   (**PALAIS.**)

32. **PIROCHANATZ (Liouba)**, à Kgnajevatz. — Eau-de-vie de 1878. (**PALAIS.**)

33. **POPOVITCH (Vitcha)**, à Yejevze. — Eau-de-vie de 1879 et 1887. (**PALAIS.**)

34. **RISTOVITCH (Jephrem)**, à Patritch (Dép' de Valiévo). — Eaux-de-vie.
(**PALAIS.**)

35. **SPASITCH (S. S.)**, à Semendria. — Vin de 1886.   (**PALAIS.**)

36. **SRETENOVITCH (Stevan)**, à Kalagnevze (Dép' de Roudnik). — Eau-de-vie.
(**PALAIS.**)

37. **STAMENKOVITCH (Iean)**, à Kgnajevatz. — Eau-de-vie de 1887.
(**PALAIS.**)

38. **STANOYEVITCH (Vladimir)**, à Négotine. — Eau-de-vie.   (**PALAIS.**)

39. **STEVANCHEVITCH (Milenko)**, à Barayevo (Dép' de Belgrade).— Eau-de-vie.
(**PALAIS.**)

40. **TCHOBANOVITCH (Dim)**, à Semendria. — Vin de 1884.   (**PALAIS.**)

41. **TCHOUMITCH (Siméon)**, à Tchayetina (Oujitze). — Eau-de-vie. (**PALAIS.**)

42. **TOUTOUNOVITCH Frères**, à Nisch. — Vins.   (**PALAIS.**)

43. **VOUKADINOVITCH (Stevan)**, à Bresnitze (Dép' de Roudnik). — Eau-de-vie.
(**PALAIS.**)

44. **YANITCH (Saba)**, à Krouchévatz. — Eau-de-vie.   (**PALAIS.**)

45. **YELKITCH (Jean S.) & Fils**, à Belgrade. — Vin de 1879.   (**PALAIS.**)

46. **YOVANOVITCH (Streten)**, à Kraliévo. — Eau-de-vie.   (**PALAIS.**)

47. **YOVITCHEVITCH (Miloch)**, à Oujitze. — Eau-de-vie.   (**PALAIS.**)

48. **ZOLOVITCH (Stevan)**, à Zaïtchar. — Vins.   (**PALAIS.**)

RÉPUBLIQUE SUD-AFRICAINE.

1. Premières fabriques de la République Sud-Africaine (Les), à Pretoria. — Boissons spiritueuses, eau-de-vie, liqueurs, eaux de senteur.

(ESPLANADE.)

SUÈDE.

1. BAGGE (Axel) & Cie, à Gothembourg. — Punch suédois.   (QUAI.)

SUISSE.

1. ACHIN Fils aîné, à Genève. — Absinthe et vermouth.   (QUAI.)

2. ALMEN (V.) & KOPP. à Fleurier (Neuchâtel). — Absinthe, bitter, kirsch, gentiane et liqueurs.   (QUAI.)

3. AMMANN (J.) & Cie, à Fleurier (Neuchâtel). — Bitter et absinthe.   (QUAI.)

4. AUBERJONOIS (Gustave), à Lausanne (Vaud), domaine de Beau-Cèdre. — Vin blanc de Tartegnins, la Côte (diverses années), kirsch (eau de cerises de Beau-Cèdre).   (QUAI.)

5. AUTIER-MEYLAN (Jules), au Toleurc (Vaud). — Eau de cerises de Champagne, près Bière (Vaud).   (QUAI.)

6. BEZENCENET (Louis), à Lausanne (Vaud). — Vins d'Yvorne en bouteilles.   (QUAI.)

7. BIOLEY (Benjamin), à Martigny-Bourg (Valais). — Vins du Valais, années 1884, 1885, 1886 et 1867.   (QUAI.)

8. BIPPERT & MORÉROD, à Aigle (Vaud). — Vin du clos du Rocher, à Yvorne.   (QUAI.)

9. BLASER F. Fils, à Steinen (Canton de Schwyz). — Kirsch, eau de cerises.   (QUAI.)

    Véritable kirsch suisse.
    Qualité garantie pure.
    Grande distillerie à vapeur.
    Exportation pour tous pays.

10. BOHY (Albert), successeur de **M. Hoelchere,** à Champel (Genève). — Pepsino-vermouth, vermouth doux et sec.   (QUAI.)

11. BOLLE Fils (Louis-Alexandre), aux Verrières (Neuchâtel). — Extrait d'absinthe, vermouth, eau-de-vie de gentiane et liqueurs diverses.   (QUAI.)

    Maison fondée en 1842. (Exportation). Récompenses : 1876 Philadelphie ; 1878 Paris. Seuls agents pour les Etats-Unis : MM. Gourd et Tournade, à New-York.

12. BOREL (Charles), à Collex (Genève). — Vin blanc 1884.   (QUAI.)

13. Brasserie par actions, à Bâle. — Bière en bouteilles.   (QUAI.)

14. Brasserie par actions, à Coire (Grisons). — Bière en bouteilles.   (QUAI.)

15. Brasserie Steinhof, (Directeur : **G. Strélin),** à Burgdorf (Berne). — Bière en fûts, bière en bouteilles.   (QUAI.)

16. BUFFET (Henri), à Vouvry (Valais). — Gentiane.   (QUAI.)

17. BURGG, MENOUD & Cie, à Fribourg, brasserie Beauregard. — Bières.
(QUAI.)

18. CHATENAY (Samuel H.), à Neuchâtel. — Vins de Neuchâtel.   (QUAI.)

19. CLOTTU-BERNARD (Georges-A.), à Saint-Blaise (Neuchâtel). — Vin rouge et vin blanc 1884, 1885, 1887.   **(QUAI.)**

20. CORBOZ (Constant-Auguste), à Épesses (Vaud). — Vins du Dézaley, des années 1865, 1870, 1876, 1885, 1886 et 1887.   **(QUAI.)**

21. CROUSAZ (Fédor de), à Lausanne (Vaud). — Vins en bouteilles, la Côte. (Tartegnins sur Rolle).   **(QUAI.)**

22. CUÉNOD (Les Hoirs), à Corsier (Vaud). — Vins blancs suisses, cru des Crosets.   **(QUAI.)**

23. DARBELLAY Fils (Louis), à Martigny-Bourg (Valais). — Vins blancs 1884 à 1888.   **(QUAI.)**

24. DEMME & KREBS, à Berne. — Eau de vie et liqueurs, kirsch suisse, gentiane, etc.   **(QUAI.)**

25. DENNER & Cie, à Bâle (Suisse). — Liqueurs fines.   **(QUAI.)**
Établissement fondé en 1878 à Thoune (Suisse), pour la fabrication du Bitter suisse. — Bitter stomachique aux herbes des Alpes.
Distillation de toutes les liqueurs fines. Spécialité Rose des Alpes, Inventeurs et fabricants. Absinthe, gentiane pure. — Kirsch. — Vermouth, etc. Cognac, maison à Cognac. Agence générale à Paris, M. Verdeil, 12, rue St-Anne.

26. DENNLER (A.-F.), à Interlaken (Berne). — Bitter stomachique aux herbes des Alpes, bitter ferrugineux, vermouth tonique, Dulcamaro.   **(QUAI.)**

27. DESPOND (Lucien) & CURRAT (François), à Bulle (Fribourg).— Eau-de-vie de cerises, eau-de-vie de lie et gentiane.   **(QUAI.)**

28. DETTLING (F.-X.), à Brunnen (Schwyz). — Kirschwasser (eau-de-vie de cerises), de diverses années.   **(QUAI.)**

29. Distillerie d'eau de cerises de Schwyz, (Directeur : **M. Felchlin),** à Schwyz. — Eau-de-vie de cerises.   **(QUAI.)**

30. DUFLON-PILET (François), à Villeneuve (Vaud). — Vin blanc, années 1881, 1884, 1885, 1886, 1887.   **(QUAI.)**

31. DUMCULIN (François), à Lausanne (Vaud). — Eau-de-vie de miel, ratafia au miel.   **(QUAI.)**

32. EICHHORN (Émile), à Arth (Schwyz). — Bitter suisse aux herbes des Alpes, alpenkräuter magenbitter, kirsch du Righi, Righi kirschwasser.   **(QUAI.)**

33. FASSBIND Jeune (Godefroi), à Arth (Schwyz). — Kirsch.   **QUAI.)**

34. FIVAZ (Auguste), à Neuchâtel. — Extrait d'absinthe verte.   **(QUAI.)**
Récompenses : Médaille d'argent et de bronze, Paris 1878 ; Anvers 1885.

35. FLURY (S.-P.), à Coire (Grisons). — Vins de la Valteline, vermouth au vin muscat d'Asti.   **(QUAI.)**

36. FONJALLAZ (Aloys), à Cully (Vaud).— Vins rouges et vins blancs.**(QUAI.)**

37. FONJALLAZ (Gustave), à Épesses (Vaud). — Vins de Lavaux (clos de Balmin), des années 1854, 1865, 1870, 1884, 1886 et 1887.   **(QUAI.)**

38. FRIEDEL (A.-Frédéric), à Vevey (Vaud). — Maag bitter de Hollande.
(QUAI.)

39. GERBER (Nicolas), à Cernil (Berne). — Fromages, dits têtes de moines, liqueur de gentiane.   **(QUAI.)**

40. GINDROZ (Vve Henriette), à Genève. — Vins du clos du Boux-d'Epesses-Lavaux. **(QUAI.)**

41. GOMBONIS Fils (Vve Antonie), à Morges (Vaud). — Eau-de-vie et liqueurs. **(QUAI.)**

42. HAAS (Léopold), à Reisbach (Zurich). — Bière. **(QUAI.)**

43. HALLER Fils (Émile), à Neuchâtel. — Extrait d'absinthe, kirsch, gentiane, bitter. **(QUAI.)**

44. HEGGLIN-ROTH (Joseph), à Menzingen (Zuch). — Kirsch de 1886, 1887 et 1888. **QUAI.**

45. HEMMANN (Gustave), à Felsenau (Berne). — Bière brune et bière blonde. **(QUAI.)**

46. HUG-FUCHS (Blaise), à Buochs (Unterwalden). — Eau-de-vie de cerises du pays, bitter aux herbes des Alpes. **(QUAI.)**

47. HUMBERT (Ernest), à Lausanne (Vaud). — Collection générale de vins blancs du canton de Vaud, Yvorne, Villeneuve, Lavaux et la Côte. **(QUAI.)**

48. HURLIMANN (A.), à Enge (Zurich). — Bière. **(QUAI.)**
Établissement fondé en 1866.
Produisant annuellement de trente à quarante mille hectolitres de bière.
Fabrication spéciale.
D'après les procédés les plus nouveaux de bière brune à l'instar de celles de Munich.
Installation toute moderne.
Deux machines à glace et cinq machines à vapeur d'une force totale de quatre-vingt-quinze chevaux-vapeur.
La fabrique occupe cinquante ouvriers.

49. IUNGO (Jean-L.-M.), à Fribourg. — Liqueurs diverses. **(QUAI.)**

50. KAESER (Jean), à Fribourg. — Kirsch. **(QUAI.)**

51. KUBLER & ROMANG, à Travers (Neuchâtel). — Absinthe suisse verte et blanche. **(QUAI.)**

52. LE COULTRE (Jules-H.), à Genève. — Alcool de menthe américaine. **(QUAI.)**

53. MANDRIN (Gustave), à Aigle (Vaud). — Vins d'Aigle et d'Yvorne, Kirsch. **(QUAI.)**

54. MASSON (Georges), au Mont-d'Or (Valais). — Mont-d'Or-Johannisberg. **(QUAI.)**

55. MAURIZIO (Tomazo), à Vicosoprano (Grisons). — Malaga, bitter. **(QUAI.)**

56. MAYER (Louis) & Cie, à Bâle. — Kirsch, geniévre, gentiane et bitter. **(QUAI.)**

57. MESMER (J.-Jacques), à Liestal (Bâle). — Kirsch, bitter suisse aux herbes des Alpes. **(QUAI.)**

58. MÉTRAL Fils (J.-Joseph), à Martigny-Ville (Valais). — Liqueur du Grand-Saint-Bernard. **(QUAI.)**

59. OTZ Fils, à Cortaillod (Neuchâtel). — Vins de Cortaillod rouges, blancs. **(QUAI.)**

60. PASCHOUD Frères (François et Jules), à Vevey (Vaud). — Vin mousseux doux et très sec, Villeneuve clos de la George, 1884, 1885, 1886, 1887. **(QUAI.)**

61. PELLET (Jean), à Morat (Fribourg). — Kirsch Morat. **(QUAI.)**

62. PELLET (Samuel), Jeune, à Morat (Fribourg). — Extrait d'absinthe verte. **(QUAI.)**

63. PELLISSIER (Vve Joséphine), à Saint-Maurice (Valais). — Eau de cerises, valésia, liqueur aux bourgeons de sapin et aux plantes des Alpes, liqueurs diverses. **(QUAI.)**

64. POCHON (Lucien), à Morat (Fribourg). — Kummel suisse, crème de menthe, sirop de capillaire. **(QUAI.)**

65. REY DE REICHENSTEIN et Fils, à Binningen (Bâle). — Extrait de chined, liqueur royale. **(QUAI.)**

66. ROSSIER (Jean-François), à Genève, rue de l'Hôtel de Ville, 10. — Vins de la suisse romande (Genève, Vaud, Neuchâtel et Valais). **(QUAI.)**

67. ROUD (Adolphe), à Villeneuve (Vaud). — Vins fins de Villeneuve, clos des Moines. **(QUAI.)**

68. SANDOZ & GIOVENNI, à Motiers (Neuchâtel). — Extrait d'absinthe suisse. **(QUAI.)**

69. SCHAERZ (J.) & Cie, à Gutenburg (Berne). — Bitter suisse, bitter ferrugineux. **(QUAI.)**

70. SCHERER Frères et Cie, à Meggen (Lucerne). — Kirsch. **(QUAI.)**

71. SCHLOSSVERWALTUNG SPIEZ, à Spiez (Berne). — Eau de cerises. **(QUAI.)**

72. SÉCHAUD (Henri), à Paudex-Lutry (Vaud). — Collection de vins vaudois. **(QUAI.)**

73. SIEBENTHAL (de) & DALLINGE, à Saubraz (Vaud), Hydromel. — Eau-de-vie de miel. **(QUAI.)**

74. Société des Brasseries réunies suisses, à Genève. — Bières en fûts et en bouteilles. **(QUAI.)**

75. Société pour la distillation du Kirsch (Directeur : **Théodore Keiser**), à Zug. — Kirsch de diverses années. **(QUAI.)**

76. Société vaudoise, Section de Lavaux, Cully (Vaud). — Vins de Lavaux. **(QUAI.)**

77. STRUB (Niclaus), à Halten (Soleure). — Liqueur contre le choléra. **(QUAI.)**

78. STUBER (Aloïs), à Eschenbach (Lucerne). — Eau-de-vie cerises. **(QUAI.)**

79. TALON (Louis), à Villeneuve (Vaud). — Vin blanc, années 1881, 1882, 1883, 1884, 1885, 1886, 1887. **(QUAI.)**

80. WALKER (Emmanuel), à Bienne (Berne). — Vins suisses. **(QUAI.)**

81. WEBER (Fritz), à Colombier (Vaud). — Eau-de-vie de lie, eau-de-vie de marc, cognac fait avec du vin de Neuchâtel. **(QUAI.)**

82. ZUAN Frères, à Coire (Grisons). — Liqueurs. **(QUAI.)**

URUGUAY.

1. GAMBERONI (Agustin), à Montevideo. — « Liqueurs des Fernet », vermouth. **(PARC.)**

2. HARRIAGUE (Pascual), à Salto. — Vin rouge et vins blancs. **(PARC.)**

3. KARLEN (J. Emilio), à Colonia. — Vin. **(PARC.)**

4. MORINI (H.), à Montevideo. — Liqueurs. **(PARC.)**

5. PRETTI BINATTI (Comte L.), à Montevideo. — Vins rouges, vins blancs, vermouth. **(PARC.)**

6. RICHLING & Cie, à Montevideo. — Bière double. **(PARC.)**

7. UELTSCHI (E) & Cie, à San-José. — Bière double. **(PARC.)**

VÉNÉZUÉLA.

1. BATALLA & Cie, à Ciudad-Bolivar. — Bitter. **(PARC.)**

2. Commission de Carupano. — Rhum de Carupano, rhum de coca, vin de coca. **(PARC.)**

3. Commission de Ciudad Bolivar. — Bitter aromatique de Guyane, rob Boliviano, rhum vieux, panacea apureña, élixir tonique. **(PARC.)**

4. COOK Y Hijos (G.), à Maracaïbo. — Alcool. Eau-de-vie. Vin d'oranges. Amer aromatique. **(PARC.)**

5. Gouvernement de Vénézuéla. — Bitter aromatique de Varguillas de San Felipe , eau-de-vie de canne de la plantation El Carmen, appartenant à J. F. Machado (colonie Gusman-Blanco), eau-de-vie de canne de la plantation de Bayette (colonie Gusman-Blanco), rhum de Carupano. **(PARC.)**

6. Nueva Compagnia Destiladora (Espinos et Pons), à Maracaïbo. — Rhum centenaire de Urdaneta, rhum Coquibacoa, rhum Socorrito, rhum commun. **(PARC.)**

7. RAMIREZ (Eduardo), à Maracaïbo. — Rhum impérial. **(PARC.)**

8. RAMIREZ (José) & Cie, à Maracaïbo. — Rhum centenario. Liqueur Himojado. **(PARC.)**

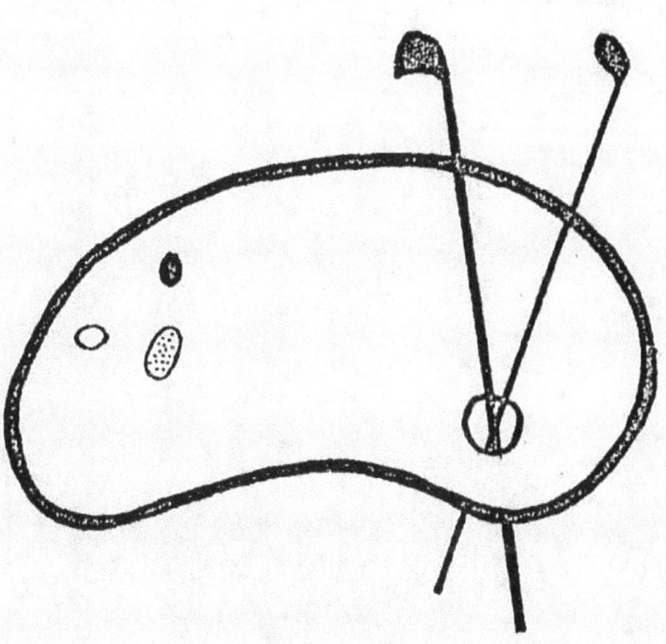

DEBUT D'UNE SERIE DE DOCUMENTS
EN COULEUR

DISTILLERIES SPRINGER & CIE

ALCOOL SUPÉRIEUR & LEVURE DE GRAINS
à *MAISONS-ALFORT (Seine) et RIS-ORANGIS (Seine-et-Oise).*

HISTORIQUE. — C'est dans le courant de l'année 1872, que M. Max Springer entreprit de créer à Maisons-Alfort, une distillerie de grains avec production de levure, à l'instar de celle qu'il exploitait à Reindorf près Vienne (Autriche) dès 1852, et dont les produits avaient été récompensés à l'exposition universelle de Paris 1867 par une médaille d'or.

L'entreprise ne manquait pas de périls : le vent n'était pas aux grandes affaires ; la levure de grains n'avait alors chez nous qu'un noyau de consommateurs, et quant à l'alcool supérieur, une longue habitude nous rendait tributaires de l'étranger.

De plus, elle exigeait de très gros capitaux, puisque la seule dépense de première installation a demandé plusieurs millions.

Tout cela n'arrêta pas M. Max Springer, plein de confiance dans la vitalité de notre pays, dans l'inépuisabilité de ses ressources et sa rénovation.

Le succès l'en récompensa, et en 1874, la distillerie de Maisons-Alfort, *la première qui ait fabriqué en France l'alcool de grains (seigle, maïs et orge maltée) par la Diastase, et la levure de grains*, lançait ses premiers produits qu'on accueillait avec une faveur qui n'a fait depuis que grandir.

Aujourd'hui, il existe une dizaine d'usines, qui ont été créées à son imitation et ont ouvert à notre agriculture de nouveaux et importants débouchés, en même temps qu'un courant d'exportation qui atteint un chiffre très élevé.

PRODUITS FABRIQUÉS. — La maison Springer et Cie fabrique comme nous l'avons dit, deux produits principaux :

1° L'alcool supérieur de grains purs, travaillés sans aucun agent chimique, acide ou autre, parfaitement neutre et qui ne comporte qu'une qualité unique.

2° La levure Springer, dite levure Française employée par la pâtisserie et la boulangerie, spécialement pour les pains de luxe, pains riches, pains Viennois, etc.

Elle a de plus un sous-produit, provenant de ses résidus de fabrication : la drèche de grains, qui par sa richesse en matières azotées (6 à 7 %) est éminemment propre à la nourriture et à l'engraissement du bétail.

Les usines Springer fabriquent journellement :

250 hectolitres d'alcool à 90°.

9 à 10,000 kilogrammes de levure qui sont expédiés dans toute la France, en Angleterre, en Belgique, en Suisse, en Italie, en Espagne, etc.

Et 25,000 kilogrammes de drèche, qu'enlèvent chaque matin, les nourrisseurs et les éleveurs de Paris et des départements limitrophes.

Cette production qui dépasse de beaucoup celle des autres fabriques de même genre, exige comme matières premières :

850 sacs de seigle, maïs et orge par jour,

soit 310,000 quintaux de grains par an, d'une valeur d'environ 6 millions de francs.

Le maïs est forcément de provenance exotique ; quant au seigle et à l'orge, la maison Springer les tire exclusivement de France.

USINES. — Les usines de fabrication sont à Maisons-Alfort (Seine) et à Ris-Orangis (Seine-et-Oise).

La première, de beaucoup la plus importante, occupe une ancienne propriété de 10 hectares, dont 2 sont couverts par les constructions ; les germoirs et les tourailles où l'orge est transformée en malt occupent à eux seuls une superficie de 6,000 mètres.

La force motrice est de 250 chevaux ; 12 générateurs consommant 60 tonnes de charbon par jour alimentent les machines ; 10 paires de meules toujours en activité broyent les grains nécessaires au travail journalier ; 500 employés et ouvriers peuplent cette ruche immense.

Le matériel et les appareils des systèmes les plus perfectionnés, sont constamment tenus au niveau des progrès qui s'accomplissent.

La supériorité d'outillage d'une distillerie qui recherche la qualité supérieure pour ses produits, réside surtout dans les rectificateurs ; ceux de Maisons-Alfort sont au nombre de 5, d'une contenance totale de 2.200 hectolitres, ce qui lui permet de répéter les rectifications jusqu'à la parfaite pureté de l'alcool.

PROGRÈS RÉALISÉS. — Avant l'établissement de l'usine de Maisons-Alfort, aucune distillerie ne fabriquait en France l'alcool de grains par la diastase, c'est-à-dire sans acide ; c'est elle qui a importé cette fabrication supérieure à toute autre et qui a commencé le mouvement de progrès qui, en fin de compte, nous a affranchis de l'importation étrangère.

Il en a été de même pour la levure ; on se servait auparavant de la levure de bière qui ne donne qu'une panification défectueuse ; et le peu de levure de grains, qui venait de l'étranger, était de mauvaise qualité et fort chère. Aujourd'hui, la boulangerie n'emploie plus que notre excellente levure de grains qu'elle paie très bon marché.

RÉCOMPENSES. — La maison Springer et Cie a obtenu les plus hautes récompenses à toutes les expositions auxquelles elle a participé :
Diplôme d'honneur Paris 1875 — Médaille d'or de la Société d'encouragement 1876 — Médailles d'or et d'argent, Exposition universelle de Paris 1878 — Diplôme d'honneur Paris 1885.

M. Max Springer, fondateur de l'usine de Maisons-Alfort, a été fait Officier de la Légion d'honneur, et le premier directeur, M. Berger, Chevalier.

MM. G. A. et H. Springer sont aujourd'hui les chefs de la maison.

Joanne, s'appliquant à donner satisfaction au goût actuel, a joint à ses autres produits la fabrication de *l'Amer* ; et dans le laps de temps écoulé depuis lors, cette production a déjà pris un grand développement.

Si nous jetons un coup d'œil sur l'établissement où se fabriquent ces produits nous trouverons l'explication de la faveur dont ils jouissent près du public. L'hôtel de Nesmond, qui est le centre de la fabrication, occupe une superficie de 2000 mètres carrés. Trois magasins situés à l'Entrepôt Général reçoivent les approvisionnements de vins et spiritueux. Rue de Poissy la maison possède une vaste succursale où sont emmagasinées les plantes et la futaille, où sont installées la droguerie, des écuries pour 25 chevaux, et des remises pour les voitures. La superficie de cette succursale est de 1000 mètres carrés. Un personnel de 80 employés et ouvriers est occupé tant par la manutention que par la vente des produits de la maison.

Mais l'intérêt que présente la fabrique de M. Edmond Joanne réside encore moins dans son étendue que dans le perfectionnement qui a amélioré son outillage, et l'a porté à un degré de simplification qu'il est difficile de dépasser. Il semble, en constatant avec quel esprit de prévoyance cet outillage a été modifié, que les dernières économies possibles ont été réalisées, aussi bien en ce qui concerne la manutention que dans la répression du coulage. Dans cet établissement, rien n'est abandonné aux hasards de la main d'œuvre que ce qu'il a été impossible d'attribuer à la fabrication mécanique. Il s'ensuit que le rôle joué dans la maison par les machines à vapeur est absolument prépondérant. Elles maintiennent dans l'usine la chaleur nécessaire à la production des sirops. C'est à elles qu'est confié le soin, non seulement de commencer la fabrication, mais encore de distribuer les liquides dans les foudres, de rectifier la qualité des produits, de procéder aux lavages, de régulariser le fonctionnement des alambics, etc. etc. Si bien qu'en dehors des bureaux et des transports nécessités par la vente, le personnel employé se réduit à un minimum presque incroyable.

Chacun a encore présent à la mémoire l'incendie qui éclata dans l'usine en 1885. Depuis lors rien n'a été négligé pour la mettre à l'abri d'un retour de ce terrible accident. Partout la lumière électrique a été substituée au gaz. Des prises d'eau munies de leurs lances prévoient dans tous les coins le moindre commencement d'incendie, et sont toujours à portée pour l'arrêter. Ailleurs ce sont des extincteurs placés sous la main du personnel qui placent le secours là où les prises d'eau ne seraient pas d'un usage tout à fait immédiat.

Ajoutons que la disposition des magasinages de matières premières telles que alcools, plantes de toute nature, parfums destinés aux liqueurs leur permet de passer sans transport manuel dans les chaudières et les alambics, pour aller au bout de quelques minutes remplir les fûts sous leur forme définitive. Les générateurs qui actionnent la fabrication sont au nombre de deux, et disposent ensemble d'une force de cinquante chevaux qui met en mouvement les différentes machines-outils utilisées dans l'établissement.

Ces progrès n'ont pas manqué d'attirer sur M. Edmond Joanne en même temps que la faveur de la foule des consommateurs les distinctions des jurys de nombreuses expositions. En 1878, à l'exposition universelle de Paris il remportait une médaille de Bronze, la plus haute récompense accordée ; à Bordeaux, 1882, une médaille d'Argent ; à Amsterdam, 1883, une médaille d'Or ; à Londres, 1884, une médaille d'Or ; à Nice, 1884, un diplôme d'honneur ; à Anvers 1885, médaille d'Or ; à Paris, 1885, un diplôme d'honneur, en 1887 (Académie Nationale) une médaille d'Or ; et enfin à l'exposition d'hygiène de 1888, un diplôme d'honneur.

Il serait à désirer que la province et l'étranger fussent mis à même de connaître et d'apprécier les produits de la maison Joanne si la régie restituait à la sorti les droits payés à l'entrée, les liqueurs, l'absinthe, le curaçao sec, le cassis, la menthe verte, etc... qui portent la marque de la maison, pourraient se répandre à l'extérieur. Malheureusement il n'en est pas ainsi. C'est pour cette raison que la maison n'a ni représentant ni entrepôts en France et à l'étranger. Il n'en est pas moins résulté que le chiffre d'affaires qui était au début de 90,000 francs, s'élève actuellement au chiffre éloquent de trois millions.

FABRICATION DE LIQUEURS SUPÉRIEURES.

ABSINTHE & KIRSCH.

SOCIÉTÉ ANONYME DE LA GRANDE DISTILLERIE
E. CUSENIER Fils Ainé & C⁰

CAPITAL SOCIAL : **6.000.000** Fr.

Les découvertes successives de la science ont profondément modifié l'art de la fabrication des Liqueurs, et l'on en est venu au point que nos fabricants peuvent déterminer scientifiquement les parties composantes des boissons spiritueuses qu'ils offrent à leur clientèle, qu'ils peuvent en faire connaître à l'avance les effets favorables ou défavorables sur l'économie animale, et en même temps conserver en les transformant l'arôme des divers ingrédients qu'ils font entrer dans leur composition.

M. **E. Cusenier** est le premier qui s'en soit exactement rendu compte ; aussi ses liqueurs sont-elles tout à fait sans rivales.

LES USINES CUSENIER.

Les usines Cusenier se composent de six vastes usines situées : l'une, c'est la maison-mère, à Ornans dans le Doubs ; l'autre, à Charenton qui couvre 6,000 mètres de superficie ; la troisième boulevard Voltaire, dont la superficie a été portée à la suite d'agrandissements successifs à 5,500 mètres. C'est boulevard Voltaire que l'administration centrale est aujourd'hui concentrée. Il existe d'autres usines à Mulhouse, à Marseille, et à Bruxelles.

Ces usines, dont le type le plus complet a été au début l'usine de Charenton, sont établies de la même façon ; c'est une grande salle centrale entourée aux deux tiers de sa hauteur d'une galerie faisant balcon, à laquelle on arrive par de commodes escaliers.

L'outillage en est commandé par une machine motrice de 60 chevaux qui actionne dans les diverses parties de l'établissement les machines à rincer, les pilons à cannes, les découpoirs à raisins, et surtout une pompe à air au moyen de laquelle on envoie d'un récipient dans l'autre tous les liquides qu'on transportait autrefois dans des vases à main.

L'emploi de la pompe à air est particu-
lièrement intéressant et donne aux usines **Cusenier** des avantages considérables au point de vue de la conservation des arômes des plantes, raisins et semences qu'elles utilisent et de la conservation du degré des alcools. C'est une innovation des plus sérieuses et dont la pratique a justifié toute l'immense utilité.

Les planchers des galeries circulaires sont établis au-dessus des laboratoires de distillation. Ils sont percés de trous au travers desquels on envoie dans les récipients les matières destinées à être élaborées. En outre, de ces installations générales, ces diverses usines comprennent d'immenses greniers et des caves sous sol au plafond élevé qui sont plus particulièrement affectés à la préparation des fruits qui entrent dans la fabrication des liqueurs **Cusenier**.

Une nombreuse cavalerie qui, pour l'usine de Paris seule, utilise 25 voitures pouvant porter 4 à 500 bouteilles et plus, est attachée à chaque usine dont les mouvements extérieurs sont aussi réguliers que leur ménagement intérieur.

La force des alambics employés dans les usines Cusenier va de 550 à 3,500 litres respectivement.

HISTORIQUE. — La première usine fut établie à Ornans, par M. E. Cusenier, en 1858. En 1871, il créait l'usine de Paris au 226 du boulevard Voltaire, et celle de Charenton en 1875. Dès 1874, M. **E. Cusenier** avait associé à son industrie ses frères et beaux-frères qui n'avaient jusqu'alors agi que comme ses collaborateurs, et en 1878 la maison Cusenier se trouvait à la tête de la fabrication des liqueurs en France. Comme l'importance de la maison s'accroissait tous les jours, en 1878, la maison E. Cusenier fut transformée en société anonyme au capital de 6,000,000 de francs, dont la moitié en actions libérées représentant les apports, ce qui était une évaluation modérée, vu l'importance déjà acquise par la maison et le nombre de ses usines en activité. Les revenus de ces actions étaient, au dernier exercice, de 7 %. Les destinées de cette grande maison sont toujours entre les mains de son fondateur, M. **E. Cusenier**, que des récompenses sans nombre ont mis absolument hors de pair.

Le *Panthéon de la légion d'honneur*, page 84, a fait connaître à ses lecteurs que M. E. Cusenier, fils de François Xavier Cusenier et de Constance Médarine Ducret est né à Etalans (Doubs) le 15 octobre 1832 et qu'il a été nommé Chevalier de la légion d'honneur le 9 juillet 1883, avec la mention, qui est le couronnement de l'œuvre, que nous venons de décrire rapidement : **a réalisé d'importants progrès dans l'industrie de la fabrication des liqueurs.** 29 médailles de bronze, d'argent et d'or, et 6 grands diplomes d'honneur ont consacré dans le détail la sincérité du motif de cette nomination.

La maison **Cusenier**, depuis son origine, s'est signalée par de nombreuses améliorations soit dans la fabrication des liqueurs, soit dans la manière de présenter ses produits au public. Elle est arrivée aux résultats obtenus en spécialisant sa fabrication. Ainsi c'est à l'usine d'Ornans, reconstituée en 1883 et portée au plus haut degré de la science que sont fabriqués les absinthes et les kirschs supérieurs. C'est le centre de la fabrication de l'*absinthe supérieure*, qu'un choix judicieux des plantes exposées depuis longtemps au grand air permet d'offrir comme un produit exceptionnellement remarquable et salubre. Cependant, les autres usines fabriquent également l'absinthe avec les mêmes produits et les mêmes soins.

Tous les autres genres de liqueurs et les divers apéritifs sont de son ressort. Elle est parfaitement outillée pour la production des amers, bitters, cassis, etc..... Elle aborde tous les genres de fabrication. A côté des liqueurs distillées, elle traite avec un égal succès, par la macération, le brou de noix, le ratafia de cerises, de framboises, etc., etc. Ces dernières liqueurs, aussitôt que la macération est terminée, sont bonnes pour la consommation ; il n'en est pas de même pour celles obtenues par la distillation, qui doivent vieillir dans des foudres appropriés. A cet effet, les usines de la maison Cusenier sont outillées de fûts quadrangulaires qui contiennent jusqu'à deux cents hectolitres.

M. Cusenier ne s'est pas montré moins novateur et moins intelligent dans la méthode de présentation de ses liqueurs au public. C'est à lui qu'on doit le choix et le dessin des bouteilles spéciales, qui permettent au consommateur de reconnaître l'exacte provenance de ces produits.

La forme appelée *Boule* est en verre blanc, corps sphérique, col allongé. Elle est exclusivement réservée au *Peppermint*. La forme *litre à cachet* est en verre clair. Le corps est cylindrique, la forme élevée. Elle renferme la liqueur **Cusenier**, l'absinthe, le bitter, le cognac et autres spiritueux.

La forme *Pomponnelle*, corps cylindrique, col court, verre blanc, est destinée spécialement à l'anisette, à la prunelle ; mais elle renferme aussi les liqueurs non dénommées ci-devant et ci-après.

La forme en verre clair, corps sphérique, col court, forme basse, est spéciale au curaçao sec et triple sec ; on l'appelle *marteau*.

Une autre forme en verre clair est appelée *martinique* ; elle est destinée à loger les liqueurs appelées crèmes, telle que la crème de cacao chouva, crème de moka, de thé, etc., etc.

Le curaçao doux est logé en cruchons forme haute.

Les bouteilles de la maison Cusenier sont très soigneusement habillées. Cet habillage est composé d'une bande longitudinale en papier d'un centimètre de largeur portant le nom imprimé en lettres majuscules, entre deux filets rouges. Elle part du bouchon, sous la capsule, et vient finir à l'épaulement sous un cachet ; on ne peut par conséquent substituer une liqueur à l'autre sans rompre la bande.

PANIERS ASSORTIS.

La maison **Cusenier**, complétant les mesures prises pour que l'aspect de ses bouteilles soit élégant, les délivre par paniers assortis. Les flacons y sont serrés dans du varech, couvert en papier parchemin et agrémentés de faveurs roses.

HOMMAGE DE SES COLLABORATEURS.

Aux qualités de négociant expérimenté et d'inventeur, M. Cusenier joint l'aménité, le bon cœur et la justice. C'est à ce sentiment que les 500 ouvriers de cette maison sont redevables de l'organisation d'une société mutuelle entre eux, qui, largement dotée par lui, compte déjà un fond de réserve de 18.000 francs. Ce sont les bénéficiaires de cette utile institution qui ont offert à M. **E. Cusenier** son buste en bronze, œuvre du sculpteur Chapu, témoignage de sympathie dont il a été profondément touché. N'oublions pas de mentionner également la splendide médaille d'honneur que lui ont offerte ses collègues en distillerie.

L'ensemble administratif de la maison **Cusenier** est donc au complet ; ses bénéfices sont considérables, basés sur un travail de tous les jours et une production constante. Longue vie lui soit réservée.

DISTILLATION. — FABRICATION DE LIQUEURS.

MAISON PELPEL

FONDÉE EN 1811.

G. HARTMANN

SUCCESSEUR.

La maison **Pelpel** dirigée actuellement par Monsieur **G. Hartmann** est une ancienne maison parisienne, et la première de toutes les fabriques de liqueurs, par l'importance des affaires qu'elle traite dans la capitale.

ORIGINE. — Cette maison fut fondée en 1811 par François Pelpel qui eut alors d's débuts modestes. Il était né à Caen en 1779 et fut d'abord simple ouvrier confiseur distillateur, commençant son apprentissage à Rouen et le terminant à Paris dans l'antique maison du Fidèle Berger. C'est là que, ouvrier raffineur, il sut créer des perfectionnements industriels qui depuis sont devenus de grandes sources de richesse pour ceux qui ont su les mettre en usage. Ainsi après avoir beaucoup amélioré les procédés de raffinage il eut le premier l'idée d'appliquer le système pneumatique à l'égouttement du sucre. Enfin à force de labeurs et d'économies il put réaliser son ambition et créer une petite fabrique de liqueurs et de sirops, qui devait peu à peu devenir l'importante maison que nous décrivons.

Son fondateur se contenta d'une aisance laborieusement et honorablement acquise, et, octogénaire, en 1855, se retirant des affaires, il put voir sa maison successivement dirigée par Gillon et E. Pelpel, E. Pelpel seul, puis E. Pelpel et G. Hartmann, prendre un développement considérable. Il aida longtemps ses successeurs par ses conseils, car ce ne fut que dans sa 102e année que ce vieillard mourut, habitant toujours, ne quittant plus depuis longtemps l'ancien hôtel du 17e siècle situé rue du Renard 34, dans le voisinage de l'Hôtel de Ville, où il avait fondé et où est encore aujourd'hui le siège de la fabrique de liqueurs. C'est là que les membres de sa famille, les ouvriers et les employés de sa maison ont célébré, par un banquet, son centenaire, en 1879.

Monsieur **Eugène Pelpel**, son fils, devenu seul en nom dans la maison, à partir de 1864 eut un collaborateur en M. **Georges Hartmann** qui, d'abord employé intéressé de la maison, devint associé. La maison prit la raison sociale : **E. Pelpel et Hartmann** de 1875 à 1887.

M. **Pelpel** s'occupa plus volontiers, au dehors de la maison, des fonctions honorifiques qui lui furent attribuées. Ainsi à l'exposition universelle de 1867, il fit partie du jury, en qualité de Commissaire expert pour la spécialité des liqueurs (classe 72). En 1868, il fut élu par ses confrères président de la chambre syndicale des distillateurs en gros ; président de la classe des liqueurs à l'exposition du Havre de 1868 ; président du jury à celle de Beauvais et membre de la commission française à l'exposition universelle d'Altona (Schleswig-Holstein) la même année ; vice-président du jury des liquides à l'exposition de Lyon en 1872 ; membre du jury à l'exposition d'économie domestique de Paris en 1873 ; membre du jury à l'exposition maritime en 1875. M. Pelpel fut nommé, à cette époque, président honoraire de la chambre syndicale des distillateurs en gros. Puis, après avoir été en 1876, membre du jury d'admission à l'exposition de 1878, en 1877 membre du jury à l'exposition de Compiègne, président du jury d'installation (classe 74) à l'exposition universelle de Paris de 1878 ; il devint membre titulaire du jury international des récompenses pour la même classe. M. **Pelpel** reçut alors la Croix de Chevalier de la Légion d'honneur.

M. **Pelpel** a encore donné depuis 1878 son concours comme membre du jury à diverses expositions : Paris en 1879, à Melun et à Bruxelles en 1880, à Tours en 1881, à Nice et à Rouen en 1884, à Anvers en 1885. Il a été vice-président du comité d'organisation à l'exposition universelle de Barcelone et enfin il est, pour l'exposition universelle de 1889, membre des comités d'admission et d'installation de la classe de liqueurs (classe 72).

M. **Pelpel** a quitté les affaires en 1887. — Pendant le cours des 12 années d'association, M. **Hartmann** se consacra plus particulièrement à l'administration générale des affaires, à la direction extérieure et intérieure, à la surveillance des travaux de distillation. Ses soins furent couronnés de succès, car pendant cette période la maison atteignit comme chiffre d'affaires, une somme dix fois plus forte que celle qui existait à son arrivée. Resté seul à la tête de la maison, M. **G. Hartmann**, tout en dirigeant activement ses affaires, s'occupa des questions d'intérêt général pour le commerce et l'industrie ; il fut membre du jury à l'exposition universelle de Barcelone et à celle d'hygiène de Paris en 1888 ; secrétaire de la XVe section d'Économie sociale à l'exposition de 1889. Il fait en outre partie, comme membre des bureaux, de plusieurs syndicats professionnels, de la société d'économie politique et de la société de statistique de Paris. Ayant publié quelques ouvrages économiques entr'autres : *l'alcool et l'impôt des boissons*, (ouvrage de 400 p.) utilement consulté, cité dans plusieurs documents parlementaires, notamment par M. Claude des Vosges, Léon Say sénateur et Yves Guyot, député, il fut décoré des palmes académiques.

M. **Hartmann,** a déjà donné, depuis 1887, de nouveaux développements à son entreprise. Ses affaires se sont considérablement accrues; les ventes, presque toutes dans Paris, atteignent aujourd'hui le chiffre de cinq millions par an et donnent lieu à un acquittement de deux millions deux cent mille francs de droits d'entrée; elles vont encore augmenter par suite de la création d'un nouveau et important service de livraisons à l'extérieur.

ORGANISATION DE LA MAISON. — Pour bien diriger cette grande entreprise industrielle et lui donner le plus possible d'extension, M. **Hartmann** s'est appliqué à établir dans sa maison la division du travail dans les conditions les mieux ordonnées, il a créé autant de services spéciaux que de besoins, chaque service ayant un chef intéressé participant dans les bénéfices de la maison. C'est ainsi qu'un personnel de 250 ouvriers et employés est subdivisé et spécialisé. Ces services sont organisés pour procéder dans les conditions les meilleures et les plus économiques sous la direction générale de M. **Hartmann** avec des directions particulières, aux travaux des approvisionnements, des fabrications, des préparations, des mises en fûts et des mises en bouteilles, des manutentions, de la représentation et des ventes, des livraisons les unes en fûts, les autres en bouteilles, des comptabilités, des caisses, du contentieux, des contrôles particuliers et du contrôle général.

Ces services se répartissent ainsi :

Maison centrale, **rue du Renard, 34.** — Cet immeuble, berceau de la maison Pelpel, est maintenant trop étroit pour contenir tous les services. — Il y a la direction générale, la comptabilité générale et la comptabilité particulière des livraisons en bouteilles dans Paris, la caisse centrale et la caisse spéciale du magasin de vente, le contentieux, les services de la fabrication des liqueurs et des sirops pour Paris, (distillations, infusions et compositions diverses), mises en bouteilles de ces liqueurs et de ces sirops, réception des commandes, division des ordres par quartiers, chargement des voitures, livraisons et contrôle de tous les services.

C'est au rez-de-chaussée, du *34 de la rue Renard*, que la maison de commerce concentrait autrefois toute son action. Peu à peu l'accroissement des affaires nécessita des agrandissements, le premier étage d'abord, puis le deuxième étage furent disposés en magasins et en bureaux ; enfin presque tout l'immeuble est occupé pour l'exploitation de la distillerie. Le laboratoire qui, en apparence, prend seulement le rez-de-chaussée, à l'aile gauche de l'immeuble, en réalité s'étend davantage, car il a le sous sol et le premier étage comme annexes. Par un jeu de conduits, de tuyaux et d'appareils, par la pression et à l'aide d'un moteur à vapeur, les alcools, les sucres, les plantes et les parfums passent des vases de réserve du premier étage, dans les alambics et dans les bassines du rez-de-chaussée, pour être distillés, mélangés et transformés, puis pour s'écouler dans les réservoirs du sous-sol et être refoulés ensuite dans d'autres récipients du premier étage, et enfin pour se répartir en de grands foudres logés dans les divers magasins de préparation des liqueurs.

Le service de la fabrication emploie ainsi vingt magasins. Le générateur et le moteur servent à tous ces transvasements des liquides; et les liqueurs sont préparées sans autre main d'œuvre que celle d'ouvrir ou de fermer les conduits suivant les besoins. La force motrice met également en action toutes les machines utilement employées à la fabrication des liqueurs et que les progrès de la mécanique ont fait connaître à ce jour: machines à rincer les bouteilles, pilons, pompes refoulantes, presses, monte-charges, moulins à broyer, émondeuse, zesteuse, machines à mise en bouteilles, à boucher, à capsuler, à étiqueter, etc. etc.

La mise en bouteilles occupe neuf grands locaux dont quelques uns ont plusieurs divisions. Le rinçage, le remplissage, le bouchage et l'étiquetage des bouteilles se font mécaniquement comme nous l'avons dit. Le service de la mise en bouteilles renferme des subdivisions ayant chacune son personnel propre : magasin des liqueurs courantes, magasin des liqueurs surfines, magasin des liqueurs extra supérieures, puis, magasin des sirops de toutes sortes.

Les grandes caves, au nombre de quatorze, comportent un important service de réserves, des infusions de cassis et d'autres fruits, des esprits parfumés, ainsi qu'un service de mise en bouteilles des vins de liqueurs.

La maison de la rue du Renard était devenue insuffisante, de vastes locaux tout proches ont été annexés. C'est au **18 rue du Cloître St-Merry** que se fait la mise en bouteilles des spiritueux qui sont d'abord préparés dans les entrepôts dont nous parlerons plus loin. Ce service occupe six vastes magasins et deux grandes caves.

Dans cette même maison sont situées les écuries et les remises des vingt-deux chevaux et des dix-neuf voitures servant seulement à la représentation, aux visites de la clientèle et aux livraisons des marchandises en bouteilles (sans compter les chevaux et les voitures logés ailleurs employés aux livraisons des fûts dans Paris et aux livraisons dans la banlieue).

Indépendamment de la maison centrale et de ses annexes à proximité, il y a les entrepôts situés à la **Halle aux vins et eaux de vie, quai St-Bernard**. Ces entrepôts se composent de cinq grands celliers. **Butte des eaux de vie 1-3-5-9-11-13** et de deux soles **rue de Bordeaux, 16.** dans la partie des vins. Ces chais renferment les grands foudres remplis de spiritueux de toutes natures : eaux de vie, coguacs, fines champagnes, rhums, kirschs, absinthes, amers, eaux de vie de marc, et vins de liqueurs, vermouths, madères, malagas, etc. lesquels spiritueux et vins sont préparés pour être livrés en fûts à la clientèle, ou être envoyés au service de la mise en bouteilles des spiritueux, rue du Cloître St-Merri, 18. Le service des entrepôts est un des plus importants. Il comprend, en outre des approvisionnements, la mise en fûts, la tonnellerie, etc. Les fûts, aussitôt remplis suivant les demandes, entrent dans Paris et sont dirigés **rue de Jussieu, 17,** où s'organise journellement la division des livraisons par quartiers. Ces livraisons sont effectuées par six grands camions. Ce service des livraisons en fûts est une subdivision du service principal des entrepôts. Les camions et les chevaux employés dans ce service sont logés dans de vastes locaux servant à la fois d'écurie pour douze chevaux, de remise et de magasins et caves de réserve. Ces locaux sont situés **18 et 20 rue Cuvier,** avec une remise annexe, **15 rue Guy de la Brosse.** Enfin les bureaux et la caisse du service des entrepôts sont installés au n° **2 rue Guy de la Brosse.**

NOUVEAUX AGRANDISSEMENTS DE LA MAISON. —

M. Hartmann, voulant encore donner une plus grande extension aux affaires de sa maison, fit l'acquisition en 1888 du grand **domaine château de Conflans,** situé sur les bords de la Seine à proximité des fortifications et des entrepôts de Bercy, du parc Nicolaï et du parc de Bercy, dans la commune de Charenton.

Cette propriété a un caractère historique : Elle était au XV° siècle un château fort dont Charles le Téméraire s'était emparé. Il livra bataille à Louis XI sous ses murs, et, vainqueur du roi, il contracta avec lui, dans ce château, le célèbre traité de Conflans (1465). Le château fort, perdant plus tard son lourd aspect du moyen âge, et revêtant les ornements sculpturaux de la Renaissance, fut la résidence d'été du cardinal de Richelieu. Le grand ministre aimait à s'y reposer des ennuis de la politique. A la mort de Richelieu ce domaine devint la propriété de son parent, puis fut acheté sous Louis XIV par François de Harlay de Chanvallon, archevêque de Paris. De Harlay y fit en 1672 de grands embellissements. Mansard dressa les plans de nouveaux bâtiments en agrandissement du château. Le Nôtre y dessina les jardins avec pièces d'eau, terrasses, serres, orangeries, etc.

De Harlay légua cette belle propriété à ses successeurs, les archevêques de Paris. Le château fut ainsi habité par MM. de Noailles, de Vintimille etc. A la révolution la propriété fut morcelée et vendue comme bien national. Sous la Restauration, M. de Quelen, archevêque de Paris, en acheta une partie. En 1831, lors du pillage de l'archevêché de Paris, le château de Conflans fut aussi envahi. En 1856 un négociant en vins, M. Portier, fit l'acquisition de la partie principale du domaine puis racheta, plus tard, d'autres parties et reconstitua presque, dans son intégralité, l'ancien domaine des Archevêques de Paris.

M. Hartmann s'est rendu acquéreur de ce domaine qui mesure actuellement 22050 mètres de superficie couverts pour un tiers de bâtiments, de vastes et anciennes caves, de chais nouveaux propres à l'exploitation d'une très importante maison de distillation et de commerce des spiritueux. C'est dans cette propriété que M. **Hartmann** a installé de grands entrepôts de réserve pour les alcools, les rhums, les eaux de vie d'origine, les vermouths, les madères, etc. afin d'alimenter les entrepôts du quai St-Bernard et les magasins de la rue du Renard et de la rue du Cloître St-Merri, au fur et à mesure des besoins.

Il y a dans ces anciennes caves un stock de grands vins que M. **Hartmann** a acheté en même temps que la propriété pour continuer l'exploitation de l'ancienne maison Portier Neveu et Cie dont la réputation, pour la vente de ces vins supérieurs, date de soixante ans.

En outre de ce grand service de réserve de spiritueux et de vins, M. **Hartmann** crée une nouvelle distillerie destinée à la fabrication des absinthes, des amers et des liqueurs pour les ventes faites dans la banlieue, en province et à l'étranger. Ces divers services de Conflans ont chacun leur autonomie, leur comptabilité spéciale et leur caisse particulière. Il y a une installation d'écuries et de remises pour le service des livraisons à l'extérieur comme il y en a dans Paris, rue Cuvier et rue du Cloître St-Merri pour les services de livraisons en fûts et en bouteilles, à l'intérieur de la capitale.

En résumé tous les services sont constitués et organisés pour fabriquer, composer et préparer toutes les liqueurs connues, supérieures, et courantes, tous les spiritueux, les absinthes et les amers de toutes sortes ; les répandre en fûts et en bonbonnes de toutes contenances, ou les mettre en bouteilles et flacons de diverses dimensions et de formes variées ; les livrer ainsi en excellent état et très rapidement à la clientèle.

M. Hartmann s'applique, d'autre part, à apporter à la fabrication des produits de la maison les améliorations que le temps commande, tout en conservant les bonnes traditions et les excellentes recettes anciennes qui ont fait la renommée de la maison **Pelpel.**

La maison est donc parfaitement et grandement installée et puissamment organisée pour répondre à tous les besoins, servir sa clientèle dans les conditions les plus économiques et les plus progressives, et étendre ses affaires autant que les circonstances le permettront.

DISTILLERIE DE CROISSET-ROUEN

SOCIÉTÉ ANONYME AU CAPITAL DE **SIX MILLIONS** DE FRANCS.
Siège social : 134, rue de Rivoli, à PARIS.

FONDATION ET BUT DE LA SOCIÉTÉ. — La Société anonyme de la *Distillerie de Croisset-Rouen* a été fondée en 1881, à Croisset, près Rouen (Seine-Inférieure) au capital de six millions de francs représenté par 12.000 actions de 500 fr. chacune entièrement libérées. Son siège social est à Paris, 134, rue de Rivoli.

Cette Société a pour objet l'exploitation d'usines en vue de la *fabrication et de la rectification de l'alcool* et des différentes industries qui s'y rattachent. Au fur et à mesure que la distillerie étend ses affaires, elle s'adjoint de nouvelles usines. Et ce qui caractérise spécialement ses travaux, c'est que les usines qu'elle exploite traitent toutes des matières différentes, de manière à produire des *trois-six* qui répondent, comme prix et comme qualités, aux besoins de la contrée où chacune d'elles se trouve située.

USINES. — Les usines exploitées à ce jour par la distillerie de Croisset-Rouen, sont au nombre de trois, savoir : celle de Croisset, près Rouen ; celle de St-Rémi, à Bordeaux ; et celle d'Uriménil, près Éminal (Vosges).

1° Dans l'usine de Croisset, la première exploitée depuis l'origine (1881), on fabrique du trois-six avec le maïs et le riz. On tire parti de tous les sous-produits ; les huiles employées à la fabrique des savons liquides, des dégras, etc. — les tourteaux, ces derniers contenant 6 à 7 °/₀ d'azote, et par conséquent très recherchés par l'agriculture. Depuis quelques mois cette usine, travaillant par le malt vert, peut fournir à l'agriculture à très bon compte une nourriture très saine, communément appelée *drèche*.

L'usine de Croisset offre une particularité historique : elle est bâtie sur la propriété du romancier Gustave Flaubert. Au point de vue industriel, elle est très heureusement située sur les bords de la Seine où elle possède un quai de 350 mètres de long, où peuvent accoster des navires de 3.000 et même 4.000 tonneaux.

2° L'usine de Saint-Rémi est située à Bordeaux, sur les bords de la Garonne, où elle a également un quai et un port d'embarquement. Elle traite les mélasses et les maïs. Les trois-six généralement consommés à Bordeaux et dans les environs proviennent du Nord et sont de qualité inférieure. Il y a là une question de transport qui permet à la Société de concurrencer les trois-six du Nord. Cette usine est exploitée par la Société depuis 1884.

3° L'usine d'Uriménil, près Épinal, est, contrairement aux deux premières, située en pleine production agricole. Elle traite les pommes de terre du pays qu'elle a positivement sauvé de la ruine, car l'invasion des fécules allemande et hollandaise, qui, malgré les droits de douane, arrivent sur nos marchés à des prix bien inférieurs à ceux des féculeries locales, avait fait fermer ces dernières. L'usine d'Uriménil est la première, et même la seule à ce jour en France, qui distille la pomme de terre.

Ce n'est que depuis 1888 que la Société a installé cette distillerie avec un outillage nouveau et perfectionné où elle a profité de plusieurs brevets pris par son habile ingénieur, M. J. E. Prenez, directeur des usines. — Dans les trois usines qu'elle exploite, la Société s'est d'ailleurs appliquée à avoir un matériel et des appareils les plus perfectionnés et des systèmes reconnus les meilleurs.

IMPORTANCE. — La distillerie de Croisset-Rouen occupe 450 à 500 employés et ouvriers. Sa production en alcool est de 125 à 140.000 hectol. ; — en sons de maïs, 7 à 800.000 kil. ; — en tourteaux et drèches, de 1.300.000 à 1.500.000 kil. ; — en huile, de 180 à 200.000 kil. Son chiffre d'affaires oscille entre 6.500.000 et 7.500.000 francs.

RÉCOMPENSES. — La Société a obtenu toutes les récompenses, tant en France qu'à l'étranger, pour la perfection de ses produits et l'importance de ses usines.

DISTILLERIE A VAPEUR.

LEGOUEY & DELBERGUE,

13, 15 & 17, rue Thévenot,

PARIS.

FONDATION. — La maison Legouey et Delbergue est, parmi les maisons de distillation actuellement en vue, sinon la plus ancienne, du moins la plus anciennement connue. Elle a été fondée il y a plus d'un siècle et demi par les Aubert et les Badin, et organisée dès ses débuts de façon à pouvoir servir une nombreuse clientèle. Ses marques, d'ailleurs, avaient, à leur apparition, intéressé les consommateurs à ce point qu'elles furent bientôt comptées pour une part importante dans le commerce d'exportation.

Parmi les noms qui succédèrent à la tête de la maison à ceux que nous venons de citer, nous relevons ceux de MM. Damiens-Fortin et Palisse. Sous leur direction, qui suivit, sans jamais s'en départir, les principes de leurs prédécesseurs, la réputation des marques de la maison s'accrut encore, et vint confirmer l'excellence de la tradition de la maison. En 1864 ils associèrent à leurs travaux MM. Legouey et Delbergue, et en 1869 ils leur cédèrent la direction.

PROGRÈS RÉALISÉS. — Ce fut le signal d'un mouvement d'extension plus important encore que ceux qui l'avaient précédé. Par une entente remarquable des nécessités du commerce et de l'industrie modernes, les nouveaux directeurs employaient toute leur intelligence et leur activité secondées par un accord complet de vues, à développer à l'étranger et à y fixer d'une manière plus stable l'établissement de leurs marques. C'est ainsi qu'ils installèrent à Londres un comptoir dont la direction fut confiée à M. Dreyfus. A Goteborg ils en fondèrent un autre sous la direction de **M. Paul Caravello.** Et pendant que ces nouvelles créations venaient solidifier leur positions à l'étranger, ils profitaient de la latitude laissée aux intéressés par la ville de Paris, pour construire à l'entrepôt de Bercy un magasin de spiritueux.

La maison principale, située rue Thévenot, 13, 15 et 17, s'est peu à peu modifiée pour satisfaire à ses nouveaux besoins. Elle fut l'objet d'agrandissements notables et d'une reconstruction qui lui permirent de se développer, en plein centre de Paris, assez pour pouvoir s'assimiler tous les perfectionnements applicables à son industrie. Les magasins furent mieux éclairés et aérés, et reçurent de nouvelles dispositions tout à fait en rapport avec les nécessités actuelles. L'outillage était renouvelé, et des appareils modèles fonctionnaient dans toute la maison.

En 1888 la maison si connue de M. Godart fils, ancienne maison Noël Lasserre dont la fondation remonte à 1720, venait apporter à MM. Legouey et Delbergue non seulement sa clientèle, mais encore les recettes nombreuses, éprouvées, qu'elle possédait, et l'appoint de l'excellente réputation qu'elle devait à la qualité de ses produits.

IMPORTANCE. — C'est ainsi que les marques des liqueurs « *Montmorency* » « *Bitter rose Godart* » « *Curaçao Godart* », et d'autres devenaient la propriété de MM. Legouey et Delbergue, et se classaient parmi leurs produits à côté de leurs marques particulières « *Punch Grassot* », « *Trappistine* », « *Curaçao triple sec* ».

Aujourd'hui la maison Legouey et Delbergue occupe une superficie de 2300 mètres au centre de Paris. Ses magasins, ses chais et ses caves occupent ensemble un personnel de 80 à 100 employés, dont le travail est facilité par un outillage réalisant les derniers perfectionnements accomplis dans l'industrie de la distillerie, tels que le moteur pour le dépotage des liquides, pompes à air, pompes élévatoires, etc.

RÉCOMPENSES. — Son installation modèle, ses affaires toujours croissantes, sa réputation consacrée lui permirent de lutter avec succès à toutes les grandes Expositions Universelles, et d'y remporter les récompenses suivantes : Une médaille d'Argent à Altona en 1869 pour sa *Trappistine* ; en 1878, à Paris, une médaille d'Argent pour son *Curaçao sec*, sa *Trappistine* et ses liqueurs ; en 1882, à Bordeaux, une méd. d'Argent pour ses *Curaçao sec* et *Anisettes* ; enfin à Anvers, en 1885, une médaille d'Or, pour son *Curaçao sec*. Ce qui place cette maison au premier rang des distilleries de Paris.

Joseph **MASIN**,

Marie BRIZARD & ROGER

BORDEAUX.

FONDATION ET TRANSMISSION DE LA MAISON.
— La maison Marie Brizard & Roger a été
fondée au milieu du siècle dernier par
Mlle Marie Brizard qui possédait les
secrets de fabrication des liqueurs. Elle
maria sa nièce, Mlle Jeanne Brizard avec
M. J.-B. Roger et s'associa avec son neveu
par alliance pour exploiter le commerce
des liqueurs sous le nom de Marie Brizard
& Roger.

Mademoiselle Brizard, épouse Roger,
eut plusieurs enfants. Deux, MM. Théodore
et Augustin Roger, restèrent seuls propriétaires de la maison de commerce par
la renonciation de leurs frères et sœurs à
tous leurs droits. Plus tard, M. Augustin
Roger étant mort, sa veuve et ses enfants
firent également abandon de leurs droits,
moyennant une rente perpétuelle, à M Th.
Roger et à ses deux filles. Celles-ci se
marièrent et ce sont leurs enfants qui sont
chefs actuels de la maison de commerce,
qu'ils possèdent donc par héritage et transmission directe ininterrompue de ses fondateurs.

DEBOUCHÉS. — Les produits de la maison
Marie Brizard & Roger, bien que ne s'adres-
sant, à cause de leur prix élevé, qu'à une
classe de consommateurs ont un écoulement énorme par suite de leur entrée et de
la faveur dont ils jouissent dans tous les
pays du monde. Les liqueurs douces
Anisette, Cacao, Menthe, Noyau, Marasquin etc. ont surtout consommées dans
les pays de race latine, le sud-ouest de
l'Europe, l'Amérique centrale, l'Amérique
du Sud, le Nord de l'Afrique... Les liqueurs
à titre alcoolique plus élevé les Curaçao
sec et triple sec, Anisette Dry, Elixir
aromatique, Kümel sont préférés dans les
pays du Nord et de race saxonne ou ger-
manique.

PRODUITS. — La maison Marie Brizard &
Roger ne fabrique pas uniquement de
l'Anisette, comme le croient bien des gens.
Elle a su aussi rester à la hauteur de sa
réputation pour toutes les bonnes liqueurs,
les Curaçaos, Cacao et Cacao Chouao,
Menthe, Crème de Moka, Crème de Thé,
Noyau, Marasquin etc, etc. De plus sa
situation dans un grand port de mer où
s'importe la majeure partie des excellents
rhums et tafias produits par nos colonies
et ses relations séculaires avec la Jamaïque
la placent en première ligne pour le commerce de ces produits si estimés.

Les relations constantes de voisinage et
d'affaires avec les Charentes et la région
de Cognac l'ont amenée chez les propriétaires des meilleures Eaux-de-vie de fine
et grande Champagne et lui ont permis de
former petit à petit un magnifique stock de
belles et bonnes Eaux-de-vie.

Elle manquerait enfin à ses devoirs de
maison de Bordeaux si elle n'avait dans
ses caves un bel approvisionnement en
barriques et en bouteilles des meilleurs
vins du Bordelais, de St-Emilion et de
l'Entre deux mers.

MATIÉRES PREMIÈRES. — Les 150 ans
d'existence de la maison Marie Brizard &
Roger sont la preuve la plus incontestable
du soin constant qu'elle prend de tout ce
qui concourt à sa fabrication et du choix
sévère des produits qu'elle emploie. Elle
tient aussi à honneur de faire des liqueurs
françaises, non seulement par le lieu où
elles sont fabriquées mais surtout par les
plantes et les parfums qui les composent.
A l'exception des produits que notre sol ne
donne pas : les cafés, cacaos, thés, écorces
d'oranges de Curaçao, elle tient avant
tout à employer les produits de l'agriculture française, délaissés par trop d'autres
fabricants. Ainsi elle achète exclusivement
en France ses Anis, ses Menthes, ses
Noyaux, ses plantes aromatiques diverses.
Aussi peut-elle à juste titre revendiquer
l'honneur d'avoir développé et fait connaître à l'étranger l'industrie française de la
fabrication des liqueurs, qui a si rudement
concurrencé depuis un siècle les liqueurs
hollandaises, maîtresses autrefois de cette
importante branche de commerce, alors
qu'on ne faisait de liqueurs qu'avec les
produits des pays chauds dont la Hollande
était merveilleusement fournie par ses
immenses colonies.

FABRIQUE. — La fabrique est située dans une des plus grandes rues de Bordeaux, la rue Fondaudége, artère importante qui aboutit à la route du Médoc. Elle occupe 3.000 mètres de terrain. Tenue avec un soin et une propreté méticuleuse, elle est sillonnée de rails sur lesquels circulent de nombreux wagonnets qui, au moyen de plaques tournantes, vont dans toutes les directions. De nombreux foudres et cuves contiennent les approvisionnements de liqueurs qui s'élèvent toujours à environ 300,000 litres, ce qui permet de les laisser vieillir plusieurs mois avant de les livrer à la consommation et bonifie beaucoup leur qualité. Dans les étages supérieurs sont emmagasinées les graines et plantes qui servent à la fabrication, dans les caves sont les vins. Dans les chais du fond les eaux-de-vie de diverses natures destinées aux alambics. Et tout au fond la distillerie où douze appareils fonctionnent tous les jours pour produire les esprits aromatisés avec lesquels sont faites les liqueurs. Ces appareils sont d'anciens alambics à colonne avec plateaux, chauffant au bain-marie. Point de distillations à la vapeur qui produisent vite de grandes quantités, mais donnent une qualité médiocre. Tous les ateliers sont reliés par des tuyautages et munis de pompes, qui permettent de faire circuler les liquides à couvert sans évaporation et sans altération. Il y a deux kilomètres de tuyautages dans l'Usine.

Un chai important, situé à 200 mètres de la fabrique contient les approvisionnements de rhums et de tafias et un autre grand chai, situé à Cognac même, contient le magnifique stock d'eaux-de-vie que la maison a su rassembler.

RAPPORTS AVEC LE PERSONNEL — 80 ouvriers et ouvrières animent cette vaste ruche. Employés à des travaux pour la plupart faciles et peu pénibles, les ouvriers de la maison ne connaissent pas les morte-saisons ni le chômage. Bien payés, ils voient tous les cinq ans leurs salaires quotidiens augmentés de 0 fr. 25 par une paie d'ancienneté. Plusieurs ouvriers touchent 1 fr par jour de paie d'ancienneté, à laquelle leur donnent droit vingt années de travail ininterrompu. Ces ouvriers, attachés à la maison, ne la quittent que lorsqu'ils sont dans l'impossibilité de travailler et les pensions payées à plusieurs d'entre eux montrent la reconnaissance des chefs pour les bons services de leurs vieux collaborateurs.

MAISON DE PARIS. — La maison Marie Brizard & Roger a depuis longtemps installé à Paris une succursale importante qui a rapidement prospéré. Située au cœur de Paris, boulevard des Italiens, presqu'au coin de la rue Taitbout, elle est à portée de tout le monde. Une importante installation aménagée tout à proximité, rue du Helder, lui permet d'avoir des approvisionnements considérables et de fournir sans retard à toutes les demandes. Ses livraisons sont faites par des voitures à elle, qui parcourent les rues de Paris du matin au soir, portant à domicile les plus petites commandes. Les étalages au jour de Noël et du premier de l'an attirent toujours une foule considérable qui vient admirer et acheter les ravissants paniers ornés et décorés avec goût, qui donnent entrée, dans les plus riches salons à un cadeau de quelques bouteilles de liqueurs, l'enveloppe étant aussi élégante à voir que le contenu agréable à déguster. On trouve là, à côté des liqueurs exquises qui ont fait la réputation de la maison, une collection remarquable de très vieilles Eaux-de-vie de Cognac Grande Champagne, remontant jusqu'aux années 1822 et 1811. Les plus grands vins du Médoc y sont aussi représentés à côté des vins généreux de la Bourgogne et des vins étrangers, dits vins de liqueur, qui ont place sur toutes les tables. Les meilleurs rhums de la Jamaïque et de la Martinique s'y trouvent aussi et les Parisiens peuvent, sans sortir de la maison, se monter une cave absolument complète et dont pas une bouteille ne leur causera la moindre déception ou le plus petit désagrément.

RÉCOMPENSES. — De nombreuses récompenses sont venues couronner les efforts de la maison Marie Brizard & Roger et consacrer ses succès. Nous ne citerons que celles obtenues dans les Expositions universelles :

Paris....... 1855 Médaille de 1re classe.
Londres.... 1862 Médaille Unique
Paris....... 1867 Médaille de 1re classe.
Vienne..... 1873 Médaille de Progrès
(la plus haute récompense).

Philadelphie 1876 Médaille Unique.
Et enfin comme couronnement :
Paris....... 1878 Médaille d'or.
Amsterdam. 1883 Diplôme d'honneur.

EXPOSITION. — La maison Marie Brizard & Roger a installé au Champ de Mars à droite de l'entrée de la porte Rapp une exposition complète de ses produits. L'emplacement considérable qu'elle occupe lui a même permis d'organiser la dégustation de ses produits dont on pourra ainsi apprécier les qualités à coup sûr et sans crainte d'être trompé sur leur nature.

fruit. De tous les ratafias celui qui a eu le plus de vogue est certainement le cassis, il la doit à un ouvrage publié sur ce fruit vers l'année 1740. L'auteur de ce livre attribuait au cassis toutes les qualités imaginables. D'ailleurs l'infusion des feuilles de cet arbrisseau et son bois en décoction passent pour d'excellents vulnéraires. Toutes ces vertus prouvent donc que le cassis constitue une liqueur de table possédant non seulement un goût exquis mais aussi les propriétés les plus toniques.

La culture du cassis a pris une réelle importance, surtout dans la Côte-d'Or, et le cassis de Dijon est de beaucoup le plus réputé : sa fabrication y constitue une grande industrie à la tête de laquelle se trouve entre autres la maison Devillebichot. En dehors de Dijon cette industrie est moins importante.

C'est en mûrissant sur les riches coteaux de la Côte-d'Or que le cassis acquiert ces qualités exceptionnelles que nul autre climat ne peut donner. Les diverses médailles dont la maison Devillebichot a été honorée ne laissent plus de doute sur sa supériorité.

Les fruits amenés à l'usine y subissent une préparation constante, suivant un procédé éprouvé par une longue expérience, et la liqueur fabriquée présente une régularité parfaite et possède ce goût si apprécié des amateurs.

La maison Justin Devillebichot a été fondée en 1852 ; M. C. Paillard fils en est devenu propriétaire en 1882 ; grâce à l'excellente fabrication, le chiffre d'affaires s'accroît chaque jour. L'outillage perfectionné, que M. Paillard a installé dans sa fabrique, lui permet de satisfaire rapidement aux demandes d'une clientèle qui devient chaque jour de plus en plus nombreuse.

Le cassis Justin Devillebichot, connu sous le nom de crème de Vougeot, a obtenu les premières récompenses à Londres et à Paris en 1855, à Mâcon et à Dijon, en 1858, des médailles d'honneur à Bourg et à Bordeaux, en 1859 ; à Paris en 1860 ; à Besançon, Troyes et Dijon en 1863 ; à Bordeaux en 1865. Cette maison fondée en 1852 a déjà obtenu jusqu'en 1865 douze médailles d'or, d'argent et de bronze, et la seule médaille d'honneur décernée pour cette liqueur à l'exposition de Dijon en 1858 ; depuis 1865 elle n'expose plus.

En dehors du cassis, M. Paillard fabrique toutes les liqueurs et sirops avec les plus grands soins.

L'établissement dirigé aujourd'hui par M. Paillard est un établissement modèle. M. Paillard vient d'introduire les derniers perfectionnements dans la distillation en créant un laboratoire des plus complets de façon à augmenter la production en améliorant encore les produits fabriqués.

SOCIÉTÉ ANONYME

DES

DISTILLERIES DE LA MÉDITERRANÉE

Au capital de 1,500,000 francs.

A MARSEILLE.

HISTORIQUE. — MM. Bouffier et Faure, actuellement administrateurs délégués des *distilleries de la Méditerranée* furent les créateurs de l'industrie de l'alcool de grains dans le midi de la France. Ils montèrent, avec l'aide de M. Ricord, comme commanditaire, en août 1879, sous la raison sociale *Bouffier, Faure et Cie,* une usine qui fabriquait journellement environ 100 hectolitres d'alcool à 92°. Ils la cédèrent, en mai 1880, a la société actuelle qui fut montée au capital de 1,500,000 francs sous la dénomination de *Société anonyme des distilleries de la Méditerranée.*

La Société actuelle étendit la production journalière à 250 hectolitres d'alcool à 92°. Pour cela, elle augmenta le matériel en se modelant sur celui qui existait déjà. Cette quantité d'alcool fabriqué correspond à une mise en œuvre journalière de 75.000 kilogrammes environ de maïs, de 40.000 kilogrammes de houille, représentant une force motrice de 600 chevaux ; de 3.000 kilogr. d'acide ; de 1.400.000 litres d'eau, et a une main d'œuvre de 120 ouvriers.

Plus tard, à la suite de plusieurs voyages d'études faits à l'étranger par M. Bouffier, la société adjoignit à sa fabrication, une distillerie *par le malt vert,* qui fabrique actuellement 50 hectolitres d'alcool à 92° et peut en fabriquer jusqu'à 90, en doublant quelques appareils.

USINE. — L'ensemble de l'usine, qui occupe actuellement 15.000 mètres carrés de superficie, produit annuellement de 85.000 à 90.000 hectolitres d'alcool à 92°, représentant un chiffre d'affaires de 4.500.000 francs. L'usine fournit, en outre, un sous-produit, nommé *drèche,* résultat de la fabrication par le malt vert, qui est en totalité vendu et consommé à Marseille et dans les environs. Il est utilisé pour l'alimentation des bestiaux. La quantité de drèche produite journellement est suffisante pour la nourriture de 1000 bœufs, ou 8 à 9000 moutons, ou 3 ou 4000 porcs, et procure aux agriculteurs de la région une source de bénéfices considérables par suite de son bas prix comparé à celui des matières alimentaires qu'elle remplace : foins, sons, recoupes, maïs, etc.

PROGRÈS RÉALISÉS. — Le prix de vente de l'alcool, qui était, en 1879, de fr. 70 l'hectolitre, est tombé peu à peu et est actuellement inférieur à 50 fr. Pour lutter contre une baisse de prix aussi considérable, il a fallu faire des améliorations incessantes pour augmenter le rendement en alcool, et diminuer le prix de revient. Le procédé de fabrication par le malt vert, introduit, comme nous l'avons dit, dans l'usine à la suite des études de M. Bouffier, donne des résultats excellents et a trouvé immédiatement des imitateurs. On compte aujourd'hui, en pleine prospérité dans le midi de la France, quatre usines produisant de l'alcool avec des procédés industriels et des machines identiques à ceux qui ont été primitivement mis en œuvre par la Société anonyme des distilleries de la Méditerranée. Ce nouveau procédé, inconnu en France jusqu'à l'importation qu'en a faite M. Bouffier, a l'avantage de donner un rendement de 10 % supérieur à ceux que l'on obtenait par l'ancienne méthode et donne des résidus immédiatement utilisables pour l'alimentation des bestiaux.

DÉBOUCHÉS, SUCCURSALES, ETC. — Dans toutes les principales villes de France, se trouve un représentant de la société qui a d'ailleurs, une succursale à Cette (Hérault). Les produits sont vendus en France, en Algérie et en Tunisie.

Pendant les cinq dernières années écoulées la production a atteint 435.000 hectolitres d'alcool représentant une valeur de 21.750.000 francs.

RÉCOMPENSES. Les produits de la société n'ont, jusqu'à ce jour, été présentés qu'à l'exposition philomatique de Bordeaux, en 1882 ; ils ont obtenu la première médaille d'Or.

GRUBER & CIE

BRASSERIE FRANÇAISE

MELUN (Seine-et-Marne).

La Brasserie Gruber a été fondée en 1855 par DAVID GRUBER né à Phalsbourg (Meurthe) le 25 Octobre 1825.

Les méthodes scientifiques que David Gruber sut appliquer à la fabrication de sa bière et les aptitudes industrielles et commerciales qu'il posséda à un si haut degré, lui permirent de donner à sa brasserie l'extension et le degré de prospérité qu'elle possède.

Aujourd'hui la « *Bière Gruber* » est universellement connue et sa qualité exquise continue a être toujours très recherchée par les consommateurs français.

La Brasserie Gruber qui mérite bien le titre de « brasserie modèle » qu'on lui donne, occupe une superficie de *terrain* de plus de **25 hectares.**

Avec les appareils qu'elle possède, on peut brasser dans l'usine jusqu'à **800 hectolitres** par 24 heures.

La *force motrice* totale, répartie dans toutes les parties de l'usine, est de **200 chevaux vapeur**.

Les *caves de fermentation*, situées en sous-sol présentent une superficie de **1 600 mètres carrés,** et la capacité totale des *cuves de fermentation* est de **6.702 hectolitres.**

Les *caves glacières* au nombre de **12**, présentent une superficie de **2.961 mètres carrés** et contiennent plus de **20.000 tonnes de glace.**

La superficie des *caves de garde* est de **4.853 mètres carrés,** leur nombre est de **40.** Ces caves contiennent **1.111 foudres** dont la capacité totale est de **48.538 hectolitres.**

Une *machine à glace*, de la production de 1.200 kilog. de glace par heure, système Raoul Pictet, fait circuler dans les caves de fermentation et de garde un liquide incongelable, au contact duquel la température de ces caves est maintenue au degré de froid voulu.

Le nombre des *fûts d'expédition* dépasse **47.600 ;** leur capacité varie de 25 à 150 litres.

Pour que la bière arrive a destination dans d'aussi bonnes conditions qu'elle quitte les caves, la brasserie Gruber emploie **60 wagons glacières** qu'elle a fait construire uniquement dans ce but, et les avantages qui en résultent pour la clientèle disséminée dans toute la France, sont inappréciables. — Une voie de raccordement relie l'usine à la grande ligne de chemin de fer.

Pendant la dernière période quinquennale, la Brasserie Gruber a fourni à la consommation une *moyenne annuelle* de plus de **100.000 hectolitres** de bière. Ce chiffre important est à lui seul la meilleure preuve de la supériorité de qualité de la bière Gruber.

La Brasserie Gruber occupe **123 ouvriers** plus **35 employés** pour la comptabilité et la correspondance.

Des *maisons de vente en gros* et des *maisons de dégustation*, connues sous le nom de **« Tavernes Gruber & Cie »,** sont établies dans les villes principales en France.

DAVID GRUBER, mort en Octobre 1880, a vu son œuvre terminée et en pleine prospérité, mais il a été trop tôt enlevé à l'affection des siens et à la haute considération des hommes de l'art.

La maison Gruber et Cie désirant se faciliter mieux encore l'accès au marché français, a fait en 1888 l'acquisition d'une importante **Brasserie à Melun** (Seine-et-Marne), qu'elle a transformée depuis en « brasserie modèle » à l'instar de celle créée par David Gruber.

Deux élèves de David Gruber dirigent cette importante maison, dont ils font partie depuis plus de 30 ans, ces deux Directeurs sont M. Ad. Stephan, pour la partie technique, et M. J. Boehm pour la partie commerciale.

RÉCOMPENSES. — Des diplômes d'honneur et des médailles ont été décernés à la maison aux grandes Expositions de **Paris** en **1867** et **1868,** — du **Havre 1868,** — de **Bordeaux 1882,** — d'**Anvers 1885,** — de **Rouen 1885,** et dans beaucoup d'autres Expositions où ses produits ont figuré.

BRASSERIE DE TANTONVILLE

Fondateurs : MM. Jules et Prosper TOURTEL.
Administrateurs : MM. Ernest, Félix et Albert TOURTEL.

La Brasserie de Tantonville, par une heureuse coïncidence, célèbre cette année son cinquantenaire. C'est dire qu'elle a déjà une histoire, et que la carrière qu'elle a parcourue présente un intérêt de premier ordre pour quiconque n'est pas indifférent aux phases heureuses par lesquelles passe notre Industrie nationale. Sa fondation remonte à 1839. Nous trouvons toujours à sa tête ses deux fondateurs, MM. Jules et Prosper Tourtel, jusqu'en 1883. A cette époque les fonctions d'administrateur échurent, par la mort de M. Jules Tourtel, à son fils, M. Ernest Tourtel, et c'est depuis Janvier 1887, que MM. Félix et Albert Tourtel, recueillant la succession de M. Prosper Tourtel, leur père, prirent leur part de l'administration à côté de leur cousin. En 1873, l'association des deux fondateurs avait englobé toute la famille ; et une société anonyme s'était formée entre tous ses membres. Constituée pour cinquante années, cette société exploite depuis seize ans la Brasserie de Tantonville. Ses administrateurs anciens et nouveaux se sont adjoint, comme fondé de pouvoirs, M. Hubert Harmand, devenu maire de Tantonville, et qui, par son intelligente activité, leur a toujours été d'un précieux concours pendant la durée de sa collaboration, qui remonte à plus de 25 ans.

A son début, cette Brasserie se trouvait un peu dans la situation de notre industrie textile lorsque fut engagée la lutte contre la suprématie indiscutée de l'Angleterre. Devant elle se dressait la concurrence écrasante de l'Allemagne et son monopole presque universellement accepté. Or, la modicité des moyens dont disposaient MM. Jules et Prosper Tourtel, et que dénonce le premier inventaire de la maison portant la production annuelle à 1500 hectolitres, n'était pas en rapport avec la grandeur des difficultés qu'ils avaient à surmonter. L'outillage à créer, un personnel à former à une fabrication des plus délicates, l'obligation qu'ils s'imposaient en outre de n'employer que des matières premières d'une pureté parfaite, nécessitaient ou de grosses ressources pécuniaires ou des efforts d'une vigueur et d'une ténacité presque incroyables. La tâche ne les effraya point. Ardents à asseoir leur maison sur une réputation excellente, ils poursuivirent leur fabrication. Progressivement, grâce au bon renom qu'ils eurent bientôt acquis, ils perfectionnèrent leur outillage, doublèrent, triplèrent leur production. Dès lors, ils se proposèrent de rassembler ou de créer autour d'eux toutes les ressources possibles.

De développement en développement, l'exploitation en est venue à l'extension actuelle, qui mérite une énumération. Elle comprend aujourd'hui 5,800 mètres carrés de caves-germoirs, 7 tourailles mécaniques possédant chacune deux plateaux, soit quatorze plateaux formant ensemble une superficie de 700 mètres carrés ; cinq chaudières à bière d'une contenance totale de 500 hectolitres ; 10 bacs rafraîchissoirs dont la capacité s'élève à 750 hectolitres. Les caves à fermentation, d'une superficie de 1,650 mètres carrés, renferment deux cent trente cuves pouvant contenir ensemble 8,000 hectolitres. 50,000 hectolitres peuvent être emmagasinés dans 6,130 mètres de caves à bière. Restent les caves glacières dont la superficie est de 6,800 mètres carrés et le cube total de 24,280 mètres.

La force motrice est de 150 chevaux-vapeur fournis par huit machines et onze générateurs d'une puissance de 300 chevaux-vapeur. A cet outillage vient se joindre une organisation accessoire dont le fonctionnement procure à la Brasserie des avantages hors ligne. Les fûts dont se sert la maison sortent au nombre de 80 par jour d'une tonnellerie mécanique appartenant à l'usine, et grâce à laquelle la Brasserie possède 42,000 fûts d'expédition. La glace est fournie en partie par deux appareils système F. Carré, donnant 200 kilos à l'heure, et pour le reste par 16 hectares d'étangs créés en vue de cette production, et desservis par un chemin de fer. L'eau employée à la fabrication provient exclusivement de sources excellentes. Les lavages se font au moyen d'eaux de rivière très pures amenées dans l'usine par deux turbines de 30 chevaux. Pour mémoire nous énumérons d'immenses magasins d'approvisionnements et d'outillage, le téléphone, le télégraphe. Au transport de la bière sont affectés 35 wagons-glacières qui se chargent en pleine usine et se rendent directement sur la ligne de l'Est. Enfin, une usine à gaz complète l'organisation de la Brasserie.

Quant à la fabrication elle-même, qui est actuellement de 100,000 hectolitres et peut s'élever à 150,000, elle est l'objet de soins infinis, et de précautions incessantes. Sur chaque envoi il est prélevé un fût qui est soumis à de fortes épreuves de température ; et ce n'est qu'après avoir constaté que son envoi peut braver sans perdre de sa qualité les variations les plus fortes, que la maison procède à l'expédition. S'il se trouve des produits incapables de subir ces épreuves, ils sont immédiatement écartés et livrés aux ateliers de distillerie que la Brasserie a fait construire en vue d'utiliser les déchets de fabrication. Les alcools rectifiés produits sont vendus soit aux fabricants de vinaigre soit aux liquoristes.

Ajoutons à ces renseignements que les administrateurs actuels se sont, avant de prendre ces fonctions, livrés à des études approfondies tant en Autriche et en Bavière qu'en Angleterre. Ils ont rapporté de leurs voyages des notions qui ont été utilisées non seulement par la Brasserie de Tantonville, mais aussi par toute la Brasserie Française. A ce propos, nous noterons que c'est la Brasserie de Tantonville qui a introduit en France la fabrication de la bière à fermentation basse.

Mais là ne se borne pas l'action de MM. Tourtel. Ils se sont également appliqués à élever, si on peut le dire, la qualité morale de leur personnel d'ouvriers. C'est ainsi qu'ils lui font donner gratuitement les soins d'un médecin et d'une infirmière et les médicaments. En cas d'accidents ou de maladie causé par le travail, le salaire est maintenu. Des écoles gratuites fonctionnent où les fournitures classiques sont données par la Brasserie. Les logements et les ateliers sont d'une salubrité parfaite. Enfin une caisse d'épargne et une société de musique complètent les institutions fondées en faveur des ouvriers.

Faut-il mettre en vue les autres œuvres accomplies par la famille Tourtel ? Voici, à Tantonville, deux magnifiques édifices, l'Hôtel-de-Ville de la commune et le groupe scolaire des garçons, qui ont été érigés par la Brasserie. C'est ensuite la dotation de l'école des filles et de l'école maternelle que s'imposent les fondateurs. Le chemin de fer de Nancy à Vézelise et Chalindrey, qu'aucune Compagnie ne veut entreprendre, se commence et s'achève sur l'initiative hardie de MM. J. et P. Tourtel, et offre ainsi une voie de transit aux grandes lignes du Midi, pour le plus grand bien du commerce général.

De hautes récompenses, et de diverse nature, sont venues sanctionner cette œuvre immense. La reconnaissance de ses compatriotes et le sentiment de leur intérêt ont envoyé M. Ernest Tourtel siéger au Conseil général de Meurthe-et-Moselle où M. Jules Tourtel, son père, l'avait précédé.

Dans l'ordre industriel, nous voyons la Brasserie remporter des Diplômes d'honneur à Amsterdam (1883), Blois (1883), Beauvais (1885). A l'exposition vinicole de Troyes (1888) elle recevait un quatrième diplôme d'honneur et était mise hors concours. Précédemment elle avait obtenu des Médailles d'or à Paris (1878), Christchurch, Nouvelle-Zélande (1882), Calcutta (1884), et New-Orléans (1885).

A l'occasion de l'Exposition des Bières Françaises à Paris 1887, M. Ernest Tourtel a été nommé Chevalier de la Légion d'honneur.

Toutes ces distinctions ont confirmé la haute réputation de la Brasserie de Tantonville. Aujourd'hui ses produits sont répandus en France, en Belgique, en Corse et en Algérie. L'exportation en bouteilles est considérable, notamment avec la Cochinchine et le Tonkin. Enfin, dans les principales villes de France, la Brasserie a des représentants et possède des entrepôts où se répartissent pour une part les 100,000 hectolitres qu'elle livre annuellement à la consommation, et qui représentent un chiffre d'affaires de plusieurs millions.

BRASSERIE EHRHARDT Frères

BAR-LE-DUC.

La brasserie Ehrhardt frères, fondée en 1840 par M. Rodolphe Ehrhardt, a été cédée en 1868 à ses neveux MM. Gustave et Émile Ehrhardt, dont l'intelligente initiative sut, dans l'espace de dix années, quadrupler la production annuelle de l'établissement, malgré les circonstances défavorables contre lesquelles l'industrie de la bière lutte en Alsace depuis 1870.

A la suite du décès d'un de ses chefs, M. Gustave Ehrhardt, survenu en 1882, la maison a été constituée en Société anonyme; les actions, toutefois, sont restées exclusivement entre les mains de la famille.

La Société exploite aujourd'hui deux brasseries, l'une située à **Bar-le Duc** (Meuse), l'autre à **Schiltigheim** (Alsace), dans lesquelles elle occupe de **200 à 220 ouvriers**.

Sans vouloir entrer dans une description détaillée, nous allons esquisser à grands traits l'organisation de ces établissements. Les appareils de brassage se composent de cuves-matière et de cylindres saccharificateurs correspondant à quatre chaudières à bière d'une contenance totale de 350 hectolitres et permettant de fabriquer **700 hectolitres** par jour.

Les caves à fermentation ont une superficie de **1500 mètres carrés** et sont garnies de **300 cuves** pouvant contenir plus de **7500 hectolitres**.

Dans les caves de garde qui mesurent **3000 mètres carrés**, on compte plus de **1200 foudres** d'une contenance totale de **45,000 hectolitres**. Elles communiquent avec des caves-glacières dans lesquelles est entretenue en permanence l'énorme quantité de **25,000 mètres cubes de glace**.

La maison possède en outre une machine frigorifique du système Quiri et Cie.

Un matériel complet de **wagons-glacières** est affecté aux expéditions, ainsi que **43,000 fûts** jaugeant de 20 à 150 litres. Les machines motrices, alimentées par des générateurs tubulaires inexplosibles, sont susceptibles de développer une force totale de **220 chevaux-vapeur**.

La production actuelle est de **90,000 a 100,000 hectolitres par an**. Vers 1880, MM. Ehrhardt frères ont entrepris la fabrication des bières en bouteilles destinées à l'exportation lointaine et qui depuis est devenue une spécialité de la maison. Ces bières, connues aujourd'hui dans le monde entier sous la marque **« les Couronnes »**, se conservent pour ainsi dire indéfiniment sous tous les climats avec les qualités de goût et d'apparence qui ont fait leur succès dès le début.

L'inaltérabilité de ces bières est due non pas à l'emploi d'antiseptiques tels que les acides salicylique, sulfureux, borique, ou autres substances dont l'analyse chimique révèle souvent la présence en quantités considérables dans les bières exportées d'Europe, mais uniquement aux soins extrêmes apportés à leur fabrication.

C'est en se basant sur les résultats des admirables travaux de MM. Pasteur, Hansen et autres savants éminents, sur la fermentation et les causes de l'altération des produits fermentés, que la maison est arrivée, après des années d'études, en repoussant dès le principe l'emploi de tout produit chimique, à livrer à la consommation des bières fabriquées exclusivement avec du malt d'orge et du houblon et dont elle peut garantir l'inaltérabilité. Elle est parvenue maintenant à livrer par jour 10,000 à 12,000 bouteilles de ces bières qui, déjà en 1880, obtinrent la **plus haute récompense à l'exposition internationale de Melbourne.**

En 1882, MM. Ehrhardt frères ont exposé à **Bordeaux**, où l'un d'eux remplissait les fonctions de **membre du jury**, des bouteilles de bière ayant passé deux fois l'équateur et portant le cachet du consul de France à Buenos-Ayres. La bière dégustée au retour fut trouvée parfaite. La même expérience a été répétée en 1885 avec des bouteilles envoyées à Montevideo et exposées à **Anvers, où 2 médailles d'or** furent décernées à la maison Ehrhardt frères.

Rappelons enfin les récompenses remportées encore par elle dans les dernières années, tant pour ses bières en fûts que pour celles en bouteilles:

Bordeaux 1885 — Exposition gastronomique, **grand diplôme d'honneur (unique)** et **2 médailles d'or**.

Cherbourg 1886 — Exposition industrielle **médaille d'or**.

Le Havre 1887 — Exposition internationale maritime **médaille d'or**.

Boulogne-sur-Mer 1887 — Exposition internationale d'hygiène **grand diplôme d'honneur**.

Ostende 1888 — Exposition internationale, **grand diplôme d'honneur**.

La maison Ehrhardt frères possède des succursales à Paris, Lyon, Bordeaux, Clermont-Ferrand et dans plusieurs grandes villes d'Europe. Elle a en outre des entrepôts dans les principales villes de France.

Grande Brasserie

DE LA

CROIX-DE-LORRAINE

à BAR-LE-DUC (Meuse).

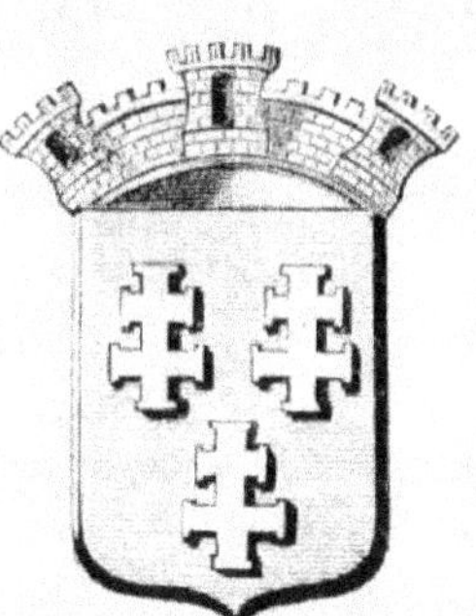

HISTORIQUE. — La fondation de la grande brasserie de la Croix-de-Lorraine remonte en réalité à 1810 ; elle appartenait alors aux familles Tiercelin et Jeannin-Liouville qui l'exploitèrent jusqu'en 1881.

Pendant cette longue période de 71 ans, l'établissement actuel resta une simple brasserie régionale se tenant en dehors de la grande fabrication, qui, du reste, n'existait pas encore en France.

En 1882, une société constituée sous la raison sociale Léon Karcher et Cie s'en rendit acquéreur et y apporta immédiatement les changements et augmentations de matériel indispensables pour donner une plus grande extension au chiffre des affaires.

La fabrication notablement améliorée par un choix judicieux des matières et l'emploi d'appareils réalisant les derniers progrès accomplis, prit alors un essor considérable, et, après dix années d'efforts constants, la Société Léon Karcher et Cie était arrivée à tripler sa production. En 1887, à l'Exposition internationale des bières, ses produits furent remarqués dès les premiers jours et classés avec les meilleurs.

Dès lors, une nouvelle ère s'ouvrait encore pour la vieille brasserie de Bar-le-Duc : la nécessité dans laquelle elle se trouvait de faire face aux demandes des consommateurs l'obligeait à s'agrandir et à modifier la constitution de la Société ; elle s'appela alors la **Grande Brasserie de la Croix-de-Lorraine** et M. Léon Karcher y resta attaché comme directeur technique.

DESCRIPTION, PRODUCTION. — La brasserie est construite au Sud et en amont de la ville de Bar-le-Duc au pied d'une colline de la rive gauche de l'Ornain. Elle se compose de vastes bâtiments nécessaires à une grande exploitation. Les caves de fermentation au nombre de 6 contiennent 3,600 hectolitres ; elles sont placées au-dessus des caves à bières. Celles-ci au nombre de 25, sont en grande partie creusées sous la colline, et les foudres qui les garnissent ont une capacité totale de 26,000 hectolitres. Ces caves sont munies d'appareils frigorifiques spéciaux constitués par 16 kilomètres de tuyaux dans lesquels se produit la circulation frigorifique nécessaire pour maintenir une température convenable à la fabrication et à la conservation de la bière.

Quatre générateurs produisent, outre la vapeur nécessaire à la marche de six machines d'une force totale de 215 chevaux, celle indispensable pour le brassage, le dégoudronnage, etc., etc.

Enfin une malterie fournit une grande partie du malt nécessaire, et l'établissement possède aussi tout ce qui lui est indispensable pour une bonne fabrication. Sa production actuelle s'élève à 50,000 hectolitres et peut être portée à 300 hectolitres par jour. Aussi, la Croix-de-Lorraine peut-elle prendre rang parmi les premières brasseries françaises.

Outre un nombreux personnel d'employés, l'usine de Bar-le-Duc occupe 80 ouvriers la plupart mariés et logés soit dans les bâtiments de la Société, soit à proximité. Ils sont tous payés au mois, leur salaire est bien rémunérateur ; ils trouvent en outre à la brasserie certains avantages matériels qui, en assurant leur bien-être et les garantissant des risques d'accidents, les attachent à l'établissement où un grand nombre sont employés depuis plus de 25 ans.

Depuis 1881, les administrateurs n'ont rien négligé pour réorganiser l'usine et la doter d'un matériel perfectionné réalisant les progrès les plus récents. C'est pourquoi la Société peut livrer aujourd'hui à la consommation des produits de bonne qualité qui peuvent entrer en concurrence avec ceux réputés les meilleurs. — Aussi diverses récompenses ont été obtenues, nous citerons notamment une médaille d'or et un diplôme d'honneur à l'exposition internationale des bières en 1887.

LA MAISON P. LAMBERT

LES RHUMS SAINT-JAMES

La fondation de cette très importante Maison remonte à 1845 environ. Elle fut l'une des premières à importer les Rhums en France. Mais à cette époque, la production de ce spiritueux était très faible, les Colons apportant tous les soins et leurs efforts à la fabrication de ces magnifiques sucres qui furent pendant longtemps, la la gloire et la richesse des Antilles, et le rhum, produit de la distillation de la canne à sucre, ne se consommait guère que sur les lieux d'origine mêmes. Bref, les rhums ne donnaient lieu, à cette époque, à aucune transaction commerciale importante.

La maison Lambert eut comme la prescience des immenses développements que devait prendre par la suite, ce spiritueux, et comme nous le disons plus haut, ce fut elle, qui l'une des premières, fit connaître et répandit dans le commerce, ce produit qui occupe aujourd'hui, la place prépondérante dans la consommation des liquides, en France, et dont la vogue va toujours croissant.

La maison Lambert, peut donc revendiquer l'honneur d'avoir contribué pour la plus grande part, à la naissance et au développement de ce grand commerce, qui a ouvert à nos Colonies des Antilles, aujourd'hui si cruellement éprouvées par les crises sucrières, des débouchés nouveaux et rémunérateurs.

Toutes les marques de rhums de P. Lambert, sont très estimées et primées, mais sa marque la plus réputée, dont le nom s'est en quelque sorte, identifié dans le sien, ce sont les célèbres rhums des Plantatures St-James, dont la notoriété est universelle. Qui ne connaît les rhums vendus dans ces bouteilles carrées, à col rouge, dont l'effet est si voyant, et qui sont devenus si populaires, malgré leur prix très élevé ? Le St-James se consomme en France, en Angleterre, en Allemagne, et en général dans tous les pays où se boit le rhum. Il est très en faveur dans les pays d'outre mer, et l'on peut dire d'une façon générale, qu'il se boit dans le monde entier. Son chiffre de vente annuel, qui atteint plusieurs millions de bouteilles, l'indique du reste, suffisamment. Les produits P. Lambert, et les rhums Saint-James, par l'importance de leur production, par leur diffusion dans les pays étrangers, par le prestige qu'ils ont su acquérir et maintenir, constituent assurément l'une des grandes affaires françaises, et à ce titre, ils méritent les lignes que nous venons de leur consacrer.

CAVES

DE

l'Hôtel Continental

Les Caves de l'Hôtel Continental ont été bâties d'après un plan spécial bien approprié aux divers services auxquels elles étaient destinées à pourvoir, consommation par les voyageurs de l'hôtel, consommation dans les noces et banquets qui ont lieu journellement dans les somptueux salons de fêtes, et vente à la clientèle de la ville.

L'installation a été organisée en vue de répondre à ces besoins multiples et importants. Les vastes celliers aménagés dans les sous-sols de l'Hôtel, dans des conditions de température on ne peut plus favorables à la maturation des vins permettent d'emmagasiner un stock permanent de 500,000 bouteilles et d'échelonner le débit à mesure que les vins sont au point voulu pour la consommation, indépendamment de l'espace réservé aux vins en barriques, à la manutention, etc.

L'élévation du stock au 31 décembre 1888 n'était pas moins de un million de vins sans comprendre dans ce chiffre d'importants marchés à livrer ou les vins en attente à la propriété.

L'approvisionnement dans Paris est appuyé par d'importantes réserves à Bordeaux et dans la Bourgogne.

Avec sa clientèle de voyageurs de premier ordre et l'espèce de monopole pour les fêtes parisiennes que lui donne son organisation spéciale, l'hôtel Continental est doublement assuré d'un débit considérable et peut pourvoir à son approvisionnement de vins par des opérations de longue haleine faites aux conditions les plus avantageuses soit avec les producteurs directement, soit avec les grandes maisons du Bordelais et de la Bourgogne.

Grâce à cette situation particulière les magasins de vins de l'Hôtel Continental peuvent mettre à la disposition de sa clientèle de Paris et de l'Étranger un assortiment de vins en fûts et en bouteilles, de nature à satisfaire à toutes les convenances, à des conditions de prix exceptionnellement avantageuses.

Un service spécial assure la livraison immédiate dans Paris et les environs et la prompte expédition en province et à l'Étranger.

Les caves de l'Hôtel Continental ont été ouvertes en juin 1878 en même temps que l'hôtel ; leur approvisionnement avait été préparé plusieurs années auparavant par de grands achats qui ont porté principalement sur les produits des années 1869 et 1875 et qui leur ont valu la médaille d'or à l'Exposition de Barcelone, la médaille d'or et le diplôme d'honneur au grand concours international de Bruxelles en 1888.

Une courte énumération des vins les plus remarquables, portés au prix courant, permettra d'ailleurs d'apprécier toute l'importance de l'approvisionnement des caves de l'Hôtel Continental.

Les grands vins du Bordelais y sont représentés par le château Montrose 1869, premier crû de St-Estèphe, le Mouton Rothschild 1869, le Château Lafite 1869 et le Château Latour 1875, les premiers crûs de Pauillac, le Château Larose 1869, le meilleur cru de St-Julien et le Château Haut-Brion 1875, le premier crû des Graves et le grand favori du jour ; dans les vins blancs de Bordeaux, le Château Yquem 1874 et le Château Yquem 1869.

Dans les Bourgognes les clos les plus réputés, le Musigny 1869 et 1865, le Romanée 1869 et 1865, le Chambertin 1869 et 1865, le clos Vougeot 1869 et 1865 et le Montrachet, vin blanc, 1869 et 1865.

Les grandes marques de vin de champagne, les grands cognacs fines champagnes de 1845 et de 1830, les vins fins d'Espagne et de Portugal complètent un ensemble qui permet de satisfaire au goût des amateurs les plus difficiles.

Maison SAINTOIN Frères

ORLÉANS.

FABRIQUE DE CHOCOLATS, CONFISERIE, DISTILLERIE.

FONDATION. — La Maison Saintoin est une des plus anciennes que nous connaissions. Sa création remonte à l'an 1760. C'est donc une carrière de plus d'un siècle qu'elle a fournie depuis sa fondation. Carrière fort modeste au début, et dans laquelle rien ne faisait présager les développements que cette Maison a pris actuellement.

Son fondateur, M. Jean Saintoin, y avait apporté, avec une ambition très modérée, des qualités qui sont la vraie cause de cette extension. Il y déploya, dès le premier moment, une énergie et une persévérance dans le travail, que sa probité à toute épreuve, seconda merveilleusement. Le premier et le plus large résultat qu'il obtint fut de donner à sa Maison tous les droits à la haute estime et à la pleine confiance de ses contemporains. C'est dans ces principes, qu'après lui et jusqu'à nos jours, tous les chefs de cette Maison, qui sont les descendants en ligne directe de Jean Saintoin, ont continué l'œuvre du fondateur. Et nous ajouterons que les chefs actuels, qui représentent la cinquième génération, n'ont fait qu'ajouter au bon renom acquis par leurs prédécesseurs.

IMPORTANCE. — C'est à cette persévérance dans une tradition saine que la Maison Saintoin doit d'être arrivée, par des agrandissements successifs, à son développement actuel, sa triple production, Chocolaterie, Confiserie, distillerie, divise en trois parties distinctes une usine qui occupe une superficie de quatre mille mètres. Les bâtiments, en bordure de quatre rues, ont trois étages d'élévation, plus deux de sous-sols et occupent un des quartiers les plus fréquentés d'Orléans.

En 1861, l'usine subit une reconstitution totale, et depuis cette époque, tous les progrès, tous les perfectionnements, y sont introduits dès leur apparition. C'est ainsi que l'électricité y a été installée pour la transmission de la lumière et de la voix. Actuellement, son personnel compte 120 employés ou ouvriers. C'est dire avec quel succès Messieurs Saintoin ont pu faire rentrer dans le domaine industriel cet art du confiseur qui lui paraissait absolument étranger. Ils sont parvenus à établir un traitement mécanique des cacaos, des sucres et des sirops, qui donnent aux produits de la Maison cette conformité inaltérable de qualités et de saveur qui les font tant priser par les négociants et les consommateurs.

Ajoutons que les matières premières employées dans la Maison proviennent des meilleures sources. Les six ou sept sortes de cacao qui rentrent dans leur fabrication, aussi bien que les sucres, les alcools à liqueurs, sont de qualité supérieure.

La force motrice mise en œuvre se compose d'une machine à vapeur de trente chevaux, type Farcot, et une de 15 chevaux actionnant tous les appareils de la chocolaterie et de la confiserie. Les deux générateurs de 25 chevaux chacun dont elle dépend, donnent un surplus de vapeur qui chauffe 15 chaudières, 15 étuves, et nombre d'alambics.

PROGRÈS RÉALISÉS. — Depuis 1849, la Maison Saintoin a introduit dans son fonctionnement une mesure qui est venue corroborer sa haute réputation. Elle attribue une allocation de 50 francs par an aux ouvriers qui ont six ans de service dans l'Usine et 25 francs aux femmes qui remplissent la même condition. Après dix ans cette allocation est portée à 100 francs pour les hommes et 50 francs pour les ouvrières.

RÉCOMPENSES. — La fabrication de la Maison Saintoin et son bon renom ont été couronnés par les plus hautes récompenses aux grandes expositions. Parmi les dernières distinctions qu'elle a obtenues, nous relevons :

Médaille d'Or. — Exposition Universelle. Paris, 1878.

Médaille d'Or. — Exposition Universelle. Amsterdam, 1883 et 1887.

Diplôme d'Honneur. — Exposition Universelle, Anvers, 1885.

DÉBOUCHÉS ET SUCCURSALES. — Depuis quelques années la Maison s'est imposé de grands sacrifices pour s'ouvrir des débouchés sur les marchés étrangers. Elle a notamment nommé un agent pour l'exportation, M. B. Laurier, 62, faubourg Poissonnière, à Paris.

Elle a de plus créé deux succursales :

Maison à Paris, 32, boulev. Haussmann.

Maison à Marseille, 60, rue Consolat

PATES ALIMENTAIRES ET SEMOULES

F^s SCARAMELLI F_{ILS} & Cie

MARSEILLE

EXPOSITION MARSEILLE 1879	EXPOSITION PARIS 1886	EXPOSITION MARSEILLE 1886
Médaille d'argent.	**Médaille d'or.**	**Diplôme d'honneur.**

La maison Scaramelli fils, qui occupe à Marseille une situation reconnue parmi les premières maisons commerciales, est une de celles à qui revient le mérite d'avoir toujours lutté avec avantage contre la concurrence étrangère. Se livrant exclusivement à la fabrication des pâtes alimentaires, elle en est arrivée à fournir des produits qui soutiennent la comparaison avec les pâtes à potages de Toscane, avec les vermicelles de Gênes, avec les macaronis de Naples, pourtant très renommés.

C'est en 1862 que M. François Scaramelli, dont le père avait transporté d'Italie à Marseille son industrie de pâtes, créa une usine qui, progressivement développée, occupe aujourd'hui 6.000 mètres carrés, dont 2 600 sont couverts par des constructions.

La fabrication qui, au début, ne dépassait pas 50 kilogrammes de pâtes par jour, atteint maintenant 6.000 kilogrammes, dont les trois quarts sont consommés dans les diverses parties de la France, et dont l'autre quart est expédié en Angleterre, en Algérie, en Tunisie, en Turquie, en Syrie et dans les deux Amériques.

Cette importante fabrication emploie 200 ouvriers et absorbe le travail d'une machine à vapeur de 35 chevaux actionnant un outillage hors ligne.

Si l'on veut maintenant chercher la raison du succès obtenu par les pâtes Scaramelli, il faut la trouver dans le choix des matières premières employées à leur confection. M. Scaramelli, en effet, fabrique lui-même les semoules, ce qui lui permet de choisir les blés les meilleurs pour cette fabrication. Ainsi s'expliquent cette qualité de saveur et cette extrême délicatesse inhérentes aux pâtes Scaramelli. Les autres raisons du succès résident dans la supériorité des procédés de fabrication, la qualité de l'outillage et surtout le mode de séchage inventé par M. Scaramelli, séchage qui prévient dans le produit toute fermentation et toute altération.

Pour terminer, rappelons que M. Scaramelli a créé tout récemment une spécialité : la préparation de la pâte aux œufs, se conservant indéfiniment et retenant intégralement la saveur et le parfum de la pâte et des œufs frais.

SOCIÉTÉ DE LA SUCRERIE DE BOURDON

FONDATION DES ÉTABLISSEMENTS. — Les établissements de la Société de Bourdon ont été fondés en 1854.

Ils ont été exploités jusqu'en 1866 par la Société Meinadier et Cie à laquelle a succédé la Société actuelle dite **Société de la Sucrerie de Bourdon**.

Le capital engagé dès 1866 dans la Société nouvelle comprenait une somme de 3.500.000 francs d'actions complétée par environ 2.000.000 de francs d'obligations en grande partie remboursées aujourd'hui.

La Société de Bourdon est administrée par un Conseil d'administration et représentée au siège social par un administrateur-délégué, directeur de la Société.

Le siège social est à Paris, 5, rue de la Paix.

INDUSTRIE DE LA SOCIÉTÉ. — Les produits qui sortent de ses établissements industriels et agricoles se composent de sucre de betteraves, d'alcool rectifié, de salins de potasse, de céréales, de blé de semence, de graines de betteraves, de betteraves et d'une grande variété de plantes fourragères.

Elle entretient un nombreux bétail dont une partie notable est engraissée pour être livrée à l'alimentation.

ÉTABLISSEMENTS INDUSTRIELS ET AGRICOLES. — Les établissements de la Société sont situés dans le département du Puy-de-Dôme et répartis dans les riches plaines de la Limagne.

Ils comprennent des fabriques de sucre à Bourdon, à St-Beauzire, à Chappes, et à Chagnat, une distillerie d'alcool à Bourdon et les fermes de Bourdon, Bretange, Marmilhat et l'Albost.

USINES. — 1° **Fabriques de sucre.** — Les betteraves qui alimentent les fabriques de sucre, sont produites par les terres de la Limagne. Chaque année, il est ensemencé en betteraves plus de 2500 hectares de terre. Environ 3000 cultivateurs prennent part à la fourniture de ces betteraves.

2° **Distillerie** — La distillerie est outillée pour la distillation des mélasses et des grains. Elle est comprise dans le groupe de l'usine de Bourdon.

L'usine de Bourdon occupe une surface de 15 hectares dont près de 3 hectares en bâtiments couverts.

Elle est reliée par une voie ferrée au chemin de fer de Clermont à Thiers. Ses cours sont sillonnées par 3 kilomètres de voie ferrée. Les usines de St-Beauzire et de Chappes occupent ensemble une superficie de 4 hectares et demi. Elles sont reliées par une voie spéciale au chemin de fer de Clermont à Maringues.

L'ensemble des usines et des domaines occupe environ 1000 ouvriers.

Leur matériel comprend : les appareils spéciaux les plus perfectionnés, et en outre 35 machines à vapeur desservies par 25 géné-rateurs ayant une surface de chauffe de 3000 mètres carrés.

Toutes les usines sont reliées entre elles depuis 1882 par une ligne téléphonique. L'usine de Bourdon est en outre desservie par une ligne télégraphique rattachée au réseau général de l'administration des Télégraphes.

La Société possède un grand nombre d'instruments de culture qu'elle met gratuitement à la disposition des cultivateurs qui lui fournissent des betteraves, tels que charrues, semoirs, rouleaux, houes à cheval, etc.

Indépendamment des usines, la Société de Bourdon possède de vastes maisons d'habitation pour le logement des agents de la direction.

Une Société de secours mutuels fonctionne depuis 1868 avec la participation de la Société pour assurer aux ouvriers les secours dont ils peuvent avoir besoin.

ÉTABLISSEMENTS AGRICOLES. — Les fermes sont munies d'un puissant outillage agricole.

Elles comprennent toutes des champs de démonstration pour la culture de la betterave à sucre et du blé, et pour la recherche des engrais qui conviennent le mieux au sol.

En dehors de ses domaines, la Société de Bourdon organise chaque année un grand nombre de champs d'expériences comparatives chez les cultivateurs. Cette organisation remonte à 1883.

A chacune des fermes est annexée une station météorologique. Tous les renseignements de météorologie sont concentrés à la direction.

COMMERCE. — En dehors des sucres préparés pour la raffinerie et le sucrage des vendanges, la Société de Bourdon livre des sucres de qualité supérieure, cristallisés, granulés, semoule et farine spécialement préparés pour la consommation directe, et employés dans la fabrication des liqueurs, la confiserie, etc.

Elle livre également des alcools de qualité supérieure pour la fabrication des liqueurs et pour les besoins de l'industrie.

La Société est représentée dans le centre et le midi de la France par plus de 70 représentants ; de plus, elle a créé jusqu'à ce jour 35 dépôts de sucre pour faciliter l'approvisionnement de sa nombreuse clientèle.

Pendant longtemps, la Société a exporté des quantités considérables de sucres en Italie ; elle en a envoyé aussi en Algérie.

RÉCOMPENSES. — Depuis sa reconstitution en 1866, la Société de Bourdon a obtenu :

Exposition Universelle, Paris 1878, une médaille d'or (collab.) et une médaille d'argent; Exposition de Bordeaux 1882, une médaille d'or ; Exposition de Clermont-Ferrand, 1886, une médaille d'or.

En outre, dans divers concours régionaux et départementaux, elle a obtenu :

4 Diplômes d'honneur
9 Médailles d'or.
19 Médailles d'argent et prix divers.

PAVILLON DE LA PRESSE

M. VAUDOYER, Architecte.

Sté ANONYME DES ATELIERS DE NEUILLY,

O. ANDRÉ, Administrateur-Directeur.

CONSTRUCTIONS FER ET BOIS

BEAU, H. et M. BERTRAND-TAILLET,

226, rue Saint-Denis, PARIS.

BRONZE ET FERRONNERIE D'ART POUR LE GAZ ET L'ÉLECTRICITÉ. — ENTREPRISE COMPLÈTE DE DISTRIBUTION D'ÉLECTRICITÉ. — CANALISATION POUR LE GAZ.

Diplôme d'honneur, Fournisseurs de l'Opéra, des Ministères, des grands hôtels de la ville de Paris.

BOISON, Ameublement

49 bis, rue de Charenton, PARIS.

Exposant dans la classe 17, Membre du Comité d'admission et d'installation de cette classe.

Léopold BROT et Fils, Fabricants miroitiers,

89, faubourg St-Denis, PARIS. — Maison fondée par BROT Père, en 1826.

GLACES D'EXPORTATION, MIROIRS DORÉS, DE STYLE, DE VENISE, ETC.

CONSOLES, VITRINES ET MEUBLES DORÉS, Fabricants brevetés du MIROIR TRIPLE A VOLETS MOBILES, PSYCHÉES, MEUBLES, ETC.

Médailles aux Expositions de Porto 1865, Vienne 1873, Philadelphie 1876, Melbourne 1880, Paris 1878, Nice 1884, Barcelone 1888.

TÉLÉPHONE. — (Voir à l'Exposition, cl. 18).

Ancienne Maison MARÉCHAL et CHAMPIGNEULLE de Metz.

Charles CHAMPIGNEULLE,

Vve Charles et Emmanuel CHAMPIGNEULLE,

Seuls successeurs,

ÉTABLISSEMENTS ARTISTIQUES DE PEINTURE SUR VERRE

Diplôme d'honneur Paris 1855, 1867, 1878.

à BAR-LE-DUC-SALVANGES (Meuse).

COMPAGNIE CONTINENTALE EDISON

Exposition Internationale d'Électricité Paris 1881, Grand Diplôme d'honneur.

ADMINISTRATION : 8, Rue Caumartin, PARIS.

A. DAMON et Cie (Ancienne Maison KRIÉGER),

74-76, faub. St-Antoine et 13-15, boulev. de La Madeleine, PARIS.

INSTALLATION, MEUBLES, SIÈGES ET TAPISSERIES du pavillon de la Presse.

FACCHINA, ※, ✝ Jean-Dominique,

Maître mosaïste, Entrepreneur breveté,

47, rue Cardinet, PARIS (parc Monceau). — Maison fondée en 1872.

(CI-DEVANT : RUE LEGENDRE, 2 BIS)

FAVARON,

Directeur de la Société des Ouvriers charpentiers de La Villette,

Médaille d'or, Paris 1885.

SIÈGE SOCIAL : 49, rue St-Blaize, PARIS (20e arrondissement).

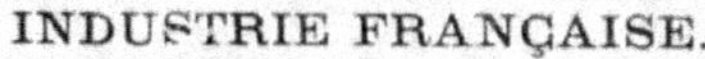

ÉTABLISSEMENTS VERLEY-DESCAMPS

SOCIÉTÉ ANONYME

DES

AMIDONNERIE & RIZERIE DE FRANCE.

Siège social à MARQUETTE-LILLE.

SITUATION DE L'AMIDONNERIE EN FRANCE. — Importations :

Années 1847 à 1856. Moyenne décennale   800^k droits perçus 25 fr. $°/_0$ ^{k}

Année 1861........................ ...... 211.242^k droit réduit à 1 fr. 50 $°/_0$ ^{k}

Année 1880........................ 11.837.922^k droit ramené à 4 fr. $°/_0$ ^{k}

Le tableau ci-dessus n'a besoin d'aucun commentaire pour dépeindre la désastreuse situation faite à l'amidonnerie française par l'abaissement des droits. Découragés, les fabricants français abandonnèrent la lutte. Quelques-uns voulurent se maintenir, mais n'entrevoyant aucune amélioration possible dans un avenir prochain, ils ne suivirent pas les progrès que faisait chaque jour cette industrie ; ils se trouvèrent donc promptement dans une situation d'infériorité manifeste.

CRÉATION DE L'USINE. — SON BUT. — MOYENS DE L'ATTEINDRE. — Malgré cet état de choses peu encourageant, et après plusieurs années d'études, **Monsieur Edmond VERLEY** résolut de tenter un suprême effort pour rendre à cette branche de l'industrie nationale le rang qu'elle avait perdu. Comprenant que son but n'était possible qu'avec une installation modèle, il conçut l'idée de créer de toutes pièces aux portes de Lille, un vaste établissement réunissant les derniers perfectionnements de l'industrie moderne.

DIFFICULTÉS. — La tâche était ardue : il n'existe en effet aucun constructeur, ni ingénieur-conseil dont le concours puisse assurer le montage de ce genre d'usine. Ce n'est qu'après de lourds sacrifices, des recherches minutieuses faites à l'étranger et l'installation provisoire d'une petite amidonnerie d'essai qu'eut lieu l'édification définitive de l'établissement. Des complications douloureuses vinrent encore augmenter les difficultés : deux ingénieurs dont Monsieur E. Verley s'était fait de précieux collaborateurs moururent successivement. Rien ne l'arrêta et le but fut atteint. — Cette entreprise à laquelle le fondateur consacra toute sa fortune fut commencée par lui en 1885.

FORMATION DE LA SOCIÉTÉ. — Voulant assurer un avenir certain à cette entreprise qui lui avait tant coûté, Monsieur E. Verley intéressa à son affaire un certain nombre de collaborateurs et de capitalistes, et forma une société d'exploitation à laquelle il loua son établissement. — C'était là offrir un avantage sérieux à ceux qui, mus par un même sentiment de patriotisme, avaient voulu s'associer à son œuvre.

USINES. — Les établissements Verley-Descamps se composent de trois parties : *Amidonnerie, Rizerie, Meunerie*. — Ces deux dernières ont le double but de fournir à l'Amidonnerie une matière première avantageuse et de lui faciliter l'écoulement de ses sous-produits.

LEUR IMPORTANCE. — Les usines couvrent un hectare ; elles sont bâties sur le canal de la Deûle, à 200 mètres de la gare ; elles occupent 200 ouvriers, paient 5000 francs de contribution et 6500 francs d'assurances, produisent chaque jour 8000 kilos d'amidon, 10.000 kilos de farine de riz et de 8 à 10.000 kilos de riz. Elles marchent jour et nuit ; le travail de nuit est facilité par un éclairage électrique des plus perfectionnés.

L'eau joue le plus grand rôle en amidonnerie ; les étrangers seuls étaient sous ce rapport favorisés. Les nappes d'eau connues de nos contrées contiennent en effet, et souvent en abondance, des sels de chaux et des sels de fer qui sont les plus grands ennemis de l'amidon. Sur le conseil de savants géologues, Messieurs Gosselet et Charles Barrois, Monsieur Verley chargea la maison Dru, de Paris, d'entreprendre des fouilles profondes, et la Société de l'Amidonnerie de France dispose aujourd'hui de 70 mètres cubes à l'heure d'eau jaillissante de la plus grande pureté. Elle est fournie par un forage à double colonne de tôle dont l'étanchéité est assurée par une coulée de trente mille kilos de ciment.

Ce forage a 135 mètres de profondeur et 66 centimètres de diamètre. C'est le puits le plus important que possède dans le Nord l'Industrie privée : Il a nécessité une année de travail.

PRODUITS. — Monsieur E. Verley s'est attaché à lutter contre l'étranger par des produits absolument parfaits ; aussi son amidon récemment apparu sur le marché est-il déjà répandu dans la France entière et apprécié par les consommateurs les plus difficiles.

ORGANISATION. — La Société est administrée par un Conseil composé de quatre membres, et le personnel dirigeant de la maison, à quelque rang qu'il appartienne, est intéressé dans la marche des affaires. Le nombre des représentants dans les diverses villes de France est actuellement de 105 et les dépôts de l'Amidon E. Verley atteignent le chiffre de 75.

L'engouement et la longue habitude du consommateur à qui l'étranger seul a pu jusqu'ici donner satisfaction rendent tout particulièrement difficile le placement de l'amidon, article essentiellement à marque ; mais le succès a été rapide car les négociants Français ont tenu à vivement approuver le principe qui a guidé l'entreprise :

CELUI-LA

SERT VRAIMENT SON PAYS

QUI FAVORISE L'INDUSTRIE NATIONALE.

Devise adoptée par M. Edmond Verley.

GALERIE DU TRAVAIL
de la Classe 72

LABORATOIRE MODÈLE DES DISTILLATEURS
DE FRANCE

**Sous le patronage de la Chambre syndicale
des Distillateurs en gros de Paris**

*Installé par une collectivité de Distillateurs, avec la coopération de Constructeurs
d'appareils spécialement employés dans cette industrie.*

La collectivité est composée de :

MM. Barbin, Batardy, Bénard et Lemaitre, Bourcier, Bouté et Lamiral, Burgeat - Bailly, Cointreau, Cusenier et Cie, Debrise, Declerck, Delizy et Doistau, Descoins et Pelletier, Desoyer frères, Deux et Blanc, Dubonnet frères, Duval, Gagé, Gascard, Génestine Francisque, Glacquesin - Lefevre, Guy et Grasset, Guilloteaux Paul, Hartmann, Joanne, Legouey et Delbergue, Lion, Montalant, Mouchotte, Premier fils, Prud'homme et Froger, Ricard et Garnier, Robert, Schouteeten, Triconnet et Jumelet, Verdier fils, Voisin, Vrignaud fils.

Les Coopérateurs sont :

MM. Egrot, Boulet, Greiss, Lesault, Legras, Barbou, Monin, Leblanc, Vve Leclerc.

L'ATELIER DU CAFÉ.

TRÉBUCIEN, 25, Cours de Vincennes, à Paris.

Cafés torréfiés en poudre, Extrait de Café en poudre, Vanille en poudre.

L'ATELIER DE CONFISERIE

**DUFRÈNES, Confiseur, rue du Bac, 28, à Paris,
Maison Seugnot.**

MACHINE A AIR FROID

Système GIFFARD, employant l'air et l'eau à l'exclusion de tous produits chimiques.
Madame WARIN, à Valenciennes.

BOISSONS GAZEUSES.

**DURAFORT, Constructeur à Paris, Boulevard Voltaire.
BOURON, Ingénieur-Constructeur à Paris,
10bis, Boulevard Bonne-Nouvelle.**

Générateurs de vapeur à vaporisation rapide.

CHOCOLATS.

MÉNIER, Fabrication spéciale du Chocolat de qualité supérieure.
Vue dioramique d'un atelier de broyage à l'Usine de Noisiel.

AU BON MARCHÉ

Nouveautés

MAISON ARISTIDE BOUCICAUT

PLASSARD, MORIN, FILLOT & C⁰

*Société en commandite par Actions au capital de
20 millions entièrement versé.*

Réserves actuellement réalisées : 21.800.000 francs

PARIS

Maison reconnue la plus digne de ce titre par la qualité et le bon marché réel de toutes ses marchandises.

Toute marchandise, qui a cessé de convenir ou qui ne répond pas à la garantie donnée, est sans difficulté échangée ou remboursée.

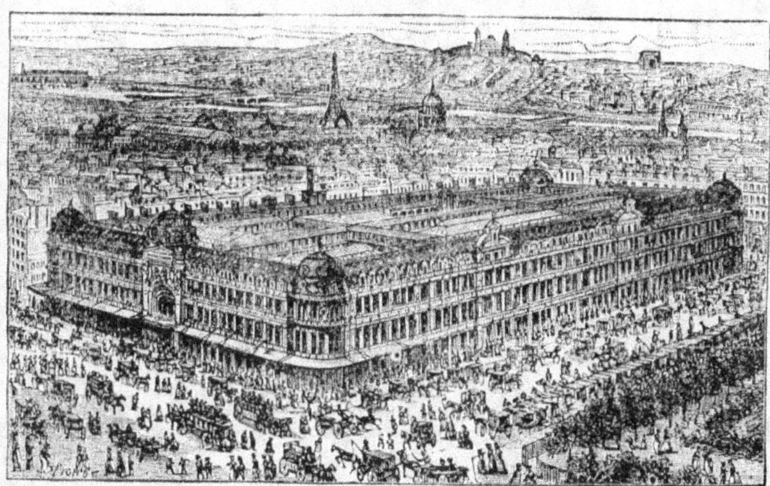

Vue générale des Magasins du BON MARCHÉ.

Les Magasins du BON MARCHÉ spécialement construits pour un *commerce de Nouveautés* sont les plus grands, les mieux agencés et les mieux organisés ; ils renferment tout ce que l'expérience a pu produire d'utile, de commode et de confortable, et sont à ce titre, une des curiosités les plus remarquables de Paris.

Les récents agrandissements sont très considérables et font de la Maison du BON MARCHÉ un magasin unique au Monde.

Des INTERPRÈTES dans toutes les langues sont à la disposition des Etrangers qui désirent visiter les Magasins et les Agencements.

Le système de vendre tout à petit bénéfice et entièrement de confiance est absolu dans les Magasins du BON MARCHÉ. Ce principe, sincèrement et loyalement appliqué, leur a valu un succès non interrompu et sans précédent.

La Maison du BON MARCHÉ a pour principe de ne mettre en vente, même aux prix les plus réduits, que des marchandises de premier choix et de très bonne qualité.

Envoi franco, sur demande, dans le monde entier, de tous les Echantillons, Catalogues, Prospectus, Albums, etc. Expéditions franco de port des commandes à partir de 25 francs, pour la France, la Belgique, la Hollande, l'Allemagne, l'Autriche-Hongrie, la Suisse, l'Italie continentale, l'Angleterre, l'Ecosse et l'Irlande.

Les Magasins du *Bon Marché* figurent à l'Exposition Universelle de 1889 dans le 3ᵉ Groupe (Mobilier et Accessoires), classe 18, Ouvrages du Tapissier, et dans le 4ᵉ Groupe (Tissus, Vêtements et Accessoires), classe 35, Articles de Lingerie, et classe 36, Habillement des deux sexes.

SOCIÉTÉ FRANÇAISE

DES

ALCOOLS PURS

ANONYME

Au Capital de 3,000,000 de Francs.

SIÉGE SOCIAL **à PARIS, 12, Place Vendôme**
USINE **à ÉPINAY-SUR-SEINE.**

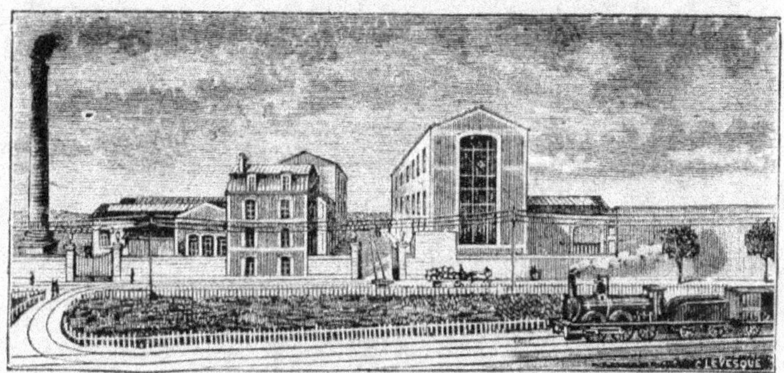

USINE D'ÉPINAY-SUR-SEINE.

CONSEIL D'ADMINISTRATION.

PRÉSIDENT : M. P. BARBE, ✿,
ADMINISTRATEUR DÉLÉGUÉ : M. G. LE GUAY, C. ✿.

M. NAQUET, ADMINISTRATEUR,	M. VIAN, ✿, ADMINISTRATEUR,
M. LE PLAY, —	M. BLOCH. —
M. LIMAUGE, —	

M. L. PRANGEY, INGÉNIEUR, DIRECTEUR GÉNÉRAL.

MARQUE DE FABRIQUE.

La Société française des Alcools purs ne livre que des Alcools chimiquement purs, obtenus à l'aide des procédés BANG et RUFFIN et des divers perfectionnements qu'elle y a apportés.

Cette Maison, fondée en 1853, a ses produits appréciés de tous les vrais connaisseurs.

La réputation qui lui est faite est due aux soins scrupuleux apportés à sa fabrication.

Son paquetage breveté présente les chicorées de la façon la plus élégante, ce qui lui a valu des Diplômes d'Honneur et Récompenses diverses.

DISTILLATION PAR LA VAPEUR.

FABRICATION SPÉCIALE

DE

CONSERVES POUR DESSERTS

ET DE

SUCS DE FRUITS

Pour Sodas, Glaces, Gelées, Sirops.

SPÉCIALITÉ DE LIQUEURS SUPÉRIEURES.

Eaux-de-Vie et Vins Fins. — Eaux parfumées.

LEXCELLENT et CHEVASSU

J. BATARDY, Sᴿ

5, rue Blomet,

ci-devant, 20, rue de la Reynie

PARIS

Magasins à l'Entrepôt général, 9 & 10, Préau des Eaux-de-Vie.

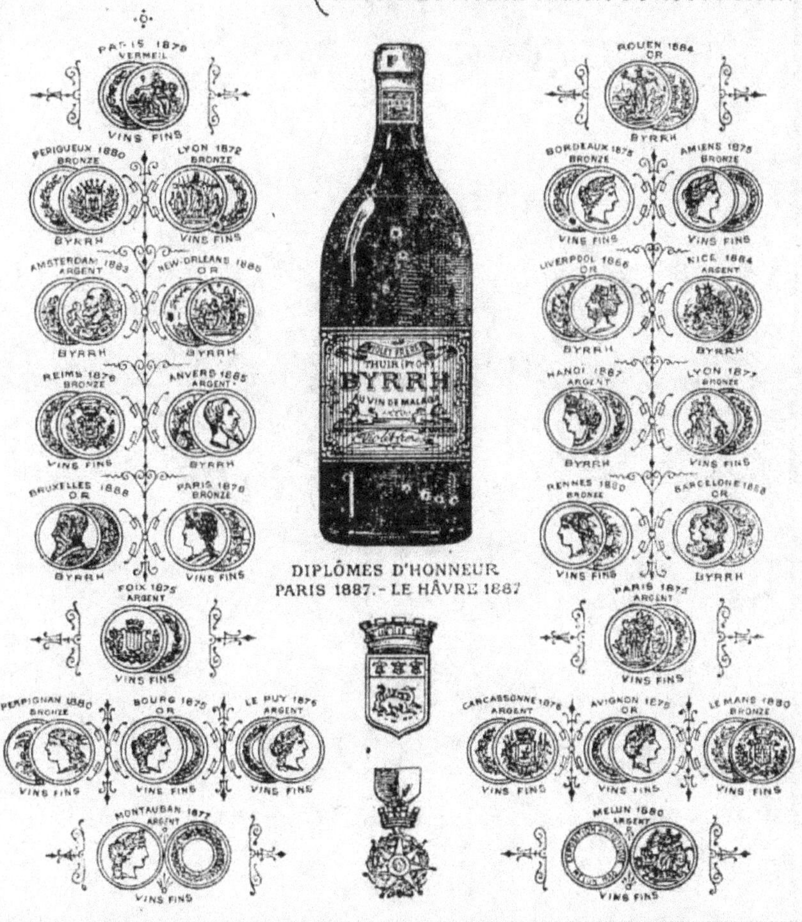

SIMON VIOLET Aîné & Cie. SEULS SUCCESSEURS
DE
VIOLET FRÈRES
VINS FINS
ROUSSILLON·ESPAGNE·PORTUGAL
À THUIR (Pyrénées-Orientales).
MAISON UNIQUE POUR
LE BYRRH AU VIN DE MALAGA
ET
LA RIBEDINE AU RANCIO DU ROUSSILLON.
DIPLÔMES D'HONNEUR
PARIS 1887. - LE HÂVRE 1887

VINS FINS
ROUSSILLON ESPAGNE · PORTUGAL
SIMON VIOLET AINÉ & Cie SEULS SUCCESSEURS
DE
VIOLET FRÈRES
A THUIR (Pyrénées Orientales)
VIOLET FRÈRES
BYRRH
THUIR (P.NÉES OES)
DIPLÔMES D'HONNEUR
PARIS 1887 — LE HÂVRE 1887
MAISON UNIQUE pour
LE BYRRH AU VIN DE MALAGA
ET
LA RIBEDINE AU RANCIO DU ROUSSILLON

PRIX-COURANT EXPORTATION.

CARTE D'ARGENT............................ la caisse de 12 bouteilles	18 fr.
CARTE BLANCHE.............................. » » »	24 »
CRÉMANT DU ROI (Dry ou Extra-Dry).... » » »	36 »

Les 24 demi-bouteilles 4 fr. en sus.

Lettres et Télégrammes : St-HILAIRE-St-FLORENT (M.-et-L.)

VINS MOUSSEUX

DU CHATEAU DE VARRAINS, SAUMUR

LOUIS DUVAU AINÉ

(CHAPIN et Cie)

Maison fondée en 1848

AGENCES PRINCIPALES :

PARIS

M. LAIGNEL, 35, rue de Buffon

LONDRES

MM. CANNEY et ROUGHTON,
21, Harp Lane,
Great Tower Street.

LIVERPOOL

MM. Mc. CARTHY, HEUSER and Cº
9, Redcross Street.

DUBLIN

Jas Mc CULLAGH, SON and Cº
34, Lower Abbey-Street

EDIMBOURG

J. et W. HARDIE
4, Picardy-Place.

ESPAGNE

M. Joseph RAMELL
42, rue des Petites-Ecuries.
PARIS.

AGENCES PRINCIPALES :

COPENHAGUE

T. JESPERSEN et Cie
19, Bredgade.

CHRISTIANIA

EGER et SÖRENSEN.

EGYPTE

M. P. THIERCELIN,
34, rue St-Bazile, à Marseille.

CALCUTTA

MM. F. W. HEILGERS and Cº.

MONTRÉAL

MM. Henry CHAPMAN and Cº
Corner of St-John and Hospital
streets. — Agents pour le
Canada.

Franco de port pour les ordres de 25 bouteilles et au-dessus.

Les droits de régie à notre charge.

PRIX-COURANT DE DÉTAIL

pour la France.

		LA BOUTEILLE	
Carte Blanche..............	Fr.	2,50	
Carte d'Argent.............	»	3,25	
Carte d'Or.................	»	4 »	
Œil de Perdrix (rose	»	4 »	

Il n'a demi-bouteilles de plus qu'une bouteille. 0.50

La Fabrique de Confiserie J. F. DESHUSSES, à VERSOIX, près Genève (Suisse), fondée en 1852, expose ses célèbres *BONBONS AU CARAMEL*, imitant la forme des fruits tels que groseilles, cerises, poires, etc., etc., qui ont, il y a quelques années, attiré l'intérêt général.

Lors de l'apparition récente de ces mêmes Bonbons au Caramel, mais cette fois *FOURRÉS DE PATES* diverses, au chocolat, de fruits et de fondant aux fruits, ce fut un véritable événement dans le monde de la Confiserie;

Obtenus à l'aide de machines et d'appareils à mécanisme compliqué, ces bonbons revêtent les formes les plus variées, telles que glands, marrons, dattes, noyaux d'abricots, etc., etc. et excitent au plus haut point l'admiration des hommes compétents.

Aujourd'hui la Maison J. F. DESHUSSES exporte dans le monde entier et peut être envisagée comme unique en son genre. Récompenses obtenues: **Lyon 1872, Bronze; Zurich 1883, Diplôme; Nice 1884, Or; Lyon 1885, Diplôme d'honneur et Médaille d'Or; Montpellier 1885, Or; Arcachon, Or, Diplôme d'honneur, Palme, Croix; Amiens 1886, Or, Diplôme d'honneur; Bruxelles 1888, Diplôme d'honneur; Barcelone 1888, Or.**

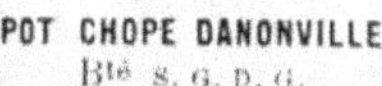

CONFITURES, MARRONS GLACÉS.

P. DANONVILLE

PARIS

67. Rue de la Roquette. 67.

Seule Maison fournissant des Confitures dans un Verre à boire fermé hermétiquement.

Pour la Fabrication des Pulpes d'Abricots, Maison à Aramon (Gard).

CHAMPIGNONS AU NATUREL.

CONSERVES DE MIRABELLES & DE REINES-CLAUDE, JUS DE FRUITS DE TOUTES SORTES.

FABRIQUES DE CONSERVES ALIMENTAIRES.

Médaille d'Or, Exposition Universelle. Paris 1878.

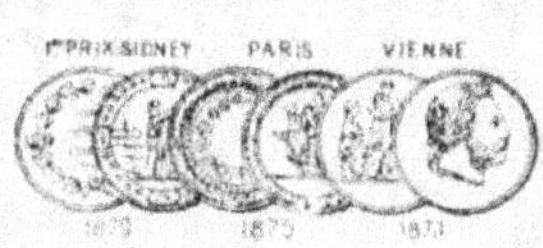

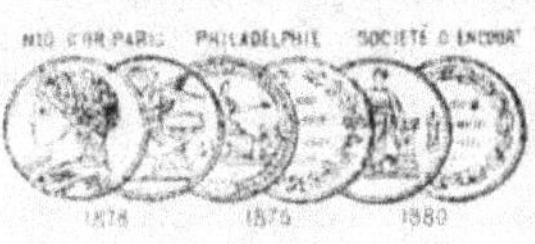

F. LECOURT

PARIS

LEHUCHER & Cie SUCCESSEURS

Usines à PARIS, à LA TURBALLE (Loire-Infᵉ) et à CHARENTON (Seine)

MAISON PRINCIPALE, rue du Chemin-Vert, 36, PARIS.

LÉGUMES, FRUITS, PATÉS, VIANDES, POISSONS,
Moutarde, Vinaigrerie, Conserves a Chauffoir, etc.

Procédés brevetés, approuvés par les Corps scientifiques, substituant la chlorophyle aux sels de cuivre pour le verdissage des légumes et des fruits. — Ce procédé a été honoré d'une lettre de félicitations du Ministre du Commerce en 1879, sur la demande du Conseil supérieur d'hygiène publique de France.

Les Conserves de Légumes verts à la marque (F. LECOURT. — LEHUCHER & Cie Successeurs) sont donc exemptes des inconvénicats reprochés aux sels de cuivre, dont il est trouvé des traces dans d'autres produits de couleur verte qui se rencontrent encore souvent dans le commerce.

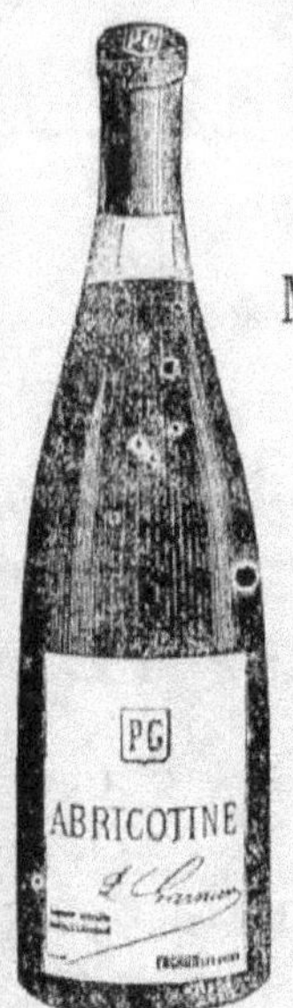

ABRICOTINE

DÉLICIEUSE LIQUEUR.

Médailles Argent & Or. Hors Concours aux Expositions.

DIPLÔMES D'HONNEUR.

P. GARNIER

DISTILLATEUR,

ENGHIEN-LES-BAINS

(PRÈS PARIS).

SPÉCIALITÉS

Liqueur d'Or, Fleur de Thé, Curaçao, Liqueur Jaune & verte, Kummel cristallisé, Menthe verte.

LILLE, IMPRIMERIE L. DANEL.

ANNUAIRE

DU

DÉPARTEMENT DU NORD

RAVET-ANCEAU

CONTENANT

l'Industrie, le Commerce, la Magistrature,

l'Administration, une Liste complète des Propriétaires,

Rentiers et principaux Employés

DES ARRONDISSEMENTS DE

38ᵉ ANNÉE. **LILLE** 38ᵉ ANNÉE.

AVESNES, CAMBRAI, DOUAI, DUNKERQUE, HAZEBROUCK & VALENCIENNES,

et les Raffineries, Sucreries, Glucoseries de la France.

Bureaux : rue Esquermoise, 52, Lille.

PRIX FRANCO : 11 FRANCS.

ANNONCES : LA PAGE, **60** FRANCS.
LA DEMI-PAGE, **35** FRANCS.

RED. :

21

MIRE ISO N° 1
NF Z 43-007
AFNOR
Cedex 7 - 92080 PARIS-LA-DEFENSE

graphicom

0 1 2 3 4 5 6 7 8 9 10